普通高等学校"十四五"规划畜牧兽医宠物大类特色教材

动物药理学

主　审　冯永谦（黑龙江农业经济职业学院）
　　　　赵翠青（吉林农业科技学院）
主　编　王海洋（吉林农业科技学院）
　　　　李春花（吉林农业科技学院）
　　　　刘玉敏（吉林农业科技学院）
副主编　关立增（临沂大学）
　　　　刘立明（吉林农业科技学院）
　　　　李　晶（吉林农业科技学院）
　　　　刘馨忆（吉林工程职业学院）
　　　　姜　鑫（黑龙江农业经济职业学院）
　　　　杨月春（贵州中医药大学）
参　编　（以姓氏笔画为序）
　　　　王士勇（贵州中医药大学）
　　　　云巾宴（吉林农业科技学院）
　　　　刘倩宏（吉林农业科技学院）
　　　　李　伟（吉林农业科技学院）
　　　　辛　秀（吉林农业科技学院）
　　　　钱　峰（黑龙江农业经济职业学院）

华中科技大学出版社
中国·武汉

内容简介

本书是普通高等学校“十四五”规划畜牧兽医宠物大类特色教材。

本书除绪论外，共分为十五章，内容主要包括总论、外周神经系统药理、中枢神经系统药理、血液循环系统药理、消化系统药理、呼吸系统药理、生殖系统药理、皮质激素类药理、自体活性物质和解热镇痛抗炎药、体液和电解质平衡调节药理、营养药理、抗微生物药理、解毒药等。

本书可供畜牧兽医、动物医学、宠物医学及相关专业使用。

图书在版编目(CIP)数据

动物药理学/王海洋，李春花，刘玉敏主编.—武汉：华中科技大学出版社，2021.9(2023.8 重印)
ISBN 978-7-5680-7463-6

Ⅰ.①动… Ⅱ.①王… ②李… ③刘… Ⅲ.①兽医学-药理学 Ⅳ.①S859.7

中国版本图书馆 CIP 数据核字(2021)第 172339 号

动物药理学 王海洋 李春花 刘玉敏 主编
Dongwu Yaolixue

策划编辑：罗 伟
责任编辑：毛晶晶 郭逸贤
封面设计：廖亚萍
责任校对：张会军
责任监印：周治超
出版发行：华中科技大学出版社(中国·武汉) 电话：(027)81321913
武汉市东湖新技术开发区华工科技园 邮编：430223
录 排：华中科技大学惠友文印中心
印 刷：武汉科源印刷设计有限公司
开 本：880mm×1230mm 1/16
印 张：23.75
字 数：698 千字
版 次：2023 年 8 月第 1 版第 2 次印刷
定 价：69.80 元

前言

Qianyan

“动物药理学”是动物医学专业、动植物防疫检疫专业和畜牧兽医专业的基础课程，是联系专业课与专业基础课的桥梁。动物药理学是一门实践性较强的基础学科，是疾病治疗的基础和保障，是运用动物生理学、生物化学、动物病理学、动物微生物学和动物免疫学等基础理论和知识，阐明药物的作用原理、主要适应证和禁忌证，为兽医临床合理用药提供理论依据的学科。动物药理学课程是动物传染病、动物寄生虫病、兽医内科学、兽医外科学、兽医产科学等后续课程的重要基础。

近年来，我国畜牧业与兽药行业发展迅速，兽药生产企业的销售和技术服务岗位、兽药经营企业的营销岗位、动物养殖企业的兽医岗位等急需具有良好动物药理学知识和技能的专业人才。动物药理学作为专业基础课，其地位和作用备受重视。为顺应需要，结合兽药在养殖业生产实践中防治疾病的实际应用与国家兽药管理政策法规的要求，我们积极吸纳 2015 年版《中华人民共和国兽药典》的内容和有关兽药知识，编写了这本能够全面反映动物药理学知识，具有代表性、实用性和先进性特点的动物药理学教材。同时，为帮助学生提高理解力与自学能力，本教材尽可能将抽象性文字内容表述转化为示意图形式加以说明，并辅以相关的知识拓展。

本教材以培养一批“厚基础、强能力、高素质、广适应”的创造型专门人才为指导思想，尽量收集本学科近年来的新成果、新知识和新技术，并在各章节内容中有所体现。过去，我国的养殖业以食品动物为主，故动物药理学将化疗药物作为阐述的重点。近年来，我国的宠物饲养有了很大的发展，另外，国际上对动物福利给予了很高的关注，所以本书除抗菌药、抗寄生虫药仍是重点阐述对象外，对神经系统药物、解热镇痛抗炎药、营养药等的相关内容也进行了补充，目的是拓宽学生的知识面，使学生在实践中有更多的选择，以更好地满足兽医临床、公共卫生、新兽药研发和畜牧业发展的需要。

参加本教材编写的人员分工如下：王海洋，第一章、第三章；李春花，第十二章；刘玉敏，绪论、第十五章；关立增，第十章；刘立明，第四章、第五章、第十三章；李晶，第八章；刘馨忆，第二章、第九章；姜鑫，第六章、第十一章、第十四章；杨月春，第七章。

由于编者水平和能力有限，本书还可能存在一些不足之处，恳请读者批评、指正。

编　者

目录

Mulu

绪　论

一、动物药理学的性质和任务

动物药理学又称兽医药理学(veterinary pharmacology),是研究药物与动物机体(包括病原体)相互作用规律的一门学科,是为临床合理用药和防治疾病提供基础理论的兽医基础学科。

动物药理学的内容包括两个方面:①药物效应动力学(简称药效学),研究药物对动物机体(包括病原体)的作用规律,阐明药物防治疾病的原理。主要包括药物的作用、作用机制、适应证、不良反应和禁忌证等。②药物代谢动力学(简称药动学),研究药物在动物机体内的吸收、分布、生物转化和排泄过程,即研究动物机体对进入体内药物的处置或处理过程,以及血药浓度与药物效应之间的动态规律。药物对机体的作用(药效学)和机体对药物的处置(药动学)在体内同时进行,是同一个过程中紧密联系的两个方面,加强对这两个方面的学习和研究,就更能全面、客观地了解药物与机体之间相互作用的原理和规律。

动物药理学是动物医学专业、动植物防疫检疫专业和畜牧兽医专业的基础课程,是联系专业课与专业基础课的桥梁。动物药理学是一门运用动物生理学、生物化学、动物病理学、动物微生物学和动物免疫学等基础理论和知识,阐明药物的作用原理、主要适应证和禁忌证的课程。其主要任务是培养未来的兽医正确选药、合理用药,从而提高药效、减少不良反应。其与临床前的药理试验研究、动物性食品中的药物残留、动物疾病模型的实验治疗、开发新药及新制剂等有着密切的联系,为学生学习专业临床课程(如动物传染病学、诊断学)奠定基础。

二、学习动物药理学的目的和方法

学习动物药理学的目的概括起来主要有以下三个方面:一是使畜牧兽医工作者和广大养殖人员通过学习动物药理学的基本理论知识,学会正确选药、合理用药,进而提高药效、减少不良反应,以更好地进行兽医临床实践和畜牧生产,保证动物性食品的安全,维护人民身体健康;二是为进行兽医临床药理实验研究、开发新药等创造条件;三是更进一步对机体的生理生化过程,乃至生命的本质进行阐明,为生物科学的发展做出贡献。

学习动物药理学应以辩证唯物主义为指导思想,认识和掌握药物与机体的相互关系,正确评价药物在疾病防治中的作用。重点要学习药理学的基本规律,以及各章节中的代表性药物,分析每类药物的共性和特点。对重点药物要全面掌握其作用、原理及应用,并与其他药物进行鉴别。动物药理学是一门实验性的学科,学生在学习过程中必须理论联系实际,并重视动物药理学的实验课,要注重掌握常用的实验方法和基本操作技能,仔细观察、记录实验结果,通过实验研究培养实事求是的科学作风和分析、解决问题的能力。

三、动物药理学的发展简史

药物是劳动人民在长期的生产实践中发现和创造出来的,从古代的本草学发展成为现代的药物学经历了漫长的岁月。药物学是人类药物知识和经验的总结。药物的发现是从人们品尝各种食物发生毒性反应后寻找解毒物开始的。古人在寻食、生产等过程中,发现某些天然物质可以治疗疾病与伤痛,这些经验被记录并流传下来,如饮酒止痛、大黄导泻、柳皮能够退热等,从而产生了最早的药

Note

物。药物的发现经历了“偶然发现”的经验积累、对药物活性成分的主动筛选、根据疾病的特定靶标进行药物科学设计的漫长发展过程。动物药理学是药理学的组成部分，由于药理学的研究大多以动物实验为基础，所以，动物药理学的发展与药理学的发展有着密切的联系。

《神农本草经》是我国现存最早的药物学著作。大约公元前1世纪，汉代学者借神农之名，系统地总结医家和民间的用药经验，遂著成书此，此书贯穿着朴素的唯物主义思想。《神农本草经》共收载药物365种，其中植物药252种、动物药67种、矿物药46种，书中对药物的功效、主治、用法、服法均有论述，如麻黄平喘、常山截疟、黄连止痢、海藻疗瘿、瓜蒂催吐、猪苓利尿、黄芩清热、雷丸杀虫等，经历代临床实践和现代科学实验证明，所述大多正确。同时提出了“药有君、臣、佐、使”的组方用药等方剂学理论，堪称现代药物配伍应用实践的典范。

《新修本草》由唐代苏敬等20余人于公元657年开始编写，完成于公元659年，是我国古代由政府颁行的第一部药典，也是世界上的第一部药典，比西方最早的《纽伦堡药典》早数百年。全书在陶弘景的《本草经集注》730种药物基础上，增加114种，共844种，共54卷，收录了安息香、胡椒、血竭、密陀僧等外来药。《新修本草》的颁发，对药品的统一、药性的订正、药物的发展都有积极的促进作用，具有较高的学术水平和科学价值，这本书在日本曾作为医学生的必修课本。

《本草纲目》是明代李时珍编写的闻名世界的药学巨著，此书是李时珍在广泛收集民间用药知识和经验，参考800余种相关书籍的基础上，历经27年辛勤努力完成的。全书共52卷，约190万字，收载药物1892种、插图1160幅、药方11000多条。《本草纲目》总结了16世纪以前我国的药物学知识，纠正了以往本草书中的某些错误，批判迷信谬说，纠正了反科学见解，全书贯穿实事求是的精神，在当时的历史条件下有相当高的科学性；同时改进分类方法，提出了当时纲目清晰、最先进的药物分类法，系统论述了各种药物的相关知识，辑录保存了大量古代文献，被誉为中国古代的百科全书，是我国本草学中最伟大的巨著，促进了我国医药研究的发展，并受到国际医药界的推崇，被译成日、法、德、英等多种文字，传播到世界各地，对推动世界医药学的发展起到了重大的作用。

古代无兽医专用本草书，但历代的本草书中都包含兽用本草的内容。公元13—14世纪，在《痊骥通玄论》中有兽医中草药篇的系统记载。公元1608年，明代喻本元、喻本亨等集以前及当时兽医实践经验，编著了《元亨疗马集》。《元亨疗马集》是我国现存最早的兽医专著，收载药物400多种，药方400余条。

近代药物学研究成果的代表作有清代赵学敏的《本草纲目拾遗》，新添药物716种。吴其浚的《植物名实图考》，陈存仁的《中国药学大辞典》等都是在《本草纲目》的基础上整理补充的。

科学技术的发展与生产力有密切的关系。16—18世纪，欧洲经过资产阶级革命，生产力得到迅速提高，促进了自然科学的迅速发展，其中化学和生理学等学科的发展，为药理学的发展奠定了科学基础。18世纪以前，凡研究药物知识的科学总称为“药物学”。19世纪初期，由于化学的发展，许多植物药的化学成分被提纯。1803年，德国药剂师塞蒂纳从罂粟中分离出有镇痛作用的纯化物吗啡，通过对犬的麻醉观察到了吗啡的麻醉镇痛作用。1819年，法国马让迪通过青蛙实验，确定士的宁对中枢神经系统的兴奋作用部位在脊髓；随后，德国药理学家施密德贝格对洋地黄进行实验研究，揭示了洋地黄的基本作用部位在心脏。自此之后，许多植物药物的有效成分被提纯，如咖啡因（1819年）、奎宁（1820年）、阿托品（1831年）、可卡因（1860年）等。1828年尿素的成功合成，为人工合成有机化合物开辟了道路。人工合成药也相继问世，如氯仿（1831年）、氯醛（1831年）、乙醚（1842年）等。

另外，实验生理学的方法被引入药理学研究中，用于观察化学物质对动物生理功能的影响。1846年，德国的Buchheim被多帕特大学任命为第一位药理学教授，于是药理学便从药物学分化出来，首次成为大学独立的学科。在此前后，药物学还分化出生药学、药物化学、药剂学、毒物学等学科。

近代药理学是19世纪药物化学与生理学相继发展而创新的学科。现代药理学时期大约是从20世纪20年代开始的。1909年，德国埃利希发现砷凡纳明能治疗梅毒，从而开创了应用化学药物治疗

传染病的新纪元，并创立了“化学治疗”的概念。1933 年，Clark 在他的研究中奠定了“定量药理学”的基础，同时他又推广了由兰格利（Langley）和埃利希提出的受点（体）学说，两者都代表现代药理学的起点。1935 年，德国杜马克首先报道偶氮染料百浪多息对小白鼠链球菌感染有治疗作用，从而发现磺胺药。1940 年，英国克洛里在弗莱明研究的基础上分离出了作用于革兰阳性菌的青霉素，从此进入抗生素的新时代。随着研究的日益广泛与深入，人们发现抗生素能有效抑制细菌，时至今日，抗生素在防治动物疾病中仍具有十分重要的地位。

20 世纪六七十年代，生物化学、生物物理学和生理学飞速发展，新技术如同位素、电子显微镜、精密分析仪器等的应用，使人们对药物作用机理的探讨由原来的器官水平，进入细胞、亚细胞以及分子水平。人们对细胞中具有特殊生物活性的结构——受体进行分离、提纯并建立测试方法，先后分离得到胆碱受体、肾上腺素受体、组胺受体等。这就使本来极其复杂的药物作用机理的研究变得相对简单了，即变成研究药物小分子和机体大分子中一部分或基团（受体或活性中心）之间的相互作用。药理学也就在深度和广度方面出现许多分支学科，如生化药理学、分子药理学、免疫药理学、临床药理学、遗传药理学和时间药理学等。

兽医药理学作为独立学科建立的准确年代无从考证。欧洲 18 世纪开始成立兽医学院，20 世纪初期已有多种兽医药物学及治疗学的教科书，但多记述植物药、矿物药和处方，没有叙述药物对机体组织的作用或作用机制。

我国于 20 世纪 50 年代开设兽医药理学，1959 年出版了全国试用教材《兽医药理学》。之后出版了《兽医临床药理学》《兽医药物代谢动力学》《动物毒理学》等著作。其中较为重要的是冯淇辉教授等主编的《兽医临床药理学》一书，它总结和反映了中西兽药理论研究和临床实践的主要成果，广泛介绍了国外有关兽药方面的新动向和新成就，具有较高的学术水平和实用价值，对提高我国兽药研究水平、促进兽医药理学的发展有重大作用。

我国兽医药理学得到较好发展是在改革开放以后，科学研究蓬勃开展，各高等农业院校为兽医药理学培养了大量人才，兽医药理学工作者的队伍逐渐壮大，并取得一批重要研究成果，经农业农村部批准注册的一、二、三类新兽药与新制剂约 190 种，如海南霉素、恩诺沙星、达诺沙星、伊维菌素、替米考星、马度米星铵、氟苯尼考、喹烯酮等，为动物生产提供了可靠保证，并极大地丰富了兽医药理学的内容。

Note

第一章 总 论

一方面，药理学研究药物对机体的作用规律，阐明药物防治疾病的原理，称为药物效应动力学(pharmacodynamics)，简称药效学；另一方面，药理学研究机体对药物的处置过程，即药物在体内的吸收、分布、生物转化和排泄过程中药物浓度随时间变化的规律，称为药物代谢动力学(pharmacokinetics)，简称药动学。这两个过程在体内同时进行，并且相互联系。药理学探讨这两个过程的规律，为科学、合理用药，发挥药物的治疗作用，减少不良反应打下理论基础，也为寻找新药提供线索，并为认识和阐明动物机体生命活动的本质提供科学依据。

第一节 药物的基本知识

一、常用概念

药物是指用于治疗、预防或诊断动物疾病，能促进动物生长发育的各种化学物质，主要包括抗生素、中药、血清制品、疫苗、诊断制品、微生态制品、放射性药品及外用杀虫剂、消毒剂等。

毒物是指对动物机体产生损害作用的物质。药物剂量过大或长期使用也可以成为毒物，因此药物与毒物之间没有绝对的界限。

毒药指毒性很大、极量和致死量很接近，稍大剂量即可引起动物中毒甚至死亡的药物。

剧药指毒性较大、极量和致死量较接近，超过极量时可引起动物中毒或死亡的药物。其中某些毒性较强，要求必须经有关部门批准才能生产、销售，限制使用条件的剧药又称为限剧药，如安钠咖等。

兽用处方药是指凭兽医开写的处方才可购买和使用的兽药。

兽用非处方药是指由国务院兽医行政管理部门公布的、不需要凭兽医处方就可以自行购买并按照说明书使用的兽药。

二、药物的来源

药物的种类虽然很多，但就其来源来说，大体可分为三大类。

1. 天然药物 自然界的物质经过加工而作药用者。这类药物包括来源于植物的中草药，如黄连、龙胆；来源于动物的生化药物，如胰岛素、胃蛋白酶；来源于矿物的无机药物，如硫酸钠、硫酸镁；利用微生物生产的抗生素，如青霉素等。

2. 人工合成和半合成药物 用化学方法人工合成的有机化合物，如磺胺类、喹诺酮类药物；或根据天然药物的化学结构，用化学方法制备的药物，如肾上腺素、麻黄碱等。半合成药物是指在原有天然药物的化学结构基础上引入不同的化学基团而制得的化学药物，如阿莫西林等半合成抗生素。人工合成和半合成药物的应用非常广泛，是药物生产和获得新药的主要途径。

3. 生物技术药物 指通过细胞工程、酶工程、基因工程等分子生物学技术生产的药物，如生长激素、酶制剂等。

Note

三、制剂与剂型

药物的原料一般不能直接用于动物疾病的预防或治疗，必须进行加工制成安全、稳定和便于应用的剂型。药物的有效性取决于本身特有的药理作用，但仅有药理作用而无合理的剂型，必然妨碍药理作用的发挥，甚至会出现意外。先进、合理的剂型有利于药物的储存和使用，能够提高药物的生物利用度，降低不良反应，使药物发挥最佳的疗效。

剂型是指经加工后的兽药的各种物理形态，也就是兽药经加工制成适合防治疾病应用的具有一定规格的药品形态。根据物理形态不同，剂型可分为固体剂型、半固体剂型、液体剂型等。剂型是集体名词，其中任何一个具体的剂型，如片剂中的土霉素片，注射剂中葡萄糖注射液等则称为制剂。

方剂是指按兽医临时处方，专门为患病动物配制并明确指出用法和用量的药剂。

兽药剂型种类繁多，根据给药途径、方法和制剂的制备工艺或采用的分散系统不同进行综合分类，常用的兽药剂型可分为以下几种。

（一）固体剂型

固体剂型是指药物或药物与赋形剂均匀混合制成的固态剂型。

1. 片剂 将一种或多种药物经压片机压制而成的圆片状剂型。片剂以普通压制片为主，包括泡腾片、缓释片、控释片、肠溶片等。普通压制片系指药物与辅料混合，压制而成的普通片剂。①泡腾片系指含有碳酸氢钠和有机酸，遇水可产生气体而呈泡腾状的片剂。有机酸一般用枸橼酸、酒石酸、富马酸等。②缓释片系指在水中或规定的释放介质中缓慢地非恒速释放药物的片剂。③控释片系指在水中或规定的释放介质中缓慢地恒速或接近恒速释放药物的片剂。④肠溶片系指用肠溶性包衣材料进行包衣的片剂，目的是防止药物在胃内分解失效，减少对胃的刺激或控制药物在肠道内定位释放，以及治疗结肠部位疾病等（如对片剂包结肠定位肠溶衣）。

2. 丸剂 由一种或多种药物制成的球形或卵形的剂型。供内服，如牛黄解毒丸、用于草食动物的缓释驱虫大丸剂。

3. 胶囊剂 系指将药物或药物加辅料充填于空心胶囊或密封于软质囊材中的固体制剂。主要供内服。①硬胶囊（通称为胶囊）系采用适宜的制剂技术，将药物或药物加适宜辅料制成的粉末、颗粒、小片或小丸等充填于空心胶囊中的胶囊剂。②软胶囊系将一定量的液体药物直接包封，或将固体药物溶解或分散在适宜的赋形剂中制备成溶液、混悬液、乳状液或半固体，密封于球形或椭圆形的软质囊材中的胶囊剂。③缓释胶囊系指在水中或规定的释放介质中缓慢地非恒速释放药物的胶囊剂。④控释胶囊系指在水中或规定的释放介质中缓慢地恒速或接近恒速释放药物的胶囊剂。⑤肠溶胶囊系指用适宜的肠溶材料制备而得的硬胶囊或软胶囊，或用经肠溶材料包衣的颗粒或小丸充填于胶囊而制成的胶囊剂。

4. 微囊剂 利用天然的或合成的高分子材料将固体或液体药物包裹而成的微型胶囊。一般直径为 5～400 μm。如维生素 A 微囊、大蒜素微囊。

5. 散剂 将一种或多种药物经粉碎、过筛、均匀混合而制成的干燥粉末状制剂。如氟哌酸散、健胃散。

6. 粉剂 将药物或药物加适宜的辅料经粉碎、均匀混合制成的可溶于水的干燥粉末状制剂。专用于动物饮水给药，如盐酸环丙沙星可溶性粉。

7. 预混剂 将药物与适宜的基质均匀混合制成的粉末状或颗粒状制剂。预混剂通过饲料以一定的药物浓度给药。

8. 栓剂 用药物与适宜基质制成的供腔道给药的固体制剂。其种类主要有直肠栓、尿道栓、耳道栓、肛门栓等。栓剂经腔道给药，既能避免药物首过效应，同时也避免消化液对药物的破坏作用，使栓剂中的药物能发挥预期效果。一些对胃肠道黏膜有刺激性或易受消化液破坏或对肝有损害作用的药物，均适宜制成栓剂。

新的固体制剂还有埋植小丸、脂质体制剂等。

（二）半固体剂型

半固体剂型是指将药物与适当的基质混合均匀而制成的半固态剂型。供外用或内服。

1. 软膏剂 指药物与油脂性或水溶性基质混合制成的均匀的半固体制剂，供外用，如醋酸可的松眼膏、红霉素软膏。

2. 糊剂 指大量的固体粉末（一般 25%以上）均匀地分散在适宜的基质中所制成的半固体制剂，可内服也可外用。

3. 舔剂 指由一种或多种药物与赋形剂（如淀粉）混合，制成的糊状或粥状制剂。供患病动物自由舔食或涂抹在患病动物舌根部任其吞食。舔剂多为诊疗后现用现配，无刺激性及不良气味。常用的辅料有甘草粉、淀粉、米粥、糖浆等。

（三）液体剂型

液体剂型是指一种或多种溶质溶解或分散在溶媒中所制成的澄明或混悬的液态剂型。

1. 溶液剂 一般指非挥发性药物的澄明液体。主要供内服或外用，如硫酸镁溶液、地克珠利溶液等。

2. 合剂 指两种以上药物的澄明溶液或均匀混悬液。主要供内服，如复方甘草合剂。

3. 乳剂 指两种或两种以上不相溶的液体经乳化剂乳化后，形成的粗分散体系，其中一种液体往往是水溶液，称为水相；另一种液体则是与水不相溶的有机液体，称为油相。通常有“水包油型”和“油包水型”乳剂。可供内服、外用，也可注射使用，如鱼肝油乳剂、松节油乳剂。

4. 搽剂 指由刺激性药物制成的油性或醇性液体制剂，有溶液型、混悬型及乳化型。专供外用，如松节油搽剂。

5. 酊剂 指用不同浓度的乙醇浸泡药材或溶解化学药物而制得的液体制剂。供内服或外用，如陈皮酊、大黄酊、龙胆酊、碘酊等。

6. 醑剂 指挥发性药物溶于醇的溶液。可供内服或外用，如芳香氨醑、樟脑醑。

7. 流浸膏剂 指将药材的醇或水的浸出液，蒸去部分溶媒浓缩而得的液体制剂，通常每毫升相当于原药材 1 g。供内服，如甘草流浸膏、益母草流浸膏。

8. 煎剂和浸剂 将中草药放入陶瓷容器内加水煎或浸一定时间，去渣使用的液体剂型，如槟榔煎剂、鱼藤浸剂。

（四）注射剂

注射剂（又称针剂）系指药物与适宜的溶剂或分散介质灌封于特制容器中灭菌的药物制剂。注射剂必须注射给药，是一种通过直接注入动物体内而快速发挥药效的制剂，具有吸收快、起效迅速、剂量准确、作用可靠等优点。

1. 溶液型安瓿剂 将药物溶解于适宜溶剂中制成的稳定、可供注射给药的澄清液体制剂。安瓿是盛装注射用药物的玻璃密封小瓶，在安瓿中装有药物的溶液剂，可直接用注射器抽取应用。

2. 乳状液型注射液 系指以难溶于水的挥发油、植物油或溶于脂肪油中的脂溶性药物为原料，加入乳化剂和注射用水，经乳化制成的油/水（O/W）型、水/油（W/O）型或复合（W/O/W）型的可供注射给药的乳浊液；或以水溶性药物为原料，加入乳化剂和矿物油，经乳化制成的乳浊液。常用乳化剂有豆磷脂等。

3. 混悬型注射液 指难溶性固体药物的微粒分散在液体分散介质中形成的混悬液。常用羧甲基纤维素钠、甲基纤维素和海藻酸钠等作为助悬剂。如普鲁卡因青霉素、醋酸可的松等。此剂型仅

用于肌内注射，由于吸收缓慢，有延长药效的意义。

4. 粉针型安瓿剂(俗称粉针) 在灭菌安瓿中填充灭菌药粉，一般采用无菌操作生产方式。此剂型适合于在水溶液中不稳定、易分解失效的药物。应用时，用注射用水溶解后方可注射，如青霉素钠、盐酸土霉素等。根据药物要求行皮下注射、肌内注射和静脉注射。

（五）气雾状制剂

1. 烟雾剂 通过化学反应或加热而形成的药物过饱和蒸汽，又称凝聚气雾剂。如甲醛溶液遇高锰酸钾产生高温，前者即形成蒸汽，常供犬舍、猫舍消毒等。

2. 雾剂 借助机械(喷雾器或雾化器)作用，将药物喷成雾状的制剂。药物喷出时，呈雾状微粒或微滴，直径为0.5～5.0 μm，供吸入给药，也可用于环境消毒。

3. 气雾剂 将药物和适宜的抛射剂，共同封装于具有特制阀门系统的耐压容器中的制剂。使用时，借助抛射剂的压力将药物抛射成雾。供吸入给药，用于全身治疗、外用局部治疗及环境消毒等。

（六）其他制剂

1. 透皮剂 将药物溶于透皮吸收系统中而形成的澄明溶液制剂，可被皮肤吸收而发挥药效。这是一种透皮吸收的剂型。将该制剂涂擦、浇泼或泼洒在动物皮肤上，药物能透过皮肤屏障而达到治疗目的，如左旋咪唑搽剂、恩诺沙星透皮吸收搽剂等。临床上根据用法不同，称为透皮剂、浇泼剂等，专供外涂。

2. 项圈和含有驱虫药的耳号夹 用于犬、猫的缓释剂型，一般由杀虫药与树脂通过一定工艺制成，主要用于驱虫。

为使药物产生靶向、缓释、速效作用，降低其毒性、刺激性，提高溶解度、生物利用度等，兽药制剂的新技术如固体分散技术、环糊精包合技术(又称分子胶囊)及脂质体、微球、微囊制备技术等在兽药领域的应用研究备受关注，这将使未来兽药更能满足临床需要。

第二节 药物对机体的作用——药效学

药物效应动力学(pharmacodynamics)研究药物对机体的作用规律，阐明药物防治疾病的原理，简称药效学。这是药理学研究的主要内容，也是应用药物防治疾病的依据。

一、药物的基本作用

（一）药物作用的基本表现

药物作用是指药物小分子与机体细胞及大分子之间的初始反应，而药物对机体产生的作用则称为药理效应。如阿托品选择性地阻断腺体、眼、平滑肌等的M受体而产生相应的药理效应。药物的作用十分复杂，但任何药物的作用都是在机体原有生理功能和生化过程的基础上产生的，即主要表现为机体原有的生理功能加强或减弱。

药物对机体的作用主要表现为兴奋和抑制两个方面。凡能使机体生理功能加强的药物作用称为兴奋。引起兴奋作用的药物称为兴奋药。如肾上腺素具有强心作用，使心肌收缩力加强，心率加快，属于兴奋药。引起机体生理活动减弱的药物作用称为抑制。引起抑制作用的药物称为抑制药。如阿司匹林可退热，镇静催眠药巴比妥及麻醉药对中枢神经系统有抑制作用等。药物的作用是多个方面的，同一种药物对机体不同器官可产生不同的作用，如咖啡因对心脏有兴奋作用，使心率加快、收缩力加强，对血管则有抑制作用，使血管扩张、松弛。此外，药物的兴奋和抑制作用是可以转化的。

Note

同一种药物的不同剂量，对机体的作用是不同的。如当兴奋药剂量过大或作用时间过久时，机体往往在兴奋现象之后出现抑制现象。同样，抑制药在产生抑制作用之前机体可出现短时而微弱的兴奋现象，如麻醉分期中的第二期有兴奋现象出现。

功能性药物主要表现出兴奋作用和抑制作用，有些药物（如化学治疗药物）则主要作用于病原体，通过杀灭或去除入侵的微生物或寄生虫，使机体的生理功能免受损害或恢复平衡而呈现其药理作用。

（二）药物作用的方式

1. 局部作用与吸收作用 无须药物吸收而在用药局部发挥直接作用的方式，称局部作用。如普鲁卡因在局部浸润产生的麻醉作用，硫酸镁在肠道内不易被吸收而产生的致泻作用。当药物吸收入血后再分布到机体各组织器官而发挥作用的方式称为吸收作用或全身作用。如水合氯醛产生的全身麻醉作用，肌内注射硫酸镁注射液产生的对中枢的镇静作用和对神经肌肉接头部位阻断而呈现的抗惊厥作用。

2. 直接作用与间接作用 药物与组织器官直接接触后或药物被吸收后直接作用于靶器官所产生的原发作用称为直接作用，如洋地黄被吸收后，对心脏产生直接作用，即加强心肌收缩力、改善全身血液循环，局麻药普鲁卡因产生的局部麻醉作用。而药物作用于机体通过神经反射、体液调节所产生的作用称为间接作用或继发作用，如应用洋地黄后，全身血液循环改善，肾的血流量增加，尿量增多，使心源性水肿得以减轻或消除；氯化铵对胃黏膜的刺激引起迷走神经的反射作用，使支气管分泌增加而用于祛痰。

（三）药物作用的选择性

多数药物在适当剂量时，只对某些组织器官产生比较明显的作用，而对其他组织器官作用较小或不产生作用，这种现象称为药物作用的选择性。例如缩宫素对子宫平滑肌有很强的选择性作用，对其他平滑肌基本无作用。具有强心作用的洋地黄对心脏有高度的选择性，使心脏收缩加强，而对其他器官基本没有作用。抗菌药物对病原微生物作用大，对动物机体作用小等。

有些药物几乎没有选择性地影响机体各组织器官，对它们都有类似作用，称为普遍细胞毒作用或原生质毒作用。如消毒药可影响一切活组织中的原生质，由于这类药物大多能对组织产生损伤性毒性，一般仅用于体表、环境或器具消毒。

药物作用的选择性是治疗作用的基础，选择性高，针对性强，可产生很好的治疗效果，很少或没有副作用。药物选择性低，则针对性不强，副作用也较多。临床用药应尽可能用选择性高的药物，但在有多种病因或诊断未明时，应用选择性低的药物，则更有利。

（四）药物的治疗作用与不良反应

药物作用于机体后，既可产生对疾病有防治效果的有利作用，即治疗作用，也会产生与治疗无关，甚至对机体不利的作用，即不良反应。这就是药物作用的两重性。临床用药时，应注意充分发挥药物的防治作用，尽量减少药物的不良反应。

1. 治疗作用

(1) 对因治疗：药物的作用在于消除疾病的原发致病因子，中医也称治本。

(2) 对症治疗：药物的作用在于改善疾病症状，但不能消除病因，中医也称治标。例如，解热镇痛药安乃近使发热动物的体温降至正常，但不能解除发生疾病的原因，药效消失后体温又会升高。对症治疗不能根除病因，一般情况下首先要考虑对因治疗。但对病因未明或暂时无法根治的疾病，对症治疗是非常有必要的。对某些重危急症，如休克、惊厥、心力衰竭、心跳或呼吸暂停等，对症治疗可能比对因治疗更为迫切。在临床用药时对因治疗与对症治疗是相辅相成的，临床应视病情的轻重灵活运用，应遵循“急则治其标，缓则治其本，标本兼治”的原则。

2. 不良反应

(1) 副作用:药物在常用治疗剂量时出现的与治疗无关的作用或危害不大的不良反应。副作用产生的原因是有些药物的选择性低,药效作用范围广,将其中一个作用作为治疗目的时,其他作用便成了副作用。每种药物的副作用和治疗作用随治疗目的的不同而异。例如,利用阿托品的平滑肌松弛作用治疗腹痛时,可出现口干等副作用;全身麻醉时选用阿托品的抑制分泌作用作为治疗作用,而松弛平滑肌引起的腹胀或尿潴留则为副作用。副作用是可预见的,往往很难避免,有时可设法纠正,如链霉素引起的肌麻痹可用钙制剂予以纠正,给反刍动物使用阿托品时,常给予制酵药以防止瘤胃臌胀。

(2) 毒性反应:剂量过大或用药时间过长,药物在体内蓄积过多时发生的危害性反应。短期内用药剂量过大引起的毒性反应称为急性毒性反应,以损害循环、呼吸及中枢神经系统功能为主,可危及生命。如敌百虫片剂用于犬驱虫,量过大易发生急性中毒。长期用药导致药物在体内过量蓄积而逐渐发生的毒性反应为慢性毒性反应,多损伤肝脏、肾脏等器官的功能,如链霉素具有耳、肾毒性。另外,部分药物具有致癌、致畸、致突变作用,即"三致作用",是由药物影响细胞的DNA,细胞在分裂过程中发生遗传异常所致,为药物的特殊毒性。如阿苯达唑对早期妊娠的绵羊有致畸和胚胎毒性作用。药物的毒性作用一般是可以预见的,应该设法减轻或者防止其发生。

(3) 过敏反应:又称变态反应,是指与机体接触的某些半抗原性、低分子量物质(如抗生素、磺胺类药物、碘剂等),与体内细胞蛋白质结合成完全抗原,机体产生抗体,当再用药时出现的抗原-抗体反应。过敏反应的严重程度差异很大,和药物剂量无关,用药理性拮抗剂解救无效。从轻微的皮疹、发热、支气管哮喘、血清病综合征至造血系统抑制、肝肾功能损害、休克等,可能只有一种症状,也可能多种症状同时出现,停药后反应逐渐消失,再用药时可能再出现。例如青霉素、链霉素、普鲁卡因等易引起过敏反应。过敏反应是很难预见的,也很难避免其发生。临床上采取的防治措施通常是用药前对易引起过敏的药物先进行过敏试验,对用药后出现的过敏症状,根据情况应用抗组胺药、糖皮质激素、肾上腺素和葡萄糖酸钙等进行抢救。

(4) 后遗效应:停药后的血药浓度降至阈值以下时残存的药理效应,可能由药物与受体的牢固结合,靶器官药物尚未消除,或者药物造成不可逆的组织损害所致。例如,长期应用皮质激素,由于负反馈作用,垂体前叶或下丘脑受到抑制,即使肾上腺皮质功能恢复至正常水平,但应激反应在停药半年以后可能尚未消失,这也称为药源性疾病。在后遗效应中,有些药物能产生对机体有利的作用,如大环内酯类药物和氟喹诺酮类药物有较长的抗菌药物后效应,使药物的作用时间延长。

(5) 继发性反应:又称二重感染,是由药物治疗作用引起的不良后果。如成年草食动物胃肠道有许多微生物寄生,正常情况下菌群之间维持平衡的共生状态,如果长期应用四环素类广谱抗生素,对药物敏感的菌株受到抑制,菌群间相对平衡受到破坏,导致一些不敏感的细菌或耐药细菌(如葡萄球菌、大肠杆菌等)大量繁殖,可引起中毒性肠炎或全身感染。

二、药物的构效关系和量效关系

(一) 药物的构效关系

药物的构效关系是指药物的化学结构与药理效应之间的关系。影响药理效应的化学结构可包括基本结构、官能团(如烃基、羟基、巯基、磺酸基和羧基等)、立体结构(几何异构体、光学异构体、构象异构体)等。药物分子结构细微的变化(如立体异构体)可引起药物理化性质发生很大的改变。

化学结构近似的药物能与同一受体或酶结合,引起相似(如拟似药)或相反的作用(如拮抗药)。例如肾上腺素、去甲肾上腺素、异丙肾上腺素、普萘洛尔共有类似苯乙胺的基本结构,但因存在不同取代基团,前三者产生肾上腺素样作用,分别有强心、升血压、平喘等不同药效,后者则表现为抗肾上腺素作用。

HO—(苯环)—CH—CH_2—NH_2（HO，OH）

去甲肾上腺素

HO—(苯环)—CH—CH_2—$NHCH_3$（HO，OH）

肾上腺素

HO—(苯环)—CH—CH_2—N(H)—$CH(CH_3)_2$（HO，OH）

异丙肾上腺素

(萘环)—OCH_2—CH—CH_2—N(H)—$CH(CH_3)_2$（OH）

普萘洛尔

有时许多化学结构完全相同的药物，由于光学活性不同而存在光学异构体，它们的药理作用既可表现为量(作用强度)的差异，也可发生质(作用性质)的变化。如奎宁为左旋体，有抗疟作用，而其右旋体奎尼丁有抗心律失常的作用。左旋咪唑有抗线虫活性，其右旋体无作用。

（二）药物的量效关系

在一定范围内药物效应的强弱与其剂量或浓度大小呈正相关，简称量效关系。通过量效关系的研究，可定量地分析和阐明药物剂量与效应之间的关系，有助于了解药物作用的性质，也可为临床用药提供参考。

药物的用量称为剂量。药物剂量的大小关系到进入体内的血药浓度高低和药效的强弱。在一定范围内，药物剂量增大，药物效应相应增加，剂量减小，药物效应减弱；当剂量超过一定限度时能引起质的变化，产生中毒反应。例如，给动物静脉注射亚甲蓝注射液时，若按每千克体重 1～2 mg 给药，可解救由亚硝酸盐中毒引起的高铁血红蛋白血症，而使用剂量达每千克体重 5～10 mg 时，反而引起血中的高铁血红蛋白水平升高，可用于解救氰化物中毒。

药物剂量过小，不产生任何效应，称为“无效量”。能引起药物效应的最小剂量，称为“最小有效量”，也称“阈剂量”。比最小有效量大，并对机体产生明显效应，但并不引起毒性反应的剂量，称为“有效量”或“治疗量”，即通常所说的“常用量”。其中药物对 50％个体有效的剂量称为“半数有效量”，用 ED_{50} 表示。随着剂量的增加，效应强度相应增大，达到最大效应，称为“极量”。以后再增加剂量，超过有效量并能引起毒性反应的剂量称为“中毒量”。能引起毒性反应的最小剂量称为“最小中毒量”。能引起死亡的最小剂量称为“最小致死量”(图 1-1)。引起半数动物死亡的剂量称为半数致死量(median lethal dose)，用 LD_{50} 表示。

药物的最小有效量到最小中毒量之间的范围称安全范围。药物的常用量或治疗量在安全范围内应比最小有效量大，并对机体产生明显效应，但并不引起毒性反应。《中华人民共和国兽药典》对药物的常用量和毒药、剧药的极量都有规定。

最开始人们把药物的 LD_{50} 和 ED_{50} 的比值称为治疗指数(therapeutic index)，此数值越大药物越安全。但是仅靠治疗指数来评价药物的安全性是不够精确的，因为在高剂量时可能出现严重毒性反应甚至死亡。

药物的剂量大小和效应强弱之间呈一定关系，称为量效关系，这种关系可用曲线来表示，称为量效曲线。以效应强度为纵坐标，以剂量对数值为横坐标作图，量效曲线呈 S 形(图 1-2)。

量效关系存在下述规律：①药物必须达到一定的剂量才能产生效应；②在一定范围内，剂量增加，效应也增强；③效应的增加并不是无止境的，而有一定的极限，这个极限称为最大效应或效能，达到最大效应后，剂量再增加，效应也不再增强；④量效曲线的对称点在 50％处，此处曲线斜率最大，即剂量稍有变化，效应就产生明显差别。

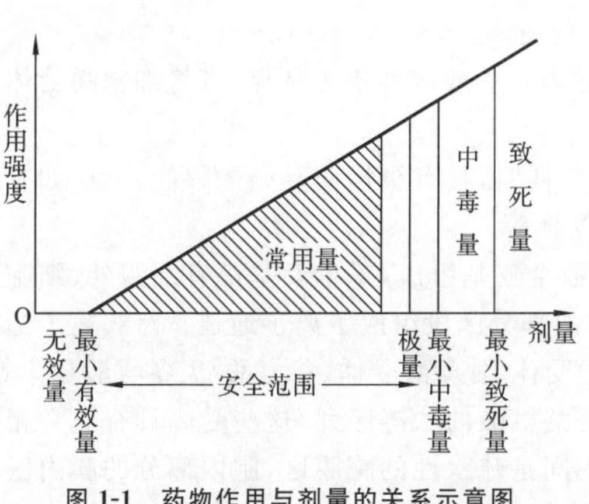

图 1-1 药物作用与剂量的关系示意图

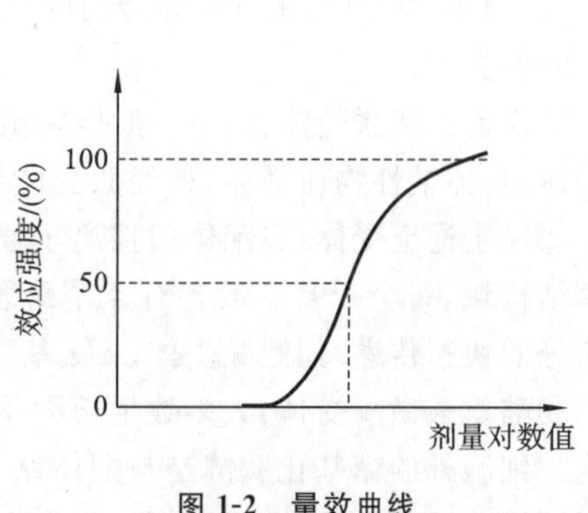

图 1-2 量效曲线

三、药物的作用机制

药物的作用机制是药效学的重要内容，它研究药物为什么起作用、如何起作用和在哪个部位起作用。阐明这些问题有助于理解药物的治疗作用和不良反应，并为深入了解药物对机体生理、生化功能的影响提供理论基础。虽然人们对药物作用机制的探索已进行了近 1 个世纪，取得了许多进展，近二三十年来对受体的研究取得了突出的成果，人们的认识已从细胞水平、亚细胞水平进入分子水平，但是科学的发展是永无止境的，关于药物作用机制的学说也不是固定不变的，相信随着科学的发展，关于药物作用机制的研究还会不断深入。

（一）药物作用的受体机制

1. 受体的基本概念 对特定的生物活性物质具有识别能力并可选择性结合的生物大分子，称为受体(receptor)。对受体具有选择性结合能力的生物活性物质称为配体(ligand)。生物活性物质包括机体内固有的内源性活性物质和来自体外的外源性活性物质，前者包括神经递质、激素、活性肽、抗原、抗体等，后者则指药物及毒物等。受体大分子大多存在于膜结构上，并镶嵌在脂质双分子层膜结构中，大多具有蛋白质的特性。现已确定受体有两种功能，即与配体结合和传递信息的功能，因此推测受体内存在配体结合部位和效应部位，前者又称为结合位点。20 世纪 70 年代后，N 受体就是一个成功的例子，通过测定其核苷酸序列推算出 4 种亚型的一级结构，按一定顺序组成 α_1、α_2、β、γ、δ 五聚体，中间形成一个通道，从膜外贯穿脂质双分子层通向膜内。“受体”一词现在已不再是空洞的概念，而是一个真正存在于细胞膜或胞内的生物大分子(糖蛋白或脂蛋白)，有的受体已被高度纯化，有的已被克隆或在人工脂质双分子层膜上重组，显现出天然受体的特有效应和理化性质。

一种特异的受体一般具有以下特性。

(1) 饱和性(saturability)：由于每个细胞(或单位质量的组织)的受体数量是一定的，因此，配体与受体结合的剂量反应曲线应具有可饱和性。

(2) 特异性(specificity)：特定的配体与受体的结合是特异性的，配体在结构上与受体应是互补的。一般来说，有效的药物对受体具有高亲和力，而无效的药物则没有亲和力，化学结构的微小改变便可影响亲和力。

(3) 可逆性(reversibility)：配体与受体的结合应是可逆的，药物与受体的复合物可以解离，而且是以非代谢的方式解离，解离得到的配体不是其代谢产物，而应是配体原形本身。这与酶和底物相互作用后产生代谢产物有本质的区别。

2. 受体的分类及其调节 按受体在细胞中的位置，经典的分类方法将受体分为细胞膜受体和细胞内受体两大类。前者包括神经递质、生长因子、细胞因子、某些离子和部分激素等的受体，后者包括甾体激素、甲状腺素、维生素 A、维生素 D 等的受体。另外，近来也有报道，在细胞膜上存在甾体

激素受体，而在细胞核上也发现了原来位于细胞膜上的受体。

(1) 细胞膜受体：根据受体蛋白的结构、信息转导方式和效应性质等特点，可将细胞膜受体分为以下四种类型。

①G蛋白偶联受体：由单一肽链构成，并与G蛋白偶联，具有缓慢而复杂的效应特点，如神经递质受体、自体活性物质受体、神经肽受体和趋化因子受体等。

②离子通道受体：属配体门控离子通道受体，由数个亚基组成，每个亚基都有细胞外、细胞内和跨膜结构域，每个亚基一般含有4个跨膜区段，其中的部分区段组成了离子通道。跨膜离子通道介导信号的快速传递，如胆碱受体、γ氨基丁酸(GABA)受体、甘氨酸受体、谷氨酸/天冬氨酸受体等。

③酪氨酸激酶受体：大多数生长因子的受体含有酪氨酸的肽链序列，这些受体具有非常相似的结构。细胞外的糖基化肽链是与配体结合的部位，中间是疏水性的跨膜区，胞内部分的膜内区具有酪氨酸激酶活性。各种生长因子(如表皮生长因子、胰岛素样生长因子及神经生长因子等)的受体具有共同的特性，即具有内在的酪氨酸激酶活性。当生长因子与受体结合后，受体的酪氨酸激酶被激活，使酪氨酸残基磷酸化，这是产生效应的第一步，随之产生一系列的级联反应。

④细胞因子受体：由α和β两个亚基组成，α亚基与细胞因子的选择性及低亲和结合性有关，β亚基与信号转导及高亲和结合性有关，两个亚基均有单一的跨膜区。细胞因子受体包括白介素、促红细胞生成素、粒细胞集落刺激因子、催乳素以及生长激素等的受体。细胞因子与受体结合后，通过第二信使(Ca^{2+}、GTP、cAMP、磷脂和蛋白激酶)将信号转导至细胞核，触发或抑制一些基因的转录，改变细胞蛋白质合成的模式而导致细胞行为发生变化，并调节细胞的功能。

(2) 细胞核受体：具有共同的结构特征，都有6个相同的结构区，即A区至F区，自N末端至C末端排列。这类受体也存在受体亚型。细胞核受体主要包括甾体激素受体、视黄素受体、甲状腺素受体以及过氧化酶体增殖因子活化受体。当甾体激素、维生素A、维生素D、甲状腺素等进入细胞后，与细胞核受体结合，形成复合物，在细胞核内产生作用，调节信号转导和基因转录过程。但产生作用的速度很慢，细胞功能一般需要若干小时才能发生改变。

受体是细胞在生物进化过程中形成并遗传下来的，在机体内有其特定的分布和功能。随着对受体研究的不断深入，新的受体不断被发现，受体的分类和命名也不断完善。最初，根据受体能与某种递质或激素结合的特性，即以该递质或激素命名，如胆碱受体、肾上腺素受体等。后来又使用不同的药物研究不同组织或部位的受体，根据亲和力和效应的不同，以药物命名相关受体，如烟碱受体、毒蕈碱受体等。以后还发现许多亚型、次亚型，截至目前被人们肯定的达200多种。随着对受体研究的不断深入，有望找到选择性更强的药物以调节细胞的功能，达到更好的治疗效果而把不良反应减到最小限度。

机体各种组织的受体数量和活性不是固定不变的，而是经常代谢更新并处于动态平衡状态的，同时又会因各种生理、药物、病理因素的变化而受到调节。受体调节是维持内环境稳定的一个重要因素，其调节方式主要有以下两种类型。

①脱敏(desensitization)：在使用一种激动剂期间或之后，组织或细胞对激动剂的敏感性或反应性下降的现象，又称为向下调节。G蛋白偶联受体的快速脱敏主要由受体的磷酸化所致。受体内移也是受体数目减少的一个重要原因，一般认为这是一种特殊的胞吞作用。研究发现，许多受体和配体结合后会发生内移，而受体内移之前往往发生磷酸化。

②增敏(hypersensitization)：与脱敏作用相反的一种现象，又称向上调节。可因受体激动剂的水平降低或应用拮抗剂而引起，亦可因其他原因而出现，如长时间使用普萘洛尔后突然停药可出现反跳现象。

3. 受体学说　对于药物配体与受体结合相互作用的方式和产生药理作用的定量分析方法，不少学者提出了某些假说和模型，如占领学说、速率学说、诱导契合学说和二态模型等。但是，在人们对受体分子结构及其介导信号转导的功能了解得越来越多之后，这些假说和模型显然已无法说明许

多受体与配体结合的过程和特征。因此，许多学者正在研究建立新的模型，并取得了一定进展，如三元复合物模型、扩展的三元复合物模型和立体复合物模型等，然而离最后建立完全合理的模型尚有很大差距。

(1) 占领学说：1933 年 Clark 提出了占领学说，占领学说基本内容包括药物与受体之间的相互作用是可逆的；药物作用的强度与被占领受体的数量成正比，当全部受体被占领时，就会产生最大药理效应；药物浓度与效应关系服从质量作用定律。占领学说可用下面的公式表示：

$$R+D \underset{k_{-1}}{\overset{k_1}{\rightleftharpoons}} RD \rightarrow E$$

式中，R 为受体；D 为药物分子；RD 为药物受体复合物；E 为药理效应；k_1 和 k_{-1} 分别为结合速率常数和解离速率常数。

按照占领学说，与同一受体部位具有相同亲和力的配体，如果所用的浓度相同，产生的效应也应相同，但实际上有的相同，有的却不同，并表现出拮抗作用。还有一些现象用此学说也难以解释。为此，Arien(1954 年)和 Stephenson(1956 年)先后对占领学说提出修正，认为药物产生最大效应不一定要占领全部受体，药物与受体结合产生效应必须具有亲和力和内在活性(intrinsic activity)。亲和力表示药物与受体结合的能力，服从质量作用定律。药物与受体结合后诱导效应的能力取决于内在活性，又称效能。不同的药物具有不同的内在活性，可以产生不同的效应。既有亲和力又有内在活性的药物称为激动剂(agonist)。另一类药物与受体具有亲和力，但缺乏内在活性，与受体结合后不仅不能诱导效应，反而占据了受体，阻断了激动剂与受体的作用，称为拮抗剂(antagonist)。还有一类药物，对受体具有亲和力，但内在活性不强，其最大效能比激动剂低得多，称为部分激动剂，其实它对激动剂也有部分拮抗作用，故又称为部分拮抗剂。修改后的占领学说用化学结构来阐明药物的作用机制。

(2) 速率学说：1961 年，Paton 提出了速率学说，他认为药物作用不与受体被占领数量成正比，而与单位时间内药物与受体接触的次数成正比，药物作用仅仅是药物分子与受体间的结合速率和解离速率的函数，而与受体复合物的形成无关。对激动剂来说，结合速率和解离速率都很快，而解离速率大于结合速率；拮抗剂则结合速率快，解离速率慢；部分激动剂则具有中等的解离速率。此学说也不能解释许多现象，现已很少使用。

(3) 诱导契合学说(induced fit theory)：Koshland 根据底物与酶、药物与受体蛋白相互作用可产生显著的构象变化的事实提出了诱导契合学说。他认为药物与受体蛋白结合时，可使蛋白质三级结构发生可逆的改变，并将其形容为“锁与钥”的关系，这种变构作用产生生物效应。

(4) 二态模型学说：Monod 首先提出二态模型学说，他认为同一受体有两种状态，即静息态(resting state，R)或称失活态，以及激活态(active state，R^*)，它们可以相互转变，处于动态平衡。在激动剂或拮抗剂作用下，两者平衡关系发生变化，平衡移动的方向取决于药物究竟与哪种状态的受体结合，同时也取决于药物对 R 或 R^* 的亲和力。激动剂与 R^* 结合产生效应，并促进 R 转变为 R^*；拮抗剂与 R 结合，则能促进 R^* 转变为 R，因而有拮抗激动剂的作用；部分激动剂与 R^* 和 R 都有亲和力，结合后部分 R^* 产生效应，但由于内在活性低，效应不强。

(二) 药物作用的非受体机制

药物的化学结构多种多样，同时机体的功能千变万化，因此药物对机体作用的机制是十分复杂的生理、生化过程。随着科学技术的发展，越来越多的受体(包括亚型、次亚型)被发现，许多药物与受体的相互作用被阐明，但是很多药物并不直接作用于受体也能引起器官、组织的功能发生变化。因此，应该在更广泛的基础上研究和了解药物作用的机制，只有这样，才能认识药物作用的多样性和复杂性，才能更好地掌握各类药物的特征，更多地寻找和发现新药。按照目前的认识水平，药物作用还存在以下各种非受体机制。

1. 对酶的作用 酶是机体生命活动的基础，种类繁多，分布广泛。药物的许多作用是通过影响酶的功能来实现的，除了受体介导某些酶的活动外，不少药物可直接对酶产生作用而改变机体的生理功能。这些作用包括对酶的抑制作用，如咖啡因抑制磷酸二酯酶；对酶的激活作用，如福司可林激活腺苷酸环化酶；对酶的诱导作用，如苯巴比妥诱导肝药酶；使酶复活的作用，如碘解磷定使磷酰化胆碱酯酶复活等。

2. 影响离子通道 在细胞膜上除了被受体操纵的离子通道外，还存在一些独立的离子通道，如 Na^+、K^+、Ca^{2+} 通道。有些药物可直接作用于这些通道而产生药理效应，如普鲁卡因可阻断 Na^+ 通道而产生局部麻醉作用，以及 Ca^{2+}、K^+ 通道阻滞剂的抗高血压和抗心律失常作用等；苯扎溴铵、两性霉素、制霉菌素等均通过影响细菌细胞膜的通透性而发挥抗菌作用。

3. 对核酸的作用 许多药物对核酸代谢的某一环节产生作用而发挥药效，如几乎所有抗癌药物都能影响核酸代谢，有些抗菌药物也是通过影响细菌的核酸代谢而起作用的。

4. 影响神经递质或体内自身活性物质 神经递质或自身活性物质如神经递质、激素、前列腺素等在体内的生物合成、储存、释放或消除的任何环节受干扰或阻断，均可产生明显的药理效应。如阿司匹林能抑制生物活性物质前列腺素的合成而发挥解热作用，利血平阻断递质进入囊泡的过程，小剂量碘能促进甲状腺素合成，麻黄碱促进体内交感神经末梢释放去甲肾上腺素而产生升压作用。

5. 参与或干扰细胞代谢 磺胺类药物通过干扰细菌的叶酸代谢而抑制其生长繁殖；维生素、微量元素等作为酶的辅酶或辅基成分，通过参与或影响细胞的物质代谢过程而发挥作用。如由维生素 B_1 形成的焦磷酸硫胺素是丙酮酸脱氢酶复合体中的辅酶，参与 α-酮酸氧化脱羧反应；铜作为酪氨酸酶的组成成分，影响黑色素合成；硒是谷胱甘肽过氧化物酶的必需组分，发挥抗氧化作用，保护细胞膜结构和功能稳定。

6. 影响免疫机能 有些药物通过影响免疫机能而起作用，如左旋咪唑有免疫增强作用，环孢素有免疫抑制作用。

7. 理化条件的改变 有的药物通过简单的理化反应或改变体内的理化条件而产生药物作用，如甘露醇高渗溶液的脱水作用；口服 6% 硫酸钠溶液改变肠腔内渗透压而产生泻下作用；口服碳酸氢钠可中和过多的胃酸，治疗胃酸过多症；抗酸药中和胃酸治疗消化性溃疡；螯合剂解除重金属中毒等。

第三节　动物机体对药物的作用——药动学

药物代谢动力学（pharmacokinetics）研究机体对药物的处置过程，即药物在体内的吸收、分布、生物转化和排泄过程中药物浓度随时间变化的规律，简称药动学。

一、药物的跨膜转运

（一）生物膜的结构

生物膜是细胞膜和细胞器膜的统称，包括核膜、线粒体膜、内质网膜和溶酶体膜等。对生物膜的结构，Singer 和 Nicolson（1972 年）提出了液态镶嵌模型，即大部分生物膜由不连续的、具有液态特性多糖蛋白质复合物的脂质双分子层组成，厚度约 8 nm，少部分生物膜由蛋白质或脂蛋白组成，并镶嵌在脂质的基架中。膜成分中的蛋白质有重要的生物学意义，一种为表在性蛋白，有的具吞噬、饱饮作用；另一种为内在性蛋白，贯穿整个脂膜，组成为生物膜的受体、酶、载体和离子通道等。生物膜能迅速地做局部移动，是一种可塑性的液态结构，它可以改变相邻蛋白质的相对几何形状，并形成通道内转运的屏障，不同组织的生物膜具有不同的特征，也决定了药物的转运方式。

（二）药物转运的方式及分子机制

药物从给药部位进入全身血液循环，分布到各种器官、组织，经过生物转化，最后由体内排出，要经过一系列的生物膜（图 1-3），这一过程称为跨膜转运。药物的跨膜转运主要有被动转运、主动转运和易化扩散等方式，它们各具特点，且与药物代谢动力学的特点有密切关系。

1. 被动转运 又称“顺流转运”，是由药物浓度高的一侧扩散到药物浓度低的一侧的转运方式。其转运速度与膜两侧药物浓度差（浓度梯度）的大小成正比。浓度梯度越大，越易扩散。当膜两侧的药物浓度达到平衡时，转运便停止。这种不需消耗能量、依靠浓度梯度进行转运的方式，称被动转运，包括简单扩散和滤过。

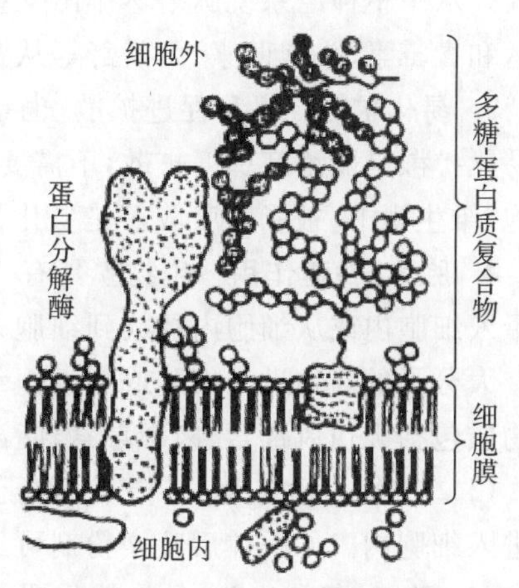

图 1-3 生物膜的结构模式图

（1）简单扩散：又称被动扩散、脂溶扩散，大部分药物通过这种方式转运。其特点是顺浓度梯度，扩散过程与细胞代谢无关，故不消耗能量；没有饱和现象。由于生物膜具有类脂质特性，许多脂溶性药物可以直接溶解于脂质中而通过生物膜，其转运速度与膜两侧药物浓度差成正比。同时，转运受药物的解离度、脂溶性影响。扩散速率主要取决于膜两侧的浓度梯度和药物的脂溶性，浓度梯度越大，脂溶性越高，扩散越快。

在简单扩散中，药物的解离度与体液的 pH 将对扩散产生明显的影响，这是因为只有非解离型并具脂溶性的药物才容易通过生物膜。解离型（离子化）药物具极性，脂溶性很低，实际上不能通过生物膜。大多数药物是弱有机酸或弱有机碱，在溶液中以解离型和非解离型混合存在。非解离型药物脂溶性高，容易通过生物膜，而解离型或极性药物脂溶性低，难以通过。其解离度取决于药物的 pK_a 和体液的 pH。

由于只有非解离型药物能穿过生物膜，故不同组织体液的不同 pH 会引起解离度的不同，这将对药物的被动扩散产生很大的影响。因此，弱有机电解质在体内的分布也取决于 pK_a 和 pH，当脂质膜两侧水相 pH 不同时，药物解离的程度不同，当转运达到平衡时，解离度较高的一侧将有较高的药物总浓度（包括非解离型浓度和解离型浓度），这种现象称为离子陷阱机制。所以，酸性药物（如水杨酸盐、青霉素、磺胺类等）在碱性较强的体液中有较高的浓度；碱性药物（如吩噻嗪类、红霉素、土霉素等）则在酸性较强的体液中浓度高。在选择药物治疗乳腺炎时，利用上述规律，应选择碱性药物，因为乳汁（pH 为 6.5～6.8）比血浆（pH 为 7.4）有更强的酸性，故碱性药物在乳汁中有较高的浓度。

（2）滤过：直径小于膜孔通道的一些药物（如乙醇、甘油、乳酸、尿素等），借助膜两侧的渗透压差，被水携带到低压一侧的过程。这些药物往往能通过肾小球细胞膜而被排出，而大分子蛋白质却被滤除。

通过水通道滤过是许多小分子，水溶性、极性和非极性物质转运的常见方式。各种生物膜水通道的直径有所不同，毛细血管内皮细胞的膜孔比较大，直径为 4～8 nm（由所在部位决定），而肠道上皮细胞等的膜孔直径仅为 0.4 nm。药物通过水通道转运，对肾脏排泄（肾小球滤过）、从脑脊液排出药物和穿过肝窦膜转运都是很重要的方式。

2. 主动转运 又称逆流转运，药物逆浓度差由膜的一侧转运到另一侧。这种转运方式需要消耗能量，并有膜上的特异性载体蛋白参与，这种转运能力有一定限度，即载体蛋白有饱和性，且同一载体转运的两种药物之间可出现竞争性抑制作用。

载体与被转运物质发生迅速、可逆的相互作用，所以对转运物质的化学性质有相当的选择性。

由于载体参与，转运过程有饱和性，相似化学性质的物质还有竞争性，竞争性抑制是载体转运的特征。

主动转运是直接耗能的转运过程，由于其能逆浓度梯度转运，故对药物的不均匀分布和肾脏的排泄具有重要意义。强酸、强碱及大多数药物的代谢产物迅速转运到尿液和胆汁的过程是主动转运过程。从中枢神经系统脉络丛排出某些药物（如青霉素），以及大多数无机离子（如 Na^+、K^+、Cl^-）的转运和青霉素、头孢菌素、丙磺舒等从肾脏的排泄也是主动转运过程。

3. 易化扩散 又称促进扩散，也是载体介导的转运过程，故也具有饱和性和竞争性的特征。但是易化扩散是顺浓度梯度扩散，不需要消耗能量，这是它跟主动转运的区别。氨基酸、葡萄糖进入红细胞，维生素 B_{12} 被肠道吸收等是易化扩散过程。

4. 胞饮/吞噬作用 生物膜具有一定的流动性和可塑性，因此细胞膜可以主动变形而将某些物质摄入细胞内或从细胞内释放到细胞外，这种过程称胞饮或胞吐作用，摄取固体颗粒时称为吞噬作用。大分子的药物进入细胞或穿过组织屏障一般是以胞饮或吞噬的方式完成的。用这一方式转运的物质包括破伤风毒素、肉毒毒素、脂溶性维生素等。

（1）胞饮：又称入胞，是指某些液态蛋白质或大分子物质可通过由生物膜内陷形成的小泡吞噬而进入细胞内。如垂体后叶素粉剂可经鼻黏膜给药吸收。

（2）胞吐：又称出胞，是指某些液态大分子物质可从细胞内转运到细胞外，如腺体分泌物及递质的释放等。

5. 离子对转运 有些高度解离的化合物，如磺胺类和某些季铵盐化合物能被胃肠道吸收，很难用上述机制解释。现认为这些高度亲水性的药物，在胃肠道内可与某些内源性化合物结合，如与有机阴离子黏蛋白(mucin)结合，形成中性离子对复合物，既有亲脂性，又有水溶性，可通过被动扩散穿过脂质膜，这种方式称为离子对转运。

二、药物的体内过程

在药物影响机体的生理功能从而产生效应的同时，动物的组织器官也不断地作用于药物，使药物发生变化。从药物进入机体至排出体外的过程，包括吸收、分布、生物转化和排泄，称为药物的体内过程(图 1-4)。药物在体内的吸收、分布和排泄统称为药物在体内的转运，而代谢过程则称为药物的生物转化，生物转化和排泄被统称为消除。

（一）吸收

吸收是指药物从用药部位进入血液循环的过程。药物吸收的速度和程度都会直接影响药物作用的起始时间和强弱，因此药物吸收是药物发挥作用的重要前提。除静脉注射外，一般的给药途径存在吸收过程。药物吸收的快慢和多少与药物的给药途径、理化性质、吸收环境等有关。这里重点讨论不同给药途径的吸收过程。

1. 消化道给药

（1）内服给药：内服给药包括经口投服、混入饲料和饮水中给予，方法简便，适合大多数药物，能发挥药物在胃肠道内的作用。多数药物可经内服给药吸收，主要通过被动转运被胃肠道黏膜吸收，主要吸收部位是小肠，因为小肠绒毛有较大的表面积和丰富的血液供应，不管是弱酸、弱碱化合物还是中性化合物均可在小肠被吸收。弱酸性药物在犬、猫胃中呈非解离状态，也能通过胃黏膜吸收。

许多内服的药物是固体剂型（如片剂、丸剂等），吸收前药物首先要从剂型中释放出来，这是一个限速步骤，常常控制着吸收速率，一般溶解的药物或液体剂型较易被吸收。

内服药物的吸收还受其他因素的影响，主要包括以下几个方面。

①药物的理化性质：药物的相对分子质量越小，脂溶性越大或非解离型比例越大，越易被吸收。在水和有机溶剂中均不溶的物质一般很难被吸收。如硫酸钡在胃肠道不被溶解、内服时不被吸收，

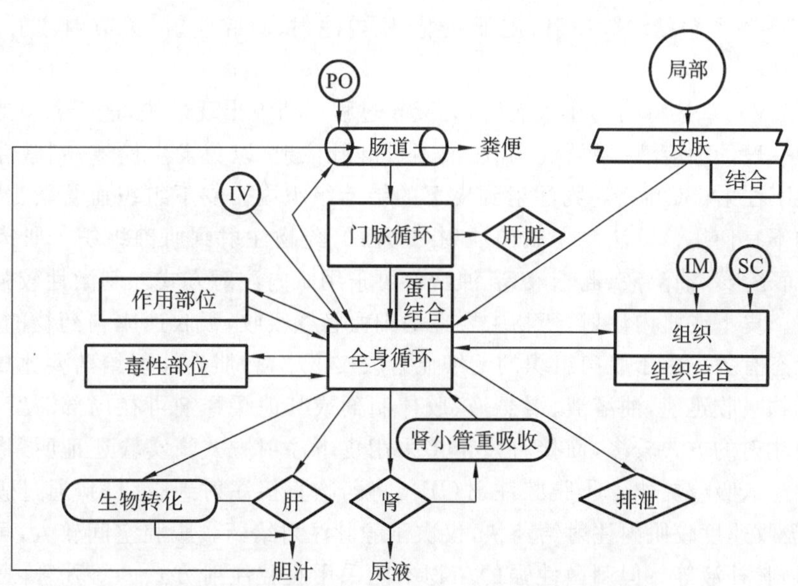

图 1-4 药物的体内过程包括吸收、分布、生物转化和排泄

注:PO,口服;IV,静脉注射;IM,肌内注射;SC,皮下注射。

可用作造影剂;水溶性钡盐口服可被吸收,因此有剧毒。硫酸镁水溶液口服难被吸收,常用作泻药。②首过效应(first pass effect):又称第一关卡效应,内服药物从胃肠道吸收,经门静脉系统进入肝脏,有些药物在肝药酶和胃肠道上皮酶的联合作用下进行首次代谢,使进入全身循环的药量减少、药效降低。不同药物的首过效应强度不同,强首过效应的药物可使生物利用度明显降低。如硝酸甘油经首过效应可被灭活约 90%,故内服疗效差,需要舌下给药。利多卡因经首过效应后,血液中几乎测不到原形药。有明显首过效应的药物还有氯丙嗪、乙酰水杨酸、哌替啶、利多卡因等,强首过效应的药物可使生物利用度明显降低,若治疗全身性疾病,则不宜采用内服给药方式。③胃的排空率:排空率影响药物进入小肠的快慢,排空快可阻碍药物与吸收部位的接触,使吸收减少。不同动物有不同的排空率,如马胃容积小,不停进食,排空时间很短;牛胃则没有排空。此外,排空率还受其他生理因素(如胃内容物的容积和组成等)影响。④pH:胃肠液的 pH 能明显影响药物的解离度,不同动物胃液的 pH 有较大差别,是影响药物吸收的重要因素。胃内容物的 pH:马 5.5;猪、犬 3~4;牛前胃 5.5~6.5,真胃约为 3;鸡嗉囊 3.17。一般酸性药物在胃液中不解离,容易被吸收;碱性药物在胃液中解离,不易被吸收,要在进入小肠后才能被吸收。⑤胃肠内容物:胃肠内容物过多时,大量食物可稀释药物,使浓度变得很低,吸收减慢。据报道,猪在饲喂后对土霉素的吸收少且慢,饥饿猪对土霉素的生物利用度可达 23%,饲喂后猪的血药峰浓度仅为饥饿猪的 10%。⑥浓度:药物浓度高则吸收较快。⑦肠蠕动情况:肠蠕动增加能促进固体制剂的崩解与溶解,使溶解的药物与肠黏膜接触,药物吸收增加,但肠蠕动过快时,有的药物来不及被吸收就被排出体外。⑧药物的相互作用:有些矿物质元素(如 Mg^{2+}、Fe^{2+}、Ca^{2+} 等)在胃肠道内能与四环素和氟喹诺酮类药物发生螯合作用形成不溶性配合物,从而阻碍药物的吸收或使药物失活。

(2) 舌下给药:虽然口腔吸收面积小,但血流丰富,所以舌下给药吸收迅速。加之该处药物可经舌下静脉不经肝脏而直接进入体循环,无首过效应,特别适合口服给药时易被破坏或首过效应明显的药物,如硝酸甘油、异丙肾上腺素等。

(3) 直肠给药:将药物灌注至直肠深部的给药方法。直肠给药能发挥局部作用(如治疗便秘)和吸收作用(如补充营养),吸收表面积虽小,但血液供应丰富,药物可迅速被吸收到血液循环,而不必首先通过肝脏。优点是避免首过效应,还可以避免药物对上消化道产生刺激,吸收也较迅速。缺点是吸收不规则,如直肠灌注给药等。

2. 注射给药 主要包括静脉注射、皮下注射、肌内注射、腹腔注射、关节内注射、结膜下腔和硬膜外注射等。

①静脉注射(IV):直接将药物注入血管,无吸收过程。药效出现最快,适于急救或需要输入大量液体的情况。但一般的油溶液、混悬液、乳浊液不可静脉注射,以免发生栓塞;刺激性大的药物不可漏出血管。②皮下注射(SC):将药物注射到皮下的结缔组织内。皮下组织血管较少,吸收较慢。刺激性较强的药物不宜使用该方法。③肌内注射(IM):将药物注射到肌肉组织。肌肉组织含丰富的血管,吸收较快而完全。油溶液、混悬液、乳浊液都可采用肌内注射方式。刺激性较强的药物应作深层分点肌内注射。皮下或肌内注射,药物主要经毛细血管壁吸收,吸收速率与药物的水溶性、注射部位的血管分布状态有关。由于肌肉组织的毛细血管较皮下丰富,肌内注射给药要比皮下注射给药吸收快。水溶性药物吸收迅速,油溶液、混悬液、胶体制剂或其他缓释剂可在局部滞留,吸收较慢。治疗用药采用肌内注射的方式较多,而接种疫苗多采用皮下注射方式。实验还证明,将肌内注射量分点注射比一次性注入吸收更快。④腹腔注射(IP):将药物直接注射到腹腔内,通过腹膜吸收。由于腹膜面积较大,吸收速度较肌内注射给药快,仅次于静脉注射给药。腹腔空间较大,可以承受较大量的药物,可代替静脉补液等。但刺激性强的药物不能采用腹腔注射方式。⑤乳管内注入:常称为乳池注射,通过乳管将药物注入乳房。对治疗乳腺炎症起直接治疗作用,药物集中,作用快,效果好。

3. 呼吸道给药 气体或挥发性液体麻醉药和其他气雾剂型药物可通过呼吸道吸收。肺有很大的表面积(如马 500 m^2、猪 50～80 m^2),血流量大,经肺的血流量为全身总血流量的 10%～12%,肺泡细胞结构较薄,故药物极易被吸收。有的药物难溶于一般溶剂,在水溶液中又不稳定,如色甘酸钠可制成直径约 5 μm 的极微细粉末,以特制的吸入装置气雾吸入。气雾剂中的颗粒很小,可以悬浮于气体中,其颗粒可以沉着在支气管树或肺泡内,从肺直接吸收入血。由于肺泡的表面积相当大,壁薄,毛细血管十分丰富,吸入药物快而完全,可避免首过效应,特别是呼吸道感染时,可直接局部给药使药物达到感染部位而发挥作用。主要缺点是难以掌握剂量,给药方法比较复杂。

4. 皮肤黏膜给药 浇淋剂是经皮肤吸收的一种剂型,它必须满足两个条件:一是药物必须从制剂基质中溶解出来,然后穿过角质层和上皮细胞;二是由于通过被动扩散吸收,故药物必须是脂溶性的。在此基础上,药物浓度是影响吸收的主要因素,其次是基质,如二甲基亚砜、氮酮等可促进药物吸收。但由于角质层是皮肤的屏障,一般药物在完整皮肤上很难被吸收,所以,用抗菌药物治疗皮肤较深层的感染时,全身治疗常比局部用药效果更好。将药物涂敷于皮肤、黏膜局部,主要发挥局部作用(如治疗体外寄生虫病),目前的浇淋剂的最高生物利用度不足 20%。刺激性强的药物不宜用于黏膜,可通过加入透皮促进剂促进药物吸收,脂溶性大的杀虫药可被皮肤吸收,应用时要防止中毒。

(二) 分布

分布是指药物从血液转运到各组织器官的过程。大多数药物在体内的分布是不均匀的。通常药物在组织器官内的浓度越大,对该组织器官的作用就越强。但也有例外,如强心苷主要分布在肝和骨骼肌组织,却选择性地作用于心脏。而实际上,影响药物在体内分布的因素很多,包括药物与血浆蛋白的结合率、各器官的血流量、药物与组织的亲和力、血脑屏障以及体液 pH 和药物的理化性质等。

1. 药物与血浆蛋白的结合率 药物与血浆蛋白的结合率是决定药物在体内分布的重要因素之一。药物在血浆中能不同程度地与血浆蛋白结合,以游离型与结合型两种形式存在,并经常处于动态平衡。药物与血浆蛋白结合后相对分子质量增大,不易透过血管壁,限制了它的分布,也影响药物从体内消除。药物与血浆蛋白的结合是可逆的,也是一种非特异性结合,但有一定的限量,药物剂量过大超过饱和时,会使游离型药物大量增加,有时可引起中毒。此外,若同时使用两种都对血浆蛋白有较高亲和力的药物,则将发生竞争性抑制现象,一种药物可把另一种药物从结合部位置换出来。

例如，使用抗凝血药双香豆素后，几乎全部与血浆蛋白结合（结合率为99%），若同时使用保泰松，则可与血浆蛋白竞争性结合，把双香豆素置换出来，使游离型药物浓度急剧增加，可能导致出血不止。

与血浆蛋白结合的药物，在游离型药物浓度下降时，便可从结合状态下释放出来，延缓了药物从血浆中消除的速度，使半衰期延长。药物与血浆蛋白结合率的高低主要取决于药物的化学结构，但同类药物中也有很大的差别，如磺胺类的磺胺地索辛（SDM）与犬的血浆蛋白结合率为81%，而磺胺嘧啶（SD）只有17%。另外，动物的种属、生理病理状态也可影响药物与血浆蛋白的结合率。

2. 药物的理化特性和局部组织的血流量 脂溶性或水溶性小分子药物易透过生物膜，非脂溶性的大分子或解离型药物则难以透过生物膜，从而影响其分布。脂溶性高的药物易为富含类脂质的神经组织所摄取，如硫喷妥钠。药物从血液向组织器官分布的速度取决于该组织器官的血流量和膜的通透性。局部组织的血管丰富、血流量大，药物就易于透过血管壁而分布于该组织。如肝、肾、脑、肺等血流量较为丰富的器官，药物分布快且含量较多，皮肤、肌肉等血流量较少的器官，药物分布慢且含量较少。

3. 药物与组织的亲和力 某些药物对特殊组织有较高的亲和力，而使药物在该种组织中的浓度高于血浆游离型药物的浓度。如碘在甲状腺的浓度比在血浆和其他组织高约1万倍，硫喷妥钠在给药3 h后约有70%分布于脂肪组织，四环素可与Ca^{2+}络合储存于骨组织中。

4. 体内屏障 血脑屏障是由毛细血管壁与神经胶质细胞形成的血浆与脑细胞之间的屏障，以及由脉络丛形成的血浆与脑脊液之间的屏障。血脑屏障的通透性较差，能阻止许多大分子水溶性或解离型药物进入脑组织，与血浆蛋白结合的药物也不能通过。初生幼畜的血脑屏障发育不全或脑膜炎患病动物，血脑屏障的通透性增加，药物进入脑脊液增多。

胎盘屏障是指胎盘绒毛组织与子宫血窦间的屏障，其通透性与一般毛细血管没有明显差别。大多母体所用药物均可进入胎儿体内，但因胎盘和母体交换的血液量少，因此，进入胎儿的药物需要较长时间才能和母体达到平衡，即使脂溶性很大的硫喷妥钠也需要15 min，这样便限制了进入胎儿体内药物的浓度。

（三）生物转化

药物在体内经化学变化生成代谢产物的过程称为生物转化（biotransformation），过去常称为代谢（metabolism）。生物转化通常分两步（相）进行，第一步包括氧化、还原和水解反应，第二步为结合反应。

第一步生物转化使药物分子产生一些极性基团，如—OH、—COOH和—NH_2等，这些官能团有利于药物与内源性物质结合进行第二步反应。生成的代谢产物，大多数药理活性降低或消失，称为灭活（inactivation）；但也有部分药物在第一步生物转化后，其代谢产物才具有药理活性，如百浪多息转化为氨苯磺胺，无活性的前药非班太尔转化为芬苯达唑，这种现象称为代谢活化。另外，还有少数药物经第一步转化后，能生成有高度反应性的中间体，使其毒性增强，甚至产生“三致”和细胞坏死等作用，这种现象称为生物毒性作用。例如，苯并芘本身是无毒的，但在体内代谢生成的环氧化物则有很强的致癌作用。

经第一步代谢生成的极性代谢产物或未经代谢的原形药物（如磺胺类等）能与内源性化合物如葡萄糖醛酸、硫酸、氨基酸和谷胱甘肽等结合，称为结合反应。通过结合反应生成极性更强、更易溶于水、更利于从尿液或胆汁排出的代谢产物，药理活性完全消失，称为解毒作用。

影响药物生物转化的主要器官是肝脏，此外血浆、肾、肺、脑、皮肤、胃肠黏膜和胃肠道微生物也能进行部分药物的生物转化。各种药物在体内的生物转化过程不尽相同，有的只经第一步或第二步反应，有的则有多种反应过程。药物经生物转化的多少，不同药物或不同种属动物有很大的差别。例如，恩诺沙星在鸡体内约有50%代谢为环丙沙星，但在猪体内生成的环丙沙星却很少。此外，还有一些药物大部分或全部不经生物转化，以原形药物从体内排出。

Note

1. 生物转化的反应和酶系 药物在体内的生物转化是在各种酶的催化作用下完成的，参与生物转化的酶主要是肝微粒体药物代谢酶系，简称肝药酶，包括催化氧化、还原、水解和结合反应的酶系。其中最重要的是细胞色素 P-450 混合功能氧化酶系（CYP450），又称单加氧酶（monoxygenase）。细胞色素 P-450 是一个超大家族，人的 CYP450 有 18 个家族，与药物代谢关系比较密切的是其中的 CYP1、2、3 家族中的 20 多个成员，最重要的是 CYP3A4。动物中与药物或毒素相关的也是这 3 类，只是其中发挥作用的亚型可能不太一样，存在复杂的多态性。许多研究表明，细胞色素 P-450 的多态性是产生药物作用种属和个体差异的重要原因之一。除肝外，哺乳动物的肾上腺、肠、脑、脾等也存在细胞色素 P-450，只是其活性较低。若以肝的活性值为 100，则其他器官的细胞色素 P-450 的相对活性如下：肺为 10～20，肾为 8，肠为 6，胎盘为 5，肾上腺为 2，皮肤为 1。

除微粒体药物代谢酶系催化药物的生物转化外，非微粒体药物代谢酶系催化的代谢反应包括以下几类：醇、醛的氧化反应，酮的还原反应，单胺氧化酶（MAO）的脱氨反应和大多数的合成反应。酯和酰胺的水解是由存在于血浆和其他组织（包括肝、肾）中的水解酶催化的。瘤胃的微生物和肠道的细菌也能介导水解和还原反应，如强心苷可在瘤胃中水解失效，故反刍动物不宜内服。

2. 肝药酶的诱导和抑制 有些药物能兴奋肝微粒体药物代谢酶系（简称肝药酶），促进其合成增加或活性增强，称为酶的诱导。现已发现有 200 多种药物具有诱导肝药酶的作用，这些药物一般具有脂溶性，在慢性给药时即可产生诱导作用，常见的有苯巴比妥、安定、水合氯醛、氨基比林、保泰松、苯海拉明等。酶的诱导可使药物本身或其他药物的代谢速率提高，使药理效应减弱，这就是某些药物产生耐受性（tolerance）的重要原因。相反，某些药物可使肝药酶的合成减少或肝药酶的活性降低，称为酶的抑制使用。具有酶抑制作用的药物主要有有机磷杀虫剂、氯霉素、乙酰苯胺、异烟肼、对氨基水杨酸、利福平等。

酶的诱导和抑制均可影响药物代谢的速率，使药物的效应减弱或增强，因此在临床上同时使用两种以上药物时，应该注意药物对肝药酶的影响。由于肝药酶主要存在于肝细胞中，当肝脏发生病理变化时，常影响肝药酶的合成或活性，容易引起药物中毒，在临床上合并用药时应特别注意。例如，应用氯霉素可使戊巴比妥的代谢减慢，使血液中浓度升高，麻醉时间延长。

（四）排泄

药物以原形或代谢产物的形式通过不同途径排出体外的过程称为排泄。药物的消除包括生物转化和排泄，大多数药物通过这两个过程从体内消除，但极性药物和低脂溶性的化合物主要以排泄的方式消除。少数药物则主要以原形排泄，如青霉素、二氟沙星等。最重要的排泄器官是肾脏，也有一些药物主要由胆汁排出，乳腺、肺、唾液腺、汗腺也可排出一部分药物。

药物排泄通常是一级速率过程，但在载体转运排泄饱和时，可能出现零级动力学过程，待药物浓度下降不再饱和时再变为一级速率过程。

1. 肾脏排泄（renal excretion） 肾脏是药物排泄最重要的器官，肾小球毛细血管的膜孔较大，且滤过压也较高，故通透性大。除了与血浆蛋白结合的药物外，解离型药物及其代谢产物可水溶扩散，其滤过速度受肾小球滤过率及分子大小的影响。

肾脏排泄是极性高（离子化）的代谢产物或原形药的主要排泄途径，排泄方式包括 3 种：肾小球滤过、肾小管分泌和肾小管重吸收。

肾小球毛细血管的通透性较大，在血浆中的游离型和非结合型药物，可从肾小球基底膜滤过，肾小球滤过药物的数量取决于药物在血浆中的浓度和肾小球的滤过率。

在近曲小管内已滤过的葡萄糖和氨基酸可分别与 Na^+ 同向转运，也可易化扩散重吸收。有些弱酸性药物（如青霉素、氢氯噻嗪等）以及弱碱性药物（如普鲁卡因胺等）可分别通过两种不同的非特异性转运过程从近曲小管排出。当排泄机制相同的两种药物合用时，可发生竞争性抑制。

有些药物及其代谢产物可在近曲小管分泌（主动转运）排泄，这个过程需要消耗能量。参与转运

的载体相对来说是非特异性的，既能转运有机酸也能转运有机碱，同时其转运能力有限，如果同时给予两种利用同一载体转运的药物，则出现竞争性抑制，亲和力较强的药物就会抑制另一药物的排泄。临床上可利用这种特性延长某些药物的作用。例如，青霉素和丙磺舒合用时，丙磺舒可抑制青霉素的排泄，使其血液浓度升高约1倍，半衰期延长约1倍。

从肾小球毛细血管排泄进入小管液的药物，若为脂溶性或非解离型的弱有机电解质，可在远曲小管发生重吸收，因为重吸收主要是被动扩散过程，故重吸收的程度取决于药物的浓度和在小管液中的解离程度。这与小管液的pH和药物的pK_a有关，如弱有机酸在碱性溶液中高度解离，重吸收少，排泄快；在酸性溶液中则解离少，重吸收多，排泄慢。有机碱则相反。一般肉食动物的尿液呈酸性，犬、猫尿液pH为5.5～7.0；草食动物的尿液呈碱性，如马、牛、绵羊尿液pH为7.2～8.0。因此，同一药物在不同种属动物中的排泄速率往往有很大差别，这也是同一药物在不同动物有不同的药物动力学特点的原因之一。临床上可通过调节尿液的pH来加速或延缓药物的排泄，用于解毒急救或增强药效。

从肾排泄的原形药物或代谢产物由于小管液水分被重吸收，生成尿液时可以达到很高的浓度，有的可产生治疗作用，如青霉素、链霉素、氧氟沙星等大部分以原形从尿液排出，有利于治疗泌尿道感染；但有的可能产生毒副作用，如磺胺代谢产生的乙酰磺胺由于浓度高可析出结晶，引起结晶尿或血尿，尤其犬、猫尿液呈酸性，更容易发生，故应同服碳酸氢钠，以提高尿液pH，增加溶解度。

2. 胆汁排泄 虽然肾是原形药物和大多数代谢产物最重要的排泄器官，但也有些药物主要从肝进入胆汁排泄，具有高胆汁清除率的药物主要是相对分子质量大于350并有极性基团的药物。在肝脏中与葡萄糖醛酸结合可能是药物、第一步代谢产物和某些内源性物质从胆汁排泄的决定因素。胆汁排泄对于极性太强不能在肠内重吸收的有机阴离子和阳离子是重要的消除机制。不同种属动物从胆汁排泄药物的能力存在差异，较强的是犬、鸡，中等的是猫、绵羊，较差的是兔和恒河猴。

从胆汁排泄进入小肠的药物中，某些脂溶性药物（如四环素）可被直接重吸收，另一些与葡萄糖醛酸的结合物则可被肠道微生物的β-葡糖苷酸酶水解并释放出原形药物，然后被重吸收，这就是众所周知的肝肠循环。当大部分药物进入肝肠循环时，便会延缓药物的消除，延长半衰期。已知己烯雌酚、吲哚美辛、氯霉素、红霉素、吗啡等能形成肝肠循环。

3. 乳腺排泄 大部分药物可从乳汁排泄，一般为被动扩散机制。其中碱性药物易于从乳汁排泄，酸性药物难于从乳汁排泄。由于乳汁的pH(6.5～6.8)较血浆低，故碱性药物在乳汁中的浓度高于血浆，酸性药物则相反。在犬和羊的研究中发现，静脉注射的碱性药物易从乳汁排泄，如红霉素、甲氧苄啶(TMP)的乳汁浓度高于血浆浓度；酸性药物如青霉素、磺胺二甲嘧啶等则较难从乳汁排泄，乳汁中浓度均低于血浆。药物从乳汁排泄关系着消费者的健康，尤其是抗菌药物、抗寄生虫药物以及与食品安全密切相关的药物要规定弃乳期。

4. 卵巢排泄 禽类可以将药物转运到卵中，通过卵排出。利用卵中的药物含量，还可生产特色的功能蛋（如高锌蛋、高能蛋以及其他保健蛋等）。但是有些药物会影响蛋的风味及品质，还会出现蛋的药物残留，影响人体健康。

三、药物代谢动力学的基本原理

药物代谢动力学（简称药动学）是药理学与数学相结合的边缘学科，其用数学模型描述观测值并预测药物在体内的数量（浓度）、部位和时间三者之间的关系。阐明这些变化规律的目的是为临床合理用药提供依据，为研究、寻找新药，评价临床已经使用的药物提供客观的标准。此外，药物代谢动力学也是研究临床药理学、药剂学和毒理学等的重要手段。

（一）血药浓度与药时曲线

1. 血药浓度的概念 血药浓度一般指血浆中药物的浓度，是体内药物浓度的重要指标，虽然它

不等于作用部位(靶组织或靶受体)的浓度,但作用部位的浓度与血药浓度以及药理效应一般呈正相关。血药浓度随时间推移而发生的变化,不仅能反映作用部位的浓度变化,还能反映药物在体内吸收、分布、生物转化和排泄过程的变化规律。另外,由于血液的采集比较容易,对机体损伤小,故常用血药浓度来研究药物在体内的变化规律。当然,在某些情况下也可利用尿液、乳汁、唾液或某种组织作为样本研究体内药物的浓度变化。

2. 血药浓度与药物效应 一种药物要产生特征性的效应,必须在作用部位达到有效的浓度。不同种属动物对药物在体内的处置过程存在差异。当一种药物以相同的剂量给予不同的动物时,常可观察到药效的强度和维持时间有很大的差别,药物效应的差异可以归因为药物的生物利用度或组织受体部位的内在敏感性的种属差异。

"生物利用度"这个术语指在作用部位达到的药物浓度是很恰当的。临床药理学研究也支持这种观点,对大多数治疗药物来说,药物效应的种属差异是由药动学特点的不同引起的。因此,血药浓度与药物效应的关系比剂量与效应的关系更为密切。有的药物在不同种属间的剂量差异很大,但出现药效的血浆浓度的差异很小。例如,一种促性腺激素抑制剂,其有效剂量种属间差异达 250 倍,但有效血药浓度均相似,约为 3 μg/mL。

3. 血药浓度-时间曲线 药物在体内的吸收、分布、生物转化和排泄是一种连续变化的动态过程。在药动学研究中,给药后在不同时间采集血样,测定其药物浓度,常以时间作为横坐标,以血药浓度作为纵坐标,绘出曲线,称为血药浓度-时间曲线,简称药时曲线。从曲线可定量地分析药物在体内的动态变化与药物效应的关系。

一般把非静脉注射给药分为 3 个期:潜伏期、持续期和残留期。潜伏期(latent period)是指给药后到开始出现药效的一段时间,快速静脉注射给药一般无潜伏期;持续期(persistent period)是指药物维持有效浓度的时间;残留期(residual period)是指体内药物已降到有效浓度以下,但尚未完全从体内消除的时间。持续期和残留期的长短均与消除速率有关。残留期长反映药物在体内有较多的储存。一方面,要注意多次反复用药可引起蓄积作用甚至中毒,另一方面,在食品动物中要确定较长的休药期(withdrawal time)。

药时曲线的最高点称为峰浓度(peak concentration),达到峰浓度的时间称为峰时。曲线升段反映药物的吸收和分布过程;曲线的峰值反映给药后达到的最高血药浓度;曲线的降段反映药物的消除。当然,药物吸收时消除过程已经开始,达峰时吸收也未完全停止,只是升段时吸收大于消除,降段时消除大于吸收,达峰浓度时吸收等于消除。

(二) 速率过程

药物进入动物机体后,有很多速率过程控制着"作用部位"的药物浓度,而影响作用的发生、作用的持续时间以及药理效应强度。速率,即血药浓度(C)或体内药量(X)随时间推移的瞬时变化率。在药动学研究中,有 3 种基本类型的动力学过程(或称速率过程)可用于说明药物在体内的命运,即一级动力学过程、零级动力学过程和非线性动力学过程。

1. 一级动力学过程 又称一级速率过程,是指药物在体内的转运或消除速率与药量或浓度的一次方成正比,即单位时间内按恒定的比例转运或消除,是一种线性动力学。

2. 零级动力学过程 又称零级速率过程,是指体内药物浓度变化速率与其体内药物浓度无关,而是一恒定量,药物的转运或消除速率与浓度的零次方成正比。

零级动力学过程是载体转运的特点,当药物剂量过大时,即出现饱和限速而成为零级动力学过程,如乙醇在体内的处置。

与一级速率过程比较,将零级动力学过程的药时数据在普通坐标纸上作图,将得到一条直线,而在半对数纸上作图,得到的却是一条凸曲线。

3. 非线性动力学过程 在线性动力学过程中,药动学参数(如半衰期)与剂量无关。而在非线

性动力学过程中，药动学参数随剂量变化而变化，如半衰期则与剂量有关。因为给药剂量大小或速率可引起一个或多个药动学参数发生变化，所以也称为剂量依赖型动力学过程。非线性动力学过程发生的原因是吸收、分布、生物转化和排泄中的一个或多个过程呈饱和状态，导致过程的速率不能与剂量成正比增加，并接近上限值。所以，非线性动力学又称为饱和动力学(saturation kinetics)。

非线性动力学过程的特点是不遵循一级动力学过程的规律，药物消除半衰期随剂量增加而延长。药时曲线下面积(AUC)与剂量不成正比，当剂量增加时，AUC显著增加；平均稳态血药浓度也不与剂量成正比。非线性动力学过程常在药物过量使用时(如药物中毒)发生，分布容积、总清除率均可在药物过量使用时发生改变。

非线性动力学方程，可用描述酶动力学方程的米-曼氏方程来表示：

$$\frac{\mathrm{d}C}{\mathrm{d}t}=\frac{V_{\max}\cdot C}{K_{\mathrm{m}}+C}$$

式中，$\mathrm{d}C/\mathrm{d}t$ 为 t 时的药物消除速率；$V_{\max}$ 为该过程的最大消除速率；K_{m} 为米氏常数。

有些药物以酶催化进行生物转化或以载体转运方式被消除，当药物剂量过大时即可出现饱和现象，此时药物浓度变化速率达到恒定，类似于酶动力学的米-曼氏过程。阿司匹林、保泰松等少数药物具有米-曼氏过程的特点。

对于这样的动力学过程，用药时数据在普通坐标纸上作图，将得到一条上部分稍凹、下部分更凹的曲线；而在半对数纸上作图，则得到一条上部分变凸、下部分变直的曲线。

（三）房室模型

为了定量地分析药物在体内的动力学变化，必须采用适当的模型和数学公式来描述这个过程。房室模型(compartment model)就是将机体概念化为一个系统，系统内部根据药物转运和分布的动力学特点分为若干房室，将具有相同或相似速率过程的部位(只要能表明这一部位药物浓度的改变与时间呈函数关系)视为一个房室，一般分为一室、二室或三室模型，房室只是便于数学分析的抽象概念，与机体的解剖部位和生理功能没有直接联系，但与器官组织的血流量、生物膜通透性、药物与组织的亲和力等有一定的关系。因为绝大多数药物进入机体后以代谢产物或原形从体内排出，所以模型是开放的，又称为开放房室模型。

在房室模型的经典药动学研究中，其参数的可靠性取决于所假设模型的准确性。在药动学研究中，对实际测定的血药浓度时间数据进行处理，在半对数纸上作图，若所得为一条直线，则可能是单室模型，若不是直线，则可能是二室或多室模型。目前一般用计算机程序自动选择模型。

1. 一室模型(one-compartment model) 这是最简单的模型，其将整个机体描述为动力学上一个“均一”的房室。该模型假定药物在给药后立即均匀地分布到全身各器官组织，迅速达到动态平衡。

在一室模型中，将单次静脉注射的血药浓度与时间数据在半对数坐标纸上作图，可得一条直线，即药时曲线呈单指数衰减。

2. 二室模型(two-compartment model) 该模型假定药物在给药后没有立即均匀分布于全身各器官组织，它在体内的分布有着不同的速率，有些分布较快有些分布较慢，因此把机体分为两个房室，药物以较快速率分布的称中央室，以较慢速率分布的称为周边室。虽然房室与机体组织器官没有直接联系，但一般认为血液丰富的组织(如肝、肾、心、肺)以及细胞外液属中央室，而血流灌注较少的肌肉、皮肤、脂肪等组织属周边室。中央室与周边室不是固定不变的，与药物的理化性质有关，如脂溶性高的药物容易进入大脑，大脑属中央室，但极性高的药物不易进入大脑，大脑则成为周边室。

在二室模型中，单次静脉注射药物后，以对数血药浓度为纵坐标，时间为横坐标得到一条双指数衰减的曲线。从曲线可以看出，静脉注射后血药浓度迅速下降，这是分布与消除同时进行的结果，但这段曲线主要反映药物随血液进入中央室，然后分布到周边室的过程，故称为分布相(α 相)。一旦

分布达到平衡，血药浓度的下降主要是药物从中央室消除的结果，周边室的药物也按动态平衡规律转运到中央室消除，所以血药浓度降低较慢。这段曲线主要反映药物从中央室消除的过程，故称为消除相（β 相）。通过消除相可计算半衰期，故一般说来，半衰期就是指消除相半衰期。

许多研究表明，大多数药物在体内的转运和分布的动力学特征比较符合二室模型。但有时二室模型还不能满意地描述药物的体内过程，如少数药物还可能以更缓慢的速率从中央室分布到骨或脂肪等组织，或与某组织结合得很牢固，这时药时曲线呈三相指数衰减，称三室模型。

除了应用房室模型分析、计算药物在体内的药动学参数或特征外，目前还有非房室模型（统计矩法）、生理药动学模型、群体药动学模型和药动-药效学（PK-PD）同步模型等，这些模型各有特点，是房室模型的补充和完善。

（四）药动学的主要参数及其意义

在药动学研究中，利用测定的血药浓度时间数据，采用一定的模型便可算出药物在动物体内的药动学参数。这些参数反映了药物的药动学特征，分析和利用这些参数便可为临床制订科学合理的给药方案，或对该药做出科学的评价。

药动学参数依其性质可分为转运参数、混合参数和常用参数。转运参数主要指吸收速率常数（K_a）、消除速率常数（K_e或 β）和房室间转运速率常数（如 K_{12}、K_{21}等）。混合参数是药时半对数曲线上的特征常数，如半对数曲线尾段的斜率、外推线和残数线的斜率与截距等。例如，静脉注射二室模型有 A、α、B、β 这 4 个混合参数，利用这些参数可以算出室间转运速率常数、中央室分布容积和清除率等。因此，可以认为混合参数是药动学的基本参数。常用参数包括吸收半衰期（$t_{1/2K_a}$）、分布半衰期 $t_{1/2\alpha}$、消除半衰期、表观分布容积、中央室分布容积（V_1）、清除率、药时曲线下面积、血药峰浓度、峰时和有效浓度维持时间等，现择要介绍如下。

1. 消除半衰期　消除半衰期是指体内药物浓度或药量下降一半所需的时间，又称血浆半衰期或生物半衰期，一般简称半衰期，常用 $t_{1/2\beta}$表示。

在一级动力学过程中，对符合一室模型的药物，半衰期与消除速率常数 K_e 成反比，表达式如下：

$$t_{1/2}=\frac{0.693}{K_e}$$

式中，K_e 为消除速率常数，只要算出 K_e 便可计算出 $t_{1/2}$。K_e 越大，药物消除的速率越快。对符合二室模型的药物，当静脉注射给药后，如果以药时半对数作图，所得曲线可以分为两个部分（分布相和消除相），其消除相的斜率 β 是根据曲线末端的一条直线来确定的，半衰期 $t_{1/2}$ 可由下式表达：

$$t_{1/2}=0.693/\beta$$

药物消除速率常数代表体内药物总的消除情况，一级消除速率常数指在单位时间内药物消除的分数，其单位是时间的倒数，即 min^{-1}或 h^{-1}。

大多数药物在体内的消除遵循一级动力学过程，半衰期与剂量无关，当药物从胃肠道或注射部位迅速吸收时，也与给药途径无关。但有少数药物在剂量过大时可能以零级动力学过程消除，如大剂量保泰松在犬和马体内以零级动力学过程消除，其表达式如下：

$$t_{1/2}=\frac{0.5C_0}{K_0}$$

式中，K_0为零级消除速率常数；C_0为初始浓度。从上式可知，$t_{1/2}$受初始浓度或剂量的影响，C_0越大，$t_{1/2}$越长，即剂量越大，半衰期越长。通常变更开始的浓度和剂量，以及测定半衰期，可用于辨别零级和一级动力学过程。

半衰期是药动学的重要参数，是反映药物从体内消除快慢的一种指标，在临床上具有重要的实际意义，为了保持血液中的有效药物浓度，半衰期是制订给药间隔时间的重要依据，也是预测连续多次给药时体内药物达到稳态血药浓度（steady state concentration）和停药后从体内消除时间的主要参数。例如，按半衰期间隔给药 4～5 次即可达稳态血药浓度；停药后经 5 个半衰期的时间，则体内

药物消除约达 95%；如果将消除 99%的药量(残留量为 1%)作为药物已经完全被消除的时间点，则所需时间为 6.64 个半衰期。

半衰期与剂量无关，当药物从胃肠道或注射部位迅速吸收时，也与给药途径无关。同一种药物在不同动物种类、不同个体中，其半衰期都有差异。如磺胺间甲氧嘧啶在黄牛、水牛和奶山羊体内的半衰期分别为 1.49 h、1.43 h 及 1.45 h，而在马体内为 4.45 h，在猪体内为 8.75 h。为保持血液中的有效药物浓度，半衰期是制订给药间隔时间的重要依据，也是预测连续多次给药时体内药物达到稳态浓度和停药后从体内消除时间的主要参数。例如，按半衰期间隔给药 4～5 次即可达稳态浓度；停药后经 5 个半衰期的时间，则体内药物消除率达约 95%。

半衰期还受许多因素的影响，凡能改变药物分布到消除器官或影响消除器官功能的任何生理或病理状态均可引起半衰期的变化。

2. 药时曲线下面积(AUC) 理论上是时间从 t_0 至 t_∞ 的曲线下面积，反映到达全身循环的药物总量。其计算公式如下：

$$\mathrm{AUC}=\frac{X_0}{K_e \cdot V}\text{(静脉注射)}$$

$$\mathrm{AUC}=\frac{F \cdot X}{K_e \cdot V}\text{(非血管给药)}$$

式中，X_0、X 为给药量；V 为表观分布容积；K_e 为一室模型的消除速率常数，在二室模型则改用 β；F 为生物利用度。在实际工作中 AUC 多用梯形法计算，准确方便。大多数药物 AUC 和剂量成正比，但也有少数药物不成正比，如水杨酸盐。AUC 常用作计算生物利用度和其他参数的基础参数，如矩量法的参数就是根据 AUC 计算出来的。

3. 表观分布容积(apparent volume of distribution，V_d) 指药物在体内的分布达到动态平衡时，药物总量按血浆药物浓度分布所需的总容积。故 V_d 是体内药量与血浆药物浓度的一个比例常数，即 $V_d=X/C_0$。

V_d 是一个重要的动力学参数，通过它可估算达到一定血药浓度所需的给药剂量，或者用来估算已知血药浓度时的体内总药量。V_d 的计算有两种主要方法：一种是外推法，即以静脉注射的药时数据在半对数纸上作图求出 C_0，然后计算 V_d，此法只适用于一室模型；另一种方法为面积法，即

$$V_{d(\mathrm{area})}=\frac{X_0}{K_e \cdot \mathrm{AUC}}$$

式中，X_0 为静脉注射药物剂量；K_e 为消除速率常数。若为二室模型，则可把上式写成

$$V_{d(\mathrm{area})}=\frac{X_0}{\beta \cdot \mathrm{AUC}}$$

式中，β 为二室模型的消除速率常数。

对于具有多室模型特征的药物，还有中央室的表观分布容积 V_1(或 V_c)，这个参数可用于计算中央室的药量。对于二室模型，计算 V_1 的公式如下：

$$V_1=\frac{X_0}{A+B}$$

多室模型的药动学中，还应用另一个容积参数 $V_{d_{ss}}$，称为稳态表观分布容积。例如，在求出 K_{12}、K_{21} 及 V_1 后，就能算出二室模型的 $V_{d_{ss}}$，其表达式如下：

$$V_{d_{ss}}=V_1\ \frac{K_{12}+K_{21}}{K_{21}}$$

由于表观分布容积并不代表真正的生理容积，是一个纯数学概念，故称表观分布容积。V_d 的意义是反映药物在体内的分布情况，一般 V_d 越大，药物穿透入组织的量越多，分布越广，血中药物浓度越低。许多研究表明，如果药物在体内均匀分布，则 V_d 接近于 0.8～1.01 L/kg，当 V_d 大于 1.0 L/kg时，则药物的组织浓度高于血浆浓度，药物在体内分布广泛，或者组织蛋白与药物高度结合。脂

溶性的有机碱，如吗啡、利多卡因、喹诺酮类等，在体液和组织中有广泛的分布，V_d 均大于 1.0 L/kg；相反，当药物的 V_d 小于 1.0 L/kg 时，则药物的组织浓度低于血浆浓度，如有机酸类的水杨酸、保泰松、青霉素等在血浆中常呈离子型，所以 V_d 很小（小于 0.25 L/kg），此时药物的血浆浓度高，组织浓度低。

4. 体清除率（Cl_B） 简称清除率，是指在单位时间内机体通过各种消除过程（包括生物转化与排泄）消除药物的血浆容积，单位为 mL/(min · kg)。清除率具有重要的临床意义，也是评价清除机制最重要的参数。这个参数的值可用下式计算：

$$Cl_B = \frac{F \cdot X}{AUC}$$

式中，F 为进入全身循环的药物分数；X 为药物剂量。

当静脉注射全部药物进入循环时，上式可改为 $Cl_B = \beta \cdot V_{d(area)}$。

清除率与半衰期不同，它可以不依赖药物处置动力学的方式去表达药物的消除速率。通过比较氨苄西林和地高辛在犬的药动学可区分两者的差别，两药有相同的清除率[39 mL/(min · kg)]，氨苄西林的半衰期为 48 min，而地高辛是 1680 min，半衰期的不同主要是因为受表观分布容积的影响，前者为 0.27 L/kg，后者为 9.64 L/kg。

由此可得出结论，具有相同清除率的药物，表观分布容积越小，半衰期越短。清除率是体内各种清除率的总和，包括肾清除率（Cl_r）、肝清除率（Cl_h）和其他清除率（如肺清除率、乳汁清除率、皮肤清除率等）。因为药物的消除主要靠肾排泄和肝的生物转化，故清除率可简化为

$$Cl_B = Cl_r + Cl_h$$

5. 峰浓度（C_{max}）与峰时（t_{max}） 给药后达到的最高血药浓度称血药峰浓度（简称峰浓度）。给药后达到最高血药浓度所需的时间称达峰时间（简称峰时），它取决于吸收速率和消除速率。通常吸收速率大于消除速率，因而对峰时影响较大。峰浓度、峰时与药时曲线下面积是决定生物利用度和生物等效性的重要参数。

6. 平均稳态血药浓度（C_{ss}） 兽医临床上多数疾病的治疗必须采用多剂量给药方式，才能达到有效治疗的目的。随着连续多次给药，体内药量不断增加，经过一段时间后达到稳态，此时的血药浓度即为稳态血药浓度。

7. 生物利用度（bioavailability，F） 指药物以某种剂型的制剂从给药部位吸收进入全身循环的速率和程度。这个参数是决定药物量效关系的首要因素。

静脉注射所得的 AUC_{IV} 代表完全吸收和全身生物利用度，内服一定剂型的制剂所得的 AUC_{PO} 与静脉注射 AUC_{IV} 的比值就是内服的全身生物利用度，称为绝对生物利用度。全身生物利用度的计算方法，是在相同的动物、相等的剂量条件下，内服或通过其他非血管给药途径得到的 AUC_{IV} 与静脉注射的 AUC_{IV} 的比值，即

$$F = \frac{AUC_{PO}}{AUC_{IV}} \times 100\%$$

如果药物的制剂不能进行静脉注射给药，则采用内服参照标准药物的 AUC 作比较，所得的生物利用度称为相对生物利用度。

当药物的生物利用度小于 100%时，可能和药物的理化性质和（或）生理因素有关，包括药物产品在胃肠液中解离不好（固体剂型），在胃肠内容物中不稳定或有效成分被灭活，在穿过黏膜上皮屏障时转运不良，在进入全身循环前在肠壁或肝发生首过效应。如果由于首过效应，药物的生物利用度很低，则可能误认为吸收不良。如果药物的生物利用度超过 100%，则该药物可能存在肝肠循环现象。

生物利用度具有非常重要的临床意义。相同含量的药物制剂不一定能得到相同的药效，虽然药物制剂的主药含量相同，但辅料和制备工艺过程不同可以导致药效不同，这就是测定药物制剂生物

Note

利用度的重要原因。

生物利用度是用于测定药物制剂生物等效性的主要参数，其目的在于评估与已知药物制剂相似的产品。许多国家已经利用生物等效性试验取代纯临床试验。生物等效性的基本概念：如果药物具有相同的剂型和剂量，而且药动学过程即药物在动物体内的血药浓度-时间曲线十分相似，则其治疗效果应相同，也就是认为两种药物制剂在治疗上等效。用来评价生物等效性的主要参数为 AUC、C_{max}和 t_{max}。

第四节　影响药物作用的因素及合理用药

药物作用是药物与机体相互作用过程的综合表现，许多因素可干扰或影响这个过程，使药物的效应发生变化。这些因素包括药物方面因素、动物方面因素、饲养管理与环境因素等。

一、药物方面因素

（一）剂量

药物剂量的大小是决定药物作用强弱最重要的因素，药物的作用或效应在一定剂量范围内随着剂量的增加而增强。例如，巴比妥类药物小剂量时有催眠作用，随着剂量的增加呈现镇静、抗惊厥作用，再大剂量便呈现麻醉作用。这些都是中枢神经系统抑制作用，只是抑制的程度不同，没有本质的区别，剂量越大，抑制程度越大。少数药物随着剂量或浓度的不同，作用性质会发生变化。如内服人工盐，小剂量时有健胃作用，大剂量就变为致泻作用。大黄小剂量时有健胃作用，中剂量时收敛止泻，大剂量时有致泻作用。

（二）剂型

剂型对药物作用的影响主要表现为吸收的速度和程度的不同，影响药物的生物利用度。如注射剂的水溶液比油剂和混悬剂吸收快，见效快，但疗效维持时间较短；片剂在胃肠液中有一个崩解过程，内服片剂比溶液剂吸收的速率慢。

同一药物剂型不同或同一药物剂型相同，但所用赋形剂不同，均可影响药物的疗效。如临床常用的土霉素剂型有注射剂、片剂等，它们的药理作用虽相同，但注射剂产生的药效更快，其生物利用度亦更高。随着新制剂研究的不断发展，缓释、控释和靶向制剂先后逐步用于临床，剂型对药物作用的影响越来越明显并具有重要意义。通过新剂型改进或提高药物的疗效、减少毒副作用和方便临床给药将很快成为现实，这也是兽医药理工作者努力的方向。

（三）药物的理化性质和化学结构

药物的脂溶性、溶解度、pH 及化学结构均能影响药物作用。药物的相对分子质量越小，脂溶性越大或非解离型比例越大，越易被机体吸收。内服弱酸性药物在胃内酸性环境下不易解离而易被吸收，弱碱性药物在小肠碱性环境下易被吸收。化学结构非常相似的药物能与同一受体或酶结合，引起相似或相反的作用。

（四）给药方案

给药方案包括给药剂量、剂型、途径、间隔时间和疗程。不同的给药途径可影响药效出现的快慢和强度，药物发挥作用由快到慢依次为静脉注射、腹腔注射、吸入、肌内注射、皮下注射、直肠给药和内服。给药途径不仅影响药物作用的快慢、强弱，有的甚至产生质的差异。例如，硫酸镁溶液内服有致泻作用，用于治疗便秘；注射给药则起中枢抑制作用，用于抗惊厥。因此，应熟悉各种常用给药途径的特点，以便根据药物性质和病情需要，选择适当的给药途径。除了根据疾病治疗需要选择给药

途径外，还应考虑药物的性质，如肾上腺素内服无效，必须注射给药；氨基糖苷类抗生素内服很难被吸收，用于全身治疗时必须注射给药。有的药物内服时有很强的首过效应，生物利用度很低，全身用药时应选择肠外给药。集约化饲养的家禽，数量巨大，注射给药要消耗大量人力物力，也容易引起应激反应，所以多采用混饲或混饮的群体给药方法。

大多数药物治疗疾病时必须重复给药，主要根据药物的半衰期和消除速率确定给药的间隔时间，一般情况下在下次给药前要维持药物在血液中的最低有效浓度。尤其是抗菌药物，要求血液中浓度高于最小抑菌浓度(MIC)。近年来，人们根据抗菌药后效应的研究结果认为，不一定要维持MIC以上的浓度，当使用大剂量时，峰浓度比MIC高得多，可产生较长时间的抗菌药后效应，给药的间隔时间可大大延长。如庆大霉素1日给药1次的疗效优于同剂量分3次给药。

有些药物给药1次即可起效，但大多数药物必须按一定的剂量和间隔时间重复给药，才能达到治疗效果，称为疗程。抗菌药物更要求有充足的疗程才能保证稳定的疗效，避免产生耐药性，不能给药1～2次出现药效就立即停药。例如，抗生素一般要求2～3日为一个疗程，磺胺类药物要求3～5日为一个疗程，治疗支原体感染往往需要5～7日为一个疗程。但重复用药时间过长，可使机体产生耐受性和蓄积中毒，也可使病原体产生耐药性而使疗效减弱。

（五）药物相互作用

同时使用两种或两种以上的药物治疗疾病，引起药物作用和效应的变化，称为药物相互作用。其目的是提高疗效，消除或减轻不良反应，适当联合应用抗菌药物还可减少耐药性的产生。按照作用的机制不同分为药动学相互作用和药效学相互作用。

1. 药动学相互作用 药物在体内的吸收、分布、生物转化和排泄过程中，均可能发生药动学相互作用。

(1) 吸收：内服药物在胃肠道中出现药动学相互作用，具体作用表现如下。①物理化学作用，如pH改变，影响药物的解离和吸收；发生螯合作用，如四环素、恩诺沙星等可与钙离子、铁离子、镁离子等金属离子发生螯合，影响药物吸收或使药物失活。②胃肠道运动功能改变，如拟胆碱药可加快胃排空和肠蠕动，使药物迅速排出，吸收不完全；抗胆碱药如阿托品等，则减少排空率和使肠蠕动减慢，可使吸收速率减慢，峰浓度较低，但药物在胃肠道停留时间延长，使吸收量增加。③菌群改变。胃肠道菌群参与药物的代谢过程，广谱抗菌药物能改变或杀灭胃肠内菌群，影响代谢和吸收，如抗生素治疗可使洋地黄在胃肠道的生物转化减少、吸收增加。④药物诱导改变黏膜功能。有些药物可能损害胃肠道黏膜，如新霉素和地高辛合用可影响消化道黏膜的完整性，影响吸收或阻断主动转运过程。⑤酶的诱导和抑制作用通常会使药物吸收发生改变，继而会使那些肝提取率高的药物的生物利用度发生改变。

(2) 分布：药物的器官摄取率与清除率最终取决于血流量，所以影响血流量的药物便可影响药物分布。如普萘洛尔可使心输出量明显减少，从而减少肝的血流量，使高首过效应药物(如利多卡因)的肝清除率减少。许多药物有很高的血浆蛋白结合率，由于亲和力不同可以相互取代，如抗凝血药华法林可被三氯醛酸(水合氯醛代谢产物)取代，使游离华法林大大增加，抗凝血作用增强，甚至引起出血。能引起游离药物浓度增加是一种很危险的相互作用，如果不降低药物剂量，游离药物浓度可能上升到毒性水平。有的相互作用也可导致游离药物浓度降低，进而导致药物效应降低，引起治疗失败。

(3) 生物转化：药物在生物转化过程中的相互作用主要表现为酶的诱导和抑制。许多中枢抑制药包括镇静药、安定药、抗惊厥药等，能通过诱导肝药酶的合成，提高其活性，从而加速药物本身或其他药物的生物转化，使游离药物的清除率增加，降低药效。相反，另外一些药物如氯霉素、利福平、糖皮质激素等能抑制肝药酶，导致游离药物的清除率降低，使药物的代谢减慢，血液中药物浓度提高，药效增强。

(4) 排泄:任何排泄途径均可发生药物的相互作用,但目前对肾脏排泄的研究较多。例如,与血浆蛋白结合的药物被置换成为游离药物,可以增加肾小球的滤过率;影响尿液 pH 的药物使药物的解离度发生改变,从而影响药物的重吸收,如碱化尿液可加速水杨酸盐的排泄;近曲小管的主动排泄可使药物相互作用而出现竞争性抑制,如同时使用丙磺舒与青霉素,可使青霉素的排泄减慢,血液内浓度提高,半衰期延长。

2. 药效学相互作用 同时使用两种以上药物,药物效应或作用机制的不同可使总效应发生改变,可能出现下面几种情况:两药合用的效应大于单药效应的代数和,称为协同作用(synergism),如氨基糖苷类药物、氟喹诺酮类药物、磺胺类药物与碱性药物碳酸氢钠合用,抗菌活性增强或不良反应减轻。其中,协同作用又可分为相加作用和增强作用。两药合用的效应等于它们分别作用的总和,称为相加作用,如三溴合剂的总药效等于溴化钠、溴化钾、溴化钙三药相加的总和;增强作用即药效大于各药物分别作用的总和,如磺胺类药物与甲氧苄啶合用,其抗菌作用大大超过各药单用时的总和。两药合用的效应小于它们分别作用的总和,称为拮抗作用(antagonism)。磺胺类药物不宜与含对氨基苯甲酰基的局麻药如普鲁卡因、丁卡因合用,因后者能降低磺胺类药物防治创口感染的抑菌效果。在同时使用多种药物时,可能出现上述三种情况的治疗作用,不良反应也可能出现。例如,头孢菌素的肾毒性可因为与庆大霉素合用而增强。一般来说,用药种类越多,不良反应发生率也越高。

药效学相互作用发生的机制是多种多样的,主要机制有如下几个方面:①通过受体发挥作用。如阿托品能与 M 受体结合而拮抗毛果芸香碱的作用;而阿托品与肾上腺素在扩瞳上表现出协同作用,但作用于不同受体,前者与 M 受体结合使瞳孔括约肌松弛而扩瞳,后者则是兴奋 α 受体,收缩辐射肌而扩瞳。②作用于相同的组织细胞。例如,镇痛药、抗组胺药能加强催眠药的作用是因为它们对中枢神经系统都有抑制作用。③干扰不同的代谢环节。如磺胺类药物通过抑制二氢叶酸合成酶而抑制细菌生长繁殖,甲氧苄啶(TMP)与磺胺类药物表现出协同作用是通过抑制二氢叶酸还原酶而对叶酸代谢起"双重阻断"作用。青霉素与链霉素合用有很好的协同作用是由于青霉素阻断了细菌细胞壁的合成,使链霉素更容易进入细胞而起杀菌作用。④影响体液和电解质平衡。如排钾利尿药可增强强心苷的作用,糖皮质激素的水钠潴留作用可减弱利尿药的作用。

3. 体外的相互作用 两种或两种以上药物联合使用时,在体外发生相互作用,产生药物中和、水解、破坏失效等理化反应,出现混浊、沉淀、产生气体及变色等异常现象,或者药物性质发生变化而不宜使用,称为配伍禁忌。一般分为药理性、物理性、化学性三类配伍禁忌。如青霉素与大环内酯类抗生素(如红霉素)或四环素类药物合用,使青霉素无法发挥杀菌作用,从而降低药效;利福平、氯霉素与氧氟沙星、环丙沙星、诺氟沙星等氟喹诺酮类药物合用时,可使药物作用减弱或消失;微生态制剂不宜与抗生素合用;人工盐不宜与胃蛋白酶合用;氨基糖苷类药物与呋塞米联用可引起耳毒性和肾毒性增强,与地西泮联用引起肌肉松弛,与头孢菌素合用肾毒性增强,与红霉素合用耳毒性增强;阿司匹林与红霉素合用,引起耳鸣、听觉减弱。葡萄糖注射液与磺胺嘧啶钠注射液混合静脉注射时,几分钟后可见微细的磺胺嘧啶结晶析出。另外,药物制成某种剂型时也可发生配伍禁忌。人们曾发现生产四环素片时,若将其赋形剂乳糖改为碳酸钙,则可使四环素片的实际含量减少而失效。所以,临床联合使用两种以上药物时应避免配伍禁忌。

二、动物方面因素

(一) 种属差异

动物品种繁多,解剖结构、生理特点各异,在大多数情况下不同种属动物对同一药物的药动学和药效学差异很大。所以不同种属动物不能用体重大小作为给药剂量的依据。多数情况下表现为量

的差异，即药物作用的强弱和维持时间的长短不同。如家禽对敌百虫很敏感，而猪则比较能耐受；牛对赛拉嗪最敏感，使用剂量仅为马、犬、猫的 1/10，而猪最不敏感；猫对氢溴酸槟榔碱最为敏感，犬则不敏感；磺胺间甲氧嘧啶(SMM)在猪体内的半衰期为 8.87 h，在奶山羊体内则为 1.45 h。除表现出量的差异外，少数药物还可表现出质的差异，如吗啡对人、犬、大鼠、小鼠表现为抑制作用，但对猫、马和虎则表现为兴奋作用。

（二）生理因素

同一种属的不同年龄、性别等动物对同一药物的反应往往有一定差异。幼龄动物各种生理机能尚未完善，老龄动物肝、肾功能减退，所以对药物的敏感性较成年动物高。如幼龄和老龄动物的肝药酶代谢功能、肾功能较弱，一般对药物的反应较成年动物敏感，所以临床上用药剂量应适当减小；妊娠动物对拟胆碱药、泻药或能引起子宫收缩加强的药物比较敏感，可能引起流产，临床用药必须慎重；小牛、羔羊的胃肠道还没有大量微生物参与消化活动，内服四环素类药物不会影响其消化机能，而成年牛、羊则因药物能抑制胃肠道微生物的正常活动，会造成消化障碍，甚至会引起继发性感染。哺乳期动物则因多数药物可从乳汁排泄，会造成乳汁中的药物残留，故用药后要按弃乳期规定，在一定时间内不得供人食用。

（三）病理因素

药物的药理效应一般是在健康动物实验中观察得到的，动物在病理状态下对药物的反应存在一定程度的差异。不少药物在患病动物体内的作用较显著，甚至要在动物病理状态下才呈现出作用。例如，解热镇痛药能使发热动物降温，但对正常体温动物没有影响；洋地黄对慢性充血性心力衰竭的动物有很好的强心作用，对正常功能的心脏则无明显作用。大多数药物主要通过与靶细胞受体相结合而产生各种药理效应，在各种病理情况下，药物受体的类型、数目和活性可以发生变化而影响药物的作用。例如，在自发性高血压大鼠或人工高血压大鼠病理模型中，人们均发现大鼠的动脉和静脉中 β 受体数目明显减少，而大鼠心肌上的 β 受体数目减少 50%。这是疾病改变药物药理作用的重要机制之一。

严重的肝、肾功能障碍，可影响药物的生物转化和排泄，对药物动力学产生显著影响，引起药物蓄积，延长半衰期，从而增强药物作用，严重者可能引发毒性反应。当鸡肾脏出现尿酸盐沉积损害时，若用磺胺类药物治疗则会加剧病情，造成鸡的大批死亡。但也有少数药物在肝内经生物转化后才有作用，如可的松、泼尼松，在肝功能不全的患病动物体内则作用减弱。炎症过程使动物的生物膜通透性增加，影响药物的转运。据报道，头孢西丁在实验性脑膜炎犬脑内的药物浓度比没有脑膜炎的犬增加 5 倍。

严重的寄生虫病、失血性疾病或营养不良患病动物，由于血浆白蛋白大大减少，高血浆蛋白结合率药物在血液中的游离型药物浓度增加，使药物作用增强，同时也使药物的生物转化和排泄增加，消除半衰期缩短。

（四）个体差异

在基本条件相同的情况下，同种动物的不同个体对同一药物的反应存在量或质的差异，这种差异称为个体差异。主要表现为某些个体对某种药物特别敏感，应用小剂量即可产生强烈反应甚至中毒，称为高敏性；相反，有的个体则敏感性特别低，应用中毒量也不引起反应，称为耐受性(病原微生物对药物产生的耐受性称为耐药性)。这种个体之间的差异最高可达 10 倍。原因在于不同个体之间的药物代谢酶类活性可能存在很大的差异，造成药物代谢速率上的差异。

动物对药物作用的个体差异还表现为生物转化过程的差异，已发现某些药物如磺胺类药物、异烟肼等的乙酰化存在多态性，分为快乙酰化型和慢乙酰化型，不同型个体之间存在非常显著的差异。例如，对磺胺类药物的乙酰化，人、猴、反刍动物和兔均存在多态性的特征。产生个体差异的主要原因是动物对药物的吸收、分布、生物转化和排泄存在差异，其中生物转化是最重要的影响因素。研究

表明，药物代谢酶类（尤其是细胞色素 P-450）的多态性是影响药物作用个体差异的重要因素之一，不同个体之间的酶活性可能存在很大的差异，从而造成药物代谢速率上的差异。因此，相同剂量的药物在不同个体中，有效血药浓度、作用强度和作用维持时间便会有很大差别。随着分子生物学技术的发展，药物代谢酶多态性已被证明是基因多态性遗传的结果。

个体差异除表现出药物作用量的差异外，有的还出现质的差异，这就是个别动物应用某些药物后产生变态反应（allergy）的原因。变态反应也称为过敏反应。例如，马、犬等动物应用青霉素等药物后，个别可能出现变态反应。这种反应在大多数动物中不会发生，只在极少数具有特殊体质的个体中才会出现，称为特异质（idiosyncrasy）。

三、饲养管理与环境因素

饲养管理与环境因素对药物作用也能产生直接或间接的影响，如动物饲养密度、通风情况、厩舍的温度和湿度、光照等均可导致环境应激反应，进而影响药物的效应。

药物的作用是通过动物机体来表现的，机体的健康状态对药物的效应可以产生直接或间接的影响，而动物的健康状况则主要取决于饲养和管理水平。例如，动物营养不良时，蛋白质合成减少，药物与血浆蛋白结合率降低，血液中游离型药物增多；由于肝药酶活性降低，药物代谢减慢，药物的半衰期延长。在管理上应考虑动物群体的大小，防止密度过大，建设厩舍时要注意通风、采光和给予动物活动的空间，加强对患病动物的护理，提高机体的抵抗力，使药物的作用得到更好的发挥。例如，用镇静药治疗破伤风时，要注意保持环境安静；对全身麻醉的动物，应注意保温，给予易消化的饲料，使患病动物尽快恢复健康。

环境因素对药物的作用也能产生影响。例如，不同季节、温度和湿度均可影响消毒药、抗寄生虫药的疗效。环境中若存在大量的有机物可大大减弱消毒药的作用；通风不良、空气中高浓度的氨气污染，可增加动物的应激反应，加重疾病过程，影响药效。

四、合理用药原则

用药目的是使机体的病理学过程恢复到正常状态或将病原体清除，以保护机体的正常功能。合理用药是指运用医药知识，在充分了解动物、疾病及药物的基础上，安全、有效、适时、简便、经济地使用药物，以达到最大疗效和最小的不良反应。兽医药理学为临床合理用药提供了理论基础，但做到合理用药不是一件容易的事情，必须理论联系实际，不断总结临床用药的实际经验，在充分考虑影响药物作用的各种因素的基础上，正确选择药物，制订出对动物和病理过程都合适的给药方案。合理用药应考虑如下基本原则。

1. 正确的诊断和明确的用药指征 合理用药的先决条件是正确的诊断，对动物发病的原因、病理学过程要有充分的了解才能对因、对症用药，否则会耽误疾病的治疗。每种疾病都有其特定的病理学过程和临床症状，用药时必须对症下药。例如，动物腹泻可由多种原因引起，细菌、病毒、原虫等均可引起腹泻，有些腹泻还可能由饲养管理不当引起，所以不能对所有腹泻动物都使用抗菌药物。正确诊断后，再针对患病动物的具体疾病指征，选用药效可靠、安全、给药方便、价廉易得的药物。反对滥用药物，尤其不能滥用抗菌药物。

2. 熟悉药物在靶动物体内的药动学特征 药物的作用或效应取决于作用靶位的浓度。只有熟悉药物在靶动物体内的药动学特征及其影响因素，才能做到正确选药并制订合理的给药方案，达到预期的治疗效果。例如，阿莫西林与氨苄西林的体外抗菌活性很相似，但前者在犬体内的口服生物利用度比后者约高 1 倍，血清浓度高 1.5～3 倍，所以在治疗犬全身性感染时，阿莫西林的疗效比氨苄西林好；治疗胃肠道感染时则宜选择后者，因其吸收不良，在胃肠道有较高的药物浓度。

3. 预期药物的治疗作用与不良反应 临床使用药物防治疾病时，可能产生多种药理效应，大多数药物在发挥治疗作用的同时，存在程度不同的不良反应，这就是药物作用的两重性。一般情况下，

药物的疗效和不良反应(如副作用和毒性反应)是可以预期的。临床用药时,应该尽量减少或消除不良反应。例如,反刍动物用赛拉嗪治疗后可分泌大量的唾液。此时,应考虑使用阿托品抑制唾液分泌。当然,有些不良反应如变态反应、特异质反应等是不可预期的,可根据患病动物的反应情况采取必要的防治措施。

4. 制订合理的给药方案 对动物疾病进行治疗时,要针对疾病的临床症状和诊断制订给药方案。给药方案包括给药剂量、途径、间隔时间和疗程。在确定治疗药物后,首先应按《中华人民共和国兽药典》确定用药剂量,兽医也可根据患病动物情况在规定范围内做必要的调整。给药途径主要取决于制剂。但是,还应考虑疾病类型和用药目的,如利多卡因在非静脉注射给药时,对控制室性心律不齐是无效的。给药的间隔时间是由药物的药动学、药效学和经证实的药物维持有效作用的时间决定的。每种药物或制剂有其特定的作用时间,如地塞米松比氢化可的松有更长时间的抗炎作用,所以前者的给药间隔时间较长。多数疾病必须反复多次给药,才能达到治疗效果。临床上,不能在动物体温下降或病情好转时就停止给药,这样往往会引起疾病复发,造成后续治疗困难,危害十分严重。几乎所有的药物不仅有治疗作用,也存在不良反应,临床用药时必须考虑疾病的复杂性和治疗的复杂性,对治疗过程做好详细的用药计划,认真观察将出现的药效和毒副作用,随时调整用药计划。

5. 合理的联合用药 确诊后,兽医的任务就是选择最有效、安全的药物进行治疗,一般情况下应避免同时使用多种药物(尤其是抗菌药物),因为多种药物治疗会极大地增加药物间相互作用的概率,但在某些情况下,特别是在动物病重时,建议采用合理的联合用药方案,以达到确实的协同作用,也可从对因治疗与对症治疗多个方面着手选择联合用药以提高治疗效果。当然,绝不应采用"大包围"的方法盲目联合用药。除确实有协同作用的联合用药外,要慎重使用固定剂量的联合用药(如某些复方制剂),否则会使兽医失去根据动物病情需要调整药物剂量的机会。

6. 正确处理对因治疗与对症治疗的关系 对因治疗与对症治疗的关系前已述及,一般用药时首先要考虑对因治疗,但也要重视对症治疗,两者的巧妙结合将能取得更好的疗效。我国传统中医理论对此有精辟的论述:治病必求其本,急则治其标,缓则治其本。

7. 避免动物性产品中的兽药残留 食品动物用药后,药物的原形或其代谢产物和有关杂质可能蓄积、残存在动物的组织、器官或食用产品(如蛋、奶)中,这样便造成了兽药在动物性食品中的残留(简称兽药残留)。使用兽药必须遵守《兽药使用指南》的有关规定,严格执行休药期,以保证动物性食品兽药残留不超标。

第五节 处 方

兽医处方是由注册执业兽医在诊疗动物活动中为患病动物开具的,作为患病动物用药凭证的医疗文书,也是药房配药、发药的依据。处方开写正确与否直接影响治疗效果好坏和患病动物安全与否,执业兽医及药剂人员必须有高度的责任感,若产生医疗事故将要负法律责任。同时,处方也是药房管理中药物消耗的原始凭证,应妥善保管。一般普通处方、急诊处方保存半年,麻醉药品处方保留一年,毒、剧药品等处方应保存 3 年。乡村兽医应当按照农业农村部公布的《乡村兽医基本用药目录》规定使用兽药。

一、处方的格式与开写方法

一般动物诊疗机构有印好的处方笺,形式统一,开写处方时,只需填写各项内容即可,一个完整的处方由三个部分组成。

1. 处方前记(又称登记部分) 本部分可用中文书写,主要登记或说明处方的对象,包括诊疗机

构名称、处方编号、畜主姓名、畜别、性别、畜龄、体重、门诊登记号、临床诊断、开具日期等，便于查对处方和积累资料。

2. 处方正文(处方部分) 在处方的左上角印有 Rp 或 R 符号，此为拉丁文 *Recipe* 的缩写，代表"请取"或"处方"的意思。中药则用中文"处方"开头。然后在 Rp 之后或下一行，分列药品名称、规格、数量、用法用量。一般的原则如下：每药一行，将药物或制剂的名称写在左边，药物的剂量写在右边。注意药物的名称应按《中华人民共和国兽药典》规定的名称书写；剂量按国家规定的法定计量单位开写，重量以克(g)、毫克(mg)、微克(μg)、纳克(ng)为单位；容量以升(L)、毫升(mL)为单位；有效量单位以国际单位(IU)、单位(U)计算。片剂、丸剂、散剂分别以片、丸、袋(或克)为单位；溶液剂以升或毫升为单位；软膏以支、盒为单位；注射剂以支、瓶为单位，应注明含量；饮片以剂或副为单位，其中固体以 g、液体以 mL 为单位时常可省略，需要用其他单位时，则必须写明。剂量保留小数点后一位，各药的小数点上下要对齐；若一张处方上开有几种药物时，应按主药、辅药、矫正药、赋形剂的顺序开写；再依次说明配制法和服用法。

处方中药物剂量的开写方法有两种，即总量法与分量法。分量法只开写一次剂量，在用法中注明需用药次数和数量。总量法是开写一天或数天需用的总剂量，在用法中注明每次用量。

3. 处方后记(签名部分) 兽医和药物调剂专业技术人员签名和(或)加盖专用签章，审核、调配、核对、发药的人员签名，以示负责。兽药房处方药调剂专业技术人员应当对处方兽药的适宜性进行审核。内容如下：对规定必须做过敏试验的药物，是否注明过敏试验及结果的判定；处方兽药与临床诊断的相符性；剂量、用法；剂型与给药途径；是否有重复给药现象；是否有药物的配伍禁忌等。

二、处方的基本类型

1. 普通处方 处方中所开药物均为《中华人民共和国兽药典》(以下简称《中国兽药典》)或《中华人民共和国兽药规范》(以下简称《兽药规范》)上所规定的制剂，其成分、含量及配制方法都有明确规定，开写时，写出制剂的名称、用量及用法即可，见兽医处方笺(表 1-1)。

表 1-1 ×××动物医院处方笺 1

<table>
<tr><td>处方编号</td><td colspan="3"></td><td>门诊号(住院号)</td><td colspan="3"></td></tr>
<tr><td>畜主姓名</td><td colspan="3"></td><td>住址</td><td colspan="3"></td></tr>
<tr><td>畜别</td><td></td><td>品种品系</td><td></td><td>性别</td><td></td><td>年龄</td><td></td></tr>
<tr><td>体重</td><td></td><td>体温</td><td></td><td>临床特征</td><td colspan="3"></td></tr>
<tr><td colspan="8">Rp
①硫酸链霉素　100.0 万 U×6 支
注射用水　5.0 mL×6 支
用法：肌内注射，每日 100.0 万 U，每日 2 次，连用 3 日
②大黄苏打片　0.3 g×60 片
用法：内服，每次 10 片，每日 2 次，连用 3 日</td></tr>
<tr><td colspan="6" rowspan="2"></td><td colspan="2">药价</td></tr>
<tr><td colspan="2"></td></tr>
</table>

兽医(签名)　　　　药剂师(签名)　　　　年　月　日

2. 临时调配处方 兽医根据病情开写《中国兽药典》或《兽药规范》上没有规定的处方，兽医将所需药物开在一张处方上，由药房临时配制，见兽医处方笺(表 1-2)。

Note

表 1-2　×××动物医院处方笺 2

<table>
<tr><td>处方编号</td><td colspan="3"></td><td>门诊号(住院号)</td><td colspan="3"></td></tr>
<tr><td>畜主姓名</td><td colspan="3"></td><td>住址</td><td colspan="3"></td></tr>
<tr><td>畜别</td><td></td><td>品种品系</td><td></td><td>性别</td><td></td><td>年龄</td><td></td></tr>
<tr><td>体重</td><td></td><td>体温</td><td></td><td>临床特征</td><td colspan="3"></td></tr>
<tr><td colspan="8">Rp
磺胺嘧啶　2.0
非那西丁　0.6
碳酸氢钠　4.0
甘草粉　6.0
常水　适量
配制:调制成糊状</td></tr>
<tr><td colspan="6" rowspan="2">用法:一次灌服</td><td colspan="2">药价</td></tr>
<tr><td colspan="2"></td></tr>
</table>

兽医(签名)　　　　药剂师(签名)　　　　年　月　日

二、处方书写的注意事项

(1) 处方记载的患病动物项目应清晰、完整,并与门诊登记相一致。每张处方只限于一次诊疗结果用药。开具处方后的空白处应画一斜线,以示处方完毕。

(2) 处方一律用规范的中文书写,不得自行编制药品缩写名或用代号,字迹清楚且不得涂改。若修改,必须在修改处签名并注明修改日期。书写药品名称、剂量、规格、用法、用量要准确规范,不得使用“遵医嘱”“自用”等含糊不清字句。

(3) 如在同一张处方中开有几个处方时,每个处方部分均应完整填写,并在每个处方第一个药名的左上方写出次序号,如①②等。

(4) 西兽药、中兽药处方,每一种药品须另起一行。中兽药饮片处方的书写,可按君、臣、佐、使的顺序排列;药物调剂、煎煮的特殊要求注明在药品的后上方,并加括号,如布包、先煎、后下等;对药物的产地、炮制如有特殊要求的,应在药名之前写出。

(5) 一般应按照兽药说明书中的常用剂量使用,特殊情况需超剂量使用时,应注明原因并再次签名。为便于处方审核,兽医开具处方时,除特殊情况外必须注明临床诊断。

(6) 执业兽医须在当地县级以上兽医行政管理部门签名留样及专用签章备案后方可开具处方;执业助理兽医开具的处方须经所在诊疗地点执业兽医签字或加盖专用签章后方有效。处方兽医的签名式样和专用签章必须与在动物防疫监督机构留样备查的式样相一致,不得任意改动,否则,应重新登记留样备案。

(7) 执业助理兽医、执业兽医应当根据动物诊疗需要,按照诊疗规范、药品说明书中的药品适应证、药理作用、用法、用量、禁忌、不良反应和注意事项等开具处方。开具麻醉药品、精神药品、放射性药品的处方须严格遵守有关法律、法规。

第六节　兽药管理

兽药是一类特殊的商品,既要安全、有效,还要质量可控。现代兽药安全的概念,包括兽药对使用的靶动物,对生产、使用兽药的人,对动物性食品的消费者,以及对生态环境的安全。其中对动物

性食品消费者的安全，关系人的健康，尤其值得重视。

我国大量的兽药主要用于食品动物，因此必须重点考虑动物性食品安全和环境污染问题。兽药与养殖业产品的安全有着密切的联系。随着养殖业的发展，兽药用于食品动物时一般是群体用药，一旦使用不当，即可造成动物性食品出现兽药残留，给众多消费者的健康带来威胁。兽药的使用还会给环境带来影响，大量兽药及其代谢产物从动物体内排出进入环境，给局部(动物养殖场周围)甚至大面积(特别是水产用药)环境造成污染。

一、兽药管理的机构与法律、法规文件

国务院兽医行政管理部门负责全国的兽药监督管理工作。县级以上地方人民政府兽医行政管理部门负责本行政区域内的兽药监督管理工作。各级兽医药品监察所负责质量监督。当前主要兽药管理法律、法规文件有《兽药管理条例》《中华人民共和国兽药典》《兽药使用指南》《兽药生产质量管理规范》《新兽药研制管理办法》《兽药产品批准文号管理办法》《兽药标签和说明书管理办法》《兽药生产质量管理规范检查验收办法》《病原微生物实验室生物安全管理条例》《兽药广告审查办法》等。

二、新兽药的研制和审批

1. 新兽药分类 新兽药是指未曾在中国境内上市销售的兽用药品。按照现行国家规定分为五类。一类新兽药是指我国创制的国外没有批准生产、仅有文献报道的原料药品及其制剂；二类新兽药是指我国研制的国外已批准生产，但未列入《中国兽药典》或国家法定药品标准的原料药品及其制剂；三类新兽药是指我国研制的国外已批准生产，并已列入《中国兽药典》或国家法定药品标准的原料药品及其制剂，也包括西兽药复方制剂，中西兽药复方制剂；四类新兽药是改变剂型或改变给药途径的药品；五类新兽药是指增加适应证的兽药制剂。

2. 新兽药审批 按照我国《新兽药研制管理办法》的规定，申报一类新兽药及兽药新制剂时应提交以下资料及药品(包括标准品或对照品)，申报二类、三类、四类、五类新兽药及兽药新制剂时根据其类别不同应提交相应的资料及药品(包括标准品或对照品)。①新兽药名称及命名依据；②选题目的、依据及国内外概况；③新兽药化学结构或组分确证的试验数据、理化常数、图谱及其解析等；④生产工艺，对新制剂尚须提交处方及其依据；⑤原料药及其制剂、复方制剂的稳定性试验报告；⑥药理学试验研究报告；⑦毒理试验研究结果；⑧特殊毒性试验研究结果；⑨食品动物组织中兽药残留的消除规律、最高残留限量和休药期的研究资料；⑩饲料药物添加剂或激素的动物喂养试验和繁殖毒性试验报告；⑪环境毒性试验资料；⑫临床疗效试验或临床疗效验证的研究资料；⑬中试生产总结报告；⑭连续 3～5 批中试生产的样品及其检验报告；⑮三废处理试验报告；⑯质量标准草案及起草说明；⑰新兽药及其制剂的包装、标签和使用说明书；⑱生产成本计算；⑲主要参考文献；⑳申报申请书。

一类、二类和三类新兽药的申报资料由农业农村部初审，符合规定的交中国兽医药品监察所进行复核试验和新兽药质量标准草案的起草。复核试验合格的，由新兽药审评委员会进行技术审评，凡符合规定的，经审核批准后发布其质量标准，并发给研制单位《新兽药证书》。兽药新制剂的复核试验、技术审评、审核批准、质量标准的发布均由省属相应机构受理。一类和二类新兽药在批准试生产后，应继续考察新兽药的稳定性、疗效和安全性，并在推广应用中，重点了解在长期使用后出现的不良反应和远期疗效。

三、药物的保管与储存

1. 药物的保管 应按国家颁布的药品管理办法，建立严格的保管制度，实行专人、专账、专柜(室)保管，保证账目与药品相符。药品库应保持清洁卫生，并防止发霉、虫蛀和鼠咬。加强防火等安全措施，确保人员与药品的安全。对毒、剧药品及麻醉品，更应按国家法令、条例严格管理、储存。

2. 药物的储存 药物应按其理化性质、用途等科学合理地储存。《中国兽药典》对各种药品的保存都有具体的要求。总的原则是要遮光、密闭、密封、熔封或严封，在阴凉处保存。各类药物应归类存放，如内服药、外用药、毒剧药及麻醉品、易燃易爆药等，均应分类存放，严格管理，定期检查，以防事故发生。

四、药政管理的一般知识

1. 兽药标准 为使我国兽药的生产、经营、销售、使用，新兽药研究，以及兽药的检验、监督和管理规范化，应共同遵循法定的技术依据，即我国的兽药国家标准《中华人民共和国兽药典》（简称《中国兽药典》）和《中华人民共和国兽药规范》（简称《兽药规范》）。

《兽药规范》也是我国的兽药国家标准，是兽药生产、经营、使用和监督等部门检验质量的法定依据。《兽药规范》（1978 年版）收载了农业农村部颁布的一些新兽药的质量标准，由于其中收载的大多数品种已收入《中国兽药典》（1990 年版）；经中国兽药典委员会组织修订，并审议通过，将没有收入《中国兽药典》，但各地仍有生产和使用的一些品种以及农业农村部陆续颁布的一些新兽药的质量标准载入《兽药规范》（1992 年版）。该规范按照《中国兽药典》（1990 年版），将药物分别收载于一部或二部中，采用的凡例和附录均照《中国兽药典》（1990 年版）一部或二部的规定。

兽药的标准：①国家标准，即《中国兽药典》《兽药规范》，由中国兽药典委员会制定、修订。②专业标准，即《兽药质量标准》，由中国兽医药品监察所制定、修订。①和②均由农业农村部审批、发布。③地方标准，即省（自治区、直辖市）的《兽药制剂标准》，由该地区兽医药品监察所制定，农业（畜牧）厅（局）审批、发布。

为加强兽药的监督管理，保证兽药质量，有效防治动物疾病，促进畜牧业的发展和维护人类健康，国务院于 1987 年 5 月 21 日发布了《兽药管理条例》，要求凡从事兽药生产、经营和使用者，应当遵守本条例的规定，保证兽药生产、经营和使用的质量，并确保安全有效。农业农村部根据《兽药管理条例》的规定，制定和发布了《兽药管理条例实施细则》，并根据规定制定并发布了相应的管理办法。例如，《新兽药及兽药新制剂管理办法》《核发兽药生产许可证、兽药经营许可证、兽药制剂许可证管理办法》《兽药药政药检工作管理办法》《兽药生产质量管理规范》《兽药生产质量管理规范实施细则（试行）》《动物性食品中兽药最高残留限量》和《允许作饲料药物添加剂的兽药品种及使用规定》。

2. 兽药质量监督 按照我国《兽药管理条例》的规定，我国农业农村部畜牧兽医局负责全国的兽药管理工作。中国兽医药品监察所是全国兽药监察业务技术指导中心，全国兽药检验的最高技术仲裁单位，其主要职责如下：负责全国兽药质量的监督、兽药产品的抽检和兽药质量检验、鉴定的最终技术仲裁；承担或参与国家兽药标准的制定和修订；负责一、二、三类新兽药，新生物制品和进口兽药的质量复核，并制定和修订质量标准，提交其编制说明和复核报告；开展有关兽药质量标准、检验新技术和新方法等研究；掌握全国兽药质量情况，承担兽药产品质量的监督抽查，参与假冒伪劣兽药的查处；指导下属机构的工作；培训兽药检验技术人员等。省（自治区、直辖市）兽医药品监察所主要负责本辖区的兽药检验及质量监督工作，掌握兽药质量情况；承担兽药地方标准的制定、修订；调查、监督本辖区的兽药生产、经营和使用情况；参与假劣兽药的查处；开展有关研究和兽药检验技术培训；参与兽药厂考核验收、技术把关。地（市）、县也设兽药监察机构，主要配合省所做好流通领域中的兽药质量监督、检验；协助省所对兽药生产、经营企业进行质量监督。

五、兽药的管理法规和标准

1. 兽药管理条例 我国第一个《兽药管理条例》（以下简称《条例》）是 1987 年 5 月 21 日由国务院发布的，它标志着兽药的管理步入法制化。《条例》分别在 2001 年和 2004 年进行了两次较大的修

订。现行的《条例》于 2004 年 3 月 24 日经国务院第 45 次常务会议通过，以国务院令第 404 号发布，并于 2004 年 11 月 1 日起实施。

为保障《条例》的实施，与《条例》配套的规章有《兽药注册管理办法》《兽用处方药和非处方药管理办法》《兽用生物制品管理办法》《兽药进口管理办法》《兽药标签和说明书管理办法》《兽药生产质量管理规范》《兽药经营质量管理规范》《兽药非临床研究质量管理规范》和《兽药临床试验质量管理规范(GCP)》等。

2.《中华人民共和国兽药典》 按照新《条例》的规定，中国兽药典委员会拟定的、国务院兽医行政管理部门发布的《中华人民共和国兽药典》(以下简称《中国兽药典》)和国务院兽医行政管理部门发布的其他兽药标准为兽药国家标准。也就是说，今后我国只有兽药国家标准，不再存在地方标准。

根据《中华人民共和国标准化法实施条例》规定，兽药国家标准属于强制性标准。《中国兽药典》是国家为保证兽药产品质量而制定的具有强制约束力的技术法规，是兽药生产、经营、进出口、使用、检验和监督管理部门共同遵守的法定依据。它不仅对我国的兽药生产具有指导作用，而且是兽药监督管理和兽药使用的技术依据，也是保障动物源性食品安全的法律基础。

到目前为止，我国已发布了六版《中国兽药典》，即 1990 年版、2000 年版和 2005 年版、2010 年版、2015 年版和 2020 年版。1990 年版《中国兽药典》分为一、二部，一部为化学药品、生物制品，正文收载品种 379 个，其中化学药品 343 个，生物制品 36 个；二部为中药，正文收载品种 499 个，其中中药材 418 个，中药成方制剂 81 个；全书共收载 878 个品种。2000 年版《中国兽药典》仍然分为一、二部；一部收载化学药品、抗生素、生物制品和各类制剂共 469 个；二部收载中药材、中药成方制剂共 656 个；全书共收载 1125 个品种，约 210 万字。2005 年版《中国兽药典》分为一、二、三部；一部收载化学药品、抗生素和各类制剂共 449 个；二部收载中药材、中药成方制剂共 685 个；三部收载生物制品 115 种；全书共收载 1249 个品种。2005 年版《中国兽药典》为了与国际接轨，进行了一些改革，把原二部中的"作用与用途""用法与用量"等内容适当扩充独立编写为《兽药使用指南》，以期更好地指导科学、合理用药。

2010 年版《中国兽药典》分为一部、二部和三部，收载总计 1829 个品种，其中新增 604 种，修订 1164 种。一部收载化学药品、抗生素、生化药品及药用辅料共 592 种；二部收载药材和饮片、植物油脂和提取物、成方制剂和单味制剂共 1114 种；三部收载生物制品 123 种。2010 年版《中国兽药典》的配套丛书《兽药使用指南》化学药品卷、中药卷和生物制品卷同时出版。在《兽药使用指南》中，具体介绍了每种药物的"作用与用途""用法与用量""注意事项"等内容。首次出版的《兽药使用指南(中药卷)》，有助于改变以往专业术语难懂、影响正确使用的状况，对弘扬我国传统兽医学，推动我国中兽药的产业化具有重要意义。2015 年版《中国兽药典》由三部组成，各部自成体系，均由凡例、正文品种和附录组成，共收载正文品种 1640 个，附录 284 个。与 2010 年版《中国兽药典》相比，收载品种明显增加，标准体例更加完善，标准内容更加符合临床使用和监管需要，整体水平明显提升，安全性更有保障，规范性引导作用更加突出。2020 年版《中国兽药典》分一部、二部、三部，总计收载凡例 3 个、正文品种 1621 个和附录 302 个。2020 年版《中国兽药典》已于 2021 年 1 月 29 日由农业农村部公告第 363 号颁布，并于 2021 年 7 月 1 日起施行。自施行之日起，2015 年版《中国兽药典》和 2017 年版《兽药质量标准》及农业农村部公告等收载、发布的同品种兽药质量标准同时废止。收载品种未收载的制剂规格(已废止的除外)，其质量标准按照 2020 年版《中国兽药典》收载品种相关要求执行，规格项按照原批准证明文件执行。

《中国兽药典》的颁布并实施，对规范我国兽药的生产、检验及临床应用起到了显著效果，促进了我国兽药生产的标准化、规范化管理，在提高兽药产品质量，保障动物用药的安全、有效，防治畜禽疾病等诸方面都起到了积极作用，也促进了我国新兽药研制水平的提高，为发展畜牧养殖业提供了有力的保证。

六、兽药管理体制

1. 兽药监督管理机构 兽药的监督管理主要包括兽药国家标准的发布、兽药监督检查权的行使、假劣兽药的查处、原料药和处方药的管理、不良反应的报告、生产许可证和经营许可证的管理，以及兽医行政管理部门、兽药检验机构及其工作人员的监督等。根据新《条例》的规定，国务院兽医行政管理部门负责全国的兽药监督管理工作。县级以上地方人民政府兽医行政管理部门负责本行政区域内的兽药监督管理工作。

水产养殖中的兽药使用、兽药残留检测和监督管理以及水产养殖过程中违法用药的行政处罚，由县级以上人民政府渔业行政主管部门及其所属的渔政监督管理机构负责。但水产养殖业的兽药研制、生产、经营、进出口仍然由兽医行政管理部门管理。

2. 兽药注册制度 依照法定程序，对拟上市销售的兽药的安全性、有效性、质量可控性等进行系统评价，并做出是否同意进行兽药临床或残留研究、生产兽药或者进口兽药决定的审批制度，包括对申请变更兽药批准证明文件及其附件中载明内容的审批制度。

兽药注册包括新兽药注册、进口兽药注册、变更注册和进口兽药再注册。境内申请人申请兽药注册按照新兽药注册申请的程序和要求办理，境外申请人申请进口兽药注册按照进口兽药注册及再注册的程序和要求办理。新兽药注册申请，是指未曾在中国境内上市销售的兽药的注册申请。进口兽药注册申请，是指在境外生产的兽药在中国上市销售的注册申请。变更注册申请，是指新兽药注册、进口兽药注册经批准后，改变、增加或取消原批准事项或内容的注册申请。

3. 标签和说明书要求 对兽药使用者而言，除了《兽药使用指南》以外，产品的标签和说明书也是正确使用兽药必须遵循的有法定意义的文件。《条例》规定了一般兽药和特殊兽药在其包装标签和说明书上的内容。兽药包装必须按照规定印有或者贴有标签并附有说明书，并必须在显著位置注明"兽用"字样，以避免与人用药品混淆。凡在中国境内销售、使用的兽药，包装上的标签及所附说明书的文字必须以中文为主，提供兽药信息的标志及文字说明应当字迹清晰易辨，标示清楚醒目，不得有印字脱落或粘贴不牢等现象。

兽药标签和说明书必须经国务院兽医管理部门批准才能使用。兽药标签或者说明书必须注明以下内容：①兽药的通用名称，即兽药国家标准中收载的兽药名称。通用名称是药品的国际非专利名称(INN)的简称，通用名称不能作为商标注册。标签和说明书不得只标注兽药的商品名。按照国务院兽医行政管理部门的有关规定，兽药的通用名称必须用中文显著标示。②兽药的成分及其含量，兽药标签或说明书上应标明兽药的成分和含量，以满足兽医和使用者的知情权。③兽药规格，便于兽医和使用者计算使用剂量。④兽药的生产企业。⑤兽药批准文号(或进口兽药注册证号)。⑥产品批号，以便对出现问题的兽药溯源检查。⑦生产日期和有效期，兽药有效期是涉及兽药效能和使用安全的标识，必须按规定在兽药标签或说明书上予以标注。⑧适应证或功能主治、用法、用量、禁忌、不良反应和注意事项(包括休药期)等涉及兽药使用须知、保证用药安全有效的事项。

特殊兽药的标签必须印有规定的警示标志。为了便于识别，保证用药安全，对麻醉药品、精神药品、毒性药品、放射性药品、外用药品、非处方兽药，必须在包装、标签的醒目位置和说明书中注明，并印有符合规定的标志。

4. 兽药广告管理 《条例》规定，在全国重点媒体发布兽药广告的，必须经国务院行政管理部门审查批准，取得兽药广告审查批准文号。在地方媒体发布兽药广告的，应当经省(自治区、直辖市)人民政府行政管理部门审查批准，取得兽药广告审查批准文号。未取得兽药广告审查批准文号的，属于非法的兽药广告，不得发布或刊登。

《条例》还规定，兽药广告的内容应当与兽药说明书内容相一致。兽药的说明书包含有关兽药的安全性、有效性等基本科学信息，主要包括兽药名称、性状、药理毒理、药物动力学、适应证、用法用量、不良反应、禁忌证、注意事项、有效期限、批准文号、生产企业、批号等方面的内容。

兽药广告的内容是否真实，对正确地指导养殖者合理用药、安全用药十分重要，直接关系到动物的生命安全和人身健康。因此，兽药广告的内容必须真实、准确，对公众负责，不允许有欺骗、夸大情况。

七、兽用处方药与非处方药管理制度

为保障用药安全和动物性食品安全，《条例》规定，国家实行兽用处方药和非处方药分类管理制度，从法律上正式确立了兽药的处方药管理制度。所谓兽用处方药，是指凭兽医开写处方方可购买和使用的兽药。兽用非处方药，是指由国务院兽医行政管理部门公布的、不需要凭兽医处方就可以自行购买并按照说明书使用的兽药。

处方药管理的一个最基本的原则就是凭兽医的处方方可购买和使用，因此，未经兽医开具处方时，任何人不得销售、购买和使用处方药。在兽医开具处方后使用兽药，可以防止出现滥用人用药品、细菌产生耐药性、动物产品中发生兽药残留等问题，达到保障动物用药规范、安全有效的目的。

兽用处方药和非处方药分类管理制度中包括以下几个方面：①对兽用处方药的标签或者说明书的印制提出特殊要求，规定兽用处方药的标签或者说明书应当印有国务院兽医行政管理部门规定的警示内容，其中兽用麻醉药品、精神药品、毒性药品和放射性药品还应当印有国务院兽医行政管理部门规定的特殊标志；兽用非处方药的标签或者说明书还应当印有国务院兽医行政管理部门规定的非处方药标志。②兽药经营企业销售兽用处方药的，应当遵守兽用处方药管理办法。③禁止未经兽医开具处方销售、购买、使用国务院兽医行政管理部门规定实行处方药管理的兽药。④开具处方的兽医发现可能与兽药使用有关的严重不良反应时，有义务立即向所在地人民政府兽医行政管理部门报告。

《条例》规定，兽药经营企业，应当向购买者说明兽药的适应证或功能主治、用法、用量和注意事项。销售兽用处方药的，应当遵守兽用处方药管理办法。批发销售兽用处方药和兽用非处方药的企业，必须配备兽医或药师以上药学技术人员，兽药生产企业不得以任何方式直接向动物饲养场（户）推荐、销售兽用处方药。兽用处方药必须凭兽医处方销售和购买，兽药批发、零售企业不得采用开架自选销售方式。

八、不良反应报告制度

不良反应是指在按规定用法用量应用兽药的过程中产生的与用药目的无关或有害的毒性反应。不良反应与应用的兽药有关，一般在停止使用兽药后即消失，有的需要采取一定的处理措施，患病动物才能恢复正常。

《条例》规定，国家实行兽药不良反应报告制度。兽药生产企业、经营企业、兽药使用单位和开具处方的兽医人员发现可能与兽药使用有关的严重不良反应，应当立即向所在地人民政府兽医行政管理部门报告。首次以法律的形式规定了不良反应的报告制度。

有些兽药在申请注册登记或者进口注册登记时，由于科学技术发展的限制，当时没有发现对环境或者人类有不良影响。在使用一段时间后，兽药的不良反应才被发现，这时，就应当立即采取有效措施，防止这种不良反应的扩大或者造成更严重的后果。

第二章　外周神经系统药理

作用于外周神经系统的药物有传出神经药物和传入神经药物。临床上兽医常用的传出神经药物包括植物神经药和肌肉松弛药，传入神经药物包括局部麻醉药和皮肤黏膜用药。能激活、增强或抑制交感或副交感神经系统功能的药物称为植物神经药，又称为自主神经药，植物神经药分为肾上腺素能药和胆碱能药。

第一节　传出神经系统概述

一、传出神经分类

1. 传出神经系统按解剖学分类　分为植物神经和运动神经。

植物神经又称自主神经，主要支配心肌、平滑肌和腺体等效应器的活动，包括交感神经和副交感神经两类。其解剖特点是自中枢神经系统发出后，都要经过神经节更换神经元，然后才到达所支配的器官(效应器)，因此植物神经有节前纤维和节后纤维之分。

运动神经支配骨骼肌的运动，解剖特点是自中枢神经系统发出后，中途不更换神经元，直接到达所支配的骨骼肌，因此无节前纤维和节后纤维之分。

2. 传出神经系统按递质分类　传出神经末梢释放的递质主要有乙酰胆碱(ACh)和去甲肾上腺素(NE)。它们通过作用于突触后膜上相应的受体，影响下一级神经元或效应器细胞的活动，完成神经冲动的传递。根据递质的不同，传出神经可分为胆碱能神经和去甲肾上腺素能神经。

(1) 胆碱能神经：包括运动神经、植物神经节前纤维、副交感神经节后纤维和极少数交感神经节后纤维(如支配汗腺的交感神经节后纤维)。它们兴奋时释放的递质是乙酰胆碱。

胆碱能神经的神经元内能合成乙酰胆碱(ACh)，当神经兴奋时，其末梢释放乙酰胆碱。这类神经包括交感神经和副交感神经的节前纤维、副交感神经的节后纤维、极少数交感神经节后纤维(如汗腺的分泌神经和有些动物骨骼肌的血管扩张神经)及运动神经。

(2) 去甲肾上腺素能神经：大部分传出神经的生理机能是通过递质与受体结合而产生效应的。这些受体能选择性地与某些递质或药物结合，产生一定的生理或药理效应。

去甲肾上腺素能神经的神经元内能合成去甲肾上腺素(NA 或 NE)，当神经兴奋时，其末梢释放去甲肾上腺素。这类神经几乎包括全部交感神经节后纤维。

除上述两类神经外，据报道，在中枢及内脏器官内存在多巴胺能神经、肽能神经及嘌呤能神经。

二、传出神经的突触及化学传递

1. 突触　指神经元之间或神经元与效应细胞之间的功能接触点，是信息传递的特殊结构。大多数突触信息的传递是通过神经递质(介质)介导的，称为化学传递。突触的超微结构是由突触前部、突触后部及突触间隙组成的。突触前部与后部相对应的膜分别称为突触前膜和突触后膜。

胆碱能神经在末梢靠近突触前膜处的囊泡含有大量递质乙酰胆碱，在突触后膜有许多皱褶，皱褶内聚积有胆碱酯酶，可水解释放乙酰胆碱。去甲肾上腺素能神经末梢形成许多细微的神经纤

维，这些细微神经纤维有连续的膨胀部分，即膨体，在膨体中有线粒体和囊泡等亚细胞结构。每个膨体内囊泡的数目大约为1000个。囊泡对乙酰胆碱和去甲肾上腺素的合成、转运与储存具有重要作用。

2. 突触的化学传递 当神经冲动到达神经末梢时，末梢的突触前膜释放化学递质，递质作用于次一级神经元或效应器，完成神经冲动的传递过程。突触的化学传递过程主要包括递质的生物合成、储存、释放、递质作用的消失等。

三、传出神经递质

神经递质是传递神经冲动的物质，乙酰胆碱和去甲肾上腺素是传出神经末梢释放的两种递质。

1. 递质的生物合成及储存 乙酰胆碱主要在神经末梢处合成。参与合成的酶类有胆碱乙酰化酶及乙酰辅酶A。乙酰胆碱合成后，一部分转运至囊泡并储存，另一部分以游离形式存在于胞质中。去甲肾上腺素主要在细胞体与轴突内合成，但此处含量较少，神经末梢处含量多。合成去甲肾上腺素的原料是酪氨酸，去甲肾上腺素合成后也储存于囊泡中。

2. 递质的释放 当神经冲动到达神经末梢产生去极化时，神经元细胞膜的通透性发生改变，Ca^{2+}内流，促使突触前膜中的囊泡膜与突触前膜融合形成裂孔，使囊泡内的递质等排至突触间隙。

3. 递质的消除 乙酰胆碱主要被突触后膜中的胆碱酯酶水解而失活。一般乙酰胆碱释放后，数毫秒之内即被水解失效，不被突触前膜摄取，但它的水解产物进入神经末梢，作为合成乙酰胆碱的原料。释放的去甲肾上腺素首先被神经或非神经组织摄取（有75%～95%被去甲肾上腺素能神经末梢再摄入末梢内），然后被酶破坏而失活，最后排出体外。

四、传出神经的受体及其分布

传出神经受体根据其选择性结合的递质类型不同，分为胆碱受体和肾上腺素受体两类。

(1) 能与乙酰胆碱结合的胆碱受体，可分为两类：①毒蕈碱型胆碱受体，简称M胆碱受体或M受体。对毒蕈碱的作用比较敏感，主要分布于副交感神经节后纤维和一小部分释放乙酰胆碱的交感神经节后纤维所支配的效应器细胞膜上。M受体兴奋时可引起心脏抑制，血管扩张，多数平滑肌收缩，瞳孔缩小，腺体分泌增加等。②烟碱型胆碱受体，简称N胆碱受体或N受体。对烟碱的作用比较敏感，主要分布于植物神经节细胞膜和骨骼肌细胞膜上，一般将植物神经节细胞膜上的受体称为N_1受体，骨骼肌细胞膜上的受体称为N_2受体。N受体兴奋时可引起植物神经节兴奋，肾上腺髓质分泌增加，骨骼肌收缩等。

(2) 能与去甲肾上腺素或肾上腺素结合的肾上腺素受体，可分为两类：①α肾上腺素受体，简称α受体，主要分布于皮肤、黏膜、内脏的血管、虹膜辐射肌和腺体细胞等效应器细胞膜上及去甲肾上腺素能神经末梢的突触前膜。α受体兴奋可引起血管收缩，血压升高等。②β肾上腺素受体，简称β受体，主要分布于心脏、血管、支气管等效应器细胞膜上。

五、传出神经受体及递质的作用

传出神经递质通过兴奋相应的受体而产生作用。

(1) 乙酰胆碱的作用：兴奋M、N受体，产生M样、N样作用。M样作用主要表现为心脏抑制、血管扩张、多数平滑肌收缩、瞳孔缩小、腺体分泌增加等，N样作用主要表现为植物神经节兴奋、骨骼肌收缩等。

(2) 去甲肾上腺素或肾上腺素的作用：兴奋α受体和β受体，产生α型和β型作用。α型作用主要表现为皮肤、黏膜、内脏血管（除冠状动脉血管外）收缩、血压升高等；β型作用主要表现为心肌兴奋，支气管、冠状动脉血管平滑肌松弛等。

Note

六、传出神经的基本生理功能

传出神经所支配的效应器中除骨骼肌只受运动神经支配外，多数器官同时接受去甲肾上腺素能神经与胆碱能神经的双重支配，并且在多数情况下它们表现出相互拮抗的作用，但从整体来看，这两类神经的相互拮抗作用并不是对立的，而是在中枢神经系统的调节下，既对立又统一的。在实际情况下，只有两者辩证的对立和统一，才能使机体的生理功能更好地适应内、外环境的变化，维持正常的生理状态。

七、传出神经药物的作用方式

(1) 直接作用于受体，通过兴奋或抑制受体而产生作用。大多数传出神经药物能直接与受体结合而发挥作用。与受体结合后兴奋受体，产生与递质相似作用的药物，称为拟似药或激动药，如拟胆碱药、拟肾上腺素药。与受体结合后抑制受体，阻止递质与受体结合，产生与递质相反作用的药物，称为拮抗药或阻断药，如抗胆碱药、抗肾上腺素药。

(2) 通过影响递质的释放、储存和转化而产生作用。如抗胆碱酯酶药，通过抑制胆碱酯酶活性，减少乙酰胆碱的破坏而产生拟胆碱作用。如麻黄素可促进去甲肾上腺素能神经末梢释放去甲肾上腺素；氨甲酰胆碱可促进胆碱能神经末梢释放乙酰胆碱；间羟胺可取代囊泡中的去甲肾上腺素，促进其释放而发挥拟肾上腺素作用；利血平抑制去甲肾上腺素能神经末梢囊泡中去甲肾上腺素的摄取，使囊泡内储存的去甲肾上腺素逐渐减少，甚至耗竭，妨碍去甲肾上腺素能神经冲动的传导，表现出拮抗去甲肾上腺素能神经的作用等。影响递质生物合成的药物较少，无临床应用价值。

八、传出神经药物分类

传出神经药物按药物作用的主要部位（受体）及作用性质（拟似或拮抗，激动或阻断）进行分类（表 2-1）。

表 2-1　传出神经药物分类

类别	亚类	药理作用	作用机理与例子
拟交感药	肾上腺素能药	类似肾上腺素能神经元兴奋的作用	直接作用：α、β受体激动剂，如α受体激动剂去氧肾上腺素，β受体激动剂异丙肾上腺素，α、β受体激动剂肾上腺素
			间接作用：释放神经元储存的儿茶酚胺类，如酪胺、苯丙胺
	拟肾上腺素药	类似肾上腺素和去甲肾上腺素的作用	增强交感神经的辐射作用，如中枢神经激动剂
抗交感药	肾上腺素能阻断药	抑制拟交感药的作用，抑制肾上腺素能神经元兴奋的反应	阻断α或β受体，如α受体阻断剂酚妥拉明，β受体阻断剂普萘洛尔
	抗肾上腺素能药	抑制肾上腺素能神经元兴奋的反应	耗竭内源性儿茶酚胺，如利血平；抑制神经末梢释放去甲肾上腺素，如溴苄胺
拟副交感药	拟胆碱药	类似副交感神经节后神经元兴奋的作用；类似乙酰胆碱的作用	直接作用：胆碱受体激动剂，如乙酰胆碱、卡巴胆碱
			间接作用：胆碱酯酶抑制剂，如新斯的明；有机磷酸酯类

续表

类别	亚类	药理作用	作用机理与例子
抗副交感药	抗胆碱能药	抑制乙酰胆碱的作用，抑制副交感神经节后神经元兴奋的反应	阻断N或M受体，如M受体阻断剂阿托品；抑制神经末稍释放乙酰胆碱，如肉毒梭菌毒素

第二节　胆碱能药

作用于胆碱受体的药物分为胆碱受体激动剂与胆碱受体阻断剂两大类，胆碱受体激动剂又称拟胆碱药，是一类作用与胆碱能神经递质乙酰胆碱相似的药物。胆碱受体阻断剂又称抗胆碱药，是一类能与胆碱受体结合而不激动或产生较弱激动胆碱受体的作用，拮抗乙酰胆碱或拟胆碱药物与受体的结合，而产生抗胆碱作用的药物。

一、拟胆碱药

拟胆碱药是一类直接或间接作用于副交感神经，产生的药理作用与神经递质（乙酰胆碱）作用相似的药物。作用机制如下：促进乙酰胆碱释放，并与突触后膜受体结合，干扰乙酰胆碱的失活。这类药物不仅对神经节、神经肌肉接头有作用，对不受副交感神经支配但含胆碱受体的细胞也有一定作用，但不是副交感样作用，可能是N受体兴奋的结果。

拟胆碱药的主要作用：位于平滑肌和腺体的M受体兴奋，可导致支气管、气管、胃、肠、膀胱、胆囊、虹膜、睫状肌等平滑肌收缩，支气管、胃、肠、汗腺、胰腺、唾液腺、泪腺、鼻咽等部位腺体分泌，血管内皮细胞释放一氧化氮；位于心脏的M受体兴奋，导致心率下降，心肌收缩力和房室传导性降低；突触前M受体兴奋，能抑制乙酰胆碱或去甲肾上腺素释放，导致胃、肠和膀胱括约肌松弛；神经节的M受体兴奋，刺激节后神经元而引起交感和副交感神经兴奋，此作用相对较小。

机体应用拟胆碱药后的临床表现：心率减慢，血压下降，瞳孔缩小（因虹膜括约肌收缩）或视觉调节痉挛（因睫状肌收缩），腺体分泌增加，支气管收缩，胃肠蠕动和排便增强，泌尿增加等。

拟胆碱药在兽医临床上主要用作眼科药、胃肠道及膀胱平滑肌刺激剂，少数亦用作抗寄生虫药。

（一）直接作用于副交感神经的拟胆碱药

直接作用于副交感神经的拟胆碱药或称M受体激动剂。药物包括胆碱酯类化合物和植物碱类，前者有乙酰胆碱、乙酰甲胆碱、氨甲酰胆碱和氨甲酰甲胆碱，后者有毒蕈碱、槟榔碱、毛果芸香碱、甲氧氯普胺等。主要表现为M样作用，包括心脏抑制、胃肠道蠕动及分泌增加、胆碱能性出汗、外周血管阻力和血压下降。本类药物的N样作用不明显，本类药物大剂量时会因持久性局部去极化而产生神经节和骨骼肌的阻断作用。乙酰胆碱在这点上与烟碱相似，对这些部位的作用是先兴奋后抑制。

$$(CH_3)_3\overset{+}{N}CH_2CH_2OC(=O)CH_3$$

乙酰胆碱

$$(CH_3)_3\overset{+}{N}CH_2\text{—(四氢呋喃环: 3-OH, 5-}CH_3\text{)}$$

毒蕈碱

本类药物主要用于治疗胃肠和膀胱弛缓、青光眼和缩瞳。某些药物的金属盐可用作驱虫药，主要经内服或皮下注射给药，因为静脉注射易产生毒副作用，剂量过大或用于敏感患病动物会产生毒

性。乙酰胆碱和毒蕈碱一般不在临床上使用，主要用作研究的工具药。槟榔碱可用于马的快速导泻和犬驱绦虫，不用于猫；作用强，使用时应小心。甲氧氯普胺在外周神经能增强乙酰胆碱在突触中的作用，在中枢神经能拮抗多巴胺的作用，主要用于抗呕吐和治疗胃轻度弛缓。

（二）间接作用于副交感神经的拟胆碱药

间接作用于副交感神经的拟胆碱药或称胆碱酯酶抑制剂，与胆碱酯酶竞争性结合，阻断乙酰胆碱水解而产生类似乙酰胆碱的作用；又分为可逆性抑制剂和不可逆性抑制剂两类。

可逆性抑制剂有滕喜龙和氨基甲酰化物。氨基甲酰化物包括毒扁豆碱、新斯的明、溴吡斯的明、美斯的明和西维因。滕喜龙与胆碱酯酶的催化部位结合，抑制作用迅速、可逆，因为其不是酶的底物。毒扁豆碱和新斯的明等也与胆碱酯酶的催化部位结合，与乙酰胆碱相同的是，它们都是胆碱酯酶的底物，不同的是，胆碱酯酶对它们的水解速度相当缓慢。例如，每个胆碱酯酶分子每分钟只能水解 100 分子新斯的明。

不可逆性抑制剂主要是有机磷酸酯类和气体性化学战剂，前者有蝇毒磷、倍硫磷、马拉硫磷、敌百虫、二嗪农和敌敌畏等，后者如沙林和梭曼。它们与胆碱酯酶发生共价结合，不被水解，胆碱酯酶不能发挥作用。

1. 胆碱酯酶抑制剂的药理作用　植物神经支配的效应器官出现 M 样作用，神经节和骨骼肌出现 N 样作用，如交感反应和肌肉震颤。因高浓度乙酰胆碱可引起持久的去极化，神经节和骨骼肌会先兴奋后抑制，甚至出现麻痹症状。中枢神经系统的胆碱能部位也是先兴奋后抑制。大脑功能紊乱、惊厥和昏迷是这类药物中毒的中枢表现。在眼部使用时，可使瞳孔缩小，睫状肌痉挛。胃肠道的蠕动和分泌增强，胆碱能神经纤维支配的腺体分泌增加。小剂量时对心血管系统产生温和作用，随着剂量的增加，作用变得复杂。乙酰胆碱的外周作用和对副交感神经节的作用会使心跳缓慢、房室传导阻滞、血压下降，但乙酰胆碱对交感神经节的作用可引起肾上腺髓质释放肾上腺素，进而产生完全相反的作用。对呼吸系统，使支气管收缩，随后呼吸中枢抑制，高剂量时呼吸肌麻痹。

胆碱酯酶抑制剂的作用无选择性，能加强乙酰胆碱的 M 样作用和 N 样作用。除滕喜龙作用时间短暂（仅用于诊断重症肌无力）、不出现毒性外，其他胆碱酯酶抑制剂（氨基甲酸酯类和有机磷类）过量时均会产生毒副作用，如急性毒性、迟发性神经毒性和慢性毒性。急性毒性表现为受体兴奋，兴奋顺序依次为 M 受体、N 受体（骨骼肌震颤、无力、麻痹）和中枢神经系统（M 受体和 N 受体同时兴奋，引起惊厥、不协调、呼吸中枢抑制）。

2. 胆碱酯酶抑制剂的适应证　胃肠和膀胱功能紊乱，如胃肠弛缓、积尿；青光眼；重症肌无力；抗胆碱药中毒。有的还能用于驱虫和杀虫。

氨甲酰胆碱(Carbacholine)

$$(CH_3)_3\overset{+}{N}CH_2CH_2O\overset{\overset{O}{\|}}{C}NH_2$$

【理化性质】　本品又名碳酰胆碱、卡巴胆碱。本品为人工合成的胆碱酯类药。为无色或淡黄色小棱柱体结晶或结晶性粉末，有潮解性。极易溶于水，难溶于酒精，在丙酮或醚中不溶。耐高温，煮沸亦不易被破坏。

【作用与应用】　本品可直接兴奋 M 受体和 N 受体，并促进胆碱能神经末梢释放乙酰胆碱发挥作用。本品是胆碱酯类中作用最强的一种，性质稳定（因其酸性部分不是乙酸而是氨甲酸，氨甲酸酯不易被胆碱酯酶水解），作用强而持久，尤其对腺体及胃肠、膀胱、子宫等平滑肌器官作用强，小剂量即可促使消化液分泌，加强胃肠蠕动，促进内容物迅速排出，增强反刍兽的反刍机能。对心血管系统作用较弱。一般剂量时对骨骼肌无明显影响，但大剂量可引起肌束震颤、麻痹。临床可用于治疗胃肠蠕动减弱的疾病如胃肠弛缓、肠便秘、胃肠积食及子宫弛缓、胎衣不下、子宫蓄脓等。

【注意事项】 ①本品作用强烈，在治疗便秘时，应先给予盐类或油类泻药或大量饮水以软化粪便，然后每隔 30～40 min 分次小剂量给药。对成年马，宜每隔 30～60 min 皮下注射本品 1～2 mg，驹减至 0.25～0.5 mg。②治疗牛前胃弛缓和积食时，也应先软化胃内容物，再用小剂量皮下注射，并根据具体情况决定是否重复给药。③禁用于老龄、瘦弱、妊娠、患有心肺疾病及顽固性便秘、肠梗阻的动物。④不可肌内注射或静脉注射。⑤发生中毒时可用阿托品解救。

【制剂、用法与用量】 氯化氨甲酰胆碱注射液，1 mL：0.25 mg，5 mL：1.25 mg。皮下注射。一次量：马、牛 1～2 mg，猪、羊 0.25～0.5 mg，犬 0.025～0.1 mg。治疗前胃弛缓时用量：牛 0.4～0.6 mg，羊 0.2～0.3 mg。

氨甲酰甲胆碱

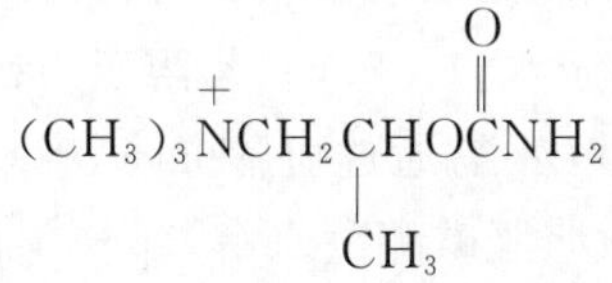

$$(CH_3)_3\overset{+}{N}CH_2\underset{\substack{|\\CH_3}}{CH}O\overset{\substack{O\\\|}}{C}NH_2$$

【理化性质】 又名比赛可灵、乌拉胆碱。为白色结晶。易潮解，易溶于水，溶于乙醇，不溶于三氯甲烷或乙醚，密封保存。

【作用与应用】 本品直接作用于 M 受体，表现出 M 样作用。其特点是对胃肠道、膀胱和虹膜等平滑肌器官作用较强，在体内不易被胆碱酯酶水解，作用可持续 3～4 h，对循环系统的影响较弱。临床应用较安全，用于治疗便秘症、胃肠弛缓、术后肠管麻痹、牛前胃弛缓及产后子宫复旧不全、胎衣不下、子宫蓄脓等。

【注意事项】 同氨甲酰胆碱。

【制剂、用法与用量】 氯化氨甲酰甲胆碱注射液，1 mL:2.5 mg，1 mL:5 mg，1 mL:20 mg。皮下注射。每千克体重 5～8 mg(各种动物)。

毛果芸香碱(Pilocarpine)

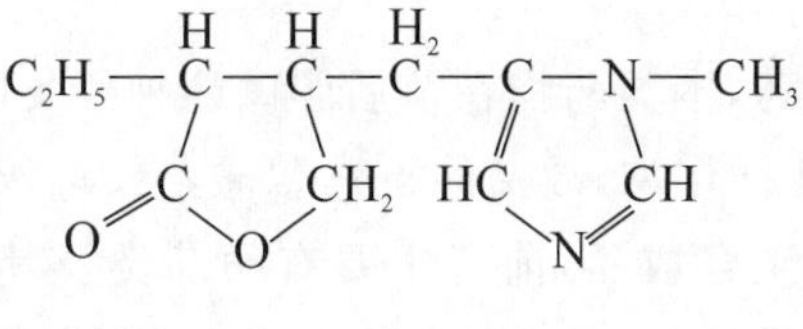

$$C_2H_5-\overset{H}{C}-\overset{H}{C}-\overset{H_2}{C}-C-N-CH_3$$
（结构式：内酯环 O=C—O—CH₂ 与咪唑环 HC=N—CH=）

【理化性质】 又名匹鲁卡品。本品是从毛果芸香属植物中提取的一种生物碱，现已能人工合成。其硝酸盐为白色结晶性粉末，易溶于水，水溶液稳定。遮光密闭保存。

【作用与应用】 本品选择性兴奋 M 受体，表现出 M 样作用。其特点是对多种腺体、胃肠道平滑肌及眼虹膜括约肌具有强烈的兴奋作用，用药后唾液腺、泪腺、支气管腺体、胃肠腺体分泌加强和胃肠蠕动加快，促进粪便排出；使眼虹膜括约肌收缩，瞳孔缩小；对心血管系统及其他器官的影响比较小，一般不引起心率减慢和血压下降。

临床可用于治疗不完全阻塞的便秘、前胃弛缓、手术后肠麻痹、猪食管梗阻等。用 0.5%～2.0% 的溶液点眼缩瞳，并配合扩瞳药交替使用，可治疗虹膜炎或周期性眼炎，防止虹膜与晶状体粘连。

【注意事项】 ①治疗马肠便秘时，用药前要大量饮水、补液，并注射安钠咖等强心剂，防止因用药而引起脱水等；②本品易引起呼吸困难和肺水肿，用药后应加强护理，必要时采取对症治疗，如注射氨茶碱扩张支气管或注射氯化钙防止渗出等；③禁用于体弱、妊娠、患有心肺疾病和完全阻塞的便秘的动物；④发生中毒时，可用阿托品解救。

【制剂、用法与用量】 硝酸毛果芸香碱注射液,1 mL∶30 mg,5 mL∶150 mg。皮下注射。一次量:马、牛 30～300 mg,猪 5～50 mg,羊 10～50 mg,犬 3～20 mg。用于兴奋瘤胃时用量:牛 40～60 mg。

新斯的明(Neostigmine)

$$(H_3C)_3\overset{+}{N}-C_6H_4-OC(=O)N(CH_3)_2$$

【理化性质】 又名普洛色林、普洛斯的明。系人工合成的二甲氨甲酸酯类药物。为白色结晶性粉末。无臭,味苦,有引湿性。极易溶于水(1∶0.5),易溶于酒精(1∶8)。应遮光密封保存。

【药动学】 本品口服时难被吸收。不易通过血脑屏障,滴眼也不易通过角膜。与血浆蛋白结合率达 15%～25%。体内部分药物被血浆胆碱酯酶水解,部分在肝脏代谢经胆道排出。

【作用与应用】 本品能可逆抑制胆碱酯酶的活性,使乙酰胆碱在体内蓄积,兴奋 M、N 受体,表现出 M 样、N 样作用;并能直接兴奋骨骼肌运动终板处的 N_2 受体,促进运动神经末梢释放乙酰胆碱。其特点是对骨骼肌的兴奋作用最强;对胃肠道和膀胱平滑肌的兴奋作用较强;对各种腺体、心血管系统、支气管平滑肌和虹膜括约肌的作用较弱;对中枢神经系统的作用不明显。

本品主要用于治疗重症肌无力、术后腹胀及产后子宫复旧不全、胎衣不下及尿潴留等。研究报道,新斯的明等抗胆碱酯酶药对神经毒性(蛇毒)有对抗作用,但只对眼镜蛇毒素有效。

【注意事项】 ①腹膜炎、肠道或尿道机械性阻塞、胃肠完全阻塞或麻痹、痉挛疝动物及孕畜等禁用;②中毒时可用阿托品或硫酸镁解救。

【制剂、用法与用量】 甲硫酸新斯的明注射液,1 mL∶1 mg,10 mL∶10 mg。皮下或肌内注射。一次量:马 4～10 mg,牛 4～20 mg,猪、羊 2～5 mg,犬 0.25～1 mg。

二、抗胆碱药

抗胆碱药又称胆碱受体阻断药,本类药物在节后胆碱能神经支配的效应器和不受胆碱能神经支配的平滑肌处抑制乙酰胆碱的 M 样作用,故又称抗毒蕈碱药或毒蕈碱拮抗剂。

抗胆碱药包括植物碱类和人工合成品,前者主要有颠茄类及其衍生物,如阿托品、甲硝阿托品、东莨菪碱、溴化甲基东莨菪碱、后马托品、优卡托品和莨菪。其主要作用部位是节后胆碱能神经和中枢神经系统,后者包括季铵盐类和叔胺类,前者如格隆溴铵、甲胺太林、苯胺太林和碘化异丙酰胺,后者如托吡卡胺和双环胺等。

1. 抗胆碱药的临床应用

(1) 麻醉前给药,能减少因麻醉药引起的支气管分泌增加,减少迷走神经对心脏的影响,减轻胃肠蠕动与分泌,改善呼吸功能。

(2) 拮抗胆碱能神经兴奋症状,如支气管收缩,窦性心律过缓和迷走性心肌收缩力下降,唾液和支气管分泌增加。

(3) 减少胃肠道过度活动(小动物),起到解痉、抑制分泌和止泻等作用。

(4) 作为眼科用药时,产生扩瞳作用,还可松弛眼部肌肉。

(5) 缓解小动物的多动症状。

2. 抗胆碱药的副作用 心动过速,口干,畏光,眼内压增加,膀胱弛缓而难以排尿,便秘,烦躁,体温升高,支气管堵塞。

阿托品(Atropine)

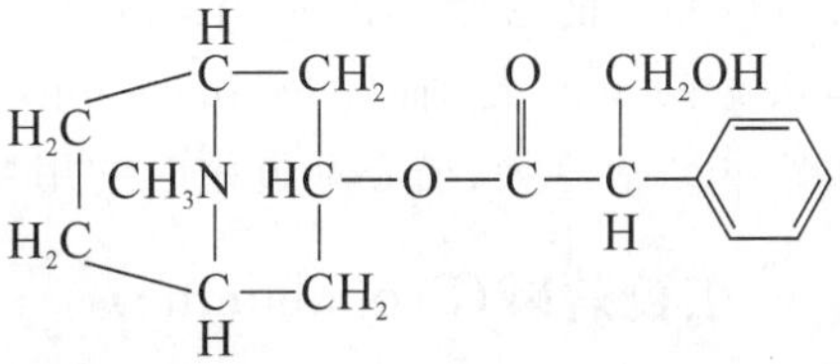

```
            H
       ┌────C──CH2        O    CH2OH
  H2C       |   |         ‖    |
   |   CH3N HC──O──C──C──(C6H5)
  H2C       |   |              |
       └────C──CH2             H
            H
```

【理化性质】 阿托品是从茄科植物颠茄等中提取的生物碱，现可人工合成。其硫酸盐为无色结晶或白色结晶性粉末。无臭，味极苦。在水中极易溶解，易溶于乙醇。水溶液久置、遇光或碱性药物时易变质，应遮光密闭保存。注射剂 pH 为 3～6.5。

【药动学】 本品内服时易被吸收，吸收后迅速分布于全身各组织。能通过胎盘屏障、血脑屏障。在体内大部分被酶水解而失效，少部分以原形随尿液排出。滴眼时，作用可持续数天，这可能是由房水循环消除较慢所致。阿托品给药后迅速从血液中消失，约 80%经尿液排出，其中原形药占 30%以上，粪便、乳汁中仅有少量阿托品。

【药理作用】 阿托品对 M 受体选择性高，竞争性地与 M 受体相结合，使受体不能与乙酰胆碱或拟胆碱药结合，从而阻断 M 受体，表现出胆碱能神经被阻断的作用。当剂量很大，甚至接近中毒量时，也能阻断神经节 N 受体。阿托品的作用性质、强度取决于剂量及组织器官的机能状态和类型。

对平滑肌的作用：阿托品对胆碱能神经支配的内脏平滑肌具有松弛作用，一般对正常活动的平滑肌影响较小，当平滑肌过度兴奋时，松弛作用极显著。对胃肠道、输尿管平滑肌和膀胱括约肌松弛作用较强，但对支气管平滑肌松弛作用不明显。对子宫平滑肌一般无效。对眼内平滑肌的作用是使虹膜括约肌和睫状肌松弛，表现为瞳孔扩大、眼内压升高。

对腺体的作用：阿托品可抑制多种腺体的分泌，小剂量就可使唾液腺、气管腺及汗腺(马除外)分泌减少，引起口干舌燥、皮肤干燥和吞咽困难等；较大剂量可减少胃液分泌，但对胃酸的分泌影响较小(因胃酸分泌受胃泌素的调节)；对肠液等分泌影响很小。

对心血管系统的作用：阿托品对正常心血管系统无明显影响。大剂量阿托品可直接松弛外周组织与内脏血管平滑肌，扩张外周组织及内脏血管，解除小血管痉挛，增加组织血流量，改善微循环。另外，较大剂量阿托品还可解除迷走神经对心脏的抑制作用，对抗因迷走神经过度兴奋所致的传导阻滞及心律失常，使心率加快。这是因为阿托品能阻断窦房结的 M 受体，提高窦房结的自律性，缩短心房不应期，促进心房内传导。对心脏的作用与动物年龄有关。

对中枢神经系统的作用：大剂量阿托品有明显的中枢兴奋作用，可兴奋迷走神经中枢、呼吸中枢、大脑皮层运动区和感觉区，对治疗感染性休克和有机磷农药中毒有一定意义。中毒量时，使大脑和脊髓强烈兴奋，动物表现得异常兴奋，随后转为抑制，终因呼吸麻痹、窒息而死亡。毒扁豆碱可对抗阿托品的中枢兴奋作用，其他拟胆碱药无对抗作用。

【临床应用】 ①用于胃肠痉挛、肠套叠等，以调节胃肠蠕动。②用于麻醉前给药，减少呼吸道腺体分泌，以防腺体分泌过多而影响呼吸或误咽而引起肺炎。③用于有机磷农药中毒和拟胆碱药中毒时的解救。另外，对洋地黄中毒引起的心动过缓和房室传导阻滞有一定防治作用。④大剂量时用于治疗失血性休克及中毒性菌痢、中毒性肺炎等并发的休克。⑤用作散瞳剂。以 0.5%～1%溶液点眼，治疗虹膜炎和周期性眼炎及进行眼底检查。

【注意事项】 阿托品有口干和皮肤干燥等不良反应，一般停药后可自行消失。大剂量使用时可继发胃肠臌气、便秘、心动过速、体温升高等，甚至发生中毒。各种家畜对阿托品的敏感性存在种间差异，一般肉食动物敏感性高。中毒时表现为口腔干燥、瞳孔散大、脉搏及呼吸加快、肌肉震颤、兴奋不安等，严重时体温下降、昏迷、运动麻痹，甚至窒息而死亡。可用毛果芸香碱等拟胆碱药解救，结合使用镇静药、抗惊厥药等对症治疗。

【制剂、用法与用量】 硫酸阿托品注射液，1 mL∶0.5 mg，2 mL∶1 mg，1 mL∶5 mg。肌内、皮下或静脉注射。一次量：每千克体重，麻醉前给药，马、牛、羊、猪、犬、猫 0.02～0.05 mg；解除有机磷农药中毒时的用量，马、牛、猪、羊 0.5～1 mg，犬、猫 0.1～0.15 mg，禽 0.1～0.2 mg；治疗马迷走神经兴奋性心律不齐时的用量，0.045 mg；治疗犬、猫心动过缓时的用量，0.02～0.04 mg。

东莨菪碱(Scopolamine)

```
              H
      ┌───── C ── CH2       O    CH2OH
   ┌ CH      |     |        ‖    |
  O  |     H3CN   HC ── O ── C ── C ── C6H5
   └ CH      |     |             |
      └───── C ── CH2            H
              H
```

本品的药理作用与阿托品基本相同，但对中枢神经系统的作用因剂量及动物种属的不同而存在差异，如犬用小剂量时可出现中枢抑制作用，但个别情况下也出现兴奋作用；大剂量时产生兴奋作用，动物有不安和运动失调的表现。对马有明显的兴奋作用。主要用于有机磷农药中毒的解救。本品的抗震颤作用是阿托品的 10～20 倍；用于麻醉前给药时，优于阿托品。注意马属动物常出现中枢兴奋。

氢溴酸东莨菪碱注射液，皮下注射，一次量，牛 1～3 mg，羊、猪 0.2～0.5 mg。

溴化甲基东莨菪碱(Methscopolamine Bromide)

本品含季铵离子。中枢神经作用较弱，能抑制某些腹泻引起的肠过度蠕动和过度分泌。本品曾被用作抗溃疡药，在兽医临床上常与其他药物合用。与庆大霉素合用时，治疗细菌性肠炎的作用较明显。

甲硝阿托品

本品为甲基阿托品的硝酸盐，为半合成品，比阿托品作用强。分子中的季铵离子能防止其进入中枢神经系统，只对外周组织起作用。能阻断神经节的 N 受体，因而能降低交感和副交感神经活性。

后马托品(Homatropine)和优卡托品(Eucatropine)

后马托品和优卡托品为人工合成的扁桃酸。对胃肠道和心血管系统的作用比阿托品弱，作用时间也比阿托品短。其散瞳快，消除迅速，常作为眼科用药。眼局部使用 2%～5%溶液，可使瞳孔放大和睫状肌麻痹。

格隆溴铵(Glycopyrrolate)

格隆溴铵为季铵盐类，对减少肺和胃肠道分泌有一定选择性，能阻止胃酸分泌。减少唾液分泌的作用比阿托品强。能阻断心动过缓，但不诱导心动过速。用于麻醉前给药时比阿托品和东莨菪碱更好、更安全；镇静作用比东莨菪碱弱。

甲胺太林与苯胺太林

甲胺太林与苯胺太林为人工合成的季铵类化合物，主要用作平滑肌松弛药、胃肠解痉药和抗溃疡药。一直用于母马的直肠触诊。甲胺太林阻断神经节的作用比阿托品强，选择性较低。

第三节 肌肉松弛药

凡能引起肌肉松弛的药物称为肌肉松弛药，简称肌松药。这类药物主要作用于神经肌肉接头，能与受体结合，阻断神经肌肉传导，使骨骼肌松弛，故又称神经-肌肉阻断药。根据作用机制分为神经-肌肉阻断药、中枢性肌松药和外周性肌松药，肌松药没有镇痛和麻醉作用，不能单独用于外科手术。

许多作用于肌脑轴的药物影响肌肉的张力，也产生肌肉松弛作用，并且相互间有协同作用。例如，大多数中枢神经抑制药能加强肌松药的作用，特别是吸入麻醉药和安定药，低血钙、高血钾、氨基糖苷类抗生素和肉毒梭菌毒素等可抑制乙酰胆碱的释放，也能影响肌肉收缩。

一、神经-肌肉阻断药

神经-肌肉阻断药的作用机制如下：抑制乙酰胆碱的合成和释放，干扰乙酰胆碱在突触后膜的作用，抑制乙酰胆碱合成的作用无选择性，呈现广泛的 N 样和 M 样副作用，无临床意义。肉毒梭菌毒素、金环蛇毒素、钙抑制剂或耗竭剂、氨基糖苷类抗生素、多黏菌素 B 和局部麻醉药，可阻断乙酰胆碱的释放而产生肌松作用。目前临床上使用的神经-肌肉阻断药可干扰乙酰胆碱在突触后膜上的作用，具有相似的分子结构，均含季铵基团。分子中碳链的长度决定了药物对神经节和神经肌肉接头处 N 受体的特异性，5～6 个碳原子产生最强的神经节阻断效应，10 个碳原子产生极强的神经肌肉接头阻断效应。分子较大的一般产生非去极化作用，分子较小的产生去极化作用。

（一）非去极化型神经-肌肉阻断药

本类药物与乙酰胆碱竞争肌纤维膜上的胆碱受体，可逆地与受体结合而不兴奋受体，阻断乙酰胆碱的作用，又称为竞争性肌松药。本类药物不使运动终板发生去极化，不伴随肌肉震颤。凡能降低神经肌肉接头兴奋性的条件，如低血钾、高血钙、呼吸性酸中毒，都能加强本类药物的肌松作用。本类药物给药后，动物肌肉可出现松弛性麻痹反应。最早出现反应的是一些快速运动的肌肉，如眼部周围和脸部的小肌肉，随后是四肢和眼部的肌肉，最后是呼吸肌（膈肌）。麻痹恢复的顺序则相反。本类药物不能透过血脑屏障。胆碱酯酶抑制剂或能增加乙酰胆碱释放的药物（如 4-氨基吡啶），均能拮抗本类药物的作用。

本类药物主要用途：外科手术（特别是眼科手术），防止肌肉随意或反射性活动；麻痹制动，特别是野生动物；扩瞳，主要用于鸟类和爬行类动物。本类药物有苄基异喹啉类化合物和氨基类固醇化合物，前者如筒箭毒碱、阿曲库铵、多库氯铵和米哇库铵；后者如潘冠罗宁、维库溴铵。筒箭毒碱现在临床上少用。

（二）去极化型神经-肌肉阻断药

本类药物不可逆地与胆碱受体结合，引起运动终板去极化并伴随肌肉收缩，又称为“一相”肌松药。本类药物能被胆碱酯酶水解但速度缓慢，因而能较长时间占住受体，使肌纤维的运动终板发生持久的去极化（直至药物被代谢和受体被游离），肌纤维不能复极化，导致突触后肌细胞失去电兴奋性而表现出神经-肌肉阻断效应。本类药物大剂量或反复应用时，运动终板处胆碱受体的敏感性发生变化，会出现类似于竞争性肌松药的特点。与非去极化型神经-肌肉阻断药不同，大多数动物出现肌肉麻痹之前常有短暂的肌肉震颤（持续数秒），鸟类的伸肌出现强烈而持久的痉挛。高血钾、低血钙能增强本类药物的活性。

本类药物主要有琥珀胆碱。适应证与非去极化型神经-肌肉阻断药相同，但不能用于鸟类，因作用时间短、能引起肌肉震颤，临床上仅用于马和野生动物。

二、中枢性肌松药

肌肉张力由复杂的伸肌系统和本体感受器维持。本体感受器将信号通过脊髓和脊上反射反馈到中枢神经系统。连接神经元参与这些反射。抑制这些反射就能使肌肉的张力下降而松弛。中枢性肌松药又称为解痉药，常用药物有愈创木酚甘油醚、苯二氮䓬类、氨基甲酸酯类（如氨基甲酸愈创木酚甘油醚酯）和其他药物（如美他沙酮等）。

三、外周性肌松药

外周性肌松药主要影响肌细胞内的钙离子转运，常用药物是硝苯呋海因。

琥珀胆碱

$$H_3C-\overset{\overset{\displaystyle CH_3}{|}}{\underset{\underset{\displaystyle CH_3}{|}}{N}}CH_2CH_2COCH_2CH_2COCH_2CH_2\overset{\overset{\displaystyle CH_3}{|}}{\underset{\underset{\displaystyle CH_3}{|}}{N}}-CH_3$$

【理化性质】 又名司可林。本品由琥珀酸与两分子胆碱组成。临床用氯化琥珀胆碱，为白色或近白色结晶性粉末。无臭，味咸。微溶于乙醇和氯仿，不溶于乙醚，易溶于水，水溶液呈酸性，在碱性溶液中易分解失效。遇光易分解。放于凉处，遮光密封储存。

【药动学】 本品吸收后，大部分迅速被血液中胆碱酯酶水解为胆碱和琥珀酸而失去活性，只有10%～15%到达作用部位。少量以原形随尿液排出。不易透过胎盘屏障。

【药理作用】 本品能选择性地与骨骼肌运动终板处 N_2受体结合，引起终板肌肉细胞膜产生持久的去极化作用，阻碍复极化，使骨骼肌松弛。肌松顺序如下：首先是头部的眼肌、耳肌等小肌肉，继而是头部、颈部肌肉，再次为四肢和躯干肌肉，最后是膈肌。当使用过量时，动物常因膈肌麻痹而窒息死亡。其作用快、持续时间短，但因动物种类不同而存在差异。

【临床应用】 本品作为肌松性保定药，临床上用于动物断角、锯茸、捕捉、运输时的保定；手术时用作麻醉辅助药，国外多用于马、犬、猫的手术。

【注意事项】 ①本品有一定的拟胆碱作用，用药前给予小剂量阿托品，以避免唾液腺、支气管腺分泌过多而引起窒息；②反刍兽用药前要停食 8 h 左右，以防影响呼吸或引起异物性肺炎；③禁止与有机磷酸酯类、新斯的明等抑制胆碱酯酶活性的药物配伍使用，以免增加其毒性；④老、弱、妊娠及患有严重肝病、贫血、急性传染病的动物禁用；⑤中毒时禁用拟胆碱药解救，应采取对症治疗，若用药过程中发现呼吸抑制或停止，应立即拉出舌头，同时进行人工呼吸、输氧；⑥心力衰竭时，立即注射安钠咖，严重者可应用肾上腺素。

【制剂、用法与用量】 氯化琥珀胆碱注射液，2 mL：50 mg，2 mL：100 mg。肌内注射。一次量：每千克体重，马 0.07～0.2 mg，牛、羊 0.01～0.016 mg，猪 2 mg，犬、猫 0.06～0.11 mg，梅花鹿、马鹿 0.08～0.12 mg，水鹿 0.04～0.06 mg。

愈创木酚甘油醚(Guaifenesin)

（结构式：苯环邻位取代 OCH_3 与 $OCH_2CH(OH)CH_2OH$）

$$C_6H_4(OCH_3)-OCH_2\underset{\underset{\displaystyle HO}{|}}{C}H\underset{\underset{\displaystyle OH}{|}}{C}H_2$$

【理化性质】 本品为白色微细颗粒性粉末，味苦。微溶于水(室温下有部分沉淀)，10%溶液加热(温度不超过 37 ℃)，可防止产生沉淀。现配现用。化学结构与甲酚甘油醚(一种芳香甘油醚)相似，主要是甲苯丙醇起肌松作用。

【药动学】 本品在动物体内的药动学特点尚未完全阐明。现知其能发生氧化脱烷基反应，形成儿茶酚胺；在肝内与葡萄糖醛酸结合，代谢产物经尿液排出。能通过胎盘。在矮种马体内的半衰期存在性别差异，公马约为 85 min，母马约为 60 min。

【药理作用】 本品选择性抑制或阻断脊髓、脑干和大脑皮层下区域的连接神经元或联络神经元的冲动传导，在中枢水平干扰反射弧内的神经冲动传导，引起骨骼肌松弛(膈肌除外，因其很少分布多重突触)及咽喉肌肉松弛(故能施行气管插管)。马静脉注射给药后，一般约 2 min 发生躺卧，轻度制动约 6 min，肌肉松弛作用持续 10～20 min，在公马(含去势公马)体内的作用持续时间约为母马的 1.5 倍，为 15～20 min。

本品对中枢神经系统有轻度镇静和镇痛作用(不适用于外科性疼痛)，对中枢抑制剂、麻醉药和麻醉前用药有增效作用。在常规剂量下单独使用，不能使动物失去知觉。用药之初，动物血压轻度下降，随后很快恢复正常；对心率和心肌收缩力影响小；大剂量时会引起明显的低血压。本品能增加胃肠道蠕动，但不出现明显的副作用。对肝、肾功能无明显影响。

本品的安全范围为有效剂量的 3 倍，过量会引起肌肉异常僵硬，甚至引起窒息性呼吸，本品所致的呼吸抑制，在大多数情况下是动物卧倒所致，与药物本身无关。

【临床应用】 主要用作大、中家畜的辅助麻醉药，起制动和肌肉松弛作用；与硫戊巴比妥、硫喷妥钠、氯胺酮和赛拉嗪合用，可诱导和维持麻醉作用。本品也是一种有效的镇咳药和减充血剂。

本品对血管有一定刺激性，常用 5%浓度；10%为马属动物的最佳使用浓度，12%会引起溶血反应，大于 15%会引起荨麻疹、溶血和窒息性呼吸。高于 5%的浓度，不得用于牛，否则可引起溶血和血尿。

本品不得用于食品动物。

【制剂、用法与用量】 注射用愈创木酚甘油醚。静脉输注。一次量：每千克体重，制动，马 55～111 mg，牛、山羊 66～132 mg，猪 44～88 mg，犬 44～88 mg；诱导麻醉(与氯胺酮和赛拉嗪合用)，马 50 mg，牛 25 mg，小牛、羔羊 27.5 mg，猪 16.5～25 mg；维持麻醉(与氯胺酮和赛拉嗪合用)，马 100～110 mg，牛 110 mg，小牛、羔羊 110 mg，猪 50～110 mg。

潘冠罗宁(Pancuronium)

本品为人工合成的氨基固醇类非去极化型肌松药。45%由肾排泄，11%在肝内代谢，10%与血浆蛋白结合。药效比箭毒强 5 倍，对 M 受体也有一定作用，但引起组胺释放和心血管反应的副作用比箭毒和季铵酚小。静脉注射后 2～3 min 起效，作用时间为 30～45 min，为长效阻断剂。重复给药时可产生蓄积，难以逆转。本品为小动物的常用肌松药。

静脉注射。一次量：每千克体重，犬、猫 0.044～0.11 mg，猪 0.06～0.3 mg，马 0.06 mg，兔、小哺乳动物 0.1 mg。

阿曲库铵(Atracurium)

本品在室温中不稳定，必须在冰箱中保存。能被血液中胆碱酯酶灭活，可用于肝、肾功能不全的患病动物。静脉注射后 3～5 min 起效，作用时间为 20～35 min。比潘冠罗宁的作用弱，为短效阻断剂，主要用作全身麻醉药调节肌肉松弛。诱导麻醉：一次量，每千克体重，犬、猫 0.11～0.22 mg；随后可追加使用，每千克体重 0.2 mg。本品具有一定的组胺释放作用，必须小剂量、缓慢给药。本品的优点是不在体内吸收。

Note

氨基甲酸愈创木酚甘油醚酯

本品为中枢性肌松药，主要作用是抑制中枢神经系统内中间神经元。内服吸收良好，在肝内代谢，代谢产物从尿液和粪便排出。主要用于治疗马的肌肉炎症和外伤性疾病、破伤风，犬、猫的脊髓损伤(如椎间盘病)。内服：每千克体重，犬、猫 132 mg/d。静脉注射：一次量，每千克体重，犬、猫 4.4 mg。

维库溴铵

本品部分在肝内代谢，代谢产物由胆汁和尿液排泄；肝、肾功能不全会延长本品的作用时间。药理作用与潘冠罗宁相似，对心血管系统的作用很小，不引起组胺释放，但作用持续时间仅为潘冠罗宁的 1/3～1/2。犬静脉注射，每千克体重 0.1 mg，2 min 内出现完全神经-肌肉阻断作用，作用持续时间约 25 min。本品的优点是不在体内蓄积。

硝苯呋海因(Dantrolene)

本品马胃内给药时生物利用度约为 39%，与血浆蛋白高度结合，在肝中代谢，代谢产物从尿液中排出，仅有 1%以原形从尿液和胆汁排出。本品干扰钙离子从肌质网释放的过程，阻断痉挛。应用于猪时能拮抗恶性体温升高。常规治疗剂量对呼吸系统、心血管系统无影响。副作用包括肝毒性、镇静、肌无力和胃肠反应。主要用于治疗马的肌病，犬、猫的功能性尿路阻塞(因运动神经元高度阻滞而引起尿路张力增加)，猪和其他动物的恶性高热综合征。

第四节 肾上腺素能药物

肾上腺素能药物包括肾上腺素受体激动药和肾上腺素受体阻断药。肾上腺素受体激动药是一类化学结构及药理作用与肾上腺素、去甲肾上腺素相似的药物，与肾上腺素受体结合并激动肾上腺素受体，产生肾上腺素样作用，又称拟肾上腺素药或拟交感药。它们都是胺类，作用与兴奋交感神经的效应相似，故又称拟交感胺类药。肾上腺素受体阻断药则可使肾上腺素受体不被激活，降低交感神经的活性。

一、拟肾上腺素药

大多数交感神经的节后纤维释放去甲肾上腺素，然而值得注意的是，哺乳动物的锥体束和某些神经通路的肾上腺素能神经释放的则是多巴胺。

根据去甲肾上腺素、肾上腺素和异丙肾上腺素等对不同组织产生兴奋性或抑制性作用的强度，肾上腺素受体被分为 α 和 β 两类。一般 α 受体为兴奋作用，β 受体为抑制作用(但心脏除外)。α 受体又分 α_1 受体和 α_2 受体两种亚型，β 受体又分为 β_1 受体和 β_2 受体两种亚型。中枢神经系统内肾上腺素受体的作用尚未完全阐明，不能简单地分为 α 受体和 β 受体。皮肤上的肾上腺素受体为 α 受体。许多组织同时含有 β_1 受体和 β_2 受体，但两者比例不同，其中一个占主导。例如，支气管平滑肌上的主要是 β_2 受体，心脏和脂肪细胞上的是 β_1 受体。大多数血管上的是 β_2 受体和 α 受体，作用相反。β_1 受体在心肌上起正性肌力和正性心率作用，在小肠上则起抑制作用。呼吸道和外周血管壁上的主要是 β_2 受体，能被异丙肾上腺素和肾上腺素激活，但去甲肾上腺素的作用则相当弱。β_2 受体在平滑肌上常常起抑制作用，如使支气管舒张、血管扩张；在腺体上则起兴奋作用，引起腺体分泌。神经肌肉接头前的 β_2 受体能促进去甲肾上腺素释放。

根据结构不同，拟肾上腺素药分为儿茶酚胺类和非儿茶酚胺两类。儿茶酚胺类包括肾上腺素、

去甲肾上腺素、异丙肾上腺素、多巴胺和多巴酚丁胺。非儿茶酚胺类包括苯丙胺、去氧麻黄碱、麻黄碱、去氧肾上腺素等。按照对受体的选择性，拟肾上腺素药分 α 受体激动剂，β 受体激动剂，α、β 受体激动剂。大多数肾上腺素能药物能作用于 α 受体和 β 受体，但 α 和 β 受体活性的比值在药物之间和动物之间存在很大差异。

一些拟肾上腺素药选择性兴奋 $α_2$ 受体，称为 $α_2$ 受体激动剂，如可乐定、赛拉嗪和地托咪定。中枢神经系统的神经元含 $α_2$ 受体，控制血压和心率，调节疼痛感受和镇痛程度。$α_2$ 受体兴奋后，血压下降，出现镇静和镇痛效应。因此兽医临床上常将 $α_2$ 受体激动剂用于化学保定和缓解疼痛，详见相关章节内容。

另一些拟肾上腺素药选择性地作用于支气管平滑肌的 $β_2$ 受体，称为选择性 $β_2$ 支气管扩张药，重要的有间羟异丙肾上腺素、乙基异丙肾上腺素、特布他林、沙美特罗、吡布特罗和克仑特罗。这类药物可引起支气管扩张，改善呼吸道通气功能，主要用于治疗阻塞性肺功能紊乱，如支气管炎、哮喘。

肾上腺素(Epinephrine)

【理化性质】 本品是肾上腺髓质分泌的激素，药用者为动物肾上腺提取物或人工合成物。本品为白色或类白色结晶性粉末，无臭，味苦，与空气接触或受日光照射时易氧化变质。本品极微溶解于水，但其盐酸盐易溶于水，在中性或碱性水溶液中不稳定。注射液变色后不能使用。

【药动学】 本品内服时易被消化液破坏，可收缩胃肠黏膜血管而使吸收减少，而且在肠黏膜和肝内迅速被酶代谢而失活，所以达不到有效血药浓度。常采用皮下或肌内注射，皮下注射时局部血管收缩，可使吸收延缓，作用持久；肌内注射时因肌肉血管收缩作用较弱，较皮下注射吸收快，作用时间短。静脉注射时作用迅速，只用于抢救危急病例。吸收后很快被肾上腺素能神经末梢回收，或被酶破坏；少量以原形及以代谢产物与葡萄糖醛酸结合的形式由尿液排出。

【药理作用】 本品通过兴奋 α、β 受体而产生作用，其作用因剂量、机体的生理与病理情况不同而存在差异。

(1) 对心脏的作用：肾上腺素可兴奋心脏的传导系统与心肌上的 β 受体。动物表现为心脏兴奋性提高，心肌收缩力加强，传导加速，心率加快，心输出量增加。冠状动脉扩张，心肌血液供应改善，呈现快速强心作用。当剂量过大或静脉注射过快时，其可使心肌代谢增强，耗氧量增加，加之心肌兴奋性提高，进而引起心律失常，出现期前收缩，甚至心室颤动。

(2) 对血管的作用：可激动血管平滑肌上的 α 受体和 $β_2$ 受体，对血管有收缩和舒张的双重作用，激动 α 受体时，血管收缩；激动 $β_2$ 受体时，血管扩张。体内各部位血管的肾上腺素受体的种类和密度各不相同，所以肾上腺素对血管的作用取决于各器官血管平滑肌上 α 受体及 $β_2$ 受体的分布密度以及给药剂量的大小。小动脉及毛细血管前括约肌血管壁的肾上腺素受体密度高，血管收缩较明显；皮肤、黏膜、肾及胃肠道等器官的血管平滑肌上 α 受体在数量上占优势，故以皮肤、黏膜血管收缩较为强烈，内脏血管(尤其是肾血管)也显著收缩；对脑和肺血管收缩作用十分微弱，有时由于血压升高而被动地舒张；而静脉和大动脉上的肾上腺素受体密度低，故收缩作用较弱。但在骨骼肌和肝脏的血管平滑肌上 $β_2$ 受体占优势，故小剂量的肾上腺素往往使这些血管舒张。还能舒张冠状动脉血管。

(3) 对血压的作用：在皮下注射治疗量(0.5～1.0 mg)或低浓度静脉滴注(每分钟滴入 10 μg)时，由于心脏兴奋，心输出量增加，故收缩压升高；由于骨骼肌血管(在全身血管中占相当大比例)舒张作用对血压的影响，抵消或超过了皮肤、黏膜血管收缩作用的影响，故舒张压不变或下降；此时脉压加大，身体各部位血液重新分配，有利于满足紧急状态下机体能量供应的需要。较大剂量静脉注射时，由于缩血管作用，收缩压和舒张压均升高，肾上腺素给药后的典型血压改变多为双相反应，即给药后迅速出现明显的升压作用，而后出现微弱的降压反应，后者持续时间较长。如预给受体阻断药，肾上腺素的升压作用可被翻转，呈现明显的降压反应，表现出肾上腺素对血管 $β_2$ 受体的激动作用。此外，肾上腺素尚能作用于肾脏球旁细胞的 $β_1$ 受体，促进肾素的分泌。

(4) 对平滑肌器官的作用：肾上腺素可兴奋β受体，使支气管平滑肌松弛，当支气管平滑肌痉挛时，作用更显著。对胃肠道、膀胱平滑肌松弛作用较弱。肾上腺素可收缩虹膜瞳孔开大肌(辐射肌)，使瞳孔扩大。对子宫平滑肌的作用，因动物种类及是否妊娠等生理状态的不同而异。例如，对孕犬和未孕犬子宫均呈现先兴奋后抑制的双向作用；可抑制猫未孕子宫，但可兴奋妊娠早期的猫子宫；对羊子宫平滑肌的影响情况基本同猫。这与子宫内受体类型及性激素的影响有关。

(5) 对代谢的影响：肾上腺素活化代谢，促进肝糖原与肌糖原分解，并降低外周组织对葡萄糖的摄取作用，从而使血糖水平升高，血中乳酸量增加。加速脂肪分解，使血液中游离脂肪酸增多。

(6) 对中枢神经系统的影响：肾上腺素不易透过血脑屏障，治疗量时一般不会引起明显的中枢兴奋症状，大剂量时动物出现中枢兴奋症状，如激动、呕吐、肌强直，甚至惊厥等。

(7) 其他作用：可使马、羊等动物发汗，兴奋竖毛肌。收缩脾被膜平滑肌，使脾脏中储备的红细胞进入血液循环，增加血液中红细胞数。

【临床应用】

(1) 作为心搏骤停的急救药。用于麻醉和手术过程中的意外、一氧化碳中毒、溺水、药物中毒、传染病和心脏传导阻滞等所致的心搏骤停。对于电击所致的心搏骤停，也可用肾上腺素配合心脏除颤器或利多卡因等除颤，一般采用心室内注射，同时必须进行有效的心脏按压和纠正酸中毒等。

(2) 用于治疗过敏性疾病。对于急性的、严重的过敏反应(变态反应)，除糖皮质激素制剂外，肾上腺素也是一个重要药物，它可迅速缓解血管神经性水肿、血清病、荨麻疹等疾病症状。本品也适用于过敏性休克，其通过收缩支气管黏膜血管、消除黏膜水肿、松弛支气管平滑肌、抑制过敏物质释放及升压等作用，迅速缓解过敏性休克的临床症状，挽救动物生命，是抢救过敏性休克的首选药物。一般采用皮下或肌内注射给药，严重病例亦可用生理盐水稀释10倍缓慢静脉注射，但必须控制注射速度和用量，以免引起血压骤升及心律失常等不良反应。

(3) 治疗支气管哮喘。控制支气管哮喘的急性发作，皮下或肌内注射能于数分钟内奏效，但维持时间较短。本品由于不良反应严重，仅用于急性发作者。

(4) 与局麻药配伍及局部止血。肾上腺素加入局麻药注射液中，可延缓局麻药的吸收，减少吸收中毒的可能性，同时又可延长局麻药的麻醉时间。当鼻黏膜和齿龈出血时，可用浸有0.1%盐酸肾上腺素的纱布或棉球填塞局部而止血。

【注意事项】 ①可引起心律失常，表现为期前收缩、心动过速，甚至心室颤动。②与全麻药如水合氯醛、氟烷、氯仿合用时，易发生心室颤动。不能与洋地黄、钙剂合用。③用药过量可致心肌局部缺血、坏死。④皮下注射误入血管或静脉注射剂量过大、速度过快，可使血压骤升、中枢神经系统抑制和呼吸停止。⑤局部用1∶(5000～100000)溶液，可防止鼻黏膜出血、牙龈出血、术野渗血等；每100 mL局麻药液中，加入0.1%肾上腺素溶液0.5～1 mL，使局麻药液含一定量肾上腺素，可收缩局部小血管，延缓局麻药的吸收，从而延长局麻时间并避免吸收中毒。

【制剂、用法与用量】 盐酸肾上腺素注射液，1 mL∶1 mg，5 mL∶5 mg。皮下注射，一次量，马、牛2～5 mL，猪、羊0.2～1.0 mL，犬0.1～0.5 mL，猫0.1～0.2 mL；静脉注射，一次量，马、牛1～3 mL，猪、羊0.2～0.6 mL，犬0.1～0.3 mL，猫0.1～0.2 mL。

麻黄碱(Ephedrine)

【理化性质】 又名麻黄素。本品为麻黄中提取的生物碱，可人工合成。其盐酸盐为白色针状结晶或结晶性粉末。无臭，味苦，遇光易分解，易溶于水，溶于乙醇，不溶于氯仿与乙醚。

【药动学】 本品内服、皮下注射都易被完全吸收。吸收后，可透过血脑屏障。不易被单胺氧化酶等代谢，只有少量在肝内代谢，大部分以原形从尿液排出。

【药理作用】 麻黄碱的化学结构与肾上腺素相似，其通过直接兴奋肾上腺素受体和促进去甲肾上腺素能神经末梢释放去甲肾上腺素，发挥拟肾上腺素作用，但作用较肾上腺素弱而持久。其特点

是对中枢神经系统的兴奋作用比肾上腺素强；对支气管平滑肌的松弛作用不如肾上腺素强而迅速，但作用持久；也能兴奋心脏和收缩血管而使血压升高，但升压作用缓和而持久，收缩血管作用较肾上腺素弱，但作用持久。反复应用易产生快速耐受性。

【临床应用】 本品主要用作平喘药，治疗支气管哮喘；外用治疗鼻炎，以消除黏膜充血肿胀（0.5%～1%溶液滴鼻）。

【注意事项】 ①用药过量时易引起失眠、不安、神经过敏、震颤等症状；有严重器质性心脏病或接受洋地黄治疗的动物，也可出现心律失常。②用于患有前列腺肥大的动物时，有时可引起排尿困难，导致尿潴留。③麻黄碱短期内连续应用，易产生快速耐受性。

【制剂、用法与用量】

(1) 盐酸麻黄素片，0.25 mg。内服，一次量，马、牛 50～500 mg，羊 20～100 mg，猪 20～50 mg，犬 10～30 mg。

(2) 盐酸麻黄碱注射液，1 mL：30 mg，5 mL：150 mg。皮下注射，一次量，马、牛 50～300 mg，猪、羊 20～50 mg，犬 10～30 mg。

去甲肾上腺素(Norepinephrine)

【理化性质】 本品为白色或类白色结晶性粉末，无臭，味苦。遇光和空气易变质，在水中易溶，在乙醇中微溶，在三氯甲烷或乙醇中不溶。

【药理作用】 为 α 受体激动剂（对 α_1 受体和 α_2 受体无选择性），对 β_1 受体作用较弱，是强效升压药。静脉注射后，引起外周血管收缩，无论收缩压还是舒张压均升高，脉搏因迷走反射而变缓慢。本品应用后作用时间短暂。

【临床应用】 主要用于治疗休克或急性低血压患病动物，以维持血压。

【制剂、用法与用量】 酒石酸去甲肾上腺素注射液。静脉滴注，一次量，马、牛 8～12 mg，羊、猪 2～4 mg。

异丙肾上腺素(Isoproterenol)

【药理作用】 本品为 β_1、β_2 受体激动剂，强效扩支气管药，效力为肾上腺素的 10 倍。本品能有效增强心肌收缩力，提高心率，但会引起心动过速，增加氧耗，使外周血管扩张，血压下降，总的效应可能是心输出量增加。

【临床应用】 主要用于平喘，可缓解支气管痉挛所致的呼吸困难，也可用于治疗房室传导阻滞、心搏骤停和休克。

【用法与用量】 肌内、皮下注射：一次量，犬、猫 0.1～0.2 mg。每 6 h 一次。静脉滴注（等渗葡萄糖溶液）：一次量，马、牛 1～4 mg，羊、猪 0.2～0.4 mg，犬、猫 0.05～0.1 mg。

多巴胺(Dopamine)

【药理作用】 β_1 和 α 受体激动剂。作用于 β_1 受体，产生正性肌力作用；作用于 α 受体，促进去甲肾上腺素释放，引起外周血管收缩。

本品直接作用于多巴胺 D_1 和 D_2 受体，选择性地引起肾、内脏、冠状动脉和脑部血管舒张。高剂量时，因为引起肾血管收缩而使肾血流量减少。

本品能刺激大脑髓质的化学感受器而引起恶心、呕吐。

【临床应用】 可将本品短期用于治疗心力衰竭和急性少尿性肾功能衰竭。

【用法与用量】 静脉注射：每千克体重，犬，心力衰竭 3～10 μg/min，急性少尿性肾功能衰竭 1.0～1.5 μg/min。

多巴酚丁胺(Dobutamine)

本品为人工合成的儿茶酚胺类药物，$β_1$受体激动剂，对增强心肌收缩力有一定的选择性。本品优于去甲肾上腺素和异丙肾上腺素，因其心动过速作用不如异丙肾上腺素明显，心氧耗较低；其不兴奋α受体，起效时不导致血压升高，使心室输出阻力减小；不兴奋α受体也就避免了高血压引起的反射性心率减慢。本品增强心肌收缩力的作用大于提高心率的作用。

本品可用于治疗急性或慢性心力衰竭。静脉注射：每千克体重，犬 5～20 μg/min，猫 5～15 μg/min。

克仑特罗(Clenbuterol)

本品为$β_1$受体激动剂，能显著舒张支气管平滑肌，增强黏膜纤毛的转运，缓解呼吸困难。本品起效快，作用持续时间长，主要用于治疗支气管哮喘、肺气肿等，剂量过大时也兴奋$β_1$受体，引起心悸、心室期前收缩、骨骼肌震颤等。另外，本品对子宫平滑肌有松弛作用，可用于扩张子宫、延迟分娩。

本品能促进脂肪分解和增加肌肉中蛋白质含量而改变脂肪组织和肌肉组织的比例，称为重分配作用。这种对肌肉蛋白质的同化作用可用于延迟肌肉的“不用”性萎缩和去神经萎缩。过去一些人曾非法将本品用作增加瘦肉的饲料添加剂，其残留时会引起消费者中毒，甚至死亡。国内外均禁止将本品用于食品动物作为促生长剂，国外批准将其用于马的支气管扩张(内服试用量，每千克体重 8 μg，每日 2 次，连用 3 日)。

知识拓展

为什么麻黄素也要限制管理?

麻黄素是从植物药麻黄中提取的生物碱，又称麻黄碱，现在可通过化学合成制得。临床上常用的是盐酸盐，主要用于舒张呼吸道平滑肌，治疗哮喘，其次是制成滴鼻剂，消除因伤风、鼻炎等使鼻黏膜充血所致的鼻塞症状。此外还有升压作用，用于治疗慢性低血压。麻黄素有显著的中枢兴奋作用，长期使用可引起病态嗜好及耐受性，但这尚不足以要限制管理，麻黄素要限制管理的关键是麻黄素经过化学反应制成去氧麻黄素(又称甲基苯丙胺)，而苯丙胺类药物有严重的药物依赖性。该类药物已成为国际上滥用最严重的中枢兴奋剂。早在 1957 年，去氧麻黄素在我国还允许合法生产，当时的商品名叫“抗疲劳素片”，在重庆就出现了成瘾人群；1962 年在山西、内蒙古等地也出现了滥用问题，从此国家禁止去氧麻黄素的生产、销售与使用。

实际上高纯度的甲基苯丙胺就是当今世界上所谓的“冰毒”。“大力丸”“摇头丸”都是苯丙胺类物质。“冰毒”可由麻黄素制取，工艺简单，属于易制毒品。

二、抗肾上腺素药

抗肾上腺素药又称肾上腺素受体阻断药，可与肾上腺素受体结合，阻断去甲肾上腺素或拟肾上腺素药与受体结合而产生拮抗肾上腺素的作用。按照作用，抗肾上腺素药可分为α肾上腺素能阻断剂、β肾上腺素能阻断剂、中枢性阻断剂、去甲肾上腺素能神经元阻断剂和单胺氧化酶抑制剂五类。本类药物共同的副作用是躯体张力低下，镇静或抑郁，胃肠蠕动增强和腹泻，影响射精，血容量增加和钠潴留。长期使用会诱导受体反馈性调节，瞳孔缩小，胰岛素释放增加。

1. α肾上腺素能阻断剂 本类药物简称α受体阻断剂，能与去甲肾上腺素或α受体激动剂竞争α受体，从而拮抗其对α受体的激动作用。主要作用于心血管系统，对心脏血管和血压产生影响。此种作用与交感神经兴奋的加压效应相反，但并不抑制交感神经对心肌收缩和心率的作用。这类药物能突出肾上腺素的β作用，导致动、静脉扩张，外周阻力下降，以致血压下降，也能防治肾上腺素诱发的心律不齐和震颤。α肾上腺素能阻断剂主要有酚苄明、酚妥拉明、妥拉唑林、哌唑嗪、育亨宾、麦角碱类，以及氯丙嗪和氟哌啶醇。

2. β肾上腺素能阻断剂 本类药物简称β受体阻断剂，能与β受体激动剂竞争β受体，从而阻断β受体，拮抗β受体激动剂的作用。常用药物有普萘洛尔、纳多洛尔、噻吗洛尔、吲哚洛尔和氧烯洛尔。兽医临床上主要用于因交感功能亢进所致的心律不齐，减少心肌氧耗。主要副作用有抑制支气管收缩、引起血压变化和使心输出量重新分配，引起糖代谢紊乱、虚弱无力等。

3. 中枢性阻断剂 本类药物的主要作用是抑制交感神经冲动从中枢神经系统向外周的传输，典型的中枢性阻断剂是α-甲基多巴。其进入中枢神经系统，经脱羧和羟化，在中枢的去甲肾上腺素能神经元内形成α-甲基去甲肾上腺素，使中枢的交感神经兴奋性下降和血压下降。

4. 去甲肾上腺素能神经元阻断剂 与受体阻断剂不同，本类药物不阻断受体，而是作用于突触前神经末梢，使储存的内源性神经递质（去甲肾上腺素）耗竭，或直接阻止递质释放。药物有胍乙啶、溴苄胺和利血平。利血平阻断去甲肾上腺素储存颗粒膜上的传导系统，使去甲肾上腺素被神经元内的单胺氧化酶破坏而耗竭。主要用于治疗高血压。

5. 单胺氧化酶抑制剂 曾用作抗高血压药，因毒性大而弃用。近年来主要用于治疗抑郁症或某些焦虑症，也可用于治疗食欲过度、其他强迫症或昏睡症。

第五节 局部麻醉药

一、局部麻醉药概述

局部麻醉药简称局麻药，是指能在用药局部可逆性地阻断感觉神经发出的冲动与传导，使局部组织的感觉尤其是痛觉暂时丧失的药物。第一个具有临床意义的局麻药是1880年发现的生物碱——可卡因。1885年即用于犬和马的外科手术，15年后用于人。1905年，第一个人工合成的局麻药——普鲁卡因诞生。

（一）构效关系和分类

典型的局麻药含一个疏水基团和一个亲水基团，两者由一个中间链隔开，烷基链有脂类（如普鲁卡因、丁卡因）和酰胺类（如利多卡因、卡波卡因）两种（图2-1）。疏水基团一般为芳烷基或杂环核，有利于药物渗入神经组织，是局麻药作用的基础。亲水基团为烷氨基，属于中等强度的碱，在酸性溶液中溶解，常制成水溶性盐。盐在组织中被中和成离子化、亲水性的游离碱。游离碱是局麻药的活性形态，局部组织中游离碱的浓度决定局麻作用的强度。三个组成部分中任何一个部分的结构发生变化，局麻药作用就会发生变化。

局麻药全身吸收的程度与注射部位、药物本身的舒张血管程度、溶液中血管收缩药（如肾上腺素）的使用和剂量等有关。氨基酯类可被血液中酯酶水解，在肝内被代谢而失活。毒性小但偶能引起变态反应。由于脊髓液中少含或不含酯酶，鞘内给药的麻醉作用持久（直至吸收入血），如普鲁卡因。酰胺类不被酯酶水解，故性质稳定、起效快、弥散广、时效长。酰胺类在肝内降解，故患肝病的动物易出现毒性反应。猫肝脏形成葡萄糖醛酸结合物的能力弱，对局麻药如卡波卡因的解毒能力差。代谢速度和代谢产物对局麻药的毒性有重要影响，吸收慢则毒性低。

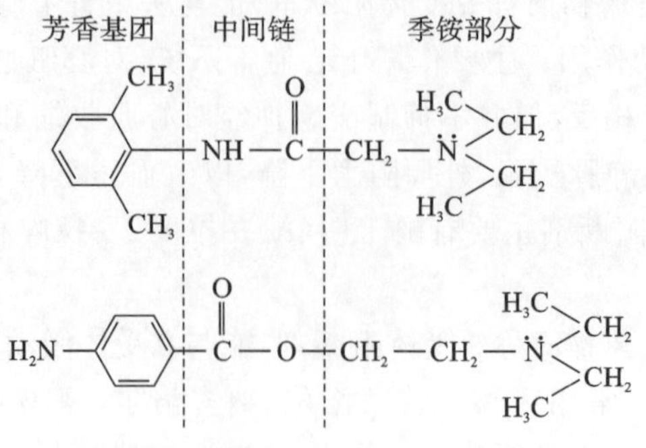

芳香基团 中间链 季铵部分

利多卡因

普鲁卡因

图 2-1　局麻药化学结构图

按照化学结构，局麻药分为氨基酯类和酰胺类。氨基酯类主要是氨基苯甲酸酯类（可卡因除外），如普鲁卡因、丙美卡因、己卡因、丁卡因、氯普鲁卡因和苯佐卡因。酰胺类有利多卡因、丙胺卡因、卡波卡因、布比卡因、依替卡因和罗哌卡因等。

（二）作用机理

动作电位是神经冲动产生和传导的基础，局麻作用主要由神经细胞（也称神经元）膜通透性的改变，而制止 Na^+ 内流和 K^+ 外流所致。局麻药通过与神经细胞膜上电压门控性 Na^+ 通道受体结合，改变 Na^+ 通道蛋白构象，使 Na^+ 通道部分或全部关闭而阻滞 Na^+ 内流，阻止动作电位和神经冲动的产生与传导，从而产生局麻作用。

（三）药理作用

局麻药在有效浓度下阻断植物神经和运动神经的感觉冲动、运动神经元发出的冲动，根据神经类型及其所支配的区域，产生植物神经系统功能阻断、麻醉或骨骼肌麻痹等作用。这些作用是可逆的，神经传导功能会自动恢复，神经细胞和神经纤维不会出现任何损害。

局麻药的作用强度受其脂溶性、离子化程度和用药环境 pH 的影响。神经轴索由结缔组织髓鞘包裹，局麻药只有通过髓鞘才能与神经轴索接触，所以局麻药的亲脂性和非解离型是透入髓鞘的必要条件，透入髓鞘后再转变成解离型才能发挥作用。通常体液的 pH 偏高时，非解离型较多，局麻作用较强；体液的 pH 偏低时，非解离型较少，局麻作用较弱。

一般而言，局麻药先抑制小的无髓鞘纤维，然后是大的有髓鞘纤维。有髓鞘纤维是跳跃式传导，而无髓鞘纤维是连续性传导。若神经纤维的直径相同，则有髓鞘纤维先被阻断。局麻药对不同神经纤维阻断的顺序如下：植物神经、感觉神经、运动神经。感觉神经纤维比运动神经纤维更敏感，是因为感觉神经纤维的传导速度比运动神经纤维快，并且感觉神经纤维多为小的无髓鞘纤维（直径 0.4～1.2 μm），而运动纤维多为大的有髓鞘纤维（直径 12～20 μm）；运动纤维多分布在神经干的深处，较高的药物浓度才能渗及。应用局麻药后感觉消失的顺序如下：痛觉、嗅觉、味觉、冷觉、温度觉、触觉和深部压力感觉，感觉恢复的顺序则相反。

局麻药常与肾上腺素合用，以降低局麻药的吸收速度。局麻药对急性炎症损伤性和缺氧性疼痛组织的作用减弱和（或）无效，是因为药物不能渗透到作用部位。例如，急性炎症时组织的 pH 偏低，不利于游离碱释出，局麻作用消失。局麻药本身的血管收缩作用能引起局部组织缺氧和损伤，因而延迟伤口愈合。

按推荐剂量或浓度使用，局麻药不引起全身性作用。毒副作用的发生取决于药物的吸收速度和代谢速度，过量局麻药吸收入血后，能抑制胆碱受体而干扰突触传递；通过选择性抑制神经元而兴奋中枢神经系统，引起躁动、震颤，导致惊厥。局麻药（如可卡因）能松弛血管平滑肌，过量能非选择性地抑制心血管功能，导致心肺衰竭。本类药物静脉注射时会使心血管系统衰竭，导致死亡。氨基酯类局麻药（如普鲁卡因）在某些个体会引起变态反应。禽类对局麻药敏感。局麻药中毒时可用全身

性麻醉药或地西泮进行治疗。

理想的局麻药应在产生可逆的感觉神经阻断作用时，不引起局部或全身的毒性反应，起效快，作用持续时间足以进行诊断或外科手术，无刺激性。

（四）应用

局麻药主要用于区域性麻醉，除单独使用外，兽医临床上还往往将局麻药和全麻药合用于外科手术，以增强镇痛效果，减少全麻药的用量和毒性。某些局麻药（主要是利多卡因和普鲁卡因）可用作抗心律失常药，极少数品种（如利多卡因），小剂量使用能抑制癫痫大发作，预防和治疗颅内压升高。

区域性麻醉是局麻药麻醉用途的统称，与全麻药的作用相对应，区域性麻醉方式有以下几类。

(1) 表面麻醉：将局麻药液涂布、喷雾或滴在黏膜表面，阻断黏膜下感觉神经末梢冲动的传导而产生麻醉作用。适用于眼部、鼻腔、口腔、喉、气管-支气管、食管和泌尿生殖道黏膜等部位的浅表手术。大多数局麻药对损伤的皮肤无效，但利多卡因和丙胺卡因的低共溶性混合液克服了此问题，可用于针灸或插管的皮肤镇痛。

(2) 浸润麻醉：将药液注入手术部位的皮下、肌肉、浆膜等处，浸润四周的感觉神经末梢而产生麻醉作用。浸润麻醉是局麻药最常用的麻醉方式，兽医临床上常用于各种浅表手术。

(3) 神经阻断麻醉或传导麻醉：将药液注入神经干周围而阻滞神经冲动传导，使该神经支配下的区域丧失感觉。此法用药量少，麻醉范围广。常用于跛行诊断、四肢手术和腹壁手术等。肋间神经阻断麻醉、腕神经丛阻断麻醉以及牛和马的椎旁麻醉，是常见的神经阻断麻醉方法。胸内麻醉可使多个肋间神经阻断麻醉，是较大区域的外周神经阻断方法。

(4) 脉管给药：将大容量低浓度的局麻药注入肢体的静脉。事前用止血器阻止循环血液进入受药区。药物透过血管壁扩散进入局部神经而起作用。除去止血器后，血液流入受药区，局麻药被稀释，正常的神经肌肉功能迅速恢复，常用于牛的趾部手术。有时也将低浓度的局麻药行动脉内给药，以诊断跛行或使受术关节无反应。

(5) 硬膜外麻醉：将局麻药注入硬膜外腔，阻断穿出椎间孔的脊髓神经，使后躯麻痹。麻醉的范围取决于药物分布和扩散到神经组织的能力和速度。常用于难产、剖宫产、阴茎及后躯其他手术。马、牛慎用。

(6) 脊髓或蛛网膜下腔麻醉：将局麻药注入脊髓末端的蛛网膜下腔。由于动物的脊髓在椎管内终止的部分存在很大的种属差异，此法在兽医临床上已少用。

(7) 封闭疗法：将药液注射于病灶周围或神经通路，以封闭病灶对中枢的异常刺激，改善组织的神经营养和减轻疼痛。

二、常用的局部麻醉药

（一）酯类局麻药

普鲁卡因(Procaine)

【理化性质】 又称奴佛卡因，常用其盐酸盐，为白色结晶或结晶性粉末，无臭，微苦，继而有麻痹感。熔点 154～157 ℃。易溶于水，略溶于乙醇，微溶于三氯甲烷，几乎不溶于乙醚。水溶液不稳定，遇光、热、久储，色渐变黄，局麻作用下降。

【药动学】 吸收入血的普鲁卡因大部分与血浆蛋白结合，游离部分可分布到全身各组织。组织和血液中的假性胆碱酯酶将其迅速水解为对氨基苯甲酸和二乙基氨基乙醇，由尿液排出。本品能通过胎盘和血脑屏障。

【作用与应用】 本品为最早人工合成的短效酯类局麻药。其麻醉效果好，毒性低，作用快，注射

后 1～3 min 起效，可维持 45～60 min，若在药液中加入微量盐酸肾上腺素（每 100 mL 药液中加入 0.1%盐酸肾上腺素溶液 0.2～1 mL），可延长药效 1～1.5 h。本品对组织无刺激性，但对黏膜的穿透力及弥散性较弱，不宜用作表面麻醉药。低浓度缓慢静脉滴注时具有镇静、镇痛、解痉作用。本品吸收后主要对中枢神经系统与心血管系统产生作用，小剂量时表现出轻微的中枢抑制作用，大剂量时有兴奋作用，能降低心脏的兴奋性和传导性。

临床上主要用于动物的局部麻醉和封闭。还可用于治疗马痉挛、狗的瘙痒症及某些过敏性疾病等。

【注意事项】 ①禁止与磺胺类药物、洋地黄、抗胆碱酯酶药、肌松药（琥珀胆碱）、碳酸氢钠、氨茶碱、巴比妥类、硫酸镁合并应用。②用量过大、浓度过高时，吸收后对中枢神经产生毒性作用，表现为先兴奋后抑制，甚至造成呼吸麻痹等。一旦中毒应采取对症治疗，但抑制期禁用中枢兴奋药，应采取人工呼吸等措施。③硬膜外麻醉和四肢环状封闭时，不宜加入肾上腺素。

【制剂、用法与用量】 盐酸普鲁卡因注射液，5 mL：0.15 g，10 mL：0.3 g，50 mL：1.25 g，50 mL：2.5 g。浸润麻醉、封闭疗法用 0.25%～0.5%溶液。传导麻醉用 2%～5%溶液，每个注射点，大动物 10～20 mL，小动物 2～5 mL。硬膜外麻醉用 2%～5%溶液，马、牛 20～30 mL。马痉挛疝时用 5%溶液缓慢静脉滴注，每 100 kg 体重 1.3～1.8 mL，能在 5～10 min 内解除疼痛。

丁卡因(Tetracaine)

【理化性质】 本品盐酸盐为白色结晶性粉末。无臭，味苦，有麻木感，有吸湿性，易溶于水。

【作用与应用】 本品为长效酯类局麻药，麻醉作用强，是普鲁卡因的 10～15 倍，作用持久，作用持续时间比普鲁卡因长 1 倍，可达 3 h 左右，但用药后，作用产生较慢，需 5～15 min。组织穿透力强，毒性大，为普鲁卡因的 10～12 倍，毒性反应发生率亦高。脂溶性高，易透过血脑屏障。主要用于表面麻醉和硬膜外麻醉。表面麻醉时，0.5%～1%溶液用于眼科麻醉；1%～2%溶液用于鼻、咽部喷雾麻醉；0.1%～0.5%溶液用于泌尿道黏膜麻醉。应用时可加入 0.1%盐酸肾上腺素溶液，以减少吸收毒性，延长局麻作用时间。硬膜外麻醉时，用 0.2%～0.3%等渗溶液。

【注意事项】 由于丁卡因毒性大，起效慢，注射后吸收快，所以一般不用于浸润麻醉和传导麻醉，但可与普鲁卡因或利多卡因配成混合液应用。

（二）酰胺类局麻药

利多卡因(Lidocaine)

【理化性质】 又名昔罗卡因。本品盐酸盐为白色结晶性粉末，无臭，味苦，有麻木感。易溶于水和乙醇，水溶液稳定。可高压蒸汽灭菌，应密闭保存。

【药动学】 本品易被吸收。表面或注射给药，1 h 内有 80%～90%被吸收，与血浆蛋白暂时性结合率为 70%。进入体内后大部分先经肝药酶降解，再进一步被酰胺酶水解，最后随尿液排出，少量出现在胆汁中。10%～20%以原形随尿液排出。能透过血脑屏障和胎盘屏障。

【作用与应用】 本品为酰胺类中效局麻药，局麻作用强而快，较普鲁卡因强 1～3 倍，药效维持时间长，可达 1.5～2 h。对组织的穿透力及弥散性强，可用于表面麻醉。毒性与药物浓度呈正相关，较普鲁卡因强 1.5 倍。本品大剂量静脉注射能抑制心室的自律性，影响房室传导。主要用于动物各种方式的局部麻醉和封闭，也可治疗心律失常。

【注意事项】 对患有严重心脏传导阻滞的动物禁用；肝、肾功能不全及慢性心力衰竭动物慎用。

【制剂、用法与用量】 盐酸利多卡因注射液，5 mL：0.1 g，10 mL：0.2 g，10 mL：0.5 g，20 mL：0.4 g。浸润麻醉用 0.25%～5%溶液。表面麻醉用 2%～5%溶液。传导麻醉用 2%溶液，每个注射点，马、牛 8～12 mL，羊 3～4 mL。硬膜外麻醉用 2%溶液，马、牛 8～12 mL，犬 1～10 mL，猫 2 mL。

布比卡因(Bupivacaine)

布比卡因，又名麻卡因，本药属长效、强效类局麻药，局麻作用较利多卡因强 45 倍，作用持续时间可达 5～10 h。本药主要用于浸润麻醉、传导麻醉和硬膜外麻醉。与等效剂量利多卡因相比，可产生严重的心脏毒性，且难以治疗，在酸中毒、低氧血症时尤为严重。

左旋布比卡因为新型长效局麻药，作为布比卡因的左旋对映异构体，具有相对较低的毒性，麻醉效能与布比卡因相似。目前临床上小剂量应用局麻药的观点，在很大限度上已减少了局麻药毒性反应的发生率，但因机体对药物反应的个体差异或临床需要较大剂量局麻药及局麻药持续应用时，该药显得较重要。

罗哌卡因(Ropivacaine)

罗哌卡因阻断痛觉的作用较强，但对运动系统的作用较弱，作用时间短，对心肌的毒性比布比卡因小，其收缩血管的作用明显，使用时无须加入肾上腺素。适用于硬膜外麻醉、臂丛阻滞和局部浸润麻醉。本药对子宫和胎盘血流几乎无影响，故适用于产科手术麻醉。

利多卡因与布比卡因被广泛应用于临床。罗哌卡因和左旋布比卡因作为新型的长效局麻药，通过大量临床与基础研究资料证实了其临床作用的安全性和有效性。从麻醉效能看，布比卡因＞左旋布比卡因＞罗哌卡因，但后两者具有毒性低、时效长、良好耐受性等特点，成为目前麻醉用药的重要选择，也是布比卡因较为理想的替代药物。

第六节 皮肤黏膜用药

皮肤有保护动物机体全身及内脏器官的作用，对外界环境中有毒有害物质(如过敏原、污染物、毒物)和生物因子(如细菌、真菌、寄生虫和病毒)等侵扰起着重要的保护作用。

兽医临床上常使用透皮给药系统，通过皮肤给药发挥药物的全身吸收作用。例如，每月定期将杀虫药施于动物皮肤的某个区域，用于控制动物全身的蚤或蜱；芬太尼的透皮膏药被广泛用于术后镇痛。本节所述皮肤用药不是指全身性吸收用药，而是指在用药皮肤的局部起作用的药物。

细菌、真菌和寄生虫常常侵染皮肤而引起炎症，对于这类炎症，应首先使用抗微生物药或杀虫药治疗。皮肤也会因理化或生物因素的刺激而出现过敏反应，对于过敏性皮炎，可用糖皮质激素类药物治疗。

兽医临床上使用的皮肤黏膜用药有保护剂和刺激剂等，可制成软膏剂、糊剂、粉剂、敷料、膏剂、混悬剂和洗涤剂等剂型使用。

一、保护剂

保护剂是一类对皮肤和黏膜的神经感受器有机械性保护作用，能缓和有害因素刺激、减轻炎症和疼痛的药物，对治疗皮肤和黏膜的炎症有一定意义。保护剂可以在皮肤表面形成一层封闭性保护膜，使之与外界环境隔开，或为有病皮肤提供机械性支持，保护皮肤免受外界紫外线、接触性刺激物和毒素的刺激。保护剂可用于治疗皮肤黏膜的溃疡和其他难以愈合的伤口，保护剂被大量用于兽药制剂中，本节主要介绍它们在皮肤、黏膜上的作用和应用。

依据作用特点，保护剂可分为吸附药、黏浆药、收敛药和润滑药等。

(一) 吸附药

吸附药是一类不溶于水、性质稳定的微细粉末状物质，能吸附大量气体、毒物、化学刺激物、毒素

和微生物，使受伤的皮肤表面不接触这些有害物质。吸附药外用后覆盖于炎症或破损组织表面，可减轻摩擦，缓和刺激，吸收水分和炎症产物，保持创面干燥，阻止有害物质吸收。内服可保护胃肠黏膜，延缓和阻止毒物吸收，如药用炭、白陶土、滑石粉等。

撒粉是常用的吸附药，一般为惰性、无毒物质，如淀粉、碳酸钙、滑石粉、二氧化钛、氧化锌和硼酸。许多可单独作为药物使用，有的则是其他药物传输系统的载体。若粉末颗粒表面光滑，则主要起防止摩擦的作用，保护擦伤和裸露的皮肤；若粉末表面粗糙或多孔，则主要起吸附水分的作用；吸水性粉末遇湿，会凝结在皮肤表面形成一层不透气的膜，故不宜用于潮湿、水分较多和有高度渗出的皮肤表面。含有淀粉或其他糖类的粉末，在水分较多的皮肤表面会结块，会为细菌或真菌提供能源，使其增殖，导致二重感染，使受感染的皮肤创伤进一步恶化。撒粉特别是滑石粉，不得用于体腔或化脓腔内，因为滑石粉会在这些腔内形成一些颗粒，但在皮肤表面是相对无害的。

（二）黏浆药

黏浆药一般为树脂、蛋白质、淀粉等高分子胶性物质，不活泼，溶于水，水溶液呈黏糊胶状，覆盖在黏膜或皮肤上，在受损的皮肤表面形成保护性屏障，使皮肤与外界环境隔开，具有缓和物理或化学刺激、阻止有害物质（如生物碱或重金属盐）吸收的作用，对皮肤的角质层和细胞结构起保护作用。

兽医临床上常用的黏浆剂有淀粉、糊精、明胶、阿拉伯胶、甘油、丙二醇、聚乙二醇、羟丙基纤维素、羟丙基甲基纤维素、羟乙基纤维素、甲基纤维素和聚乙烯醇等。

甘油是一种吸湿性极强的三元醇，它是丙烯的前体物，是一种无色透明、能与水和乙醇互溶的液体。高浓度甘油使皮肤脱水，对皮肤产生轻度刺激作用；低浓度甘油使角质层水化，是一种极好的局部用药剂的赋形剂。高浓度的甘油可将水分从身体吸入结肠以缓解便秘，常被用作栓剂通便。

丙二醇是一种吸湿、无色、无臭的水溶性液体，不油腻。其均匀地在皮肤表面扩散，蒸发效应小，能减少表皮水分的流失，也可在某种程度上使角质层水化。

1%～5%淀粉溶液（与水混合后加热形成黏浆液体）内服或灌肠，可缓和刺激性药物的刺激和腐蚀作用，亦可延缓毒物吸收，内服一次量，马、牛 100～500 g，羊、猪 10～50 g，犬 1～5 g。本品可作为丸剂、舔剂或撒布剂的赋形剂。

明胶是将动物的骨、腱和皮等组织中的胶原部分水解而制得的，10%溶液内服可治疗消化道出血；5%～10%注射液静脉注射治疗内出血；制成吸收性明胶海绵可作为局部止血剂。内服一次量，马、牛 10～30 g，羊、猪 5～10 g，犬 0.5～3 g。静脉注射一次量，马、牛 5～20 g。

阿拉伯胶配成 35%胶浆有乳化作用，用于配制乳剂和悬浮剂等，也可作为丸剂、片剂、舔剂的黏性赋形剂。内服一次量，马、牛 5～20 g，羊、猪 2～5 g，犬 1～3 g，禽类 0.25～0.5 g。

（三）润滑药

润滑药是油脂类、矿脂类或人工合成的聚合物。其可将受损的皮肤与有害刺激物隔离开，防止一般化学性、物理性或生物性因子的侵害，减少表皮水分流失，并增加角质层水化，可软化润滑皮肤。故具有缓和刺激、保护皮肤的作用。润滑药主要用于治疗表皮干燥、结痂、鳞片损伤等。

常用的润滑药有植物油类、动物脂类、矿物类和人工合成品。植物油类润滑药有豆油、花生油、棉籽油、麻油、橄榄油等，外用润肤，内服缓泻，可作为配制胃肠保护药及油状注射液的赋形剂或软膏的基质。动物脂类润滑药有豚脂和羊毛脂，可作为配制水溶液药物的软膏基质。矿物类润滑药有凡士林、液体石蜡等。人工合成的润滑药有二甲硅油、聚乙二醇和吐温 80 等。

（四）收敛药

收敛药能够沉淀破损组织表面的蛋白质，形成一层保护性薄膜，缓和对感觉神经末梢的刺激，减轻疼痛与渗出，消除局部炎症。局部使用能沉淀蛋白质，使皮肤坚韧，促进伤口愈合，干燥皮肤，并有一定的止血作用。

常用的收敛药有鞣酸、鞣酸蛋白及铝、锌、钾、银等无机盐。鞣酸外用 5%～10%的溶液治疗湿疹

及小面积烧伤，鞣酸蛋白可内服，在肠道起保护作用，详见相关章节内容。明矾0.5%～4%水溶液外用，可治疗结膜炎、子宫炎、咽炎、口腔炎等，起收敛防腐作用。干燥明矾可用于伤口撒粉，起消炎止血作用。内服，一次量，马、牛 10～25 g，羊、猪 2～5 g，犬 0.5～2 g，禽类 0.2～0.5 g。

二、刺激剂

刺激剂是对皮肤黏膜感受器和感觉神经末梢具有刺激作用的药物，当刺激剂与皮肤或黏膜接触时，首先刺激感受器，感觉神经末梢接收到刺激信号后，一方面传向中枢起诱导作用，另一方面沿着感觉神经纤维在血管的分支逆向传至邻近血管，引起血管舒张，轴突反射加强，局部的血液循环改善，促进慢性炎症产物吸收，使病变组织痊愈。适量的刺激剂与皮肤或黏膜接触，会使组织充血发红，有利于慢性炎症消退，起镇痛作用，或促进关节炎、肌炎、腱鞘炎等痊愈。

主要药物有煤焦油、鱼石脂、薄荷醇、水杨酸甲酯、斑蝥素、辣椒和松节油等。根据作用程度，刺激剂又分为发红剂和起泡剂等。松节油制成搽剂或10%软膏外用，可治疗各种慢性炎症。氨溶液为含9%～10%氨的水溶液，对皮肤、黏膜有较强的刺激作用，常与植物油配制成氨搽剂等，可治疗关节、肌肉等慢性炎症。本品亦可经鼻吸入，反射性刺激兴奋呼吸中枢和血管运动中枢，适用于昏厥或突发性呼吸衰竭。

Note

第三章　中枢神经系统药理

中枢神经系统由脑和脊髓组成，脑又包括大脑、脑干和小脑。中枢神经系统由数以亿计的神经元组成，其活动形式表现为兴奋和抑制。大脑皮层负责整合运动神经系统和植物神经系统的活动。丘脑下部是植物神经系统的主要整合区，调节体温、水平衡、中间代谢、血压、性及生理节律、腺垂体分泌、睡眠和情绪。基底神经节(或新纹状体)形成锥体外运动系统的实质部分，是对锥体(或随意)运动系统的补充。抑制锥体外运动系统就会破坏随意运动的启动，并引起以非随意运动为特征的功能紊乱，如震颤、强直或不可控性等边缘运动。丘脑由一串串神经元或核团组成，连接感觉与皮质或皮质与皮质，与基底神经节一起对内脏功能起调节性控制作用。

中脑、脑桥和延髓使大脑半球与丘脑-丘脑下部以及脊髓相连接，包含大部分的脑神经核团。皮质与脊髓的大部分传入和传出神经冲动均由此经过。网状激活系统在较高的神经整合水平连接外周的感觉和运动功能。脑内含单胺的主要神经元位于这一区域，对基本的反射活动，如吞咽、呕吐、心血管反射和呼吸反射起中枢性整合作用。此区域是调节睡眠、觉醒及唤醒水平所必需的，也是大部分内脏感觉传入信号的接受区。小脑维持合适的体姿，也调节心血管功能以及与体姿变化相关的血流。

作用于中枢神经系统的药物分为中枢抑制药和中枢兴奋药。中枢抑制药包括镇静药、催眠药、安定药、抗惊厥药、镇痛药和麻醉药等。药物在中枢神经系统的作用有特异性和非特异性之分，药物与靶细胞的受体结合，通过特有分子机制产生的作用称为特异性作用。特异性作用是药物与靶细胞之间产生的剂量-反应关系的函数。剂量足够高时，药物对单一受体的选择性也会丧失。药物通过多样的分子机制对不同的靶细胞所起的作用是非特异性作用。具有非特异性作用的药物在脑的不同区域的作用可能是独特的。起非特异性作用的中枢神经药常常不能进行严格的分类，被泛泛地分为中枢抑制药或中枢兴奋药。

影响中枢神经系统药物作用强度和持续时间的因素如下：①血脑屏障：药物通过血脑屏障的能力取决于其相对分子质量、电荷、脂溶性以及是否存在能量依赖性转运系统。②药物的生理学作用：药物的作用取决于其耗竭神经递质存量的能力；中枢神经系统药的作用会随着生理状态和抑制性或兴奋性药物的作用而叠加；一些抑制性药物在低浓度时常会对某些功能产生兴奋性作用，如全身麻醉诱导期的兴奋阶段是因中枢神经的抑制系统受到抑制，或兴奋性递质释放增加所致；某些抑制如神经疲劳、神经递质耗竭，通常会接着发生急性过度兴奋。

作用于中枢神经系统的药物对健康十分重要：有些药物能直接拯救生命；有些药物有助于人们了解药物作用于中枢神经系统的细胞和分子基础，确定药物作用的靶点和机制；有些药物能改变动物的行为，达到驯服动物、改善动物与人之间关系的目的。

第一节　镇静药和安定药

镇静药是能对中枢神经系统产生抑制作用，主要作用于大脑皮层，使动物机能活动减弱，从而缓解烦躁不安，恢复安静的一类药物。其特点是对中枢神经系统的抑制作用有明显剂量依赖关系，小剂量时镇静，较大剂量时催眠，大剂量时还可呈现抗惊厥和麻醉作用。催眠药是能诱导睡眠或近似

自然睡眠，维持正常睡眠并使机体易被唤醒的药物。能诱导深度睡眠但机体仍能被唤醒的药物称为安眠药。催眠药与镇静药往往不能严格区分，高剂量时催眠，低剂量时镇静。镇静药和催眠药都不改变动物的基础体温或行为。药物所产生的是镇静、催眠或镇痛作用，除剂量外，还与药物的种类和动物的种属有关。常用的镇静药和催眠药有水合氯醛、巴比妥类、苯二氮䓬类、α_2受体激动剂等。

安定药是一类能缓解焦虑而不产生过度镇静作用的药物。与镇静、催眠药不同，安定药对不安和紧张等异常具有选择性抑制作用。剂量加大可引起睡眠，但机体易被唤醒，大剂量时也不产生麻醉作用。有轻度安定药和深度安定药之分。轻度安定药又称抗焦虑药，能部分驱散焦虑感觉，多数具有镇静和催眠作用，代表药物是苯二氮䓬类和丁螺环酮。深度安定药又称为神经松弛剂或抗精神失常药，通过阻断中枢神经系统内多巴胺介导的反应，使激动或异动的动物安静下来，并能调节或控制它们的行为或精神状态，代表药物是吩噻嗪类、丁酰苯类。由于安定药严重地污染动物性食品，对人体产生多个方面的毒性作用，我国已禁止本类药物在食品动物饲养过程中使用。

抗惊厥药是指能对抗或缓解中枢神经因病变而造成的过度兴奋状态，从而消除或缓解全身骨骼肌不自主强烈收缩的一类药物。常用药物有硫酸镁注射液、巴比妥类药、水合氯醛、地西泮等。

一、吩噻嗪类

吩噻嗪类最早作为抗精神失常药而被开发，随后又发现其具有抗组胺等作用。本类药物的结构和药理作用非常相似，只是作用的强度和持续时间不同。药物有氯丙嗪、丙嗪、乙酰丙嗪、丙酰丙嗪、三氟丙嗪和哌乙酰嗪等。

本类药物胃肠道外给药时，吸收良好；胃肠道给药也吸收良好(高脂溶性药物)，但有明显的首过效应。血浆蛋白结合率高，分布容积大，能在组织中广泛分布。大多数药物在肝内发生广泛的代谢，一些代谢产物有活性(如 7-羟基代谢产物)。本类药物主要以无活性的结合物和原形从尿液中排出。

本类药物主要为 D_2受体和 α_1受体的拮抗剂，D_2受体分布于中枢神经系统(负责觉醒)、基底神经节(辅助运动神经功能)、化学感受区(调节恶心、呕吐)和下丘脑(释放催乳素，控制体温)。本类药物与突触后膜的 D_2受体(多巴胺抑制性受体)结合后，细胞内 cAMP 含量下降，磷酸肌醇水解变缓，自发(不是自主)的运动活动持续下降，从而产生镇静、抗精神失常、行为矫正、止吐等作用。大剂量时阻断基底神经节内的 D_2受体，可引起强制性昏厥，并能抑制化学感受区(多巴胺能)、呼吸中枢(胆碱能)和前庭的传递(组胺能)而产生止吐和抑制呼吸(不明显，犬可见气喘或呼吸过度)等作用；也可干扰丘脑下部释放因子的释放，使动物体温调节不稳定，并对疼痛有一定的耐受性。

α_1受体通常调节血管收缩。阻断 α_1受体可引起直立性低血压，动物变得安静，反射性地引起心动过速而增加不应期，可避免儿茶酚胺引起的心律失常。

本类药物还能拮抗 M 受体，产生许多阿托品样作用，如口干、消化道蠕动减缓、便秘(因此可防治分泌性腹泻)、尿痛。也拮抗 H_2受体，产生中枢镇静和止痒作用。本类药物还可阻断 5-羟色胺和腺嘌呤核苷受体。

本类药物在兽医临床上用于化学制动、术前和术后镇静、麻醉前给药、安定镇痛(与阿片类镇痛药合用)、止吐、止痒、抗热休克、松弛阴茎、缓解破伤风性强直等。

氯丙嗪(Chlorpromazine)

【理化性质】 又名氯普马嗪、冬眠灵。为白色或乳白色结晶性粉末。有微臭，味极苦，有引湿性，遇光渐变色，应遮光、密封保存。易溶于水、乙醇和氯仿，水溶液呈酸性。

【药动学】 本品内服、注射均易被吸收。呈高度亲脂性，易通过血脑屏障，脑内浓度较血浆浓度高 4～10 倍，肺、肝、脾、肾和肾上腺等组织内浓度也较高，能通过胎盘屏障，并能分泌到乳汁中。主要在肝内代谢，其产物与葡萄糖醛酸或硫酸结合，经尿液或粪便排出，有的代谢产物仍有药理活性。本品排泄很慢，动物体内氯丙嗪残留时间可达数月之久。

【药理作用】 氯丙嗪的药理作用广泛而复杂，对中枢神经、植物神经及内分泌系统都有一定的作用。

(1) 对中枢神经系统的抑制作用：对实验动物或家畜用药后，能明显减少自发性活动，易诱导入睡，但动物对刺激有良好的觉醒反应，与巴比妥类的催眠作用不同，加大剂量也不引起麻醉，可减少动物的攻击行为，使之驯服和易于接近，呈现安定作用。其通过阻断中脑-边缘系统和中脑-皮层系统的 D_2 受体（多巴胺 D_2 亚型受体）而发挥作用；同时还明显地抑制网状结构的外侧区（即感觉区），阻断冲动经侧支传入网状结构，对网状结构的内侧区（即效应区）抑制轻微；对网状结构上行激活系统中的 α 受体也有阻断作用，使动物安静和嗜睡。

(2) 止吐作用：小剂量时能抑制延髓第四脑室底部的催吐化学感受区，大剂量时直接抑制呕吐中枢，但对刺激消化道或前庭器官反射性兴奋呕吐中枢而引起的呕吐无效。

(3) 降温作用：抑制丘脑下部体温调节中枢，降低基础代谢，使体温下降 1～2 ℃，与一般解热药不同，本品能使正常体温下降。

(4) 对植物神经系统的作用：氯丙嗪能阻断 α 受体，可致血管扩张，血压下降。同时能抑制血管运动中枢，并可直接舒张血管平滑肌，抑制心脏。氯丙嗪也可阻断 M 受体，但作用较弱。

(5) 对内分泌系统的影响：因氯丙嗪阻断 D_2 受体，所以干扰下丘脑某些激素的分泌，从而抑制促性腺激素和促肾上腺皮质激素的分泌与释放。若大量使用，可引起性功能紊乱，出现性周期抑制和排卵障碍等。

(6) 抗休克作用：因氯丙嗪阻断外周 α 受体，直接扩张血管，解除小动脉与小静脉痉挛，可改善微循环。同时其扩张大静脉的作用大于对动脉系统的作用，从而降低心脏前负荷，在左心衰竭时可改善心功能。

【临床应用】

(1) 镇静安定：用于有攻击行为的猫、犬和野生动物，使其安定、驯服。缓解大家畜因脑炎、破伤风引起的过度兴奋症状，还可作为食管梗阻、痉挛疝的辅助治疗药。

(2) 麻醉前给药：麻醉前 20～30 min 肌内或静脉注射氯丙嗪，能显著增强麻醉药的作用、延长麻醉时间和减少毒性，又可使麻醉药用量减少 1/3～1/2。

(3) 抗应激反应：猫、犬等在高温季节长途运输时，应用本品可减轻因炎热等不利因素产生的应激反应，降低死亡率。但不能用于屠宰动物，因其排泄缓慢，易产生药物残留。

(4) 抗休克：对于严重外伤、烧伤、骨折等，应用本品可防止发生休克。

【不良反应】 本品治疗量时安全范围大，较少发生不良反应。但对马不宜使用，因马用氯丙嗪时往往有不安表现，常易摔倒，发生意外。当应用过量引起心率加快、呼吸浅表、肌肉震颤、血压降低时，禁用肾上腺素解救，可选用强心药。对体弱年老动物应慎用。

【制剂、用法与用量】 盐酸氯丙嗪注射液，2 mL：0.05 g。肌内注射，一次量，每千克体重，牛、马 0.5～1 mg，猪、羊 1～2 mg，犬、猫 1～3 mg，虎 4 mg，熊 2.5 mg，单峰骆驼 1.5～2.5 mg，野牛 2.5 mg；静脉注射，剂量同肌内注射，宜用 10％葡萄糖溶液稀释成 0.5 ％的浓度使用。

乙酰丙嗪(Acepromazine)

本品为丙咪嗪的 2-乙酰衍生物，在马体内的表观分布容积约为 6.6 L/kg，99％与血浆蛋白结合。静脉注射后 15 min 起效，30～60 min 达最高效。在肝内代谢，代谢产物经肾脏排泄，半衰期为 3 h 左右。

【药理作用】 本品产生镇静和运动抑制作用，作用很强。用药后动物对外界的刺激反应冷淡，攻击行为丧失，癫痫的阈值降低并恢复到正常行为。本品还具有轻度中枢性肌肉松弛作用，作用的强度取决于剂量，使用超过镇静作用的阈剂量时，动物的协调和运动会受到影响。

本品对脑干的功能影响较轻，能轻度抑制呼吸频率，减少每分钟通气量。能抑制化学感受区，产

生明显的止吐作用，但对胃肠道源性呕吐无影响。对血管运动反射的作用相对较小，α 受体阻断后，血管扩张、血压下降和心动过速。若同时给予肾上腺素，β 受体的作用占优势（血管扩张，血压下降），情况会恶化。

本品还具有抗心律失常和较弱的抗组胺作用。

本品过量时会引起强直、震颤和兴奋，因阻断 α_1 受体和抑制中枢神经系统内的血管调节中枢，使动脉压呈剂量依赖性下降。马会因本品阻断 α 受体对阴茎缩肌的支配作用而出现阴茎下垂。

【临床应用】 本品为兽医临床上最常用的安定药，常用作犬、猫和马的麻醉前给药或与麻醉药合用。

【用法与用量】 内服：一次量，每千克体重，犬、猫 1～3 mg。皮下或肌内注射：一次量，每千克体重，犬、猫 0.1～0.5 mg，马、牛 0.02～0.11 mg。静脉注射：一次量，每千克体重，犬、猫 0.05～0.1 mg，马、牛 0.01～0.06 mg。

二、苯二氮䓬类

苯二氮䓬类药物具有抗焦虑、抗惊厥、松弛肌肉和健胃等作用。镇静、安定作用的强度不如吩噻嗪类，也存在明显的种属差异。常用药物有地西泮、阿普唑仑、咪达唑仑、氯氮䓬、氯䓬酸钾、氟西泮、劳拉西泮、去甲羟安定。

本类药物内服时吸收迅速，肌内注射时吸收不稳定。具有高度亲脂性，能迅速渗入全身组织（包括脑组织）。表观分布容积大，但进入脑脊液的量少，因血浆蛋白结合率高，原形和活性代谢产物的血浆蛋白结合率为 85%～95%。在肝内代谢，能产生活性代谢产物。代谢产物的代谢比原形慢。代谢产物从尿液和粪便中排出。

苯二氮䓬类受体见于大脑皮层、丘脑下部、小脑、中脑、海马、延髓和脊髓。本类药物能增强抑制性神经递质 γ 氨基丁酸和甘氨酸的活性。中枢神经系统内 γ 氨基丁酸的活性增强，就产生镇静和轻度镇痛作用，甘氨酸的活性增强则产生抗焦虑和肌肉松弛作用。γ 氨基丁酸的 A 受体至少有 5 个结合位点，分别与激动剂或拮抗剂、苯二氮䓬类、巴比妥类、印防己毒素和无机离子结合。未结合的受体无活性，偶合的氯离子通道处于关闭状态。γ 氨基丁酸与受体结合，使氯离子通道开放，氯离子进入细胞内。苯二氮䓬类能增加 γ 氨基丁酸与其受体的结合，使氯离子大量进入细胞内。氯离子的大量进入会使细胞超极化，去极化难以发生，因而神经的兴奋性降低。

氟马西尼是苯二氮䓬类药物的逆转剂，本品与苯二氮䓬类药物的所有受体都有很高的亲和力，逆转的剂量比为 1∶13（氟马西尼∶苯二氮䓬类）。但作用时间短于苯二氮䓬类药物，所以需要重复给药。

地西泮(Diazepam)

【理化性质】 又名安定、苯甲二氮唑。为白色或类白色结晶性粉末。无臭，味微苦。在丙酮或氯仿中易溶，乙醇中溶解，水中几乎不溶。密封保存。

【作用与应用】 ①本品具有镇静、催眠作用，可使兴奋不安的动物安静，使有攻击性、狂躁的动物变得驯服，易于接近和管理。②有较好的抗癫痫作用，对癫痫持续状态疗效显著，但对癫痫小发作效果较差。③抗惊厥作用强，能对抗电惊厥，对戊四氮与士的宁中毒所引起的惊厥有抑制作用。④较大剂量时，有中枢性肌肉松弛作用。可促进脊髓中的突触前抑制，抑制多突触反射，使肌肉松弛。

本品常用于狂躁动物安静与保定，如治疗犬癫痫、破伤风及士的宁中毒，防止水貂等野生动物攻击等；也用于治疗肌肉痉挛、癫痫及惊厥等。

【注意事项】 ①在镇静剂量时，马可出现肌肉震颤和共济失调；猫可产生行为改变（受刺激、抑郁等），并可能引起肝损害；犬可出现兴奋效应，也可出现镇静或癫痫两种极端效应，有的还表现为食

Note

欲增加。②静脉注射宜缓慢，以防造成心血管抑制和呼吸抑制；肝肾功能障碍的患病动物应慎用；孕畜忌用。③中毒时可用安钠咖、戊四氮、尼可刹米等中枢兴奋药解救。若内服中毒，初期可先用 1∶2000 的高锰酸钾溶液洗胃，再以硫酸钠（忌用硫酸镁）导泻，并联用碳酸氢钠碱化尿液以加速药物排泄。④禁止用作食品动物的促生长剂。⑤不宜与吩噻嗪类药物合用，易发生呼吸循环意外；与巴比妥类或其他中枢抑制药合用时，有增加中枢抑制的危险；能增强其他中枢抑制药的作用，合用时要注意调整剂量；可减弱琥珀胆碱的肌肉松弛作用。⑥休药期：28 日。

【制剂、用法与用量】 地西泮片，2.5 mg、5 mg。内服，一次量，犬 5～10 mg，猪 2～5 mg，水貂 0.5～1 mg。

地西泮注射液，2 mL∶10 mg。肌内、静脉注射，一次量，每千克体重，马 0.1～0.15 mg，牛、羊、猪 0.5～1 mg，犬、猫 0.6～1.2 mg，水貂 0.5～1 mg。

咪达唑仑（Midazolam）

在偏酸性条件下溶于水，在生理 pH 下转化成脂溶性物质而通过血脑屏障。内服吸收好，但首过效应强，生物利用度为 31%～72%，肌内注射吸收快而完全（91%）。血浆蛋白结合率为 94%～97%。犬的消除半衰期平均为 77 min。药效比地西泮强 4 倍，但半衰期比地西泮短，因此用药后完全恢复的时间与地西泮相同。可通过肌内注射给药，并能与其他药物混合使用。主要用于全身麻醉前给药，老龄动物对本品较敏感。

静脉注射：一次量，每千克体重，马 0.011～0.044 mg。静脉注射或肌内注射：一次量，每千克体重，犬、猪 0.2～0.4 mg。

三、丁酰苯类

丁酰苯类的药理作用特点与吩噻嗪类有许多相似之处，但化学结构不同，抗多巴胺的作用强于吩噻嗪类，也具有镇静、降低运动活性和安定等作用。能引起骨骼肌松弛，高剂量时引起锥体外系综合征，如静止不动、僵直和动作震颤，特别是烦躁不安。本类药物的止吐作用强，通过作用于化学感受区，能阻断阿扑吗啡和鸦片类所致的呕吐作用。本类药物对心血管系统的作用较小，只对 α 受体有轻度阻断作用，能引起心动过速和低血压，可防治肾上腺素引起的心律失常。猪可以出现外周血管松弛的反应，本类药物的作用机制是阻断中枢神经系统内 D_2 受体、去甲肾上腺素受体和胆碱受体。在锥体外系具有类似于 γ 氨基丁酸的作用或阻断谷氨酸对突触的作用。4-氨基吡啶是本类药物的逆转剂。

本类药物主要有氟哌啶醇、氟哌利多、氟哌酮和氟苯哌丁酮。

氟哌利多分子结构

本类药物胃肠道外给药时吸收好，起效迅速。肝内浓度高，10%～15%从胆汁中排泄，肾脏是主要的排泄器官。作用持续时间因药物种类和动物种属的不同而异。氟哌啶醇为长效药物，氮哌酮为中效药物，氟哌利多为短效药物。

氟哌啶醇

氟哌啶醇是第一个合成的丁酰苯类药物，是这类药物的典型代表。口服后 2～6 h 血药浓度达

高峰，作用可持续4天。该药作用及机制类似于氯丙嗪，能选择性阻断D_2受体，中枢抑制作用和镇吐作用较强，锥体外系反应也强；而镇静作用、M受体和α受体阻断作用较弱。临床用于控制兴奋躁动的效果最好。

氟哌啶醇的主要不良反应为锥体外系症状；对自主神经及心脏、肝功能影响较小；可引起头晕、乏力、口干、便秘、皮疹及抑郁等。有致畸报道，孕畜忌用。

氟哌利多

氟哌利多也称氟哌啶。作用与氟哌啶醇相似。在体内代谢快，作用维持时间为6 h左右，知觉的改变约12 h。该药具有镇痛、安定、镇吐、抗休克作用。用于麻醉前给药、镇吐、控制有攻击行为的动物。临床上利用其安定作用及增强镇痛药作用的特点，将其与强镇痛药芬太尼一起静脉注射，可使患病动物产生一种特殊麻醉状态（对环境淡漠、精神恍惚、活动减少、痛觉消失），称为"神经安定镇痛术"，可以进行小的手术如烧伤清创、窥镜检查、造影等。

本品为犬的高效、短效安定药和特效止吐药，主要与镇痛药（如芬太尼）一起使用，参考用法与用量：肌内注射，一次量，每千克体重，0.6～2.2 mg。

氮哌酮

本品肌内注射时产生可靠的剂量依赖性的镇静作用，以防止攻击和打架。主要用于猪，中等剂量能降低猪的兴奋性，增加合群性。高剂量时动物卧地。也可用作猪的术前和运输镇静剂，可防止氟烷引起的恶性高热。作用持续时间：青年猪2～3 h，老年猪3～4 h。毒性作用较小，能引起低血压，通过静脉注射给药，初期产生兴奋作用。

本品在其他动物（如马）中能产生兴奋作用，一般不用，偶尔用作马的抗焦虑药。

肌内注射：一次量，每千克体重，猪0.4～4 mg。静脉注射：一次量，每千克体重，猪0.5～1 mg。

氟苯哌丁酮

本品为犬的抗焦虑剂和止吐剂，对α受体阻断作用较弱，因此较少出现低血压。

四、α_2受体激动剂

α_2受体激动剂为一类强效镇静、催眠，兼有镇痛、肌肉松弛和局麻作用的中枢抑制药。兽医临床上批准使用的药物有赛拉嗪、地托咪啶、美托咪啶、塞拉唑。赛拉唑是我国研发的产品。

激活突触前膜和突触后膜的α_2受体，会使血管收缩（突触后膜α_2受体），并在初期反射性地引起心跳加快（因压力感受器兴奋）；胰岛素释放抑制（突触后膜α_2受体），引起血糖浓度升高，特别是交感神经功能（突触前膜α_2受体）低下，如去甲肾上腺素的释放、去甲肾上腺素能神经元的活动和中枢神经系统内去甲肾上腺素的转运等功能受到抑制，出现镇静、镇痛（脊髓α_2受体）、肌肉松弛、胃肠蠕动减缓、胃肠及唾液分泌下降、抗利尿激素释放受阻、心血管抑制（心率下降、收缩力降低、血管舒张）等。抑制中枢神经和脊髓内中间神经元神经冲动传导，导致肌肉松弛。

以镇静和镇痛作用为例。位于蓝斑的去甲肾上腺素能神经（含α_2受体）投射到前脑，参与调节大脑皮层和边缘系统的活动。此区域内的α_2受体兴奋，蓝斑神经受到抑制，出现镇静作用。去甲肾上腺素也抑制脊髓的伤害感受神经，如5-羟色胺能神经。5-羟色胺能神经和核酸能神经协同作用，能降低脊髓的疼痛传导。脑干内的一些核酸能神经可抑制中缝核（调节或减少疼痛）内的5-羟色胺能神经，5-羟色胺能神经对疼痛抑制起下调作用。α_2受体激动剂抑制脑干的核酸能神经，就能阻止核酸对5-羟色胺的疼痛抑制下调作用。

本类药物的作用强度，由大到小依次为美托咪啶、地托咪定、赛拉唑和赛拉嗪。本类药物对α_2受

体和 α_1 受体的特异性，分别为美托咪啶 1620∶1，地托咪定 260∶1，赛拉嗪 160∶1。

α_2 肾上腺素能阻断剂或反向激动剂有育亨宾、妥拉唑林和阿替美唑。这些药物对 α_2 受体的亲和性和选择性比对 α_1 受体高 1000 倍。

赛拉嗪(Xylazine)

【理化性质】 本品又称隆朋，为白色或类白色结晶性粉末；味微苦。本品不溶于水，在丙酮或苯中易溶，在乙醇或三氯甲烷中溶解，在石油醚中微溶，常制成注射液。

【药动学】 内服吸收不良，肌内注射吸收迅速，但生物利用度有明显种属差异，马 40%～48%，绵羊 17%～73%，犬 52%～90%。犬、猫肌内注射或皮下注射 10～15 min 起效。马静脉注射 1～2 min 起效。作用持续时间：牛 1～5 h，马 1.5 h，犬 1～2 h，猪不足 30 min，呈剂量依赖性。马宜静脉注射给药。脂溶性高，能进入大多数组织，在中枢神经系统和肾组织中浓度最高。通过胎盘的量有限，较少出现胎儿抑制作用。

本品在大多数动物体内代谢迅速、广泛，形成多种代谢产物(约 20 种)，其中一种是 1-氨基-2,6-二甲基苯。约 70%以游离和结合形式从尿液中排出，原形仅占不到 10%。原形的半衰期：绵羊 23 min，马 50 min，牛 36 min，犬 30 min。代谢产物在大多数动物体内的消耗持续时间为 10～15 h。

【药理作用】 本品能引起强大的中枢抑制作用，主要表现为镇静、镇痛和肌肉松弛，用药后动物的头下沉，眼睑低垂，耳活动减少，流涎，舌脱出。有些动物还有嗜睡和卧地不起的表现。镇痛作用时间短暂，为 15～30 min，对头、颈、躯干和前肢的镇痛作用明显，对皮肤和后肢的镇痛作用不显著。肌肉松弛作用持续 20～60 min。反刍动物对本品非常敏感，剂量通常为马和小动物的 1/10，猪对本品非常耐受，剂量是反刍动物的 20～30 倍。

给药之初，因外周阻力增加(中枢介导)，血压暂时升高(牛一般不出现)。随后是低血压，持续时间与镇静、镇痛作用相同。本品能干扰心脏的传导性，如阻滞窦-房传导和房-室传导，引起心动迟缓、心输出量减少、血压下降。本品能提高心脏对儿茶酚胺的敏感性，诱发心律失常。在牛体内能降低血细胞比容，使淋巴细胞和中性粒细胞的比例逆转。

用药后牛的呼吸受到抑制(下降 25%～50%)，马则轻度增加，但血气值几乎无变化，牛偶见氧分压降低。

本品能抑制呕吐和胃分泌，但猫和犬会发生呕吐，特别是在肌内注射给药之后。抑制马的唾液分泌而增加反刍动物的唾液分泌，降低胃肠蠕动，轻度减缓大肠蠕动节律，使胃肠内容物转运时间延长。瘤胃的运动减少或停止，停药后 1 h 或 2 h 恢复正常。常规剂量下嗳气不受影响，但高剂量引起胃臌胀。牛在 12～36 h 内常出现暂时性腹泻。育亨宾能逆转本品的这些作用。

本品对子宫平滑肌亦有一定程度的兴奋作用，能增加牛子宫肌的张力和子宫内压，因此对妊娠动物要慎用。

本品能使体温升高，引起出汗，公牛和公猪会出现阴茎不全麻痹，牛和马出现短暂(1～3 h)的高血糖和糖尿，使排尿次数增加，特别是牛。本品还具有一定程度的局部麻醉作用。

【临床应用】 本品的镇静及轻度肌肉松弛作用，可用于放射诊断；本品的催眠、轻度肌肉松弛和镇痛作用，可用于外科小手术；深度安眠(麻醉)、广泛且持久的肌肉松弛和镇痛作用，可用于马的疝痛诊疗。

【注意事项】 ①犬、猫用药后常出现呕吐、肌肉震颤、心搏徐缓、呼吸频率下降等，猫可出现排尿增加。②反刍动物对本品敏感，用药后表现为唾液分泌增多、瘤胃弛缓、臌胀、逆呕、腹泻、心搏缓慢和运动失调等，妊娠后期的牛会出现早产或流产。牛用本品前应禁食一段时间，并注射阿托品；手术时应采用伏卧姿势，并将头放低，以防发生异物性肺炎及减轻瘤胃胀气对心肺的压迫。③马属动物用药后可出现肌肉震颤、心搏徐缓、呼吸频率下降、多汗，以及颅内压增加等。马静脉注射速度宜慢，给药前可先注射小剂量阿托品，以防发生心脏传导阻滞。④有呼吸抑制、心脏病、肾功能不全等症状

的患病动物慎用。⑤中毒时,可用育亨宾等 α 受体阻断剂及阿托品等解救。⑥产奶动物禁用。⑦与水合氯醛、硫喷妥钠或戊巴比妥钠等中枢神经抑制药合用时,可增强抑制效果;与肾上腺素合用可诱发心律失常;可增强氯胺酮的催眠镇痛作用,使肌肉松弛,并可拮抗其中枢兴奋反应。⑧本品的许多药理作用与吗啡相似,但在猫、马和牛不会引起中枢兴奋,而是引起镇静和中枢抑制。其消除马的内脏器官疼痛效果比哌替啶、安乃近还好;与芬太尼合用消除内脏疼痛最有效。⑨休药期:牛、马 14 日,鹿 15 日。

【用法与用量】 肌内注射,一次量,每千克体重,马 1～2 mg,牛 0.1～0.3 mg,羊 0.1～0.2 mg,犬、猫 1～2 mg,鹿 0.1～0.3 mg。

赛拉唑

【理化性质】 又名二甲苯胺噻唑、静松灵。为白色结晶性粉末,味微苦。难溶于水,可与盐酸结合制成易溶于水的盐酸赛拉唑。

【药理作用】 本品为我国合成的中枢性制动药。具有镇静、镇痛和肌肉松弛作用。

(1) 镇静作用:本品能与中枢神经元细胞膜上的 α_2 受体结合,使该受体兴奋,反馈性抑制去甲肾上腺素的释放,去甲肾上腺素在动物觉醒方面起重要调节作用,能发挥镇静作用。镇静作用有明显的种属和个体差异,牛最敏感,其次是马、犬、猫,猪敏感性差,兔、鼠反应不一。

(2) 镇痛作用:α_2 受体兴奋时,有明显的抗损伤作用,故产生一定的镇痛作用,尤其对胃肠痉挛引起的疼痛有较好的效果。对皮肤创伤性疼痛效果较差。

(3) 肌肉松弛作用:全身肌肉松弛作用与镇痛作用同步出现。用蟾蜍神经肌肉标本所做的实验表明:赛拉唑对神经肌肉接头处无阻断作用,同硫酸镁有明显区别,这种肌肉松弛作用是中枢性的。

肌内注射后约 20 min 动物出现精神沉郁、活动减少、头颈下垂、两眼半闭、站立不稳甚至倒卧。此外,动物全身肌肉松弛,针刺反应迟钝。对反刍动物,除可引起心律减慢及轻度流涎外,其他副作用少见。

【临床应用】 本品用于狂躁兴奋难以控制的动物的安定,便于诊疗和进行外科操作;也常作为捕捉野生动物和制服动物园内凶禽猛兽时的控制用药;小剂量时用于动物运输、换药以及进行穿鼻、子宫脱出时的整复、食管梗阻等小手术;与普鲁卡因配合使用,用于锯角、锯茸、去势和剖宫产等手术。常与氯胺酮配合用于全身麻醉,马疝痛、犬腹痛时的镇痛及犬、猫中毒时的催吐。

【注意事项】 ①为避免本品对心、肺的抑制作用和减少腺体分泌,在用药前给予小剂量阿托品。②牛大剂量应用时,应先停饲数小时,卧倒后宜将头放低,以免唾液和瘤胃液进入肺内,并应防止瘤胃臌胀。③猪对本品有抵抗,不宜用于猪。④妊娠后期禁用。

【制剂、用法与用量】 盐酸赛拉唑注射液,5 mL∶0.1 g,10 mL∶0.2 g。肌内注射,一次量,每千克体重,马、骡 0.5～1.2 mg,驴 1～3 mg,黄牛、牦牛 0.2～0.6 mg,水牛 0.4～1 mg,羊 1～3 mg,鹿 2～5 mg。

地托咪定(Detomidine)

本品的作用比赛拉嗪强 50～100 倍,作用持续时间也长,如镇痛作用可持续 3 h。多次给药产生的镇静作用优于赛拉嗪与吗啡合用的效果,特别是对暴躁易怒的马。增加剂量可延长镇静作用时间,而不是增强镇静作用的强度。国外仅批准用于马,静脉注射或肌内注射:一次量,每千克体重,0.02～0.04 mg。

美托咪定

本品为较强的 α_2 受体激动剂,作用较赛拉嗪强 10 倍,主要用于小动物。能引起心动过缓和呼吸

抑制，但可产生优良的镇静和肌肉松弛作用。其作用可被 α_2 受体阻断剂所阻断。镇静作用持续 30～180 min，随剂量而异。肌内注射：一次量，每千克体重，犬 0.01～0.04 mg，猫 0.04～0.08 mg。

五、其他

兽医临床上使用的具有镇静、安定作用的药物，还有水合醛类（主要是水合氯醛）、巴比妥类（如苯巴比妥）、无机盐类（溴化物、硫酸镁）和萝芙木全碱、丁螺环酮和非班酯。巴比妥类详见相关章节内容。

水合氯醛(Chloral Hydrate)

【理化性质】 为无色透明结晶。有刺激性臭味，味微苦，有挥发性和引湿性，易溶于水和乙醇。遇热、碱、日光能分解产生三氯醋酸与盐酸。应遮光、密封保存。

【药动学】 本品内服及灌肠时易被吸收，能迅速分布至脑内和其他组织等。大部分在体内被还原为麻醉作用较弱的三氯乙醇，然后在肝脏与葡萄糖醛酸结合生成尿氯醛酸，由尿液排出，仅有少量直接以原形随尿液排出。

【药理作用】 水合氯醛及其初级代谢产物三氯乙醇对中枢有抑制作用，主要是抑制脑干网状结构上行激活系统，降低反射机能。小剂量时产生镇静作用；中等剂量时产生催眠作用，但对呼吸中枢有一定的抑制作用；大剂量时产生麻醉与抗惊厥作用。超过浅麻醉量时能抑制延髓呼吸中枢、血管运动中枢及心脏活动，使动物发生中毒甚至死亡。因此，本品不是一种理想的全麻药。

水合氯醛能降低新陈代谢，抑制体温中枢。对局部组织还有强刺激性，内服5%以上溶液即能使胃肠黏膜发生炎症，静脉注射时漏出血管外则引起静脉周围炎，甚至坏死。

【临床应用】 ①用作麻醉药：主要用于马、猪、狗的浅麻醉和基础麻醉。牛、羊应用时易导致腺体大量分泌与瘤胃膨胀，故应慎用，且在应用前注射阿托品。②用作镇静、镇痛、解痉药：用于疝痛、子宫直肠脱出、脑炎、破伤风、士的宁中毒等。

【注意事项】 ①本品刺激性大，静脉注射时不可漏出血管，内服或灌肠时，宜用10%的淀粉浆配成5%～10%的浓度；②静脉注射时，先注入2/3的剂量，余下1/3剂量应缓慢注入，待动物出现后躯摇摆、站立不稳时，即可停止注射并助其缓慢倒卧；③有严重心、肝、肾脏疾病的动物禁用；④因抑制体温中枢，使体温下降1～3 ℃，故在寒冷季节应注意保温。

【制剂、用法与用量】

①水合氯醛粉。一次量，内服（镇静），马、牛 10～25 g，猪、羊 2～4 g，犬 0.3～1 g；内服（催眠），马 30～60 g，牛 15～30 g，猪 5～10 g，黑熊 85 g；灌肠（催眠），马、牛 20～50 g，猪、羊 5～10 g；静脉注射（催眠），一次量，每千克体重，马 0.08～0.2 g，牛、猪 0.13～0.18 g，骆驼 0.1～0.11 g。

②水合氯醛硫酸镁注射液，50 mL、100 mL，为含水合氯醛（8%）、硫酸镁（5%）、氯化钠（9%）的灭菌水溶液。静脉注射（镇静），一次量，马 100～200 mL；静脉注射（麻醉），马 200～400 mL。

③水合氯醛酒精注射液，100、250 mL，为含水合氯醛（5%）、乙醇（15%）的灭菌水溶液。静脉注射（镇静、抗惊厥），马、牛 100～200 mL；静脉注射（麻醉），马、牛 300～500 mL。

溴化物

溴化物是镇静药的典型代表，包括溴化钠、溴化钾 、溴化铵、溴化钙。在兽医临床上较少单独使用。

【体内过程】 本品内服后吸收迅速，溴离子在体内的分布与氯离子相同，多分布于细胞外液，主要经肾脏排出。排泄的速度与体内氯离子含量呈正相关，即当氯离子排泄增加时，溴离子的排泄也增加，反之亦然。单胃动物一次内服后，在24 h内仅排出10%，半衰期为12日，2个月后仍能在尿液中检出，故重复用药要注意蓄积的可能性。

【作用与应用】 溴化物在体内释放出的溴离子，可增强大脑皮层的抑制过程，并能使抑制过程集中。对大脑皮层的感觉区和运动区也有一定的抑制作用，故有镇静和抗惊厥作用。本品与咖啡因联用，可促进被破坏的兴奋与抑制过程恢复，使之由不平衡状态转为平衡状态。从而有助于调节内脏神经，在一定程度上缓解胃肠痉挛，减轻腹痛。

本品可用于缓解中枢神经过度兴奋症状，如破伤风引起的惊厥、脑炎引起的兴奋、猪因食盐中毒而出现的神经症状，以及马、骡疝痛引起的不安症状等。

【不良反应】 ①本品排泄很慢，连续用药可引起蓄积中毒，中毒时立即停药，并给予氯化钠制剂，加速溴离子排出；②本品对局部组织和胃肠道黏膜有刺激性，内服应配制成1%～3%的水溶液，静脉注射时不可漏出血管外。

【制剂、用法与用量】

①三溴片，含溴化钾 0.12 g、溴化钠 0.12 g、溴化铵 0.06 g。内服，马 15～50 g，牛 15～60 g，猪 5～10 g，羊 5～15 g，犬 0.5～2 g，家禽 0.1～0.5 g。

②溴化钠注射液，10 mL：1 g。静脉注射，一次量，牛、马 5～10 g。

③安溴注射液，100 mL 含溴化钠 10 g 与安钠咖 2.5 g。静脉注射，一次量，牛、马 80～100 mL，猪、羊 10～20 mL。

溴化钙(Calcium Bromide)

【理化性质】 本品为白色颗粒，味咸而苦。本品极易溶于水，常制成注射液。

【作用与应用】 ①溴离子有抑制大脑皮层活动的作用，钙离子可加强其镇静作用。②有抗过敏作用。

本品可用于缓解中枢神经兴奋性疾病所引起的症状；也可辅助治疗皮肤变态反应性疾病。

【注意事项】 ①本品可用于一般性镇静。②注射液有很强的刺激性，静脉注射时宜加入50%葡萄糖注射液中缓缓推注，若直接注射，则必须缓慢，以免对血管产生刺激，勿漏出血管外。③本品排泄缓慢，可引起蓄积中毒，连续使用不可超过一周；若中毒应立即停药，内服或静脉注射氯化钠，并给予利尿药促进溴离子排出。④忌与强心苷类药物合用。

【用法与用量】 静脉注射，马 2.5～5 g，猪、羊 0.5～1.5 g。

硫酸镁注射液(Magnesium Sulfate Injection)

【作用与应用】 注射硫酸镁注射液后，被机体吸收的镁离子可抑制中枢神经系统，随着剂量的增加产生镇静、抗惊厥与全身麻醉作用，但产生麻醉作用的剂量却能麻痹呼吸中枢，故不宜单独用作全身麻醉药，应与水合氯醛合用。镁离子对神经肌肉的运动终板部位的传导有抑制作用，使骨骼肌松弛，原因是镁离子可阻断运动神经末梢释放乙酰胆碱，并减弱运动终板对乙酰胆碱的敏感性。

常用于破伤风、脑炎及中枢兴奋药(如士的宁)中毒所致的惊厥，治疗膈肌痉挛及分娩时宫颈痉挛等。

【注意事项】 ①本品静脉注射速度过快或过量均可导致血镁水平过高，引起血压剧降、呼吸抑制、心动过缓、神经肌肉兴奋传导阻滞，甚至死亡。故静脉注射速度宜缓慢。若发生呼吸麻痹等中毒现象时，应立即静脉注射5%氯化钙溶液解救。②患有肾功能不全、严重心血管疾病、呼吸系统疾病的动物慎用或不用。③与硫酸多黏菌素、硫酸链霉素、葡萄糖酸钙、盐酸普鲁卡因、四环素、青霉素等药物存在配伍禁忌。

【中毒及解救】 本品剂量过大或静脉注射过快时，可使血压下降，呼吸中枢麻痹，心肌传导阻滞。由于镁离子与钙离子在化学性质上相似，两者可作用于同一受体，发生竞争性对抗，故一旦中毒，可迅速静脉注射5%氯化钙溶液解救。

【制剂、用法与用量】 硫酸镁注射液 10 mL：1 g。肌内、静脉注射，一次量，牛、马 10～25 g，猪、

Note

羊 2.5～7.5 g，犬、猫 1～2 g。

萝芙木全碱

萝芙木全碱主要有利血平和18-表甲基利血酸甲酯。利血平阻断神经递质储存颗粒膜的转运系统，使脑内去甲肾上腺素、多巴胺和5-羟色胺耗竭。小剂量时作用就能持续2～5日，主要用于马的镇静。18-表甲基利血酸甲酯可用于鸡，控制狂躁不安。

钉螺环酮

本品为5-羟色胺突触前受体激动剂，使5-羟色胺能神经的传导减弱。本品还具有选择性抗焦虑作用，但缺乏抗惊厥、肌肉松弛和镇静作用。起效慢，与其他中枢抑制药的相互作用弱。主要用作抗焦虑药和治疗猫的不正常排尿(喷尿)。

第二节　镇　痛　药

镇痛药是使感觉特别是痛觉消失的药物。临床上疼痛有剧痛和钝痛，剧烈的疼痛可引起生理机能紊乱，甚至休克。因此，在对疼痛有明确诊断的情况下，有必要使用镇痛药。具有镇痛作用的药物包括全身麻醉药(简称全麻药)、局麻药和解热镇痛抗炎药，它们的镇痛作用各有特点。本节的镇痛药是指具有吗啡样强力镇痛作用的药物，它们可选择性地消除或缓解由疼痛引起的紧张、烦躁不安等，使疼痛易于耐受，但对其他感觉无影响且机体能保持意识清醒。由于反复应用易成瘾，故又称麻醉性镇痛药或成瘾性镇痛药。此类药物包括所有天然的和人工合成的作用于阿片受体的激动剂或拮抗剂，称为阿片类镇痛药或麻醉性镇痛药。严格地讲，麻醉性镇痛药是指在产生强力镇痛作用的同时还能诱导睡眠或麻醉的药物，法律上主要指滥用的各种毒品，包括吗啡、海洛因等。

阿片类镇痛药的特点：在大多数动物中产生镇静、强大镇痛与致欣快的作用，具有成瘾性和依赖性(特别是与中枢相关)，正常剂量时不使意识消失，阿片受体拮抗剂能即刻阻断其作用。兽医临床上主要用于化学制动、镇痛、止咳和止泻。

一、药物种类

阿片类镇痛药主要有天然的鸦片碱类、由天然碱类合成的衍生物和人工合成品。天然的鸦片碱类有吗啡、可待因、二甲基吗啡(非麻醉性镇痛药)、盐酸罂粟碱(舒血管药)和乐克平(非麻醉性止咳药)。

由天然碱类合成的衍生物包括以下几类：由吗啡衍生的氢化吗啡酮、羟氢吗啡酮、海洛因、环丁甲羟氢吗啡、烯丙吗啡、纳洛酮和阿扑吗啡(催吐药)；由可待因衍生的羟氢可待酮和二氢可待因酮；由二甲基吗啡衍生的埃托啡、丁丙诺啡和环丙羟丙吗啡。

人工合成品有美沙酮及其衍生物丙氧芬、哌替啶及其衍生物，芬太尼和苯乙哌啶、羟甲基吗喃及其衍生物环丁羟吗喃。

二、药动学

本类药物胃肠道外给药和黏膜表面给药，吸收良好。内服迅速吸收，但有显著的首过效应，限制了本类药物内服使用。可待因和羟氢可待酮的首过效应小，可内服给药。本类药物能延迟胃排空，所以内服给药能造成离子在胃内潴留。

本类药物的大多数具有亲脂性，能迅速深入大多数组织，其中内脏的实质组织中浓度较高，肌肉和脂肪组织中浓度较低，脑中浓度相对较低。本类药物的大多数能通过血脑屏障，但两性化合物如吗啡较难通过，羟化后脂溶性增加，容易通过；能通过胎盘屏障（但在有些动物体内通过缓慢），胎儿表现出呼吸抑制。本类药物的血浆蛋白结合率变化大。

本类药物被肝和其他酶迅速代谢成极性代谢产物，普遍与葡萄糖醛酸结合，如吗啡和羟甲基吗喃。酯键可被酯酶水解，如吗啡和海洛因。N-去甲基化是一种常见的次要代谢方式。极性代谢产物和原形主要经肾脏排泄。经胆汁消除的药物会发生肝肠循环，使药物的作用时间延长。

本类药物大多数在注射后 30～60 min 出现最大作用，作用持续时间在大多数动物不足 2 h，偶见镇痛时间长达 4～5 h（如环丁羟吗喃），一些新药的持续时间会更长。

三、药理作用

（一）中枢神经系统

（1）镇痛：能改变对疼痛的感觉和反应，从而缓解剧烈疼痛，特别是钝性和持久的疼痛。

（2）欣快：将动物从焦虑和痛苦中解救出来，但某些动物会出现烦躁不安。

（3）镇静：昏睡和意识模糊，但能唤醒。猫、马、牛和猪常表现为兴奋。

（4）呼吸中枢抑制：见于所有阿片类镇痛药给药后，因机体对二氧化碳的反应性降低。这是重要的有临床意义的作用。常很快就发生，犬在初期可见喘气表现。

（5）咳嗽中枢抑制：许多阿片类镇痛药有中枢性止咳作用，可待因及其衍生物常用于止咳。

（6）瞳孔变化：犬、大鼠和兔的瞳孔缩小，尤其是犬出现“针尖瞳孔”。猫、绵羊、马和猴可见瞳孔放大，特别是猫。

（7）恶心、呕吐：本类药物中许多药物可引起这种反应，因它们能刺激脑干内的化学感受区（吗啡激活 δ 受体，阿扑吗啡激活多巴胺受体）。呕吐存在着明显的种属差异，犬和猫的呕吐明显，而鸡、猪、马和反刍动物不出现中枢性呕吐。

（8）神经内分泌作用：刺激抗利尿激素、催乳素和生长激素释放，但抑制黄体生成素的释放。

（二）心血管系统

心率在初期是增加的，随后是心动过缓（因受迷走神经影响）。可见低血压，因外周阻力降低（尚不清楚是由组胺释放增加还是由延髓血管运动中枢被抑制所致）。静脉的弹性下降，导致心脏供血不足。呼吸抑制引起二氧化碳分压增加，使脑血管扩张、颅内压增加。在常规剂量下，心血管的这些反应不是这类药物的直接作用。

（三）消化道系统

初期可见唾液分泌增加、呕吐和排粪（为迷走神经介导）。因胃肠道的挛缩作用，临床上经常见到便秘，特别是在多次给药之后。胃的运动能力降低，但节律增加，胃酸分泌下降。小肠的节律和分节收缩活动增强，但推进性收缩活动减少，胆汁、胰液和肠液的分泌减少。大肠的节律和分节收缩活动增加，但推进性收缩活动减少。也能见到胆管平滑肌痉挛。

（四）泌尿生殖系统

尿量减少（因抗利尿激素释放增加），肾血流量减少。尿道平滑肌痉挛，膀胱活动节律增加。子宫运动节律下降。

四、镇痛作用机制

内源性的类阿片活性肽是体内分泌的与疼痛和其他刺激反应有关的内源性物质，包括 β 内啡肽、脑啡肽和强啡肽。每类肽都有特定的神经解剖学分布，有些神经元内偶见一种以上的肽类。阿片类镇痛药选择性地作用于分布在大脑、脊髓和其他组织上的特定的膜受体（阿片受体）而产生药理作用。阿片受体在脊髓背角、丘脑、中脑周围导水管的灰质和延髓的头腹侧等部位的分布密度高。

Note

阿片受体是G蛋白偶联受体超家族成员，分为μ、κ、σ和δ4个亚型。μ受体产生脊髓镇痛作用，并引起欣快、呼吸抑制和生理依赖，对纳洛酮的阻断作用最敏感。κ受体产生脊髓镇痛、瞳孔缩小和镇静作用，大剂量纳洛酮也能阻断其作用。σ受体引起烦躁不安、幻觉、呼吸兴奋和血管舒缩作用，对纳洛酮的阻断作用不敏感。δ受体存在于中枢神经系统、平滑肌、淋巴细胞，负责情感(情绪)行为，大剂量纳洛酮可阻断其作用。脊髓背角的阿片受体数量多，负责调节疼痛感受。信号从脊髓往上传递有两种途径：一是腹侧系统，与突然的时相性疼痛有关，能迅速将冲动传递给皮层的感觉中枢。二是中间系统，负责调节持久、强烈的疼痛感受，由多种通道将冲动传入边缘系统，控制疼痛的情绪部分，能缓慢地释放引起疼痛等不愉快感觉的电荷，与阿片类镇痛药耐受性形成的关系小。阿片类镇痛药也能抑制P物质释放，P物质在一定程度上负责疼痛冲动在中枢的传导。

阿片受体是通过抑制性G蛋白与效应系统(包括腺苷酸环化酶、钾离子通道和钙离子通道)相偶联的。阿片类镇痛药与阿片受体结合后，使突触后神经元去极化并抑制其活动，减少钙离子流入突触前的神经末梢，从而抑制神经递质(如乙酰胆碱、谷氨酸、去甲肾上腺素、多巴胺、5-羟色胺和P物质)的释放。

本类药物长期给药或较大剂量使用会引起耐受，可能是因为长期给药提高了细胞对钙离子的滞留能力，停药则使钙离子和各种神经递质同时大量释放。

根据作用的性质，本类药物又可分为激动剂、激动-拮抗剂、部分激动剂和拮抗剂。激动剂产生完全的镇痛作用，一般由μ受体和κ受体介导，又分为强效激动剂和中效激动剂。强效激动剂有吗啡、氢化吗啡酮、羟氢吗啡酮、埃托啡、美沙酮、哌替啶、芬太尼、羟甲基吗喃、双苯哌酯、舒芬太尼和雷米芬太尼。中效激动剂有可待因、羟氢可待酮、二氢可待因酮、苯乙哌啶。激动-拮抗剂在某些受体上产生激动作用，而在另一些受体上产生拮抗作用。主要药物有环丁甲羟氢吗啡、镇痛新、环丁羟吗喃和烯丙吗啡。部分激动剂在某些受体上产生小于激动剂的作用，但在另一些受体上则起拮抗作用，主要有丁丙诺啡和曲马多。拮抗剂本身没有药理作用，只能逆转激动剂的作用，主要有纳洛酮、环丙羟丙吗啡、纳曲酮和纳美芬。值得注意的是，这些分类在动物中存在明显的种属差异。

五、毒副作用

本类药物使用后，机体会出现恶心、呕吐、便秘、肺和肝功能损害、积尿等不良反应，有些作用具有耐受性。高度耐受的作用有镇痛、欣快(或烦躁不安)、意识模糊、镇静、呼吸抑制、积尿、恶心呕吐和咳嗽抑制等，中度耐受的有心动过缓，轻度耐受的有瞳孔缩小、便秘、躁动、拮抗作用等。

六、临床应用

本类药物的主要应用包括外伤、腹痛和术后等镇痛，以及麻醉前给药、止咳、催吐和止泻。

本类药物还可用于治疗急性肺水肿，能缓解呼吸困难，减少静脉回流量、降低外周阻力和血压。防止过敏性休克，下丘脑的内啡肽族参与过敏性休克(释放组胺)的形成，可被纳洛酮阻断。用于犬和大多数野生动物，猫、牛、马常会出现异常反应，如步态不稳(马)、狂躁(猫)、哞叫(牛)。

本类药物用作镇痛药或用于麻醉前给药时，通常是与安定药、镇静药或麻醉药一起使用的，以产生安定作用，使动物安静、失去攻击性；同时产生镇痛作用。此种用法称为安定镇痛。安定镇痛法并不能产生完全的麻醉效果，但能产生比较强大的镇静和镇痛作用，并降低其他合用药物的用量。阿片类镇痛药能加强镇静及镇痛作用，药物相加能产生比期望的镇静、镇痛作用更为明显的协同效果。镇静类药物的用量减少，使心血管受到的抑制作用减弱。安定镇痛法主要用于放射诊断、小手术等的制动；麻醉前给药，使动物安静下来，便于静脉注射；产生镇痛作用，并降低诱导麻醉和维持麻醉药物的剂量；对于老、弱、病动物，可用于诱导麻醉，对于高危动物，可用于维持麻醉。

安定镇痛法的药物组合：对犬、猫、猪，常将乙酰丙嗪、地西泮、咪达唑仑、美托咪定或赛拉嗪，与羟氢吗啡酮、吗啡、氢化吗啡酮、哌替啶、芬太尼、环丁羟吗喃或丁丙诺啡组合使用。吗啡和哌替啶常采用肌内注射方式，因为静脉注射会引起组胺释放和较强的低血压；地西泮常采用静脉注射方式，因肌内注射吸收不好。常将乙酰丙嗪、赛拉嗪或地托咪定，与环丁羟吗喃、吗啡、哌替啶或镇痛新合用于马。苯二氮䓬类一般不用于成年马的镇静，但可用于驹的镇静。苯二氮䓬类常与氯胺酮合用于马，以诱导更好的肌肉松弛作用。常将乙酰丙嗪、地西泮、咪达唑仑、赛拉嗪、地托咪定或美托咪定，与环丁羟吗喃、丁丙诺啡或哌替啶组合用于反刍动物。

吗啡(Morphine)

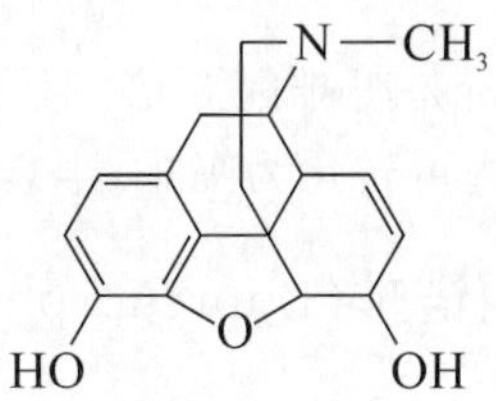

【理化性质】 其盐酸盐为白色、有丝光的针状结晶或结晶性粉末，无臭。本品溶于水，常制成注射液。

【药动学】

(1) 给药途径：吗啡内服给药时，消化道吸收慢且不规则，首过效应明显。因此常通过肌内注射、皮下注射和静脉滴注的途径给药。目前，缓释片剂或缓释泵已成为吗啡治疗肿瘤所致慢性疼痛的常规给药途径。

(2) 分布：吗啡的血浆蛋白结合率超过 30%，可在体内各组织中快速分布，但因其是阿片类药物中脂溶性最低的，故仅有少量的吗啡可通过血脑屏障。

(3) 消除：吗啡在肝脏中与葡萄糖醛酸发生结合反应。代谢产物主要经肾脏排泄，小部分经胆汁排泄。全身给药时，吗啡镇痛作用持续 4～6 h。

【作用与应用】 ①本品有强大的中枢性镇痛作用，镇痛范围广，对各种疼痛都有效。②对中枢神经系统具有兴奋或抑制作用，且与动物的种属差异有关。猫、猪、羊、马、狮子、熊和狐等动物在给药后经一定潜伏时间呈现兴奋状态，为兴奋型；犬、兔、豚鼠、鸡等在给药后仅有短暂的兴奋状态，出现唾液分泌，呕吐和排粪，而后痛觉迟钝，睡眠逐渐加深，甚至难以苏醒，为抑制型。③本品有较强的镇咳作用，对各种原因引起的咳嗽均有效。治疗量能够抑制各种动物的呼吸中枢，降低呼吸中枢对 CO_2 的敏感性，小剂量时即可表现出来，过大剂量时使动物呼吸中枢麻痹。

本品小剂量时可缓解反刍动物及马肠道痉挛，但能提高括约肌张力而引起继发便秘；大剂量时先引起肠道机能亢进而腹泻，继而引起便秘，常见于犬和猫等动物。

本品治疗剂量时对血管和心律无明显作用。大剂量吗啡可使外周血管扩张，引起血压下降。

本品用于犬麻醉前给药，可减少全麻药用量；也用于缓解剧痛(如创伤、烧伤等疼痛)。

【注意事项】 ①本品不宜用于产科阵痛。②胃扩张、肠阻塞及臌胀动物禁用；肝、肾功能异常动物慎用；对牛、羊、猫易引起强烈兴奋，须慎用；幼畜对本品敏感，慎用或不用。③纳洛酮、烯丙吗啡可特异性拮抗吗啡的作用，过量中毒时首选。④可引起组胺释放、呼吸抑制、支气管收缩、中枢神经系统抑制。⑤可引起呕吐、肠蠕动减弱以及便秘(犬)、体温过高(牛、羊、马和猫)或过低(犬、兔)等。⑥连续应用可成瘾。⑦忌与氯丙嗪、异丙嗪、氨茶碱、巴比妥类、苯妥英钠、哌替啶等药物混合注射。

【用法与用量】 皮下、肌内注射，一次量，镇痛，每千克体重，马 0.1～0.2 mg，犬 0.5～1 mg。麻醉前给药，犬 0.5～2 mg。

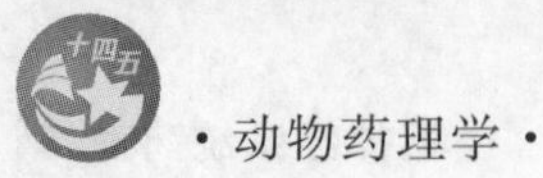

可待因(Codeine)

可待因又名甲基吗啡，内服时易被吸收，生物利用度较高，10%在肝脏中可代谢为吗啡，$t_{1/2}$为2～4 h。可待因与阿片受体的亲和力低，其镇痛和呼吸抑制作用均比吗啡弱。可待因具有明显的镇咳作用，属中枢性镇咳药，临床上主要用于治疗无痰干咳及剧烈频繁的咳嗽。还可与阿司匹林或对乙酰氨基酚合用，治疗中等程度的疼痛，如头痛、背痛等。可引起便秘。久用亦可成瘾，但成瘾性低于吗啡。

用于多种动物的止咳、止泻和镇痛。用于镇痛时，内服，一次量，每千克体重，犬、猫 0.5～2 mg。

海洛因(Heroin)

海洛因是吗啡双乙酰化的产物，效价是吗啡的 3 倍。其脂溶性好，易于通过血脑屏障转运。注射途径给药时，欣快感更为明显。在体内可转化为吗啡，半衰期比吗啡长。

丁丙诺啡(Buprenorphine)

本品为 κ 受体的拮抗剂和 μ 受体的部分激动-拮抗剂，作用可被纳洛酮部分逆转，可逆转芬太尼的作用。作用强度为吗啡的 20～30 倍，常与乙酰丙嗪合用于犬和马，与赛拉嗪合用于马。对呼吸功能的影响比较小。用于镇痛时，肌内或皮下注射，一次量，每千克体重，犬 0.005～0.02 mg，猫 0.005～0.01 mg。

环丁羟吗喃(Butorphanol)

本品为激动-拮抗剂，对 μ 受体的作用小，为 κ 受体和 σ 受体的激动剂。可静脉注射、肌内注射、皮下注射和内服给药，在肝内发生广泛代谢。与其他药物如乙酰丙嗪、氯胺酮和赛拉嗪合用，镇痛效果比吗啡强 7 倍以上，比哌替啶强 40 倍以上。对内脏痛的效果好于躯体痛。对心肺的抑制作用小。临床上用于制动，马的镇痛和犬的止咳，也可用于猫的镇痛、麻醉前给药(与麻醉药合用)。不得用于妊娠和患肝病的动物。麻醉前给药时，肌内或皮下注射，一次量，每千克体重，犬、猫 0.2～0.4 mg。

羟考酮(Oxycodone)

羟考酮为吗啡的半合成衍生物，可激动 μ 受体和 κ 受体，该药许多药理特点与吗啡相似。羟考酮内服有效，体内被代谢，代谢产物主要经肾脏排泄。代谢产物为去甲羟考酮和羟氢吗啡酮，镇痛作用弱。临床上，羟考酮可用于中、重度疼痛的治疗，也可用作吗啡的替代品治疗癌症疼痛，镇痛效果与吗啡相当；还能与阿司匹林或对乙酰氨基酚合用。近年其复方制剂和控释制剂在非癌症疼痛治疗中被广泛应用，如术后烧伤以及慢性疼痛。患病动物可对羟考酮控释制剂成瘾，不良反应为便秘、恶心、呕吐、嗜睡、头痛、口干、乏力和出汗。

哌替啶(Pethidine)

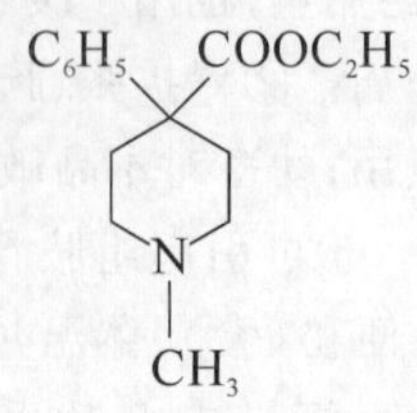

【理化性质】 本品又称度冷丁，其盐酸盐为白色结晶性粉末，无臭或几乎无臭。在水和乙醇中

易溶，在三氯甲烷中溶解，在乙醚中几乎不溶。本品是人工合成的麻醉性镇痛药，可作为吗啡的良好代用品，溶于水，常制成注射液。

【作用与应用】 ①本品作用与吗啡相似，但镇痛作用比吗啡弱。②与吗啡等效剂量时，对呼吸有相同程度的抑制作用，但作用时间短。③对胃肠平滑肌有类似阿托品的作用，强度为阿托品的1/20～1/10，能解除平滑肌痉挛。在消化道发生痉挛时可同时起镇静和解痉作用。④对催吐化学感受区也有兴奋作用，易引起恶心、呕吐。

本品临床上主要用作镇痛药，治疗家畜痉挛性疝痛、手术后疼痛及创伤性疼痛等；也用于猪、犬、猫等麻醉前给药，减少麻醉药的用量。

【注意事项】 ①本品与阿托品合用，可解除平滑肌痉挛，增加止痛效果；与氯丙嗪、异丙嗪配伍用于抗休克和抗惊厥等。②具有心血管抑制作用，易致血压下降；过量中毒可致呼吸抑制、惊厥、心动过速、瞳孔散大等。除用纳洛酮对抗呼吸抑制外，尚需配合使用巴比妥类药物对抗惊厥。③本品久用可成瘾。④不宜用于妊娠、产科手术动物。⑤禁用于患有慢性阻塞性肺疾病、支气管哮喘、肺源性心脏病和严重肝功能减退的动物。⑥对局部有刺激性，不能皮下注射。⑦可导致猫过度兴奋。

【用法与用量】 皮下、肌内注射，一次量，每千克体重，马、牛、羊、猪 2～4 mg，犬、猫 5～10 mg。

芬太尼(Fentanyl)

芬太尼化学结构与哌替啶相似，是目前临床常用的合成镇痛药之一。

【体内过程】 该药多采用注射给药途径，如静脉注射、皮下注射和鞘内注射，也可经口腔黏膜或经皮给药，其透皮制剂的起效时间约为 12 h。该药的血浆蛋白结合率约为 84%，$t_{1/2}$ 为 3.7 h，经肝脏代谢，原形药和代谢产物均经肾脏排泄。

【药理作用】 与哌替啶相似，但可缩瞳。该药主要激动 μ 受体，为强效镇痛药，其镇痛效价约为吗啡的 100 倍，起效快，但作用维持时间短。

【临床应用】 主要用于各种原因引起的剧痛，因其对心肌收缩几乎无影响，常用于心脏外科手术。注射给药可用于术后镇痛和分娩止痛；口腔黏膜黏附制剂可用于缓解对阿片类镇痛药耐受的癌症动物的暴发性疼痛；与氟哌利多合用，作为犬和实验动物的安定镇痛药和用于神经松弛镇痛，帮助完成某些令动物痛苦的小手术或医疗检查，如烧伤换药、内窥镜检查等；与氧化亚氮或其他吸入麻醉剂合用，可增强麻醉效果。

【不良反应】 主要不良反应与其他 μ 受体激动药相似，也会引起明显欣快感、呼吸抑制和药物依赖性。芬太尼用于麻醉时，可引起肌肉僵直，主要见于腹部和胸部。本品单用于马时，可使马兴奋，曾被非法作为赛马的中枢兴奋剂。

芬太尼同系物

芬太尼同系物包括舒芬太尼、阿芬太尼和瑞芬太尼。这些药物的药理作用、不良反应与芬太尼相似，但镇痛效价和代谢过程有别于芬太尼。其中舒芬太尼镇痛作用强于芬太尼；瑞芬太尼在体内被组织和血液中的非特异性酯酶催化水解；阿芬太尼和瑞芬太尼的镇痛作用比芬太尼弱且作用持续时间短。临床上可用于外科手术止痛。瑞芬太尼禁用于蛛网膜下腔给药或硬膜外给药。

美沙酮(Methadone)

【理化性质】 美沙酮是人工合成、口服有效的中枢性镇痛药。其镇痛作用与吗啡相当，不引起明显的欣快感，作用持续时间长。

【药动学】 美沙酮可通过多种途径给药，如内服、静脉注射、皮下注射、椎管内和直肠给药。其中内服给药吸收完全，约 30 min 起效，生物利用度高达 92%，血浆蛋白结合率为 89%，有组织蓄积现象，药物主要在肝脏代谢，其代谢产物个体差异明显，且半衰期长，药物主要经肾脏排泄。

【药理作用】 美沙酮是 μ 受体的强效激动剂，也是 N-甲基-D-天冬氨酸（NMDA）受体和单胺类神经递质再摄取的阻断剂。美沙酮镇痛效能与吗啡相似，有缩瞳和呼吸抑制作用，且效应半衰期长。与吗啡相似，美沙酮可升高胆囊内压力和导致便秘。

【临床应用】 本品可用于犬的麻醉前给药，用作马的镇痛药（常与乙酰丙嗪合用）。同时，因其内服时生物利用度高，可替代阿片类镇痛药的注射给药途径，产生依赖性的时间长、戒断症状轻微，可用于吗啡和海洛因的脱毒治疗。

【不良反应】 不良反应常见眩晕、恶心、呕吐、出汗、嗜睡、便秘、直立性低血压等。因呼吸抑制时间较长，禁用于分娩止痛。长时间用药时，与吗啡类似，可引起躯体依赖性，但其戒断症状比其他阿片类镇痛药轻微。

纳洛酮

纳洛酮是阿片受体的拮抗药，与阿片受体亲和力高。与阿片受体的亲和力由大到小依次为 μ 受体、δ 受体、κ 受体和 σ 受体（不敏感）。能拮抗非阿片类抑制剂和 γ 氨基丁酸的作用，并能影响组胺能神经。可用作所有动物的阿片拮抗剂，也用于治疗循环性和败血性休克。其作用机制可能如下：休克时，从垂体释放的 β 内啡肽与心脏的阿片受体相结合，与 Gi 蛋白相互作用，使腺苷酸环化酶活性下降。纳洛酮取代内啡肽族，使腺苷酸环化酶活化，因而 cAMP 浓度增加。

纳洛酮静脉注射后，30 min 内可逆转海洛因过量所致的呼吸抑制和昏迷症状。纳洛酮 $t_{1/2}$ 为 30～60 min，因其作用持续时间短，患病动物有可能再次陷入呼吸抑制。因纳洛酮与 μ 受体的亲和力是 κ 受体的 10 倍，故纳洛酮拮抗吗啡呼吸抑制的作用明显强于对吗啡镇痛作用的影响。

临床上用于抢救阿片类药物过量引起的昏迷及呼吸抑制。静脉注射或肌内注射，每千克体重，马 0.01～0.02 mg，犬、猫 0.02～0.04 mg。

纳曲酮

纳曲酮的药理作用与纳洛酮相似，作用时间比纳洛酮长。临床上与可乐定或丁丙诺啡合用于阿片类药物的快速脱瘾治疗，对慢性酒精中毒也有效，但机制尚不明晰。纳曲酮有肝毒性。用于治疗马咬秣槽和其他怪癖，犬的肢体舔食性皮炎。内服的效果和作用维持时间优于纳洛酮。

烯丙吗啡

烯丙吗啡的药理作用及特点与纳洛酮和纳曲酮相似。该药可阻断非消化道的阿片受体。以注射途径（静脉、肌内或皮下）给药，$t_{1/2}$ 为 8～10 h，作用持续时间明显长于纳洛酮和部分阿片受体激动药。

地佐辛

地佐辛是 κ 受体激动药，对 μ 受体有拮抗作用，镇痛效价约为哌替啶的 1/10。地佐辛以注射途径给药，肌内注射 30 min 内起效；静脉注射 15 min 内起效。$t_{1/2}$ 为 2～3 h，在肝脏代谢，多数经肾脏排泄。临床上可用于术后止痛、内脏痛止痛和癌症止痛。该药成瘾性小。

丁丙诺啡(Buprenorphine)

丁丙诺啡是蒂巴因的半合成衍生物，激动 μ 受体和 κ 受体，是阿片受体部分激动药。该药可经舌下或注射途径给药，在肝脏代谢，经胆汁和尿液排泄。其两重性作用表现如下：对阿片成瘾者可诱发戒断症状；对未使用阿片类药物的患病动物，药理作用与吗啡相似。丁丙诺啡舌下含片用于阿片类成瘾者的脱毒和维持治疗，疗效与美沙酮相似。丁丙诺啡注射给药可用于中、重度疼止痛，还可抑制呼吸，也可降低血压（极少数患病动物血压升高）。常见不良反应有头晕、嗜睡、恶心、呕吐等。机

体能产生耐受性与成瘾性，与美沙酮比较，戒断症状较轻，时间短。

纳布啡

纳布啡为 μ 受体部分激动药，药理作用特点与喷他佐辛相似，其拟精神病样作用比喷他佐辛弱。这种药物临床上限用于慢性疼痛。纳布啡对心脏几乎无作用，也不升高血压，与喷他佐辛比较，纳布啡的呼吸抑制作用不明显。

氢吗啡酮(Hydromorphone)

用于犬，作用比吗啡强5倍，但导致胃肠紊乱的副作用比吗啡小。

埃托啡

用于野生动物的制动。

镇痛新

用于治疗马的疝痛和作为犬的麻醉前给药。

知识拓展

药物成瘾

成瘾性是由滥用药物引起的行为综合征，与耐受性等生物学现象不完全等同，许多药物(如镇痛药、兴奋剂等)，如果滥用可致成瘾。药物成瘾性的形成与其作用于脑内的奖赏环路，产生欣快感有关，和自然成瘾可能有共同的机制。药物成瘾的主要神经环路是中脑的腹侧被盖区(VTA)-边缘前脑伏隔核(NAc)奖赏环路，与前额叶皮质也有关。具有成瘾性的药物通过对VTA-NAc环路的急性作用，增强多巴胺系统功能，从而促进多巴胺的释放或导致多巴胺能神经脱抑制而兴奋；通过对VTA-NAc环路的慢性作用，正常的奖赏刺激不再有效提高多巴胺能突触传递，损坏多巴胺系统功能，导致突然停药的负面情绪反应；此外，谷氨酸系统在药物成瘾中也有重要作用。Robinson和Berridge的研究表明，敏感化导致成瘾动物不断寻找并使用毒品，这也是人戒毒后复吸的主要原因。

第三节 全身麻醉药

全身麻醉药(简称全麻药)，是一类能可逆性地抑制中枢神经系统，暂时引起意识、感觉、运动及反射消失、骨骼肌松弛，但仍保持延髓生命中枢(呼吸中枢和血管运动中枢)功能的药物。全麻药对中枢神经系统的作用是一个由浅入深的过程。中枢神经系统受抑制程度与药物在该部位的浓度有关，低剂量产生镇静作用，随剂量的增加可产生催眠、镇痛、意识丧失和失去运动功能等作用，进一步可引起麻痹、死亡。

一、概述

(一) 麻醉分期

中枢神经系统的各个部位对麻醉药的敏感程度不同，随着血药浓度的变化，中枢神经系统的各

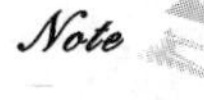

个部位出现不同程度的抑制，最先麻醉的是大脑皮层，其次是间脑、中脑、脑桥、脊髓、延髓，因而出现不同的麻醉时期。为了取得满意的麻醉效果，避免意外事故，一般将全身麻醉分为四期。通常以意识、感觉、呼吸次数与深浅、脉搏次数与性质、瞳孔大小、骨骼肌张力变化、各种反射有无等指标，作为判断各期的指征。

第一期为自主兴奋期(随意运动期)，指从麻醉给药开始，到意识消失为止。此期较短，不易被察觉，也没有显著的临床意义。主要是抑制网状结构上行激活系统与大脑皮层感觉区。

第二期为非自主兴奋期(不随意运动期)，指从意识丧失开始的时期。此期因血中药物浓度升高，大脑皮层功能抑制加深，失去对皮层下中枢的调节与抑制作用，因此动物表现出不随意运动。非自主兴奋期易发生意外事故，不宜进行任何手术。自主兴奋期与非自主兴奋期合称麻醉诱导期。

第三期为外科麻醉期，指从兴奋转为安静、呼吸由不规律转为规律开始的时期。麻醉进一步加深，间脑、中脑和脑桥受到不同程度的抑制，脊髓机能由后向前逐渐被抑制，但延髓中枢机能仍保持。外科麻醉期又分为轻度麻醉期、中度麻醉期、深度麻醉期、极深度麻醉期、极度麻醉期，理想的麻醉深度在中度麻醉期，兽医临床上一般在此期进行手术。

第四期为麻痹期(中毒期)，指从呼吸肌完全麻痹至循环完全衰竭为止。随着麻醉程度的加深，心肺功能逐渐被抑制，当心肺功能接近极度抑制时，机体出现呼吸暂停，心跳持续一段较短的时间。外科麻醉期的极深度麻醉期和其他四期很难区分，外科麻醉禁止达到此期。

上述麻醉分期是在观察乙醚对犬的影响的实验基础上建立的。动物使用吸入麻醉药或采用平衡麻醉方式，很少出现这种明显的分期。吸入麻醉药用于动物的全身麻醉时可能具有以下特征：轻度麻醉时心动过速、不规律，呼吸加快，各种反射如吞咽反射仍然存在，眼球停止转动。适度麻醉时出现渐进性的髓内麻痹，良好的肌肉反射，合适的心血管功能。深度麻醉时心搏缓慢，各种反射消失，出现深度腹式呼吸直至窒息。

麻醉后的苏醒顺序与麻醉相反，在完成手术后，应使苏醒过程尽量缩短，以减少在苏醒过程中因动物挣扎而造成的意外损伤。

(二) 作用机制

全麻药多种多样，如巴比妥类、类固醇类、酚类、醇类、惰性气体、卤代碳氢化合物、二氧化碳。这些化合物的结构完全不同，但大多数有一个共同的特点，即它们的麻醉强度与其脂溶性密切相关。人们以前认为麻醉是麻醉药溶于大脑的脂质、干扰神经冲动传导的结果。然而有很多化合物例外。例如，有些药物的脂溶性高，但麻醉强度低；有些药物的脂溶性相似，但麻醉强度不同或有的根本就无麻醉作用。现代的麻醉原理是基于配体-门控离子通道的理论。主要的配体有乙酰胆碱、γ氨基丁酸、甘氨酸等，不同麻醉药的受体不同。注射麻醉药(氯胺酮除外)可影响γ氨基丁酸受体的功能。巴比妥类、异丙酚降低γ氨基丁酸从受体上解离的速度，依托咪酯增加γ氨基丁酸受体的数量。至于药物是如何与特定受体相互作用的，迄今尚未明了。现在比较清楚的是，麻醉作用机制并不是单一的作用机制，麻醉作用也不是药物在单个部位上的作用。脑干、网状激活系统和大脑皮层是药物作用的靶位，而对有害刺激的反应和运动性却与脊髓有关。现在一致认为，麻醉由三个方面的作用构成：中枢神经系统内的神经元被抑制(麻醉药是启动剂)，神经元的兴奋性整体下降，神经元之间的信息传递受阻。

(三) 临床应用

全麻药主要用于外科手术及治疗，如胸腹部和眼部手术；治疗惊厥，如士的宁中毒；制动，如用于有攻击性的猫和犬；诊断，如气管穿刺；安乐死，如用于长期患病或有剧痛的动物。使用全麻药时，要根据麻醉的目的、动物的种属、最近用药史和生理状况等制订合适的麻醉方案。

全麻药的种类很多，但每种药物单独应用都不理想。为了克服药物的缺点，增强麻醉效果，减小剂量，降低毒副作用，增加安全性，使动物镇静或安定、易于保定、减少应激、扩大药物的应用范围等，

临床上常采用复合麻醉方式，即同时或先行应用两种或两种以上麻醉药或麻醉辅助药，以达到理想的平衡麻醉（麻醉效果最佳而不良反应最小）状态。使用以下两种或两种以上的药物能达到平衡麻醉：注射麻醉药（如巴比妥类、氯胺酮），阿片类（如羟氢吗啡酮），安定药（如乙酰丙嗪、地西泮），吸入麻醉药（氟烷、异氟烷），氧化亚氮，神经-肌肉阻断药（如潘冠罗宁、阿曲库铵、维库溴铵）。

1. 常用的复合麻醉方式 麻醉前给药、诱导麻醉与维持麻醉、基础麻醉、配合麻醉和混合麻醉等。

(1) 麻醉前给药：在使用全麻药前，先给一种或几种药物，以减少麻醉药的副作用或增强麻醉药的效果。如麻醉前给予阿托品，能减少呼吸道黏膜腺体和唾液腺的分泌，避免干扰呼吸机能；给予琥珀酸胆碱，在获得满意的肌肉松弛效果后，便于手术操作。

(2) 诱导麻醉与维持麻醉：为避免麻醉药诱导期过长，先使用诱导期短的药物，如硫喷妥钠或氧化亚氮，使动物快速进入外科麻醉期，然后改用其他麻醉药如乙醚或甲氧氟氯乙炔维持麻醉。

(3) 基础麻醉：先用一种麻醉药造成浅麻醉，作为基础，再用其他药物维持麻醉深度，可减轻麻醉药的不良反应及增强麻醉效果。例如，先用巴比妥类或水合氯醛使动物达到浅麻醉状态，然后用其他麻醉药使动物进入合适的外科麻醉深度，以减轻麻醉药的不良反应并增强麻醉效果。

(4) 配合麻醉：将局麻药与其他药物配合全麻药使用。例如，使用全麻药使动物达到浅麻醉状态，再在术野或其他部位施用局麻药，以减少全麻药的用量或毒性，在使用全麻药的同时给予肌松药，以满足外科手术对肌肉松弛的要求；给予镇痛药以增强麻醉的镇痛效果。

(5) 混合麻醉：将几种麻醉药混合在一起使用，以减少每种药的使用剂量，增强麻醉强度和降低毒性。如水合氯醛、硫酸镁注射液、水合氯醛酒精注射液。

2. 使用全麻药时的注意事项

(1) 麻醉前检查：麻醉前要检查动物的身体状况，对于极度衰弱，患有严重呼吸器官、肝脏和心血管系统疾病的动物以及妊娠母畜，不宜做全身麻醉。

(2) 麻醉过程中的观察：在麻醉过程中，要不断地观察动物的呼吸、心跳及瞳孔的变化，并经常观察角膜反射和肛门反射。若发现瞳孔突然散大、呼吸困难、脉搏微弱、心律失常，应立即停止麻醉，注射中枢兴奋药，并进行对症治疗。

正确选用麻醉药：要根据动物种类和手术需要，选择适宜的全麻药和麻醉方式。一般来说，马属动物和猪对全麻药比较耐受，但对巴比妥类药物有时可出现明显的兴奋表现；反刍动物在麻醉前，宜停饲 12 h 以上，不宜单用水合氯醛做全身麻醉，多以水合氯醛与普鲁卡因做配合麻醉。

全麻药主要用于外科手术，可分为吸入麻醉药和非吸入麻醉药两大类。

二、吸入麻醉药

吸入麻醉药或挥发性麻醉药是一类在室温和常压下以液态或气态形式存在（沸点通常在 25～27 ℃），容易挥发成气体的麻醉药物，其特点是麻醉的剂量和深度容易控制，作用能迅速逆转，麻醉和肌肉松弛的质量高；药物的消除主要依靠肺的呼吸而不是肝或肾的功能；用药成本较低，给药需使用特殊装置；有的易燃易爆。

吸入麻醉药经呼吸道由肺吸收，并以原形经肺排出，包括挥发性液体（如乙醚、氟烷、甲氧氟烷、恩氟烷、异氟烷与地氟烷等）和气体（如氧化亚氮、环丙烷等），非易燃品现在临床上使用广泛。

（一）药理作用

吸入麻醉药使中枢神经系统整体（包括脑干）被抑制，脑部的代谢率和氧耗下降，脑血管扩张，导致脑血流量增加、颅内压升高，机体出现意识消失、镇痛、记忆消失。脑干的网状结构控制意识、机敏和运动，是吸入麻醉药作用的重要部位，其他作用部位还有大脑皮层、海马和脊髓。

所有吸入麻醉药都能产生适度的肌肉松弛作用。随着吸入浓度的增加，骨骼肌松弛的程度也增

加,肌松药与其有协同作用。吸入麻醉药都有一定程度的镇痛作用,但较弱,术后必须给予镇痛药。

现在有多种理论解释吸入麻醉药的作用机制。容量膨胀理论认为,吸入麻醉药溶解于细胞膜,使膜膨胀,进而改变蛋白质的活性和突触的信息传递。膜蛋白结合理论认为,药物可能与膜上的蛋白质发生特异性结合。信号转导理论认为,药物使细胞膜上的离子通道和细胞内的信息传递系统发生改变。尽管吸入麻醉药作用的确切机制目前尚不清楚,但人们一致认为这些药物可能进入细胞膜内调节突触的功能。它们不直接与受体结合,但在突触后膜干扰钠离子通道和氯离子通道;抑制兴奋性传递,但不干扰神经递质的合成、释放及其与受体的结合。

能使50%动物个体对标准的疼痛性刺激不发生反应的肺泡中的药物浓度称为最小肺泡浓度(MAC)。MAC用一个标准大气压(1.013×10^5 Pa)的百分数表示肺泡分压。MAC是麻醉药呼出浓度而不是吸入浓度的测定值。每种吸入麻醉药的MAC不同,也存在着一定程度的种属差异(表3-1),但无个体差异。

表3-1　常用吸入麻醉药的最小肺泡浓度　　单位:%

药物	最小肺泡浓度							
	犬	猫	马	驹	牛	小牛	猪	绵羊
氟烷	0.87	1.19	0.88	0.76	0.90	0.76	0.91	0.97
异氟烷	1.30	1.63	1.31	0.8	1.4	0.90	1.45	1.58
甲氧氟氯乙炔	0.23	0.23	0.22	—	—	—	—	0.26
氧化亚氮	188	255	205	—	—	233	277	—
恩氟烷	2.20	2.40	2.12	—	—	—	—	—
地氟烷	7.0	7.0	—	—	—	—	—	—
七氟醚	2.40	2.58	2.31	—	2.60	—	2.66	—

MAC是吸入麻醉药作用强度的指标,相当于半数有效浓度(ED_{50}),1.5~2.0个MAC等于ED_{99}。MAC值越低,药物的麻醉作用就越强。1个MAC通常产生非常轻微的麻醉作用,1.5个MAC产生轻度到中度麻醉作用,2个MAC产生中度到深度麻醉作用。氟烷在犬的MAC为0.87%,1.5和2.0个MAC分别为1.3%和1.7%。这说明氟烷在犬维持麻醉时呼出的浓度应控制在1.3%~1.7%。

MAC与药物的脂溶性呈正相关,还受体温、年龄、病理状态等因素的影响。体温低、新生儿、老龄、严重低血压、中枢抑制药等能使MAC值降低。MAC值低,意味着动物对吸入麻醉药更敏感,产生麻醉作用所需的浓度更低。MAC不受性别、心率、高血压、贫血、麻醉持续时间和酸碱紊乱等的影响。

氟烷、甲氧氟氯乙炔和异氟烷对中枢神经系统的抑制作用存在剂量依赖性。在恩氟烷抑制初期,机体会出现兴奋甚至癫痫发作,苏醒时协调功能与中枢神经的觉醒不一致,马属动物常出现苏醒不全,撤除吸入麻醉药时要注射镇静药。

吸入麻醉药对呼吸系统和心血管系统也有剂量依赖性抑制作用。对呼吸系统,因呼吸中枢被抑制,潮气量、呼吸频率、肺泡通气量和二氧化碳消除速率下降。抑制的强度(由大到小)依次为恩氟烷、异氟烷、甲氧氯氟乙炔和氟烷。对心血管系统,由于脑干的心脏中枢被抑制和药物直接作用于心血管,心肌收缩力下降,全身血管阻力下降30%(如异氟烷),中央静脉压升高,心输出量减少,全身血压下降,内脏器官血流量下降。异氟烷能增加心率,七氟醚和地氟烷轻度增大心率,氟烷不增大心率。

吸入麻醉药都能抑制肝脏对药物的代谢,氟烷的抑制持续时间最长。氟烷能使肝脏氨基转移酶活性升高,并引起严重肝炎。甲氧氟氯乙炔代谢产生的无机氟离子,具有肾毒性。

本类药物都能通过胎盘，对胎儿产生抑制作用，使胎儿的血压下降；都能引起子宫肌反射，可用于胎儿复位但会使产后出血增加。氟烷的此种作用最强。

动物在使用吸入麻醉药后，某些敏感个体会出现恶性高热。

（二）药动学

吸入麻醉药一般装在一个称为蒸发器的特定容器内，以 O_2 或 O_2 和 NO_2 的混合气体为载气，通过管道进入肺部。药物被肺泡吸收入血，随血流通过血脑屏障进入脑组织而起作用。吸入麻醉药在体液或组织中的溶解依靠分压。药物不同，分压相同，并不意味着麻醉的程度相同。

吸入麻醉药遵循扩散原则，即气体由较高的分压区向较低的分压区扩散。在麻醉诱导期间，吸入麻醉药在导入气、吸入气、肺泡气、动脉气和脑组织气中的分压递减，药物分子按压力梯度由高向低运行，直到脑组织中的分压与肺泡中的分压相等。此时麻醉药在脑、血液、肺和其他组织中的分压几乎相等。在麻醉苏醒期，药物被撤除，压力梯度逆转。吸入麻醉药的肺泡分压控制着其在脑部的分压。例如，不溶性吸入麻醉药在肺泡的分压迅速升高时，其在脑部的分压也迅速升高，麻醉的诱导速度快。当脑部的药物分子达到临界值时，麻醉作用就出现了。当脑部分压等于肺泡分压时，麻醉的诱导就已完成。

药物在肺泡中的浓度或分压受药物导入肺泡和肺泡摄取药物能力两个方面因素的影响。药物导入肺部有赖于药物在吸入气中浓度、肺泡通气量和第二种气体的作用。肺泡摄取药物能力有赖于药物的溶解性、心输出量（决定肺的血流量）、肺通气/有效透气、肺泡与静脉的分压差（梯度）。肺纤维化、肺水肿和肺气肿等阻碍药物扩散。

吸入麻醉药的溶解性决定其麻醉诱导和苏醒的速度。对于溶解性好的药物，血液容纳药物分子的能力大于肺泡，所以药物在肺泡中的分压上升不快；对于溶解性差的药物，肺泡容纳药物的能力远大于血液，药物在肺泡中的分压迅速升高。由于肺泡分压决定脑部的分压，肺泡分压迅速上升时，脑部的分压也迅速上升，麻醉诱导的速度快。从另一个角度也能说明溶解性与麻醉速度的关系。麻醉诱导期间，溶解性差的药物离开血液、进入脑组织的速度更快，产生快速诱导；而在苏醒期，溶解性差的药物离开血液、进入肺泡的速度更快，导致快速苏醒。氧化亚氮和七氟醚的溶解性低，所以麻醉诱导和苏醒的速度均迅速。异氟烷的溶解性不如氟烷，麻醉诱导和苏醒的速度均比氟烷要快。甲氧氟氯乙炔的溶解性最好，其麻醉诱导和苏醒的速度最慢。根据苏醒速度，常将吸入麻醉药分为快苏醒药（如七氟醚、地氟烷）、中苏醒药（异氟烷）和慢苏醒药（氟烷）。

溶解性用溶解系数（药物在血液中浓度与其在气体或肺泡中的浓度的比值）表示。常用吸入麻醉药在 37 ℃时的溶解系数：甲氧氟氯乙炔约 13.0，氟烷 2.36，恩氟烷 1.91，异氟烷 1.41，七氟醚 0.69，氧化亚氮 0.47，地氟烷 0.42。这些数字说明，平衡状态时甲氧氟氯乙炔在血液中的分子数是其在肺泡中的 13 倍，而七氟醚在血液中的分子数只是其在肺泡中的 69%。吸入麻醉药在气体和液体（血液）中的溶解性取决于其蒸汽的分压、温度、分配系数。

吸入麻醉药的溶解性与其麻醉强度之间存在着非常良好的关系。溶解性增加，药物的麻醉强度增加。溶解性越强，药物被血液摄取的量就越大，从肺泡损失的量就越少。所以溶解性也是血液固定吸入麻醉药能力的指征。

以前认为吸入麻醉药是一些惰性气体，近年来发现它们在体内都能发生代谢。代谢的程度，甲氧氟氯乙炔为 50%，氟烷为 20%，七氟醚为 3%～5%，恩氟烷为 2.4%，异氟烷和地氟烷小于 1%。代谢也存在明显的动物种属差异。代谢发生在肝、肾或肺。氟烷的一个代谢产物为溴离子，能使中枢抑制，并使动物在长期麻醉后恢复到正常功能的时间延长数天。麻醉作用持续时间越长，动物的脂肪越多，代谢产物的浓度就越高。吸入麻醉药的迟发性毒性作用（如氯仿、甲烷和甲氧氟氯乙炔性肝炎，甲氧氟氯乙炔性肾毒）主要与其代谢产物无机氟和溴有关。

Note

麻醉乙醚(Anesthetic Ether)

【理化性质】 本品为无色澄明、易流动的液体;有特殊臭味,微甜。本品有极强的挥发性与易燃性,蒸汽与空气混合后,遇火能爆炸;能溶于水。

【作用与应用】 ①本品有良好的镇痛和松弛骨骼肌的作用,但诱导期和苏醒期较长。②本品麻醉时能有效地抑制中枢神经系统,安全范围较广。本品主要用于犬、猫等中小动物或实验动物的全身麻醉。

【注意事项】 ①吸入本品初期对呼吸道黏膜刺激性较大,使腺体分泌大量黏液,临床常用硫酸阿托品作为麻醉前给药以避免此不良反应;还可刺激胃肠黏膜引起恶心和呕吐,麻醉后导致胃肠蠕动减缓。②本品开瓶后在室温下存放不能超过 1 日或冰箱内存放不超过 3 h,乙醚氧化后生成过氧化乙醚,毒性增强,不宜使用。③肝功能严重损害、急性上呼吸道感染动物忌用。④用于吸入麻醉时,合用肾上腺素或去甲肾上腺素可引起心律失常。⑤极易燃烧爆炸,使用场合不可有开放火焰或电火花。⑥遇光和热易分解,故应置于有色瓶内,密封,置阴凉避火处保存。

【用法与用量】 犬吸入乙醚前注射舒泰、硫酸阿托品,每千克体重 0.1 mg,然后用麻醉口罩吸入乙醚,直至出现麻醉体征。

异氟烷(Isoflurane)

【理化性质】 本品化学名为 1-氯-2,2,2-三氟乙基二氟甲基醚。在常温常压下为澄明无色液体,有刺鼻臭味。与金属(包括铝、锡、铜)不发生反应,能被橡胶吸附。为非易燃、非易爆品。

【药理作用】 异氟烷可抑制中枢神经系统,与其他吸入麻醉药相同,能增加脑部的血流量和颅内压,降低脑的代谢率,减少皮层的氧耗。异氟烷的 MAC,犬 1.5%(有时用 1.30%),猫 1.2%,马 1.31%,绵羊 1.58%,猪 1.45%。肺泡中异氟烷浓度达到 1 个 MAC 时,50%动物个体对疼痛刺激无反应,50%个体有反应。为使所有个体对外科手术刺激都无反应,药物的浓度应高于 1 个 MAC,一般推荐 1.5～2.0 个 MAC。异氟烷的麻醉作用强于恩氟烷,但弱于氟烷和甲氧氟氯乙炔。本品的作用特点是麻醉诱导快,动物苏醒快,麻醉的深度能迅速调整,用于各种动物时的安全范围都相当大(约为氟烷的 2 倍)。

异氟烷具有良好的肌肉松弛作用,与非极化型肌松药(如潘冠罗宁、阿曲库铵、维库溴铵)有协同作用,与这些药物合用是安全的。如同其他吸入麻醉药,异氟烷也能诱导敏感动物发生恶性高热。

异氟烷能显著抑制呼吸系统,降低呼吸频率、呼吸反射和对二氧化碳的反应,抑制的程度呈剂量依赖性。抑制的结果是二氧化碳分压升高,机体出现呼吸性酸中毒。

异氟烷对心血管的抑制也呈剂量依赖性,麻醉程度越深,对心血管的负面作用就越大,但对心肌的直接抑制作用不如氟烷强,当浓度低于 2.5 个 MAC 时,异氟烷对犬的心输出量没有明显抑制作用。异氟烷对血压的影响和氟烷相似,但它主要降低外周血管阻力,而氟烷主要影响心输出量。异氟烷不增加心脏对儿茶酚胺的敏感性,所以它可用于纠正氟烷所致的心律失常。异氟烷是高效血管扩张剂,能增加皮肤和肌肉的血流量,平衡动脉压及外周血管阻力由麻醉深度增加所致的下降。

异氟烷对肝功能的损害是吸入麻醉药中最小的。氟烷和甲氧氟氯乙炔会在动物体内发生显著的代谢,代谢产物在一定条件下有毒。异氟烷代谢少,对肝、肾的潜在毒性小。异氟烷能影响肾功能,降低肾血流量、肾小球滤过率和尿形成量。虽然异氟烷也含氟,但不可能对肾脏产生毒性,所以异氟烷是肾疾病动物维持麻醉的良好选择。

异氟烷能通过胎盘而对胎儿发挥抑制作用。

【临床应用】 本品可作为诱导和(或)维持麻醉药而用于各种动物,如犬、猫、马、牛、猪、羊、鸟类等动物。用量取决于动物的种类、健康状况、体重和合用的其他药物。

麻醉前给予镇痛镇静药或安定药,异氟烷诱导麻醉的速度加快。异氟烷用作维持麻醉药时,可

与镇静药、镇痛药、注射麻醉药配合使用。

异氟烷的苏醒期很短。苏醒期延长可能与合用的其他麻醉药、体温下降和其他生理变化有关，而与异氟烷本身无关。有些动物在苏醒期会出现兴奋，与麻醉持续时间短或剧痛手术有关，苏醒前给予镇静剂或镇痛剂可避免此现象。

异氟烷不得用于食品动物。

【用法与用量】 诱导麻醉：浓度3%～5%（在吸入气体中所占比例），犬、猫3～5 L/min，牛、驹、猪5～7 L/min，成年鸟5 L/min，小鸟1～3 L/min。

维持麻醉：浓度1%～3%（在吸入气体中所占比例），犬、猫3～5 L/min，牛、驹、猪5～7 L/min，成年鸟5 L/min，小鸟1～3 L/min。

氟烷

本品为无色透明、挥发性液体，性质不稳定，遇光、热和潮湿空气缓慢分解。为非易燃、非易爆品。

本品是作用最强的吸入麻醉药，但肌肉松弛和镇痛作用较弱，溶解性较大，麻醉的诱导期和苏醒期较长，可松弛支气管平滑肌，扩张支气管，使呼吸道阻力减小。无黏膜刺激性，能直接抑制心肌，干扰心肌细胞对钙的利用，使心肌收缩力、心输出量和血压下降。使化学感受器对低血压的应答反应下降，心率补偿轻度升高。外周血管阻力一定程度下降，心脏对儿茶酚胺的敏感性增加。

主要用于各种动物的全身麻醉。相对安全、作用强、价廉易得，现已被异氟烷取代。

地氟烷

地氟烷的化学结构与异氟烷相似。其脂溶性低，代谢性低，麻醉效价强度低于异氟烷，但麻醉诱导期极短而患病动物苏醒快（停药后5 min，患病动物即可苏醒）。其刺激性较强，麻醉诱导期浓度过大时可引起咳嗽、呼吸停顿和喉头痉挛等。

七氟烷

七氟烷麻醉效价强度高于地氟烷，血气分配系数略大于地氟烷，其优点是无明显刺激性，麻醉诱导期短、平稳、舒适，麻醉深度易于控制，患病动物苏醒快，对心脏功能影响小。七氟烷目前被广泛用于麻醉诱导和维持。

氧化亚氮

氧化亚氮又称笑气。为液体吸入麻醉剂，性质稳定、不易燃、不易爆，体内几乎不代谢；麻醉效价强度低，但镇痛作用较强，20%吸入即有镇痛作用。其安全性高，如无缺氧，吸入数小时几乎没有毒性。作为麻醉辅助药与其他吸入麻醉剂合用可减少后者用量，从而减轻后者不良反应。还用于牙科和产科镇痛。

三、非吸入麻醉药

非吸入麻醉药多数经静脉注射产生麻醉效果，又称注射麻醉药。本类药物的麻醉诱导期短，一般不出现麻醉兴奋期；但麻醉深度、药量及麻醉维持时间不易控制，排泄慢，苏醒期也较长。常用的非吸入麻醉药有巴比妥类（硫喷妥钠、异戊巴比妥钠）、水合氯醛、氯胺酮、速眠新等。

1934年，短效巴比妥类药物的出现，开创了注射麻醉药应用的先河。注射麻醉药的优点如下：能比较迅速和完全地控制麻醉的诱导，对大动物或呼吸道阻塞的动物非常重要；不需要麻醉机，头部无需麻醉设备，便于进行脑部和眼部手术；麻醉药的吸收和消除不依赖于呼吸道；引起恶心的概率

Note

小；不污染环境，无爆炸危险；通过计算机控制的输注泵给药，还能做到实时监测。注射麻醉药的缺点如下：容易过量，麻醉的深度不能快速逆转；麻醉和肌肉松弛的质量总体上不如吸入麻醉药；药物消除依赖于肝和肾功能；多数需要通过复合麻醉或平衡麻醉才能获得理想的效果。理想的注射麻醉药应溶于水，对光稳定，治疗指数高，在各种动物中的结果一致，起效快，作用时间短，苏醒快，无毒，不引起组胺释放。

现在兽医临床上使用较多的注射麻醉药是巴比妥类、分离麻醉类和异丙酚。依托咪酯和阿法沙龙已被多国批准作为麻醉药使用。

（一）巴比妥类

巴比妥类是最早使用的注射麻醉药，兽医临床上常用的有苯巴比妥、戊巴比妥、硫喷妥、硫戊巴比妥、甲己炔巴比妥和异戊巴比妥。

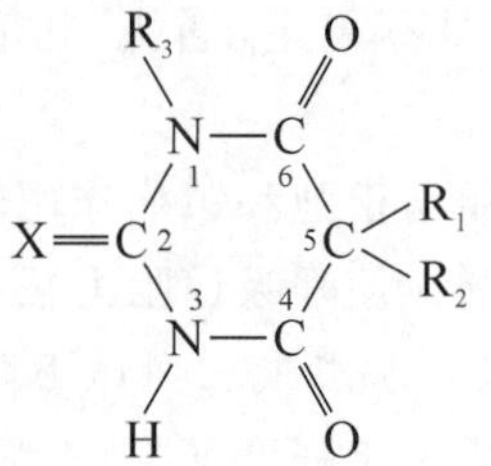

1. 构效关系 巴比妥类是巴比妥酸（含吡啶核，无中枢抑制活性）的衍生物，5 位上的 R_1、R_2 被烷基取代则产生中枢抑制活性。R_1 和 R_2 都被取代，起催眠作用，取代的碳链一般有 4～8 个碳原子。碳链越长，脂溶性越高，但长于 8 个碳原子的碳链会引起惊厥。长链或不饱和碳链者在体内容易被氧化，为短效麻醉药。短链稳定者，为长效麻醉药。R_1 和 R_2 只被一个芳基取代，芳基化巴比妥起抗惊厥作用（如苯巴比妥）。苯巴比妥 X 位上是一个氧，硫戊巴比妥 X 位上是一个硫。硫取代氧后作用强度和脂溶性均增加，但不稳定，作用时间缩短。R_3 是一个甲基者，脂溶性也增加，但这个甲基在体内会迅速脱去。1 位和 3 位的一个 N 上连接烷基，麻醉作用增强，起效快，但也可能引起中枢兴奋。2 位 X 上的氧被 NH 取代，催眠作用被破坏（表3-2）。

表 3-2 主要巴比妥类药物的结构与活性关系

药名	R_1	R_2	R_3	X	活性
苯巴比妥	$-CH_2CH_3$	苯	H	O	长效
戊巴比妥	$-CH_2CH_3$	甲丁基	H	O	短效
硫喷妥	$-CH_2CH_3$	甲丁基	H	S	超短效
硫戊巴比妥	$-CH_2CH{=}CH_2$	甲丁基	H	S	超短效

巴比妥类的脂溶性对其麻醉作用也有影响。脂溶性高的药物，潜伏期短，起效快，麻醉作用强（所需剂量减小），持续时间短，血浆蛋白结合率高。常用巴比妥类药物的脂溶性，由大到小依次为甲己炔巴比妥、硫喷妥、硫戊巴比妥、戊巴比妥、苯巴比妥。

巴比妥类的水溶性差，临床上使用的巴比妥类均为其钠盐。钠与 2 位 X 上的氧结合，使巴比妥类的水溶性增加。钠盐在水中溶解，形成碱性溶液，pH 一般为 9～10，硫喷妥钠水溶液的 pH 为 11。所以巴比妥类一般需静脉注射给药。浓度高于 4％的溶液，给药时漏到血管外会引起组织损害，稀释到 2％或 2.5％可减少损伤。

2. 作用 巴比妥类抑制大脑皮层，网状激活系统，脑桥和延髓的心、肺中枢，降低脑组织的血流

量、氧耗和颅内压。依剂量不同，产生镇静（小剂量，中枢神经被轻度抑制）、催眠或安眠（中剂量，诱导睡眠）和麻醉（大剂量，知觉丧失）等作用，因此本类药物为剂量依赖性中枢抑制药。本类药物的作用机制是降低 γ 氨基丁酸在受体上的解离速度。另外，使脊髓反射的阈值升高，产生抗惊厥作用（甲己炔巴比妥例外）。注意：与其他麻醉药不同，巴比妥类无镇痛作用，事实上亚麻醉剂量时能提高机体对疼痛的敏感性。

巴比妥类抑制延髓的呼吸中枢，使其对二氧化碳升高的敏感性降低，呼吸的频率和深度下降，甚至呼吸停止。本类药物在外科麻醉剂量下就明显抑制呼吸。猫最敏感，因为猫的网状激活系统与延髓呼吸中枢密切相关。

巴比妥类以多种方式抑制心血管系统，引起血压和心输出量降低，甚至心力衰竭。这些方式包括抑制血管运动中枢，直接作用于血管引起血管扩张，直接作用于心肌抑制心肌收缩，作用于心脏的传导系统造成心律失常（有些以前曾使用的药物因此而被弃用）。含硫巴比妥使心脏对内、外源性儿茶酚胺的敏感性增加，出现心律失常。此心律失常能被赛拉嗪、氟烷和甲氧氟氯乙炔增强，受乙酰丙嗪拮抗。巴比妥类能使脾脏明显松弛，血中血细胞比容下降 2%～3%。

给药初期胃肠蠕动减弱，随后蠕动强度和节律均增强。肝功能也降低，但肝药酶的活性被诱导增强，药物的代谢速度随之增加。硫喷妥在起麻醉作用之后使肝药酶活性升高，持续 2～4 日。治疗剂量的巴比妥类通常对肝功能无影响，但在大剂量或肝脏发生疾病时会损伤肝脏，使药物的作用时间和苏醒期延长。

巴比妥类能通过胎盘屏障进入胎儿循环，小剂量时，胎儿的呼吸受到抑制。由于低血压引起抗利尿激素分泌增加、肾小球滤过率下降，肾功能暂时受到影响。血液中尿素含量增加，能延长本类药物的安眠时间（可能是由血浆蛋白结合的置换和肾消除的下降所致）。

3. 药动学 巴比妥类经口或直肠给药均能被吸收。静脉注射为最常用的给药方式。镇静剂量的苯巴比妥在犬可肌内注射。大鼠和小鼠可腹腔内注射。

起效时间，戊巴比妥为 1～2 min，含硫巴比妥和甲己炔巴比妥为 30 s。起效时间还与静脉注射的速度有关。硫喷妥诱导麻醉的速度很快，因为它能在几秒钟内透过血脑屏障，宜缓慢给药。戊巴比妥需要 1 min 才能透过血脑屏障。

静脉注射后，药物迅速分布于血管丰富的组织，如心脏、脑、肺、肾、肝，产生麻醉作用。然后再向肌肉、脂肪等血液灌注贫乏的组织分布，此现象称为重分布。硫喷妥和硫戊巴比妥在由血管丰富组织进入肌肉组织时，在临床上会导致麻醉苏醒。它们重分布到脂肪组织需要更长的时间。甲己炔巴比妥在重分布时会脱去甲基，也会导致麻醉苏醒。戊巴比妥的重分布比较不明显，肝代谢是麻醉苏醒的主要原因。因此当药物在各种组织中的分布达到平衡后，麻醉苏醒主要取决于肝的代谢。

未解离、未结合的药物容易通过胎盘而使胎儿受到抑制。pH 影响本类药物的血浆蛋白结合率和解离程度。生理 pH 下的结合率最高，解离度随着 pH 下降而降低。含硫巴比妥的血浆蛋白结合率高，低蛋白血症时游离药物增加，酸血症时血浆蛋白结合率下降，起作用的药物比例增加。含硫巴比妥为弱酸性（pK_a 大于 7.4），在血液中未解离型的比例高。

肝脏是巴比妥类的主要代谢器官，肾、脑和其他组织对本类药物的代谢少。5 位的侧链会被氧化，含硫巴比妥会脱硫，1 位上会脱去甲基。代谢速度因药物和动物而异。肝药酶受到诱导后，药物的代谢迅速而完全。戊巴比妥可使犬的代谢每小时增加 15%，硫喷妥增加 5%。

所有巴比妥类药物的原形都能通过肾小球滤过，又能迅速被肾小管重吸收。巴比妥类药物的原形从肾脏排泄因药物而异，也取决于血浆蛋白结合率。苯巴比妥 30%以原形经肾脏排泄，戊巴比妥只有 3%，而硫喷妥无原形排泄。

在苏醒期给予葡萄糖会延长戊巴比妥的作用时间，阿托品可延长硫喷妥的作用时间。

Note

苯巴比妥

【理化性质】 其钠盐为白色结晶性颗粒或粉末。无臭，味微苦，有引湿性。易溶于水，可溶于乙醇。

【药动学】 本品内服、肌内注射均易被吸收，分布于各组织及体液中，但以肝、脑浓度最高。由于本品脂溶性低，透过血脑屏障的速率也很低，故见效慢。内服后 1～2 h，肌内注射后 20～30 min 见效。一次静脉注射，在犬体内半衰期为 92.6 h，马 28 h，驹 12.8 h，反刍动物体内代谢快。因在肾小管内可部分重吸收，故消除慢。

【作用与应用】 ①本品具有镇静、催眠和抗惊厥作用，其对中枢的抑制作用因剂量而异。②有抗癫痫作用，对各种癫痫发作都有效。对癫痫大发作及癫痫持续状态有良效，但对癫痫小发作疗效差，且单用本药治疗时还能使发作加重。③能增强解热镇痛药的镇痛作用。

本品主要用于治疗癫痫，减轻脑炎、破伤风等疾病引起的兴奋、惊厥以及缓解中枢神经过度兴奋引起的中毒症状；还可用于实验动物的麻醉。

【注意事项】 ①本品对犬、猪有时会引起运动失调，犬还可能表现抑郁与躁动不安综合征；猫对本品敏感，易出现呼吸抑制。②本品与氨基比林、利多卡因、氢化可的松、地塞米松、睾酮、雌激素、孕激素、氯丙嗪、多西环素、洋地黄毒苷及保泰松等药物合用时，可使其代谢加速，疗效降低；与全麻药、抗组胺药、镇静药等中枢抑制药合用时，可加强中枢抑制药的作用；与磺胺类药物合用，可使与血浆蛋白结合的磺胺发生置换，增强磺胺类药物的药效。③注射用苯巴比妥钠水溶液不可与酸性药物配伍。④休药期 28 日，弃奶期 7 日。

【制剂、用法与用量】

(1) 苯巴比妥片：15 mg、30 mg、100 mg。内服，一次量，每千克体重，用于治疗轻微癫痫，犬、猫 6～12 mg，每日 2 次。

(2) 注射用苯巴比妥钠：0.1 g、0.5 g。肌内注射，用于镇静、抗惊厥，一次量，每千克体重，羊、猪 0.25～1 g，马、牛 10～15 mg，犬、猫 6～12 mg。用于治疗癫痫状态，每千克体重，犬、猫 6 mg，每 6～12 h 一次。

戊巴比妥

【理化性质】 其钠盐为白色结晶性颗粒或粉末。无臭，味微苦，有引湿性。极易溶于水，在乙醇中易溶，在乙醚中几乎不溶。水溶液呈碱性，久置易分解，加热后分解更快。

【药动学】 本品内服时易被吸收，被吸收后迅速分布，易通过胎盘屏障，较易通过血脑屏障。主要在肝脏代谢失活，从肾脏排出。在反刍动物体内代谢迅速，如绵羊血浆半衰期为 1.11 h，山羊半衰期为 0.91 h。

【作用与应用】 本品属于短效巴比妥类药物。作用与苯巴比妥相似，只是显效快，维持时间较短。麻醉时间，羊为 15～30 min，狗为 1～2 h。苏醒期长，一般需 6～18 h 才能完全恢复，猫可长达 24～72 h。主要用于中、小动物的全身麻醉，成年马、牛的复合麻醉（如戊巴比妥与水合氯醛、硫喷妥钠配伍，或与盐酸普鲁卡因等进行复合麻醉），也可用作各种动物的镇静药、基础麻醉药、抗惊厥药，以及用于中枢神经兴奋药中毒的解救。

【不良反应】 大剂量时对呼吸中枢和心血管运动中枢有明显的抑制作用，减少血液中红、白细胞数，加快血沉，延长凝血时间。对肾脏也有一定的影响。

【制剂用法与用量】 注射用戊巴比妥钠 0.1 g。静脉注射（麻醉），一次量，每千克体重，马、牛 15～20 mg，羊 30 mg，猪 10～25 mg，犬 25～30 mg；肌内、静脉注射（镇静），每千克体重，马、牛、猪、羊 5～15 mg。

硫喷妥

【理化性质】 其钠盐为乳白色或淡黄色粉末。有蒜臭味，味苦。有引湿性，易溶于水，水溶液不稳定，放置后徐徐分解。煮沸时产生沉淀。

【药动学】 硫喷妥钠静脉注射后，迅速分布于脑、肝、肾等组织，最后蓄积于脂肪组织内。因其脂溶性高，极易通过血脑屏障，也能通过胎盘屏障。脑中的药物浓度随即迅速降低，故作用时间短。硫喷妥钠在肝脏经脱氢脱硫后形成无作用的巴比妥酸，由尿液排出。

【作用与应用】 本品属于超短效巴比妥类药物。静脉注射后动物迅速进入麻醉状态，持续时间很短，如犬每千克体重静脉注射 15～17 mg，麻醉作用可持续 7～10 min；静脉注射 18～22 mg，麻醉作用可持续 10～15 min。麻醉诱导期(仅 0.5～3 min)和苏醒期也较短。加大剂量或重复给药，可增强麻醉强度和延长麻醉时间。临床上用作牛、猪、犬的全麻药或基础麻醉药以及马属动物的基础麻醉药。此外，本品的抗惊厥作用较戊巴比妥强，可作为抗惊厥药用于中枢兴奋药中毒、脑炎、破伤风的治疗。由于硫喷妥钠作用持续时间过短，临床使用时应及时补给作用时间较长的药物。

【注意事项】 ①猫注射后可出现呼吸抑制、轻度的动脉低血压；马可出现兴奋和严重的运动失调，一过性白细胞减少，以及高血糖、窒息、心动过速和呼吸性酸中毒等。②反刍动物麻醉前需注射阿托品，以减少腺体分泌。③肝肾功能障碍、重病、衰弱、休克、腹部手术、支气管哮喘(可引起喉头痉挛、支气管水肿)等动物禁用。④药液只供静脉注射，不可漏出血管外，否则易引起静脉周围组织炎症。不宜快速注射，否则将引起血管扩张和低血糖。⑤乙酰水杨酸、保泰松能置换取代本品与血浆蛋白的结合，从而提高其游离药量和增强麻醉效果，过量时可引起中毒。⑥本品过量引起的呼吸与循环抑制，可用戊四氮等解救。

【制剂、用法与用量】 注射用硫喷妥钠，0.5 g、1 g。静脉注射，一次量，每千克体重，马 7.5～11 mg，牛 10～15 mg，小牛 15～20 mg，猪、羊 10～25 mg，犬、猫 20～25 mg。临用时用注射用水或生理盐水配制成 2.5%溶液。

巴比妥(Barbital)

【基本概况】 本品为白色结晶或白色结晶性粉末；无臭，味微苦。本品微溶于水，常与其他药物等制成安痛定注射液应用。

【作用与用途】 ①本品有镇静、催眠作用。②能增强解热镇痛药的作用。本品常与解热镇痛药合用，治疗神经痛、关节痛及肌肉痛。

【注意事项】 参见苯巴比妥。

【用法与用量】 按其复方制剂使用，如安痛定注射液。

异戊巴比妥钠(Amobarbital Sodium)

【基本概况】 本品又称导眠钠、阿米妥巴比妥钠，为白色的颗粒或粉末；无臭，味苦。本品极易溶于水，常制成粉末。

【作用与应用】 本品作用与苯巴比妥相似。小剂量能镇静、催眠，随剂量的增加能产生抗惊厥和麻醉作用。麻醉作用维持时间约为 30 min。

本品主要用于镇静、抗惊厥和基础麻醉；也用于实验动物的麻醉。

【注意事项】 ①肝、肾、肺功能不全的动物禁用。②静脉注射要缓慢，否则可能引起呼吸抑制或血压下降。③动物苏醒时间长，并有较强烈的兴奋现象，应加强护理。④中毒解救同注射用硫喷妥钠。⑤与其他镇静药、催眠药合用时，能增强对中枢的抑制作用。

【用法与用量】 静脉注射，一次量，每千克体重，猪、犬、猫、兔 2.5～10 mg(临用前用灭菌注射用水配制成 3%～6%的溶液)。

(二) 分离麻醉药

分离麻醉药是一类能干扰脑内信号从无意识部分向有意识部分传递而又不抑制脑内所有中枢功能活动的药物。其主要作用部位是丘脑新皮质系统(抑制)和边缘系统(激活),产生镇痛(含浅表镇痛)、制动、降低反应性、记忆缺失和强制性昏厥(肌肉不松弛、睁眼、对周围环境反应淡漠)等作用。其强制性昏厥作用可能与阻断多巴胺能和5-羟色胺能神经有关。

麻醉作用机制:抑制γ氨基丁酸降解,使脑内γ氨基丁酸浓度升高,通过加强突触前抑制而产生麻醉作用。分离麻醉药只能诱导出现外科麻醉的前两期,而不引起深度麻醉。本类药物还能特异性地与阿片受体结合,产生镇痛作用。

分离麻醉药在化学上属芳环烷胺或环己胺类,均为苯环己哌啶的衍生物。药物主要有氯胺酮、噻环乙胺和苯环己哌啶。

氯胺酮

【理化性质】 本品又称开他敏,为白色结晶性粉末,无臭。易溶于水,水溶液呈酸性(pH 4.0~5.5),在热乙醇中溶解。密封保存。

【药动学】 氯胺酮吸收后首先大部分分布于脑组织,然后分布于其他组织,可通过胎盘屏障。猫、小牛、马的消除半衰期为1 h。绝大部分在肝脏内迅速转化为代谢产物而随尿液排出,故作用时间短。代谢产物也有轻度的麻醉作用。

【药理作用】 氯胺酮不是抑制整个中枢神经系统,而是抑制前额大脑皮层的联络路径和丘脑新皮层系统,凭借强有力的镇痛作用,使动物进入浅麻醉状态,此时痛觉完全消失;同时又兴奋网状结构与大脑边缘系统,使边缘叶出现觉醒波,来自脊髓丘脑的传导并未完全停止。这种感觉(主要指痛觉)消失,而意识模糊存在的状态称为“分离”麻醉。动物表现为意识模糊、对环境刺激无反应、痛觉消失、眼球凝视或转动,骨骼肌张力增加,呈“木僵样”状态。

本品分离麻醉作用的种属差异大,副作用包括震颤、惊厥(特别是大剂量和过量)。对于有些动物,必须与其他药物(如地西泮)合用才能避免其兴奋作用。

应用本品的动物常见长吸呼吸。动脉血中氧气和二氧化碳的张力变化不一,有些动物表现为氧气张力下降,二氧化碳张力增加。呼吸频率发生变化且不规则,喉反射正常,但能吸入外来异物。失去知觉的动物可能存在正常或轻度抑制的反射,呼吸道张力下降。

本品能兴奋心血管系统,使心搏次数增加,血压升高,心输出量增加,心肌氧耗提高。心脏兴奋作用可能是本品直接作用于心肌以及儿茶酚胺释放增加的结果。用氟烷维持麻醉可抵消这些作用。本品大剂量使用能直接引起负性心律作用。

【临床应用】 临床上用于马、牛、猪、羊、野生动物的基础麻醉和化学保定,但仅能用于与肌肉松弛无关的小手术,也可与水合氯醛、二甲苯胺噻唑进行混合麻醉。多以静脉注射给药,作用快且维持时间短。如马以1 mg/kg(体重)静脉注射,约1 min奏效,药效维持10 min;牛以8 mg/kg(体重)静脉注射,药效维持10~20 min。

根据动物的不同,本品可用作麻醉前给药、诱导麻醉药、维持麻醉药或制动药。作为麻醉药时,本品在一些动物中可单独使用,如猫和灵长类动物。灵长类动物肌内注射时会获得优良的麻醉效果。在其他动物中,本品多与其他药物合用,以改善镇痛、肌肉松弛、苏醒或麻醉持续时间。

本品为优良的制动剂,特别适用于野生的猫科动物和类人猿。

本品主要以原形从尿液中排泄,大剂量会引起尿路阻塞,患有肾病的动物不用。小剂量静脉注射是安全、有效的方法。本品用于马和犬时,会引起兴奋和癫痫发作,因此不得单独使用。猪在苏醒时兴奋,还应防止体温升高。本品能增加脑部的血流量和代谢氧耗,使颅内压显著升高,因此不得用于脑瘤和脑部受伤的患病动物。

本品体表(躯体)镇痛作用明显,但内脏镇痛作用不明显,所以一般不单独用于内脏手术。

【注意事项】 ①本品单独应用时作用维持时间短,肌张力增大,小剂量可直接用于短时、相对无痛而不需肌肉松弛的小手术;但复杂大手术一般采用复合麻醉,麻醉前可给予阿托品或配合赛拉嗪、氯丙嗪等。②本品可使动物血压升高、唾液分泌增多、呼吸抑制、呕吐等;大剂量可引起肌肉张力增加、惊厥、呼吸困难、痉挛、心搏暂停和苏醒期延长等。③驴及禽不宜用该药。驴、骡对本品不敏感,即使用马的 3 倍量也不显出麻醉效果,甚至表现出兴奋症状;禽类使用时可出现惊厥。④本品对局部组织有强烈刺激性,多以静脉注射方式给药;静脉注射宜缓慢,以免出现心动过速等不良反应。⑤对肝、肾有一定的损害作用。⑥巴比妥类药物或地西泮可延长氯胺酮麻醉后的苏醒时间;神经-肌肉阻断药(如琥珀胆碱)引起氯胺酮呼吸抑制作用增强;与赛拉嗪合用能增强本品作用并呈现肌肉松弛作用,利于进行外科手术。

【制剂、用法与用量】 盐酸氯胺酮注射液,2 mL∶0.1 g。静脉注射,一次量,每千克体重,马、牛 2～3 mg,猪、羊 24 mg。肌内注射,每千克体重,猪、羊 10～15 mg,熊 8～10 mg,鹿 10 mg,猴 4～10 mg,水貂 6～14 mg。

特拉唑尔

本品为噻环乙胺和唑氟氮䓬等量混合的制剂。主要用作麻醉药和镇痛药。犬、猫每千克体重肌内注射 6～13 mg,麻醉作用维持时间为 30～60 min。本品可与氯胺酮(每千克体重 1.1 mg)合用,犬可产生 70 min 良好的肌肉松弛和麻醉效果。噻环乙胺经肾排泄,所以患有肾病的动物禁用,患有胰腺、心和肺疾病的动物也禁用。

(三) 其他

注射麻醉药还有异丙酚、依托咪酯、丙潘尼地等,前两者在兽医临床上常用。

异丙酚(Propofol)

【理化性质】 又称丙泊酚。在水中不溶,制剂是用豆油、甘油和卵磷脂制成的水包油型乳剂。

【药动学】 本品脂溶性高,静脉注射后迅速穿过血脑屏障,在 1 min 内起效,一次静脉注射维持作用时间为 2～5 min;也能穿过胎盘。本品作用时间短,可迅速从中枢神经系统重分配到其他组织,血浆蛋白结合率高(95%～99%),60%以葡萄糖醛酸结合物形式从尿液中排出。消除半衰期在犬为 1.4 h,消除率超过肝血流速率,说明存在肝外代谢。

【药理作用】 与巴比妥类相同,本品降低 γ 氨基丁酸从受体上解离的速度,降低皮层的血流量、皮层血管阻力和代谢氧耗,从而抑制皮层活动。随着剂量的增加,依次出现抗焦虑、镇静和麻醉作用。起效迅速,麻醉强度是硫喷妥的 1.6～1.8 倍。单次给药后,犬和猫的苏醒期为 20～30 min;多次静脉注射或输注,苏醒期也不会明显延长。本品没有镇痛作用,单用不是优良的外科麻醉药,与阿片类合用效果好。

与硫喷妥相比,本品更能引起低血压(降低交感节律,使全身的血管阻力下降),也与注射的速度有关。对呼吸有深度抑制作用,会引起呼吸骤停。

【临床应用】 本品主要用作诱导麻醉药(先用阿片类或镇静药做麻醉前给药)和短效维持麻醉药。本品能降低眼内压,因此可作为眼科手术的诱导麻醉药。

【用法与用量】 诱导麻醉:一次量,每千克体重,犬 6.5 mg,猫 8.0 mg。麻醉前给药:一次量,每千克体重,犬 4.0 mg,猫 6.0 mg。

依托咪酯(Etomidate)

本品为咪唑的羟化衍生物,与其他麻醉药的结构不同。静脉注射后,迅速分布到血流充沛的脏

器，然后再分布到其他组织。血浆蛋白结合率为75%，在肝内和血液中被非特异的酯酶所水解，所以可用于肝功能低下的患病动物。

本品调节中枢神经系统γ氨基丁酸的传递作用，主要增加γ氨基丁酸受体的数量，产生催眠、抑制网状结构和肌肉松弛作用。与硫喷妥和异丙酚相似，本品为超短效的诱导麻醉药，在犬和猫的麻醉时间为5～10 min。特点是对心肌收缩力、心率、心输出量和全身血压影响小，作用时间短，苏醒快，能降低皮层的血流量和氧耗，增加皮层血流量和氧耗的比例，无过敏反应，多次给药无蓄积作用。

本品能降低眼内压。对呼吸有轻度抑制作用，在维持麻醉作用期间对潮气量和呼吸速率影响小，静脉注射诱导期间常常即刻出现呼吸骤停，本品无镇痛作用。

本品主要用作快速、平和的诱导麻醉药，主要用于脑外伤、脑瘤和皮层水肿的患病动物，特别是那些得过心脏疾病的动物。用于犬和猫时的诱导剂量为每千克体重2～4 mg。

本品不得用于马和牛，因其可引起肌肉僵直和癫痫发作。

咪达唑仑(Midazolam)

咪达唑仑又称咪唑安定，为苯二氮䓬类镇静催眠药，具有较强的抗焦虑、催眠、抗惊厥、肌肉松弛和顺行性遗忘作用，但无镇痛作用，其水溶性强，半衰期短，内服、肌内注射、静脉注射、鼻腔滴入或直肠灌注时均被吸收完全，起效迅速，消除快，作用时间短，可作为麻醉前用药，用于全麻诱导和维持、镇静以及电转复、心血管造影等。

速眠新

【理化性质】 本品又称846合剂，为无色透明液体。本品主要成分有赛拉唑、氟哌啶醇(神经安定药)、噻芬太尼(镇痛药)、氯胺酮等，常制成注射液。

【作用与应用】 本品具有中枢性镇痛、镇静及肌肉松弛作用。麻醉作用时间可达40～90 min。本品用于大、小动物的保定及麻醉。

【注意事项】 ①对心血管系统、呼吸系统有一定的抑制作用，使心率减慢、呼吸次数减少。危重病例、心脏病、呼吸系统疾病动物禁用。②苏醒灵与846合剂、静松灵、保定宁、眠乃新等有特异性的拮抗作用。

【用法与用量】 皮下注射或静脉注射，一次量，每千克体重，犬0.1 mL，猫0.1～0.2 mL。

舒泰

【理化性质】 本品为含唑拉西泮和替来他明的分离麻醉剂，由法国维克制药股份有限公司研制生产，常制成注射液。

【作用与应用】 ①本品麻醉迅速，静脉注射后1 min机体即可进入外科麻醉状态，肌内注射后5～8 min麻醉作用起效。②有止痛作用，降低机体对痛觉的反射而达到深度止痛效果。③肌肉松弛效果与吸入麻醉药类似。本品主要用于小动物的外科手术。

【注意事项】 ①用药前禁食12 h。②用药期间动物眼睛张开并伴有瞳孔扩张，可应用眼膏避免角膜干燥；同时必须不断检测体温，注意保温。③动物的苏醒与动物的状况(如年龄、体重)和给药途径有关，静脉注射动物通常恢复较快。④使用本品后，动物非常沉稳，不会因为外界声音或光刺激而变得烦躁不安。⑤在麻醉前与麻醉后避免使用含氯霉素的药物，否则会延迟麻醉药的排出；也禁止与含氯霉素的药物合用，否则会造成体温过低和心脏抑制反应。

【用法与用量】 小于30 min的小手术：静脉注射，每千克体重，4 mg；肌内注射，每千克体重，7 mg；追加剂量，每千克体重，2.5 mg。大于30 min的大手术：静脉注射，每千克体重，7 mg；肌内注射，每千克体重，10 mg；追加剂量，每千克体重，2～3 mg。老年动物大手术：静脉注射，每千克体重，麻醉前给药2.5 mg进行基础麻醉，麻醉剂量为每千克体重5 mg；追加剂量，每千克体重2.5 mg。气

体麻醉，麻醉前静脉注射，每千克体重，2 mg，再用气体麻醉剂。

第四节 中枢兴奋药

中枢兴奋药是指能促进中枢神经系统机能活动的药物。其作用的强弱、范围与药物的剂量和中枢神经系统机能状态有关。根据中枢兴奋药的主要作用部位和效用不同，通常可分为大脑皮层兴奋药、延髓兴奋药和脊髓兴奋药三类。

(1) 大脑皮层兴奋药：能提高大脑皮层神经细胞的兴奋性，促进脑细胞代谢，改善大脑机能，如咖啡因、茶碱、苯丙胺等。

(2) 延髓兴奋药：能兴奋延髓呼吸中枢。直接或间接作用于该中枢，增加呼吸频率和呼吸深度，又称呼吸兴奋药，对血管运动中枢也有不同程度的兴奋作用，如尼可刹米、多沙普仑、戊四氮等。

(3) 脊髓兴奋药：能选择性兴奋脊髓的药物，如士的宁、印防己毒素等。

中枢兴奋药的选择性作用部位是相对的，随着剂量的增加，药物的兴奋作用增强，作用的范围亦扩大，作用无选择性。中毒剂量可使中枢神经系统发生广泛、强烈的兴奋。严重的惊厥会因能量耗竭而被抑制。如咖啡因剂量过大时，兴奋可扩散到延髓甚至脊髓，动物产生过度兴奋乃至惊厥，而后转化为中枢抑制，且这种抑制不能再被该类药物所对抗，此时可危及动物的生命。对于呼吸肌麻痹所致的外周性呼吸抑制，中枢兴奋药无效。对循环衰竭所致的呼吸功能减弱，中枢兴奋药能加重脑细胞缺氧，应慎用。

一、黄嘌呤类

来自咖啡、茶叶和可可等植物，主要有咖啡因、茶碱、氨茶碱和可可碱。咖啡因为1,3,7-三甲基黄嘌呤，茶碱为1,3-二甲基黄嘌呤，可可碱为3,7-二甲基黄嘌呤，现已能人工合成。国外兽医临床上用于小动物时主要使用茶碱及其制剂，其他已基本不用。

本类药物在细胞水平的作用机制有几个方面：抑制磷酸二酯酶，使环核苷酸(包括cAMP和cGMP)在细胞内累积，但在治疗剂量下对磷酸二酯酶的抑制作用并不明显；抑制细胞内钙离子转运，并使肌质网或内质网敏化，引起钙离子更快、更多地释放；阻断腺苷受体，腺苷是一种自体活性物质，通过特定的受体兴奋或抑制cAMP的合成，引起镇静、神经递质释放减少、脂肪分解抑制、负性肌力以及窦房结和房室结抑制；加强前列腺素合成抑制剂的作用；降低儿茶酚胺在神经组织的摄取和(或)代谢，因而延长它们的作用时间。

茶碱和咖啡因是强力兴奋剂，能双向影响肌肉的精巧协调活动。剂量加大时，脑内更多的中枢发生兴奋，机体出现多动、失眠、震颤、感觉过敏。茶碱过量50%时，引起病灶性和一般性惊厥。本类药物也能兴奋中脑的呼吸中枢，提高呼吸中枢对二氧化碳刺激的敏感性。

黄嘌呤类可产生非期望的剂量依赖性心血管作用(茶碱最明显)：外周血管的阻力下降，血管舒张，此作用取决于给药时的条件，对心力衰竭患病动物非常有效，因为其静脉压在初期升高；脑内血管阻力增加，脑血流和脑的氧张力降低；包括心脏在内的许多器官的血液灌注量增加；直接兴奋心脏，产生正性肌力作用，心脏负荷增加，但可能引起心律失常；对中脑的中枢作用使迷走神经兴奋而导致心动过缓；能增加肾小球滤过率和直接作用于肾小管细胞，产生利尿作用。

此外，此类药物还使支气管平滑肌松弛，可用于治疗猫的支气管哮喘。常与β_2受体激动剂合用；使胆管括约肌松弛；能使瘤胃收缩；增强肌肉的工作能力；能使内分泌和外分泌增加；抑制组胺释放，降低前列腺素活性。

二、呼吸兴奋药

本类药物能增加呼吸的速度和潮气量，使每分钟呼吸次数增多，常造成麻醉苏醒和麻醉程度减

轻。对抑郁的动物，兴奋作用短暂，需要重复给药。重复给药会引起“抑制反弹”，皆因中枢神经系统抑制张力增加所致。对于清醒动物或用过兴奋剂而醒来的抑郁动物，本类药物有引起惊厥的风险，与各种药物的治疗范围和动物的抑郁状态有关。肌肉震颤或惊厥会使已有的酸中毒恶化。

呼吸兴奋药可用于治疗中枢抑制药中毒，也是气管插管和呼吸辅助的一种支持性护理手段。本类药物能有效拮抗吸入麻醉药的抑制作用，以前认为它们选择性兴奋呼吸中枢，现在发现许多药物无选择性，常常是以剂量依赖性方式使中枢的各个层面发生兴奋。

代表药物有多沙普仑、4-氨基吡啶、育亨宾、妥拉唑林、纳洛酮和戊四氮等。育亨宾和妥拉唑林阻断突触前和突触后的 α_2 受体，通常用于逆转赛拉嗪的镇静作用。纳洛酮为阿片受体的竞争性拮抗剂，是治疗阿片类呼吸抑制的原形药。戊四氮为一种非选择性的中枢兴奋药，主要能减弱 γ 氨基丁酸的抑制性作用，兴奋呼吸的作用不理想，尽管过去一直用作呼吸兴奋药。

还有一些药物，如贝美格、尼可刹米、印防己毒素，过去曾用作呼吸兴奋药，现已少用。

三、三环抗抑郁药

本类药物的分子结构中含三个环的基本核团，都能抑制神经元对去甲肾上腺素等生物胺类的摄取，从而对严重抑郁患病动物产生治疗效应。主要有丙咪嗪、阿米替林、去甲替林、多塞平、普罗替林、曲米帕明和马普替林。每种药物在抑制去甲肾上腺素、5-羟色胺和多巴胺重摄取的强度和选择性上有差别。丙咪嗪是本类药物中最早被使用的药物。

四、单胺氧化酶抑制剂

肝脏的单胺氧化酶能灭活循环中的单胺类化合物，还会影响其他药物在肝内的代谢。单胺氧化酶抑制剂抑制天然的单胺类化合物（儿茶酚胺和 5-羟色胺）的氧化脱氨代谢，增加胺类在神经组织和其他靶组织中的利用率。本类药物有肝毒性，过度的中枢兴奋会引起惊厥。因毒性大，临床上作为二线药用于对其他抗抑郁药无效的动物。本类药物与三环抗抑郁药合用，机体会出现高热和大脑兴奋。代表药物有氯吉兰、司来吉兰。

五、肾上腺素能胺类

本类药物主要有苯丙胺、去氧麻黄碱和右苯丙胺。

苯丙胺在神经末梢促进生物胺类（包括去甲肾上腺素、多巴胺和 5-羟色胺）从储存部位释放，使呼吸中枢、大脑皮层和网状激活中枢兴奋，动物表现为清醒、机敏、情绪高昂、活动增加、厌食等。心血管系统出现典型的拟交感效应，如血压升高，外周血管收缩，心脏兴奋，支气管和胃肠道平滑肌松弛，瞳孔放大。过量和长期使用会产生毒性和耐受性。去氧麻黄碱对中枢神经有温和的兴奋作用，对运动系统的作用较小，可用于治疗犬的多动症；与丙咪嗪合用，可治疗犬科动物特殊的攻击性。

上述各类药物应根据临床病理和症状选择使用，大多数药物在宠物疾病治疗上应用较多，目前我国兽医临床上应用不多。

咖啡因(Caffeine)

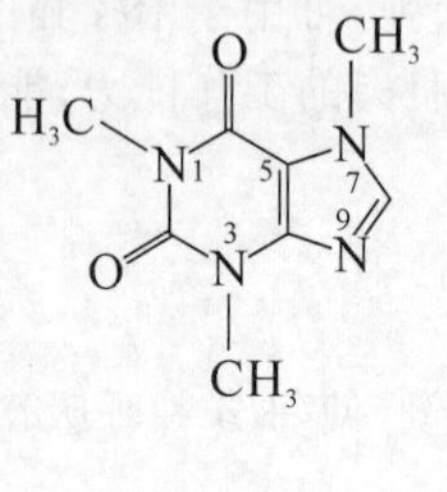

Note

【理化性质】 咖啡因系黄嘌呤类生物碱。天然品来源于茶叶、咖啡、可可豆，医用的为人工合成品。为白色或微带黄绿色、有丝状的针状结晶。无臭，味苦，有风化性。在热水或氯仿中易溶，在水、乙醇或丙酮中略溶。本品与佐剂苯甲酸钠等量混合，可增加水中溶解度，制成便于使用的剂型，如苯甲酸钠咖啡因粉，简称“安钠咖”粉。

【药动学】 本品易从胃肠道或注射部位吸收，分布于各组织，脂溶性高，易通过血脑屏障，也可通过胎盘屏障。大部分药物在肝内脱去一部分甲基被氧化，以甲基尿酸或3-甲基黄嘌呤的形式由尿液排出，仅有少量以原形从尿液排出。在体内转化和排泄的速度较快，作用时间较短，安全范围较大，不易产生蓄积作用。

【作用机理】 有研究认为，本类药物主要能抑制磷酸二酯酶的活性，此酶可破坏和灭活细胞的环磷酸腺苷(cAMP)。cAMP是体内具有生理活性的重要物质，在调节机体的机能和代谢中起着第二信使作用。当激素、递质或某些药物作为第一信使作用于靶细胞膜上特异性受体时，同时激活腺苷酸环化酶，使ATP转化成cAMP。cAMP再激活某些酶，进而发挥一系列的生理效应。如心肌收缩有力、心率加快、平滑肌松弛、腺体分泌、蛋白合成、糖原分解、骨骼肌收缩有力和能量供应充足等。而cAMP最终被磷酸二酯酶水解为5′-磷酸腺苷(5′AMP)而失去活性，由于咖啡因能抑制磷酸二酯酶的活性，细胞内cAMP含量增加，这就增强了cAMP的作用。

【药理作用】

①对中枢神经系统的作用：小剂量时兴奋大脑皮层，增强大脑皮层的兴奋过程，并不减弱大脑皮层的抑制过程。动物表现为对刺激反应敏感，精神活泼，易消除疲劳，增强肌肉的工作能力，中枢处于抑制状态时则需要较大剂量。中等剂量时兴奋延髓中枢，对呼吸中枢有直接兴奋作用，可提高呼吸中枢对二氧化碳的敏感性，使呼吸加深加快、换气量增加。心血管运动中枢兴奋时可使血压稍升高，心率加快。迷走中枢神经兴奋时可使心率减慢，但在整体情况下常被其对血管、心脏的直接作用所抵消。大剂量时可兴奋脊髓中枢，使运动反射增强，动物出现强直性惊厥甚至死亡。

②对心血管系统的作用：对心血管系统的作用较为复杂，具有中枢性和外周性双重作用，且两方面作用表现相反。对心脏，当血药浓度低时，兴奋迷走神经，使心率减慢。随着血药浓度的升高，兴奋心血管运动中枢和直接兴奋心肌的作用占优势，使心收缩力加强，心输出量增大，心率加快。在动物中，由于整体兴奋迷走神经的作用可部分抵消心脏的直接作用，故一般治疗量时心率变化不明显。当动物处于血量不足、心力衰竭的代偿性心率加快时，可加强心脏作用，增加心输出量，使心率趋于正常，过大剂量可使心律失常。对血管的直接作用大于中枢作用，使冠状血管、肺血管、肾血管、骨骼肌血管扩张，有助于提高肌肉的工作能力。

③利尿作用：通过增加肾小球的滤过率，抑制肾小管对钠离子和水的重吸收而呈现利尿作用。

④其他作用：可兴奋骨骼肌，加强其收缩，但作用较弱。可松弛支气管平滑肌和胆管平滑肌，有轻微的止喘和利胆作用。通过影响糖和脂肪代谢，而升高血糖和血中脂肪酸水平。

【临床应用】 ①解救和对抗中枢抑制药中毒，用于某些传染病所致的呼吸中枢抑制和昏迷，劳役过度所致疲劳，或剧烈腹痛时保持体力等；②用作强心药，治疗各种疾病所致的急性心力衰竭；③用作利尿药，治疗心、肝、肾病引起的水肿；④与溴化物配伍，调节大脑皮层活动，恢复大脑皮层抑制与兴奋过程的平衡。

【注意事项】 ①本品属于限剧药，剂量过大时可引起心跳加快和呼吸急促、体温升高、流涎、呕吐、腹痛，机体甚至发生强直性痉挛而死亡。②中毒时可用溴化物、水合氯醛、巴比妥类等中枢抑制药对症治疗，但不能用麻黄碱、肾上腺素等强心药，以防毒性增强。③本品禁用于代偿性心力衰竭和器质性心功能失常、末梢性血管麻痹以及心动过速的动物(每分钟搏动100次以上)。④本品与氨茶碱合用毒性增强；与氟喹诺酮类药合用，可提高其血药浓度；注射液禁止与盐酸四环素、盐酸土霉素等酸性药配伍，否则可产生沉淀。⑤牛、羊、猪休药期28日，弃奶期7日。

【中毒与解救】 本品为限剧药，大剂量可引起呼吸急促、心跳加快、体温升高、流涎、呕吐、腹泻、

尿频甚至惊厥死亡。中毒时用溴化物、水合氯醛或硫喷妥钠等解救。

【制剂、用法与用量】

(1) 苯甲酸钠咖啡因(安钠咖),内服,一次量,马、牛 2～8 g,猪、羊 1～2 g,犬 0.2～0.5 g,鸡 0.05～0.1 g。一般每日给药 1～2 次,重症时给药间隔为 4～6 h。

(2) 安钠咖注射液,10 mL∶1 g。皮下、肌内、静脉注射,一次量,马、牛 2～5 g,猪、羊 0.5～2 g,犬 0.1～0.3 g。

尼可刹米(Nikethamide,Coramine)

【理化性质】 本品又称可拉明,为无色澄明或淡黄色的澄明油状液体,放置冷处,即成结晶性团块;有轻微的特殊臭味,味苦。本品常制成注射液。

【药动学】 本品内服或注射均易被吸收,在体内转变为烟酰胺,再被甲基化成为 N-甲基烟酰胺由尿液排出。该药作用时间短,一次静脉注射仅维持 5～10 min,应根据临床表现及时补药。

【作用与应用】 ①本品直接兴奋延髓呼吸中枢,也可刺激颈动脉体和主动脉弓化学感受器,反射性兴奋呼吸中枢,使呼吸加深加快,并提高呼吸中枢对二氧化碳的敏感性。②对大脑、血管运动中枢和脊髓有较弱的兴奋作用,对其他器官无直接兴奋作用。

本品用于各种原因引起的呼吸中枢抑制的解救,如中枢抑制药中毒、因各种疾病引起的中枢性呼吸抑制、一氧化碳中毒、溺水、新生仔畜窒息等;亦可加速麻醉动物的苏醒。

【注意事项】 ①本品以静脉注射间歇给药法为优,注射速度不宜过快。②解救阿片类药物中毒的效果比戊四氮好,对巴比妥类药物的解救效果不如戊四氮,对吸入麻醉药中毒的解救效果次之。③安全范围较宽,但大剂量时也可引起惊厥,可用苯二氮䓬类药物或小剂量硫喷妥钠解救。④作用维持时间短,一次静脉注射仅持续 5～10 min。

【用法与用量】 静脉、肌内或皮下注射,一次量,马、牛 2.5～5 g,羊、猪 0.25～1 g,犬 0.125～0.5 g。必要时可间歇 2 h 重复 1 次。

回苏灵(Dimefline)

本品为人工合成的黄酮衍生物,溶于水,常制成盐酸盐注射液。

【作用与应用】 ①本品对呼吸中枢有直接兴奋作用。药效比尼可刹米强 100 倍,但作用快,毒性稍大。②用药后可增加肺换气量,降低动脉血的二氧化碳分压和提高血氧饱和度。

本品常用于治疗各种传染病和中枢抑制药中毒引起的呼吸衰竭。

【注意事项】 ①本品静脉注射时需用葡萄糖注射液稀释后缓慢注入,过量易引起惊厥,可用短效巴比妥类解救。②孕畜禁用。

【用法与用量】 肌内、静脉注射,一次量,马、牛 40～80 mg,猪、羊 8～16 mg。

樟脑

【药动学】 樟脑可从各种给药部位被机体吸收,吸收后大部分在肝脏氧化为樟脑醇,再与葡萄糖醛酸结合从尿液排出,小部分以原形由肾脏、支气管、汗腺、乳汁等排泄,对乳、肉品的质量有明显影响。

【作用与应用】 樟脑被机体吸收后,可兴奋延髓的呼吸中枢和血管运动中枢,使呼吸增强、血压回升。对正常状态下的动物作用较弱,而对中枢处于抑制状态下的动物作用较为明显。可用于中枢抑制、感染性疾病和中枢抑制药中毒引起的呼吸抑制;对心脏有强心作用,尤其是对衰弱的心脏,如某些传染病或中毒引起的心脏衰弱、心房颤动效果较好。临床使用较多的是氧化樟脑,当机体缺氧时效果更佳;内服有防腐制酵作用,可用于消化不良、胃肠臌气等;外用对皮肤黏膜有温和的刺激作用,使皮肤血管扩张,血液循环旺盛。将本品制成樟脑醑或四三一擦剂,用于治疗挫伤、肌肉风湿症、

蜂窝织炎、腱炎等。

【注意事项】 宰前动物或泌乳动物禁用樟脑，以免影响肉、乳品的质量；动物处于严重缺氧状态时忌用；幼畜对樟脑敏感，应慎用。

【制剂、用法与用量】

(1) 樟脑磺酸钠注射液，1 mL：0.1 g，5 mL：0.5 g，10 mL：1 g。皮下、肌内、静脉注射，一次量，牛、马 1～2 g，猪、羊 0.2～1 g，犬 0.05～0.1 g。

(2) 氧化樟脑注射液，10 mL：0.05 g。皮下、肌内、静脉注射，一次量，牛、马 0.05～0.1 g，猪、羊 0.02～0.05 g。

士的宁(Strychnine)

【理化性质】 本品是从马钱科植物马钱的种子中提取的生物碱，又名番木鳖碱。其盐酸盐或硝酸盐为无色结晶性粉末。味极苦，易溶于水。应避光、密封保存。

【药动学】 本品内服或注射给药均易被吸收，吸收后体内分布均匀。80%在肝脏被氧化破坏，20%以原形经尿液和唾液排出。士的宁排泄缓慢，反复应用易产生蓄积中毒。

【药理作用】 本品吸收后，对中枢神经系统各部位都有兴奋作用，但主要兴奋脊髓。治疗剂量时能提高脊髓的反射机能，缩短反射时间，使已降低的反射机能得以恢复，并能增强听觉、味觉、视觉和触觉的敏感性，增强骨骼肌的紧张度和改善肌无力状态。

【作用机理】 一般认为本品通过与甘氨酸受体结合，竞争性阻断脊髓闰绍细胞释放的突触后抑制性递质甘氨酸，从而阻断了闰绍细胞的返回抑制和交互抑制功能，即通过解除抑制而起到兴奋作用。使运动神经元的兴奋冲动过度扩散，肌肉紧张度过高；伸肌与屈肌不能协调，使骨骼肌强直性收缩。

【临床应用】 常用于治疗直肠、膀胱括约肌的不全麻痹，因挫伤引起的臀部、尾部与四肢的不全麻痹以及颜面神经麻痹，猪、牛产后麻痹等。

【中毒与解救】 士的宁为剧毒药品，安全范围小，剂量过大或反复应用，容易引起中毒。中毒时，动物最先表现为神经过敏、不安、肌肉震颤、颈部僵硬等。随后震颤加剧，并渐渐出现脊髓性惊厥，全部骨骼肌强直性收缩，头向上、向后仰起，咬肌强直，牙关紧闭，四肢伸直，脊柱呈弓形，形成“角弓反张”的姿势。起初惊厥间歇性发作，随着中毒程度的加重，惊厥连续发作，最后因窒息而死亡。中毒时应用水合氯醛或巴比妥类解救，并保持周围环境安静，避免任何刺激。

【注意事项】 ①本品毒性大，安全范围小，排泄缓慢，有蓄积性，长期使用或过量时可引起脊髓中枢过度兴奋而产生中毒反应。士的宁一次剂量从体内排出需 48～72 h，重复给药时可产生蓄积作用，故在用药 3 日后，应间隔 3～4 日再用。②对妊娠、癫痫和破伤风动物禁用。

【制剂、用法与用量】 硝酸士的宁注射液，1 mL：2 mg。皮下、肌内注射，一次量，马、牛 15～30 mg，猪、羊 2～4 mg，犬 0.5～0.8 mg。

第四章　血液循环系统药理

血液循环系统药物的主要作用是影响心血管和血液的功能。虽然其他药物也能影响心血管的功能,但它们还有其他重要的药理作用,故分别在相关章节讨论。根据兽医临床应用实际,本章主要介绍作用于心脏的药物、促凝血药与抗凝血药、抗贫血药。

第一节　作用于心脏的药物

作用于心脏的药物种类很多,有些可直接兴奋心肌,如强心苷,适用于急、慢性充血性心力衰竭;有些通过调节神经系统来影响心脏的功能,如拟肾上腺素药,适用于心搏骤停时的急救;有些则通过影响 cAMP 的代谢而起强心作用,如咖啡因,适用于过劳、中暑、中毒等所致的急性心力衰竭。它们的作用强弱、快慢、作用机制和适应证均不同,因此临床上必须根据药物的药理作用,结合疾病性质,合理选用。

强心苷:对心脏有高度的选择性,作用特点是加强心肌收缩力,使收缩期缩短,舒张期延长,并减慢心率,有利于心脏的休息和功能的恢复。继而缓解呼吸困难、消除水肿等症状。慢作用类主要用于慢性心功能不全,快作用类主要用于急性心功能不全或慢性心功能不全的急性发作。

咖啡因、樟脑:中枢兴奋药,有强心作用。其起效迅速,作用持续时间较短。适用于过劳、高热、中毒、中暑等所致的急性心力衰竭。在这种情况下,主要矛盾不在心脏,而在于这些疾病引起的畜体机能障碍,血管紧张力减退,回心血量减少,心输出量不足,心搏加快,心肌陷于疲劳,造成心力衰竭。应用咖啡因、樟脑,能调整畜体机能,增强心肌收缩力,改善循环。

肾上腺素:肾上腺素的强心作用快,它能提高心肌兴奋性,扩张冠状血管,改善心肌缺血、缺氧状态。肾上腺素不用于心力衰竭的治疗,适用于麻醉过度、溺水等心搏骤停时的心脏复跳。

肾上腺素、咖啡因等药物参见相关章节内容,本节重点讨论治疗充血性心力衰竭的药物和抗心律失常药物。

一、治疗充血性心力衰竭的药物

充血性心力衰竭是指心脏病发展到一定程度,即使充分发挥代偿功能,仍然不能泵出足够的血液以适应机体需要的一种综合征,临床表现为水肿、呼吸困难和运动耐力下降等。家畜的充血性心力衰竭多是由毒物或细菌毒素、过度劳役、重症贫血所造成的,也常继发于心脏本身的各种疾病,如缺血性心脏病、心包炎、心肌炎、慢性心内膜炎或先天性心脏病等。机体在发病初期可通过一系列代偿机制,如心肌细胞增生,反射性兴奋交感神经,激活肾素-血管紧张素-醛固酮系统,以加强心脏收缩力和加快心搏次数,增加心输出量,维持血液供应的动态平衡。但这些代偿功能有限,而且过分代偿可导致心肌储备能力过多消耗,加重了心肌功能障碍。由于心室舒张期大为缩短,心脏充盈不足,心输出量更为减少,结果大量血液滞留在静脉系统而发生全身静脉淤血,静脉压升高;又由于组织缺氧,毛细血管通透性增加,水分从毛细血管渗出并进入细胞外液,导致水肿。当病情得不到控制,迁延日久就进展为慢性心功能不全,因常表现为显著的静脉系统淤血,故称为充血性心力衰竭。

临床上对本病的治疗除消除原发病外,还要使用能改善心脏功能、增强心肌收缩力的药物。强

心苷是治疗充血性心力衰竭的首选药物。除强心苷外，临床用于治疗充血性心力衰竭的药物还有血管扩张药。通过扩张血管，降低心脏负荷，阻断心力衰竭病理过程的恶性循环，改善心脏功能，控制心力衰竭症状的发展。利尿药可消除水钠潴留，减少循环血容量，常作为轻度心力衰竭的首选治疗药物和各种原因引起的心力衰竭的基础治疗药物。

(一) 强心苷

强心苷是一类选择性作用于心脏，能加强心肌收缩力的药物。临床上主要用于治疗慢性心功能不全。兽医临床上常用的药物：洋地黄(叶粉)、洋地黄毒苷、地高辛、毒毛花苷 K、哇巴因(毒毛花苷 G)。其中洋地黄毒苷为慢作用药物，其他为快作用药物。

强心苷主要来源于植物，常用的有紫花洋地黄和毛花洋地黄，故强心苷又称为洋地黄类药物。其他植物(如夹竹桃、羊角拗、铃兰等)及动物蟾蜍的皮肤也含有强心苷成分。

1. 理化性质 强心苷由苷元(配基)和糖两个部分结合而成，各种强心苷苷元有着共同的基本结构，即由甾核和一个不饱和内酯环所构成。强心苷含有 1～4 个糖分子，除葡萄糖外，其余都是稀有的糖，如洋地黄毒糖等。

结构说明：

	X	Y
洋地黄毒苷苷元	H	H
洋地黄毒苷	洋地黄毒糖	H
地高辛	洋地黄毒糖	OH
地高辛苷元	H	OH

洋地黄毒苷、地高辛及其苷元的化学结构

强心苷加强心肌收缩力的作用取决于苷元，糖的部分不会产生根本性影响，但糖的种类和数目能影响强心苷的水溶性、穿透细胞的能力、作用持续时间和其他药动学特征。

2. 药理作用 各种强心苷的作用性质基本相同，只是在作用强弱、快慢和持续时间上有所不同。

(1) 加强心肌收缩力(正性肌力作用)：强心苷能选择性地加强心肌收缩力，对离体心乳头肌及体外培养的心肌细胞都有作用，所以被认为是一种对心肌细胞起直接作用的药物。心脏收缩增强使每搏输出量增加，使心动周期的收缩期缩短，舒张期延长，有利于静脉血回流，增加每搏输出量。

强心苷对正常心脏和充血性心力衰竭的心脏均具有正性肌力作用，但只能增加后者的心输出量，而不增加正常心脏的心输出量，甚至可能有轻微的减少作用。因为强心苷用于正常动物时，由于提高交感神经运动中枢的张力和直接收缩血管，总外周阻力增加，抵消了正性肌力的作用，同时正常心脏亦无更多的回心血量以供提高心输出量。而在心力衰竭患病动物中，由于心肌收缩力减弱，心输出量减少，交感神经张力提高，外周阻力增大，在使用强心苷后，心脏收缩功能得到增强，通过压力感受器反射性降低交感神经张力，外周阻力下降，加上舒张期延长，回心血量增加，导致心输出量增加。

早期的研究认为，强心苷增强心脏收缩强度，但不增加氧的消耗，后来使用健康心肌进行研究，结果表明，氧的消耗与心收缩增强的强度成正比，但在心功能不全或扩张的心脏，强心苷治疗的正性肌力作用使心脏体积缩小，导致心壁张力明显降低，从而使耗氧量减少。

(2) 减慢心率和房室传导：强心苷对心功能不全患病动物的心率的主要作用是减慢心率和房室冲动传导。反射性心动过速是心功能不全患病动物代偿作用的一部分，由于心输出量减少，颈动脉窦和主动脉弓压力感受器反射性提高了交感神经的活性，降低了迷走神经的张力，心率加快。强心

苷应用后使心脏收缩加强，循环改善，消除了反射性增加心率的刺激，使心率恢复正常。所以强心苷减慢心率的作用是继发于血流动力学的改善和反射性降低交感神经活性、增加迷走神经张力的结果。

强心苷诱导的心率减慢和房室传导减慢可被阿托品阻断，这被认为是强心苷的迷走神经依赖性作用。通过释放乙酰胆碱，迷走神经兴奋，引起心房的特征性作用，表现为减慢心率、降低不应期的动作电位、减慢冲动传导。迷走神经兴奋也能减慢房室结的传导，延长房室结不应期。强心苷对迷走神经作用的机制如下：直接兴奋大脑迷走中枢；提高颈动脉窦压力感受器对血压的敏感性；促进起搏点在心肌水平对乙酰胆碱的反应。

(3) 利尿作用：在心功能不全患病动物中，由于交感神经血管收缩，张力增加，肾小动脉收缩，肾血流量减少，肾小球滤过率减少，导致水钠潴留。肾血流量灌注低下也激活了肾依赖性体液机制，进一步促进钠和水的重吸收，使血容量增多。

强心苷的作用可使上述过程逆转，当心输出量增加和血流动力学改善时，血管收缩反射停止，肾血流量和肾小球滤过率增加，醛固酮分泌明显下降。较强的利尿作用使水钠潴留程度减轻，利尿作用和毛细血管中较低的流体静压把组织水分从组织间液移至血管内，大大改善了水肿的症状。

如果水肿不是由心功能不全引起，则利尿作用不是强心苷的主要作用特征。同样，如果水肿不是心源性的，强心苷也没有利尿作用，此时机体对强心苷的利尿反应是基于循环改善的结果，而不是由肾的直接作用所致。

强心苷过量时可引起毒性反应，其早期症状与中毒的其他症状(如呕吐、体重减轻等)同时出现。T 波可能出现不同形式的变化，如方向倒置，Q-T 间期缩短等。中毒量强心苷会引起各种心律异常，心电图也会出现相应变化。在正常犬，异位心律失常的出现是洋地黄中毒的可靠迹象。

3. 作用机制 正常心肌的收缩是由钙离子(Ca^{2+})介导的，当心肌兴奋时，胞质内的 Ca^{2+} 与向宁蛋白结合，导致向肌球蛋白与肌动蛋白结合，继而引起肌动蛋白向肌节中间滑行而产生心肌收缩。收缩后，Ca^{2+} 离开向宁蛋白，心肌恢复松弛状态(图 4-1)。

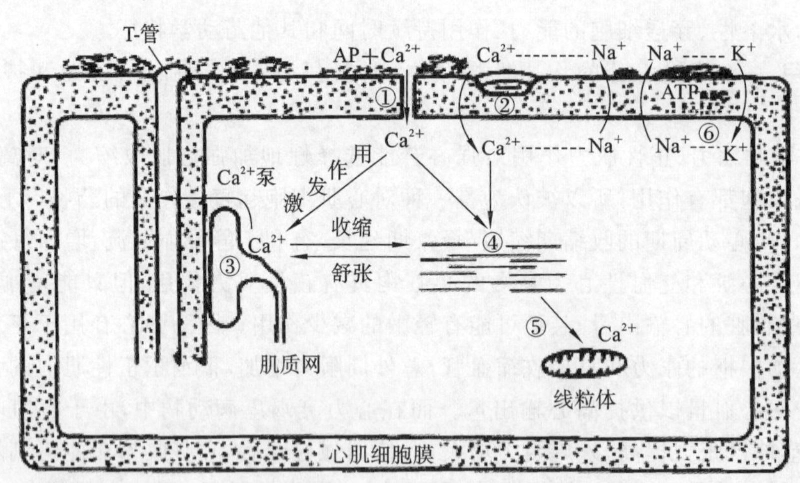

图 4-1 心肌细胞离子转运控制兴奋-收缩耦联示意图

注：动作电位(AP)激活 Ca^{2+}，通过肌纤膜的 Ca^{2+} 慢通道①向细胞内转运，然后充满储存 Ca^{2+} 的肌质网，同时触发另外的 Ca^{2+} 从肌质网③储存部位释放。这些 Ca^{2+} 和 Na^+- Ca^{2+} 交换②中穿过肌纤膜的 Ca^{2+} 激活收缩蛋白④。当 Ca^{2+} 从收缩蛋白离开，储存到肌质网③和线粒体⑤时，收缩蛋白舒张，Ca^{2+} 被泵出细胞。改变 Na^+ 泵⑥的活性也可影响 Na^+-Ca^{2+} 交换的有效 Na^+ 浓度。

强心苷增强心肌收缩力的机制与心肌细胞内 Ca^{2+} 数量的增加有关，目前认为 Na^+-K^+-ATP 酶(Na^+ 泵)是强心苷的药理学受体，强心苷能与心肌细胞上的 Na^+-K^+-ATP 酶发生特异性结合，诱导酶结构发生变化，抑制其活性，从而减少 Na^+ 的转运，结果使细胞内的 Na^+ 逐渐增加，K^+ 逐渐减少，细胞外的 Na^+ 与细胞内的 Ca^{2+} 交换减少，细胞内的 Ca^{2+} 增加，并使肌质网中的 Ca^{2+} 储存增加。因此，随着每一个动作电位的发生，会有更多的 Ca^{2+} 释放以激活心肌收缩装置，心肌收缩力增强。

4. 临床应用 强心苷在兽医临床上的适应证是充血性心力衰竭、心房颤动和室上性心动过速。常用于马属动物，尤其是赛马。

5. 用法 强心苷的传统用法通常分为两步，即首先在短期内（24～48 h）应用足量的强心苷，使血液中药物浓度迅速达到预期的治疗浓度，称为“洋地黄化”，所用剂量称全效量。然后每日继续用较小剂量以维持疗效，称为维持量。具体给药剂量参见洋地黄毒苷。

由于患病动物对强心苷的治疗作用或毒性反应存在显著的个体差异，不能预先绝对准确地计算洋地黄化的剂量及维持量，因此对患病动物每次的洋地黄化应考虑制订个体化的给药方案，以确定适宜的有效剂量，避免诱导毒副作用的发生。

6. 不良反应 强心苷有几种特征性的不良反应，依毒性反应的程度可表现出胃肠道紊乱、体重减轻和心律失常。厌食和腹泻是常见的副作用，静脉注射后常见呕吐，内服后则呕吐更为严重，严重中毒时表现为心律失常，这也是致死的主要原因。低血钾能增加强心苷药物对心脏的兴奋性，引起室性心律不齐，亦导致心脏传导阻滞。高渗葡萄糖、排钾性利尿药均可降低血钾水平，需加以注意。适当补钾可预防或减轻强心苷的毒性反应。

据研究，关于强心苷毒性表现与血浆浓度的关系如下：对充血性心力衰竭犬，洋地黄毒苷血浆浓度在 26～77 ng/mL 时可出现毒性症状；对正常犬，低于 15 ng/mL 的浓度无毒性作用。对充血性心力衰竭犬，地高辛的有效浓度为 0.8～1.9 ng/mL，浓度高至 2.5 ng/mL 没有毒性表现；马在 0.5～2 ng/mL 的地高辛浓度和猫在 2.3 ng/mL 的地高辛浓度时，也无毒性表现。但这些动物在地高辛浓度高于 2.5 ng/mL时，发生中毒的概率增加。根据试验，犬发生急性中毒的剂量为每千克体重 0.177 mg。

强心苷的毒性反应存在明显的种属差异，用 LD_{50} 作比较，以猫作单位可得出如下敏感性顺序，猫 1，兔 2，蛙 28，蟾蜍大于 400，大鼠 671。

7. 注意事项

(1) 强心苷安全范围窄，应用时一般应监测心电图变化，以免发生毒性反应，用药后一旦出现精神抑郁、共济失调、厌食、呕吐、腹泻、脱水和心律不齐等症状，应立即停药。

(2) 若在过去 10 日内用过其他强心苷，使用时剂量应减小，以免发生中毒。在使用钙盐或拟肾上腺素药（如肾上腺素）后使用强心苷应慎重，因可发生协同作用。

(3) 肝、肾功能障碍患病动物应酌减剂量。除非发生充血性心力衰竭，处于休克、贫血、尿毒症等情况下才可考虑使用此类药物。

(4) 在发生心内膜炎、急性心肌炎、创伤性心包炎等情况下忌用强心苷。

(5) 在房性期前收缩、室性心搏过速或房室传导过缓时禁用。

洋地黄(Digitalis)

【理化性质】 本品为玄参科植物紫花洋地黄的干叶或叶粉。含多种强心苷，主要为洋地黄毒苷、吉妥辛等。洋地黄粉为绿色或灰绿色粉末，味极苦，有特殊臭味。遮光、密封保存于干燥阴凉处。

【药动学】 单胃动物内服洋地黄时，洋地黄在肠内吸收良好，约 2 h 起效，6～10 h 作用达最高峰。洋地黄有一部分经胆汁排至肠腔，经肝肠循环被再吸收，故作用时间持久，在停药 2 周后，作用才完全消除。洋地黄在成年反刍动物前胃内易遭破坏，故不宜内服。洋地黄在心肌附着比较牢固，破坏和排泄较慢，连续用药时易引起蓄积中毒。

【药理作用】

(1) 加强心肌收缩力：洋地黄能选择性地直接加强心肌收缩力，使心室在收缩期泵出的血量增多，残余血量减少，每次搏出量和每分钟搏出量增加。同时心肌收缩敏捷，速度加快，使心动周

期的收缩期变短，而舒张期相对延长，有利于静脉血回流，从而增加心输出量、消除水肿和缓解呼吸困难。

(2) 降低心肌耗氧量：心肌耗氧量受心肌收缩力、心率、心室壁张力等因素的影响。病理状态下，心肌收缩无力，耗氧量少，但因心室壁张力显著提高，心脏体积扩大，心率加快，耗氧量增多。用药后，虽然因加强心肌收缩力而增加耗氧量，但是，心室壁张力下降，心脏体积缩小，心率减慢，能明显地减少耗氧量。这样一增一减，抵消的结果使总的耗氧量不增加或有所减少，故提高了心脏工作效率。

③减慢心率：当心脏收缩时，强而有力的血流冲击颈动脉窦、主动脉弓的压力感受器，反射性提高迷走神经兴奋性，从而抑制窦房结，减慢心率。

④抑制传导：小剂量时，通过加强心肌收缩，反射性兴奋迷走神经而使房室结的传导减慢；较大剂量时，可直接抑制房室结和房室束，使房室传导减慢（心律失常时有效）；中毒剂量时，抑制程度加重，可产生传导阻滞。

⑤利尿作用：对心功能不全患病动物，能增加尿量，消除水肿。这是因为洋地黄可增强心肌收缩力，改善心脏功能，增加肾血流量和肾小球滤过率。另外，心输出量增加，则醛固酮分泌减少，也有利于钠、水的排出。

【临床应用】 本品主要用于慢性心功能不全。也用于某些心律失常，如马、犬伴有心力衰竭时的心房颤动或室性心动过速。洋地黄制剂的应用方法一般分为两个步骤。首先在短期内给予较大剂量以达到显著的疗效，这个量叫全效量（亦称饱和量或洋地黄化量），达到全效量的标准是心脏功能改善，心率减慢接近正常，尿量增加；然后每天给予较小剂量以维持疗效，这个量叫维持量，维持量约为全效量的 1/10。全效量的给药方法有缓给法和速给法两种。缓给法适用于慢性、病情较轻的患病动物。将洋地黄全效量分为 8 剂，每 8 h 内服一剂。首次投药量为全效量的 1/3，第二次为全效量的 1/6，第三次及以后每次为全效量的 1/12。速给法：适用于急性、病情较重的患病动物。可静脉注射洋地黄毒苷注射液，首次注射全效量的 1/2，以后每隔 2 h 注射全效量的 1/10。达到洋地黄化后，每天给予一次维持量（全效量的 1/10）。应用维持量的时间随病情而定，往往需要维持用药 1～2 周或更长时间，其量也可按病情进行适当调整。

【注意事项】 ①由于洋地黄具有蓄积作用，在用药前应先询问用药史，只有在 2 周内未曾用过洋地黄的患病动物才能按常规给药。②用药期间，不宜使用肾上腺素、麻黄碱及钙剂，以免增强毒性。③禁用于急性心肌炎、心内膜炎、牛创伤性心包炎及主动脉瓣闭锁不全病例。④洋地黄安全范围窄，易引起中毒，必须严格控制用量。中毒时，动物出现传导阻滞或窦性心动过缓，可皮下注射阿托品。治疗及预防轻度的中毒可补充钾盐。

【制剂、用法与用量】

(1) 洋地黄片，0.1 g。内服，全效量，每千克体重，马 0.033～0.066 mg，犬 0.03～0.04 mg。

(2) 洋地黄毒苷注射液，5 mL : 1 mg，10 mL : 2 mg。静脉注射，全效量，每千克体重，马、牛、犬 0.006～0.012 mg。

洋地黄毒苷

【理化性质】 本品为白色和类白色的结晶性粉末；无臭。本品属慢作用强心类药物，不溶于水，常制成注射液和酊剂。

【作用与应用】 ①本品对心脏具有高度选择性作用，使心肌细胞内可利用的 Ca^{2+} 量增加，进而使心肌收缩力加强。治疗剂量能明显加强衰竭心脏的收缩力（即正性肌力作用），使心肌收缩敏捷，并通过植物神经介导，减慢心率和房室传导速率（负性心率和频率）。②可使得流经肾脏的血流量和肾小球滤过功能加强，产生利尿作用。

本品主要用于慢性充血性心力衰竭、阵发性室上性心动过速和心房颤动等。

【注意事项】 ①安全范围窄，剂量过大时常可引起毒性反应，机体出现精神抑郁、运动失调、厌食、呕吐、腹泻、严重虚弱、脱水和心律不齐等中毒症状。有效治疗方法是立即停药，维持体液和电解质平衡，停止使用排钾利尿药，内服或注射补充钾盐。中度及严重中毒引起的心律失常，应用抗心律失常药如苯妥英钠或利多卡因治疗。②与抗心律失常药、钙盐、拟肾上腺素药等同时使用，作用相加而导致心律失常；与两性霉素 B、糖皮质激素或排钾利尿药等同时使用，引起低血钾而致中毒。③单胃动物内服给药吸收迅速，但对于反刍动物，因瘤胃内微生物的破坏，本品内服无效。本品的毒性作用种属差异大，猫对本品较敏感，一般不推荐用于猫。④在过去 10 日内用过任何强心苷的动物，使用时剂量应减少以免发生中毒。⑤低血钾能增加心脏对强心苷的敏感性，不应与高渗葡萄糖、排钾利尿药合用，适当补钾可预防或减轻强心苷的毒性反应。⑥动物处于休克、贫血、尿毒症等情况下，不宜使用。⑦患心内膜炎、急性心肌炎、创伤性心包炎者慎用，肝、肾功能障碍患病动物的用量应酌减。

【用法与用量】 静脉注射，全效量，每 100 kg 体重，马、牛 0.6～1.2 mg，犬 0.1～1 mg。维持量应酌情减少。内服，一次量，每千克体重，马、牛 0.03～0.06 mg，犬 0.11 mg。一日 2 次，连用 1～2 日。

毒毛花苷 K (Strophanthin K)

【理化性质】 本品为白色或微黄色粉末。本品溶于水，常制成注射剂。

【作用与应用】 本品作用与洋地黄相似，但比洋地黄作用快而强，维持时间短。适用于急性心功能不全或慢性心功能不全的急性发作，特别是因心力衰竭而心率减慢的危急病例。本品虽然蓄积性小，但对曾应用过洋地黄的患病动物，必须经 1～2 周才能应用，以防发生中毒。皮下注射可引起局部炎症反应，只宜静脉注射。心血管有严重病变、细菌性心内膜炎者忌用。

【注意事项】 ①本品内服吸收很少，静脉注射作用快，3～10 min 即显效，作用持续时间为 10～12 h。在体内排泄快，蓄积性小。②用前以 5%葡萄糖注射液稀释，缓慢注射。其他同洋地黄毒苷。

【制剂、用法与用量】 毒毛花苷 K 注射液，1 mL：0.25 mg，2 mL：0.5 mg。静脉注射，一次量，马、牛 1.25～3.75 mg，犬 0.25～0.5 mg。用 5%葡萄糖注射液作 10～20 倍稀释，缓慢注射。

（二）磷酸二酯酶抑制剂

磷酸二酯酶(PDE)广泛分布于心肌、平滑肌、血小板及肺组织，PDEⅢ是心肌细胞降解 cAMP 的主要亚型。磷酸二酯酶抑制剂通过对 PDEⅢ的抑制而明显增加心肌细胞内 cAMP 含量，后者在心肌细胞内通过激活蛋白激酶 A(PKA)使钙离子通道磷酸化，促进钙离子内流而增加细胞内钙离子浓度，增加心肌收缩性，发挥正性肌力作用。此外，cAMP 扩张动、静脉，特别是对静脉与肺血管的扩张作用较明显，使心脏负荷降低，心肌耗氧量下降，是一类正性肌力扩血管药或强心扩血管药。其代表药有米力农等。

米力农(Milrinone)

【药理作用】 米力农为双吡啶类衍生物，能选择性抑制 PDEⅢ活性而提高细胞内 cAMP 含量，兼具正性肌力作用和血管扩张作用。作用机制一般认为是通过抑制 PDEⅢ，cAMP 水平升高，可直接调节正常心肌的收缩性和舒张性，产生正性肌力作用和正性松弛作用；平滑肌细胞内 cAMP 的增加，则可能刺激肌质网摄钙而使血管平滑肌松弛，血管扩张。米力农在犬体内的半衰期大约为 2 h，内服给药 30 min 即能起效，1.5～2 h 后作用达到峰值，药效大约持续 6 h。

【临床应用】 本品主要用于治疗犬的自发性心力衰竭。有报道，犬应用本药后偶有心室节律障碍。

【注意事项】 本品与丙吡胺同用可导致血压过低。此外低血压、心动过速、心肌梗死者慎用。

【用法与用量】 内服，一次量，每千克体重，犬 0.5～1 mg，每日 2 次。

（三）血管扩张药

应用血管扩张药可以减轻充血性心力衰竭（CHF）时由神经内分泌反应引起的水钠潴留和周围血管收缩，并降低心室前、后负荷，在 CHF 的治疗中有利于心脏功能的改善。血管扩张药能明显改善难治性 CHF 的治疗效果和预后，本身很少直接产生正性肌力作用。血管扩张药能够改善短期的血流动力学指标和中期的运动耐力，但不能防止 CHF 的发生，机体可迅速产生耐受性并反射性激活神经内分泌系统等。多数血管扩张药未能降低病死率，是治疗 CHF 的辅助用药。

血管扩张药可导致体液潴留而产生耐受性，因此应联合应用利尿药。

肼屈嗪(Hydralazine)

【作用与应用】 本品能扩张小动脉（阻力血管），降低外周阻力和后负荷，进而改善心功能，增加心输出量，增加动脉供血，缓解组织缺血症状，并可弥补或抵消因小动脉扩张而引起的血压下降和冠状动脉供血不足等不利影响，适用于心输出量明显减少而外周阻力升高的患病动物。

盐酸肼屈嗪给犬内服后很快被吸收，1 h 之内开始起效，3～5 h 后作用达到峰值。该药主要经肝脏代谢。尿毒症能够影响肼屈嗪的生物转化，故尿毒症患病动物的血药浓度可能会增加。

本品可用于治疗犬由二尖瓣机能不全引起的超负荷充血性心力衰竭。

犬使用本品后偶发心动过速。由于盐酸肼屈嗪增加心肌的耗氧量，并且可导致心脏的代偿不全，在应用盐酸肼屈嗪和其他血管扩张药治疗过程中应当注意监测心率。

【制剂、用法与用量】 盐酸肼屈嗪，内服。犬每千克体重 1 mg，根据临床状况剂量可适当上调，但不能超过每千克体重 3 mg；中等大小的猫，每千克体重 2.5 mg，可适当上调至每千克体重 10 mg，每日 2 次。

（四）血管紧张素转化酶抑制剂

血管紧张素转化酶（ACE）抑制剂可以抑制 10 肽的血管紧张素Ⅰ转化成为 8 肽的血管紧张素Ⅱ（AngⅡ），也能抑制缓激肽和胰激肽的灭活，使血液及组织（如心脏、血管、肾、脑、小肠、子宫、睾丸等）中的 AngⅡ量降低，亦减少 AngⅡ引起的醛固酮释放，减轻水钠潴留。ACE 抑制剂还能逆转血管内皮细胞的功能损伤、抗氧自由基损伤，能够改善血管的舒张功能，发挥抗心肌缺血、防止心肌梗死和保护心肌的作用，也有利于治疗 CHF。由于血管紧张素在心力衰竭和其他低心输出量情况下对于肾脏的灌流非常重要，因此在使用 ACE 抑制剂治疗时应当监测肾功能的变化。

卡托普利(Captopril)

卡托普利适用于治疗各种类型高血压，但不宜用于肾性高血压，其能够降低试验性心力衰竭患犬血液中醛固酮的浓度及改善自然发生心力衰竭犬的临床状况。充血性心力衰竭患犬，内服剂量为每千克体重 1～2 mg，每日 3 次。

依那普利(Enalapril)

依那普利能降低心力衰竭患犬的肺毛细血管压、心率、平均血压和肺动脉压，能够增加犬的运动能力和降低心力衰竭的严重程度，减轻肺水肿，使机体的状况得到全面改善。

根据临床上犬心力衰竭的程度，推荐剂量为每千克体重 0.5～1 mg。若犬在轻微运动后即出现呼吸困难、端坐呼吸、心性咳嗽和肺水肿等迹象，应当控制食物含盐量，首次给药 2～4 日后使用利尿药。

（五）利尿药

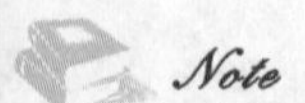

利尿药一直是治疗各种程度 CHF 的一线药物，主要用于改善症状（详见本书第十章）。

二、抗心律失常药

心脏发生自律性异常或冲动传导障碍，可引起心动过速、过缓或心律不齐，统称为心律失常。心律失常可分为快速型和缓慢型两类，前者常见的有心房颤动、心房扑动、房性心动过速、室性心动过速和期前收缩（早搏）等；后者有房室阻滞、窦性心动过缓等。缓慢型心律失常可应用阿托品或肾上腺素类药物治疗。虽然有许多药物已被确定可用于治疗快速型心律失常，但在兽医临床上应用较多的只有几种药物，本节重点讨论治疗快速型心律失常药物对心率和心律的主要药效学作用。

引起快速型心律失常的原因如下：①心肌自律性增高，如交感神经兴奋、心肌缺血缺氧、强心苷中毒、低血钾等均可引起快速型心律失常。②冲动传导障碍，由冲动传导障碍引起的心律失常被认为是伴随折返激动现象发生的。

抗心律失常药的基本电生理作用是影响心肌细胞膜的离子通道，改变离子流的速率或数量而改变细胞的电生理特性，达到恢复正常心率的目的。其基本作用可概括为以下几个方面。

(1) 降低自律性：药物通过抑制快反应细胞的 Na^+ 内流或抑制慢反应细胞的 Ca^{2+} 内流，从而降低心肌自律性。药物通过促进 K^+ 外流而增大最大舒张电位，使其远离阈电位，降低自律性。

(2) 减少后除极与触发活动：后除极的发生与 Ca^{2+} 内流的增多有关，因此钙通道阻滞药（钙拮抗剂）对此有效。触发活动与细胞内 Ca^{2+} 过多和短暂的 Na^+ 内流有关，因此钙拮抗剂和钠通道阻滞药对此有效。

(3) 改变膜反应性和传导性：增强膜反应性而改善传导或减弱膜反应性而减慢传导都能取消折返激动。对前者，某些促进 K^+ 外流、增大最大舒张电位的药物（如苯妥英钠）有此作用；对后者，某些抑制 Na^+ 内流的药物（如奎尼丁）有此作用。

(4) 改变有效不应期（ERP）和动作电位时程（APD）：奎尼丁、普鲁卡因胺和胺碘酮能延长 ERP；利多卡因、苯妥英钠能同时缩短 APD 和 ERP，但由于 $\Delta ERP/\Delta APD>1$，故有效不应期相对延长，减少期前兴奋和取消折返激动而出现抗心律失常效果。

根据药物的电生理效应和作用机制，可将抗心律失常药分为以下 4 类。

Ⅰ类——钠通道阻滞药，包括奎尼丁、普鲁卡因胺、异丙吡胺、利多卡因、苯妥英钠等。

Ⅱ类——β 受体阻断药，如普萘洛尔。

Ⅲ类——延长动作电位时程药，如胺碘酮。

Ⅳ类——钙通道阻滞药，如维拉帕米。

本类药物在兽医临床上应用不多，有的在其他有关章节中讨论，常用药物叙述如下。

奎尼丁（Quinidine）

奎尼丁是从金鸡纳树皮中提取的生物碱，是抗疟药奎宁的右旋体，常用其硫酸盐。

【药动学】 本品内服、肌内注射均能被机体迅速有效吸收，但内服后到达全身循环的数量由于肝的首过效应而减少。本品在体内分布广泛，其血浆蛋白结合率为 82%～92%。各种动物的表观分布容积差别较大，马 15.1 L/kg（体重），牛 3.8 L/kg（体重），犬 2.9 L/kg（体重），猫 2.2 L/kg（体

重)，可以分布到乳汁和胎盘。奎尼丁大部分在肝进行羟化代谢，约 20%以原形在给药 24 h 后从尿液中排出。奎尼丁在各种动物体内的消除半衰期如下：马 8.1 h，牛 2.3 h，山羊 0.9 h，猪 5.5 h，犬 5.6 h，猫1.9 h。

【药理作用】 奎尼丁对心脏节律有直接和间接作用，直接作用是与膜钠通道蛋白结合而产生阻断作用，抑制 Na^{+} 内流；奎尼丁还有阿托品样的间接作用。

奎尼丁可抑制心肌兴奋性、传导速率和收缩性，它能延长有效不应期，从而防止折返激动现象的发生并增加传导次数。奎尼丁还具有抗胆碱能神经的活性，可降低迷走神经张力，并促进房室结的传导。

【临床应用】 奎尼丁主要用于小动物或马的室性心律失常的治疗，如不应期室上性心动过速、室上性心律失常伴有异常传导的综合征和急性心房颤动。据报道，奎尼丁治疗大型犬的心房颤动比小型犬的疗效好，这可能与小型犬的病理情况比较严重有关，也可能与使用不同剂量和给药方法有关。

【不良反应】 犬的胃肠道反应有厌食、呕吐或腹泻，心血管系统反应可能有衰弱、低血压和负性肌力作用。马可出现消化紊乱、伴有呼吸困难的鼻黏膜肿胀、蹄叶炎、荨麻疹，也可能出现心血管功能失调，包括房室传导阻滞、循环性虚脱，甚至突然死亡，尤其在静脉注射时容易发生。所以最好能做血药浓度监测，犬的治疗浓度范围为 2.5～5.0 μg/mL，在小于 10 μg/mL 时一般不出现毒性反应。

【制剂、用法与用量】 硫酸奎尼丁片，内服，一次量，每千克体重，犬 6～16 mg，猫 4～8 mg，每日 3～4 次。马第 1 天 5 g(试验剂量，如无不良反应可继续治疗)，第 2、3 天 10 g(每日 2 次)，第 4、5 天 10 g(每日 3 次)，第 6、7 天 10 g(每日 4 次)，第 8、9 天 10 g(每 5 h 1 次)，第 10 天及以后 15 g(每日 4 次)。

普鲁卡因胺(Procainamide)

$$H_2N-C_6H_4-CO-NH-CH_2-CH_2-N(C_2H_5)_2$$

【理化性质】 本品是普鲁卡因的衍生物，以酰胺键取代酯键。为结晶性粉末。pK_a 为 9.23，其盐酸盐易溶于水，可溶于乙醇。

【药动学】 内服给药后在肠内被吸收，食物或降低胃内 pH 均可延缓吸收。本品在犬体内的半衰期为 0.5 h，生物利用度约为 85%，但个体差异大。可很快分布于全身组织，较高浓度发现于脑脊液、肝、脾、肾、肺、心和肌肉，表观分布容积为 1.4～3 L/kg(体重)。本品在犬体内的血浆蛋白结合率为 15%。能穿过胎盘屏障并进入乳汁。部分在肝代谢，在犬体内有 50%～75%以原形从尿液排出，消除半衰期为 2～3 h。

【药理作用】 对心脏的作用与奎尼丁相似但较弱，能延长心房和心室的不应期，减弱心肌兴奋性，降低自律性，减慢传导速度，抗胆碱作用也较奎尼丁弱。

【临床应用】 适用于室性早搏综合征、室性或室上性心动过速的治疗，临床报道本品控制室性心律失常比控制房性心律失常的效果好。

【不良反应】 与奎尼丁相似。静脉注射速度过快可引起血压显著下降，故最好能监测心电图和血压。肾功能衰竭的患病动物应适当减少使用剂量。

【制剂、用法与用量】 盐酸普鲁卡因片。内服：犬，一次量，每千克体重 8～20 mg，每日 4 次。静脉注射：犬，一次量，每千克体重 6～8 mg(在 5 min 内注射完)。然后改为肌内注射，一次量，每千克体重 6～20 mg，每 4～6 h 1 次。肌内注射：马，每千克体重 0.5 mg，每 10 min 1 次，直至总剂量为每千克体重 2～4 mg。

异丙吡胺

【理化性质】 常用其磷酸盐，为白色结晶性粉末。pK_a为10.4。极易溶于水。

【作用与应用】 作用与普鲁卡因胺、奎尼丁相似，主要对室性原发性心律不齐有效。本品极易被吸收，代谢迅速，在犬体内的半衰期仅为2～3 h。不良反应：本品主要呈现较强的阿托品样作用，使室性心律增加。

【制剂、用法与用量】 异丙吡胺片。内服：一次量，每千克体重，犬6～15 mg，每日4次。

第二节 促凝血药与抗凝血药

血液中存在血液凝固系统与纤维蛋白溶解系统。维持血液系统的完整功能不仅需要有凝血的能力，当血管受伤时能激活血液中的凝血因子而立即止血的能力；同时也应该有抗凝血的能力，当血管的出血停止以后能清除凝血产物。血液中的这两个系统经常处于动态平衡状态，保证了血液循环的畅通，所以这也是机体的一种保护机制。

一、血液凝固系统

血液凝固是一个复杂的过程，参与血液凝固的因子目前认为有23种，这些因子在血液中均以非活化的形式存在，一旦血管或组织受损，即可启动凝血系统，开始出现一系列的活化反应，有如瀑布，故被称为瀑布学说。

血液凝固有内源性和外源性两条途径，前者是指心血管受损或血液流出体外，接触某些异物表面时触发的凝血过程；后者是指由受损组织释放组织促凝血酶原激酶（凝血活素、凝血因子Ⅲ）而引起的凝血过程（图4-2）。血液凝固过程一般分为三个阶段。

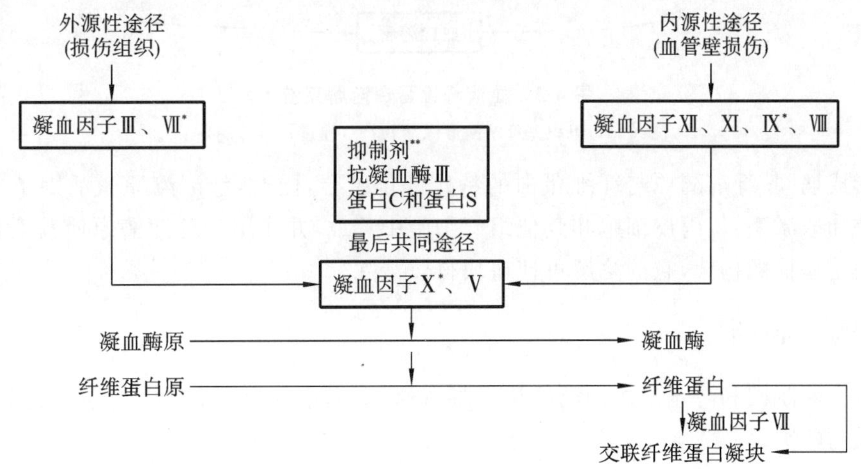

图4-2 血液凝固系统（简化图）

注：*维生素K依赖因子。

**抗凝血酶Ⅲ抑制凝血因子Ⅸ、Ⅹ、Ⅺ、Ⅻ和凝血酶，蛋白C和蛋白S抑制凝血因子Ⅴ和凝血因子Ⅷ。

1. 凝血酶原激活复合物的形成 此阶段从组织受损开始，经过内源性或外源性途径形成凝血酶原激活复合物。在内源性途径中，首先凝血因子Ⅻ被激活为凝血因子Ⅻa，随后凝血因子Ⅻa把凝血因子Ⅺ、Ⅸ激活为凝血因子Ⅺa、Ⅸa，然后凝血因子Ⅸa在凝血因子Ⅷa和Ca^{2+}的参与下在血小板膜表面把凝血因子Ⅹ活化为凝血因子Ⅹa，凝血因子Ⅹa在凝血因子Ⅴa和Ca^{2+}形成复合物后便将凝血酶原激活为凝血酶。在外源性途径中，则由凝血因子Ⅶ激活开始，凝血因子Ⅶ和Ⅶa均能与组织促

凝血酶原激酶结合成为复合物，在 Ca^{2+} 和磷脂的存在下使凝血因子Ⅹ活化为凝血因子Ⅹa。以后的凝血过程即与内源性途径相同，因此自凝血因子Ⅹa以后的途径称为共同途径。

2. 凝血酶的形成 在凝血因子Ⅹa、Ⅴa和 Ca^{2+} 复合物的作用下，凝血酶原活化为凝血酶，最后离开血小板进入血浆。

3. 纤维蛋白的形成 凝血酶在血浆把纤维蛋白原裂解为可溶性纤维蛋白，再在凝血因子ⅩⅢa的催化下，可溶性纤维蛋白进行单体交叉连接成为纤维蛋白多聚体凝块，至此血液凝固。

二、纤维蛋白溶解系统

纤维蛋白溶解是指凝固的血液在某些酶的作用下重新溶解的现象。血液中含有的能溶解纤维蛋白的酶系统称为纤维蛋白溶解系统，简称纤溶系统，它由纤溶酶原、纤溶酶、纤溶酶原激活因子和纤溶酶抑制因子组成（图 4-3）。

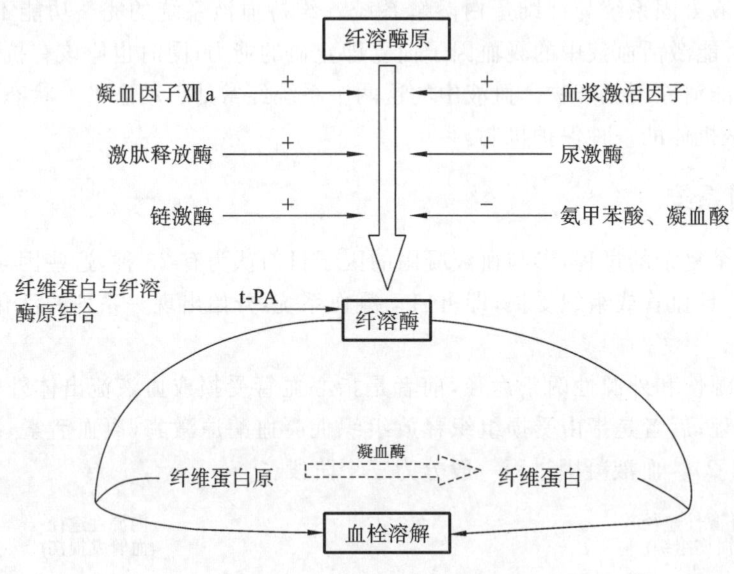

图 4-3　血液纤维蛋白溶解系统

注：t-PA，组织型纤溶酶原激活物；+，促进；−，抑制。

在血块形成期间，纤溶酶原与纤维蛋白的特殊部位结合，同时，纤溶酶原激活因子（如组织型纤溶酶原激活物和尿激酶）从内皮细胞和其他组织细胞中释放，并作用于纤溶酶原使其活化为纤溶酶。由于纤维蛋白是血栓的构架，它的溶解可使血块得以清除。

三、常用促凝血药

凡能促进血液凝固和防止出血的药物称促凝血药，也称止血药。临床上将止血药分为局部止血药和全身止血药两类。

（一）局部止血药

吸收性明胶海绵

【理化性质】 将 5%～10%明胶溶液加热（约 45 ℃）并搅拌至泡沫状，加入少量甲醛硬化冻干，切成适当大小及形状，经灭菌后使用。本品为白色、质轻、多孔性海绵状物。在水中不溶，可被胃蛋白酶溶解消化，有强吸水力。

【作用与应用】 具有多孔和表面粗糙的特点，敷于出血部位时，能形成优良的凝血环境，血液流入其中，血小板被破坏，凝血因子被激活，形成纤维蛋白凝块，堵住伤口，起止血作用。临床上用于外

伤出血及各种外科手术的止血。使用时，根据出血创面的形状，将本品切成所需大小，轻揉后敷于出血处，再用纱布按压即可止血。

【注意事项】 本品系无菌制剂，打开包装后不宜再行消毒，以免延长明胶海绵被组织吸收的时间。在使用过程中，要求无菌操作。另外，0.1%盐酸肾上腺素溶液、5%明矾溶液，5%～10%鞣酸溶液等，也常用作局部止血药。

（二）全身止血药

按其作用机制可分为三类：①影响凝血过程的止血药，如酚磺乙胺、维生素 K；②抗纤维蛋白溶解的止血药，如 6-氨基己酸、氨甲苯酸、氨甲环酸；③作用于血管的止血药，如安络血等。

维生素 K(Vitamin K)

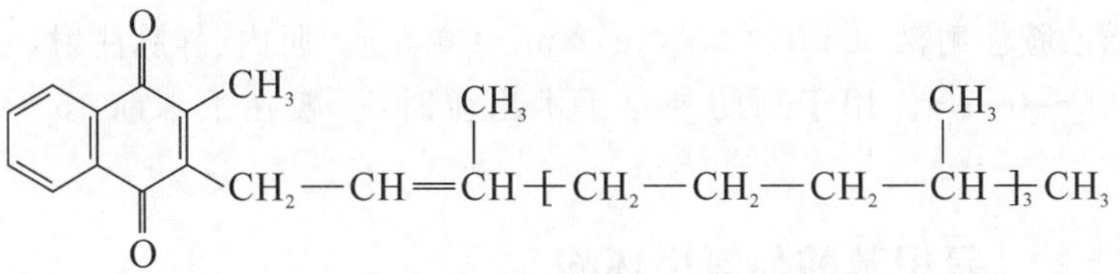

维生素K_1

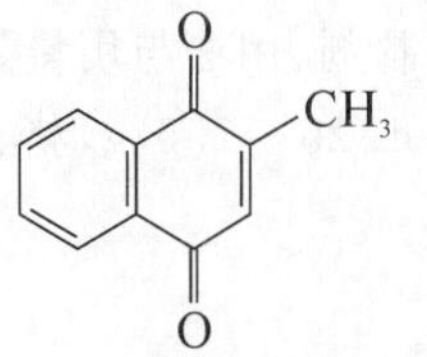

维生素K_3

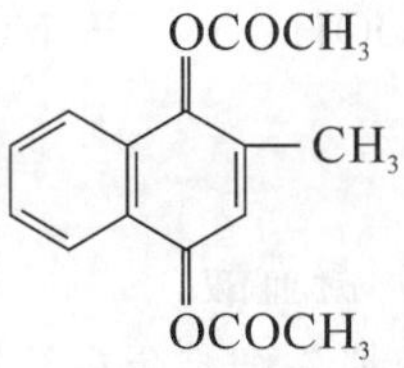

维生素K_4

【来源与性质】 维生素 K 广泛存在于自然界中。维生素 K_1 存在于各种植物中，维生素 K_2 由肠道细菌合成，它们是一类具有甲萘醌结构的脂溶性化学物质；维生素 K_3 又称甲萘醌；维生素 K_4 称乙酰甲萘醌，为人工合成品，呈水溶性。

【作用与应用】 肝脏是合成凝血酶原的场所，而凝血酶原的合成，必须有维生素 K 的参与。故维生素 K 不足或肝功能发生障碍时，都会使血液中凝血酶原减少而引起出血。通常哺乳动物大肠内细菌能合成维生素 K，一般不会出现维生素 K 缺乏症。但当连续给予广谱抗菌药物时，会因抑制肠内细菌引起维生素 K 缺乏而造成出血。此外，严重的肝脏疾病、胆汁排泄障碍及肠道吸收机能减弱等疾病，也会引起维生素 K 缺乏而致出血。

临床上，维生素 K 用于毛细血管性及实质性出血，如胃肠、子宫、鼻及肺出血；可用于长期内服肠道广谱抗菌药物的患病动物；为预防雏鸡因缺乏维生素 K 所引起的出血性疾病，可在 8 周龄以前按每千克饲料拌入维生素 K_3 0.4 mg 饲喂。

【注意事项】 ①本品较大剂量时可致幼畜溶血性贫血、高胆红素血症及黄疸。②不宜长期大量应用，可损害肝脏，肝功能不良患病动物宜改用维生素 K_1。③天然的维生素 K_1、维生素 K_2 是脂溶性的，无毒性，其吸收有赖于胆汁的增溶作用，胆汁缺乏时则吸收不良；维生素 K_3 因溶于水，内服可被机体直接吸收，也可肌内注射给药，但肌内注射部位可出现疼痛、肿胀等。④较大剂量的水杨酸类、磺胺药等可影响其作用；巴比妥类可加速其代谢，故均不宜合用。

【制剂、用法与用量】

(1) 亚硫酸氢钠甲萘醌注射液，1 mL：4 mg，10 mL：40 mg。肌内注射，一次量，马、牛 100～300 mg，猪、羊 30～50 mg，犬 10～30 mg。2～3 次/日。

(2) 维生素 K_1 注射液,1 mL : 10 mg。肌内、静脉注射,一次量,每千克体重,小牛 1 mg,犬、猫 0.5～2 mg。

酚磺乙胺(Etamsylate)

【理化性质】 又名止血敏。为白色结晶性粉末。无臭,味苦。水中易溶,在乙醇中溶解。有引湿性。遇光易变质,遮光、密封保存。

【作用与应用】 本品能促进血小板增生,增强血小板凝集并促进凝血因子的释放,缩短凝血时间;还可增强毛细血管抵抗力,降低毛细血管通透性,防止血液外渗。本品作用迅速,肌内注射后作用最强,可维持 4～6 h。毒性低,无副作用。

临床上可用于防治各种出血性疾病,如手术前后预防出血及止血,以及用于鼻出血、消化道出血、膀胱出血、子宫出血等。

【制剂、用法与用量】 酚磺乙胺注射液,1 mL : 0.25 g,2 mL : 0.5 g。肌内、静脉注射,一次量,马、牛 1.25～2.5 g,猪、羊 0.25～0.5 g。用于预防外科手术出血时,一般在手术前 15～30 min 用药。

氨甲苯酸与氨甲环酸

H_2NCH_2—(苯环)—COOH　　H_2NCH_2—(环己烷)—COOH

氨甲苯酸　　氨甲环酸

氨甲苯酸又称止血芳酸,氨甲环酸又称凝血酸。

【作用与应用】 氨甲苯酸与氨甲环酸都是纤维蛋白溶解抑制剂,它们能竞争性对抗纤溶酶原激活因子的作用,使纤溶酶原不能转变为纤溶酶,从而抑制纤维蛋白的溶解,呈现止血作用。此外,还可抑制链激酶和尿激酶激活纤溶酶原的作用。氨甲环酸的作用比氨甲苯酸略强。

临床上主要用于纤溶酶活性升高引起的出血,如产科出血,肝、肺、脾等内脏手术后的出血,这是因为子宫、卵巢等器官、组织中有较高含量的纤溶酶原激活因子。对纤溶酶活性不增高的出血则无效。故一般出血时不要滥用。

本类药物副作用较小,但过量时可导致血栓形成。

【制剂、用法与用量】 氨甲苯酸注射液、氨甲环酸注射液。静脉注射:一次量,马、牛 0.5～1 g,猪、羊 0.5～0.2 g。以 1～2 倍的葡萄糖注射液稀释后,缓慢注射。

6-氨基己酸

【理化性质】 本品为白色或黄色结晶性粉末。能溶于水,其 3.52%水溶液为等渗溶液。密封保存。

【作用与应用】 6-氨基己酸是抗纤维蛋白溶解药,能抑制血液中纤溶酶原激活因子,阻碍纤溶酶原转变为纤溶酶,从而抑制纤维蛋白的溶解,达到止血的目的。高浓度时,有直接抑制纤溶酶的作用。临床上适用于纤维蛋白溶解症所致的出血,如大型外科手术出血,淋巴结、肺、脾、上呼吸道、子宫及卵巢出血等。

【注意事项】 本品主要由肾脏排泄,在尿液中浓度高,容易形成凝块,造成尿路阻塞,故泌尿系统手术后、血尿时慎用或不用。本品不能阻止小动脉出血,在手术时如有活动性动脉出血,须结扎止血。对一般出血不要滥用。

【制剂、用法与用量】 6-氨基己酸注射液,10 mL : 1 g,10 mL : 2 g。静脉滴注,首次量:马、牛 20～30 g,加入 500 mL 生理盐水或 5%葡萄糖溶液中;猪、羊 4～6 g,加入 100 mL 5%葡萄糖溶液或

生理盐水中。维持量:马、牛 3～6 g,猪、羊 1～1.5 g。每小时 1 次。

安络血(Adrenosin)

【理化性质】 又名安特诺新。为肾上腺色素缩氨脲与水杨酸钠生成的水溶性复合物。橙红色粉末,易溶于水。

【作用与应用】 主要作用于毛细血管,作用可能是减慢 5-羟色胺(5-HT)的分解,从而促进毛细血管收缩,降低毛细血管通透性,促进断端毛细血管回缩,减少血液外渗。本品是肾上腺素氧化衍生物,无拟肾上腺素作用,因而不影响血压和心率。

本品常用于因毛细血管损伤或通透性增高而引起的出血,如鼻出血、血尿、产后出血、手术后出血等。安络血不影响凝血过程,对大出血或动脉出血疗效差。

【药物相互作用】 抗组胺药、抗胆碱药的扩张血管作用可影响本品的止血效果。

【注意事项】 ①本品忌与四环素类药物混合使用。本品为橘红色,澄明液体变成棕红色时不能再用。本品中含有水杨酸,长期应用时可产生水杨酸反应。②抗组胺药能抑制本品的作用,用本品前 48 h 应停止给予抗组胺药。③因影响凝血过程,对大出血、动脉出血疗效差。④内服可被吸收,但在胃肠道内可被迅速破坏、排出。

【制剂、用法与用量】 安络血注射液,1 mL : 5 mg,2 mL : 10 mg。肌内注射,一次量,马、牛 5～20 mL,猪、羊 2～4 mL。2～3 次/日。

凝血质

【理化性质】 本品为黄色或淡黄白色的软脂状固体或粉末。本品易溶于水,常制成注射液。

【作用与应用】 本品能使凝血酶原变为凝血酶而促进凝血过程。本品主要外用于局部止血,对内脏出血作用弱。

【注意事项】 ①可引起血栓形成,不可静脉注射;②局部止血时,可用灭菌纱布或脱脂棉浸润本品后,敷用或堵塞出血部位。

【用法与用量】 皮下或肌内注射,一次量,马、牛 20～40 mL,羊、猪 5～10 mL。

醋酸去氨加压素

本品能促使血浆中血管性假血友病因子(vWF)从血管内皮等储存部位释放,暂时提高 vWF 水平。给予本品可使 vWF 水平提高。vWF 是多聚蛋白,能促进血小板黏附和提高凝血因子Ⅷ的血浆浓度。犬用药后可观察到口腔黏膜出血减少。推荐剂量,皮下注射,犬每千克体重 0.4 μg。

本品用于血管性假血友病动物发生的毛细血管出血。

(三) 止血药的合理选用

出血的原因很多,在临床上应用止血药时,要根据出血原因、出血性质并结合各种药物的功能和特点选用。

较大的静脉、动脉出血,必须采取结扎、用止血钳钳夹等方法止血。

体表小血管、毛细血管的出血,可采用局部压迫法或用明胶海绵等局部止血。

出血性紫癜、鼻出血、外科小手术出血等,可用安络血,以增强毛细血管对损伤的抵抗力,促进断端毛细血管回缩。

手术前后预防出血和止血及消化道出血、肾出血、肺出血等,可选用酚磺乙胺,以增加血小板生成,并促进凝血活性物质的释放。

防治幼雏出血性疾病时,以选用维生素 K 为宜。

纤维蛋白溶解症所致的出血,如外科手术出血、肺出血、脾出血、呼吸道出血、消化道出血、产后

子宫出血等，选用抗纤维蛋白溶解药6-氨基己酸为宜。

四、常用抗凝血药

抗凝血药是通过干扰凝血过程中某一种或某些凝血因子，延缓血液凝固时间或防止血栓形成和扩大的药物。在输血或血样检验时，为防止血液在体外凝固，需加抗凝剂，称体外抗凝。当手术后或患有血栓形成倾向的疾病时，为防止血栓形成或扩大，向体内注射抗凝剂，称体内抗凝。

一般将其分为4类：①主要影响凝血酶和凝血因子形成的药物，如肝素和香豆素类，主要用于体内抗凝；②体外抗凝血药，如枸橼酸钠，用于体外血样检查的抗凝；③促进纤维蛋白溶解药，对已形成的血栓有溶解作用，如链激酶、尿激酶、组织型纤溶酶原激活物等，主要用于急性血栓性疾病；④抗血小板聚集药，如阿司匹林、双嘧达莫(潘生丁)、右旋糖酐等，主要用于预防血栓形成。

(一) 主要影响凝血酶和凝血因子形成的药物

肝素(Heparin)

肝素因首先从肝脏发现而得名，天然存在于肥大细胞中，现主要从牛肺或猪小肠黏膜中提取。

【理化性质】 肝素是一种由葡萄糖胺、L-艾杜糖醛苷、N-乙酰葡萄糖胺和D-葡萄糖醛酸交替组成的黏多糖硫酸酯。其抗血栓与抗凝血活性与相对分子质量大小有关。肝素具有强酸性，并带较多负电荷。

【药动学】 肝素的药动学很复杂，内服不吸收，只能注射给药。给药后大部分肝素与内皮细胞、巨噬细胞和血浆蛋白发生紧密结合，成为其储库，不能通过胎盘屏障也不进入乳汁。一旦这些储库饱和，血液中游离的肝素便缓慢通过肾排泄。部分肝素在肝和网状内皮系统代谢，低相对分子质量者比高相对分子质量者清除慢。所有这些因素造成肝素的药动学在不同个体中存在很大差异。其消除半衰期变异也很大，且取决于给药剂量和途径，皮下注射时缓慢释放吸收，静脉注射则有很高的初始浓度，但半衰期短。对健康犬进行皮下注射后，生物利用度约50%。犬皮下注射给药200 U/kg，血液中肝素浓度可在治疗范围内维持1～6 h。

【药理作用】 肝素能作用于内源性和外源性凝血途径的凝血因子，所以在体内或体外均有抗凝血作用，对凝血过程每一步几乎都有抑制作用。静脉快速注射后，其抗凝作用可立即发生，但皮下注射则需要1～2 h才起作用。

肝素的抗凝机制与正常存在于血浆中的抗凝血酶Ⅲ(ATⅢ)有关。ATⅢ是凝血酶和凝血因子Ⅹ(Ⅹa)的抑制剂。低浓度的肝素就可与ATⅢ发生可逆性结合，引起ATⅢ分子的结构变化，导致对各种激活的凝血因子的抑制作用显著增强，尤其对凝血酶和凝血因子Ⅹ(Ⅹa)，灭活速率可增加2000～10000倍。灭活后，肝素从复合物中解离，并可继续起作用。肝素在分子水平上抑制凝血因子Ⅹa的能力依赖于一种特殊的戊糖序列，它能被提取为平均相对分子质量为5000的片段(低相对分子质量肝素)，这种片段太短，只能抑制凝血因子Ⅹa，不能抑制凝血酶，抑制凝血酶是常规肝素(平均相对分分子质量15000)的主要作用。在血液循环中形成的纤维蛋白能与凝血酶结合，并阻止凝血酶被肝素-ATⅢ复合物灭活，这可能是防止血栓扩大较防止血栓形成需要更高剂量肝素的原因。

肝素还能与血管内皮细胞壁结合，传递负电荷，影响血小板的聚集和黏附，并增加纤溶酶原激活因子的水平。

【临床应用】 ①主要用于马和小动物的弥散性血管内凝血的治疗。②治疗潜在的血栓性疾病，如肾病综合征、心肌疾病等。③低剂量给药可用于减少心丝虫杀虫药治疗的并发症和预防性治疗马的蹄叶炎。④用于体外血液样本的抗凝。

动物的不良反应：过度的抗凝血可导致出血。不能用本品做肌内注射，因其可导致高度血肿；马连续应用几天可引起红细胞显著减少。肝素轻度过量时，停药即可，不必做特殊处理，如因过量而引

起严重出血，除停药外，还需注射肝素特效解毒药——鱼精蛋白。

鱼精蛋白为低相对分子质量蛋白质，具强碱性，通过离子键与肝素结合形成稳定的复合物，使肝素失去抗凝活性。每毫克鱼精蛋白可中和 100 U 肝素，一般用 1%硫酸鱼精蛋白溶液缓慢静脉注射。

【注意事项】 有下列情况的患病动物禁用本品：①对肝素过敏；②有严重的凝血障碍，可引起各种黏膜出血、关节积血、伤口出血等；③有肝素诱导血小板减少症病史；④有活动性消化道溃疡；⑤急性感染性心内膜炎。

【制剂、用法与用量】 肝素钠注射液，1 mL：12500 U。治疗血栓栓塞症，皮下、静脉注射，一次量，每千克体重，犬 150～250 U，猫 250～375 U。3 次/日。治疗弥散性血管内凝血，马 25～100 U，小动物 75 U。

华法林(Warfarin)

(结构式：OH，CH，CH_2COCH_3)

【药动学】 华法林又称苄丙酮香豆素钠，属香豆素类抗凝剂。猫内服本品可迅速吸收。本品在猫体内的血浆蛋白结合率超过 96%，但有很大的种属差异。马比绵羊或猪有更高的游离药物浓度。主要在肝进行羟基化反应而失去活性，从尿液和胆汁排泄。血浆半衰期取决于种属和患病动物，从几小时到几天不等。在猫体内，*S*-对映体的半衰期为 23～28 *h*，*R*-对映体的半衰期为 11～18 h。

【作用与应用】 华法林通过干扰维生素 K_1 合成凝血因子Ⅱ、Ⅶ、Ⅸ、Ⅹ而起间接的抗凝作用，其作用机制是阻断维生素 K 环氧化物还原酶的作用，阻止维生素 K 环氧化物还原为氢醌型维生素 K，从而不能合成凝血因子。因此，本品的特点是在体外没有作用，体内作用发生慢，一般在给药 24～48 h 后才出现作用，最大效应在 3～5 日产生，停止给药后作用仍可持续 4～14 日。足量的维生素 K_1 能逆转华法林的作用。

临床上主要用于血栓性疾病的长期治疗(或预防)，通常用于犬、猫或马。

华法林在体内可与许多药物发生相互作用，与影响维生素 K 合成、改变华法林蛋白结合率、诱导或抑制肝药酶的药物同时服用，均可增强或减弱其作用。增强其作用的药物主要有保泰松、肝素、水杨酸盐、广谱抗生素等；减弱其作用的药物主要有巴比妥类、水合氯醛、灰黄霉素等。

本类药物的副作用是可能引起出血，因此要定期做凝血酶原试验，根据凝血酶原时间调整剂量与疗程，当凝血酶原的活性降到 25%以下时，必须停药。

注意事项：过量应用容易引起各种出血，如皮下出血、器官出血、消化道和泌尿道出血、伤口出血等。

【制剂、用法与用量】 华法林钠片。内服：一次量，马每 450 kg 体重 30～75 mg，犬、猫每千克体重 0.1～0.2 mg，每日 1 次。

（二）体外抗凝血药

枸橼酸钠(Sodium Citrate)

【理化性质】 又名柠檬酸钠。为白色结晶性粉末。易溶于水，味咸。有风化性，应密封保存。

【作用与应用】 钙离子参与凝血过程的每一个步骤，缺乏这一凝血因子时，血液便不能凝固。枸橼酸钠的枸橼酸根与血液中钙离子形成难解离的可溶性复合体，使血液中钙离子浓度迅速降低而产生抗凝血作用。

本品主要用于体外抗凝，如输血或化验室血样抗凝，配制成2.5%～4%溶液，每100 mL全血中加10 mL。采用静脉滴注输血时，所含枸橼酸钠并不引起血钙过低反应，因为枸橼酸钠在体内易氧化，机体氧化速度已接近其输入速度。

【注意事项】①输血时，枸橼酸钠用量不可过大；否则，血钙迅速降低，使动物中毒甚至死亡，此时可静脉注射钙剂缓解；②枸橼酸钠碱性较强，不适合用于血液生化检查。

草酸钠(Sodium Oxalate)

本品为白色无臭结晶性粉末。能溶于水，不溶于醇，水溶液近中性。

草酸根离子能与血液中钙离子结合成不溶性的草酸钙，从而降低血液中钙离子浓度，阻止血液凝固。可用于实验室血样的抗凝，每100 mL血液中加入2%草酸钠溶液10 mL即可。草酸钠毒性很大，仅供外用，严禁用于输血或体内抗凝。

（三）纤维蛋白溶解药

纤维蛋白溶解药可使纤溶酶原转变为纤溶酶，后者迅速水解纤维蛋白和纤维蛋白原，导致血栓溶解。故纤维蛋白溶解药又称血栓溶解药。链激酶和尿激酶均为纤维蛋白溶解药。

链激酶(Streptokinase)

【作用与应用】链激酶是从β溶血性链球菌培养液中提取的一种非酶性蛋白质，相对分子质量约为4.7×10^4。现已用基因工程方法制备出重组链激酶。链激酶溶解血栓的机制如下：与内源性纤溶酶原结合形成SK-纤溶酶原复合物，促使纤溶酶原转变为纤溶酶，纤溶酶迅速水解血栓中纤维蛋白，导致血栓溶解。临床上注射给药可用于血栓形成疾病的防治。静脉注射的药物，迅速经过循环中网状内皮系统并被循环抗体所清除。主要从肝脏经胆道排出，仍保留生物活性。

【用法与用量】静脉注射或肌内注射：大动物，一次量，每45 kg体重，5000～10000 U/d，每日1～2次；小动物每天总量不超过10000 U，持续用药5日。

尿激酶(Urokinase)

尿激酶是从人尿中分离得来的一种糖蛋白，也可由基因重组技术制备，相对分子质量约为5.3×10^4。尿激酶可直接激活纤溶酶原使之转变为纤溶酶。本品对纤维蛋白无选择性，既可以裂解凝血块表面的纤维蛋白，也可以裂解血液中游离的纤维蛋白原。此外，尿激酶还能促进血小板凝集，这是其缺点。尿激酶可用于预防犬术后腹膜粘连。用法与用量：腹腔注射，一次量，犬每千克体重，5000～10000 U。

（四）抗血小板聚集药

阿司匹林(Aspirin)

【作用与应用】阿司匹林又称乙酰水杨酸，是一种常用的抗血小板药物，对血小板环氧合酶有不可逆的抑制作用。阿司匹林能使环氧合酶乙酰化，从而抑制血小板产生花生四烯酸。类花生酸中较重要的物质是前列环素(PGI_2)和血栓素A_2(TXA_2)。PGI_2具有较强的抗血小板聚集和松弛血管平滑肌的作用，而TXA_2是强大的血小板释放及聚集的诱导物，是PGI_2的生理拮抗物，可直接诱导血小板释放ADP，进一步加速血小板的聚集。PGI_2合成减少可能促进凝血及血栓形成，小剂量阿司匹林即可显著降低TXA_2水平，而对PGI_2的合成无明显影响。阿司匹林通过抑制TXA_2的合成而影响血小板聚集，抗血栓形成。

阿司匹林被单胃动物内服后，可在胃和近端小肠迅速被吸收，牛的吸收较慢。吸收后广泛分布于全身，血浆蛋白结合率在不同种属动物为70%～90%。阿司匹林在胃肠道水解产生水杨酸盐和醋

酸。水杨酸盐在肝脏与葡萄糖醛酸结合，从肾脏排泄。有的动物(如猫)体内的葡萄糖醛酸转移酶相对缺乏，能延长阿司匹林的半衰期，导致药物蓄积甚至中毒。

【注意事项】 下列患病动物禁用：①对阿司匹林过敏者；②急性胃肠道溃疡者；③严重的肝、肾、心功能衰竭者。

【用法与用量】 内服(减少心丝虫病的后遗症)：一次量，每千克体重，犬 10 mg，猫 25 mg。每周 2 次。

第三节 抗贫血药

抗贫血药是指能增进机体造血机能、补充造血必需物质、改善贫血状态的药物。血液由几种不同类型细胞组成，包括红细胞、白细胞和血小板。90%以上的血细胞为红细胞，其所含血红蛋白的主要功能是从肺携带氧气到全身组织。当单位容积循环血液中的红细胞数和血红蛋白量长期低于正常水平时，称为贫血。由其引起的病理生理学问题主要是组织供氧不足。贫血是一种综合症状，并不是独立的疾病。

临床上按其病因和发病原理，把贫血分为 4 种：出血性贫血、溶血性贫血、营养性贫血(包括缺铁所致的小细胞低色素性贫血，缺乏维生素 B_{12} 和叶酸所致的巨幼红细胞贫血或大红细胞性贫血)和再生障碍性贫血。

1. 出血性贫血 由于内出血或外出血，血容量降低。治疗时以输血、扩充血容量为主，辅助给予造血物质。

2. 营养性贫血 由造血物质丢失过多，或造血物质摄入量不足引起。临床上常见的哺乳仔猪缺铁性贫血、寄生虫引起的慢性贫血、缺乏维生素 B_{12} 或叶酸所造成的巨幼红细胞贫血，都属于营养性贫血。治疗时除消除病因外，需补充铁、铜、维生素 B_{12} 及叶酸等物质。

3. 溶血性贫血 红细胞大量崩解，超过机体造血代偿能力。主要由细菌毒素、蛇毒、化学毒物中毒及梨形虫感染等所致。另外，异型输血后溶血、新生骡驹溶血病等也会发生溶血性贫血。治疗时以去除病因为主，再补充造血物质，以促进红细胞生成。

4. 再生障碍性贫血 指骨髓造血机能受到损害，引起红细胞、白细胞及血小板减少。其病因如下：骨髓本身的病变，如白血病，骨髓造血组织被破坏；生物因素如细菌毒素；物理因素如 X 线的过量照射；化学因素如苯、重金属等。治疗时以去除病因、恢复造血功能为主。同时可输血，或试用氯化钴、皮质激素、同化激素等治疗。

贫血不是一种独立的疾病。各种原因引起的贫血，常伴有类似的临床症状和血细胞形态学改变。治疗时应先查明贫血原因进行对因治疗，抗贫血药只有一种补充疗法。

铁剂

临床上常用的铁剂，内服的有硫酸亚铁、富马酸亚铁和枸橼酸铁铵；注射用的有右旋糖酐铁注射液和铁钴注射液。

【药理作用】 铁是构成血红蛋白的必需物质，血红蛋白铁占全身铁含量的 60%。铁也是肌红蛋白、细胞色素和某些呼吸酶的组成部分。每日都有相当数量的红细胞被破坏，红细胞破坏所释放的铁，几乎均可被骨髓利用来合成血红蛋白，所以每日只需补充少量因排泄而失去的铁，即可维持体内铁的平衡。饲料中含有丰富的铁，一般情况下家畜不会缺铁。但吮乳期或生长期幼畜、妊娠期或泌乳期母畜因需铁量增加而摄入量不足，胃酸缺乏、慢性腹泻等可致肠道吸收铁的能力减退，慢性失血使体内储铁耗竭，急性大出血后恢复期，铁作为造血原料需要增加时，都必须补铁。

【药动学】 铁剂内服后，主要在十二指肠上段以二价亚铁离子形式被吸收。随饲料摄入的少量

Note

铁，以主动转运吸收；大量服用铁剂时，以被动转运吸收。胃酸、维生素C能促进三价铁还原为二价铁，有利于铁的吸收，铜对铁的吸收有协助作用。多钙、多磷和含鞣质的饲料，可使铁盐沉淀，妨碍其吸收。铁盐还能与四环素类形成络合物，相互影响吸收。铁的排泄量极少，主要通过上皮脱落、胆汁、尿液、粪便和汗液排泄。肉类能刺激胃肠分泌，能促进铁的吸收。磷酸盐、草酸盐和碳酸氢盐等，则能抑制铁的吸收。进入肠黏膜细胞的二价铁离子被氧化为三价铁离子，并与脱铁铁蛋白结合形成铁蛋白，铁的吸收量取决于黏膜细胞中脱铁铁蛋白和铁蛋白的比值。以后铁蛋白把三价铁离子释放入血液循环，与血液中的脱铁转铁蛋白结合成转铁蛋白。注射用铁剂肌内注射后，3日内吸收至淋巴系统，这个过程主要由巨噬细胞完成，部分右旋糖酐铁与注射部位的结缔组织细胞结合，而成为很少利用的铁储库。右旋糖酐铁进入血流，然后很快分布于全身网状内皮系统，在细胞内解离出游离铁。右旋糖酐少部分代谢为葡萄糖，大部分从尿液排泄，游离铁则进入血流与脱铁铁蛋白结合。正常情况下，血浆中的铁浓度约为100 μg/mL。内服或注射进入循环中的铁主要有两条去路：一种是进入骨髓以满足造血需要，另一种是进入肝、脾等的网状内皮系统中以铁蛋白形式储存。铁在体内经常处于动态平衡状态，内服的铁（包括食物中的铁）以铁蛋白和含铁血黄素形式储存于肝、脾等的网状内皮系统内。衰老的红细胞崩解后可利用的铁（内源性铁）也储存于这些组织，新降解的血色素的铁则用于生成红细胞。

【药物相互作用】 ①本品与维生素C同服，有利于吸收；②本品与磷酸盐类、四环素类及鞣酸等同服，可妨碍铁的吸收；③本品可减少喹诺酮类药物的吸收。

【不良反应】 铁盐可与许多化学物质或药物发生反应，故不宜与其他药物混合内服给药，如硫酸亚铁与四环素同服可发生螯合作用，使两者吸收均减少。

使用过量铁剂，尤其是注射给药时，可引起动物中毒。仔猪铁中毒的临床症状表现为皮肤苍白、黏膜损伤、粪便发黑、腹泻带血、心搏过速、呼吸困难和嗜睡，严重者可发生休克；也有牛使用大剂量铁剂发生中毒而死亡的报道。所以应用铁剂时，必须避免体内铁过多，因为动物没有铁排泄或降解的有效机制。

【临床应用】 铁剂主要应用于缺铁性贫血的治疗和预防。临床上常见的缺铁性贫血有两种：一种是哺乳仔猪贫血，另一种是慢性失血性贫血（如严重感染吸血寄生虫）。哺乳仔猪贫血是临床上常见的疾病，仔猪出生时铁储存量较低（每头45～50 mg），母乳能供应日需要量（生长迅速的仔猪日需要量约为7 mg）的1/7（约1 mg），如果不给予额外的补充，则2～3周就可发生贫血，且贫血可使仔猪对腹泻的易感性增高。哺乳仔猪贫血多注射右旋糖酐铁，成年家畜贫血多内服铁剂（如硫酸亚铁）进行治疗。

【注意事项】 ①肝炎、急性感染、肠道炎症等患病动物慎用；②胃与肠道溃疡的患病动物忌用；③在服用铁剂时，应避免饲喂高钙、高磷及含鞣质较多的饲料；④铁盐能刺激消化道黏膜，可致呕吐（猪、犬）、腹痛等，宜在饲后投药；⑤铁在肠道内能与硫化氢结合而减少硫化氢对肠道的刺激，引起便秘，并使粪便变成黑色。

【制剂、用法与用量】

(1) 硫酸亚铁，临用前配制成0.2%～1%溶液。内服，一次量，马、牛2～10 g，猪、羊0.5～3 g，犬0.05～0.5 g，猫0.05～0.1 g。

(2) 葡聚糖铁钴注射液，2 mL：0.2 g(Fe)，10 mL：1 g(Fe)。肌内注射，一次量，仔猪100～200 mg。

右旋糖酐铁注射液

【理化性质】 本品为右旋糖酐与氢氧化铁的络合物，为棕褐色或棕黑色结晶性粉末。本品略溶于热水，常制成注射液。

【作用与应用】 本品作用同硫酸亚铁。肌内注射后主要通过淋巴系统缓慢吸收，本品中解离的铁立即与蛋白分子结合形成含铁血黄素、铁蛋白或转铁蛋白。

本品主要用于重症缺铁性贫血或不宜内服铁剂的缺铁性贫血。

【注意事项】 ①猪注射铁剂偶尔会出现不良反应，临床表现为肌肉软弱、站立不稳，严重时可致死亡。②肌内注射可引起局部疼痛，应深部肌内注射。超过 4 周龄的猪注射有机铁，可引起臀部肌肉着色。药物可能在数月内被缓慢吸收。③久置可产生沉淀。

【用法与用量】 肌内注射，一次量，仔猪 100～200 mg。

右旋糖酐铁钴注射液

【理化性质】 本品又称铁钴注射液，为右旋糖酐与三氯化铁及微量氯化钴制成的胶体性注射液。

【作用与应用】 本品具有钴与铁的抗贫血作用。钴有促进骨髓造血功能的作用，并能改善机体对铁的利用。

本品主要用于仔猪缺铁性贫血。

【注意事项】 参见右旋糖酐铁注射液。

【用法与用量】 肌内注射，一次量，仔猪 2 mL。

硫酸亚铁(Ferrous Sulfate)

【理化性质】 本品为淡蓝绿色柱状结晶或颗粒；无臭，味咸涩。本品易溶于水，常制成粉剂。

【作用与应用】 ①铁是动物机体所必需的微量元素，是合成血红蛋白和肌红蛋白不可缺少的原料。动物体内 60%～70%的铁存在于血红蛋白中，2%～20%分布于肌红蛋白中。其中，血红蛋白是体内运输氧和二氧化碳的最主要载体；肌红蛋白是肌肉在缺氧条件下的供氧源。②铁是细胞色素氧化酶、过氧化物酶、过氧化氢酶及黄嘌呤氧化酶等的成分和碳水化合物代谢酶的激活剂，参与机体内的物质代谢与生物氧化过程，催化各种生化反应。③转铁蛋白除运载铁、锰和铬外，还可预防机体感染疾病。

本品用于缺铁性贫血，如孕畜及哺乳仔猪、慢性失血、营养不良等的缺铁性贫血。

【注意事项】 ①铁盐对胃肠道黏膜具有刺激作用，大量内服可引起呕吐、腹痛、出血乃至肠坏死等，宜喂饲料后投药。②在服用期间，禁喂高钙、高磷及含鞣质较多的饲料。③禁与抗酸药、四环素类药物等合用。④铁可与肠道内硫化氢结合生成硫化铁，减少硫化氢对肠蠕动的刺激作用，但易引起便秘，并排出黑粪。⑤休药期：7 日。

【用法与用量】 内服，一次量，马、牛 2～10 g，羊、猪 0.5～3 g，犬 0.05～0.5 g，猫 0.05～0.1 g。

维生素 B_{12}

【理化性质】 又名氰钴胺。维生素 B_{12} 是含金属元素钴的维生素。为深红色结晶或结晶性粉末。无臭、无味。吸湿性强，在水或乙醇中略溶。应遮光、密封保存。

【作用与应用】 维生素 B_{12} 具有广泛的生理作用。参与机体的蛋白质、脂肪和糖类代谢，帮助叶酸循环利用，促进核酸合成，为动物生长发育、造血、上皮细胞生长及维持神经髓鞘完整性所必需。缺少维生素 B_{12} 时，常可导致猪的巨幼红细胞贫血，小牛发育停滞，猪、犬、鸡等生长发育障碍，猪运动失调等。成年反刍动物瘤胃内能合成维生素 B_{12}，其他草食动物也可在肠内合成。

主要用于治疗维生素 B_{12} 缺乏所致的巨幼红细胞贫血。也可用于神经炎、神经萎缩、再生障碍性贫血、放射病、肝炎等的辅助治疗。

在畜牧业中，常用维生素 B_{12} 或含维生素 B_{12} 的抗生素残渣喂猪、鸡，以促进生长，增加鸡的产蛋率及孵化率。

【注意事项】 维生素 B_{12} 在体内经血浆蛋白转运，分布至全身各组织，主要储存在肝脏中。大量注射时，超出血浆蛋白结合与转运能力的部分，都从尿液排泄，剂量越大，排泄越多。因此，盲目大剂量应用，不但对治疗无益，而且造成浪费。

【制剂、用法与用量】 维生素 B_{12} 注射液，1 mL：0.1 mg，1 mL：0.5 mg，1 mL：1 mg。肌内注射，一次量，马、牛 1～2 mg，猪、羊 0.3～0.4 mg，犬、猫 0.1 mg。每日或隔日一次，持续 7～10 次。

叶酸(Folic Acid)

【来源与性质】 叶酸广泛存在于酵母、绿叶蔬菜、豆饼、苜蓿粉、麸皮、籽实类中。动物内脏、肌肉、蛋类含量很多。药用叶酸多为人工合成品。为黄橙色结晶粉，极难溶于水，遇光失效。应遮光储存。

【作用与应用】 叶酸是核酸和某些氨基酸合成所必需的物质。当叶酸缺乏时，红细胞的成熟和分裂停滞，造成巨幼红细胞贫血和白细胞减少；猪生长迟缓、贫血；雏鸡发育停滞，羽毛稀疏，有色羽毛褪色；母鸡产蛋率和孵化率下降，食欲不振、腹泻等。家畜消化道内微生物能合成叶酸，一般不易发生缺乏症。但长期使用磺胺类等肠道抗菌药物时，家畜也可能发生叶酸缺乏症。雏鸡、猪、狐、水貂等必须从饲料中摄取补充叶酸。

临床上主要用于叶酸缺乏所引起的巨幼红细胞贫血、再生障碍性贫血和母畜妊娠期等。亦常作为饲料添加剂，用于鸡和皮毛动物狐、水貂的饲养。叶酸与维生素 B_{12}、维生素 B_6 等联用可提高疗效。

【制剂、用法与用量】

①叶酸片，5 mg。内服，一次量，犬、猫 2.5～5 mg。

②叶酸注射液，1 mL：15 mg。肌内注射，一次量，雏鸡 0.05～0.1 mg，育成鸡 0.1～0.2 mg。

促红细胞生成素(Erythropoietin)

【作用与应用】 促红细胞生成素(EPO)是由肾皮质近曲小管管壁细胞分泌的由 166 个氨基酸组成的蛋白质，在贫血或低氧血症时，肾脏合成和分泌 EPO 迅速增加。EPO 能刺激红系干细胞生成，促进红细胞成熟，使网织红细胞从骨髓中释放出来以及提高红细胞抗氧化功能，从而增加红细胞数量并提高血红蛋白含量。EPO 与红系干细胞表面的 EPO 受体结合，导致细胞内磷酸化及钙离子浓度增加。可用于治疗中度贫血。

【注意事项】 ①合并感染的患病动物，宜控制感染后再使用本品；②患病动物在治疗期间若出现铁需求增加，应适当补充铁剂；③叶酸或维生素 B_{12} 不足会降低本品效果。

【不良反应】 EPO 引起的不良反应有呕吐、注射部位不适、皮肤过敏反应和较少的急性过敏反应。严重反应是产生抗 EPO 抗体，可引起威胁生命的贫血症，在病马中已有报道，贫血症出现后应立即停止使用 EPO。

【用法与用量】 皮下注射，一次量，每千克体重 100 U，初期每周 3 次，应用 2～3 周；血细胞比容达到正常值后，每周减为 2 次或 1 次。如果在 8～12 周后，血细胞比容还未达到正常值，剂量可增至每千克体重 125～150 U。

第五章　消化系统药理

消化系统疾病种类很多，而且是动物的常见病。由于动物种类不同，消化系统的结构和机能各异，因而发病情况和疾病种类皆不同。例如，马常发生便秘疝、牛常发生前胃疾病。因此充分掌握作用于消化系统的各类药物十分必要。

消化系统药物包括健胃药、助消化药、抗酸药、催吐药、止吐药、增强胃肠蠕动药、制酵药、消沫药、泻药和止泻药。近年来对利胆药在兽医临床上的作用与应用也有一些研究和报道，如熊去氧胆酸等药物，但尚缺乏较成熟的应用资料。

第一节　健胃药与助消化药

一、健胃药

凡能促进动物唾液、胃液等消化液的分泌，加强胃的消化机能活动，从而提高食欲的一类药物称为健胃药。根据其性能和药理作用特点，可分为苦味健胃药、芳香性健胃药和盐类健胃药三类。

（一）苦味健胃药

苦味健胃药多来源于植物，如龙胆、马钱子、大黄等。本类药物具有强烈苦味，通过神经反射引起消化液分泌增多，有利于消化，促进食欲，起到健胃作用。

苦味健胃药的健胃机制于20世纪初通过采用带有食管瘘和胃瘘的犬进行假饲试验，才被科学阐明。试验结果表明，苦味健胃药内服时，刺激舌部味觉感受器，通过神经反射作用，提高大脑皮层食物中枢的兴奋性，反射性地增加唾液和胃液的分泌，增强消化机能，并提高食欲。这种作用在消化不良、食欲减退时尤为显著。

临床应用本类药物时，为充分发挥苦味健胃药的健胃作用，应注意以下几点：①制成合理的剂型，如散剂、舔剂、溶液剂、酊剂等；②一定要经口给药，以刺激味觉感受器，不能用胃管投药；③给药时间应合理，一般认为在饲前5～30 min为宜；④一种苦味健胃药不宜长期反复应用，而应与其他健胃药交替使用，以免动物产生耐受性，使药效降低；⑤用量不宜过大，过量服用反而会抑制胃液分泌。

龙胆

【来源与成分】　本品是龙胆科植物龙胆的干燥根茎和根。粉末为淡棕黄色。味极苦。应密闭干燥保存。龙胆含龙胆苦苷等。

【作用与应用】　本品经口服用，可刺激舌的味觉感觉器，反射性地引起食物中枢兴奋，促进消化，改善食欲。主要用于食欲不振、消化不良及一般热性病的恢复期。

【制剂、用法与用量】　龙胆末，口服，一次量，马、牛20～50 g，羊5～10 g，猪2～4 g。龙胆酊，由龙胆10 g、40%酒精100 mL浸制而成，口服，一次量，马、牛50～100 mL，羊5～15 mL，猪3～8 mL，犬1～3 mL。

大黄

【来源与成分】 本品是蓼科植物大黄的干燥根茎，味苦。内含苦味质、鞣质和蒽醌苷类的衍生物(大黄素、大黄酚和大黄酸等)。

【作用与应用】 大黄的作用与用量有密切关系。小剂量内服时，苦味质发挥其苦味健胃作用；中等剂量时，鞣质发挥其收敛止泻作用；大剂量时，蒽醌苷类被吸收，在体内水解为大黄素和大黄酚等，再由大肠分泌进入肠腔，刺激大肠黏膜，使肠蠕动增强，引起下泻。致泻后往往继发便秘，故临床上很少将其单独作为泻药，常与硫酸钠配伍。此外，大黄还有较强的抗菌作用，能抑制金黄色葡萄球菌、大肠杆菌、痢疾杆菌、铜绿假单胞菌、链球菌及皮肤真菌等。

临床上主要用作健胃药。也可与硫酸钠联用治疗大肠便秘。大黄末与石灰粉(2∶1)配成撒布剂，可治疗化脓性创口；与地榆末配合调油，擦于局部，可治疗火伤和烫伤等。

【制剂、用法与用量】

(1) 大黄末：内服(健胃)，一次量，马 10～25 g，牛 20～40 g，猪 1～2 g，羊 2～5 g，犬 0.5～2 g；致泻，配合硫酸钠等，马、牛 100～150 g，猪、羊 30～60 g，驹、犊 10～30 g，仔猪 2～5 g，犬 2～4 g。

(2) 大黄苏打片：每片含大黄和碳酸氢钠各 0.15 g，薄荷油适量。内服，一次量，猪 5～10 g，羔羊 0.5～2 g。

马钱子酊

本品是马钱科植物番木鳖成熟种子的乙醇制剂，又名番木鳖酊，为棕色液体。有效成分为番木鳖碱，亦称士的宁。味苦，有毒。口服后，主要发挥其苦味健胃作用。临床上常用于消化不良、食欲不振、前胃弛缓、瘤胃积食等。内服，一次量，马 10～20 mL，牛 10～30 mL，猪、羊 1～2.5 mL，犬 0.1～0.6 mL。

番木鳖碱被小肠吸收后，可增强中枢神经系统的兴奋性，先是加强脊髓的反射兴奋性，随后兴奋延髓和大脑。剂量过大易致中毒。故临床应用时，必须严格控制用量，连续用药不能超过 1 周，以免发生蓄积中毒。孕畜禁用，以免发生流产。

(二) 芳香(芳辛)性健胃药

本类药物含有挥发油，是具有辛辣味或苦味的中草药。

内服后对消化道黏膜有轻度的刺激作用，能反射性增加消化液分泌，促进胃肠蠕动。另外，还具有轻度的抑菌和抑制发酵作用；药物吸收后，一部分挥发油经呼吸道排出，能促进支气管腺的分泌，有轻度祛痰作用。健胃、制酵、祛痰是挥发油的共有作用。本类药物的健胃作用强于苦味健胃药，且作用持久。常用的芳香性健胃药有陈皮、桂皮、豆蔻、小茴香、八角茴香、姜、辣椒、蒜等，临床上常将本类药物制成复方制剂，用于消化不良、胃肠内轻度发酵和积食等。

陈皮

本品为芸香科植物橘及其成熟果实的干燥果皮。内含挥发油、橙皮苷、维生素 B_1 和肌醇等。具有健胃、祛风等作用。常与本类其他药物配合，用于消化不良、积食、胀气和咳嗽多痰等。陈皮酊，是由 20%陈皮末制成的酊剂。口服，一次量，马、牛 30～100 mL，羊、猪 10～20 mL。

桂皮

本品又名肉桂，为樟科植物肉桂的树皮。内含挥发性桂皮油。能健胃、祛风和缓解肠管痉挛，扩张血管，改善血液循环。常用于消化不良、胃肠胀气、产后虚弱。孕畜慎用，以免引起流产。桂皮酊，是由 20%桂皮末制成的酊剂。内服，一次量，马、牛 30～100 mL，猪、羊 10～20 mL。

豆蔻

豆蔻又名白豆蔻，为姜科植物白豆蔻的干燥果实，含挥发油，油中含有右旋龙脑、右旋樟脑等成分。

【作用与应用】 具有健胃、祛风、制酵等作用。用于治疗消化不良、前胃弛缓、胃肠气胀等。

【制剂、用法与用量】 豆蔻粉：内服，一次量，马、牛 15～30 g，羊、猪 3～6 g，兔、禽 0.5～1.5 g。复方豆蔻酊剂：内服，一次量，马、牛 10～30 mL，羊、猪 10～20 mL。

大蒜酊

本品为大蒜去皮、捣烂加入酒精过滤制成(大蒜 400 g 捣烂加入 70%酒精 1000 mL，密封浸泡 12～14 日过滤制成)。主要成分为大蒜素。

内服大蒜酊能刺激胃肠黏膜，增强胃肠蠕动和胃液分泌，有健胃作用。本品还有明显的抑菌、制酵作用。临床常用于治疗瘤胃臌胀、前胃弛缓、胃扩张、肠臌气等。内服，一次量，马、牛 50～100 mL，猪、羊 10～20 mL，用前加 4 倍水稀释。

姜(Ginger)

本品为姜科植物姜的干燥根茎。内含挥发油、姜辣素、姜酮等。

内服有较强的健胃、祛风作用，还能反射性地兴奋中枢神经，促进血液循环，升高血压，增加发汗。临床可用于消化不良、胃肠气胀、四肢厥冷、风湿痹痛、风寒感冒等。使用其制剂时应加水稀释后服用，以减少对消化道黏膜的刺激。由于局部刺激作用较大，可用作外用皮肤刺激药。妊娠动物禁用。姜酊是由 20%姜末制成的酊剂。内服，一次量，马、牛 30～100 mL，羊、猪 15～30 mL。临用时加 5～10 倍水稀释。

(三) 盐类健胃药

盐类健胃药主要有氯化钠、碳酸氢钠、人工盐。盐类健胃药少量内服后，通过渗透压作用，可轻度刺激消化道黏膜，反射性地引起胃肠蠕动增强，消化液分泌增加，提高食欲。吸收后又可补充离子，调节体内离子平衡。

氯化钠(Sodium Chloride)

【理化性质】 又名食盐。为无色透明结晶或白色结晶粉末。味咸，易溶于水，其水溶液呈中性。

【药理作用】 ①健胃作用：小剂量氯化钠经口内服后，其咸味刺激味觉感受器，同时也轻微地刺激口腔黏膜，反射性地增加唾液和胃液分泌，促进食欲。氯化钠到达胃肠时，还会继续刺激胃肠黏膜，增加消化液分泌，加强胃肠蠕动，以利于营养物质的吸收。氯化钠还参与胃液的形成，促进消化过程。②消炎作用：本品 1%～3%溶液洗涤创口，有轻度刺激和防腐作用，并有引流和促进肉芽组织生长的功效。另外，等渗氯化钠溶液静脉注射时，能补充体液、促进胃肠蠕动。

【临床应用】 氯化钠内服常用于食欲不振、消化不良；0.9%氯化钠溶液常用作多种药物的溶媒，并可用于冲洗子宫和洗眼；1%～3%的溶液洗涤创口；10%溶液冲洗化脓创口和引流。内服(健胃)，一次量，马 10～25 g，牛 20～50 g，猪 2～5 g，羊 5～10 g。

【注意事项】 猪和家禽对氯化钠比较敏感，应慎用。一旦发生中毒，可给予溴化物、脱水药或利尿药进行解救，并进行对症治疗。

碳酸氢钠(Sodium Bicarbonate)

【理化性质】 又名小苏打。为白色结晶性粉末。无臭，味咸，易溶于水，水溶液呈弱碱性。在潮

湿空气中可缓慢分解释放出二氧化碳气体变为碳酸钠，使碱性增强，应密闭保存。

【药理作用】

(1) 碳酸氢钠是一种弱碱，内服后能迅速中和胃酸，缓解幽门括约肌的紧张度。对胃黏膜卡他性炎症，能溶解黏液和改善消化功能。进入肠道后，能促进食物消化吸收。

(2) 碳酸氢钠是体液酸碱平衡的缓冲物质。内服或注射吸收后能增加血液中的碱储，降低血液中 H^+ 浓度，临床上常用于防治酸中毒。

(3) 碳酸氢钠由尿液排泄，使尿液的碱性增高，可增加磺胺类药物或水杨酸类药物在尿液中的溶解度，减少其在泌尿道析出结晶的副作用。

(4) 内服碳酸氢钠时，有一部分从支气管腺体排泄，能增加腺体分泌，兴奋纤毛上皮，溶解黏液和稀释痰液，进而呈现祛痰作用。

【临床应用】

(1) 健胃：与大黄、氧化镁等配伍使用，治疗慢性消化不良。对于胃酸偏高性消化不良的动物，应饲前给药。

(2) 缓解酸中毒：重症肠炎、大面积烧伤、败血症或麻痹性肌红蛋白尿等疾病都能引起酸中毒，可静脉注射 5%碳酸氢钠注射液进行治疗。

(3) 碱化尿液：为了预防磺胺类、水杨酸类药物的副作用或加强链霉素治疗泌尿道疾病的效果，可配合使用适量的碳酸氢钠，使尿液的碱性增高。

(4) 祛痰：内服祛痰药时，可配合使用少量碳酸氢钠，使痰液易于排出。

(5) 外用：治疗子宫、阴道等黏膜的各种炎症。用 2%～4%溶液冲洗，清除污物，溶解炎性分泌物，疏松上皮，达到减轻炎症的目的。

【注意事项】 ①碳酸氢钠在中和胃酸时，能迅速产生大量的二氧化碳，刺激胃壁，促进胃酸分泌，出现继发性胃酸增多。另外，二氧化碳能增加胃内压，故禁用于马胃扩张，以免引起胃破裂。②碳酸氢钠水溶液放置过久，强烈振摇或加热能分解出二氧化碳，使之变为碳酸钠，使碱性增强。水溶液需要长时间保存时，瓶口要密封。③使用碳酸氢钠注射液时，宜稀释成 1.4%溶液缓慢静脉注射，勿漏出血管外。

【制剂、用法与用量】 碳酸氢钠片，0.3 g，0.5 g。内服，一次量，牛 30～100 g，马 15～60 g，猪 2～5 g，羊 5～10 g，犬 0.5～2 g。

人工盐(Artificial Carlsbad Salt)

【理化性质】 由干燥硫酸钠(44%)、碳酸氢钠(36%)、氯化钠(18%)、硫酸钾(2%)混合制成。为白色干燥粉末。易溶于水，水溶液呈弱碱性。应密封保存。

【作用与应用】 本品有多种盐类的综合作用。①少量内服能轻度刺激消化道黏膜，促进胃肠的分泌和蠕动，增加消化液分泌，从而产生健胃作用；小剂量时还有利胆作用。②内服大剂量时，发挥盐类泻药作用，刺激肠管蠕动、软化粪便，起缓泻作用。③本品中的碳酸氢钠经支气管腺体排出时，有轻微祛痰作用。

本品小剂量时用于消化不良、前胃迟缓等；大剂量时用于早期大肠便秘。

【注意事项】 ①禁止与酸性药物、胃蛋白酶配伍应用。②用作泻剂时宜大量饮水。

【用法与用量】 内服(健胃)：一次量，马 50～100 g，牛 50～150 g，羊、猪 10～30 g，犬 5～10 g，兔 1～2 g。内服(缓泻)：马、牛 200～400 g，羊、猪 50～100 g，犬 20～50 g，兔 4～6 g。

二、助消化药

助消化药是指能促进胃肠消化的药物。食物消化主要由胃肠及其附属器官分泌的胃液、胰液、胆汁等完成。消化机能减弱、消化液分泌不足，会引起消化过程紊乱。助消化药一般是消化液中的

主要成分，如稀盐酸、淀粉酶、胃蛋白酶、胰酶等。它们能补充消化液中某种成分的不足，发挥替代作用，从而使机体迅速恢复正常的消化活动。助消化药作用迅速、奏效快，但必须对症下药；否则，不仅无效，有时反而有害。在临床上常与健胃药配合应用。在兽医临床上健胃药与助消化药往往同时使用，相辅相成。

稀盐酸

【理化性质】 本品为无色澄明液体。无臭，味酸。含盐酸约 10%，为强酸性。应置于有玻璃塞的瓶内密封保存。

【药理作用】 内服稀盐酸能补充胃液中盐酸的不足，使胃蛋白酶原活化为胃蛋白酶，并提供胃蛋白酶作用所需要的酸性环境；还能促使幽门括约肌开放，便于食糜进入十二指肠。当酸性食糜进入十二指肠时，可反射性地增强胰液和胆汁分泌，有助于脂肪及其他食物的进一步消化；能增加钙、铁等盐类的溶解与吸收。此外，稀盐酸还可抑制一些细菌的繁殖，有制酵和减轻气胀的作用。

【临床应用】 稀盐酸主要用于因胃酸缺乏引起的消化不良、胃内发酵、食欲不振、前胃弛缓及马骡、急性胃扩张和碱中毒。

【注意事项】 ①禁止与碱类、盐类健胃药，有机酸，洋地黄及其制剂配合使用；②用药浓度和用量不可过大，否则会因食糜酸度过高，反射性地引起幽门括约肌痉挛，影响胃的排空，而产生腹痛。

【用法与用量】 内服，一次量，马 10～20 mL，牛 15～30 mL，羊 2～5 mL，猪 1～2 mL，犬 0.1～0.5 mL。用 50 倍水稀释后内服(即成 0.2%溶液)

稀醋酸

【理化性质】 本品为无色的澄明液体；有强烈的特殊臭味，味酸。本品常制成含醋酸 5.5%～6.5%的溶液。

【作用与应用】 ①内服有防腐、制酵和助消化作用。②有局部防腐和刺激作用。

本品临床上多用于治疗幼畜消化不良、马属动物的急性胃扩张和反刍动物前胃臌胀；2%～3%的稀释液可用于口腔炎冲洗，0.1%～0.5%的稀释液可用于阴道滴虫病的冲洗治疗。

【注意事项】 市售食用醋含醋酸约 5%，醋精含醋酸约 30%，均可代替稀醋酸使用。

【用法与用量】 内服，一次量，马、牛 50～200 mL，羊、猪 5～10 mL。

乳酸(Lactic Acid)

【理化性质】 本品为澄明无色或微黄色糖浆状液体；无臭，味微酸。本品常制成含乳酸 85%～90%的溶液。

【作用与应用】 本品内服有制酵、防腐作用，可增加消化液的分泌，帮助消化。

本品临床上常用于防治胃酸偏低性消化不良、胃内发酵、胃扩张及幼畜消化不良等；外用 1%温溶液灌洗阴道，可治疗牛滴虫病；蒸汽可用于室内消毒(1 mL/m^3，稀释 10 倍后加热熏蒸 30 min)。

【注意事项】 本品禁止与氧化剂、氢碘酸、蛋白质溶液及重金属盐配伍使用。

【用法与用量】 内服，一次量，马、牛 5～25 mL，羊、猪 0.5～3 mL。临用时配制成 2%的溶液灌服。

胃蛋白酶(Pepsin)

【理化性质】 从牛、羊、猪等动物的胃黏膜提取制得。《中华人民共和国兽药典》规定，每克胃蛋白酶至少能使凝固的卵蛋白 3000 g 完全消化。本品为白色或淡黄色粉末。味微酸，有吸湿性，能溶于水，水溶液呈酸性。在 70 ℃以上或碱性条件下，易被破坏而失效，在弱酸性条件下则较稳定。

【作用与应用】 本品是一种蛋白质分解酶，内服后，可使蛋白质初步水解为蛋白胨、蛋白脲，有

利于蛋白质的进一步分解吸收，有助于消化。常用于胃液分泌不足引起的消化不良。本品在含盐酸(0.2%～0.4%)的条件下作用最强，因此，在补充胃蛋白酶时，同时补充稀盐酸，能提高其疗效。

本品用于胃液分泌不足或幼畜因胃蛋白酶缺乏所引起的消化不良。

【注意事项】 ①忌与碱性药物、鞣酸、重金属盐等配合使用；剧烈搅拌可破坏其活性，导致减效。②当胃液分泌不足引起消化不良时，胃内盐酸也常不足，为充分发挥胃蛋白酶的消化作用，在用药时应同服稀盐酸。即用前先将稀盐酸加20倍水稀释，再加入胃蛋白酶，于饲喂前灌服。

【用法与用量】 内服，一次量，马、牛4000～8000 U，羊、猪800～1600 U，驹、犊1600～4000 U，犬80～800 U，猫80～240 U。

胰酶

【理化性质】 由猪、牛、羊的胰脏提取，内含胰蛋白酶、胰淀粉酶和胰脂肪酶等。为淡黄色粉末。有肉臭，能溶于水，不溶于乙醇。遇酸、碱、重金属盐或加热易失效。

【作用与应用】 本品能消化蛋白质、淀粉和脂肪，使其分解成氨基酸、单糖、脂肪酸和甘油，以便从小肠吸收。主要用于动物病后恢复期和幼畜消化不良，也用于胰脏机能障碍引起的消化不良。胰酶在中性或弱碱性环境中作用最强，同时也可免受胃酸的破坏，故常与碳酸氢钠同服。内服，一次量，马、牛5～10 g，猪0.5～1 g，羊1～2 g，犬0.2～0.5 g。

乳酶生

【理化性质】 又名表飞鸣。为乳酸杆菌的干燥制剂，每克含活乳酸杆菌1000万个以上。为白色粉末或淡黄色的干燥粉末。无臭，无味，难溶于水。受热后效力降低，应置于凉暗处保存。

【作用与应用】 本品是一种活的乳酸杆菌制剂，进入肠道后，能分解糖类产生乳酸，使肠内酸度增高，抑制腐败性细菌繁殖，抑制发酵产气。临床上主要用于消化不良、肠臌气和幼畜腹泻等。

【注意事项】 ①抗菌药物、收敛剂、吸附剂、酊剂及乙醇也能抑制乳酸杆菌的活性，降低其药效，故本品不应与上述药物同用；②应在饲喂前给药；③禁用热水调药，以免降低药效。

【用法与用量】 内服，一次量，驹、犊10～30 g，羊、猪2～4 g，犬0.3～0.5 g。

干酵母

【理化性质】 又名食母生。为淡黄白色或黄棕色的薄片、颗粒或粉末。有酵母的特殊臭味，味微苦。本品为酵母科几种酵母菌的干燥菌体，蛋白质含量不少于44.0%，常制成片剂。

【作用与应用】 本品含B族维生素，如维生素B_1、维生素B_2、烟酸、维生素B_6、维生素B_{12}、叶酸、肌醇及麦芽糖酶、转化酶等。这些成分多为体内酶系统的重要组成物质，故能参与体内糖、脂肪、蛋白质的代谢和生物氧化过程，因而能促进消化。常用于食欲不振、消化不良和B族维生素缺乏症。

【注意事项】 ①因为本品中含大量对氨基苯甲酸，与磺胺类药合用时可使其抗菌作用减弱，故可拮抗磺胺类药的抗菌作用，不宜合用。②用量过大时可引起轻度下泻。

【制剂、用法与用量】 干酵母片。内服，一次量，马、牛120～150 g，猪、羊30～60 g，犬8～12 g。

三、健胃药与助消化药的合理选用

健胃药与助消化药可用于动物的食欲不振、消化不良，临床上常配伍应用。但食欲不振、消化不良往往是全身性疾病或饲养管理不善的临床表现，因此，必须在对因治疗和改善饲养管理的前提下，配合选用本类药物，这样才能提高疗效。

马属动物出现口干、舌红、苔黄、粪干小等消化不良症状时，选用苦味健胃药龙胆酊、大黄酊、陈皮酊等；如果口腔湿润、舌苔白、粪便松软带水，则选用芳辛性健胃药配合人工盐等较好。

当消化不良兼有胃肠弛缓或胃肠内容物有异常发酵时，应选用芳辛性健胃药，并配合鱼石脂等

制酵药。

猪消化不良时，一般选用人工盐或大黄苏打片。

吮乳幼畜消化不良时，主要选用胃蛋白酶、乳酶生、胰酶等。

草食动物吃草不吃料时，亦可选用胃蛋白酶，配合应用稀盐酸。牛摄入富含蛋白质的饲料后，在瘤胃内产生大量的氨，影响瘤胃活动，早期可用稀盐酸或稀醋酸，疗效较好。

第二节 抗 酸 药

抗酸药是一类能降低胃内容物酸度的弱碱性无机物质，如碳酸钙、氧化镁、氢氧化镁、氢氧化铝等，可直接中和胃酸但不被胃肠道吸收，适度提高胃内 pH，以缓解酸的刺激症状、降低胃蛋白酶活性，pH 升到 4 时，胃蛋白酶失活，从而减轻其对胃黏膜的侵袭作用，缓解消化性溃疡的疼痛症状。除了具有缓冲胃酸的作用外，抗酸药还是消化性溃疡特别是十二指肠溃疡的主要治疗药物之一。抗酸药还可螯合胆酸盐，减轻反流性损害，通过刺激前列腺素(PG)释放，促进 HCO_3^- 和黏液分泌，对胃有保护作用。抗酸药有易吸收和不易吸收之分，易吸收的碳酸氢钠虽能迅速中和胃酸，但作用时间短，当用量偏大时，不仅刺激胃壁泌酸，还可影响体液 pH，造成碱中毒。目前的抗酸药常使用不易吸收的缓冲性抗酸药，包括碱性抗酸药、抑制胃酸分泌药等。

一、碱性抗酸药

碳酸钙(Calcium Carbonate)

【理化性质】 本品为白色极微细的结晶性粉末。无臭，无味，几乎不溶于水，不溶于乙醇。

【作用及应用】 本品的抗酸作用产生快，且强而持久。在中和胃酸反应时能产生二氧化碳，引起嗳气。Ca^{2+} 进入小肠后能促进胃泌素分泌，易引起胃酸分泌增多的反跳现象。用于治疗胃酸过多。本品长期大剂量应用，可造成便秘、腹胀。

【用法与用量】 内服，一次量，马、牛 30～80 g，羊、猪 3～20 g。

氧化镁(Magnesium Oxide)

【理化性质】 为白色粉末，无臭，无味。几乎不溶于水，不溶于乙醇，可溶于稀酸，在空气中可缓慢吸收二氧化碳。

【作用与应用】 本品抗酸作用强而持久，但起效缓慢。中和胃酸时不产生二氧化碳，但可形成氯化镁，释放出镁离子，刺激肠道蠕动致泻。氧化镁又具有吸附作用，能吸附二氧化碳等气体。主要用于治疗胃酸过多、胃肠臌气及急性瘤胃臌气。

【用法与用量】 内服，一次量，马、牛 50～100 g，羊、猪 2～10 g。

氢氧化镁(Magnesium Hydroxide)

【理化性质】 为白色粉末，无臭，无味，不溶于水、乙醇，溶于稀酸。

【作用与应用】 本品难吸收，抗酸作用较强、较快，可快速调节 pH 至 3.5，应用时不产生二氧化碳。用于治疗胃酸过多和胃炎等病症。

【制剂、用法与用量】 镁乳。内服，一次量，犬 5～30 mL，猫 5～15 mL。

氢氧化铝(Aluminium Hydroxide)

【理化性质】 为白色无晶型粉末，无臭，无味，不溶于水或乙醇，在稀矿酸或氢氧化碱溶液中

溶解。

【作用与应用】 本品为弱碱性化合物，抗酸作用较强，起效缓慢而且持久，中和胃酸时产生的氧化铝有收敛作用、局部止血及引起便秘作用。

本品用于治疗胃酸过多和胃溃疡。

【注意事项】 ①本品为弱碱性药物，禁止与酸性药物混合应用，还能影响磷酸盐、四环素类、泼尼松、氯丙嗪、普萘洛尔、维生素、巴比妥类、地高辛、奎尼丁、异烟肼等药物的吸收或消除。②长期应用时应在饲料中添加磷酸盐。在胃肠道中与食物中的磷酸盐结合成难以吸收的磷酸铝，故长期应用可造成磷酸盐吸收不足。③铝离子能与四环素类药物起络合作用，影响后者的吸收，故两者不宜联用。

【用法与用量】 内服，一次量，马 15～30 g，猪 3～5 g。

二、抑制胃酸分泌药

胃酸由壁细胞分泌，并受神经递质（乙酰胆碱）、内分泌（促胃液素）、旁分泌（组胺、生长抑素和前列腺素）等体内多种内源性因素调节，它们作用于壁细胞的特异性受体，增加 cAMP 和 Ca^{2+} 浓度，最终影响壁细胞顶端分泌小管膜内的质子泵（H^+-K^+-ATP 酶）而影响胃酸分泌。常用的抑制胃酸分泌的药物可分为三类：①H_2受体阻断药，能够阻断胃壁细胞的 H_2受体，对胃酸分泌具有强大的抑制作用。常用药物有西咪替丁（甲氰咪胍）、雷尼替丁（呋喃硝胺）等，具体应用见相关章节。②H^+-K^+-ATP 酶抑制药，又称质子泵，是由 α 和 β 两个亚单位组成的异二聚体。H^+-K^+-ATP 酶是胃酸分泌过程的最终环节，H^+-K^+-ATP 酶抑制药将其作为靶标，通过抑制此酶而抑制酸分泌，是一类抑制胃酸特异性高、作用强的新型抗消化溃疡药。主要药物有奥美拉唑。③M 受体阻断药，主要药物有溴丙胺太林和格隆溴铵。

奥美拉唑(Omeprazole)

【理化性质】 奥美拉唑也称洛赛克，是第一个问世的质子泵抑制剂，是一种苯并咪唑衍生物，左旋体和右旋体各占 50%。

【药动学】 本品内服后迅速由小肠吸收，生物利用度为 35%～61%，1 h 即达到有效血药浓度，血浆蛋白结合率为 95%～96%。胃内有食物时，吸收会减少 67%。饮食并不影响该药的清除率，半衰期为 2.5～8 h 不等。在肝脏代谢，主要经肾脏排出。

【作用与应用】 本品经肠吸收，在血液中药物不带电荷，能透过细胞膜，分布在胃壁细胞分泌小管部位。质子化的药物分子可转化为亚磺酸和亚磺酰胺，是奥美拉唑发挥药理作用的活性形式。这两种活性化合物均能与 H^+-K^+-ATP 酶位于细胞外表面的 α 亚单位中半胱氨酸残端的巯基相结合形成共价键，抑制此酶活性。H^+-K^+-ATP 酶的半衰期为 18 h。

奥美拉唑可使基础胃酸分泌及由组胺、促胃液素等刺激引起的胃酸分泌受到明显抑制。每天给予每千克体重 4 mg 的剂量就可以抑制胃酸分泌，在预计达到最大胃酸分泌抑制后（5 日）的 8 h、16 h、24 h，胃酸的分泌分别减少 99%、95%、90%。奥美拉唑为弱碱性药物，进入壁细胞后，在分泌小管的酸性环境中迅速分解，生成的物质与 H^+-K^+-ATP 酶的巯基结合，使酶不可逆地失去活性，壁细胞分泌胃酸的最后环节被抑制，胃液 pH 升高。奥美拉唑既是该酶的底物，又是其抑制剂。本品主要用于治疗十二指肠溃疡，并能预防或治疗由致溃疡性药物（如阿司匹林）引起的胃损伤（糜烂）。

【注意事项】 该药不能用于妊娠及泌乳雌马，用药后的动物禁止食用。不宜长期用药，可致胃内细菌滋生，还可抑制肝药酶活性。

【用法与用量】 内服，马，一次量，每千克体重 4 mg，每日 1 次，连用 4 周。为预防复发，可继续给予维持量 4 周，每千克体重 2 mg。

溴丙胺太林(Propantheline Bromide)

【理化性质】 溴丙胺太林又称普鲁本辛。为白色或类白色结晶性粉末,无臭,味极苦,极易溶于水、乙醇和氯仿,不溶于乙醚或苯。

【作用与应用】 本品为节后抗胆碱药,对胃肠道 M 受体选择性高,有阿托品样作用,治疗剂量对胃肠道平滑肌的抑制作用强且持久,亦可减少唾液、胃液及汗液的分泌,此外还有神经节阻断作用。中毒量时,可阻断神经肌肉传导,使呼吸麻痹。

本品适用于胃酸过多症,可缓解胃肠痉挛。本品可延缓呋喃妥因和地高辛在肠内的停留时间,增加上述药物的吸收。

【制剂、用法与用量】 溴丙胺太林片。内服,一次量,小犬 5~7.5 mg,中犬 15 mg,大犬 30 mg,猫 5~7.5 mg,每 8 h 1 次。

格隆溴铵

【理化性质】 格隆溴铵又称胃长宁,为白色结晶性粉末,味苦,无臭,溶于水。

【作用与应用】 本品为节后抗胆碱药,作用类似于阿托品。抑制胃酸及唾液分泌的作用较强,对胃肠道解痉作用较差,一般用于治疗胃酸过多、消化性溃疡等。

【制剂、用法与用量】 胃长宁注射液。肌内或皮下注射,一次量,每千克体重,犬 0.01 mg。

第三节 止吐药和催吐药

止吐药在兽医临床上主要用于制止犬、猫、猪及灵长类动物呕吐,因为常期剧烈的呕吐,易造成机体脱水和电解质失衡。呕吐是上消化道的一种复杂调节性活动,由位于延髓的呕吐中枢调控。

一、止吐药

甲氧氯普胺(Metoclopramide)

【理化性质】 又名灭吐灵、胃复安。为白色至淡黄色结晶或结晶性粉末,遇光变成黄色,毒性增强。能溶于水及醋酸等。

【作用与应用】 甲氧氯普胺能够抑制催吐化学感受区而呈现强大的中枢性镇吐作用,止吐机制是阻断多巴胺 D_2受体,抑制延髓催吐化学感受区,反射性地抑制呕吐中枢。本品内服或注射均能增加反刍次数,增强瘤胃收缩和肠管蠕动,增加排粪次数,并能使反刍持续期延长,嗳气次数增加。促进食管和胃的蠕动,加速胃的排空,有助于改善呕吐症状。本品还可调整胆汁分泌。

本品主要治疗胃肠胀满、恶心呕吐及用药引起的呕吐以及胆囊炎和胆石症等。

犬、猫妊娠时禁用。本品忌与阿托品、颠茄制剂等配伍使用,以防降低药效。

【制剂、用法与用量】

(1) 胃复安片,5 mg,10 mg,20 mg。内服,一次量,每千克体重,小牛 0.1~3 mg,牛 0.1 mg。2~3 次/日。

(2) 胃复安注射液,1 mL∶10 mg,1 mL∶20 mg。肌内、静脉注射,用量同片剂。

氯苯甲嗪(Meclozine)

【理化性质】 本品为白色或淡黄色结晶性粉末,无臭,几乎无味,溶于水。

【作用与应用】 本品有防止变态反应性呕吐及晕动病所致呕吐的作用,止吐作用可持续 20 h

左右。止吐机理为抑制前庭神经、迷走神经的兴奋传导，同时对中枢也起一定的抑制作用。用于治疗犬、猫等动物呕吐。

【制剂、用法与用量】 盐酸氯苯甲嗪片。内服，一次量，犬 25 mg，猫 12.5 mg。

舒必利

【理化性质】 舒必利又称止吐灵，为白色结晶性粉末。无臭，味苦，易溶于冰醋酸或稀醋酸，较难溶于乙醇，难溶于丙酮，不溶于水、乙醚、氯仿和苯。

【作用与应用】 本品属中枢性止吐药，止吐作用强大。内服止吐效果是氯丙嗪的 166 倍，皮下注射时是氯丙嗪的 142 倍。兽医临床上常用作犬的止吐药，止吐效果好于胃复安。

【用法与用量】 内服，一次量，每 5～10 kg 体重，犬 0.3～0.5 mg。

二、催吐药

催吐药是一类引起呕吐的药物，催吐作用可由兴奋呕吐中枢化学敏感区引起，如阿扑吗啡；也可通过刺激食管、胃等消化道黏膜，反射性地兴奋呕吐中枢引起，如硫酸铜。催吐药主要用于犬、猫等具有呕吐机能动物的中毒急救，去除胃内未吸收的毒物，减少有毒物质的吸收。

阿扑吗啡(Apomorphine)

【理化性质】 阿扑吗啡又称去水吗啡，为白色或灰白色细小有闪光的结晶或结晶性粉末，无臭，能溶于水和乙醇，其水溶液呈中性。露置空气或日光中缓缓变为绿色，勿用。

【作用与应用】 本品为中枢反射性催吐药，能直接刺激延髓催吐化学感受区，反射性兴奋呕吐中枢，引起恶心、呕吐。内服作用较弱，缓慢；皮下注射后 5～10 min 即可产生强烈的呕吐。常用于犬驱除胃内毒物，有时也可用于猫，但存在争议。

【用法与用量】 皮下注射，一次量，猪 10～20 mg，犬 2～3 mg，猫 1～2 mg。

第四节　增强胃肠蠕动药

本类药物包括瘤胃兴奋药和胃肠推进药。瘤胃兴奋药又称反刍促进药，是能促进瘤胃平滑肌收缩，加强瘤胃运动，促进反刍，消除瘤胃积食与气胀的一类药物。胃肠推进药主要是指通过增强胃肠运动，促进胃的正向排空和推动胃肠内容物从十二指肠向回盲肠部推进的药物。主要药物有甲氧氯普胺和多潘立酮。

反刍动物的瘤胃容积较大，食物停留时间较长，因此，瘤胃的正常活动是确保饲料被消化、营养物质合成的前提。当饲养管理不善，饲料质量低劣或发生某些全身性疾病如高热、低血钙等时，动物可继发前胃弛缓、反刍减弱或停止，从而产生瘤胃积食、瘤胃臌胀等一系列疾病。治疗时除消除病因、加强饲养管理外，还必须应用瘤胃兴奋药，以促进瘤胃机能的恢复。促进瘤胃兴奋的药物可分为拟胆碱药、浓氯化钠注射液、酒石酸锑钾和甲氧氯普胺等。除在本节讨论的药物外，其他详见相关章节。

浓氯化钠

【理化性质】 本品为 10%氯化钠的灭菌水溶液，无色透明，pH 为 4.5～7.5，专供静脉注射用。

【作用与应用】 ①本品可在血液中形成高氯离子(Cl^-)浓度和高钠离子(Na^+)浓度，从而反射性兴奋迷走神经，使胃肠平滑肌兴奋，蠕动加强，消化液分泌增多。尤其在瘤胃机能较弱时，作用更加显著。②据报道，静脉注射本品后能短暂抑制胆碱酯酶活性，出现胆碱能神经兴奋的效应，可促进

瘤胃运动。

本品静脉注射可提高血液渗透压，增加血容量，改善血液循环，有利于组织的新陈代谢，同时又能刺激血管壁的化学感受器，反射性地兴奋迷走神经，加强胃肠的蠕动和分泌。当胃肠机能减弱时，这种作用更加显著。临床上常用于前胃弛缓、瘤胃积食、马属动物的便秘疝等。本品作用缓和，疗效良好，一般用药后 2～4 h 作用最强。

【注意事项】 ①静脉注射时不能稀释，速度宜慢，不可漏至血管外；②心力衰竭和肾功能不全的患病动物应慎用；③一般用药后 2～4 h 作用最强。

【制剂、用法与用量】 浓氯化钠注射液，50 mL：5 g，250 mL：25 g。静脉注射，一次量，每千克体重，家畜 0.1 g。

多潘立酮(Domperidone)

【理化性质】 多潘立酮又称吗丁啉，通常为片剂，每片含 10 mg 多潘立酮，属于一种直接作用于胃肠壁的多巴胺受体拮抗剂。

【作用与应用】 本品作用机制和胃肠道促动力效应与甲氧氯普胺相似，可促进胃排空，增强胃及十二指肠的运动，但在动物上的治疗效果不显著。可用于缓解食管反流、胃肠胀满、恶心、呕吐等症状。

内服从胃肠道吸收，在犬体内的生物利用度仅 20%，可能是由高度的首过效应所致，内服后 2 h 血药浓度达峰值，有 93%与血浆蛋白结合，代谢产物主要从粪便和尿液中排出。

【用法与用量】 该药在小动物中的应用未见报道，建议剂量每只 2～5 mg，据报道该药物常用于治疗马的苇状羊茅中毒及无乳症。

第五节　制酵药与消沫药

一、制酵药

凡能抑制细菌或酶的活动，阻止胃肠内容物发酵，使其不能产生过量气体的药物称制酵药。

家畜采食大量发酵或腐败变质的饲料后，在细菌的作用下产生大量气体，当这些气体不能通过肠道或嗳气排出时，则引起瘤胃臌胀。治疗时，除危急病例可穿刺放气外，一般可使用制酵药，如鱼石脂、甲醛溶液、煤酚皂溶液、酒精、大蒜酊等，抑制胃肠道内微生物发酵产气，并刺激胃肠黏膜，加强胃肠蠕动，以排出气体。临床上主要用于治疗反刍动物的瘤胃臌胀，也用于治疗马属动物的胃扩张及肠臌气。

鱼石脂(Ichthammol)

【理化性质】 本品为棕黑色的黏稠性液体，有特臭。本品在热水中溶解，易溶于乙醇，溶液呈弱酸性，常制成软膏。

【作用与应用】 ①本品有较弱的抑菌作用和温和的刺激作用，内服能制酵、祛风和防腐，促进胃肠蠕动。②外用具有局部消炎、消肿和刺激肉芽组织生长的作用。

本品临床上用于胃肠道制酵，如瘤胃臌胀、前胃弛缓、胃肠臌气、急性胃扩张等；外用于慢性皮炎、蜂窝织炎、腱炎、冻疮等，多配成 10%～30%软膏局部涂敷。

【注意事项】 ①本品内服前，应先加 2 倍量乙醇溶解，再用水稀释成 2%～5%的溶液灌服。②禁与酸性药物如稀盐酸、乳酸等联合使用。③本品软膏由鱼石脂与凡士林按 1：1 比例混合而成，仅供外用。

【用法与用量】 内服，一次量，马、牛 10～30 g，羊、猪 1～5 g。外用，患处涂敷。

甲醛溶液(Formaldehyde Solution)

【理化性质】 本品为含 40%甲醛的水溶液。

【作用与应用】 本品能与蛋白质的氨基结合，使蛋白质凝固，有强大的杀菌作用。内服后可杀灭细菌、纤毛虫等，迅速抑制瘤胃内发酵。本品刺激性强，为减轻对胃肠黏膜的刺激，以 20～30 倍稀释液内服，用于急性瘤胃臌胀。应用后可能继发消化不良，不宜反复应用。

【用法与用量】 内服，一次量，牛 8～25 mL，羊 1～3 mL，用水稀释 20～30 倍内服。

二、消沫药

消沫药是一类表面张力低，能迅速破坏起泡液的泡沫，而使泡内气体逸散的药物。

当牛、羊采食大量含皂苷的饲料(如紫云英、紫苜蓿等豆科植物)后，经瘤胃发酵会产生许多不易破裂的黏稠性小气泡，这些小气泡夹杂在瘤胃内容物中无法排出，便引起泡沫性臌胀病。消沫药由于呈疏水性，其表面张力低于起泡液(泡沫性臌胀瘤胃内的液体)的表面张力，与起泡液接触后，其微粒黏附于泡沫膜上，造成泡沫膜局部的表面张力下降，使泡沫膜面受力不均，产生不均匀收缩，致使膜局部被“拉薄”而破裂，气体逸出。此时，消沫药微粒再进行下一个消沫过程，如此循环，相邻的小气泡融合，逐渐汇集成大气泡或游离的气体通过嗳气排出。

这类药物如二甲硅油、松节油、各种植物油等，在兽医临床上主要用于治疗胃肠臌气，如牛、羊瘤胃臌气和马、骡肠臌气等。

二甲硅油(Dimethicone)

【理化性质】 本品为二甲基硅氧烷的聚合物，为无色澄清油状液体或微黄色液体；无臭，无味。本品不溶于水及乙醇。应密封保存，常制成片剂。

【作用与应用】 本品内服后能迅速降低瘤胃内泡沫液膜的表面张力，使小气泡破裂，融合成大气泡，随嗳气排出，产生消除泡沫的作用。作用迅速，约在用药后 5 min 起作用，在 15～30 min 作用最强，使大量泡沫破裂，融合为气体排出。临床上主要用于泡沫性臌胀病。

【制剂、用法与用量】

(1) 二甲硅油粉，由二甲硅油(4%)、无水山梨醇单硬脂酸酯(0.4%)、聚乙烯醇(0.56%)和葡萄糖(加至 100 g)组成。内服，一次量(以二甲硅油计)，牛 3～5 g，羊 1～2 g。临用前配成 2%～5%酒精溶液或煤油溶液，用胃管投服。投服前后投少量温水，以减少局部刺激。

(2) 二甲硅油片，50 mg、25 mg。内服，一次量，牛 3～5 g，羊 1～2 g。

松节油

松节油为常用的皮肤刺激药之一，也用于消化道疾病。本品内服后能刺激消化道黏膜，促进胃肠蠕动，并有制酵、祛风、消沫作用。临床上主要用于治疗瘤胃臌胀、瘤胃泡沫性臌胀、胃肠弛缓等。应用时加 3～4 倍植物油混合后内服，以减少刺激性。本品禁用于屠宰家畜、泌乳母畜及有胃肠炎、肾炎的家畜。内服，一次量，马 15～40 mL，牛 20～60 mL，猪、羊 3～10 mL。

植物油(Vegetable Oil)

植物油如豆油、菜油、棉籽油、花生油等都能降低泡沫的稳定性，使泡沫破裂而发挥消沫作用。这些油类来源广、疗效可靠、应用方便。对严重的瘤胃泡沫性臌胀动物，将植物油与松节油合用效果好。内服，一次量，马、牛 500～1000 mL，羊 100～300 mL，猪 50～100 mL，犬 10～30 mL，鸡 5～10 mL。

三、制酵药与消沫药的合理选用

由采食大量容易发酵或腐败变质的饲料而导致的臌胀，或急性胃扩张，除危急者可以穿刺放气外，一般可用制酵药或瘤胃兴奋药，加速气体排出。对其他原因引起的臌胀，除制酵外，还要对因治疗。

在常用的制酵药中，甲醛的作用确实可靠，但由于对局部组织刺激性强，加之能杀灭多种对机体有益的肠道微生物和纤毛虫，因此，除严重气胀外，一般情况下不宜选用。鱼石脂的制酵效果较好，刺激作用比较缓和，所以应用较多。鱼石脂与酒精配合应用效果好。

瘤胃泡沫性臌胀时，如果选用制酵药，仅能制止气体的产生，对已形成的泡沫无消除作用。因此，必须选用消沫药。

第六节 泻药与止泻药

一、泻药

泻药是一类能促进肠道蠕动、增加肠内容积、软化粪便、加速粪便排泄的药物。临床上主要用于治疗便秘、去除胃肠道内毒物及腐败分解物，还可与驱虫药合用以驱除肠道寄生虫。根据泻药作用机理，可将其分为容积性泻药（盐类泻药）、刺激性泻药、润滑性泻药（油类泻药）和神经性泻药四类。

使用泻药时必须注意以下事项：①对于诊断未明确的动物肠道性阻塞，不可以随意使用泻药，使用泻药应防止泻下过度而导致失水、衰竭或继发肠炎等，且不宜多次重复使用。②治疗便秘时，必须根据病因而采取综合措施或选用不同的泻药。③当脂溶性毒物或药物引起家畜中毒以及应用某些驱虫药后，为了去除毒物和虫体，一般采用盐类泻药，不要采用油类泻药，以防增加毒物和药物的吸收而加重病情。④对于极度衰竭呈现脱水状态、机械性肠梗阻以及妊娠末期的动物，禁止使用泻药。

（一）容积性泻药

临床上常用的容积性泻药有硫酸钠和硫酸镁，它们都是盐类，所以又称盐类泻药。硫酸钠、硫酸镁的水溶液含有不易被胃肠黏膜吸收的 SO_4^{2+}、Na^+ 和 Mg^{2+} 等离子，在肠内形成高渗环境，能吸收大量水分，并阻止肠道水分被吸收，软化粪便，增加肠内容积，并对肠壁产生机械性刺激，反射性地引起肠蠕动增强。同时，盐类的离子对肠黏膜也有一定的化学刺激作用，促进肠蠕动，加快粪便排出。

盐类泻药的致泻作用与溶液的浓度和量有着密切关系。高渗溶液能保持肠腔水分，并能使体液中水分向肠腔转移，增加肠管容积，发挥致泻作用。硫酸钠的等渗溶液浓度为 3.2%，硫酸镁为 4%。致泻时，应配成 6%～8%溶液灌服，主要用于大肠便秘。单胃家畜服药后经 3～8 h 排粪，反刍动物要经 18 h 以上才能排粪。如果与大黄等植物性泻药配伍应用，可产生协同作用。

盐类溶液浓度过高（10%以上），不仅会延长致泻时间，降低致泻效果，进入十二指肠后，还能反射性地引起幽门括约肌痉挛，妨碍胃内容物排空，有时甚至可引起肠炎。

硫酸钠(Sodium Sulfate)

【理化性质】 又名芒硝。为无色透明大块结晶或颗粒状粉末。味苦而咸，易溶于水。易失去结晶水而风化，应密闭保存。

【药理作用】 本品小剂量内服时，能适度刺激消化道黏膜，使胃肠的分泌与蠕动稍增加，故有健胃作用；大剂量内服时，在肠内解离出的 SO_4^{2-} 和 Na^+ 不易被肠壁吸收，在肠腔内保留大量水分（480 g 硫酸钠可保留 15 L 水），增加肠内容积，并稀释肠内容物，软化粪便，促进排粪。

【临床应用】 ①主要治疗大肠便秘，配成4%～6%溶液灌服。小肠阻塞时因阻塞部位接近胃，不宜选用盐类泻药；否则，易继发胃扩张。②用于去除肠内毒物或辅助驱虫药除虫时，本药较为安全。③牛第三胃阻塞时，可用25%～30% 硫酸钠溶液250～300 mL 直接注入第三胃，软化干结食团，有较好的效果。④化脓创口和瘘管的冲洗、引流，可用10%～20%硫酸钠溶液。内服(健胃)：一次量，马、牛 15～50 g，猪、羊 3～10 g。致泻：马 200～500 g，牛 400～800 g，羊 40～100 g，猪 25～50 g，犬 10～25 g，猫 2～5 g，鸡 2～4 g，鸭 10～15 g。

硫酸镁(Magnesium Sulfate)

【理化性质】 又名泻盐。为无色细小针状结晶或斜方形柱状结晶。味苦而咸，易溶于水。有风化性。

【作用与应用】 本品内服、外用的作用和应用与硫酸钠基本相同。因其在单位体积内解离的离子数较硫酸钠少，所以泻下作用较硫酸钠弱。此外，内服尚可因刺激十二指肠黏膜，反射性地使胆总管括约肌松弛和胆囊排空，有利胆作用；静脉注射硫酸镁溶液有抑制中枢神经的作用，缓解骨骼肌痉挛。

（二）刺激性泻药

本类药物内服后，在胃内一般无变化，到达肠内后，分解出有效成分，对肠黏膜感受器产生化学性刺激，反射性促进肠管蠕动和增加肠液分泌，产生泻下作用。临床常用的有大黄、芦荟、番泻叶、蓖麻油、巴豆油、酚酞等。

蓖麻油(Castor Oil)

【理化性质】 本品为大戟科植物蓖麻的种子经压榨而得的植物油，为淡黄色黏稠液体。微臭，不溶于水。

【作用与应用】 蓖麻油本身无刺激性，只有润滑性。内服后在十二指肠中一部分受胰脂肪酶的作用，分解为蓖麻油酸和甘油。前者在小肠中与钠结合成蓖麻油酸钠，刺激肠黏膜感受器，促进肠蠕动，使内容物从小肠迅速向大肠移送；后者对肠道起润滑作用。另一部分未被分解的蓖麻油以原形通过肠道，对粪便和肠壁也起润滑作用，有利于泻下。用药后经4～8 h可引起排粪。主要用于小肠阻塞、小肠便秘。

【注意事项】 ①本品有刺激性，不宜用于孕畜、患肠炎的动物；②哺乳母畜内服后有一部分经乳汁排出，可使幼畜腹泻；③本品能促进脂溶性物质的吸收，不宜与脂溶性驱虫药合用，以免增加后者的毒性；④由于蓖麻油内服后易黏附于肠黏膜表面，影响消化机能，故不可多次重复使用；⑤小家畜比较多用，对大家畜如牛等致泻效果不明显。

【用法与用量】 内服，一次量，马、牛 200～300 mL，驹、犊 30～80 mL，猪、羊 20～60 mL，犬 5～25 mL，猫 4～10 mL。

酚酞(Phenolphthalein)

【理化性质】 为白色或类白色结晶性粉末。无臭无味。不溶于水，能溶于醇。

【作用与应用】 本品内服后在胃内不溶解，故无刺激性。到达肠内遇胆汁及碱性肠液时，则缓慢分解为水溶性盐，刺激肠黏膜，促进蠕动，并阻止水分被肠壁吸收，引起下泻。临床可用于猪、犬等小动物便秘。本品对草食动物的作用不可靠。

【制剂、用法与用量】 酚酞片。内服，一次量，马 0.5～5 g，猪 0.1～0.3 g，犬 0.1～0.5 g。

（三）润滑性泻药

本类药物内服后，多以原形通过肠道，起润滑肠壁、软化粪便及阻止肠内水分吸收的作用，使粪

便易于排出。临床常用的有液体石蜡、花生油、棉籽油、菜籽油、芝麻油和猪油等，故本类药又名油类泻药。

液体石蜡(Liquid Paraffin)

【理化性质】 本品是石油提炼过程中的一种副产品，为无色透明的油状液体。无臭，无味。呈中性。不溶于水和乙醇。

【作用与应用】 本品内服后，在消化道内不起变化，也不被肠壁吸收，而以原形通过整个肠管，对肠腔只起润滑和保护作用。泻下作用缓和，无刺激性，是一种比较安全的泻药。临床上适用于治疗瘤胃积食、小肠阻塞、肠炎及孕畜便秘。

【注意事项】 ①其泻下作用缓和，比较安全，孕畜可应用；②不宜多次服用，以免影响消化，阻碍脂溶性维生素及钙、磷的吸收。

【用法与用量】 内服，一次量，马、牛 500～1500 mL，羊 100～300 mL，猪 50～100 mL，犬 10～30 mL，猫 5～10 mL，鸡 2～5 mL。可加温水灌服。

植物油(Vegetable Oil)

植物油包括豆油、菜籽油、芝麻油、花生油、棉籽油等。大量灌服这些植物油后，只有小部分在肠内分解，大部分以原形通过肠管，润滑肠道，软化粪便，促进排粪。临床适用于瘤胃积食、小肠阻塞、大肠便秘等。用法、用量同消沫药。

（四）神经性泻药

神经性泻药包括拟胆碱药，如氨甲酰胆碱、毛果芸香碱、新斯的明等。它们能较强地促进胃肠蠕动，增强腺体分泌，引起泻下，而且作用迅速，但副作用很大，应用时必须注意(参见第二章)。

二、止泻药

止泻药是一类能制止腹泻、保护肠黏膜、吸附有毒物质或收敛消炎的药物。一般来说，腹泻是临床上常见的一种症状或疾病，是机体的保护性防御机能之一，可将毒物排出体外，对机体有利，无须止泻。但过度腹泻不仅会影响营养物质的吸收和利用，还易造成机体脱水、电解质平衡失调以及酸中毒。因此，适时应用止泻药是必须的。腹泻时应根据病因和病情，采取综合治疗措施。首先应消除病因，如排泄毒物、抑制病原微生物、改善饲养管理等；其次是应用止泻药和对症治疗，如补液、纠正酸中毒等。但对细菌感染引起的腹泻，主要通过选用抗菌药物来控制感染，即可止泻。

根据药物作用特点，可将止泻药分为以下四类：①保护收敛性止泻药，如鞣酸、鞣酸蛋白、碱式硝酸铋、碱式碳酸铋等，这类药物具有收敛作用，能在肠黏膜表面形成蛋白保护膜。②吸附性止泻药，如药用炭、白陶土、矽炭银、百草霜(锅底灰)、木炭末等，具有吸附作用，能吸附毒物、毒素等，从而减轻毒物、毒素等对肠黏膜的刺激。③抑制肠道平滑肌蠕动的止泻药，如苯乙哌啶、复方樟脑酊、阿托品、颠茄、盐酸消旋山莨菪碱等，可松弛肠道平滑肌，减少蠕动和分泌，抑制腹泻，消除腹痛。④抗菌性止泻药，如磺胺类、喹诺酮类等，能发挥对因治疗作用，使肠道炎症消退而止泻。

（一）保护收敛性止泻药

鞣酸

【理化性质】 本品为淡黄色至淡棕色粉末；有特异微臭，味极涩。本品极易溶于水，常制成粉剂。

【作用与应用】 ①本品内服后与胃黏膜蛋白结合成鞣酸蛋白，被覆于胃肠黏膜起保护作用。而鞣酸蛋白在小肠内再分解，释放出的鞣酸发挥收敛止泻作用。②本品还能与一些生物碱结合产生

沉淀。

本品内服可用于小动物止泻，也可用作某些生物碱中毒的解毒剂；可外用于湿疹、创伤等。

【注意事项】 对细菌感染引起的腹泻，宜先控制感染，再使用本品。

【用法与用量】 内服，一次量，马、牛 10～20 g，羊 2～5 g，猪 1～2 g，犬 0.2～2 g，猫 0.15～2 g。洗胃，配成 0.5%～1%溶液。外用，配成 5%～10%的溶液。

鞣酸蛋白

【理化性质】 本品由鞣酸和蛋白质制备而成，含鞣酸 50%，为棕褐色的粉末；微臭，味微涩。本品几乎不溶于水和乙醇，常制成粉剂。

【作用与应用】 鞣酸蛋白本身无活性，内服后，在胃内酸性环境下稳定，到达小肠后，在碱性肠液中受胰蛋白酶等作用的影响，蛋白质部分被消化，释出鞣酸，而发挥收敛和保护作用。这种作用持久且能到达肠管后部。临床上主要用于治疗急性肠炎和非细菌性腹泻。

【注意事项】 同鞣酸。

【用法与用量】 内服，一次量，马 10～20 g，牛 10～25 g，羊 3～5 g，猪 2～5 g，犬 0.2～2 g，猫 0.15～2 g，兔 1～3 g，禽 0.15～0.3 g，水貂 0.1～0.15 g。

碱式硝酸铋

【理化性质】 本品又称次硝酸铋，为白色粉末；无臭或几乎无臭。本品不溶于水和乙醇，易溶于盐酸或硝酸。遇光易变质，应遮光、密闭保存。

【作用与应用】 本品内服难吸收，在胃肠内能缓慢地解离出铋离子。铋离子既能与蛋白质结合发挥收敛作用，又能在肠内与硫化氢结合，形成不溶性硫化铋，覆盖于黏膜表面，保护肠黏膜，并减少硫化氢对肠壁的刺激而发挥止泻作用。外用时，在炎性组织中也能缓慢地解离出铋离子，与细菌、组织表层的蛋白质结合，产生收敛和抑菌消炎作用。

临床上内服用于治疗非细菌性肠炎和腹泻；外用治疗湿疹和烧伤，10%软膏可用于创伤或溃疡治疗。

【注意事项】 ①对由病原菌引起的腹泻，应先用抗菌药物控制感染后再用本品；②碱式硝酸铋在肠内溶解后，可形成亚硝酸盐，量大时能引起中毒。

【用法与用量】 内服，一次量，马、牛 15～30 g，羊、猪、驹、犊 2～4 g，犬 0.3～2 g，猫、兔 0.4～0.8 g，禽类 0.1～0.3 g，水貂 0.1～0.5 g。

碱式碳酸铋

【理化性质】 本品又称次碳酸铋，为白色或微带淡黄色的粉末；无臭，无味。本品不溶于水，常制成片剂。

【作用与应用】 同碱式硝酸铋，但副作用较轻。

本品主要用于胃肠炎及腹泻等。

【注意事项】 同碱式硝酸铋①项。

【用法与用量】 内服，一次量，马、牛 15～30 g，羊、猪、驹、犊 2～4 g，犬 0.3～2 g。

（二）吸附性止泻药

药用炭(Medical Charcoal)

【理化性质】 又名活性炭。是将动物骨骼或木材在密闭窑内加热烧制后，研成的黑色微细粉末。无臭无味，不溶于水。在空气中吸收水分后药效降低，必须干燥密封保存。

【作用与应用】 药用炭的粉末颗粒细小，表面积大(1 g 药用炭总面积达 500～800 m^2)，吸附作用强。内服后，不被消化也不被吸收，能吸附大量的气体、病原微生物、发酵产物、细菌毒素等，并能覆盖于黏膜表面，保护肠黏膜免受刺激，使肠蠕动减慢，达到止泻的作用。临床上用于治疗肠炎、腹泻、中毒等。外用于浅部创伤，有干燥、抑菌、止血和消炎作用。

【注意事项】 本品禁止与抗菌药物、乳酶生合用，因其被吸附而降低药效。本品的吸附作用是可逆的，用于吸附毒物时必须用盐类泻药促使其排出。在吸附毒物的同时也能吸附营养物质，不宜反复应用。

【制剂、用法与用量】 药用炭片。内服，一次量，马 20～150 g，牛 20～200 g，羊 5～50 g，猪 3～10 g，犬 0.3～2 g。

高岭土(Kaolin)

【理化性质】 又称白陶土。本品为类白色粉末，加水湿润后有类似黏土的气味。本品几乎不溶于水，常制成粉剂，药用白陶土必须在 150 ℃下干燥灭菌 2～3 h。

【作用与应用】 白陶土主要含硅酸铝，有吸附和保护作用。因白陶土带负电荷，只能吸附带正电荷的物质(如生物碱、碱性染料等)，其吸附作用较药用炭弱。临床上用于治疗胃肠炎、幼畜腹泻等。外用治疗溃疡、糜烂性湿疹和烧伤。白陶土能保水和导热，与食醋配伍制成冷却剂湿敷于局部，可治疗急性关节炎、日射病、热射病及风湿性蹄叶炎等。

【注意事项】 参见药用炭。

【用法与用量】 内服，一次量，马、牛 50～150 g，羊、猪 10～30 g，犬 1～5 g。

(三) 抑制肠道平滑肌蠕动的止泻药

当腹泻不止或有剧烈腹痛时，为了防止脱水，消除腹痛，可选用肠道平滑肌抑制药，如阿托品、颠茄等，松弛肠道平滑肌，减少肠管蠕动而止泻(参见相关章节)。

盐酸地芬诺酯

盐酸地芬诺酯又称苯乙哌啶、止泻宁。

【作用与应用】 本品属非特异性止泻药，是哌替啶的衍生物，通过对肠道平滑肌的直接作用，抑制肠黏膜感受器，减缓肠蠕动，同时增加肠道的节段性收缩，延迟内容物后移，以利于水分的吸收。大剂量时有镇痛作用。长期使用时能产生依赖性，若与阿托品配伍使用可减少依赖性的发生。主要用于急慢性功能性腹泻、慢性肠炎的对症治疗。

【注意事项】 本品不宜用于细菌毒素引起的腹泻，其可使细菌毒素在肠道中停留时间过长而加重腹泻。本品用于猫时可能会引起咖啡因样兴奋，犬则表现为镇静。

【制剂、用法与用量】 复方地芬诺酯片。内服，一次量，犬 2.5 mg，每日 3 次。

(四) 抗菌止泻药

家畜腹泻多由微生物感染引起，故临床上往往首先考虑使用抗菌药物，进行对因治疗，使肠道炎症消退而止泻。可选用庆大霉素、氟苯尼考、喹诺酮类和磺胺类等，这些药物有较强的抗菌止泻作用(见第十二章)。

三、泻药与止泻药的合理选用

(一) 泻药的合理选用

大肠便秘的早、中期，一般首选盐类泻药如硫酸钠或硫酸镁，也可大剂量灌服人工盐(200～400 g)缓泻。

小肠阻塞的早、中期，一般选用液体石蜡、植物油。它们的优点是容积小，对小肠无刺激性，且有

润滑作用。

去除毒物时，一般选用盐类泻药，不宜用油类泻药，以防促进脂溶性毒物吸收而加重病情。

便秘后期，局部已产生炎症或其他病变时，一般只能选用润滑性泻药，并配合补液、强心、消炎等。

在应用泻药时，要防止因泻下作用太猛，水分排出过多而引起患病动物脱水或继发肠炎。对泻下作用强烈的泻药一般只投药一次，不宜多用。用药前应注意给予充分饮水。对幼畜、孕畜及体弱患病动物的便秘，多选用人工盐或润滑性泻药。单用泻药不能奏效时，应进行综合治疗，如治疗便秘时，泻药与制酵药、强心药、体液补充剂配合应用，效果较好。

（二）止泻药的合理选用

腹泻是机体的一种保护性反应，有利于细菌、毒物或腐败分解产物的排出。腹泻的早期不应立即使用止泻药，应先用泻药排出有害物质，再用止泻药。但剧烈或长期腹泻，可影响营养物质的吸收，严重的会引起机体脱水及钾、钠、氯等电解质紊乱，这时必须立即应用止泻药，并注意补充水分和电解质等，采取综合治疗。

治疗腹泻时，应先查明腹泻的原因，然后根据需要，选用止泻药。如细菌性腹泻，特别是严重急性肠炎时，应给予抗菌药物止泻，一般不选用吸附药和收敛药；对大量毒物引起的腹泻，不急于止泻，应先用盐类泻药以促进毒物排出，待大部分毒物从消化道排出后，方可用碱式硝酸铋等保护受损的胃肠黏膜，或用活性炭吸附毒物；一般的急性水泻，往往导致脱水、电解质紊乱，应首先补液，然后用止泻药。

第六章　呼吸系统药理

呼吸器官由呼吸道和肺组成，在呼吸中枢的调节作用下，进行正常的气体交换，对维持机体内环境的平衡具有十分重要的作用。因其直接与外界环境接触，环境因素（如寒冷、潮湿、烟尘及微生物等）对呼吸系统有着直接的影响，常导致呼吸系统疾病的发生。动物呼吸系统疾病的临床表现主要为咳嗽、气管和支气管分泌物增多、呼吸困难，可归纳为咳、痰、喘。三者往往同时存在，互为因果。如痰多可引起咳嗽，也可阻塞支气管引起喘息；喘息可引起咳嗽，又往往会使痰液增多。过度的咳、喘等可严重影响呼吸和循环机能。引起呼吸系统疾病的原因很多，常见的是病原微生物和寄生虫感染、化学刺激、过敏反应、神经功能失调、气候骤变等。临床上主要采用对因治疗，并配合祛痰药、镇咳药、平喘药等进行对症治疗，以缓解症状，防止病情发展，促进患病动物的康复。

第一节　祛　痰　药

凡能促进气管与支气管黏液分泌，使痰液变稀、易于排出的药物称祛痰药。

在正常生理情况下，呼吸道内不断有少量痰液分泌，在呼吸道内形成稀薄的黏液层，对黏膜起保护作用。在病理情况下，由于炎症对黏膜的不良刺激，分泌物增多，且黏膜上皮发生病理变化，纤毛运动减弱，黏液不能被顺利排出。于是滞留在呼吸道内的黏液，因水分被吸收，加上呼吸气流的影响，变得更加黏稠，黏附于呼吸道内壁不能被排出，因而导致咳嗽，严重的会引起喘息。此时，除对患病动物进行祛痰治疗以减轻症状外，还应使用抗菌药物进行治疗。

祛痰药还有间接的镇咳作用，炎性刺激可使气管分泌物增多，或黏膜上皮纤毛运动减弱，痰液不能被及时排出而黏附在气管内，刺激黏膜下感受器引起咳嗽，祛痰药促使痰液排出后，减少了刺激，起到了止咳作用。祛痰药可分为两类：①刺激性祛痰药，本类药物通过刺激呼吸道黏膜，使气管及支气管的腺体分泌增加，促进痰液稀释，使痰液易于排出，如氯化铵、碘化钾、酒石酸锑钾等。②黏痰溶解药又称黏痰液化药，是一类使痰液中黏性成分分解、黏度降低，使痰液易于排出的药，如乙酰半胱氨酸、盐酸溴己新等。

氯化铵(Ammonium Chloride)

【理化性质】　本品为无色结晶或白色结晶性粉末；无臭、味咸、性凉。本品易溶于水，常制成片剂和粉剂。有吸湿性。密封干燥保存。

【作用与应用】　①本品有较强的祛痰作用。内服后可刺激胃黏膜迷走神经末梢，反射性引起支气管腺体分泌增加，使稠痰稀释，易于咳出，对支气管黏膜的刺激减少，咳嗽也随之缓解。此外，本品被吸收至体内后，有小部分从呼吸道排出，带出水分，使痰液变稀而利于咳出，有一定的止咳作用。②本品为强酸弱碱盐，具有酸化尿液与利尿的作用。在体内可解离为 NH_4^+ 和 Cl^-，NH_4^+ 在肝脏内被合成为尿素并释放出 H^+，H^+ 与体内的 HCO_3^- 结合释放 CO_2，组织外液中的 Cl^- 与碱结合降低机体的碱储，使血液和尿液的 pH 降低，过多的 Cl^- 到达肾脏后，不能被肾小管完全重吸收，与阳离子（主要是 Na^+）和水一起排出，产生一定的利尿作用。

本品的应用如下：①用作祛痰药，适用于支气管炎初期，特别是黏膜干燥、痰稠不易咳出，有咳嗽

症状者。②用作尿液酸化剂，预防或帮助溶解某些类型的尿结石；当机体发生有机碱类药物（如苯丙胺等）中毒时，可促进毒物的排出。

【注意事项】 ①单胃动物用本品后有恶心、呕吐反应。②肝脏、肾脏功能异常的患病动物，内服氯化铵容易引起血氯过高性酸中毒和血氨升高，应慎用或禁用。③本品遇碱或重金属盐类即分解；与磺胺类药物合用，可能使磺胺类药物在尿道析出结晶而发生泌尿道损害，如闭尿、血尿等，忌与这些药配伍应用。④内服吸收完全。

【用法与用量】 氯化铵片，内服，一次量，马 8～15 g，牛 10～25 g，羊 2～5 g，猪 1～2 g，犬、猫 0.2～1 g，2～3 次/日。

碘化钾(Potassium Iodide)

【理化性质】 本品为无色结晶或白色结晶性粉末；无臭，味咸、带苦味。本品极易溶于水，常制成片剂。有潮解性，应遮光、密封保存。

【作用与应用】 本品内服可刺激胃黏膜，反射性地增加支气管腺体分泌。同时，吸收后有一部分碘离子迅速从呼吸道排出，直接刺激支气管腺体，促进分泌，稀释痰液，使痰液易于咳出。但本品刺激性强，不适用于急性支气管炎的治疗。另外，碘化钾进入机体后，缓慢游离出碘，一部分成为甲状腺素的成分参与代谢，另一部分进入病变组织中，溶解病变组织和消散炎性产物。本品还能使机体代谢旺盛，改善血液循环。

本品可用于治疗慢性或亚急性支气管炎；用于局部病灶注射时，可治疗牛放线菌病；作为助溶剂，用于配制碘酊和复方碘溶液，并可使制剂性质稳定。

【注意事项】 ①本品在酸性溶液中能析出游离碘。②肝、肾功能低下的患病动物慎用。③本品刺激性较强，不适用于治疗急性支气管炎症。④与甘汞混合后能生成金属汞和碘化汞，使毒性增强；遇生物碱可生成沉淀。

【制剂、用法与用量】 碘化钾片，10 mg。内服，一次量，马 5～10 g，羊、猪 1～3 g，犬 0.2～1 g。

酒石酸锑钾

【作用与应用】 本品小剂量内服后，经水解释放出锑离子。后者刺激胃黏膜，反射性地引起支气管腺体分泌增加，使痰液稀释并能加强纤毛运动而呈现祛痰作用；大剂量内服时可作为瘤胃兴奋药。静脉注射有抗血吸虫作用。

【用法与用量】 内服（用于祛痰），一次量，马、牛 0.5～3 g，猪、羊 0.2～0.5 g，犬 0.02～0.1 g，猫 0.05～0.08 g，每日 2～3 次。

乙酰半胱氨酸(Acetylcysteine)

$$\begin{array}{lll} CH_2\text{—} & CH\text{—} & COOH \\ | & | & \\ SH & NHCOCH_3 & \end{array}$$

【理化性质】 又名痰易净、易咳净。为半胱氨酸的 N-乙酰化物。为白色结晶性粉末，有类似蒜的臭气，味酸。可溶于水及乙醇。有引湿性，性质不稳定。

【作用与应用】 气管、支气管分泌物的正常组成为水（95%）、糖蛋白（2%）、碳水化合物（1%）和脂类化合物（少于 1%）。糖蛋白增加分泌物的黏性，对黏膜有保护和润滑作用。而慢性炎症疾病等对呼吸道分泌有明显影响，糖蛋白将被炎症物质等取代，杯状细胞数增加，结果使呼吸道分泌物的黏性增加。

乙酰半胱氨酸为黏痰溶解性祛痰剂，本药的结构中所含的巯基（—SH），能使痰液中的黏性成分糖蛋白多肽链中的二硫键（—S—S—）断裂，降低痰液的黏度，使之易于咳出。对脓性和非脓性痰液

均有效。对脓痰中的DNA也有降解作用，故适用于黏痰阻塞气道、咳嗽困难的患病动物。一般以喷雾法给药，最适pH为7～9。本品气管内滴入后，可迅速使痰液变稀，便于吸引排痰。吸入后可在1 min内起效，最大作用时间为5～10 min。然后在肝内脱去乙酰而成为半胱氨酸。

乙酰半胱氨酸在兽医临床上主要用作呼吸系统和眼的黏液溶解药。

【注意事项】 ①本品可减低青霉素、头孢菌素、四环素等药物的药效，不宜混合使用或联用。②小动物于喷雾后宜运动，以促进痰液咳出，或叩击动物的两侧胸腔，以诱导咳嗽，将痰液排出。③支气管哮喘患病动物慎用或禁用。④本品与碘化油、糜蛋白酶、胰蛋白酶有配伍禁忌，不宜同时使用。⑤不宜与一些金属（如铁、铜）及橡胶、氧化剂接触，喷雾容器要采用玻璃或塑料制品。

【制剂、用法与用量】 喷雾用乙酰半胱氨酸。喷雾，中等动物一次用25 mL，每日2～3次，一般喷雾2～3日或连用7日，犬、猫20～50 mL，每日2次。

气管滴入，以5%溶液滴入气管内，一次量，马、牛3～5 mL，每日2～4次。

盐酸溴己新

【作用与应用】 本品可溶解黏稠痰液，使痰液中酸性糖蛋白的多糖纤维素裂解，黏度降低。能抑制黏液腺和杯状细胞中酸性糖蛋白的合成，使痰液中唾液酸（酸性黏多糖成分之一）的含量减少，黏度下降。内服后尚有恶心性祛痰作用，使痰液易于咳出，但对脱氧核糖核酸（DNA）无作用，故对黏性脓痰效果较差。本品自胃肠道吸收快而完全。内服后1 h血药浓度达峰值。绝大部分降解成代谢产物随尿液排出，仅极少部分由粪便排出。本品主要用于治疗慢性支气管炎，促进黏稠痰液咳出，对胃肠道黏膜有刺激性，有胃炎或胃溃疡的患病动物慎用。

【制剂、用法与用量】 盐酸溴己新片。内服，一次量，每千克体重，马0.1～0.25 mg，牛、猪0.2～0.5 mg，犬1.6～2.5 mg，猫1 mg。

盐酸溴己新注射液。肌内注射，一次量，每千克体重，马0.1～0.25 mg，牛、猪0.2～0.5 mg。

第二节 镇 咳 药

凡能降低咳嗽中枢兴奋性，减轻或制止咳嗽的药物称镇咳药。咳嗽是呼吸道受异物或炎性产物的刺激而出现的防御性反应，能使异物或炎性产物咳出。故轻度咳嗽有助于祛痰，对机体有利，此时不宜镇咳，特别是呼吸道存在大量痰液时，更不应镇咳。但频繁而剧烈的干咳或胸膜炎等引起的频咳，易加重呼吸道损伤，造成肺气肿、心功能障碍等不良后果，此时除积极对因治疗外，还应配合镇咳治疗。对无痰干咳者可单用镇咳药。对剧咳而有痰者，可在应用祛痰药的同时，配合使用少量作用较弱的镇咳药，如甘草制剂、喷托维林等，以减轻咳嗽。但不应单独使用强镇咳药（如可待因等）。

目前将镇咳药分为中枢性镇咳药和外周性镇咳药两大类。能选择性抑制延髓咳嗽中枢而产生镇咳效应的药物，称为中枢性镇咳药。中枢性镇咳药又有成瘾性和非成瘾性两类，前者是吗啡类生物碱及其衍生物，虽然镇咳效果很好，但有成瘾性的缺点，目前仍保留可待因等几种成瘾性较小者作为镇咳药应用。后者是在吗啡类生物碱构效关系的基础上，经过结构改造或合成而得，其品种发展较快。凡通过抑制外周神经感受器、传入神经或传出神经任何一个咳嗽反射弧环节而发挥镇咳作用者，称为外周性镇咳药，如甘草流浸膏等。

一、中枢性镇咳药

（一）成瘾性镇咳药

可待因(Codeine)

【理化性质】 又名甲基吗啡。本品从阿片中提取，也可由吗啡甲基化而得。为无色细微结晶。

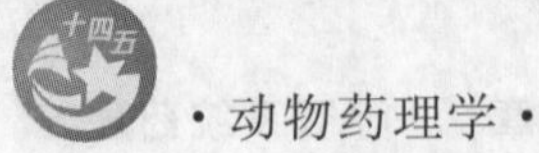

味苦，易溶于水。

【作用与应用】 本品能直接抑制咳嗽中枢，产生较强的镇咳作用，同时还有镇痛作用。对呼吸中枢也有一定的抑制作用。对各种原因引起的咳嗽均有效。临床上多用于无痰、剧痛性咳嗽及胸膜炎等疾病引起的干咳。对多痰的咳嗽不宜应用。

【制剂、用法与用量】 磷酸可待因片，15 mg、30 mg。内服，一次量，马、牛 0.2～2 g，猪、羊 15～60 mg，犬 1～2 mg，猫 0.25～4 mg。

【不良反应】 治疗量时不良反应少见，偶有恶心、呕吐、便秘及眩晕，大剂量时可抑制呼吸中枢，并可引起烦躁不安等兴奋症状。久用易成瘾。

可待因的同类药物有福尔可定（也称吗啉吗啡）。福尔可定与可待因有相似的中枢镇咳作用，也有镇静、镇痛作用，成瘾性较可待因弱。可用于治疗剧烈干咳和疼痛。

（二）非成瘾性镇咳药

由于成瘾性镇咳药存在成瘾、呼吸抑制等不良反应，近年来开发了较多的非成瘾性中枢镇咳药，用于替代可待因等药物。

喷托维林(Pentoxyverine)

【理化性质】 又名咳必清。为白色结晶性粉末。有吸湿性，易溶于水，水溶液呈酸性。

【作用与应用】 本品可选择性抑制咳嗽中枢。同时，吸收后有部分药物从呼吸道排出，对呼吸道黏膜有轻度的局部麻醉作用。大剂量时有阿托品样作用，可使痉挛平滑肌松弛。常与祛痰药合用，治疗伴有剧烈干咳的急性呼吸道炎症。多痰性咳嗽不宜单独使用。不良反应轻，可见头晕、口干、便秘等。

【制剂、用法与用量】

(1) 枸橼酸喷托维林片，25 mg。内服，一次量，马、牛 0.5～1 g，猪、羊 0.05～0.1 g。3 次/日。

(2) 复方枸橼酸喷托维林糖浆，100 mL，含枸橼酸喷托维林 0.2 g、氯化铵 3 g、薄荷油 0.008 mL。内服，一次量，马、牛 100～150 mL，猪、羊 20～30 mL。3 次/日。

右美沙芬(Dextromethorphan)

本品的镇咳作用与可待因相等或稍强，无镇痛作用，治疗量时无抑制呼吸中枢作用，亦无成瘾性和耐受性，不良反应少见。本品是目前临床上应用最广的镇咳药，主要用于干咳，常与抗组胺药合用。多见于一些感冒咳嗽复方制剂中。

非成瘾性中枢镇咳药还包括氯哌斯汀（也称氯哌啶），其兼有 H_1 受体阻断作用，可轻度缓解支气管平滑肌痉挛、支气管黏膜充血水肿。福米诺苯兼有兴奋呼吸中枢的作用，可用于慢性咳嗽及呼吸困难者。普罗吗酯兼有镇静和支气管平滑肌解痉作用，镇咳作用比可待因弱。

二、外周性镇咳药

苯佐那酯

苯佐那酯选择性抑制肺牵张感受器，阻断迷走神经反射，抑制咳嗽冲动的传导，产生镇咳作用。镇咳作用弱于可待因。常见不良反应有轻度嗜睡、头痛、鼻塞及眩晕等。

苯丙哌林

苯丙哌林主要阻断肺-胸膜的牵张感受器而抑制肺迷走神经，有支气管平滑肌解痉作用，无呼吸抑制和致便秘作用。不良反应有疲乏、眩晕、嗜睡、食欲不振及胸闷等。

二氧丙嗪

二氧丙嗪又名克咳敏。有镇咳兼祛痰、平喘作用，并有抗组胺、抗炎、解除支气管平滑肌痉挛和局麻作用。本品是一种无成瘾性，作用迅速持久，安全范围较大的新药。可用于治疗急慢性支气管炎引起的咳嗽、过敏性哮喘等。

盐酸二氧丙嗪片，5 mg。内服，一次量，犬 2～10 mg。3 次/日。

外周性镇咳药还包括以下几种：①普诺地嗪，有局麻及支气管平滑肌解痉作用；②那可丁，可用于阵发性咳嗽；③依普拉酮，有镇静、局麻、抗组胺、抗胆碱和溶解黏痰的作用。

甘草

【作用与应用】 本品为豆科甘草属植物甘草的根和根状茎。味甜。主要成分是甘草酸，即甘草酸。甘草酸水解产生甘草次酸及葡萄糖醛酸。前者有镇咳作用，并能促进咽喉及支气管腺体分泌，发挥祛痰作用；后者有解毒及抗炎作用。适用于一般性咳嗽。

【制剂、用法与用量】 复方甘草合剂。内服，一次量，马、牛 50～100 mL，猪、羊 10～30 mL。

甘草流浸膏

本品由甘草的干燥根和根状茎浸制浓缩而成，为深棕色黏稠液体，含甘草酸(7%)。甘草有镇咳、祛痰、解毒等作用，甘草次酸有肾上腺素皮质激素样作用。近年发现，甘草次酸的衍生物还有中枢性镇咳作用。本品内服后能覆盖于有炎症反应的咽部黏膜表面，使黏膜少受刺激，从而减轻咽炎引起的咳嗽，故常与其他镇咳祛痰药配伍成止咳合剂等应用。

【制剂、用法与用量】 甘草流浸膏。内服，一次量，马、牛 15～30 mL，羊、猪 5～15 mL，2～3 次/日。

第三节　平　喘　药

平喘药是缓解或消除呼吸系统疾病所引起的气喘症状的药物。过去对平喘药的研究往往限于支气管扩张作用方面，故曾把平喘药称为支气管扩张药。近年来，由于对气喘产生的原因有了进一步了解，人们发现气喘(哮喘)产生的原因是多个方面的，有过敏性或非过敏性因素，病理变化有气道的平滑肌痉挛、腺体分泌增加、黏膜水肿、小气道堵塞等。动物的气喘有的由微生物感染引起，如猪的支原体性肺炎(猪气喘病)，有的属于非感染性支气管痉挛等。因此，平喘药的研究也向抗过敏、抗炎、抗胆碱和支气管扩张药等多个环节发展。

为了更好地理解气喘发生的原因和平喘药的作用机制，本节对呼吸系统生理功能的神经调节和病理变化做简要的介绍。

呼吸系统气道口径的变化受支气管平滑肌的控制，神经分布比较复杂。支气管平滑肌受副交感神经和交感神经的双重支配，其细胞膜上分布有 β_2受体、α 受体和 M 受体(M_3受体)和组胺(H_1、H_2)受体，协调维持平滑肌张力的平衡。从神经系统传递信息到平滑肌细胞内，部分取决于细胞内 cAMP 和 cGMP 浓度的变化。这两种第二信使的作用是相辅相成的：α 受体兴奋时，cAMP 浓度降低，M_3受体、H_1受体兴奋时，cGMP 浓度增加，则平滑肌发生收缩；Ca^{2+} 和几种介质也能诱导气管、支气管收缩；β_2 受体或 H_2受体兴奋则诱导 cAMP 浓度增加，导致平滑肌松弛；磷酸二酯酶抑制也使 cAMP 浓度增加。肥大细胞和嗜碱性粒细胞等细胞膜上也有 β_2受体、α 受体和 M 受体，β_2受体兴奋时可抑制组胺、白三烯、P 物质等炎症介质的释放；α 受体和 M 受体兴奋时，则可促进炎症介质的释放。当神经系统的上述功能因病理因素的作用而失调时，可导致支气管呈现高反应性，其表现的特征就是气喘。

机体控制和调节平滑肌张力的机制也是十分复杂的，主要与从感觉神经受体输入的信号有关。对这些受体的物理、机械或化学刺激均可引起气管、支气管收缩或咳嗽。在上呼吸道感染时，气道可被黏液、水肿或炎症介质所堵塞而产生气喘。

基于气喘发病机制的研究进展，对气喘的治疗逐渐形成新的观念，治疗的重点由传统的以缓解气道平滑肌痉挛为主转向以预防和治疗气道炎症为主。因此，要根据临床病情及早合理应用抗炎药物如糖皮质激素；结合使用平滑肌松弛药（包括 β_2 受体兴奋药，如异丙肾上腺素、麻黄碱、克仑特罗及茶碱类药物）、抗胆碱药（如阿托品、异丙托溴铵等）和抗过敏药（如苯海拉明、异丙嗪等），才能获得较理想的治疗效果。上述药物有的已在有关章节详细论述，本节仅重点介绍如下药物。

氨茶碱(Aminophylline)

【理化性质】 本品是茶碱和乙二胺的复盐。为白色或淡黄色的颗粒或粉末，易结块。微有氨臭，味苦。易溶于水，水溶液呈碱性。露置于空气中吸收二氧化碳并析出茶碱，应遮光、密闭保存。常制成片剂和注射液。

【药动学】 氨茶碱内服易被吸收，在马、犬、猪体内的生物利用度几乎为100%。吸收后分布于细胞外液和组织，能穿过胎盘屏障并进入乳汁（达血清浓度的70%）。在犬体内，血浆蛋白结合率为7%～14%，表观分布容积为0.82 L/kg，马的表观分布容积为0.85～1.02 L/kg。消除半衰期：马11.9～17 h，猪11 h，犬5.7 h，猫7.8 h。

【作用与应用】

（1）支气管平滑肌松弛作用：氨茶碱对气道平滑肌有较强的直接松弛作用，这个作用有多个环节：①抑制磷酸二酯酶，使气道平滑肌细胞内cAMP浓度升高。②刺激内源性肾上腺素的释放，有人发现应用氨茶碱后肾上腺素和去甲肾上腺素浓度升高。③抗炎作用，氨茶碱能抑制组胺的释放并抑制中性粒细胞进入气道。④对气管和肺脉管系统的平滑肌有松弛作用。

（2）兴奋呼吸作用：氨茶碱对呼吸中枢有兴奋作用，可使呼吸中枢对二氧化碳的刺激阈值下降，呼吸加深。

（3）强心作用：本品能直接诱导利尿，但作用较弱。

本品主要用作支气管扩张药，常用于患有心功能不全或肺水肿的动物，如患肺气肿的牛、马，患心性气喘症的犬。

【注意事项】 ①本品与克林霉素、红霉素、四环素、林可霉素合用时，可降低其在肝脏的清除率，使血药浓度升高，甚至出现毒性反应。②与其他茶碱类药合用时，不良反应增多。③酸性药物可加快其排泄，碱性药物可延缓其排泄。④与儿茶酚胺类及拟肾上腺素药合用，能增加心律失常的发生率。⑤内服可引起恶心、呕吐等反应。⑥静脉注射量不应过大，并用葡萄糖溶液稀释至2.5%以下浓度后，再缓慢注入；如用量过大、浓度过高或速度过快，都可强烈兴奋心脏和中枢神经，故需稀释后注射并注意掌握速度和剂量。注射液碱性较强，对局部有刺激性，可引起局部红肿、疼痛，应进行深部肌内注射。⑦肝功能低下、心力衰竭的动物慎用。

【制剂、用法与用量】

（1）氨茶碱片，0.05 g、0.1 g、0.2 g。内服，一次量，每千克体重，马、牛5～10 mg，犬、猫10～15 mg。

（2）氨茶碱注射液，2 mL：0.25 g，2 mL：0.5 g，5 mL：1.25 g。肌内、静脉注射，一次量，马、牛1～2 g，猪、羊0.25～0.5 g，犬0.05～0.1 g。

麻黄碱(Ephedrine)

【理化性质】 本品为从麻黄科植物麻黄中提取的一种生物碱。也可人工合成。本品为白色结晶。无臭，味苦。易溶于水，能溶于醇。应密封保存。

【作用与应用】 麻黄碱的作用与肾上腺素相似，均能松弛平滑肌、扩张支气管，但作用比肾上腺素缓和而持久。另外，本品被吸收后易透过血脑屏障，有明显的中枢兴奋作用。临床上用于轻度的支气管哮喘；也常配合祛痰药用于急、慢性支气管炎，以减轻支气管痉挛及咳嗽。用法、用量见第二章。

【注意事项】 本品中枢兴奋作用较强，用量过大时，动物易躁动不安，甚至出现惊厥等中毒症状。严重时可用巴比妥类等缓解。

色甘酸钠

【作用与应用】 色甘酸钠又称咽泰，对速发型过敏反应有明显的保护作用。其作用机制比较复杂，至少有 3 个环节：①稳定肥大细胞膜，目前认为本品可能在肥大细胞的细胞膜外侧钙通道部位与 Ca^{2+} 形成复合物，加速钙通道关闭，使细胞外钙内流受到抑制，从而阻止肥大细胞脱颗粒。②直接抑制引起支气管痉挛的某些反射，应用后能抑制二氧化硫、冷空气、甲苯二异氰酸盐等刺激引起的支气管痉挛，并能抑制运动性哮喘。犬试验表明，本品对迷走神经的感觉纤维末梢"C"纤维的兴奋传导具有直接抑制作用。③抑制非特异性支气管高反应性。

本品是预防各型哮喘发作比较理想的药物，对过敏性(外源性)哮喘的疗效较好。

【制剂、用法与用量】 色甘酸钠胶囊。吸入，马 80 mg/d，分 3～4 次吸入。

祛痰药、镇咳药与平喘药的合理选用原则如下。

呼吸道炎症初期，痰液黏稠而不易咳出，可选用氯化铵祛痰；呼吸道感染伴有发热等全身症状时，应以抗菌药物控制感染为主，同时选用刺激性较弱的祛痰药，如氯化铵；当痰液黏稠度高，频繁咳嗽亦难以咳出时，选用碘化钾或其他刺激性药物，如松节油等通过蒸气吸入。

痰多咳嗽或轻度咳嗽时，不应选用镇咳药止咳，要选用祛痰药将痰液排出，咳嗽就会减轻或停止；对长时间频繁而剧烈的疼痛性干咳，应选用镇咳药(如可待因等)止咳，或选用镇咳药与祛痰药配伍应用，如复方甘草合剂、复方枸橼酸喷托维林糖浆等；对急性呼吸道炎症初期引起的干咳，可选用喷托维林；小动物干咳可选二氧丙嗪。

对因细支气管积痰而引起的气喘，镇咳、祛痰后气喘可得到缓解；因气管痉挛引起的气喘，可选平喘药治疗；一般轻度气喘，可选氨茶碱或麻黄碱平喘，辅以氯化铵、碘化钾等祛痰药进行治疗。但不宜应用可待因或喷托维林等镇咳药，因其能阻止痰液的咳出，反而加重喘息。糖皮质激素、异丙肾上腺素等均有平喘作用，适用于过敏性喘息。

祛痰药、镇咳药和平喘药均为对症治疗药物。用药时要先考虑对因治疗，并有针对性地选用对症治疗药物。

Note

第七章　生殖系统药理

哺乳动物在受到内在因素和外界因素的作用后，可使丘脑下部分泌促性腺激素释放激素（GnRH）；促性腺激素释放激素经丘脑下部的垂体门脉系统运送至垂体前叶，导致黄体生成素（LH）和卵泡刺激素（FSH）等促性腺激素释放；促性腺激素经血液循环到达性腺（卵巢和睾丸），调节性腺的机能，促进其分泌雌激素、孕激素、雄激素等性激素，并能在卵泡发育、排卵、精子生成、发情等系列现象的发生中起促进作用。与此同时，上述生殖激素间存在相互制约的反馈调节机制，促使分泌减少的反馈调节称为负反馈（用－号表示）；促使分泌增加的反馈调节称为正反馈（用＋号表示）。GnRH 的释放既受靶组织生殖激素的反馈调节，又受中枢神经系统的控制。反馈调节主要通过三套反馈机制来维持 GnRH 分泌的相对恒定，即性腺类固醇激素通过体液途径作用于丘脑下部，来调节 GnRH 分泌（正或负反馈）的长反馈机制；垂体促性腺激素作用于丘脑下部，影响 GnRH 分泌的短反馈机制；血液中 GnRH 的浓度变化反过来作用于丘脑下部，调节自身分泌（负反馈）的超短反馈机制（图 7-1）。

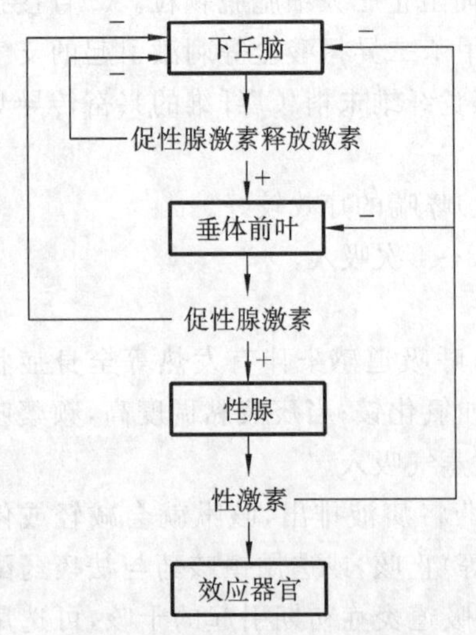

图 7-1　生殖激素调节示意图

注：＋，兴奋；－，抑制。

中枢神经系统的控制调节：阳光、温度、食物、运动和异性的接触等构成适当的感受性刺激，通过高级中枢神经系统反射性地引起丘脑下部 GnRH 的分泌。FSH 和 LH 的分泌既受丘脑下部的调节，又受性激素的反馈作用，同时还受神经系统、环境因素的控制。但神经系统和环境因素的控制因动物种属的不同而有差异。季节性繁殖动物，在非繁殖季节，FSH 的分泌基本停止，性腺萎缩变小，失去功能；待到繁殖季节时，又开始分泌，性腺及其机能恢复。常年繁殖动物，在性周期的不同阶段，分泌量也不同。交配刺激可反射性地引起 LH 的分泌而导致排卵。性激素对丘脑下部或垂体前叶具有反馈作用。雌激素水平高时，抑制 FSH 分泌，促使 LH 分泌，导致排卵和黄体的形成；孕酮水平高时，抑制 FSH 和 LH 的释放，特别是抑制 FSH 的释放而抑制发情；睾酮水平高时，抑制 GnRH 和间质细胞刺激素的释出，使睾酮分泌减少，而当睾酮减少到一定程度以后，负反馈作用减弱。间质细胞刺激素的释出增加，雄激素亦随之增加。当生殖激素分泌不足或过多时，机体的生殖系统机能将发生紊乱，引发产科疾病或繁殖障碍。

临床上应用的性激素制剂，多为人工合成品及其衍生物。应用此类药物的目的在于补充体内性激素不足、防治产科疾病、诱导同期发情及促进畜禽繁殖力等。

第一节　生殖激素类药物

一、性激素类药物

雄性动物睾丸分泌的雄激素（睾酮）、雌性动物卵巢分泌的雌激素（雌二醇）和孕激素（孕酮）都是

类固醇化合物。

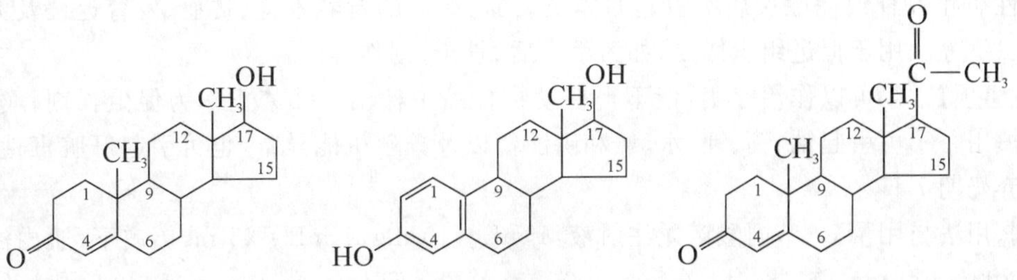

睾酮(C_{19})　　雌二醇(C_{18})　　孕酮(C_{21})

（一）雄激素类药物

雄性动物睾丸间质细胞分泌的天然雄激素是睾酮（也称睾丸酮或睾丸素），进入附睾红细胞内，被代谢为双氢睾酮，发挥雄性化作用及蛋白质同化作用。肾上腺皮质和卵巢也分泌少量雄激素，需转化成睾酮或双氢睾酮才能发挥生理作用。

临床上应用的药物多为人工合成睾酮及其衍生物，如甲睾酮、丙酸睾酮、苯丙酸诺龙、去氢甲基睾丸素等。雄激素既有雄性化作用，又有蛋白质同化作用。使雄性化作用减弱而蛋白质同化作用增强的雄激素称同化激素，如苯丙酸诺龙等。对于雄激素以抗应激、提高饲料利用率、促进动物生长为目的在食品动物饲养过程中的使用，现已被禁止。

甲基睾丸素(Methyltestosterone)

【理化性质】　又称甲睾酮。本品为白色结晶性粉末，不溶于水。

【药理作用】　本品的主要作用如下。

(1) 促进雄性生殖器官及副生殖器官发育，维持第二性征，保证精子正常发育、成熟，维持精囊腺和前列腺的分泌功能。兴奋中枢神经系统，引起性欲和性兴奋。大剂量时能抑制促性腺激素释放激素分泌，减少促性腺激素的分泌量，从而抑制精子的生成。

(2) 引起氮、钾、钠、磷、硫和氯在体内滞留，促进蛋白质合成，增强肌肉和骨骼发育，增加体重，即蛋白质同化作用。

(3) 当骨髓功能低下时，还直接作用于骨髓，刺激红细胞生成。

(4) 具有对抗雌激素作用，抑制母畜发情。

【临床应用】

(1) 治疗雄性动物因雄激素缺乏所致的隐睾症；治疗成年公畜因雄激素分泌不足而引起的性欲缺乏，诱导发情。

(2) 治疗雌性动物乳腺囊肿，抑制泌乳。治疗母犬的假妊娠，抑制母犬、母猫发情，但效果不如孕酮。

(3) 作为贫血治疗的辅助药。

【注意事项】　本品能损害雌性胎儿，孕畜禁用。前列腺肿患犬和泌乳母畜禁用。本品有一定的肝脏毒性，食品动物宰前休药 21 日。

【制剂、用法与用量】　甲基睾丸素片。内服，一次量，家畜 10～40 mg，犬 10 mg，猫 5 mg。

苯丙酸诺龙(Nandrolone Phenylpropionate)

【理化性质】　又称苯丙酸去甲睾酮。本品为白色或类白色结晶性粉末，有特殊臭味。本品为人工合成的睾酮衍生物，几乎不溶于水，易溶于乙醇，略溶于植物油。常制成注射液。遮光、密封保存。

【作用与应用】　本品为蛋白同化激素，其雄性化作用较小。本品能促进蛋白质合成，抑制蛋白

质分解，增加氮的潴留，促进钙在骨质中沉积，因而增加体重、促进生长和促进骨骼形成。临床上主要用于热性病和各种消耗性疾病所引起的体质衰弱、严重的营养不良、贫血、发育迟缓及犬瘟热、严重的寄生虫病等。用于促进组织修复，如大手术后、骨折、创伤等。

【注意事项】 ①可以作治疗用，但不得在动物食品中检出。②禁止作为促生长剂。③肝、肾功能不全时慎用。④可引起钠、钙、钾、水、氯和磷潴留以及繁殖机能异常，也可引起肝脏毒性。⑤休药期 28 日，弃奶期 7 日。

【制剂、用法与用量】 苯丙酸诺龙注射液，1 mL：10 mg，1 mL：25 mg。皮下、肌内注射，一次量，马、牛 200～400 mg，驹、犊、猪、羊 50～100 mg，犬 25～50 mg，猫 10～20 mg。2 周 1 次。

【最高残留限量】 残留标示物：诺龙。所有食品动物：所有可食组织不得检出。

丙酸睾丸素(Testosterone Propionate)

【理化性质】 又称丙酸睾酮。本品为白色结晶或类白色结晶性粉末，不溶于水，常制成注射液。

【作用与应用】 ①本品的药理作用与天然睾酮相似，可促进雄性生殖器官及副性征的发育、成熟；引起性欲及性兴奋；大剂量时通过负反馈机制，抑制黄体生成素，进而抑制精子生成。②还能对抗雌激素的作用，抑制母畜发情。③睾酮还具有同化作用，可促进蛋白质合成，引起氮、钠、钾、磷的潴留，减少钙的排泄。④通过兴奋红细胞生成刺激因子，刺激红细胞生成。

本品用于雄激素缺乏症的辅助治疗。

【注意事项】 ①具有水钠潴留作用，肾、心或肝功能不全的动物慎用。②可以作治疗用，但不得在动物性食品中检出。

【制剂、用法与用量】 丙酸睾酮注射液，1 mL：25 mg，1 mL：50 mg。肌内、皮下注射，一次量，每千克体重，家畜 0.25～0.5 mg。

【最高残留限量】 残留标示物：睾酮。所有食品动物：所有可食组织不得检出。

（二）雌激素类药物

雌激素又称动情激素，由卵巢的成熟卵泡上皮细胞分泌。天然品有雌二醇（从卵泡液中提取）及其代谢产物雌酮、雌三醇（从孕畜尿液中提取），人工合成品有己烯雌酚和己烷雌酚。

苯甲酸雌二醇(Estradiol Benzoate)

【理化性质】 本品为白色结晶性粉末，无臭。不溶于水，微溶于乙醇或植物油，略溶于丙酮。临床上用其灭菌油溶液。遮光、密封保存。

【药动学】 本品内服由消化道吸收，但在反刍动物瘤胃内部分被破坏，吸收不完全，常肌内注射给药。

【药理作用】

(1) 对生殖器官的作用：对未成熟的母畜，促进其性器官形成和第二性征发育，对已成熟母畜，除维持第二性征外，还可引起宫颈黏膜细胞增大和分泌增加，阴道黏膜增厚，促进子宫内膜增生和增加子宫平滑肌张力，加强输卵管和子宫平滑肌收缩，并增强子宫对催产素的敏感性；使宫颈周围的结缔组织松软，宫颈口松弛。

(2) 对雌性动物发情的作用：雌激素能恢复生殖道的正常功能和形态结构，使生殖器官血管增生、黏膜腺体分泌，雌性动物出现发情征象。牛对雌激素很敏感，小剂量的雌二醇两次注射，就能使切除卵巢的青年母牛在 3 日内发情。常规剂量的雌二醇可使母牛在 12～48 h 发情。雌激素可诱导发情不排卵，动物配种但不妊娠。

(3) 促使乳房发育和泌乳：促进初产母牛乳腺导管的发育和泌乳。但对泌乳母牛大量注射时，可抑制催乳素分泌，进而导致泌乳停止。

(4) 增强食欲,促进蛋白质合成:因肉品中残留的雌激素致癌并危害未成年人的生长发育,所以本品作为饲料添加剂和皮下埋植剂的应用已被禁止。

(5) 对雄性动物的作用:给公畜应用可对抗雄激素作用,抑制第二性征发育,使睾丸萎缩,副性腺退化,性欲降低。

【临床应用】

(1) 治疗子宫内膜炎、子宫蓄脓、胎衣不下、死胎等;应用催产素促进母畜分娩时,预先注射本品,能提高催产素的效果。

(2) 作催情药用于卵巢机能正常而发情不明显的家畜。

(3) 可用于治疗前列腺肥大,老年犬或阉割犬的尿失禁、母畜性器官发育不全、雌犬过度发情及假孕犬的乳房胀痛等。

(4) 诱导泌乳。

【注意事项】 ①妊娠早期的动物禁用,以免引起流产或胎儿畸形。②可以作治疗用,但不得在动物性食品中检出。③可引起犬、猫等小动物的血液恶病质,多见于年老动物或大剂量应用时。起初血小板和白细胞增多,但逐渐发展为血小板和白细胞减少,严重时可致再生障碍性贫血。④可引起囊性子宫内膜增生和子宫蓄脓。⑤过量应用可使牛发情期延长、泌乳减少、早熟、卵泡囊肿或慕雄狂,流产、卵巢萎缩及性周期停止等。调整剂量可减轻或消除这些不良反应。妊娠家畜或肝、肾功能严重减退时忌用。休药期 28 日,弃奶期 7 日。

【制剂、用法与用量】 苯甲酸雌二醇注射液为雌二醇苯甲酸酯的灭菌油溶液,1 mL∶1 mg,1 mL∶2 mg。肌内注射,一次量,马 10～20 mg,牛 5～20 mg,猪 3～10 mg,羊 1～3 mg,犬、狐 0.2～0.5 mg,猫、貂、兔 0.1～0.2 mg。

【最高残留限量】 残留标示物:雌二醇。所有食品动物:所有可食组织不得检出。

己烯雌酚

【理化性质】 己烯雌酚为人工合成的无色结晶或白色结晶性粉末,几乎无臭,不溶于水,溶于酒精及脂肪油中。应置遮光容器内密闭保存。

【药动学】 己烯雌酚内服后,可由消化道吸收,在反刍动物瘤胃内被破坏而影响吸收,故常采用肌内注射。己烯雌酚被机体吸收后迅速由肾脏排泄,在体内维持时间较短。

【作用与应用】 己烯雌酚具有天然的或合成的雌激素的全部生理性能(可参见雌二醇),能促进雌性动物发情,但不排卵(即正常情况下己烯雌酚没有刺激卵巢的作用),因此对诱发正常的有繁殖能力的发情价值不大。但可替代雌二醇等药物用于治疗犬的前列腺肥大及前列腺肿瘤,老年犬或阉割犬的尿失禁,雌犬过度发情,假孕犬的乳房胀痛,雌性动物性器官发育不全等。也可用于催情以及治疗胎衣不下、子宫炎和子宫蓄脓,帮助排出子宫内的炎性物质,并可用于排出死胎。

由于肉品中残留的己烯雌酚对人有致癌作用,并危害未成年人的生长发育,所以本品被禁止用作食品动物饲料添加剂和皮下埋植剂。

【制剂、用法与用量】 己烯雌酚注射液。肌内注射,一次量,马、牛 10～40 mg,羊 2～6 mg,猪 6～20 mg,犬、猫 0.4～1 mg。

【最高残留限量】 残留标示物:己烯雌酚。所有动物性食品不得检出(即零残留),所有食品动物禁用。

(三) 孕激素类药物

孕酮(Progesterone)

【理化性质】 又名黄体酮,本品由卵巢黄体分泌,现多用人工合成品。为白色或几乎白色结晶

性粉末，无臭无味，不溶于水，溶于乙醇、乙醚或植物油，极易溶于氯仿。遮光、密封保存。常制成注射液和复方缓释圈。

【药动学】 本品内服后在肝脏被迅速灭活，疗效差，多以肌内注射方式给药，药效维持时间可达1周。血液中的孕酮多与血浆蛋白结合，主要代谢产物为孕二醇和妊娠烯醇酮。其代谢产物与葡萄糖醛酸或硫酸结合从尿液和胆汁中排出，部分孕酮或其代谢产物可从乳汁排出。

【药理作用】 主要作用是“安胎”、抑制发情和排卵，具体如下。

(1) 对子宫：在雌激素作用的基础上，使子宫内膜增生，腺体分泌增多，为受精卵着床及胚胎早期发育提供营养。抑制输卵管及子宫肌肉收缩，降低子宫肌肉对催产素的敏感性，使子宫“安静”，有保胎作用。还可使宫颈口闭合，分泌黏稠液体，阻止精子或病原体进入子宫。

(2) 对卵巢：大剂量时可通过反馈作用，降低下丘脑促性腺激素释放激素和垂体前叶促性腺激素的分泌，抑制发情和排卵。

(3) 对乳腺：可促进乳腺腺泡发育，在雌激素配合下使乳腺腺泡和腺管充分发育，为泌乳做好准备。

【临床应用】

(1) 临床上可作为保胎药用于预防和治疗流产，与维生素 E 同用效果更好；治疗牛卵巢囊肿引起的慕雄狂，可皮下埋植黄体酮来对抗发情。

(2) 用于母畜同期发情，在用药后数日内即可发情和排卵，但第一次发情时配种受胎率低（一般只有 30%左右），故常在第二次发情时配种，受胎率可达 90%～100%。

(3) 用于抑制母畜发情。

【注意事项】 ①长期应用可使妊娠期延长。②泌乳奶牛禁用。③在放入含有黄体酮和苯甲酸雌二醇的复方黄体酮缓释圈 12 日后，应取出残余胶圈，并在 48～72 h 配种。用于诱发绵羊发情时，可采用孕激素制剂，每日 10～12 mg，处理 14 日（对孕激素制剂的处理：采用阴道海绵栓，即用海绵栓吸取适量的药物，置入阴道，放置时在栓上撒一些抗菌药物和消炎药物），停药的当日一次性注射孕马血清促性腺激素 500～1000 U。休药期 30 日。

【制剂、用法与用量】

(1) 黄体酮注射液，1 mL∶10 mg，1 mL∶50 mg。肌内注射，一次量，马、牛 50～100 mg，猪、羊 15～25 mg，犬、猫 2～5 mg，母鸡醒抱 2～5 mg。

(2) 复方黄体酮注射液，每毫升含黄体酮 20 mg 与苯甲酸雌二醇 2 mg。用法、用量同黄体酮注射液，疗效较好。

复方黄体酮缓释圈为一种淡灰色螺旋形弹性橡胶圈，内含黄体酮 1.55 g，橡胶圈的一端黏附一粒胶囊，内含苯甲酸雌二醇 10 mg。将一个缓释圈置入母牛阴道后，经 12 日取出残余橡胶圈，并在取出后 48～72 h 配种。

醋酸氟孕酮

【理化性质】 本品为白色或类白色结晶性粉末，无臭，不溶于水，在三氯甲烷中易溶，在甲醇中溶解，在乙醇或乙腈中略溶解，常制成阴道海绵栓。

【作用与应用】 作用同黄体酮，但作用较强。

本品主要用于绵羊、山羊的诱导发情或同期发情。

【注意事项】 泌母乳期及食品动物禁用。休药期：羊 30 日。

【制剂、用法与用量】 醋酸氟孕酮阴道海绵栓。阴道给药，一次量，1 个。给药后 12～14 h 取出。

二、促性腺激素与促性腺激素释放激素类药物

促性腺激素分两类，一类是垂体前叶分泌的卵泡刺激素（FSH）和黄体生成素（LH）。另一类是

非垂体促性腺激素，有绒促性素与马促性素等。

卵泡刺激素(FSH)

【理化性质】 又名垂体促卵泡素、促卵泡激素。本品是从猪、羊的脑垂体前叶中提取的白色或类白色的冻干块状物或粉末，易溶于水。应密封在冷暗处保存。

【作用与应用】 本品能刺激卵泡的生长和发育，在小剂量黄体生成素的协同作用下，可促使卵泡分泌雌激素，引起母畜发情。如与大剂量黄体生成素合用，则可促进卵泡成熟和排卵。对公畜促进精原细胞的增殖和精子形成。本品主要用于母畜催情，使不发情母畜发情排卵，提高同期发情的效果；治疗卵泡停止发育或两侧卵泡交替发育、多卵泡症和持久黄体等卵巢疾病。本品还可用于超数排卵，牛、羊在发情的前几天注射本品，可出现超数排卵，供卵移植或提高产仔率。

【注意事项】 用药前应先检查卵巢的变化，酌情决定用药剂量和次数；剂量过大或长期应用，可引起卵巢囊肿；对单胎动物超数排卵则成为不良反应。

【制剂、用法与用量】 注射用垂体促卵泡素，50 mg。静脉、肌内、皮下注射，一次量，马、牛 10～50 mg，猪、羊 5～25 mg，犬 5～15 mg(临用前用 5～10 mL 生理盐水溶解)。

黄体生成素(Luteinizing Hormone，LH)

【理化性质】 又名垂体促黄体素、促黄体激素。本品是从猪、羊的脑垂体前叶中提取的，属于一种糖蛋白。为白色或类白色的冻干块状物，易溶于水。应密封在冷暗处保存。

【作用与应用】 本品在卵泡刺激素作用的基础上，促进卵泡趋向成熟，产生雌激素，引起排卵。排卵后形成黄体，分泌黄体酮，具有早期安胎作用，对公畜则作用于睾丸间质细胞，增加睾酮的分泌，提高公畜性欲，在卵泡刺激素协同作用下促进精子形成。主要用于成熟卵泡排卵障碍、卵巢囊肿、早期胚胎死亡、早期习惯性流产、母畜久配不孕及公畜性欲减退、精液量减少等的治疗。

【注意事项】 本品用于促进母马排卵时，检查卵泡直径在 2.5 cm 以下时禁用；长期或反复应用，机体可产生抗体，降低药效。

【制剂、用法与用量】 注射用垂体促黄体素 25 mg。皮下、静脉注射，一次量，马、牛 25 mg，猪 5 mg，羊 2.5 mg，犬 1 mg(临用前用 2～5 mL 生理盐水溶解)。可在 1～4 周重复注射。

促黄体素释放激素(Luteinizing Hormone Releasing Hormone)

【理化性质】 本品为白色或类白色粉末；略臭，无味。本品溶于水，常制成粉针剂。

【作用与应用】 本品能促使动物垂体前叶释放黄体生成素(LH)和卵泡刺激素(FSH)，兼具有黄体生成素和卵泡刺激素的作用。

本品用于治疗奶牛排卵迟滞、卵巢静止、持久黄体、卵巢囊肿及早期妊娠诊断，也可用于鱼类诱导排卵。

【注意事项】 ①使用本品后一般不能再用其他类激素；②剂量过大可致催产失败。

【制剂、用法与用量】 注射用促黄体素释放激素 A_2 和注射用促黄体素释放激素 A_3。奶牛排卵迟滞：肌内注射，一次量，输精的同时肌内注射 12.5～25 μg；卵巢静止 25 μg。每日 1 次，可连用 1～3 次，总剂量不超过 75 μg。持久黄体或卵巢囊肿：25 μg，每日 1 次，可连续注射 1～4 次，总剂量不超过 100 μg。

绒促性素(Chorionic Gonadotrophin)

【理化性质】 又名绒毛膜促性腺激素。本品是孕妇胎盘绒毛膜产生的一种糖蛋白，从孕妇尿液中提取而得。为白色或类白色粉末，溶于水，常制成粉针剂。密封，在凉暗处保存。

【作用与应用】 本品的主要作用与黄体生成素相似，也有较弱的卵泡刺激素样作用。能促使成

熟的卵泡排卵并形成黄体，延长黄体持续时间，刺激黄体分泌孕酮。对公畜能促进睾丸间质细胞分泌雄激素，促使性器官、副性征的发育、成熟，使隐睾病畜的睾丸下降，并促进精子生成。提高性欲。

临床上主要用于诱导排卵、提高受胎率、增加同期发情的效果，治疗卵巢囊肿、习惯性流产、公畜性机能减退及隐睾症等。

【注意事项】 ①不宜长期应用，以免产生抗体和抑制垂体功能。②本品溶液极不稳定，且不耐热，应在短时间内用完。③治疗性机能障碍、隐睾症应每周注射 2 次，连用 4～6 周。④为提高母畜受胎率，应于配种当天注射。⑤治疗习惯性流产应在怀孕后期每周注射 1 次。多次使用可产生抗体，降低疗效。

【制剂、用法与用量】 注射用绒促性素，500 U、1000 U、2000 U、5000 U。肌内注射，一次量，马、牛 1000～5000 U，猪 500～1000 U，羊 100～500 U，犬 100～500 U，猫 100～200 U。每周 2～3 次（临用前用注射用水或生理盐水溶解）。

马促性素(PMSG)

【理化性质】 又名马促性腺激素或孕马血清促性腺激素。本品是孕马子宫内膜杯状细胞产生的一种糖蛋白，从怀孕 40～120 日孕马血清中分离制得。包括卵泡刺激素和黄体生成素两种成分。为白色或类白色粉末，溶于水，水溶液不稳定。

【作用与应用】 本品主要表现为卵泡刺激素样作用，也有轻度黄体生成素样作用。可促使卵泡发育和成熟，引起发情，促进成熟卵泡排卵甚至超数排卵。对公畜能促进雄激素分泌，提高性欲。

本品主要用于不发情或发情不明显的母畜，诱导其发情和排卵；用于同期发情提高受胎率；猪、羊使用本品，可引起超数排卵，增加窝产仔数和产仔窝数；母牛应用本品，可引起超数排卵，用于胚胎移植。

【注意事项】 ①动物的临床应用剂量有较大差异，以 1 kg 体重而言，以食肉动物最大，杂食动物次之，草食动物最小。如 500 kg 体重的奶牛仅需 1000 U，100 kg 体重的猪亦需要 1000 U；35 kg 体重的犬同样用 1000 U。②对于诱发动物发情，常给母猪注射 PMSG，剂量为每千克体重 110 U；牛可采用 PMSG 1000 U，肌内注射，于第 2 日再肌内注射 6～8 mg 雌二醇，2～3 日后可出现发情；亦可同时应用 PMSG 1000 U 和前列腺素 2.0 mg 进行肌内注射，效果更好。③牛的超数排卵应在母畜发情周期的 8～12 日使用 PMSG 或 FSH 促进卵泡发育，其剂量大于诱发发情剂量的 1 倍。在 2 日后配合使用 $PGF_{2\alpha}$（肌内注射 15～25 mg）可提高排卵数。为促进大量发育成熟的卵泡成功排卵，可在母畜发情、配种的适当时期肌内注射 FSH。由于 PMSG 在体内的半衰期较长，一次肌内注射即可。FSH 在体内半衰期短，注射后很快失去活性，因此应将总剂量分配在 3～4 日中，每日注射 2 次。④溶液配制好后在数小时内用完。⑤单胎动物不要在本品诱导的发情期间配种。⑥反复使用，可产生抗体，降低药效，有时会引起过敏反应。⑦直接用孕马血清时，供血马必须健康。

【制剂、用法与用量】 孕马血清促性腺激素粉针，400 U、1000 U、3000 U。皮下、肌内、静脉注射，一次量，马、牛 1000～2000 U，猪、羊 200～1000 U，犬、猫 25～200 U，兔、水貂 30～50 U（临用前用灭菌生理盐水溶解）。

促性腺激素释放激素(Gonadotropin Releasing Hormone，GnRH)

【理化性质】 本品是由动物的丘脑下部提取或人工合成所得的 10 肽结构。目前人工合成的 GnRH 类似物比天然的效价大几十倍或上百倍，作用时间也更长。

【作用与应用】 本品能促使动物垂体前叶合成与释放黄体生成素（LH）和卵泡刺激素（FSH），对黄体生成素的作用强。

本品用于治疗乳牛卵巢囊肿、排卵障碍、卵巢静止及促排卵。

【制剂、用法与用量】 促性腺激素释放激素注射液、醋酸促性腺激素释放激素注射液，肌内注

射，一次量，乳牛 100～200 μg。

第二节 子宫收缩药

能选择性兴奋子宫平滑肌，引起子宫收缩的药物称子宫收缩药。常用的药物有缩宫素、垂体后叶素、麦角制剂和益母草。临床上用于催产、排出胎衣和治疗产后子宫出血、产后子宫复原等。

缩宫素(Oxytocin)

【理化性质】 又名催产素，从牛或猪脑垂体后叶中提取或化学合成。为白色结晶性粉末，能溶于水，水溶液呈酸性。

【药理作用】 本品能直接兴奋子宫平滑肌，加强其收缩。缩宫素对子宫收缩的强度及性质与用药剂量、体内激素水平有关。对非妊娠子宫，小剂量缩宫素能加强子宫的节律性收缩，大剂量则可引起子宫的强直性收缩；对妊娠子宫，妊娠早期不敏感，妊娠后期逐渐加强，临产时最强，产后缩宫素对子宫的作用逐渐降低。雌激素可提高子宫对缩宫素的敏感性，而孕激素则相反。催产时，缩宫素对宫体的收缩作用强，对宫颈的收缩作用较弱，有利于胎儿娩出。另外，本品还能促进乳腺腺泡和腺导管周围的肌上皮细胞收缩，能增强乳腺平滑肌收缩，促进排乳，也可促进乳汁分泌。

【临床应用】 ①催产和引产：对于宫颈口开放，宫缩乏力的临产母畜，可注射小剂量本品催产。②产后子宫出血：较大剂量使子宫强直收缩，压迫血管而止血。③产后疾病：用于胎衣不下，排出死胎，子宫复旧不全，子宫脱垂。④催乳：用于新分娩母猪的缺乳症。

【注意事项】 催产时，产道阻塞、胎位不正、骨盆狭窄、宫颈口未完全开放时禁用，并严格掌握剂量，以免引起子宫强直性收缩，造成胎儿窒息或子宫破裂。

【制剂、用法与用量】 缩宫素注射液，1 mL：10 U，5 mL：50 U。皮下、肌内注射，一次量，牛 75～100 U，马 75～150 U，猪、羊 10～50 U，犬 2～10 U。

垂体后叶素(Pituitrin)

【理化性质】 从牛或猪脑垂体后叶中提取的水溶性成分。能溶于水，不稳定。

【作用与应用】 含缩宫素和加压素，对子宫的作用同缩宫素，但有抗利尿、收缩小血管引起血压升高的副作用。在催产、子宫复原等方面的应用，同缩宫素。

【注意事项】 ①临产时，若产道阻塞、胎位不正、骨盆狭窄、宫颈口尚未开放，则禁用；②用量大时可引起血压升高、少尿及腹痛。

【制剂、用法与用量】 垂体后叶素注射液，5 mL：50 U，1 mL：10 U。皮下、肌内注射，一次量，马、牛 50～100 U，羊、猪 10～50 U，犬 2～10 U，猫 2～5 U。

麦角(Ergot)

【来源与性质】 麦角是寄生在黑麦或其他禾本科植物上的一种霉菌的干燥菌核。现可用人工培养法大量生产。在麦角中含有多种作用强大的麦角生物碱，包括麦角胺、麦角毒碱和麦角新碱。临床上常用的是麦角新碱，其马来酸盐为白色或类白色的结晶性粉末，无臭，微有引湿性，略溶于水和乙醇。遇光易变质。遮光，在冷处密封保存。

【作用与应用】 麦角对子宫平滑肌具有很强的选择性兴奋作用，与缩宫素不同的是作用强大而持久，且引起宫体和宫颈同时收缩，剂量稍大即可引起子宫强直性收缩，压迫胎儿，胎儿难以娩出而使胎儿窒息，甚至子宫破裂。故临床上不适用于催产或引产，适用于产后子宫出血、产后子宫复原和胎衣不下。

【注意事项】 ①对宫体和宫颈都具兴奋效应，临产前子宫或分娩后子宫最敏感。但稍大剂量即可引起强直性收缩，故不适用于催产和引产。②胎儿未娩出前或胎盘未剥离排出前均禁用。③与缩宫素或其他麦角制剂有协同作用，不宜与其联用。

【制剂、用法与用量】 马来酸麦角新碱注射液，1 mL：0.5 mg，1 mL：2 mg。肌内、静脉注射，一次量，马、牛 5～15 mg，猪、羊 0.5～1 mg，犬 0.1～0.5 mg。

益母草

【作用与应用】 活血、祛瘀、调经、消水。主治月经不调、胎漏难产、胎衣不下、产后血晕、瘀血腹痛、崩中漏下、尿血、泻血，痈肿疮疡。

子宫兴奋药的合理选用：①引产，猪、羊、马可选用 $PGF_{2\alpha}$；②难产，选用缩宫素；③产后子宫出血，首选麦角新碱，次选缩宫素；④产后子宫复旧不全，可选益母草或麦角新碱；⑤胎衣不下，选用大剂量缩宫素或小剂量麦角新碱，也可选用拟胆碱药；⑥排出死胎，选缩宫素为宜，也可用小剂量麦角新碱；⑦子宫内膜炎，冲洗子宫及宫内投入抗菌药物后，配合使用麦角新碱或己烯雌酚，能促进炎性产物排出。

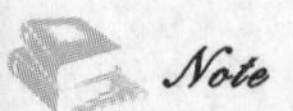

第八章　皮质激素类药理

激素是由内分泌腺(如垂体、肾上腺、胰岛、甲状腺、性腺)或内分泌细胞所合成和释放的高效能生理调节物质。肾上腺皮质的束状带、球状带和网状带具有分泌多种激素的功能,其分泌的激素称为肾上腺皮质激素(adrenocortical hormone),简称皮质激素。皮质激素根据其生理功能可分为三类:①糖皮质激素(glucocorticoid,GC)类,以氢化可的松为代表,由肾上腺皮质的束状带细胞合成、分泌,其生理水平对糖代谢的作用强,对钠、钾等矿物质代谢的作用较弱。在药理治疗剂量下,表现出良好的抗炎、抗过敏、抗毒素、抗休克等作用,具有重要的药理学意义。②盐皮质激素(MC)类,以醛固酮为代表,由肾上腺皮质的球状带细胞分泌,其生理水平对矿物质代谢,特别是对钠潴留和钾排泄的作用很强。在药理治疗剂量下,仅作为肾上腺皮质功能不全的替代治疗药物,在兽医临床上使用价值不大。③氮皮质激素类,以雌二醇和睾酮为代表,由肾上腺皮质的网状带细胞分泌。氮皮质激素的生理功能弱,已在第七章中叙述,本章着重介绍糖皮质激素。

一、构效关系

虽然从动物的肾上腺可以提取天然的激素,但目前所用的糖皮质激素,均为人工合成品。糖皮质激素类药物的结构由甾核和侧链组成(图 8-1)。甾核和侧链上共有 21 个碳原子,其结构的特定位置上的一些化学基团,如 C_3 上的酮基、C_{17} 上的二碳侧链、C_4 和 C_5 之间的双键,是保持活性所必需的基团。糖皮质激素的作用与其化学结构密切相关,通过对其结构的改造,可获得一系列人工合成的糖皮质激素,使抗炎和免疫抑制作用增强,水钠潴留等不良反应减轻;还能改变这类药物与受体的亲和力,血浆蛋白结合率和侧链的稳定性,以及它们在体内的降解速度和代谢产物的类型等。因此,各种糖皮质激素在作用持续时间、活性大小和抗炎作用强度等方面有所差异。一般而言,随着抗炎强度的增加,糖皮质激素的消除半衰期和作用持续时间可能延长。

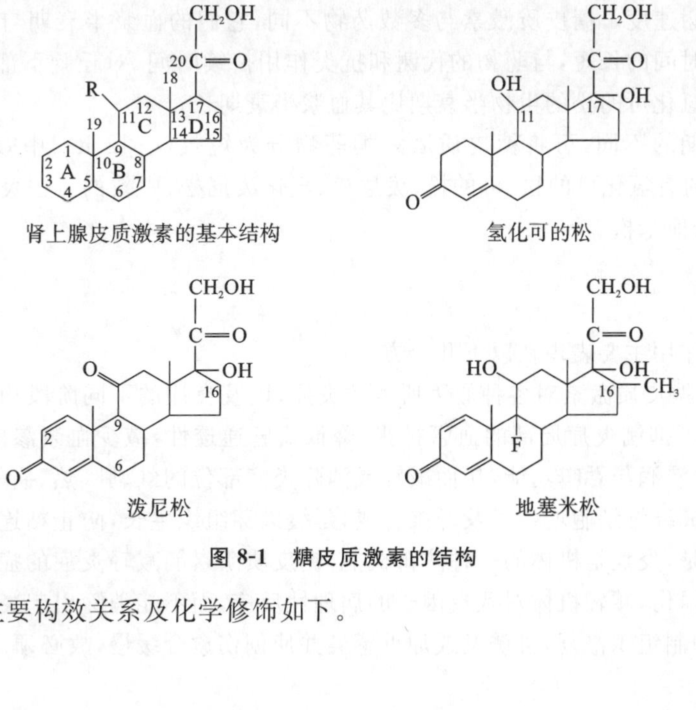

肾上腺皮质激素的基本结构　　氢化可的松

泼尼松　　地塞米松

图 8-1　糖皮质激素的结构

糖皮质激素的主要构效关系及化学修饰如下。

1. 引入双键 在 C_1 和 C_2 之间，天然激素和个别人工合成品（如氟氢可的松）为单链，称为A型结构；绝大多数人工合成品为双键，称为B型结构。B型结构在体内加氢还原而被灭活的程度降低，故作用增强。例如，泼尼松和氢化泼尼松的抗炎作用和对糖代谢的作用，都比它们各自的母体可的松和氢化可的松强4～5倍，但对电解质代谢的影响减弱。

2. 引入氟 在氢化可的松的 $C_{9\alpha}$ 上引入氟（如氟氢可的松）后，抗炎作用比氢化可的松强10倍，对水和钠的潴留作用也增强。若 $C_{6\alpha}$ 和 $C_{9\alpha}$ 位上都引入氟（如氟轻松），抗炎作用和钠潴留作用也显著增强。

3. 引入甲基 在 $C_{6\alpha}$ 上引入甲基，抗炎作用增强，体内分解延缓。在氟氢可的松的 $C_{16\alpha}$ 上引入甲基成为地塞米松，在 $C_{16\beta}$ 上引入甲基则成为倍他米松，两者的抗炎作用进一步增强，对水和钠的潴留作用几乎无影响，作用持续时间也较长。帕拉米松也有此特点。

4. 引入羟基 在 $C_{16\alpha}$ 上引入羟基（如曲安西龙），抗炎作用加强，但对水和钠的潴留作用几乎无影响。

二、药动学

所有皮质激素都容易被胃肠道吸收，尤其对单胃动物作用快，血中峰浓度一般在2 h内出现。持续时间短，所以临床上每日必须给药3～4次。但人工合成的皮质激素作用时间较长，肌内或皮下注射后可在1 h内达峰浓度。一次肌内注射后作用维持时间可达24 h以上。在体内可的松和泼尼松须分别转化为氢化可的松和氢化泼尼松后才有效，故有严重肝病时宜选用氢化可的松和氢化泼尼松。通常无应激情况下，大多数家畜每日每千克体重可产生1 mg可的松（氢化可的松）。糖皮质激素在关节内的吸收缓慢，关节囊、滑膜腔、皮肤等局部给药时，也可被吸收，但不易升高全身的激素水平，仅起局部作用，对全身治疗无意义。

吸收入血的糖皮质激素，仅不到10％呈游离状，超过90％部分与血浆蛋白结合。结合蛋白包括两种特异性的皮质激素运载蛋白和非特异性白蛋白。当游离型药物被肝脏代谢消除后，结合型的药物就会被释放出来，以维持正常的血药浓度。糖皮质激素的分布以肝中含量最高，其次是血浆、脑脊液、胸水和腹水，肾、脾含量较少。

合成的糖皮质激素，可在肝内被代谢生成葡萄糖醛酸或硫酸结合物，代谢产物或原形药物从尿液和胆汁中排泄。糖皮质激素的血浆半衰期因药而异，如泼尼松为1 h，倍他米松和地塞米松为5 h，这取决于它们的代谢速度。糖皮质激素与多数药物不同，它们的血浆半衰期与生物半衰期不一致，后者是指药效持续时间的长短，与药物的代谢和抗炎作用持续时间、对丘脑下部-肾上腺轴的抑制持续时间相一致。如氢化可的松的生物半衰期比其血浆半衰期长。

根据生物半衰期的不同，可将糖皮质激素类药物分为短效（＜12 h）、中效（12～36 h）和长效（＞36 h）类。短效的有氢化可的松、可的松、泼尼松、氢化泼尼松；中效的有去炎松；长效的有地塞米松、氟地塞米松和倍他米松。

三、药理作用

糖皮质激素的作用主要表现在以下几个方面。

1. 抗炎作用 糖皮质激素对各种原因所致的炎症，以及炎症的不同阶段均有强大的抗炎作用。例如，在炎症早期，可抑制炎症局部的血管扩张，降低血管通透性，减少血浆渗出、水肿，稳定溶酶体膜，抑制炎症细胞的浸润与吞噬功能，从而减轻或消除炎症部位的红、肿、热、痛等症状；在炎症后期，可抑制毛细血管和成纤维细胞增生以及纤维合成，延缓肉芽组织生长，防止粘连及瘢痕形成，减轻后遗症。必须指出的是，炎症是机体的一种防御机能，糖皮质激素能减轻炎症的症状，保护机体组织免受有害刺激引起的损伤，减轻机体对致炎因子的病理性反应，而不能消除引起炎症的原因，还降低了机体的防御机能，抑制组织修复，可诱发或加重感染并使创伤愈合缓慢，故必须结合对因治疗。

Note

糖皮质激素的抗炎作用涉及其对血管、炎症细胞和炎性介质的作用。①直接收缩血管，抑制炎性血管扩张和液体渗出。②抑制炎症细胞的聚集。③抑制中性粒细胞和巨噬细胞释放引起组织损伤的氧自由基。④抑制成纤维细胞的功能，并由此抑制胶原和氨基多糖的生成。⑤抑制与炎症有关的细胞因子（如前列腺素、白三烯、白介素、肿瘤坏死因子和粒细胞集落刺激因子等）的生成。⑥抑制一氧化氮和黏附分子的生成等。

抗炎作用在很大程度上以抑制粒细胞的功能为基础，在炎症发生和发展的多数阶段，有淋巴因子和其他可溶性致炎介质参与，如前列腺素、白三烯、肿瘤坏死因子、白介素-2、血小板活化因子、巨噬细胞迁移抑制因子等。糖皮质激素就是通过抑制这些介质而发挥抗炎作用的。例如，糖皮质激素通过抑制脂肪分解酶的合成，就抑制了磷脂酶 A_2 的活性。磷脂酶 A_2 能将花生四烯酸转化成前列腺素和白三烯，这是引起炎症的主要致炎介质。它抑制环氧合酶的活性，抑制活化的巨噬细胞释放肿瘤坏死因子和白介素-2，抑制白细胞和肥大细胞释放血小板活化因子，这在很大程度上减缓了炎症的发生，因为环氧合酶能催化各种前列腺素的生成；肿瘤坏死因子能诱发细胞毒性，增加中性粒细胞和嗜酸性粒细胞的活性；白介素-2 参与免疫反应；血小板活化因子能导致血管扩张，血小板和白细胞聚积，平滑肌（特别是支气管平滑肌）收缩，还会增加血管的通透性，抑制巨噬细胞迁移抑制因子的功能，使巨噬细胞从受损的炎症区域移出。此外，糖皮质激素还能减少胶原的合成，进而抑制伤口愈合。糖皮质激素还能改变酯酶和纤维蛋白酶原激活因子的合成和生物学功能。

2. 免疫抑制作用 糖皮质激素是临床上常用的免疫抑制剂之一。小剂量时，能抑制巨噬细胞对抗原的吞噬和处理，阻碍淋巴母细胞的生长，加速小淋巴细胞的解体，从而抑制迟发性过敏反应和异体排斥反应；大剂量时，可抑制浆细胞合成抗体，干扰体液免疫。另外，糖皮质激素还可干扰补体参与免疫反应，影响补体的激活。

糖皮质激素的免疫抑制作用，一般认为是其抑制免疫反应过程多个环节的结果（图 8-2）。糖皮质激素能抑制巨噬细胞吞噬和处理抗原，抑制白介素的生成和分泌，减弱免疫细胞对抗原的反应，抑制细胞介导的免疫反应和迟发性过敏反应，减少 T 淋巴细胞（可减少到 45%～55%，人、犬、马、猪在注射后 4 h，牛在 8～10 h T 淋巴细胞的减少达到高峰）、单核细胞、嗜酸性粒细胞的数目，降低免疫球蛋白与细胞表面抗体结合的能力，并抑制白介素的合成和释放，从而抑制 T 淋巴细胞向淋巴母细胞转化，并抑制原发免疫反应的进展。糖皮质激素还能抑制免疫复合物的生成，并能降低补体成分及免疫球蛋白的浓度。糖皮质激素还可以诱导正常淋巴细胞凋亡。

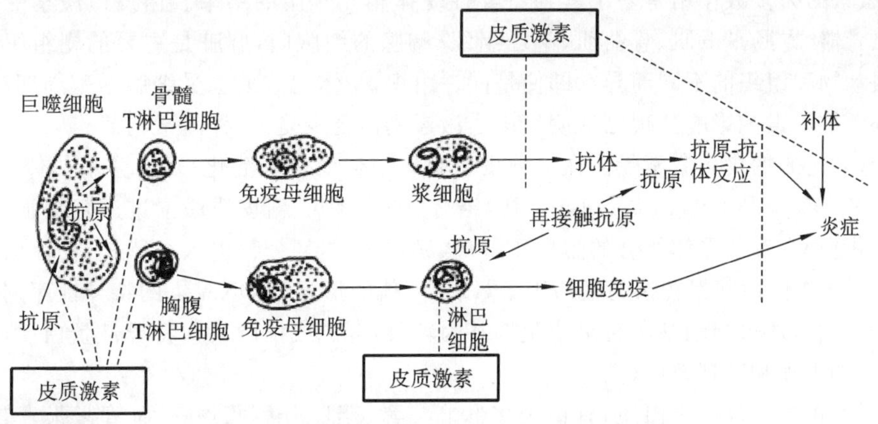

图 8-2 糖皮质激素抑制免疫过程的作用环节

3. 抗毒素作用 糖皮质激素对动物由革兰阴性菌（如大肠杆菌、痢疾杆菌、脑膜炎球菌）内毒素所致的损伤能提供一定的保护作用，如对抗内毒素对机体的损害，减轻细胞损伤，缓解毒血症症状，降高热，改善病情等。糖皮质激素对细菌外毒素所引起的损害无保护作用。

4. 抗休克作用 糖皮质激素对各种休克(如过敏性休克、中毒性休克、低血容量性休克等)都有一定的疗效,可增强机体对休克的抵抗力。其抗休克疗效主要通过以下两个方面的作用实现。

(1) 稳定生物膜:机体发生休克时,血压下降,内脏缺血、缺氧,引起溶酶体破裂,许多酸性水解酶和组织蛋白酶大量释放,导致细胞和组织损伤。另外,休克时可发生酸中毒,能增强溶酶体酶的水解作用。大剂量糖皮质激素具有稳定细胞膜及细胞器膜(特别是溶酶体膜)的作用,能减少溶酶体酶的释放,降低体内血管活性物质(如组胺、缓激肽、儿茶酚胺)的浓度,还能抑制组织溶酶,减少心肌抑制因子的形成,防止此因子引起心肌收缩力减弱、心输出量降低和内脏血管收缩等。

(2) 保护心血管系统:大剂量糖皮质激素能直接增强心肌收缩力,增加冠状动脉血流量,并对痉挛收缩的血管有解痉作用。大剂量甲泼尼龙能明显抑制由白细胞产生的氧自由基,从而保护心血管功能。糖皮质激素还能抑制血小板聚集,保证微循环畅通。

糖皮质激素的抗炎、抗免疫和抗毒素作用也是其抗休克作用的组成部分,糖皮质激素对某些细胞因子(如肿瘤坏死因子)的基因转录和翻译的抑制,也有助于抗休克。

5. 对代谢的影响

(1) 糖代谢:能增强肝脏的糖异生作用,减少外周组织对葡萄糖的利用,使肝糖原和肌糖原含量增多,血糖升高。

(2) 蛋白质代谢:可加速蛋白质分解,抑制蛋白质合成和增加尿氮排出,导致负氮平衡。长期大剂量使用可导致肌肉萎缩、伤口愈合不良、幼畜生长缓慢等。

(3) 脂肪代谢:能加速脂肪分解,并抑制其合成。长期使用能使脂肪重新分布,即四肢脂肪向面部和躯干积聚,出现向心性肥胖。这可能与不同部位的脂肪组织对激素的敏感性不同有关。

(4) 水盐代谢:对水盐代谢的影响较小,尤其是人工半合成品。但长期使用仍可引起水钠潴留、低血钾,并促进钙、磷的排出。

6. 对血细胞的作用 概括起来为“三多两少”,即红细胞、血小板、中性粒细胞三者增多,而淋巴细胞和嗜酸性粒细胞两者减少。糖皮质激素可刺激骨髓造血机能,使红细胞、血小板、中性粒细胞数量增多,增加血红蛋白和纤维蛋白的含量。对淋巴组织有明显影响,可使肾上腺皮质功能减退者的淋巴组织增生,淋巴细胞增多;相反,淋巴组织萎缩,淋巴细胞减少。

四、作用机理与调节

糖皮质激素的大多数作用是基于其与特异性受体相互作用的结果。糖皮质激素受体广泛分布于肝、肺、脑、骨骼、胃肠平滑肌、骨骼肌、淋巴组织、胸腺的细胞内,肝脏是主要的靶组织。受体的类型和数量,因动物和组织的不同而异。即使是同一组织,受体的数量也受细胞增殖周期、机体年龄以及各种内、外源性因素的影响。现已证明糖皮质激素受体至少受 15 种因素调节。

位于细胞质内的糖皮质激素受体在与糖皮质激素结合前是未活化型的,并与热休克蛋白 90、热休克蛋白 70 和免疫亲和素(immunophilin,IP)结合成复合物。糖皮质激素进入靶细胞,与其受体结合后,热休克蛋白 90 等与受体结合的蛋白质解离,激素-受体复合物进入细胞核,受体活化。被激活的激素-受体复合物作为基因转录的激活因子,以二聚体的形式与 DNA 上的特异性序列(称为“激素反应元件”)相结合,通过启动基因转录或阻抑基因转录,合成或抑制某些特异性蛋白质,并因此而产生类固醇激素的生理和药理效应(图 8-3)。

糖皮质激素诱导合成的蛋白质,有抗炎多肽脂皮素、脂肪分解酶原-1、血管紧张素转化酶、中性内肽酶等。合成受抑制的蛋白质多为致炎蛋白质,有细胞因子、自然杀伤细胞受体、可诱导的一氧化氮合成酶、环氧合酶 2、内皮缩血管肽 1、磷脂酶 A2、血小板活化因子等。受体和药物最终被代谢消除,活化的复合物在细胞内的半衰期约为 10 h。

糖皮质激素作用的强弱,与受体的数量有直接关系。受体数量下调,生物学效应降低。这类药物还存在着耐受现象,这或许是由受体数量减少或受体与药物的亲和力降低所致。

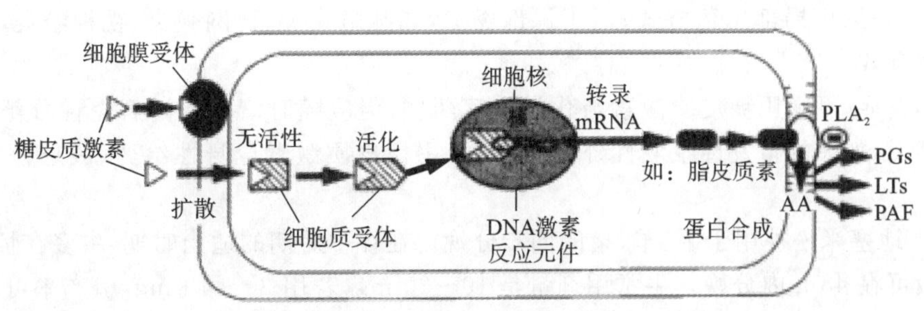

图 8-3　糖皮质激素对细胞的作用部位

注：PLA_2，磷脂酶 A_2；PGs，前列腺素；LTs，白三烯；PAF，血小板活化因子。

在正常的生理条件下，天然糖皮质激素的分泌受神经和体液的双重调节。丘脑下部释放的促皮质激素释放激素（CRH），经垂体的门脉系统进入垂体前叶，刺激促肾上腺皮质激素（ACTH）的合成、分泌。ACTH 能兴奋肾上腺皮质，使其增生，重量加重，肾上腺皮质激素（主要为糖皮质激素）的合成和分泌增多，促进盐皮质激素分泌的作用小。血中氢化可的松和皮质酮的浓度，对 CRH 和 ACTH 的分泌有反馈调节作用。外源性糖皮质激素也能抑制 CRH 和 ACTH 的分泌。

五、临床应用

由于糖皮质激素的作用非常广泛，所以它的应用也是多个方面的，具体如下。

1. 治疗雌性动物的代谢病　糖皮质激素对牛酮血症有显著疗效，可使血糖很快升高到正常水平，酮体浓度慢慢下降，食欲在 24 h 内改善，产奶量回升。氢化可的松 0.5 g，醋酸泼尼松 0.3～0.5 g，地塞米松 10～30 mg，可使 80％病牛康复。

妊娠毒血症，较常见于羊，其他家畜亦可发生，在病理上与牛酮血症相似，肌内注射常量氢化泼尼松有疗效。

2. 严重的感染性疾病　一般的感染性疾病不得使用糖皮质激素，但当感染对动物的生命或未来生产力可能带来严重危害时，用糖皮质激素控制过度的炎症反应很有必要，但要与足量有效的抗菌药物合用。感染发展为毒血症时，用糖皮质激素治疗更为重要，因为它对内毒素中毒的动物能提供保护作用。对各种败血症、中毒性肺炎、中毒性菌痢、腹膜炎、产后急性子宫内膜炎、严重传染病等疾病，应用糖皮质激素可增强抗菌药物的治疗效果，加速患病动物康复。对于其他细菌性疾病，如牛的支气管肺炎、乳腺炎，马的淋巴管炎等，糖皮质激素也有较好的效果，应与大剂量有效抗菌药物一起使用，防止感染扩散。

3. 治疗关节疾病　用糖皮质激素治疗马、牛、猪、犬的局部性炎症（如关节炎、腱鞘炎等），暂时改善症状，治疗期间如果炎症不能痊愈，停药后常会复发。马每 4～5 日关节内注射氢化可的松约 100 mg，可控制症状。用氢化泼尼松治疗全身性关节炎，开始时大动物每天肌内注射 100～150 mg，小动物按每千克体重肌内注射 5.5～11 mg，随后逐渐减至维持量，以能控制症状为准。近年来证明，糖皮质激素对关节的作用可因剂量不同而变化，小剂量可保护软骨，治疗关节炎。大剂量时损伤软骨并抑制成骨细胞活性，导致股骨头坏死，引起“激素性关节炎”。因此用糖皮质激素治疗关节炎，应小剂量使用。

4. 治疗皮肤疾病　糖皮质激素对于皮肤的非特异性或变态反应性疾病有较好的疗效。用药后，瘙痒症状在 24 h 内消失，炎症反应消退。对于荨麻疹、急性蹄叶炎、湿疹、血清病、过敏性哮喘、脂溢性皮炎和其他化脓性炎症，局部或全身给药，都能使病情明显好转。对伴有急性水肿和血管通透性增加的疾病，糖皮质激素的疗效尤为显著。

5. 治疗眼、耳科疾病　对于眼科疾病，糖皮质激素可防止炎症对组织的破坏，抑制液体渗出，防止粘连和瘢痕形成，避免角膜混浊。治疗时，房前结构的表层炎症，如眼睑疾病、结膜炎、角膜炎、虹

膜睫状体炎，一般采用局部用药方式；对于深部炎症，如脉络膜炎、视网膜炎、视神经炎，全身给药或结膜下注射才有效。

对于外耳炎症，可联用糖皮质激素与化学治疗药物，但应随时清除或溶解炎性分泌物。对于比较严重的外耳炎，如犬的自发性浆液性外耳炎，则需用糖皮质激素全身性给药（泼尼松，每日 0.5～1.0 mg）。

6. 引产 地塞米松被用于牛、羊、猪的同步分娩。在怀孕后期的适当时期（牛多在怀孕第 286 天后）给予，一般可在 48 h 内分娩。牛常用剂量是 10～20 mg，若用 30～40 mg，引产率可达 85%。地塞米松对马没有引产效果，糖皮质激素的引产作用，可能是使雌激素分泌增加，黄体酮浓度下降所致。

7. 治疗休克 糖皮质激素对于各种休克都有较好的疗效，对于败血性休克，可用糖皮质激素的速效、水溶性制剂，如地塞米松磷酸钠（静脉注射，每千克体重 4～8 mg）、泼尼松龙琥珀酸钠或磷酸钠（静脉注射，每千克体重 30 mg）或甲基泼尼松龙琥珀酸钠（静脉注射，每千克体重 30 mg）。

8. 预防手术后遗症 糖皮质激素还可用于剖宫产、瘤胃切开、肠吻合等外科手术后，以防脏器与腹膜粘连，减少创口瘢痕化，但它又会影响创口愈合。需要权衡利弊，审慎用药。

糖皮质激素还可以用于治疗免疫介导的溶血性贫血和血小板减少症。

六、不良反应及注意事项

1. 不良反应 急性肾上腺功能不全，是糖皮质激素长期使用后突然停药的结果。长期用药通过负反馈机制，抑制丘脑下部和垂体前叶，减少促肾上腺皮质激素（ACTH）的释放，导致肾上腺皮质萎缩和机能不全。动物表现为发热、软弱无力、精神沉郁、食欲不振、血糖和血压下降等。因此糖皮质激素长期用药后，必须在数月内逐渐减量、缓慢停药。必要时用 ACTH 治疗，以促进肾上腺皮质机能的恢复。因为下丘脑-垂体-肾上腺轴的功能完全恢复一般需要 9 个月，此期间患病动物需要“应激”状态下的糖皮质激素做补偿，内、外环境中一切强烈刺激，如麻醉、出血、创伤、惊恐及疼痛等都能引起机体的应激反应。此时，下丘脑及腺垂体使糖皮质激素的分泌量大大超过一般生理分泌量，这对机体适应这些强烈刺激起着重要作用。犬比猫对此更敏感。用短效制剂做替代疗法能显著降低副作用的发生率。多饮和饮欲亢进是糖皮质激素过量（无论是内源性还是外源性）的突出症状。此症状的出现与许多因素有关，如血容量增加所致的肾小球滤过率增加，肾小管对钙的排泄增加，抗利尿激素受到抑制，远端肾小管的通透性增加等。

糖皮质激素的保钠排钾作用，常导致动物出现水肿和低钾血症；加速蛋白质异化和钙、磷排泄，导致动物出现肌肉萎缩无力、骨质疏松等，幼龄动物出现生长抑制，影响创口愈合等。故用药期间应补充维生素 D、钙及蛋白质，孕畜、幼畜不宜长期使用；骨软化症、骨折和外科手术后均不能使用。

此外，糖皮质激素能使血液中三碘甲腺原氨酸、甲状腺素和促甲状腺激素浓度降低。糖皮质激素还可引发应激性白细胞血象，增加血液中碱性磷酸酶的活性以及一些矿物质元素、尿素氮和胆固醇的浓度。糖皮质激素长期使用易导致细菌入侵或原有局部感染扩散，可抑制机体的防御机能，使机体的抵抗力降低，易诱发细菌感染或加重感染，有时还可以引起二重感染，甚至使病灶扩大或散播，导致病情恶化。故对于严重感染性疾病，糖皮质激素应与足量的抗菌药物配合使用，在糖皮质激素停用后还要继续用抗菌药物治疗。对一般感染性疾病不宜使用糖皮质激素治疗。

2. 注意事项 临床用糖皮质激素的抗炎剂量是体内生理浓度的 10 倍，免疫抑制的剂量应为抗炎剂量的 2 倍，而抗休克的剂量又是免疫抑制剂量的 5～10 倍。兽医临床上的炎症，多见于感染性疾病。糖皮质激素只有抗炎作用而无抗菌作用，对炎症只能治标不能治本，所以使用糖皮质激素时，应先弄清炎症的性质，如属感染性疾病，应同时使用足量有效的抗菌药物。此时杀菌药物优于抗菌药物。糖皮质激素禁用于病毒性感染和缺乏有效抗菌药物治疗的细菌性感染。

对于非感染性疾病，应严格掌握适应证，特别是对于重症病例，应采用高剂量静脉注射或肌内注

射方法给药。症状改善并基本控制时，应立即逐渐减量、停药。

糖皮质激素对机体全身各系统均有影响，可能使某些疾病恶化，故糖皮质激素禁用于原因不明的传染病、糖尿病、角膜溃疡、骨软化症和骨质疏松症，不得用于骨折治疗期、妊娠期、疫苗接种期、结核菌素和鼻疽菌素诊断期，对肾功能衰竭、胰腺炎、胃肠道溃疡和癫痫等应慎用。

七、主要药物

氢化可的松(Hydrocortisone)

【理化性质】 又名可的索，为天然短效的糖皮质激素。为白色或近白色结晶性粉末，无臭，初无味，随后有持续的苦味。遇光渐变质。不溶于水，略溶于乙醇或酮。常制成注射液。应遮光、密封保存。

【作用与应用】 本品有较强的抗炎、抗过敏、抗休克和免疫抑制作用，水钠潴留作用较弱。临床多用其静脉注射制剂治疗严重的中毒性感染或其他危急病例。局部应用有较好疗效，可用于治疗乳腺炎、眼科炎症、皮肤过敏性炎症、关节炎和腱鞘炎等。作用持续时间不足12 h。

【注意事项】 ①本品可用于严重的感染性疾病、过敏症、牛酮血症和羊妊娠毒血症的治疗；本品的琥珀酸盐注射剂，静脉给药显效迅速，可用于危重病例；本品的醋酸盐混悬液，肌内注射时吸收不良，局部作用的时间持久，仅供乳管内、关节腔、鞘内注入等局部应用。②有较强的免疫抑制作用，治疗细菌感染时必须配合应用大剂量有效的抗菌药物。③妊娠后期大剂量使用可引起流产，妊娠早期及后期母畜禁用。④严重肝功能不良、骨软化症、骨折治疗期、创伤修复期、疫苗接种期动物禁用。⑤长期用药后不能突然停药，应逐渐减量，直至停药。⑥苯巴比妥、苯妥英钠、利福平等肝药酶诱导剂可促进本类药物的代谢，使药效降低。⑦有较强的水钠潴留作用和排钾作用，而噻嗪类利尿药或两性霉素B也能促进钾排泄，与本品合用时应注意补钾。⑧本品可使内服抗凝血药的疗效降低，两者合用时应适当增加抗凝血药的剂量。⑨休药期：0日。

【制剂、用法与用量】 氢化可的松注射液，2 mL：10 mg，5 mL：25 mg，20 mL：100 mg。静脉注射，一次量，牛、马0.2～0.5 g，猪、羊0.02～0.08 g，犬0.005～0.02 g。临用前用生理盐水或5%葡萄糖注射液稀释，缓慢静脉注射，1次/日。关节腔内注射，牛、马0.05～0.1 g，1次/日。

醋酸可的松(Cortisone Acetate)

【理化性质】 本品为白色或类白色的结晶性粉末，无臭，初无味，随后有持久的苦味。在三氯甲烷中易溶，在丙酮或二氧六环中略溶，在乙醇或乙醚中微溶，在水中不溶。

【作用与应用】 本品本身无活性，需在体内转化为氢化可的松后起效，具有抗炎、抗过敏、抗毒素、抗休克作用。皮肤等局部用药无效。小动物内服易被吸收，作用快，但大动物内服吸收不规则。其混悬液肌内注射时吸收缓慢，作用持久。

【制剂、用法与用量】 醋酸可的松注射液，四环素醋酸可的松眼膏。滑囊、腱鞘或关节囊内注射，一次量，马、牛50～250 mg；肌内注射，一次量，马、牛250～750 mg，羊12.5～25 mg，猪50～100 mg，犬25～100 mg，眼部外用，每日2～3次。

醋酸氢化可的松(Hydrocortisone Acetate)

【理化性质】 本品为白色或类白色结晶性粉末，无臭，在甲醇、乙醇或三氯甲烷中微溶，在水中不溶。

【作用与应用】 与氢化可的松基本相似，因其注射剂肌内注射时吸收不良，一般不做全身治疗，主要供乳管内、关节腔、鞘内等局部注入。局部注射时吸收缓慢，药效作用持久。

【制剂、用法与用量】 醋酸氢化可的松注射液。滑囊、腱鞘或关节囊内注射，一次量，马、牛50～

250 mg,注射前应摇匀,对于细菌性感染,应与抗菌药物合用。

醋酸泼尼松(Prednisone Acetate)

【理化性质】 又名强的松、去氢可的松,为人工合成品。为白色或几乎白色的结晶性粉末,无臭,味苦。不溶于水,微溶于乙醇,易溶于氯仿。常制成片剂和眼膏。遮光、密封保存。

【作用与应用】 ①本品需在体内转化为氢化泼尼松后显效,其作用与氢化可的松相似。其抗炎作用与糖异生作用比氢化可的松强 4 倍,而水钠潴留作用及排钾作用却比氢化可的松弱。②能促进蛋白质转变为葡萄糖,减少机体对糖的利用,使血糖和肝糖原增加,出现糖尿。③能增加胃液分泌。

本品主要供内服和局部应用,用于腱鞘炎、关节炎、皮肤炎症、眼科炎症及严重的感染性、过敏性疾病等。给药后作用持续时间为 12～36 h。

【注意事项】 ①本品因抗炎、抗过敏作用强,副作用较少,故较常用。②眼部感染时应与抗菌药物合用;角膜溃疡时忌用。③其他同氢化可的松。④休药期:0 日。

【制剂、用法与用量】

(1) 醋酸泼尼松片,5 mg。内服,一次量,牛、马 200～400 mg,猪、羊的首次量 20～40 mg,维持量 5～10 mg;每千克体重,犬、猫 0.5～2 mg。

(2) 醋酸泼尼松乳膏,1%,皮肤涂擦。

(3) 醋酸泼尼松眼膏,0.5%。眼部外用,2～3 次/日。

地塞米松(Dexamethasone)

【理化性质】 又称氟美松,为人工合成品。为白色或类白色的结晶性粉末;无臭,味微苦,有引湿性。本品溶于水或甲醇,几乎不溶于丙酮或乙醚,其醋酸盐常被制成片剂,磷酸钠盐则被制成注射液。

【作用与应用】 ①本品的作用和应用与氢化可的松相似,但作用较强,显效时间更长,给药后作用持续时间为 48～72 h,副作用较小。抗炎作用与糖异生作用为氢化可的松的 25 倍,而水钠潴留作用和排钾作用仅为氢化可的松的 3/4。对垂体-肾上腺皮质轴的抑制作用较强。②具有使母畜同期分娩的作用。如在母畜妊娠后期,一次肌内注射地塞米松,牛(一般于妊娠 235～285 日)、羊和猪一般可在 48 h 内分娩;对马无此作用。

本品用于炎症性疾病、过敏性疾病及牛酮血症、羊妊娠毒血症等;也用于母畜牛、羊和猪的同期分娩。

【注意事项】 ①本品对母畜牛、羊和猪有引产效果,引产可使胎盘滞留率升高,泌乳延迟,子宫较晚恢复到正常状态。②其他参见氢化可的松。③休药期:地塞米松磷酸钠注射液,牛、羊、猪 21 日,弃奶期 72 h;醋酸地塞米松片,马、牛 0 日。

【制剂、用法与用量】 地塞米松磷酸钠注射液,1 mL∶1 mg,1 mL∶2 mg,1 mL∶5 mg。静脉注射,一次量,马 2.5～5 mg,牛 5～20 mg,猪、羊 4～12 mg,犬、猫 0.125～1 mg。临用前以生理盐水或 5%葡萄糖注射液稀释,缓慢静脉注射。关节腔内注射,牛、马 2～10 mg。治疗乳腺炎时,一次量,每乳室注入 10 mg。

【最高残留限量】 残留标示物:地塞米松。马、牛、猪,肌肉 0.75 μg/kg,肝 2.0 μg/kg,肾 0.75 μg/kg,牛奶 0.3 μg/kg。

倍他米松(Betamethasone)

【理化性质】 本品为人工合成品,是地塞米松的同分异构体。本品为白色或类白色的结晶性粉末;无臭,味苦。本品几乎不溶于水,略溶于乙醇,常制成片剂。

【作用与应用】 本品与地塞米松的作用相似,但其抗炎作用与糖异生作用较后者强,为氢化可

的松的30倍;钠潴留作用稍弱于地塞米松。

本品常用于犬、猫的炎症性、过敏性疾病等。

【注意事项】 参见氢化可的松。

【用法与用量】 倍他米松片,0.5 mg。内服,一次量,每10 kg体重,犬1.75～3.5 mg,猫0.25～1 mg。

【最高残留限量】 残留标示物:倍他米松。牛、猪,肌肉0.75 μg/kg,肝2.0 μg/kg,肾0.75 μg/kg,牛奶0.3 μg/kg。

泼尼松龙(Prednisolone)

【理化性质】 又名氢化泼尼松、强的松龙。为人工合成品。为白色或类白色结晶性粉末,几乎不溶于水,微溶于乙醇或氯仿。

【作用与应用】 作用与醋酸泼尼松相似或略强。可供静脉注射、肌内注射、乳管内注入、关节腔内注射等。应用范围较醋酸泼尼松更广泛,用于皮肤炎症、眼炎、乳腺炎、关节炎、腱鞘炎及牛酮血症等。给药后作用时间为12～36 h。

【制剂、用法与用量】

(1) 氢化泼尼松注射液,2 mL∶10 mg。静脉注射,一次量,牛、马50～150 mg,猪、羊10～20 mg;关节腔内注射,牛、马20～80 mg,1次/日。

(2) 醋酸氢化泼尼松注射液,5 mL∶125 mg。关节腔内或局部注射,牛、马20～80 mg,1次/日;乳管内注射,每乳室10～20 mg,每3～4日1次。

曲安西龙

【理化性质】 本品又称去炎松,为白色或几乎白色的结晶性粉末,无臭。在二甲基甲酰胺中易溶,在甲醇或乙醇中微溶,在水或氯仿中几乎不溶。

【作用与应用】 抗炎作用为氢化可的松的5倍,钠潴留作用极弱。其他作用与同类药物相当。内服易被吸收。

【制剂、用法与用量】 曲安西龙片,醋酸曲安西龙混悬液。内服:一次量,犬0.125～1 mg,猫0.125～0.25 mg,每日2次,连服7日。肌内或皮下注射:一次量,马12～20 mg,牛2.5～10 mg,每千克体重,犬、猫0.1～0.2 mg。关节腔内或滑膜腔内注射:一次量,牛、马6～18 mg,犬、猫1～3 mg。必要时3～4日后再注射1次。

醋酸氟轻松

【理化性质】 本品又称丙酮化氟新龙,为人工合成品。为白色或类白色的结晶性粉末;无臭,无味。本品不溶于水,常制成乳膏剂。

【作用与应用】 ①本品外用可使真皮毛细血管收缩,抑制表皮细胞增殖或再生,抑制结缔组织内纤维细胞的新生,稳定细胞内溶酶体膜,防止溶酶体酶释放所引起的组织损伤。②具有较强的抗炎及抗过敏作用。局部涂敷时,对皮肤、黏膜的炎症,皮肤瘙痒和过敏反应等都能迅速显效,止痒效果尤其好。

本品为外用糖皮质激素中抗炎作用最强、副作用最小的品种。显效快,止痒效果好。主要用于各种皮肤病,如湿疹、过敏性皮炎、皮肤瘙痒等。

【注意事项】 ①对并发细菌感染的皮肤病,本品应与相应的抗菌药物合用,若感染未改善应停用。②真菌性或病毒性皮肤病禁用。③长期或大面积应用,可引起皮肤萎缩及毛细血管扩张,发生痤疮样皮炎和毛囊炎,口周皮炎,偶尔可引起变态反应性接触性皮炎。④本品作用强而副作用小,但用量过大时可引起中枢神经先兴奋后抑制,甚至造成呼吸麻痹等毒性反应。解救可采取对症治疗,兴奋期可给予小剂量的中枢抑制药，若转为抑制期则不能用兴奋药解救，只能采用人工呼吸等措施。

【制剂、用法与用量】 醋酸氟轻松乳膏，10 g∶2.5 mg，20 g∶5 mg。外用，涂患处，每日 3～4 次。

促肾上腺皮质激素

促肾上腺皮质激素简称促皮质素(ACTH)。能刺激肾上腺皮质合成和分泌氢化可的松和皮质酮等，间接发挥糖皮质激素类药物的作用。本品在肾上腺皮质功能健全时有效。作用与糖皮质激素相似，但起效慢而弱，水钠潴留作用明显，可引起过敏反应。内服无效。

ACTH 肌内注射易被吸收，在注射部位部分可被组织酶所破坏。本品不能内服，因多肽易被消化酶破坏。肌内注射或静脉注射后，很快从血液中消失，仅少量以原形从尿液排泄，半衰期仅为 6 min。主要在长期使用糖皮质激素停药前后应用，以促进肾上腺皮质功能恢复。

【制剂、用法与用量】 注射用促皮质素和长效促皮质素注射液。肌内注射，一次量，马 100～400 U，牛 30～200 U，羊、猪 20～40 U，犬 10～50 U，每日 2～3 次，防止肾上腺皮质功能减退，可每周注射 2 次，静脉注射剂量减半，溶于 5%葡萄糖注射液 500 mL 内静脉滴注。

曲安奈德

【理化性质】 又称为曲安缩松、去炎舒松。曲安奈德注射液、曲安奈德鼻喷雾剂、醋酸曲安奈德注射液为微细颗粒的混悬水溶液，静置后微细颗粒下沉，振摇后成均匀的乳白色混悬液。曲安奈德口腔软膏为浅棕黄色至浅棕色软膏。醋酸曲安奈德乳膏为乳剂型基质的白色软膏。

【作用与应用】

(1) 曲安奈德鼻喷雾剂：本品适用于预防和治疗常年性及季节性过敏性鼻炎。过敏性鼻炎的症状主要有鼻痒、鼻阻塞、流鼻涕、打喷嚏等。鼻腔内喷雾治疗。用前应充分振摇。

(2) 曲安奈德口腔软膏：本品为皮质类固醇类药物。用于口腔黏膜的急、慢性炎症，包括复发性口腔溃疡，甲扁平苔藓，口炎创伤性病损，如义齿造成的创伤性溃疡；剥脱性龈炎和口腔炎。创伤性溃疡和多数非复发性病损用药后可迅速痊愈。慢性病变和复发性口腔溃疡用药后也能获得显著疗效，停药后还会复发。康宁乐口内膏对控制复发也有一定的作用。

挤出少量药膏(长约 1 cm)轻轻涂抹在病损表面，使之形成薄膜。在有些病损部位，可能要多取一些药膏。药膏形成的薄膜恰好覆盖病损。不要反复揉擦。刚开始涂抹药膏时可能感觉药物呈颗粒样，有些粗糙。药膏涂好后就可以形成光滑的薄膜。康宁乐口内膏最好在睡前使用，这样可以使药物与患处整夜接触。如果症状严重，需要每日涂 2～3 次。

(3) 醋酸曲安奈德注射液：本品可用于治疗各种皮肤病、过敏性鼻炎、关节痛、支气管哮喘、肩周炎、腱鞘炎、滑膜炎、急性扭伤、类风湿性关节炎等。

(4) 醋酸曲安奈德乳膏：本品用于过敏性皮炎、湿疹、神经性皮炎、脂溢性皮炎及瘙痒症。外用，每日 2～3 次，涂患处，并轻揉片刻。

知识拓展

糖皮质激素(GC)作用机制的研究进展

GC 发挥作用的经典途径是由基因组机制介导的，GC 通过基因组机制发挥作用的时间一般至少需要 30 min。但 GC 介导的某些快速效应(几秒钟到数分钟)，被认为是一种有别于传统基因组效应的非基因组效应。

有研究者认为，GC 发挥不同机制与其剂量密切相关：①在低剂量(大于 10^{-12} mol/L

泼尼松剂量)时,GC 发挥基因组效应,需时至少 30 min;②在剂量大于 10^{-9} mol/L 泼尼松剂量时,GC 发挥通过膜受体介导的特异性非基因组效应,需时数秒至一两分钟;③当进一步加大剂量至大于 10^{-4} mol/L 泼尼松剂量时,通过影响膜的流动性等理化性质,发挥非特异性非基因组效应,需时数秒。

基因组效应和非基因组效应之间存在着交互调节。基因组效应和非基因组效应的交互调节最常见的信号分子可能是 cAMP,活化的腺苷酸环化酶作用于 ATP,生成 cAMP,影响蛋白激酶 A(PKA)途径,使 cAMP 反应元件结合蛋白(CREB)发生磷酸化,最终活化丝裂原活化蛋白激酶(MAPK)途径,然后可能导致类固醇激素受体辅激活因子 1(SRC1)发生酸化,激活核类固醇激素受体,调节基因的转录。

第九章 自体活性物质和解热镇痛抗炎药

自体活性物质是动物体内普遍存在、具有广泛生物学活性的物质的统称，又称为“自调药物”。正常情况下自体活性物质以其前体或储存状态存在，但当受到某种因素影响而激活或释放时，释放的量虽然很小，但能产生非常广泛、强烈的生物效应。

自体活性物质通常在局部产生，仅对邻近的组织细胞起作用，多数有自己的特殊受体，也称“局部激素”。它们与神经递质或激素的不同之处是，机体没有产生它们的特定器官或组织。有些自体活性物质可被直接用作药物而治疗疾病，如前列腺素。另一些使人们感兴趣的自体活性物质，其作用可用相关药物进行调节，如组胺。还有一些自体活性物质，通常能参与某些病理过程，通过模拟或拮抗其作用，或干扰其代谢转化，弄清其生理或病理学意义，有助于发现新药或阐明某种药物的作用机制，如前列腺素。

自体活性物质的激活和释放，是机体自我保护的一种本能，以抵御或适应异常变化的刺激或影响，从而出现相应的、特殊的生理变化和病理变化，这些变化对机体是有益的。但自体活性物质引起的变化有时会比较强，使机体不能承受（如荨麻疹），甚至会危及生命（如青霉素过敏），因此就要使用一定的药物进行调控。

在医药学上占重要位置的自体活性物质如下：①内源性胺类（组胺、5-羟色胺）；②花生四烯酸衍生物（前列腺素、白三烯）；③多肽类（血管紧张素、缓激肽、胰激肽、P 物质）。

目前在兽医临床上意义较大的是组胺和前列腺素。解热镇痛抗炎药是一大类能够抑制前列腺素合成的药物，可视为前列腺素拮抗剂，故在本章论述。

第一节 组胺与抗组胺药

变态反应亦称过敏反应，是一个复杂的免疫病理反应过程，本质是抗原-抗体反应。动物体内活的组织细胞，对异物（如抗原等）进行识别、反应和处理后，产生特异性抗体。当同一抗原第二次侵入体内，就发生抗原-抗体反应，敏感动物会出现严重的过敏反应，甚至是过敏性休克。

过敏反应有四种类型：①Ⅰ型（速发型）：以炎性介质释放为主的过敏反应。②Ⅱ型（细胞毒性）：以组织细胞损害和溶解为主的细胞毒反应。③Ⅲ型（免疫复合物型）：以抗原-抗体复合物在组织中沉积为主的反应。④Ⅳ型（迟发型）：以致敏 T 淋巴细胞介导为主的迟发型过敏反应。通常所说的过敏反应指的是Ⅰ型，其机制为过敏原进入体内后产生特异性 IgE，后者结合在肥大细胞的表面使机体呈致敏状态，当再次接触过敏原时，肥大细胞脱颗粒释放多种化学介质，其中以组胺、白三烯较为重要，并诱发病理改变和一系列过敏症状。

临床上具有抗过敏作用的药物如下：①糖皮质激素：可抑制免疫反应的多个环节，适用于各种过敏反应，但作用不是立即产生的。②拟肾上腺素药物：可用于伴有组胺、慢反应物质释放的过敏反应，但可引起心动过速或心律失常。③钙剂：能降低毛细血管的通透性，减少渗出，减轻炎症和水肿，常用作治疗过敏反应的辅助药物。④抗组胺药：通过拮抗组胺的作用而减轻或消除过敏反应的症状，可用于治疗Ⅰ型过敏反应，缓解Ⅱ型、Ⅲ型过敏反应的症状，是一类重要的抗过敏药。但不能完

全消除过敏反应的所有症状，并且对牛、兔等组胺释放量少的动物的过敏反应无拮抗作用。

一、组胺

组胺是由组氨酸经特异性的组氨酸脱羧酶脱羧产生的，广泛分布在哺乳动物的组织中，在与外界接触的皮肤、肠黏膜和肺组织中，组胺浓度较高。但在不同种属动物体内，其浓度有很大差异，组胺在山羊和兔的体内含量较高，在马、犬、猫和人体内含量较低，是具有多种生理活性的非常重要的自体活性物质之一。天然组胺以无活性形式（结合型）存在，在组织损伤、炎症、神经刺激、某些药物或一些抗原-抗体反应条件下，以活性形式（游离型）释放。其本身无治疗用途，但其拮抗剂却被广泛用于临床。

体内的大多数组胺以肝素-蛋白复合物形式存在，储存在组织的肥大细胞和血液的嗜碱性粒细胞的颗粒中（图 9-1），这部分组胺更新较慢。表皮细胞、胃黏膜细胞和神经元也能生成和储存组胺，这部分组胺更新较快。

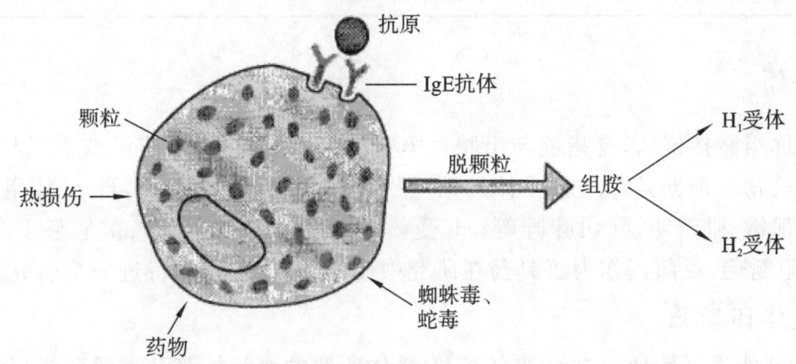

图 9-1　组胺从肥大细胞中的释放

注：肥大细胞中含有组胺颗粒，在受到抗原、热损伤、药物、蜘蛛毒或蛇毒等刺激后引起颗粒脱落，组胺被释放出来，与 H_1 及 H_2 受体结合，产生过敏反应。

能引起组胺释出的因素：①使肥大细胞的 cAMP 被抑制和 cGMP 浓度增加的因子。如乙酰胆碱、α 受体激动剂、β 受体拮抗剂等。②直接损伤肥大细胞膜的因子。如许多带正电荷（碱性）的物质：外源性物质有吗啡、多黏菌素类、多肽类；内源性化合物有缓激肽、胰激肽、其他碱性多肽。一些毒物和毒素（如蛇毒）也可直接引起组胺释放。③免疫介导的Ⅰ型过敏反应（炎性反应）。

组胺的释放往往与肥大细胞内钙离子浓度的增加相伴，储存在颗粒中的其他物质往往随组胺一起被释放出来，这些物质也能引起明显的生物反应。此外，损害肥大细胞的细胞膜，还能促进其他具有相似有害作用的自体活性物质（如前列腺素）的生成。因此组胺的释放，仅是肥大细胞脱颗粒所致生理反应的一部分。正如有些药物能直接诱导肥大细胞脱颗粒一样，用于治疗或预防Ⅰ型过敏反应的药物，一般而言就是那些抑制肥大细胞脱颗粒的药物。糖皮质激素的抗过敏作用，就是基于其对 β 受体的作用以及针对其他炎性介质的抗炎作用。

组胺除参与炎症、过敏（变态）反应外，还与多种药物存在相互作用关系。它还能调节胃的分泌。在中枢神经系统，它还是一种神经递质。一些与组胺结构相似的外源性化合物，也具有扩张小血管、收缩平滑肌、刺激胃腺分泌等拟组胺作用。

组胺的生物学作用通过与靶细胞上的受体结合而产生。外周组织存在两种组胺受体，分别称组胺Ⅰ型（H_1）受体和组胺Ⅱ型（H_2）受体。两种受体的分布及生物学作用见表 9-1。其中组胺Ⅰ型（H_1）受体存在于皮肤、眼睛、血管、肺组织，可引起这些组织器官的生理或病理变化；组胺Ⅱ型（H_2）受体存在于胃，可引起胃液的变化（胃酸的分泌等）。

Note

表 9-1　组胺受体的分布与作用

受体类型	靶器官		生理效应	病理效应
H_1	平滑肌	支气管	收缩	痉挛,呼吸困难
		胃肠	收缩	腹泻
		子宫	收缩	—
		皮肤血管	扩张	通透性增加,血管水分外渗
	心肌		收缩增强	—
	窦房结		传导减慢	—
H_2	胃壁腺		分泌增加	—
	血管		扩张	血压下降
	心肌		收缩增强	休克
	窦房结		心率加快	—

二、抗组胺药

抗组胺药又称组胺拮抗药,是指能与组胺竞争靶细胞上组胺受体,使组胺不能与受体结合,从而阻断组胺作用的药物。根据其对组胺受体的选择性作用不同,分为三类:H_1受体阻断药,如苯海拉明、异丙嗪、氯苯那敏、吡苄明、阿司咪唑等;H_2受体阻断药,如西咪替丁、雷尼替丁、法莫替丁、尼扎替丁等;H_3受体阻断药,目前仅作为工具药在研究中使用,临床应用尚待进一步研究。

(一) H_1受体阻断药

H_1受体阻断药能选择性地对抗组胺兴奋H_1受体所致的血管扩张及平滑肌痉挛等作用。用于皮肤、黏膜的变态反应性疾病,如荨麻疹、接触性皮炎。临床上也用于怀疑与组胺有关的非变态反应性疾病,如湿疹、营养性或妊娠蹄叶炎、肺气肿。

本类药物吸收良好,在给药后 30 min 显效,分布广泛,能进入中枢神经系统,有抑制中枢的副作用。几乎在肝内完全代谢,代谢产物由尿液排泄,作用持续 3～12 h。

常用H_1受体阻断药抗过敏作用的强度和持续时间:氯苯那敏＞异丙嗪＞苯海拉明。对中枢的抑制作用:异丙嗪＞苯海拉明＞氯苯那敏。

苯海拉明

【理化性质】　又名苯那君。本品为白色结晶性粉末,无臭,味苦,随后有麻木感。在水中极易溶解,乙醇或氯仿中易溶。应遮光、密封保存。

【作用与应用】　本品有明显的抗组胺作用。能解除支气管和肠道平滑肌痉挛,降低毛细血管的通透性,减弱变态反应。还有镇静、抗胆碱、止吐和轻度局麻作用,但对组胺引起的腺体分泌无拮抗作用。显效快,维持时间短。

主要用于过敏性疾病,如荨麻疹、血清病、湿疹、皮肤瘙痒症、水肿、神经性皮炎、药物过敏反应等;用于组织损伤并伴有组胺释放的疾病,如烧伤、冻伤、脓毒性子宫炎等;还可用于饲料过敏引起的腹泻、蹄叶炎等。对过敏性支气管痉挛效果较差。本品常与氨茶碱、维生素 C 或钙剂配合应用,可增强疗效。

【不良反应】　①本品有较强的中枢抑制作用。②大剂量注射时常出现中毒症状,以中枢神经系统过度兴奋为主。此外还可静脉注射短效巴比妥类药物(如硫喷妥钠)进行急救,但不可使用长效或中效巴比妥类药物。

【休药期】　猪、牛、羊 28 日,弃乳期为 7 日。

【制剂、用法与用量】

(1) 盐酸苯海拉明片,25 mg。内服,一次量,牛 0.6～1.2 g,马 0.2～1.0 g,猪、羊 0.08～0.12 g,犬 0.03～0.06 g,猫 0.01～0.03 g。2 次/日。

(2) 盐酸苯海拉明注射液,1 mL∶20 mg,5 mL∶100 mg。肌内注射,一次量,马、牛 0.1～0.5 g,猪、羊 0.04～0.06 g;每千克体重,犬 0.5～1 mg。

异丙嗪 (Promethazine)

【理化性质】 又名非那根,人工合成品。本品为白色或几乎白色的粉末或颗粒,几乎无臭,味苦。在空气中日久变为蓝色。在水中极易溶解,乙醇、氯仿中易溶。应遮光、密封保存。

【作用与应用】 异丙嗪的抗组胺作用较苯海拉明强而持久,持续 24 h 以上,可加强局麻药、镇静药和镇痛药的作用,还有降温、止吐作用。应用同苯海拉明。

【休药期】 猪、牛、羊 28 日,弃乳期为 7 日。

【制剂、用法与用量】

(1) 盐酸异丙嗪片,12.5 g、25 g。内服,一次量,马、牛 0.25～1 g,猪 0.1～0.5 g,犬 0.05～0.1 g。

(2) 盐酸异丙嗪注射液,2 mL∶0.05 g,10 mL∶0.25 g。肌内注射,一次量,马、牛 0.25～0.5 g,猪、羊 0.05～0.1 g,犬 0.025～0.05 g。

马来酸氯苯那敏(Chlorphenamine Maleate)

【理化性质】 又名扑尔敏、氯苯那敏,人工合成品。本品为白色结晶性粉末,无臭,味苦。在水、乙醇、三氯甲烷中易溶,在乙醚中微溶。

【作用与应用】 本品抗组胺作用比苯海拉明、异丙嗪强而持久,中枢抑制和嗜睡副作用较轻,用量小,但对胃肠道有一定的刺激作用。应用同苯海拉明。

【制剂、用法与用量】

(1) 马来酸氯苯那敏片,4 mg。内服,一次量,马、牛 80～100 mg,猪、羊 10～20 mg,犬 2～4 mg,猫 1～2 mg。

(2) 马来酸氯苯那敏注射液,1 mL∶10 mg,2 mL∶20 mg。肌内注射,一次量,马、牛 60～100 mg,猪、羊 10～20 mg。

阿司咪唑(Astemizole)

【作用与应用】 阿司咪唑又称息斯敏。本品为新型 H_1 受体阻断药。抗组胺作用强而持久,药效达 24 h。不通过血脑屏障,无中枢镇静作用,有较强的抗胆碱作用。主要在肝脏代谢,其多种代谢产物(特别是去甲基阿司咪唑)仍具有抗组胺活性。临床主要用于过敏性鼻炎、过敏性结膜炎、荨麻疹以及其他过敏反应的治疗。

【制剂、用法与用量】 阿司咪唑片,3 mg。内服,小动物,一次量,2.5～10 mg。每日 1 次。

(二) H_2 受体阻断药

胃中的胃泌素促进组胺生成和释放。组胺作用于 H_2 受体,使细胞内 cAMP 的生成量增加。cAMP 通过蛋白激酶激活碳酸酐酶,使之催化 CO_2 和 H_2O 生成 H_2CO_3。H_2CO_3 解离并释放 H^+,使胃酸分泌量增加。内服吸收迅速、完全(马除外),不受食物影响。脂溶性比 H_1 受体阻断药低,不能透过血脑屏障,无中枢抑制的副作用。主要以原形从肾脏消除。半衰期为 2～3 h。

H_2 受体阻断药作用:①对 H_2 受体有高度选择性,能有效地争夺胃壁腺细胞上的 H_2 受体,阻断组胺与之结合,抑制胃酸分泌,并抑制引起胃酸分泌的各种因素,如胃泌素、胰岛素、毒蕈碱类药物的作用。②在 H_1 受体辅助下，H_2 受体阻断药对基础胃酸分泌和食物诱导的胃酸分泌（容积和酸度）有很强的抑制作用。

在兽医临床上主要用于胃炎，胃、皱胃及十二指肠溃疡，应激或药物引起的糜烂性胃炎等。目前在兽医临床上应用较广，较新的药物有西咪替丁、雷尼替丁、法莫替丁、尼扎替丁。

西咪替丁(Cimetidine)

【药动学】 又名甲氰咪胍、甲氰咪胺，为人工合成品。犬内服的生物利用度约为95%，半衰期为1.3 h，表观分布容积为1.2 L/kg。在马胃内投服的生物利用度仅为14%，半衰期约为90 min，表观分布容积仅为0.77 L/kg。本品血浆蛋白结合率为15%～20%，能进入乳汁和透过胎盘屏障。药物在肝代谢并以原形从肾排泄。

【作用与应用】 本品为 H_2 受体阻断药。通过与组胺争夺胃壁细胞上的 H_2 受体而阻断组胺作用。本品可减少胃液的分泌量和降低胃液中 H^+ 浓度，还可抑制胃蛋白酶和胰酶的分泌，无抗胆碱作用。主要用于中、小动物胃炎，胃肠溃疡，胰腺炎和急性胃肠（消化道前段）出血。

本品能与肝药酶结合而抑制肝药酶的活性，进而减少多种药物代谢，延长半衰期，增加血药浓度。还能降低肝血流量，对高首过效应药物能提高生物利用度。

【制剂、用法与用量】 西咪替丁片，200 mg。内服，一次量，猪300 mg，2次/日，每千克体重，牛8～16 mg，3次/日；犬、猫5～10 mg，2次/日。

雷尼替丁(Ranitidine)

【作用与应用】 雷尼替丁又称呋喃硝胺，为人工合成品。本品抑制胃酸分泌的作用比西咪替丁强约5倍，且毒副作用较轻，作用维持时间较长。犬内服的生物利用度约为81%，半衰期为2.2 h，表观分布容积为2.6 L/kg。成年马内服生物利用度约为27%，驹为38%，表观分布容积分别为1.1 L/kg和1.5 L/kg。血浆蛋白结合率为10%～19%，在肝代谢为无活性代谢产物，经肾脏从尿液排泄。本品在肾脏可与其他药物竞争肾小管分泌。应用同西咪替丁。

【制剂、用法与用量】 雷尼替丁片。内服，一次量，驹150 mg，每千克体重，马、犬0.5 mg，猫1～2 mg。每日2次。

第二节 前列腺素

前列腺素(PG)是一类化学结构近似的自体活性物质的总称，广泛存在于机体各组织细胞（红细胞除外）与体液中，最早从人的精液和羊的精囊中提取，现已能人工合成。前列腺素的种类虽然很多，但都是前列烷酸的衍生物，属于二十烷酸类化合物。前列烷酸由五碳环（环戊烷环）、七碳羧基链和八碳羟基链组成，根据五碳环上被取代的基团不同，PG分为A、B、C、D、E、F、G、H、I九型，有实际意义的只有E、F、A、B四型，字母的右下角以数字表示两条侧链上双键数目，如E型带有一个双键表示为 PGE_1，两个双键者为 PGE_2，依此类推。有的数字后面还有希腊字符 α，表示羟基的构型，如 $PGF_{1\alpha}$、$PGF_{2\alpha}$ 等。

一、生物合成与降解

二十烷酸类通常不储存在细胞内，而是在物理或化学损伤、激素、免疫、缺氧等因素刺激下即时形成。生成二十烷酸类的原料来自细胞膜磷脂的脂肪酸，脂肪酸由活化的存在于细胞膜上的磷脂酶催化而释放。花生四烯酸(arachidonic acid)是最重要的二十烷酸类的前体脂肪酸。从膜上释放的花生四烯酸，进入细胞内，在酶的作用下生成前列腺素或白三烯。例如，细菌的内毒素脂多糖(LPS)

激活磷脂酶 A_2(PLA_2),使花生四烯酸从膜磷脂的酰基位上释放出来,同时还形成一种溶血磷脂(LPL)。LPL 是形成血小板活化因子(PAF)的原料。花生四烯酸被代谢为前列腺素(PG)、血栓烷(TX)和白三烯(LT)(图 9-2)。

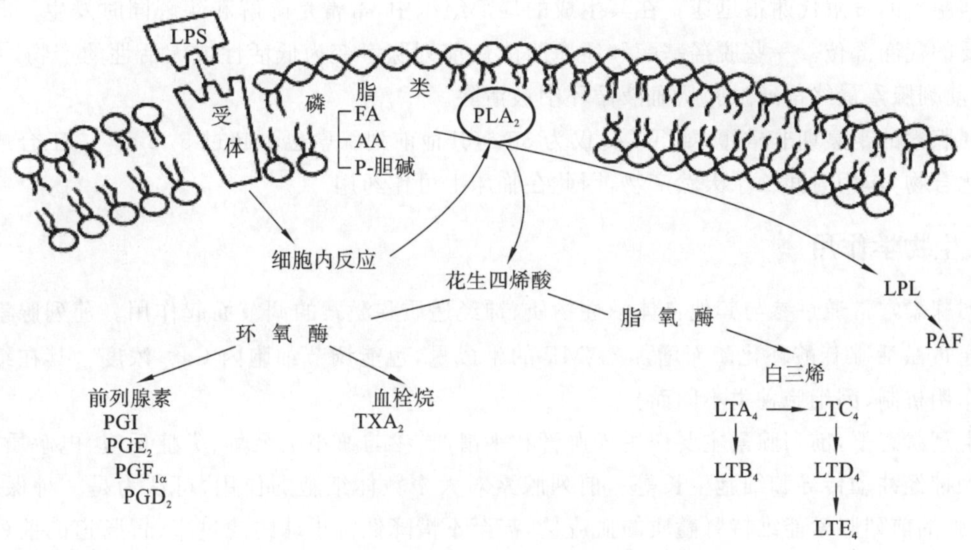

图 9-2 内毒素诱导二十烷酸类合成示意图

注:FA,脂肪酸;AA,花生四烯酸;P-胆碱,磷脂酰胆碱。

催化前列腺素生成的酶是环氧合酶,存在于体内的所有细胞中。催化白三烯合成的酶是脂氧酶,主要存在于血小板、白细胞和肺细胞中。

在前列腺素的合成过程中,花生四烯酸先被代谢成不稳定的中间体环内过氧化物,包括 PGG_2 和 PGH_2,以及对组织有害的氧自由基。环内过氧化物随后被迅速代谢成终产物,即各种前列腺素(图 9-3)。不同前列腺素分别由不同酶催化形成。例如,前列腺素异构酶催化生成 PGE_2 和 PGD_2,前列腺素还原酶催化生成 PGF_2,前列环素合成酶催化生成前列环素 PGI_2,血栓烷合成酶催化生成血栓烷 TXA_2。

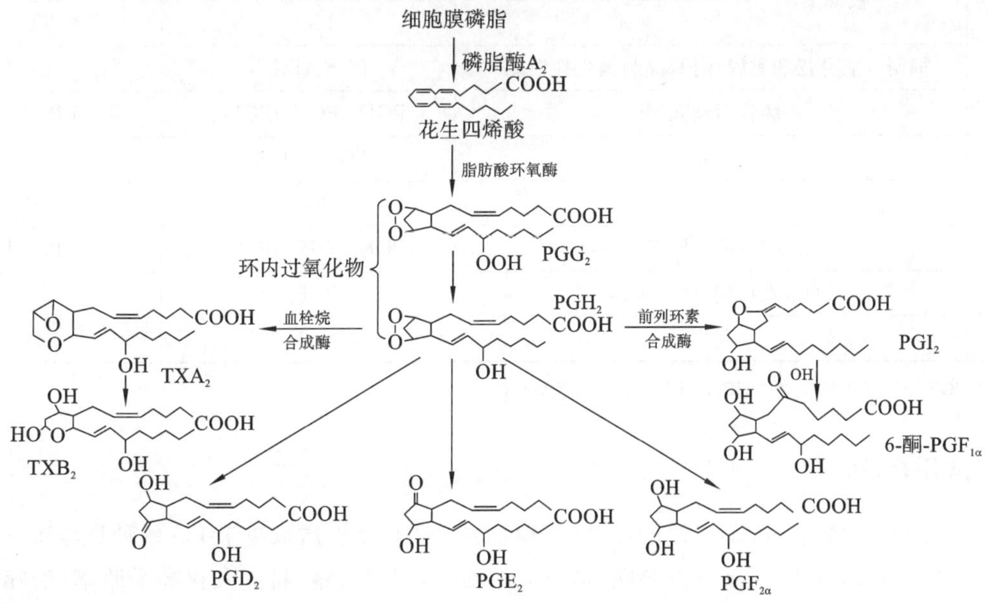

图 9-3 花生四烯酸在环氧合酶作用下生成主要前列腺素示意图

不同的组织所生成的前列腺素不同。肺、巨噬细胞、肾的髓质和皮质以及胎儿的肺动脉、子宫等组织，主要生成 PGE。肺、肾、精囊、子宫等生成 $PGF_{2\alpha}$。血管内皮细胞、肾、肺等生成 PGI_2。循环血小板、肺等生成 TXA_2。

前列腺素的分解代谢很迅速。在其生成的局部组织中，常常是降解和酶解同时发生。肝脏也是一个重要的代谢部位。一些脱羟基酶和还原酶能使前列腺素变为低活性或无活性的产物。除 PGI_2 外，其他前列腺素最终都通过肺从血液循环中被清除。

前列腺素的半衰期非常短，如 TXA_2 仅为 30 s，其他前列腺素也不超过 5 min。人工合成的前列腺素类化合物，作用时间长于天然产物，因此在临床上可作药用。

二、生物学作用

前列腺素常常通过参与其他自体活性物质、神经递质和激素的调节而起作用。前列腺素在许多组织中通过激活腺苷酸环化酶而增加 cAMP 的生成量，也能调节细胞内 Ca^{2+} 浓度。其在细胞水平的具体作用机制，因细胞种类不同而异。

在生理状态下，前列腺素主要作用于血管和平滑肌，参与血小板聚集、炎症反应、电解质流动、疼痛、发热、神经冲动传导和细胞生长等。前列腺素对大多数体细胞的作用，可认为是一种保护作用。例如，肾脏的前列腺素能维持肾髓质的血流量，甚至不惜降低肾小球的滤过率；胃肠道的前列腺素保护胃黏膜不受胃酸损害；小肠的前列腺素能引起腹泻，使肠腔能够清除有害物质。甚至疼痛和炎症也是一种保护性机制，尽管作用过度后成为许多药物治疗的靶标。

关于前列腺素的作用及相关受体见表 9-2。

表 9-2　前列腺素的作用及相关受体

<table>
<tr><th>靶器官</th><th colspan="2">作用</th><th>前列腺素种类</th><th>受体</th></tr>
<tr><td rowspan="5">血管</td><td colspan="2">血管扩张（血压下降）</td><td>PGE_1、PGE_2、PGI_2</td><td>EP_2、IP</td></tr>
<tr><td colspan="2">血管通透性增大</td><td>PGE_2、PGI_2</td><td>EP_2、IP</td></tr>
<tr><td colspan="2">血管收缩</td><td>PGF_2、TXA_2</td><td>FP、TP</td></tr>
<tr><td rowspan="2">血小板凝集</td><td>抑制</td><td>PGE_1、PGI_2</td><td>EP_3、IP</td></tr>
<tr><td>促进</td><td>TXA_2</td><td>TP</td></tr>
<tr><td rowspan="2">消化道</td><td colspan="2">抑制胃酸分泌和黏膜保护（抑制消化性溃疡）</td><td>PGE_1、PGE_2</td><td>EP</td></tr>
<tr><td colspan="2">肠管运动亢进</td><td>PGE_1、PGE_2、$PGF_{2\alpha}$</td><td>EP_1、FP</td></tr>
<tr><td rowspan="2">支气管</td><td colspan="2">扩张</td><td>PGE_1、PGE_2</td><td>EP</td></tr>
<tr><td colspan="2">收缩</td><td>PGF_2</td><td>FP</td></tr>
<tr><td rowspan="2">子宫</td><td colspan="2">收缩（诱发阵痛）</td><td>PGE_1、PGE_2、$PGF_{2\alpha}$</td><td>EP_1、FP</td></tr>
<tr><td colspan="2">调节性周期（溶解黄体）</td><td>$PGF_{2\alpha}$</td><td>FP</td></tr>
<tr><td>肾</td><td colspan="2">利尿</td><td>PGE_2</td><td>EP_2</td></tr>
</table>

注：EP，PGE 受体；FP，PGF 受体；IP，PGI 受体；TP，TXA_2受体。

三、常用药物

前列腺素（PG）具有强大而广泛的生理（药理）效应，其作用性质取决于 PG 的种类与所作用的靶组织。在 PG 应用研究上，主要涉及咳喘、鼻炎等的治疗，促进发情、排卵及提高受胎率，治疗不孕症和终止早、中期妊娠等方面。应用于兽医临床上的主要有 PGE_1、PGE_2、PGF_1、$PGF_{2\alpha}$、氯前列醇和氟前列醇等。

地诺前列素(Dinoprost, $PGF_{2\alpha}$)

【理化性质】 又名黄体溶解素、氨基丁三醇前列腺素 $F_{2\alpha}$。本品是从动物精液或猪、羊的羊水中提取的，现多用人工合成品。为无色结晶，溶于水、乙醇。

【药理作用】 本品对生殖、循环、呼吸、消化等系统具有广泛作用。其中对生殖系统的作用表现为溶解黄体，抑制孕酮的合成。$PGF_{2\alpha}$既能直接作用于黄体细胞，使孕酮分泌减少，又对血管平滑肌有较强的收缩作用，选择性减少黄体血流量，导致黄体缺血，黄体萎缩、退化而溶解，使孕酮合成受抑制。因此黄体期缩短，使母畜同期发情和排卵，有利于人工同期发情或胚胎移植；兴奋子宫平滑肌。$PGF_{2\alpha}$对子宫平滑肌有强烈的收缩作用，特别是妊娠子宫对本品非常敏感，子宫平滑肌张力增大，宫颈松弛，有利于催产、引产等；促进输卵管收缩，影响精子运行至受精部位及胚胎附植；促进垂体前叶释放黄体生成素；影响精子的发生和移行。

【临床应用】 主要用于畜群的同期发情。马、牛、羊注射后出现正常的性周期，注射2次，同期发情更准确；治疗母畜卵巢黄体囊肿，注射后第6～7日排卵；治疗持久性黄体，牛间情期肌内注射30 mg，第3日开始发情，第4～5日排卵；治疗马、牛不发情或发情不明显；用于母猪催情，使断奶母猪提早发情和配种；用于催产、引产及子宫蓄脓、慢性子宫内膜炎治疗等；用于增加公畜的精液射出量和提高人工授精率。

【注意事项】 用于收缩子宫时应注意剂量，过量可引起子宫破裂；用于引产时，猪出现呼吸加快，排便次数略增加；易造成牛胎衣不下，羊子宫出血和急性子宫内膜炎，马可出现痉挛性腹痛、腹泻、厌食和大量出汗；对患有循环、呼吸、消化系统疾病的动物禁用；宰前停药1日。

【制剂、用法与用量】 地诺前列素注射液，1 mL∶1 mg，1 mL∶5 mg。肌内或子宫内注射，一次量，马、牛 6～20 mg，羊、猪 3～8 mg(用时以适量注射用水或生理盐水稀释)。

甲基前列腺素 $F_{2\alpha}$

【理化性质】 本品为棕色油状或块状物；有异臭。在乙醇、丙酮或乙醚中易溶，极微溶于水，常制成注射液。

【作用与应用】 本品具有溶解黄体、增强子宫平滑肌张力和收缩力等作用。

本品主要用于同期发情、同期分娩；也用于治疗持久性黄体、诱导分娩和排出死胎，以及治疗子宫内膜炎等。

【注意事项】 ①妊娠母畜忌用，以免流产。②治疗持久性黄体时，用药前应仔细进行直肠检查。③大剂量会产生腹泻、阵痛等不良反应。④休药期：牛、猪、羊1日。

【制剂、用法与用量】 甲基前列腺素 $F_{2\alpha}$注射液。肌内注射或宫颈内注射，一次量，每千克体重，马、牛 2～4 mg，羊、猪 1～2 mg。

氟前列醇

【理化性质】 本品为人工合成品，为前列腺素 $F_{2\alpha}$的同系物。

【作用与应用】 在前列腺素制剂中，本品溶解黄体的作用最强，毒性最小。主要用于马，多数母马在注射后6日内有发情行为，发情终止前约24 h排卵。对各种原因引起的垂体机能不足的母马，本品无催情作用。

本品可用于马群的高效管理，使母马按计划在有效的配种季节内发情和受孕。对胚胎早期死亡或重吸收的母马，可使黄体溶解，使之不发生持久性黄体和不孕症，并能终止假妊娠。

【制剂、用法与用量】 氟前列醇注射液。肌内注射，一次量，每千克体重，马 0.55 μg。

【休药期】 猪、牛、羊1日。

氯前列醇

【理化性质】 本品为淡黄色油状黏稠液体。本品为人工合成的前列腺素 $F_{2\alpha}$ 同系物，在三氯甲烷中易溶，在无水乙醇或甲醇中溶解，不溶于水，在10%碳酸钠溶液中溶解，常制成注射液。其钠盐常制成注射剂和粉针。

【作用与应用】 ①本品具有强大的溶解黄体的作用，能迅速引起黄体消退，并抑制其分泌；②对子宫平滑肌也具有直接兴奋作用，可引起子宫平滑肌收缩，宫颈松弛。

本品用于诱导母畜同期发情，治疗母牛持久性黄体、黄体囊肿和卵泡囊肿等疾病；亦可用于妊娠猪、羊的同期分娩，用于催产、引产及子宫蓄脓治疗，产后子宫复旧不全、胎衣不下、子宫内膜炎等。

【注意事项】 ①不需要流产的妊娠动物禁用。②可诱导流产及急性支气管痉挛。③本品易通过皮肤吸收，不慎接触后应立即用肥皂和水进行清洗。④不能与非甾体抗炎药同时应用。⑤在妊娠5个月后应用本品，动物出现难产的风险将增加，且药效下降。⑥性周期正常的动物，治疗后通常在2～5日发情。妊娠100～150日的孕牛，通常在药物注射后2～3日出现流产。⑦宰前停药1日。⑧患有循环、呼吸、消化系统疾病的患病动物禁用。

【制剂、用法与用量】 氯前列醇注射液：肌内注射，牛2～4 mL；宫内注射，牛1～2 mL；肌内注射，猪1 mL。氯前列醇钠注射液：肌内注射，一次量，牛0.2～0.3 mg；猪妊娠第112～113日，0.05～0.1 mg。注射用氯前列醇钠：肌内注射，一次量，牛0.4～0.6 mg，11日后再用药1次；猪预产期前3日内0.05～0.2 mg。

第三节 解热镇痛抗炎药

解热镇痛抗炎药是一类具有退高热、减轻局部钝性疼痛，且大多数有抗炎、抗风湿作用的药物。因本类药物的化学结构和抗炎作用机制与甾体类糖皮质激素不同，故又称为非甾体抗炎药(NSAIDs)。

本类药物在化学结构上有多种不同类型，但有共同的作用机制，即抑制环氧合酶(COX)，从而抑制花生四烯酸合成前列腺素。环氧合酶有两型同工酶：COX-1是正常生理酶，发现于血管、胃及肾；而COX-2由细胞活性素及炎症介质诱导产生。大多数解热镇痛抗炎药对COX-1和COX-2没有选择性，只对COX-1有较强的抑制作用，但阿司匹林对两型都有同等的作用，寻求相对的选择性COX-2抑制药是现在抗炎药研究的发展方向。前列环素(PGI_2)具有血管扩张作用，可促使炎症局部组织充血肿胀，前列腺素E(PGE)又增强该处受损组织痛觉阈的敏感度，引起炎症部位肿痛症状。当环氧合酶被解热镇痛抗炎药抑制后，各类前列腺素的合成减少，临床肿胀症状得以改善，这与中枢镇痛药的单纯镇痛作用机制不同。

在兽医临床上使用的解热镇痛抗炎药有近20种，它们的共同作用如下。

1. 解热作用 本类药物对各种原因引起的高热，都具有一定的解热作用，但对正常体温无影响。机体在患有某些疾病时，病原体及其毒素等外源性致热原刺激中性粒细胞，使之产生并释放内源性致热原，后者进入中枢神经系统，作用于下丘脑的体温调节中枢而引起发热。

动物下丘脑后部体温调节中枢，可受细菌毒素等外源性致热原和白细胞释放的内源性致热原(现认为是白介素1)的影响。致热原作用于下丘脑的前部，促使前列腺素E大量合成和释放。前列腺素E使体温调节中枢的调定点上移，致使机体产热增加，散热减少，体温升高。解热机理：解热镇痛抗炎药能减少前列腺素的合成，使体温调节中枢的调定点下移，恢复机体的产热和散热的平衡，表现为皮肤血管扩张、排汗增加、呼吸加快等散热过程增强，而对产热过程无影响，最终使体温趋于正常。本类药物只能使过高的体温下降到正常，而不使正常体温下降。这与氯丙嗪等药物不同。

发热是机体的一种防御性反应，热型是诊断传染病的重要依据之一。中等程度的发热，能增强新陈代谢，加速抗体形成，有利于机体消灭病原体，因此，不要过早盲目使用解热镇痛抗炎药，而应对因治疗，去除引起发热的病原体。在过度或持久热消耗体力，加重病情，甚至危及生命的情况下，使用解热镇痛抗炎药可降低体温，缓解高热引起的并发症。因解热镇痛抗炎药只能用于对症治疗，体内药物消除后，体温将再度升高，所以应配合使用对因治疗药物并适时补液。

2. 镇痛作用 本类药物的镇痛作用部位主要在外周神经系统。在组织损伤或炎症时，局部产生和释放某些致痛化学物质(或称致痛物质)，如缓激肽、组胺、5-羟色胺、前列腺素等。缓激肽和组胺直接作用于痛觉感受器而引起疼痛，前列腺素能提高痛觉感受器对致痛物质的敏感性，对炎性疼痛起到放大作用，有些前列腺素自身如前列腺素 E_1、前列腺素 E_2、前列腺素 $F_{2\alpha}$ 还有直接的致痛作用。解热镇痛抗炎药一方面减弱了炎症时前列腺素的合成，另一方面阻断了痛觉冲动经下丘脑向大脑皮层的传递，从而产生镇痛作用。对由炎症引起的持续性钝痛，如神经痛、关节痛、肌肉痛等有良好的镇痛效果，而对直接刺激感觉神经末梢引起的尖锐刺痛和内脏平滑肌绞痛无效(麻醉药的范畴)。因本类药物无成瘾性，在临床上被广泛应用。

3. 抗炎与抗风湿作用 前列腺素也是参与炎症反应的活性物质。在炎症组织中大量存在，与缓激肽等致炎物质有协同作用。解热镇痛抗炎药可抑制前列腺素的合成，从而能缓解炎症。本类药物有明显的抗炎、抗风湿作用，但不能消除病因，只能减轻炎症的红、肿、热、痛等临床症状。抗炎作用在于抑制前列腺素合成酶，阻止前列腺素的合成；稳定溶酶体膜，减少溶酶体酶的释放；抑制缓激肽的生成，加强其破坏。抗风湿作用则是本类药物解热、镇痛和抗炎作用的综合结果。这类药物对控制风湿性及类风湿性关节炎的症状有效。但不能阻止疾病的发展及并发症的发生。水杨酸类有明显的消炎、抗风湿作用，但不能消除病因，只能缓解临床症状。

解热镇痛抗炎药通过作用于环氧合酶而抑制前列腺素的合成和释放。对酶的作用有三种方式：①竞争性地抑制酶，如布洛芬、甲芬那酸、吲哚美辛等。②不可逆地抑制酶，如阿司匹林、甲氯芬那酸，此种作用方式的药效更好。阿司匹林还在酶的活性部位使丝氨酸残基乙酰化。③捕获氧自由基。

解热镇痛抗炎药的效果不仅有赖于对环氧合酶的作用方式，还受许多其他因素影响。例如，能够干扰中性粒细胞的趋化性、吞噬能力和杀伤性的药物，其抗炎效果最好，无论它是否是环氧合酶的不可逆性抑制剂。由于花生四烯酸不转变成前列腺素，就会生成白三烯，白三烯所致炎症更难以控制。干扰中性粒细胞功能，就能抑制白三烯生成。有些解热镇痛抗炎药还能抑制特定的前列腺素的作用(如水杨酸类、芬那酸类)和肾素的形成(水杨酸类)，抗炎效果好。

大多数解热镇痛抗炎药为弱酸性化合物，通常在胃肠道的前部被迅速吸收，但是受动物的种属、胃肠蠕动、胃内 pH 和食糜等因素的影响。解热镇痛抗炎药主要分布于细胞外液，能渗入损伤或炎症组织。血浆蛋白结合率很高(有的甚至大于99%)，消除延缓。与血浆蛋白结合率高的同类或他类药物合用，可产生在结合位点上的置换作用而引起中毒。本类药物的消除主要取决于肝内细胞色素 P-450 酶的活性，代谢产物还经Ⅱ相代谢结合反应，种属差异很大。代谢产物主要通过肾脏的滤过和主动分泌被消除。肾排泄的速度取决于尿液 pH，酸性尿增加排泄。由肾小管主动分泌的药物，存在竞争抑制现象。部分药物以葡萄糖醛酸结合物形式由胆汁排泄，有明显的肝肠循环，如萘洛芬用于犬。由于这类药物的消除和组织蓄积存在很大的种属差异，因此在种属间套用剂量具有极大的危险性，有时甚至是致死性的。例如，阿司匹林在马、犬、猫的半衰期分别是 1 h、8 h、38 h。这样，按每千克体重计算的同一剂量对马可能无效，而对猫(因缺乏葡萄糖醛酸酶活性)则产生严重后果。

在兽医临床上，本类药物按其化学结构可分为以下几类。

苯胺类：如对乙酰氨基酚、非那西丁等。

吡唑酮类：如氨基比林、安乃近、保泰松及羟基保泰松等。

有机酸类：分为甲酸类、乙酸类和丙酸类。甲酸类又分水杨酸类(如阿司匹林、水杨酸钠)和芬那

酸类(如甲芬那酸、氯芬那酸、氟芬那酸、甲氯芬那酸、双氯芬酸);乙酸类有吲哚美辛、阿西美辛、托美丁及类似物苄达明;丙酸类有苯丙酸衍生物(如布洛芬、酮洛芬、吡洛芬)和萘丙酸衍生物(如萘普生);昔康类如吡罗昔康、美洛昔康等;昔布类如塞来昔布等。

各类药物均有镇痛作用,其中吲哚类和芬那酸类对炎性疼痛的效果好,其次为吡唑酮类和水杨酸类。在解热和抗炎作用上各类有差别,苯胺类、吡唑酮类和水杨酸类解热作用较好。阿司匹林、吡唑酮类和吲哚类的抗炎、抗风湿作用较强,其中阿司匹林疗效显著、不良反应少,为抗风湿首选药。苯胺类无抗风湿作用。

一、水杨酸类

水杨酸类是苯甲酸类衍生物,生物活性部分是水杨酸阴离子。药物有阿司匹林和水杨酸钠。

COOH, OH — 水杨酸

COONa, OH — 水杨酸钠

COONa, $OCOCH_3$ — 阿司匹林

阿司匹林(Aspirin)

【理化性质】 又名乙酰水杨酸。阿司匹林系水杨酸的衍生物。为白色结晶或结晶性粉末,无臭或微带醋酸臭,味微酸。遇湿气缓慢水解。易溶于乙醇,溶于氯仿或乙醚,微溶于水或无水乙醚。在氢氧化钠溶液或碳酸钠溶液中溶解,但同时分解。密封,在干燥处保存,常制成片剂。

【药动学】 本品内服易被吸收,犬、猫、马吸收快,牛、羊吸收慢。反刍动物的生物利用度为70%,血药浓度达峰时间为2~4 h。在体内可分布于各组织,能进入关节腔、脑脊液和乳汁中,也能通过胎盘屏障进入胎儿体内。主要在肝脏被酯酶水解为乙酸和水杨酸,后者以水杨酸盐形式存在,也可在血浆、红细胞等组织中代谢。经肾脏排泄,尿的pH可影响排泄速度,尿液碱化时,水杨酸盐解离增多,重吸收减少,排泄加快;尿液酸化时则相反,排泄减慢。阿司匹林本身半衰期很短,仅几分钟,但生成的水杨酸半衰期长。

【作用与应用】 有解热、镇痛、抗炎、抗风湿及促进尿酸排泄作用。解热作用效果好而且疗效显著;镇痛作用较水杨酸钠强;抑制抗体产生和抗原、抗体的结合反应,并抑制炎性渗出而呈现抗炎作用,对急性风湿症有特效;较大剂量时,能抑制肾小管对尿酸的重吸收而增加尿酸排泄。在胃内不被破坏,对胃黏膜的刺激作用比水杨酸钠小。常用于发热、风湿症、软组织炎症和神经、关节、肌肉疼痛及痛风的治疗。

【注意事项】 ①本品能抑制凝血酶原合成,连用易引起出血倾向,可用维生素K治疗。②对消化道有刺激性,不宜空腹投药,与碳酸钙同服可减少对胃的刺激性;长期使用可引发胃肠溃疡,可用碳酸氢钠解救;胃炎、胃溃疡、出血、肾功能不全的患病动物慎用。③治疗痛风时,可同服等量碳酸氢钠,以防尿酸在肾小管沉积。④不宜用于猫,本品对猫有严重的毒性反应。⑤动物发生中毒时,可采取洗胃、导泻、内服碳酸氢钠及静脉注射5%葡萄糖和0.9%氯化钠等方式解救。⑥与其他水杨酸类、双香豆素类抗凝血药、巴比妥类、苯妥英钠等药物合用时,作用增强,甚至毒性增加。因本品可使这些药物从血浆蛋白结合部位游离出来。⑦本品与糖皮质激素合用可使胃肠出血加剧,因后者能刺激胃酸分泌、降低胃及十二指肠黏膜对胃酸的抵抗力。⑧幼龄动物、体弱或体温过高动物,解热时宜用小剂量,多饮水,以利于排汗和降温,否则会因出汗过多而造成水和电解质平衡失调或虚脱。

【制剂、用法与用量】 阿司匹林片,0.3 g、0.5 g。内服,一次量,马、牛15~30 g,猪、羊1~3 g,犬0.2~1 g。

水杨酸钠(Sodium Salicylate)

【理化性质】 又名柳酸钠。本品为白色或淡红色的细微结晶或鳞片，或白色无晶形粉末。无臭或微有特殊臭气，味甜、咸。易溶于水和乙醇，水溶液呈酸性反应。易氧化，光线、高温及铁等可促其氧化。应避光、密闭、冷藏。常制成片剂和注射液。

【药动学】 本品内服后易从胃和小肠吸收，血药浓度达峰时间为 1～2 h。生物利用度种属间差异较大，猪和犬的吸收较好，马较差，山羊极少吸收。本品的血浆半衰期：马 1 h，猪 5.9 h，犬 8.6 h，山羊 0.78 h。本品的血浆蛋白结合率：马 52%～57%，猪 64%～72%，山羊 58%～63%，犬 53%～70%，猫 54%～64%。水杨酸钠能分布到各组织中，并透入关节腔、脑脊液及乳汁中，也易通过胎盘屏障。主要在肝中代谢，代谢产物为水杨尿酸等，与部分原形药一起由尿液排出。排泄速度受尿液 pH 的影响，碱性尿液排泄加快，酸性尿液则相反。

【作用与应用】 本品的解热镇痛作用较弱，在临床上不用作解热镇痛抗炎药。而抗炎抗风湿作用强，多用于治疗风湿性、类风湿性关节炎。用药后数小时即可使痛觉减轻，消肿和降温。还有促进尿酸盐排泄的作用，可用于治疗急、慢性痛风。

【药物相互作用】 本品可使血液中凝血酶原的活性降低，故不可与抗凝血药合用。与碳酸氢钠同时内服可减少本品吸收，加速本品排泄。

【注意事项】 ①注射液仅供静脉注射，静脉注射速度要缓慢，且不能漏出血管外；内服时在胃酸作用下分解出水杨酸，对胃产生较强刺激作用，应用时需同时与淀粉拌匀或经稀释后灌服。②长期或大剂量使用时，能抑制肝脏生成凝血酶原，使血液中凝血酶原水平降低而引起出血；也可引起耳聋、肾炎等，故有出血倾向、肾炎及酸中毒的动物忌用。③排泄速度受尿液 pH 影响，碱性尿液中排泄加快，猪中毒时出现呕吐、腹痛等症，可用碳酸氢钠解救。④本品与氨基比林、巴比妥等制成复方注射液，用于治疗风湿症、关节痛和肌肉痛等。

【休药期】 牛 0 日；弃奶期 48 h。

【制剂、用法与用量】

(1) 水杨酸钠片，0.3 g、0.5 g。内服，一次量，牛 15～75 g，马 10～50 g，猪、羊 2～5 g，犬 0.2～2 g，鸡、猪 0.1～0.12 g。

(2) 水杨酸钠注射液，10 mL：1 g，50 mL：5 g，100 mL：10 g。静脉注射，一次量，牛、马 10～30 g，猪、羊 2～5 g，犬 0.1～0.5 g。

(3) 复方水杨酸钠注射液为含 10%水杨酸钠、1.43%氨基比林、0.75%巴比妥、10%乙醇、10%葡萄糖的灭菌水溶液。静脉注射，一次量，牛、马 100～200 mL，猪、羊 20～50 mL。

替泊沙林

【理化性质】 本品为白色或类白色粉末，在三氯甲烷中易溶，在丙酮或乙醇中微溶，在水中不溶。

【药动学】 犬内服迅速吸收，血药浓度在 2～3 h 达到峰值。在体内迅速代谢成有活性的代谢产物吡唑酸替泊沙林和其他代谢产物，前者具有抑制环氧合酶的活性。本品及其代谢产物的血浆蛋白结合率大于 98%。原形和代谢产物均通过粪便排泄(99%)，尿液排泄量极少(1%)。猫按每千克体重 10 mg 内服，替泊沙林的消除半衰期为 4.7 h，酸性代谢产物的消除半衰期为 3.5 h。犬，每千克体重，第 1 天按 20 mg，随后 6 天按 10 mg 内服，替泊沙林的消除半衰期为 1.6～2.3 h，酸性代谢产物的消除半衰期为 12.4～13.7 h。

【作用与应用】 本品为环氧合酶和脂加氧酶的抑制剂，双重阻断花生四烯酸代谢，阻止前列腺素和白三烯的生成。具有抗炎、止痛(手术后疼痛、关节痛等)的作用。本品可减轻并控制狗的因肌

肉、骨骼病而产生的疼痛及炎症。

【药物相互作用】 ①与阿司匹林、糖皮质激素合用可增加胃肠道毒性（呕吐、溃疡和吐血等）。②与利尿药呋塞米合用可降低利尿效果。

【不良反应】 不良反应多见于犬，包括腹泻、呕吐、便血、食欲不振、肠炎或嗜睡等。极少数（<1%）会发生共济失调、尿失禁、食欲增加、脱毛或红斑等。

【注意事项】

(1) 连续使用不得超过 4 周。

(2) 对于不到 6 月龄、体重 3 kg 以下幼犬或老龄犬，应密切监视胃肠血液损失。如果发生不良反应，应立即停止治疗，并听从兽医建议。

(3) 禁用于有心、肝、肾疾病，胃肠溃疡，出血或对本品极度敏感的犬。

(4) 因有导致肾毒性增加的危险，禁用于脱水、低血容量的犬。

(5) 禁止与其他非甾体抗炎药、利尿药、抗凝血剂和血浆蛋白结合率高的药物合用。

【制剂、用法与用量】 替泊沙林冻干片。内服，犬，每千克体重，首次量 20 mg，维持量 10 mg，每日 1 次，连用 7 日。

二、苯胺类

苯胺类的有效母核为苯胺，常用药物有非那西丁和扑热息痛。

HN—$COCH_3$ (苯环)	HN—$COCH_3$ (苯环) OC_2H_5	HN—$COCH_3$ (苯环) OH
乙酰苯胺	非那西丁	扑热息痛

非那西丁

【理化性质】 本品又称醋酰氧乙苯胺。本品为白色，有闪光的鳞片状结晶或白色结晶性粉末，无臭，味微苦。本品在乙醇或氯仿中可溶，在沸水中略溶，在水中极微溶解。由对硝基氯苯经醚化、还原和乙酰化反应制得。

【药动学】 本品内服易被吸收，服后 20～30 min 出现药效，持续 5～6 h。大部分在肝内迅速脱去乙基，生成扑热息痛，起解热镇痛作用，扑热息痛与葡萄糖醛酸结合随尿液排出。小部分脱去乙酰基而生成对氨基苯乙醚，进一步脱乙基生成对氨基苯酚，后者氧化成亚氨基醌。亚氨基醌能使血红蛋白变成高铁血红蛋白而失去携氧能力，造成组织缺氧、红细胞溶解而致溶血、黄疸、肝脏损害等。正常情况下，毒性中间代谢产物迅速与谷胱甘肽结合或转化成无毒的硫醚氨酸，从尿液中排出。只有当剂量过大或动物缺乏葡萄糖醛酸结合代谢方式时，才出现中毒反应。

【作用与应用】 本品对丘脑下部前列腺素的合成与释放有较强抑制作用，而对外周作用弱，故解热效果好，镇痛抗炎效果差。原形及其代谢产物扑热息痛均有解热作用，药效强度与阿司匹林相当，作用缓慢而持久。主要用作解热药。

【不良反应】 剂量过大或长期使用，可致高铁血红蛋白血症，损害肾脏，甚至诱发癌症。其他可能的不良反应包括发绀，以及溶血性贫血引起组织缺氧等。对猫易引起严重毒性反应，不宜应用。

【制剂、用法与用量】 非那西丁片。内服，一次量，牛、马 10～20 g，羊 1～4 g，猪 1～2 g，犬 0.1～1 g。

扑热息痛 (Paracetamol)

【理化性质】 又名对乙酰氨基酚、醋氨酚。本品为白色结晶或结晶性粉末。无臭，味微苦。易溶于热水和乙醇，溶于丙酮，略溶于水。密封保存。常制成片剂和注射液。

【作用与应用】 本品解热镇痛作用较强而持久，副作用小，内服易被吸收，血药浓度达峰时间为0.5～1 h。抗炎、抗风湿作用很弱，无实际疗效。常用于中、小动物的解热和肌肉痛止痛。

【注意事项】 ①剂量过大或长时间使用，可导致高铁血红蛋白血症，引起组织缺氧、发绀。②大剂量可引起肝、肾损害，在给药后 12 h 内使用乙酰半胱氨酸或蛋氨酸可以预防肝损害；肝、肾功能不全的患病动物及幼畜慎用。③对猫易引起红细胞溶解和肝坏死，不宜使用。

【制剂、用法与用量】

(1) 对乙酰氨基酚片，0.5 g。内服，一次量，牛、马 10～20 g，羊 1～4 g，猪 1～2 g，犬 0.5～1 g。

(2) 对乙酰氨基酚注射液。肌内注射，一次量，马、牛 5～10 g，羊 0.5～2 g，猪 0.5～1 g，犬 0.1～0.5 g。

三、吡唑酮类

吡唑酮类的常用药物有氨基比林、安乃近、保泰松、羟布宗(羟基保泰松)等，都是安替比林的衍生物，基本结构是苯胺侧链延长的环状化合物(即吡唑酮)。本类药物均有解热镇痛和消炎作用，其中氨基比林和安乃近解热作用强，保泰松消炎作用较好。

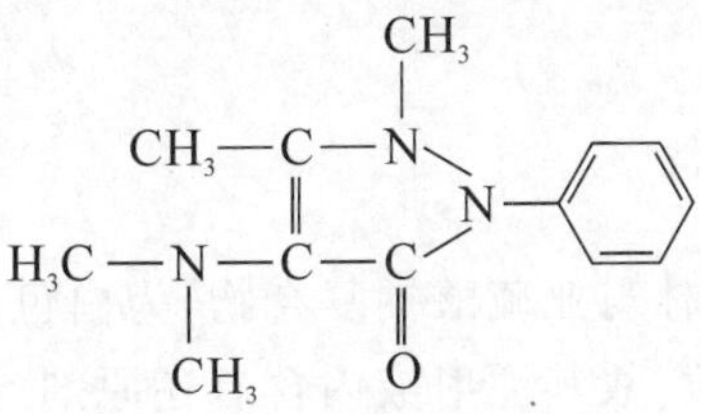

氨基比林

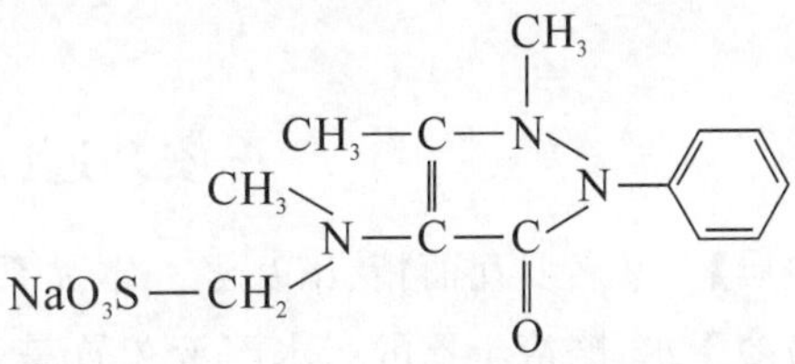

安乃近

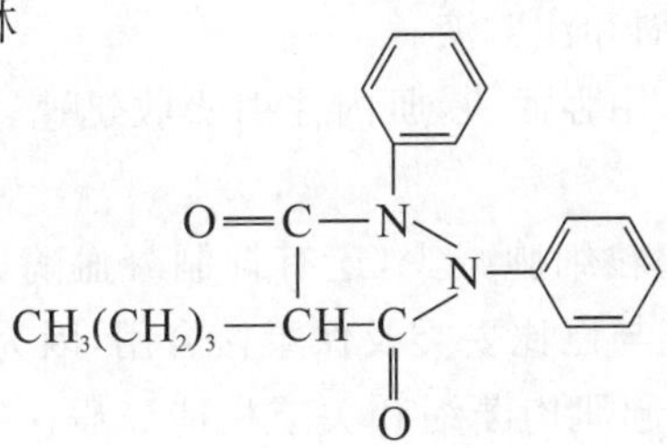

保泰松

氨基比林(Aminophenazone)

【理化性质】 又名匹拉米洞。本品系吡唑酮类的衍生物。为白色或几乎白色结晶性粉末，无臭，味微苦。易溶于乙醇或氯仿，溶于水，水溶液呈碱性。遇光易变质，遇氧化剂易被氧化。应避光、密闭保存。常与巴比妥类制成复方氨基比林注射液。

【作用与应用】 ①本品解热作用强而持久，为安替比林的 3～4 倍，亦强于对乙酰氨基酚和非那西丁。②有抗风湿和抗炎作用，其疗效与水杨酸类相近。

本品用于马、牛、犬等动物的发热性疾病、关节炎、肌肉痛和风湿症等，若按相同比例与巴比妥类配成复方氨基比林注射液，能增强镇痛效果，有利于缓解疼痛症状；也可用于马和骡的疝痛，但镇痛效果较差。

本品长期使用可引起粒细胞减少及再生障碍性贫血。

【休药期】 猪、牛、羊 28 日；弃奶期 7 日。

【制剂、用法与用量】

(1) 氨基比林片，0.5 g。内服，一次量，牛、马 8～20 g，猪、羊 2～5 g，犬 0.13～0.4 g。

(2) 氨基比林注射液，10 mL：0.2 g，20 mL：0.2 g。皮下或肌内注射，一次量，牛、马 0.6～1.2 g，猪、羊 0.05～0.2 g。

(3) 复方氨基比林注射液，10 mL、20 mL，含氨基比林 7.15%，巴比妥 2.85%。皮下或肌内注射，一次量，牛、马 20～50 mL，猪、羊 5～10 mL。

保泰松(Phenylbutazone)

【理化性质】 又名布他酮。为白色或微黄色结晶性粉末，味微苦。难溶于水，能溶于乙醇，易溶于碱性溶液或氯仿，性质较稳定。

【作用与应用】 本品抗炎、抗风湿作用强而解热镇痛作用较弱，用于风湿性、类风湿性关节炎及腱鞘炎、黏液囊炎等。此外，还有促进尿酸盐排泄作用，故也用于治疗痛风。

【不良反应】 长期过量使用，可引起胃肠道反应、肝肾损害、水钠潴留等。故剂量不宜过大，疗程也不宜过长。对食品动物、泌乳奶牛等禁用。

【制剂、用法与用量】 保泰松片，100 mg。内服，一次量，每千克体重，马第 1 日用 4.4 mg，2 次/日，第 2～4 日用 2.2 mg，2 次/日，以后 1 次/日，每千克体重，牛、猪 4～8 mg，犬 20 mg，2 次/日。保泰松注射液，1 mL：200 mg。静脉注射，一次量，每千克体重，马 3～6 mg，2 次/日，山牛、猪 4 mg，1 次/日。

安乃近(Analgin)

【理化性质】 又名罗瓦而精、诺瓦经。本品系氨基比林与亚硫酸钠复合物，为白色或微黄色结晶性粉末，易溶于水，略溶于乙醇。水溶液久置易氧化变黄，故其注射液内含有还原剂，以增加其稳定性。应避光、密封保存。常制成片剂和注射液。

【作用与应用】 本品解热镇痛作用强而快，肌内注射吸收迅速，药效维持 3～4 h。有一定的抗炎、抗风湿作用。应用同氨基比林。

【注意事项】 ①长期应用可引起粒细胞减少，还有抑制凝血酶原形成，加重出血的倾向。②不能与氯丙嗪合用，以免体温剧降；不能与巴比妥类及保泰松合用，因为合用会影响肝药酶活性。③宜于穴位和关节部位注射，否则可能引起肌肉萎缩和关节机能障碍。④剂量过大时出汗过多，可引起虚脱，使用时应慎重。

【休药期】 牛、羊、猪 28 日；弃奶期 7 日。

【制剂、用法与用量】

(1) 安乃近片，0.5 g。内服，一次量，牛、马 4～12 g，猪、羊 2～5 g，犬 0.5～1 g。

(2) 安乃近注射液，5 mL：1.5 g，10 mL：3 g，20 mL：6 g。肌内注射，一次量，牛、马 3～10 g，猪 1～3 g，羊 1～2 g，犬 0.3～0.6 g。

安痛定注射液

【理化性质】 本品为含 5%氨基比林、2%安替比林、0.9%巴比妥的无色或微黄色的澄明液体。

【作用与应用】 本品具有较强的解热镇痛作用。

本品主要用于发热和疼痛性疾病。

【注意事项】 可引起粒性白细胞减少症，长期应用时注意定期检查血常规。

【用法与用量】 皮下或肌内注射，一次量，牛、马 20～50 mL，猪、羊 5～10 mL。

四、吲哚类

吲哚类属芳基乙酸类抗炎药，特点是抗炎作用较强，对炎性疼痛镇痛效果显著。本类药物有吲哚美辛、阿西美辛、硫茚酸（舒林酸）、托美丁（痛灭定）和类似物苄达明。

吲哚美辛　　　　苄达明

吲哚美辛(Indomethacin)

【理化性质】 又名消炎痛。本品为人工合成的吲哚衍生物，属于芳基乙酸类抗炎药。为白色或微黄色结晶性粉末，几乎无臭无味。不溶于水，溶于丙酮，略溶于甲醇、乙醇、氯仿和乙醚。应遮光、密闭保存。

【作用与应用】 本品的抗炎作用非常显著，比保泰松强 84 倍，也强于氢化可的松。与这些药物合用呈现协同作用，并减少它们的用量和副作用；其解热作用也较强，比氨基比林强 10 倍，药效快而显著；镇痛作用较弱，但对炎性疼痛强于保泰松、安乃近和水杨酸类。主要用于慢性风湿性关节炎、神经痛、腱炎、腱鞘炎及肌肉损伤等。

【注意事项】 因本品能引起呕吐、腹痛、下泻、溃疡及肝功能损伤等症状。故肝病及胃溃疡者禁用。

【制剂、用法与用量】 吲哚美辛片，25 mg。内服，一次量，每千克体重，马、牛 1 mg，猪、羊 2 mg。

舒林酸(Sulindac)

舒林酸结构与吲哚美辛相似，是活性极小的前体药，进入机体后代谢为硫化物，硫化代谢产物具有较强的环氧合酶抑制作用，发挥抗炎、镇痛、解热作用，但作用强度不及吲哚美辛。适应证与吲哚美辛相似，还可用于家族性肠息肉病的治疗，对结肠癌、乳癌、前列腺癌可能有抑制作用。不良反应发生率约 25%，较吲哚美辛少而轻，其中最常见的胃肠道反应发生率为吲哚美辛的 1/16。

苄达明(Benzydamin)

【理化性质】 又称炎痛静、消炎灵。常用其盐酸盐，为白色结晶性粉末，味辛辣，易溶于水。应密封保存。

【作用与应用】 本品具有解热镇痛和抗炎作用，对炎性疼痛的镇痛作用较吲哚美辛强，抗炎作用与保泰松相似或稍强。与抗菌药物合用可增强疗效。可用于手术、外伤、风湿性关节炎等炎性疼痛，与抗菌药物合用可治疗牛支气管炎和乳腺炎。副作用少，连续用药可产生消化道障碍和白细胞减少。

【制剂、用法与用量】

(1) 苄达明片。内服，一次量，每千克体重，马、牛 1 mg，猪、羊 2 mg。

(2) 苄达明软膏,5%。外用涂敷于炎症部位,2 次/日。

五、丙酸类

丙酸类是一类较新型的非甾体抗炎药,为阿司匹林类似物,包括苯丙酸衍生物(如布洛芬、酮洛芬、吡洛芬等)和萘丙酸衍生物(萘洛芬)。本类药物通过抑制环氧合酶而减少前列腺素的合成,由此减轻因前列腺素引起的组织充血、肿胀,降低周围神经对痛觉的敏感性。通过下丘脑体温调节中枢发挥解热作用。本类药物对消化道的刺激性比阿司匹林小,不良反应比保泰松少。

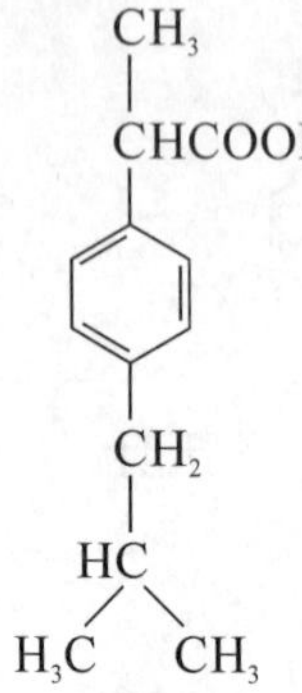

CH_3 / CHCOOH / CH_2 / HC / H_3C CH_3

布洛芬

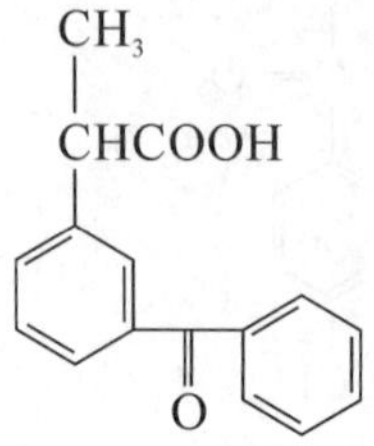

CH_3 / CHCOOH / O

酮洛芬

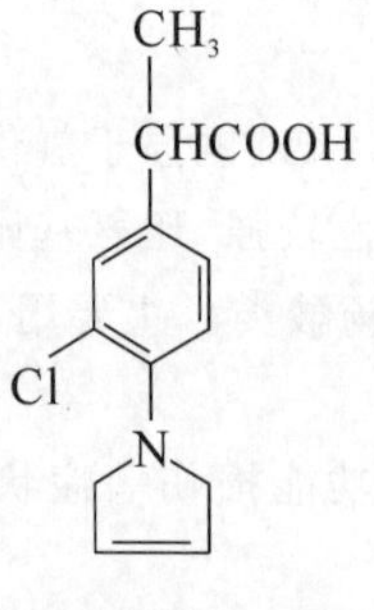

CH_3 / CHCOOH / Cl / N

吡洛芬

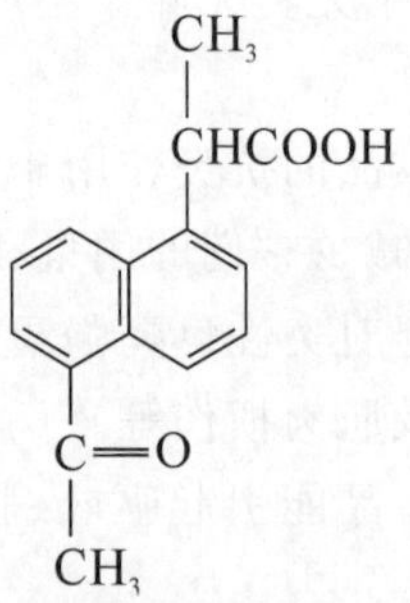

CH_3 / CHCOOH / C=O / CH_3

萘洛芬

萘洛芬(Naproxen)

【理化性质】 又名萘普生、消痛灵。本品系萘丙酸衍生物。为白色或类白色结晶性粉末,无臭或几乎无臭。不溶于水,溶于乙醇、甲醇或氯仿。遮光、密封保存。常制成片剂和注射液。

【作用与应用】 ①本品抗炎作用明显,亦有镇痛和解热作用;对类风湿性关节炎、骨关节炎、强直性脊椎炎、痛风、运动系统(如关节、肌肉及腱)的慢性疾病以及轻中度疼痛的药效比保泰松强。②对前列腺素合成酶的抑制作用为阿司匹林的 20 倍。

本品用于治疗风湿症、肌腱炎、痛风、肌炎、软组织炎疼痛所致的跛行和关节炎等。

【注意事项】 ①本品副作用较阿司匹林、吲哚美辛、保泰松轻,但仍有胃肠道反应;能明显抑制白细胞游走,对血小板黏附和聚集亦有抑制作用,可延长出血时间,甚至导致出血;消化道溃疡患病动物禁用。②长期或高剂量应用对肾脏、肝脏有影响;偶致黄疸和血管性水肿。③本品可增强双香豆素等的抗凝血作用,引起中毒和出血反应。④与呋塞米或氢氯噻嗪等合用,可使其排钠利尿效果下降,因本品除抑制肾脏前列腺素合成外,还抑制利尿药从肾小管排出;可与糖皮质激素或水杨酸类合用,但疗效并不比单用糖皮质激素或水杨酸类好。⑤丙磺舒可增加本品的血药浓度,明显延长本品的血浆半衰期;阿司匹林可加速本品的排出。⑥本品毒性小,犬对本品敏感,可见出血或胃肠道毒性。

【制剂、用法与用量】

(1) 萘普生片,0.1 g、0.125 g、0.25 g。内服,一次量,每千克体重,马 5～10 mg,1 次/日,连用 14 日;每千克体重,犬 2～5 mg,每 48 h 1 次。

(2) 萘普生注射液,2 mL：0.1 g,2 mL：0.2 g。静脉注射,一次量,每千克体重,马 5 mg。

布洛芬(Ibuprofen)

【理化性质】 布洛芬又称异丁苯丙酸。溶于乙醇、丙酮、氯仿或乙醚,几乎不溶于水。

【药动学】 犬内服后迅速吸收,血药浓度达峰时间为 0.5 h,生物利用度为 60%～80%,消除半衰期为4.6 h。

【作用与应用】 具有较好的解热、镇痛、抗炎作用。镇痛作用不如阿司匹林,但毒副作用比阿司匹林少。主要用于治疗犬风湿性及痛风性关节炎、腱鞘炎、滑囊炎、肌炎、骨髓系统功能障碍伴发的炎症和疼痛。犬用后 2～6 日可见呕吐,2～6 周可见胃肠受损。

【制剂、用法与用量】 布洛芬片。内服,一次量,每千克体重,犬 10 mg。

酮洛芬(Ketoprofen)

【理化性质】 酮洛芬又称优洛芬。极易溶于甲醇,几乎不溶于水。

【作用与应用】 本品对环氧合酶具有强效抑制作用,同时也能有效抑制白三烯、缓激肽和某些脂氧酶的作用。因此,其最大特点是抗炎、镇痛和解热作用强。对风湿性关节炎,本品的效果强于阿司匹林、萘普生、吲哚美辛、布洛芬、双氯芬酸等。对于术后疼痛,比镇痛新和哌替啶有效,并比扑热息痛-可待因复方制剂的药效长。与保泰松相比,本品的毒副作用极低。目前在兽医临床上主要用于马和犬。

内服后吸收迅速而完全,但食物与乳汁可影响吸收。在马体内约 93%同血浆蛋白结合。马用药 2 h 内显效,最佳效果在 12 h 以后。在肝内代谢成无活性产物后与葡萄糖醛酸结合,与原形药物一起从尿液中排泄。马的消除半衰期约为 1.5 h。

【制剂、用法与用量】 酮洛芬注射液。静脉注射,一次量,每千克体重,马 2.2 mg,每日 1 次,连用 5 日。

奥沙普秦

本品吸收后,除中枢神经系统外,在全身广泛分布,其中胃肠道和肝肾组织分布量最高,血浆蛋白结合率达 98%以上。血药浓度达峰时间为 6～8 h,$t_{1/2}$为 50～60 h。具有抗炎、镇痛、解热作用,药效持久,消化道损伤作用轻微。主要用于风湿性和类风湿性关节炎、骨关节炎、强直性脊柱炎、肩周炎、颈肩腕综合征、痛风、外伤及手术后消炎、镇痛。不良反应主要为胃痛、食欲减退、恶心、呕吐、腹泻、口渴,其次为头晕、眩晕、困倦、耳鸣和抽搐,以及一过性肝功能异常。

六、芬那酸类

芬那酸类也称为灭酸类,为邻氨基苯甲酸衍生物。1950 年就发现其有镇痛、解热和消炎作用,药物有甲芬那酸、氯芬那酸、甲氯芬那酸、氟芬那酸、双氯芬酸等。本类药物通过对环氧合酶的强效抑制作用而减少前列腺素的合成,发挥抗炎、解热、镇痛作用。

甲芬那酸

【理化性质】 甲芬那酸又称扑湿痛。为白色或类白色结晶性粉末。味初淡而后略苦。不溶于水,微溶于乙醇。久露于光则色变暗。

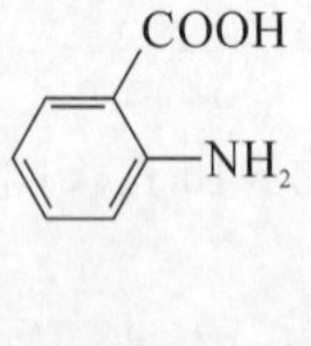

邻氨基苯甲酸 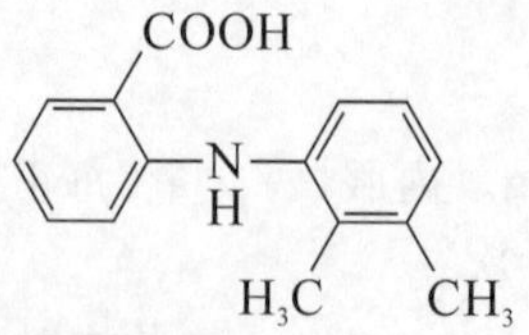　　甲芬那酸 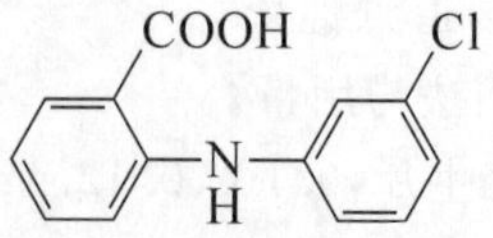　　氯芬那酸

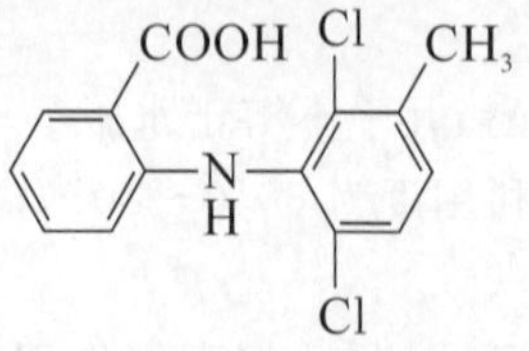

甲氯芬那酸 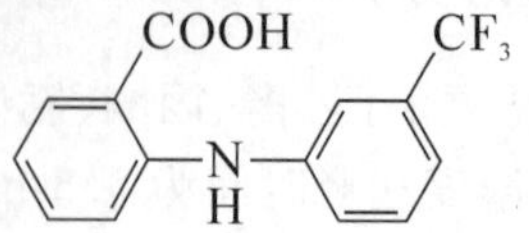　　氟芬那酸 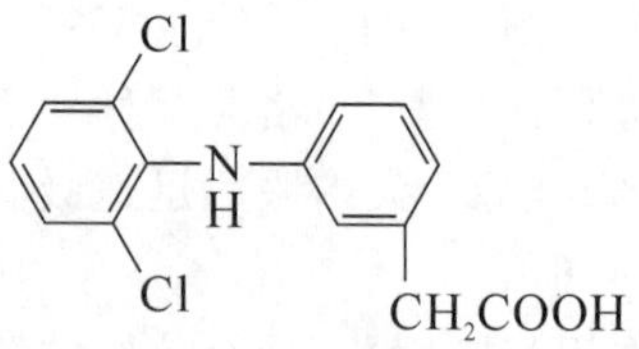　　双氯芬酸

【作用与应用】 具有镇痛、消炎和解热作用。镇痛作用比阿司匹林强 2.5 倍。抗炎比阿司匹林强 5 倍，比氨基比林强 4 倍，但不及保泰松。解热作用较持久。用于解除犬肌肉、骨骼系统慢性炎症，如骨关节炎；马急、慢性炎症，如跛行。长期服用可见嗜睡、恶心和腹泻等副作用。

【制剂、用法与用量】 甲芬那酸片。内服，一次量，每千克体重，马 2.2 mg，犬 1.1 mg。

甲氯芬那酸

【理化性质】 甲氯芬那酸又称抗炎酸。常用其钠盐，为无色结晶性粉末。可溶于水，其水溶液呈碱性。

【药动学】 反刍动物内服后，血药浓度在 0.5 h 达峰值。药时曲线有双峰现象，为肝肠循环所致，半衰期 4 h。马内服后，血药峰浓度在 0.5～4 h 出现，半衰期 2.5 h，起效慢，需 36～96 h。不足 15%的药物从尿中消除，胆汁是主要消除途径。

【作用与应用】 本品消炎作用比阿司匹林、氨基比林、保泰松和吲哚美辛强，镇痛作用与阿司匹林相似，不如氨基比林。用于治疗风湿性关节炎、类风湿性关节炎及其他骨骼、肌肉系统功能障碍。本品胃肠道反应较轻。

【制剂、用法与用量】 甲氯芬那酸片。内服，一次量，每千克体重，马 2.2 mg，奶牛 1 mg，犬1.1 mg。

甲氯芬那酸注射液。肌内注射，一次量，每千克体重，奶牛 20 mg。皱胃注入：一次量，每千克体重，奶牛 10 mg。

双氯芬酸(Diclofenac)

【药动学】 口服吸收迅速，有首过效应，口服生物利用度约 50%，血浆蛋白结合率为 99%，口服 1～2 h 血药浓度达峰值。双氯芬酸的 $t_{1/2}$ 短，为 1.1～1.8 h，由于药物可在关节滑液中积聚，临床疗效显著长于药物的半衰期。主要在肝脏代谢，代谢产物随尿液(65%)和胆汁排泄(35%)，长期应用无蓄积作用。

【药理作用】 为强效解热镇痛抗炎药。镇痛、抗炎及解热作用比吲哚美辛、阿司匹林、萘普生等强，是阿司匹林的 26～50 倍。该药还具有降低中性粒细胞内游离花生四烯酸水平的作用。

【临床应用】 主要临床应用如下：类风湿性关节炎、骨关节炎、强直性脊柱炎、痛风性关节炎；非关节性的软组织风湿痛，如肩痛、腱鞘痛、滑囊炎、肌痛等；急性轻中度疼痛，如术后疼痛、扭伤、劳损、痛经、头痛、牙痛；各种药理学炎症所致发热等。

【不良反应】 不良反应轻，除与阿司匹林相同外，偶见肝功能异常，白细胞减少。

七、烯醇酸类(昔康类)

代表药物有吡罗昔康、美洛昔康、氯诺昔康、替诺昔康和伊索昔康等,其中美洛昔康对 COX-2 有一定的选择性。

吡罗昔康(Piroxicam)

吡罗昔康又称炎痛喜康,为长效、强效抗炎镇痛药,属非选择性环氧合酶(COX)抑制剂,口服吸收完全,2~4 h 血药浓度达峰值,血浆蛋白结合率为 99%,$t_{1/2}$ 为 36~45 h,每日给药 1 次即可。本品通过抑制环氧合酶而减少前列腺素(PG)合成,并抑制中性粒细胞的迁移,减少氧自由基产生,从而发挥较强的抗炎镇痛作用。本品还能抑制软骨中的黏多糖酶和胶原酶活性,减轻炎症反应及其对软骨的破坏。临床用于风湿性和类风湿性关节炎,疗效与阿司匹林、吲哚美辛及萘普生相同。不良反应较轻,主要为消化道反应,动物易耐受。本品不宜长期服用,会引起胃溃疡和大出血。

氯诺昔康

本品口服吸收迅速而完全,25 h 内血药浓度达峰值,$t_{1/2}$ 为 3~5 h,个体差异大,起效迅速、$t_{1/2}$ 短是其特点。氯诺昔康抑制环氧合酶活性,减少白细胞介素-6 生成,产生抗炎、镇痛作用。本品尚可激活内源性阿片肽系统,发挥中枢性镇痛作用。临床用于轻中度疼痛、手术中或手术后疼痛、骨性关节炎以及类风湿性关节炎。常见不良反应有头晕、头痛、恶心、呕吐、胃痛、腹痛等。

美洛昔康(Meloxicam)

美洛昔康对 COX-2 的选择性抑制作用比 COX-1 高 10 倍。口服吸收良好,$t_{1/2}$ 为 20 h,每日给药 1 次。每日口服 7.5~15 mg 对风湿性关节炎、骨性关节炎、神经炎、软组织炎症具有良好的抗炎镇痛作用,但对血小板聚集无明显影响。本品长期应用,胃黏膜损伤及胃肠出血发生率低于萘普生、双氯芬酸和吡罗昔康。

八、选择性 COX-2 抑制剂

塞来昔布、帕瑞昔布和尼美舒利为高选择性 COX-2 抑制剂,能减少传统 NSAIDs 的胃肠道不良反应,但仍需注意肾毒性,且心血管系统不良反应的风险增大。

塞来昔布

【体内过程】 口服吸收良好,吸收受食物影响。血浆蛋白结合率高,3 h 达血药峰浓度,$t_{1/2}$ 为 11 h。主要通过肝脏 CYP2C9 代谢,代谢产物主要随粪便排出,少量随尿排出。

【药理作用】 对 COX-2 的选择性抑制作用比 COX-1 约高 375 倍,治疗剂量下对 COX-1 无明显影响,也不影响 TXA_2 的合成,但可抑制 PGI_2 合成。具有抗炎、镇痛和解热作用。

【临床应用】 可用于急、慢性骨关节炎和类风湿性关节炎,也可用于手术后镇痛、牙痛、痛经。

【不良反应】 不良反应发生率远低于其他非选择性 NSAIDs,其中消化道不良反应比传统 NSAIDs 低 8 倍。常见不良反应为上腹部疼痛、腹泻与消化不良,偶见肝、肾功能损害,有血栓形成倾向的患病动物需慎用,对磺胺类过敏的患病动物禁用。

【药物相互作用】 氟康唑、扎鲁司特和氟伐他汀是 CYP2C9 的抑制药,若联合用药会减慢本品代谢而增加本品血药浓度。此外,塞来昔布也能抑制 CYP2D6,可提高 β 受体阻断药、抗抑郁药和抗精神病药的血药浓度。

帕瑞昔布

帕瑞昔布是第一个可供注射的选择性 COX-2 抑制剂，是伐地昔布的水溶性非活性前体药物。临床用于无法口服给药的动物或术后镇痛等，也用于术前镇痛。帕瑞昔布对 COX-2 的抑制作用比对 COX-1 强 2.8 万倍，与其他 COX-2 抑制药相比，肾脏、胃肠道、出血不良反应发生率低，耐受性好，安全性高，但需注意心血管不良反应。

尼美舒利(Nimesulide)

本品口服吸收迅速而完全，血浆蛋白结合率达 99%，生物利用度大于 90%。本品对 COX-2 的选择性与塞来昔布相似，具有很强的解热、镇痛和抗炎作用。口服解热作用比对乙酰氨基酚强 200 倍，镇痛作用比阿司匹林强 24 倍。临床用于类风湿性关节炎、骨关节炎、软组织损伤、术后或创伤性疼痛、上呼吸道感染引起的发热等。胃肠道和肾功能不良反应发生率低。“阿司匹林哮喘”者可用尼美舒利。

氟尼辛葡甲胺

【理化性质】 本品为白色或类白色结晶性粉末，无臭，有引湿性。可溶于水、甲醇、乙醇，在乙酸乙酯中几乎不溶。常制成颗粒剂和注射液。

【药动学】 马内服后吸收迅速，30 min 达到血药峰浓度，平均生物利用度为 80%。给药后 2 h 内起效，12～16 h 达到最佳效果，作用可持续 30 h。牛、猪、犬等动物血管外给药也能迅速吸收。表观分布容积：牛、猪、犬 0.65 L/kg，牛 0.78 L/kg。半衰期：马 3.4～4.2 h，牛 3.1～8.1 h，犬 3.7 h。

【作用与应用】 如同其他非甾体抗炎药，氟尼辛葡甲胺是一种强效环氧合酶抑制剂，具有镇痛、解热、抗炎和抗风湿作用。镇痛作用是通过抑制外周的前列腺素或其他痛觉增敏物质的合成，从而阻断痛觉冲动传导所致。外周组织的抗炎作用可能是通过抑制环氧合酶、减少前列腺素前体物质形成，以及抑制其他介质引起局部炎症反应所致。氟尼辛葡甲胺不影响马的胃肠道蠕动，并能改善败血症休克动物的血流动力学。

用于小动物的炎性疾病，以及肌肉痛和软组织痛等。如犬的发热、内毒素炎症及败血症。注射给药常用于控制牛呼吸道疾病和内毒素血症所致的高热；马和犬的发热；马、牛、犬的内毒素血症；内服可治疗马属动物的骨骼肌炎症及疼痛。

【药物相互作用】 ①氟尼辛葡甲胺勿与其他非甾体抗炎药使用，因为会加重对胃肠道的副作用，如溃疡、出血等。②因血浆蛋白结合率很高，与其他药物联合应用时，氟尼辛葡甲胺可能置换与血浆蛋白结合的其他药物或者自身被其他药物所置换，以致被置换的药物的作用增强，甚至产生毒性。

【注意事项】 ①马、牛不宜肌内注射，否则将引起注射局部炎症反应，如马颈部肌内注射会出现厌食、抑郁和注射局部的炎症反应；静脉注射速度宜慢，马和牛静脉注射后可能会出现类似于过敏的反应。②大剂量或长期使用，马可发生胃肠溃疡。按推荐剂量连用 2 周以上，马也可能发生口腔和胃的溃疡；牛连用超过 3 日，可能会出现便血和血尿；犬相当敏感，主要不良反应为呕吐和腹泻，在极高剂量或长期应用时可引起胃肠溃疡，故建议犬只用 1 次，或连用不超过 3 日。③不得用于泌乳期和干乳期奶牛、肉用小牛和供人食用的马等动物；不用于种马和种公牛，因其对繁殖性能的影响尚未确定；孕畜慎用；不得用于胃肠溃疡、胃肠道及其他组织出血，以及过敏的患病动物，不得用于心血管疾病、肝肾功能紊乱及脱水的患病动物。④不得与非甾体抗炎药等合用，因为与非甾体抗炎药合用会加重对胃肠道的毒副作用，如溃疡、出血。

【制剂、用法与用量】

(1) 氟尼辛葡甲胺颗粒，以氟尼辛计。内服：一次量，每千克体重，犬、猫 2 mg。每日 1～2 次，连

用不超过5日。

(2) 氟尼辛葡甲胺注射液。肌内、静脉注射:一次量,每千克体重,牛、猪2 mg,犬、猫1～2 mg。每日1～2次,连用不超过5日。

【休药期】 牛、猪28日。

知识拓展

阿司匹林的临床应用进展

作为传统的解热镇痛抗炎药物,阿司匹林近年来在心血管疾病、脑血管疾病、糖尿病及其并发症防治等方面的应用逐渐被认同。2012ACCP抗栓治疗与血栓预防临床实践指南指出,对于心血管疾病一级预防,年龄>50岁且无心血管疾病症状的人群建议应用小剂量阿司匹林75～100 mg/d。阿司匹林在心血管疾病的二级预防中也被广泛应用,其能减少心血管事件的再次发生。急性缺血性卒中患者如不进行溶栓治疗,建议使用阿司匹林(100～300 mg/d)2～4周后,调整为二级预防,长期用药剂量为75～150 mg/d。阿司匹林可改善阿尔茨海默病患者的智能损害,延缓症状的发展,对众多老年健忘症患者也有效;多数糖尿病成年患者,建议长期用小剂量的阿司匹林,这能减少心血管事件的发生;小剂量阿司匹林对结肠癌、乳腺癌、肺癌等有保护作用。阿司匹林亦能防治老年性白内障、预防妊娠期高血压综合征的发病、预防流产。

第十章　体液和电解质平衡调节药理

体液是动物机体的重要组成部分，主要由水分和溶于水中的电解质、葡萄糖和蛋白质等构成，占成年动物体重的60%～70%，分为细胞内液(约占体液的2/3)和细胞外液(约占体液的1/3)。其中，细胞内液主要含有K^+、Mg^{2+}、PO_4^{3-}等，细胞外液(包括血管内液、淋巴液、胃肠道分泌液、腹腔液、脑脊液、胸膜腔液等)主要含有Na^+、Cl^-、HCO_3^-等。细胞正常代谢需要相对稳定的内环境，这主要指体液容量和分布、各种电解质的浓度及彼此间比例和体液酸碱度(pH值)的相对稳定性，此即体液平衡。

虽然动物每日摄入水和电解质的量变动很大，但在神经-内分泌系统调节下，体液的总量、组成成分、酸碱度和渗透压总是在相对平衡的范围内波动。在很多疾病过程中，尤其是胃肠道疾病、高热、创伤、疼痛、休克时，体液平衡常被破坏，导致机体脱水、缺盐和酸碱中毒等，影响正常功能活动，严重时可危及生命。因此，我们必须掌握动物体液平衡的规律，依据体液成分的改变，应用水和电解质平衡药、酸碱平衡药、能量补充药、血容量扩充药等给予纠正，以保证动物的健康。

第一节　水盐代谢调节药

一、水和电解质平衡药

水不仅是一种营养物质，而且是物质运输的介质，各种代谢反应的溶媒，体温调节系统的主要组成部分。肾、肺、皮肤、胃肠等能排泄体内多余的水和电解质，以维持体液(或内环境)的动态平衡。水和电解质的关系极为密切，两者在体液中以恰当比例存在时才能维持正常的渗透压。渗透压的平衡对维持体内各个部分的体液容量起决定作用。

细胞的正常代谢需要在相对稳定的内环境中进行。水和电解质摄入过多或过少，或排泄过多或过少，均会对机体的正常功能产生影响，使机体出现脱水或水肿。腹泻、呕吐、大面积烧伤、过度出汗、失血等，往往引起机体丢失大量水和电解质。水和电解质按比例丢失，细胞外液的渗透压无大变化称为等渗性脱水。水丢失多，电解质丢失少，细胞外液渗透压升高称为高渗性脱水，反之称为低渗性脱水。因此补充体液，既要纠正体液丧失的液量，更要注重纠正体液质的变动，盲目补液往往对疾病的转归带来隐患。水和电解质平衡药是用于补充水和电解质丧失，纠正其紊乱，调节其失衡的药物。

氯化钠(Sodium Chloride)

【理化性质】 本品为无色、透明的立方形结晶或白色结晶性粉末；无臭、味咸。本品易溶于水，在乙醇中几乎不溶，常制成注射液。

【作用与应用】 ①调节细胞外液的渗透压和容量。细胞外液中Na^+占阳离子含量的92%左右，Cl^-是细胞外液的主要阴离子，因此细胞外液中90%的晶体渗透压由氯化钠维持，具有调节细胞内外水分平衡的作用。0.9%氯化钠水溶液的渗透压与哺乳动物体液的等渗压相同，故名生理盐水。等渗氯化钠溶液用于防治低血钠综合征，用于出汗过多、传染性高热、呕吐、腹泻及大面积烧伤等引

起的等渗性脱水或低渗性脱水，也可用于失血过多、血压下降或中毒，以维持血容量；外用冲洗伤口、洗鼻、洗眼等；还常用于稀释其他注射液。②参与酸碱平衡的调节。血浆缓冲体系中以碳酸氢钠/碳酸组成的缓冲系统最重要，碳酸氢根离子又常因钠离子的增减而升降，因此钠盐能影响酸碱平衡的调节。③1%～3%氯化钠溶液洗涤伤口有防腐和促进肉芽组织生长的作用。④维持神经肌肉的兴奋性。静脉注射10%的高渗氯化钠溶液，血液中 Na^+ 和 Cl^- 增加，可刺激血管壁的化学感受器，反射性兴奋迷走神经，促进胃肠蠕动和分泌，对于反刍动物还能增强反刍功能。临床上可用于反刍动物的前胃弛缓、瘤胃积食、瓣胃阻塞，单胃动物的肠臌气、胃扩张和便秘等。⑤小剂量氯化钠内服可作为健胃药治疗消化不良；大剂量氯化钠内服可作为泻药治疗便秘。

复方氯化钠溶液含有氯化钠、氯化钾和氯化钙，也常作为水和电解质平衡药。另外，应用口服补液盐（氯化钠3.5 g、氯化钾1.5 g、碳酸氢钠5 g、葡萄糖粉20 g）溶于温水1000 mL中，补充机体损失的水分和电解质，也可获得良好效果。

【注意事项】 ①对创伤性心包炎、心力衰竭、肺气肿、肾功能不全及颅内疾病等患畜，应慎用。②脑、肾、心脏功能不全及低蛋白血症患畜慎用，肺水肿患畜禁用。③生理盐水所含有的氯离子比血浆氯离子浓度高，已发生酸中毒的动物若应用大量的生理盐水可引起高氯性酸中毒，此时可改用碳酸氢钠-生理盐水或乳酸钠-生理盐水。

【制剂、用法与用量】

(1) 氯化钠注射液（生理盐水）500 mL：4.5 g、1000 mL：9 g。静脉注射，一次量，牛、马1000～3000 mL，猪、羊250～500 mL，犬100～500 mL。

(2) 复方氯化钠注射液（林格液）100 mL：氯化钠0.85 g、氯化钾0.03 g与氯化钙0.033 g。用法与用量同生理盐水。

氯化钾(Potassium Chloride)

【理化性质】 本品为无色长方形、立方形结晶或白色结晶性粉末。无臭，味咸涩。易溶于水，不溶于乙醇。密封保存。

【作用与应用】 ①维持细胞内液渗透压和体液的酸碱平衡：K^+ 是细胞内液的主要阳离子，也是碳酸氢盐/磷酸盐缓冲系统的组成成分，所以对维持细胞内液渗透压和体液酸碱平衡特别重要。钾代谢失调，常导致水及酸碱平衡紊乱。②维持神经肌肉兴奋性和心脏的自动节律：血液中适当浓度的 K^+ 是神经冲动传导和心脏自动节律作用所必需的物质。一般说来，K^+ 浓度升高，神经肌肉兴奋性增强，K^+ 浓度降低，神经肌肉兴奋性亦随之降低。③参与糖及蛋白质代谢：细胞内糖原分解时，K^+ 由细胞内释放到细胞外；当细胞内糖原合成时，K^+ 从细胞外进入细胞内。同样，细胞内的蛋白质合成时，K^+ 潴留；而当分解时，则释放到细胞外。

氯化钾在临床上主要用于机体排钾过量或钾摄入不足，如严重腹泻、大剂量应用利尿药等所致低钾血症。也可用于解救洋地黄中毒时的心律不齐。

【注意事项】 ①本品刺激性大，内服时宜稀释成1%以下浓度，不宜在空腹时内服给药，应饲后给药。②静脉注射时，浓度不宜过高，速度不宜过快，防止血钾浓度突然上升而导致心搏骤停。③急、慢性肾功能障碍，尿闭，脱水和循环衰竭等患畜，禁用或慎用。④脱水病例一般应先给予不含钾的液体，等排尿后再补钾。⑤糖皮质激素可促进尿钾排泄，应用时会降低钾的疗效；抗胆碱药物可抑制胃肠蠕动，合并应用时会增强钾的刺激性。

【制剂、用法与用量】

(1) 氯化钾注射液10 mL：1 g。静脉注射，一次量，牛、马2～5 g，猪、羊0.5～1 g。必须用5%葡萄糖注射液稀释成0.3%以下浓度后缓慢注射。

(2) 复方氯化钾注射液，每100 mL含氯化钾0.28 g、氯化钠0.42 g、乳酸钠0.63 g。静脉注射，一次量，马、牛1000 mL，猪、羊250～500 mL。本品优点是既可补钾，又可纠正酸中毒。

二、能量补充药

能量是维持机体生命活动的基本要素。碳水化合物、脂肪和蛋白质在体内经生物转化变为能量。体内 50%的能量被转化为热能以维持体温，其余以三磷酸腺苷(ATP)的形式储存供生理和生产之需。能量代谢过程中的释放、储存、利用，任何一个环节发生障碍，都会影响机体的功能活动。能量补充药有葡萄糖、磷酸果糖、ATP 等，其中以葡萄糖最为常用。

葡萄糖(Glucose)

【理化性质】 本品为无色结晶或白色结晶性粉末。无臭、味甜，易溶于水，微溶于醇。常制成注射液。密封保存。

【药动学】 葡萄糖在小肠被吸收，进入细胞内的葡萄糖，可通过糖酵解或三羧酸循环分解成 CO_2 和 H_2O，并通过电子传递体系和氧化磷酸化作用转化成热能和 ATP，供细胞做功。

【作用与应用】

(1) 补液：5%葡萄糖溶液与体液等渗，输入后，葡萄糖很快被机体吸收、利用，并供给机体水分。

(2) 供给能量，补充血糖和扩充血容量：葡萄糖是机体重要能量来源之一，在体内氧化代谢释放能量，供机体需要。

(3) 解毒：肝脏的解毒能力与肝脏内糖原含量有关。同时某些毒物可与葡萄糖的氧化产物葡萄糖醛酸结合。葡萄糖进入机体后，一部分合成肝糖原，增强肝脏的解毒能力；另一部分在肝脏中氧化成葡萄糖醛酸，可与毒物结合，将其随尿排出而解毒，或依靠糖代谢的中间产物乙酰基的乙酰化作用而使毒物失效，故具有一定解毒作用。葡萄糖还可增加组织内高能磷酸化合物含量，为解毒提供能量。

(4) 强心利尿：葡萄糖可供给心肌能量，改善心肌营养，从而增强心脏功能。胰岛素可提高心肌细胞对葡萄糖的利用率。因此以每 4 g 葡萄糖加入 1 IU 的胰岛素的比例混合静脉注射，疗效更好。大量输入葡萄糖溶液，尤其是高渗溶液时，由于体液容量的增加和部分葡萄糖自肾排出并带走水分，可产生渗透性利尿作用。

(5) 脱水：25%～50%葡萄糖溶液为高渗溶液，大量输入机体后能提高血浆渗透压，使组织水分吸收入血，经肾脏排出带走水分，从而消除脑水肿和肺水肿等。但作用较弱，维持时间较短，且可引起颅内压回升。

本品主要用于机体脱水、大失血等，以补充体液；用于重病、久病、体质过度虚弱的家畜及仔猪和低血糖症的患畜，以补充能量和血糖；用于某些肝脏病、某些化学药品和细菌性毒物的中毒、牛酮血症、妊娠毒血症等的辅助治疗；用于心脏代偿功能减弱的患畜，以消除水肿。

【注意事项】 本品的高渗性注射液静脉注射时应缓慢，以免加重心脏负担，切勿漏到血管外。

【制剂、用法与用量】

(1) 葡萄糖注射液：5%、10%、25%、50%葡萄糖溶液。静脉注射，一次量，马、牛 50～250 g，猪、羊 10～50 g，犬 5～25 g。

(2) 葡萄糖氯化钠注射液 100 mL：葡萄糖 5 g 与氯化钠 0.9 g。静脉注射，一次量，马、牛 1000～3000 mL，猪、羊 250～500 mL，犬 100～500 mL。

三、酸碱平衡药

动物机体在新陈代谢过程中不断产生大量的酸性物质，如碳酸、乳酸、酮体等，还常由饲料摄入各种酸性或碱性物质。但动物机体的正常活动，要求体液 pH 值稳定在 7.35～7.45，这种体液的相对稳定性称为酸碱平衡。机体酸碱平衡的维持，主要依赖于缓冲体系的调节。血液的缓冲系统、呼吸系统和肾脏，能维持和调节体液的酸碱平衡。酸碱平衡是保证体内酶活性、生理活动的必要条件。

缓冲体系中以碳酸氢盐缓冲对($BHCO_3/H_2CO_3$)最为重要。在病理状态下,当[H_2CO_3]增高或[$BHCO_3$]下降,影响到酸碱平衡时称酸中毒;反之,称碱中毒。酸中毒有两种,即呼吸性酸中毒和代谢性酸中毒。临床上以代谢性酸中毒较为多见,如急性感染、疝痛、缺氧、高热和休克等,会使体内产生过多的磷酸根、硫酸根、乳酸、丙酮酸及酮体等酸性物质,导致酸中毒。治疗时首先去除病因,然后应用碱性药物增加缓冲系统的碱来纠正酸中毒。肺、肾脏功能障碍,机体代谢失常,高热、缺氧和腹泻等,都会引起酸碱平衡紊乱。当体液 pH 值超出其极限值范围时,动物即会死亡。因此,给予酸碱平衡药,使其恢复正常的体液酸碱平衡是十分重要的治疗措施。常用药物有碳酸氢钠、乳酸钠和氯化铵等。

碳酸氢钠(Sodium Bicarbonate)

【理化性质】 本品又称小苏打或重碳酸钠,为白色结晶性粉末;无臭,味咸。本品易溶于水,常制成注射液和片剂。

【作用与应用】 ①本品能直接增加机体的碱储。碳酸氢根与氢离子结合成碳酸,再分解为二氧化碳和水,二氧化碳由肺排出体外,致使体液的氢离子浓度降低,代谢性酸中毒得以纠正。本品作用迅速、可靠,是治疗代谢性酸中毒的首选药。②本品还具有碱化尿液、中和胃酸、祛痰、健胃等作用。

本品主要用于解除酸中毒、胃肠卡他;可碱化尿液,能增加弱酸性药物如磺胺类等在尿道的溶解度而随尿排出,防止结晶析出或沉淀;还能提高某些弱碱性药物如庆大霉素对尿道感染的疗效。

【注意事项】 ①静脉注射碳酸氢钠应避免与酸性药物混合应用。②过量静脉注射时,可引起代谢性碱中毒和低血钾。③充血性心力衰竭、肾功能不全、水肿、缺钾等患畜慎用。④与糖皮质激素合用,易发生高钠血症和水肿等。

【制剂、用法与用量】 碳酸氢钠注射液 500 mL∶25 g。静脉注射,一次量,牛、马 15~30 g,猪、羊 2~6 g,犬 0.5~1.5 g。用 2.5 倍生理盐水或注射用水稀释成 1.4%碳酸氢钠溶液注射。

乳酸钠(Sodium Lactate)

【理化性质】 本品为无色或淡黄色结块或黏稠液体;无臭,易吸湿;易溶于水、乙醇、甘油;遮光、密封保存,常制成注射液。

【作用与应用】 乳酸钠进入机体后,在有氧条件下,经肝脏乳酸脱氢酶脱氢氧化为丙酮酸,再进入三羧酸循环氧化脱羧为二氧化碳和水,前者转化为碳酸氢根,与钠离子结合成碳酸氢钠,从而发挥其纠正酸中毒的作用。

本品主要用于纠正代谢性酸中毒,尤其是高钾血症等引起的心律失常伴有酸血症的患畜。其作用不及碳酸氢钠迅速、稳定,应用较少。

【注意事项】 ①对伴有水肿、休克、缺氧、肝功能障碍或右心室衰竭的动物慎用。②乳酸性酸中毒时禁用,否则可引起代谢性碱中毒。③乳酸钠注射液与红霉素、四环素、土霉素等混合可发生沉淀或混浊。④一般不宜用生理盐水或其他含氯化钠的溶液稀释本品,以免形成高渗溶液。

【制剂、用法与用量】 乳酸钠注射液 20 mL∶2.24 g、100 mL∶11.20 g。静脉注射,一次量,牛、马 200~400 mL,猪、羊 40~60 mL。用 5 倍生理盐水或注射用水稀释成 1.9%等渗溶液注射。

四、血容量扩充药

大量失血、严重创伤、烧伤、高热、呕吐、腹泻等,往往使机体丢失大量血液(或血浆)、体液,造成血容量不足,导致休克。此时必须迅速补足和扩充血容量,这是抗休克的基本疗法,可挽救生命。全血、血浆等血液制品是理想的血容量扩充剂,但来源有限,其应用受到一定限制。葡萄糖和生理盐水有扩容作用,但维持时间短暂,而且只能补充水分、部分能量和电解质,不能代替血液和血浆的全部功能,只能作为应急的替代品使用。对于扩充血容量,目前临床上主要选用血浆代用品。药物有右

Note

旋糖酐、羟乙基淀粉、氧化聚明胶等高分子化合物，它们具有一定的胶体渗透压，能维持一定时间的血容量，无抗原性和不良反应。其中右旋糖酐疗效确实，不良反应少，最为常用。

右旋糖酐(Dextran)

【理化性质】 本品为白色或类白色无定形粉末或颗粒，为葡萄糖聚合物。根据相对分子质量的大小分为中分子(平均相对分子质量 70000，又称右旋糖酐 70)、低分子(平均相对分子质量 40000，又称右旋糖酐 40)和小分子(平均相对分子质量 10000，又称右旋糖酐 10)三种右旋糖酐，均易溶于水，常制成注射液。

【作用与应用】 ①补充有效循环血容量。静脉滴注中分子右旋糖酐，可增大血液胶体渗透压，吸引组织中水分进入血管中，从而扩充血容量。因分子体积大，不易透过血管，在血液循环中存留时间较长，由肾脏排泄缓慢(1 h 约排出 30%，24 h 内约排出 50%)，扩容作用较持久(约 12 h)。主要用于治疗出血性休克、外伤性休克等。低分子右旋糖酐静脉注射后也有扩充血容量的作用，但自肾脏排泄较快，扩容作用维持时间较短(约 3 h)。②改善微循环，防止弥散性血管内凝血。静脉滴注低分子右旋糖酐，红细胞表面覆盖右旋糖酐，能增加红细胞膜外负电荷，由于相同电荷相互排斥，聚合或淤塞血管的红细胞解聚，可降低血液黏滞性；同时抑制凝血因子Ⅱ的激活，使凝血因子Ⅰ和Ⅳ活性降低，产生防止弥散性血管内凝血和抗血栓形成。用于中毒性、外伤性或失血性休克。小分子右旋糖酐扩容作用弱，改善微循环效果较好。③渗透性利尿作用。低分子右旋糖酐从肾脏排泄时，在肾小管中不被重吸收，可增加肾小管内的渗透压，从而发挥渗透性利尿作用。可用于消除水肿，尤其用于低蛋白血症引起的营养性水肿。

本品中分子右旋糖酐用于治疗低血容量性休克；低分子右旋糖酐用于治疗低血容量性休克、预防术后血栓和改善微循环；小分子右旋糖酐扩容作用弱，但改善微循环和利尿的作用好，用于解除弥散性血管内凝血和急性肾中毒。

【注意事项】 ①静脉注射速度不宜过快，剂量不可过大，否则，由于血容量过度扩充，导致出血、心力衰竭，甚至出现肺水肿。②充血性心力衰竭、严重脱水患畜和有出血性疾病动物禁用，肝、肾疾病动物慎用。③偶见过敏反应，可用苯海拉明或肾上腺素药物治疗。④与维生素 B_{12} 混合可发生变化；与卡那霉素、庆大霉素合用可增强其毒性。

【制剂、用法与用量】

(1) 右旋糖酐 40 葡萄糖注射液 500 mL:30 g 右旋糖酐 40 与 25 g 葡萄糖。静脉注射，一次量，马、牛 500～1000 mL，羊、猪 250～500 mL。

(2) 右旋糖酐 70 葡萄糖注射液 500 mL:30 g 右旋糖酐 70 与 25 g 葡萄糖。静脉注射，一次量，牛、马 500～1000 mL；猪、羊 250～500 mL。

(3) 右旋糖酐 40 氯化钠注射液 500 mL:30 g 右旋糖酐 40 与 4.5 g 氯化钠。用法用量同右旋糖酐 40 葡萄糖注射液。

(4) 右旋糖酐 70 氯化钠注射液 500 mL:30 g 右旋糖酐 70 与 4.5 g 氯化钠。用法用量同右旋糖酐 70 葡萄糖注射液。

第二节　利尿药与脱水药

一、利尿药

利尿药是指作用于肾脏，促进电解质和水的排泄，增加尿量的药物。主要用于治疗各种水肿、急性肾衰竭或腹腔积液(又称腹水)，也用于促进体内毒物和尿道上部结石的排出。

利尿药按其作用强度和作用部位一般分为以下三类。

1. 高效利尿药 呋塞米(速尿)、依他尼酸(利尿酸)、布美他尼、吡咯他尼等。作用于髓袢升支粗段的髓质和皮质部,能使 Na^+ 重吸收减少 15%~25%。

2. 中效利尿药 氢氯噻嗪、氯肽酮、苄氟噻嗪等。作用于远曲小管近端,能使 Na^+ 重吸收减少 5%~10%。

3. 低效利尿药 螺内酯(安体舒通)、氨苯蝶啶、阿米洛利等。作用于远曲小管和集合管,能使 Na^+ 重吸收减少 1%~3%。

尿液的生成是通过肾小球滤过、肾小管和集合管的重吸收及分泌实现的。利尿药通过作用于肾单位的不同部位(图 10-1)而产生利尿作用。这类药物通过影响肾小球的滤过、肾小管和集合管的重吸收及分泌等功能,特别是影响肾小管的重吸收而实现其利尿作用,其具体的泌尿生理及利尿药的作用机制包括如下几方面。

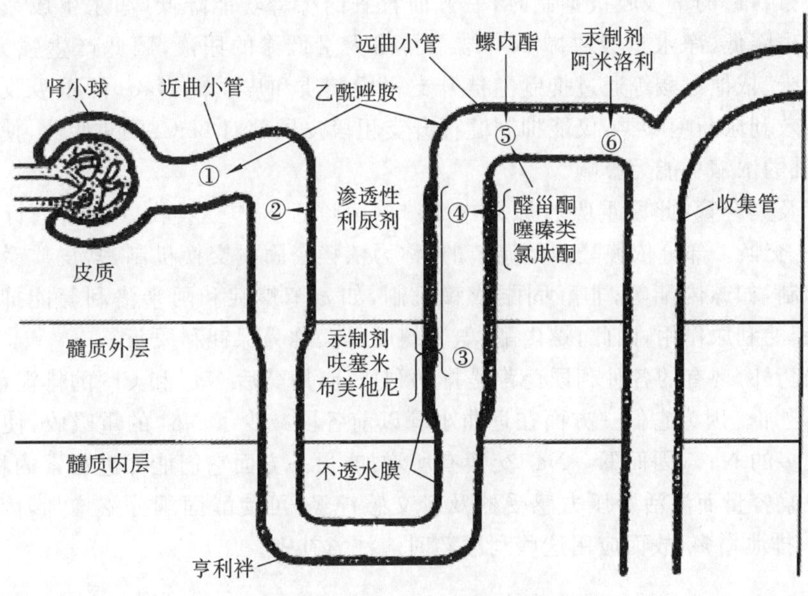

图 10-1 利尿药的作用部位

(1) 肾小球滤过:血液流经肾小球毛细血管网时,除了蛋白质和血细胞外,其他成分均可以通过肾小球滤过膜进入肾小球的囊腔中,形成原尿。原尿量的多少取决于有效滤过压。凡能增加有效滤过压的药物都可使尿量增加,如咖啡因、氨茶碱、洋地黄等通过增强心肌的收缩力,导致肾脏血流量和肾小管滤过压增加而产生利尿作用,但其利尿作用极弱,一般不作为利尿药。正常牛每天能形成原尿约 1400 L,绵羊 140 L,犬 50 L。但牛排出的终尿量只有 6~20 L,可见约 99%的原尿在肾小管被重吸收,它是影响终尿量的主要因素。因此,假如原尿在肾小管减少 1%的重吸收,将使排出的终尿量增加 1 倍。目前常用的利尿药主要是通过减少肾小管对电解质及水的重吸收而产生利尿作用的。

(2) 肾小管和集合管的重吸收及分泌。

①近曲小管:此段主动重吸收原尿中 60%~65%的 Na^+。原尿中约有 90%的 $NaHCO_3$ 及 40%的 NaCl 在此段被重吸收,60%的水被动重吸收以维持近曲小管液体渗透压的稳定。Na^+ 的重吸收主要通过 H^+-Na^+ 交换进行,这种交换在近曲小管和远曲小管都有,但以近曲小管为主。H^+ 的产生来自 CO_2 与 H_2O 所形成的 H_2CO_3,这一反应需要细胞内碳酸酐酶的催化,形成的 H_2CO_3 再解离成 H^+ 和 HCO_3^-,H^+ 将 Na^+ 交换入细胞内。

$$H_2O+CO_2 \xrightleftharpoons{\text{碳酸酐酶}} H_2CO_3 \rightleftharpoons H^+ + HCO_3^-$$

若 H^+ 生成减少，则 H^+-Na^+ 交换减少，导致 Na^+ 的重吸收减少，产生利尿作用。碳酸酐酶抑制剂乙酰唑胺就是通过抑制 H_2CO_3 的生成而产生利尿作用的。本品作用弱，且生成的 HCO_3^- 可引起代谢性酸血症，故现已少用。

②髓袢升支粗段的髓质和皮质部：髓袢升支的功能与利尿药的作用关系密切，也是高效利尿药的重要作用部位。此段重吸收原尿中 30%～35% 的 Na^+，而不重吸收水。当原尿流经髓袢升支时，Cl^- 呈主动重吸收，Na^+ 跟着被动重吸收。小管液由肾乳头部流向肾皮质时，逐渐由高渗变为低渗，进而形成无溶质的净水，这就是肾脏对尿液的稀释功能。同时，NaCl 被重吸收到髓质间液后，由于髓袢的逆流倍增作用，并在尿素的参与下，经髓袢所在的髓质组织间液的渗透压逐渐提高，最后形成呈渗透压梯度的髓质高渗区。这样当尿液流经开口于髓质乳头的集合管时，由于管腔内液体与高渗髓质间液存在透压差，并受抗利尿激素的影响，水被重吸收，即水由管内扩散出集合管，大量的水被重吸收回间液，称为净水的重吸收，这就是肾脏对尿液的浓缩功能。综上所述，当髓袢升支粗段髓质和皮质部对 Cl^- 和 Na^+ 的重吸收被抑制时，一方面肾脏的稀释功能降低（净水生成减少），另一方面肾脏的浓缩功能也降低（净水重吸收减少），结果排出大量低渗的尿液，因此产生强大的利尿作用。高效利尿药呋塞米、依他尼酸等通过抑制髓袢升支粗段髓质和皮质部 NaCl 的重吸收而表现出强大的利尿作用。中效利尿药噻嗪类，仅能抑制髓袢升支粗段皮质部对 NaCl 的重吸收，使肾脏的稀释功能降低，而对肾脏的浓缩功能无影响。

③远曲小管及集合管：此段重吸收原尿中 5%～10% 的 Na^+。吸收方式除进行 H^+-Na^+ 交换外，还有 K^+-Na^+ 交换。部分依赖醛固酮调节的，称为依赖醛固酮交换机制，盐皮质激素受体拮抗剂可产生竞争性抑制，如螺内酯等；非醛固酮依赖机制，如氨苯蝶啶和阿米洛利等能抑制 K^+-Na^+ 交换，产生排钠保钾的利尿作用，因此，螺内酯、氨苯蝶啶等又称为保钾利尿药。

除保钾利尿药外，现有的各种利尿药都是排钠利尿药，用药后 Na^+ 和 Cl^- 的排泄都是增加的，同时 K^+ 的排泄也增加。因为它们一方面在远曲小管以前各段减少了 Na^+ 的重吸收，使流经远曲小管的尿液中含有较多的 Na^+，因而 K^+-Na^+ 交换有所增加；另一方面它们能促进肾素的释放，这是由于利尿药降低了血浆容量而激活肾压力感受器及肾交感神经，可使醛固酮分泌增加，因而使 K^+-Na^+ 交换增加，使 K^+ 排泄增多，故而应用这些利尿药时应注意补钾。

呋塞米（Furosemide）

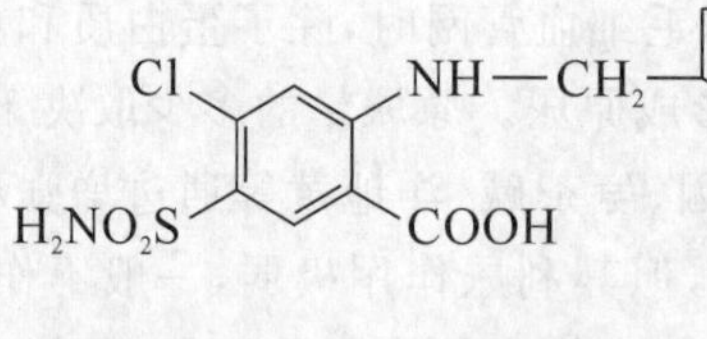

【理化性质】 本品又名速尿、利尿磺胺、呋喃苯胺酸；为白色或类白色结晶性粉末；无臭、无味；水中不溶，乙醇中略溶；遮光、密封保存；常制成片剂和注射液。

【作用与应用】 呋塞米主要作用于髓袢升支的髓质部和皮质部，抑制 Cl^- 的主动重吸收和 Na^+ 的被动重吸收。Na^+ 排泄量增加，使远曲小管的 K^+-Na^+ 交换过程加强，导致 K^+ 排泄增加，伴随 Cl^-、Na^+、K^+ 的排出，带走大量水分，因此，产生强大的利尿作用。静脉注射后 1 h 发挥最大药效，药效可维持 4～6 h。另外，呋塞米还可增加尿中 Ca^{2+}、Mg^{2+} 的排出量。

临床上适用于各种原因引起的水肿，如全身水肿、喉部水肿、乳房水肿等。尤其对肺水肿疗效较好，并可促进尿道上部结石的排出，也可用于预防急性肾衰竭以及药物中毒。

【注意事项】 ①本品可诱发低钠血症、低钙血症、低钾血症等电解质平衡紊乱及胃肠道功能紊乱，长期大量用药可出现低血钾、低血氯及脱水，应补钾或与保钾性利尿药配伍或交替使用，并定时监测水和电解质平衡状态。②大剂量静脉注射可能使犬听觉丧失。③与氨基糖苷类抗生素同时应

用可增加后者的肾毒性、耳毒性。④可抑制筒箭毒碱的肌肉松弛作用，但能增强琥珀胆碱的作用。⑤皮质激素类药物可降低其利尿效果，并增加电解质紊乱，尤其是低钾血症的发生机会，从而可增加洋地黄的毒性。⑥能与阿司匹林竞争肾的排泄部位，延长其作用，因此在同时使用阿司匹林时需调整用药剂量。⑦与其他利尿药同时应用，可增强其利尿作用。⑧无尿患畜禁用；电解质紊乱或肝损害的患畜慎用。

【制剂、用法与用量】

(1) 呋塞米片 20 mg、50 mg。内服，一次量，马、牛、羊、猪 2 mg，犬、猫 2.5～5 mg，每日 2 次，连服 3～5 日，停药 2～4 日后可再用。

(2) 呋塞米注射液 2 mL：20 mg、10 mL：100 mg。肌内注射、静脉注射，一次量，每千克体重，牛、马、猪、羊 0.5～1 mg，犬、猫 1～5 mg。每日或隔日 1 次。

布美他尼

布美他尼与呋塞米均为磺胺类衍生物，其作用机制、应用和不良反应均与呋塞米相似，其特点是起效快、作用强、毒性小、用量低。

依他尼酸(Ethacrynic Acid)

依他尼酸又称利尿酸，利尿作用类似呋塞米，但易引起永久性耳聋，故现已少用。因其为非磺胺类衍生物，故对磺胺类过敏者可选用。

噻嗪类(Thiazides)

噻嗪类利尿药的基本结构是由苯并噻二嗪和磺酰胺基组成。按等效剂量相比，本类药物利尿的效价强度可相差近千倍，从弱到强的顺序依次为氯噻嗪＜氢氯噻嗪＜氢氟噻嗪＜苄氟噻嗪＜环戊氯噻嗪。

本类药物作用相似，仅作用强度和作用时间长短不同，兽医临床目前常用氢氯噻嗪。

氢氯噻嗪(hydrochlorothiazide)

【理化性质】 本品又名双氢克尿噻，为白色结晶性粉末；无臭，味微苦。本品不溶于水，微溶于乙醇，可溶于氢氧化钠溶液。遮光、密封保存。常制成片剂。

【作用与应用】 本品主要作用于髓袢升支皮质部与远曲小管近端，抑制 Na^+ 的主动重吸收，Cl^- 的被动重吸收也随之减少，伴随 Na^+、Cl^- 的排出，带走大量水分，产生较强的利尿作用。由于 Na^+ 的排出增多，促进了远曲小管与集合管的 K^+-Na^+ 交换过程，K^+ 排出量也随之增多。

临床用于各种类型水肿，对心源性水肿效果较好。氢氯噻嗪是中度、轻度心源性水肿的首选药。也可用于牛的产后乳房水肿和胸、腹部炎性肿胀以及某些急性中毒以加速毒物排出。

【注意事项】 ①本品属中效利尿药，大量或长期应用可引起体液和电解质平衡紊乱，导致低钾性碱血症、低氯性碱血症；与皮质激素同时应用会增加低钾血症发生的机会。②可产生胃肠道反应(如呕吐、腹泻等)。③严重肝、肾功能障碍和电解质平衡紊乱的患畜慎用。④宜与氯化钾合用，以免发生低钾血症。⑤禁与洋地黄合用，以防洋地黄毒性增加。

【制剂、用法与用量】

(1) 氢氯噻嗪片 25 mg、250 mg。内服，一次量，每千克体重，牛、马 1～2 mg，猪、羊 2～3 mg，犬、猫 3～4 mg。

(2) 氢氯噻嗪注射液 5 mL：125 mg、10 mL：250 mg。肌内注射、静脉注射，一次量，牛 100～250 mg，马 50～150 mg，猪、羊 50～75 mg，犬 10～25 mg。

螺内酯(Spironolactone)

【理化性质】 本品又名安体舒通，为淡黄色粉末，味稍苦，可溶于水和乙醇，是醛固酮的拮抗剂。

【作用与应用】 主要影响远曲小管与集合管的 K^+-Na^+ 交换过程，抑制 K^+ 的排出，起保 K^+ 排 Na^+ 作用，故称保钾性利尿药。在排 Na^+ 的同时，带走 Cl^- 和水分而产生利尿作用。由于利尿作用较弱，很少单独应用，常与强效、中效利尿药合用治疗各种水肿，并能纠正失钾的不良反应。

【制剂、用法与用量】 螺内酯片。内服，一次量，每千克体重，犬、猫 2～4 mg。

氨苯蝶啶(Triamterene)和阿米洛利(Amiloride)

两药虽然化学结构不同，却有相似的药理作用。其机制是阻断远曲小管末端和集合管腔膜上 Na^+ 通道，抑制 K^+-Na^+ 交换，产生排 Na^+ 保 K^+ 的利尿作用。口服吸收迅速，吸收率 30%～70%，个体差异较大。氨苯蝶啶 $t_{1/2}$ 为 4.2 h，作用可持续 7～9 h。阿米洛利主要以原形由肾脏排泄，$t_{1/2}$ 为 6～9 h，利尿作用可维持 22～24 h。

由于利尿作用弱，两药临床上常与高效、中效利尿药合用治疗各类水肿，以增强利尿效果，维持钾平衡。不良反应较少，久用可导致高钾血症，偶见嗜睡、恶心、呕吐、腹泻等消化道症状，严重肝、肾功能不全者禁用。

乙酰唑胺(Acetazolamide)

乙酰唑胺主要通过抑制近曲小管上皮细胞碳酸酐酶活性而抑制 H^+-Na^+ 交换及 HCO_3^- 的重吸收，使尿中 Na^+、HCO_3^-、K^+ 和水的排出增多，产生利尿作用。其利尿作用弱，且易引起代谢性酸中毒，目前很少用于利尿。因该药还可抑制眼睫状体上皮细胞和中枢脉络丛细胞中的碳酸酐酶，减少房水和脑脊液的产生，故可用于治疗青光眼和预防高山病引起的脑水肿。该药较大剂量应用可引起嗜睡和感觉异常，长期使用可致代谢性酸中毒及尿结石等。该药具磺胺结构，与磺胺类药物可发生交叉过敏反应。

二、脱水药

凡能消除组织水肿的药物均称为脱水药，又称渗透性利尿药。脱水药是一种非电解质类物质，在体内不被代谢或代谢较慢，但能迅速提高血浆渗透压，且很容易从肾小球滤过，在肾小管内不被重吸收或吸收很少，从而提高肾小管内渗透压。临床主要用于消除肺水肿、脑水肿，抑制房水生成，降低眼内压及治疗急性肾功能不全等。

本类药物有甘露醇、山梨醇、尿素、高渗葡萄糖注射液等。尿素不良反应多，葡萄糖可被代谢并有部分转运到组织中，使脑内压回升，出现“反跳”现象。两药现已少用。

甘露醇(Mannitol)

【理化性质】 本品为白色结晶性粉末；无臭、味甜；能溶于水，微溶于乙醇。常制成注射液。等渗溶液为 5.07%，临床多用其 20% 的高渗溶液。

【作用与应用】

(1) 脱水作用：静脉注射高渗溶液后，迅速提高血液渗透压，使组织(包括眼、脑、脑脊液)细胞间液水分透过血管壁向血液渗透，产生脱水作用。本品不能进入眼及中枢神经系统，但通过提高血液渗透压的作用能降低颅内压和眼内压。静脉注射后 20 min 即可显效，能维持 6～8 h。

(2) 利尿作用：本品在体内不被代谢，易经肾小球滤过，并很少被肾小管重吸收，在肾小管内形成高渗，从而产生利尿作用。此外，本品可防止有毒物质在小管液内的积聚或浓缩，对肾脏起保

护作用。

本品主要用于预防急性肾衰竭所引起的少尿症或无尿症，降低眼内压和颅内压，加速某些毒素的排泄，以及辅助其他利尿药以迅速减轻水肿或腹水，如用于脑水肿、脑炎的辅助治疗。

【注意事项】 ①本品为高渗性脱水剂，大剂量或长期应用可引起水和电解质平衡紊乱。②静脉注射过快可能引起心血管反应，如肺水肿及心动过速等。③静脉注射时药物漏出血管可使注射部位水肿，皮肤坏死。④严重脱水、肺充血或肺水肿、充血性心力衰竭、心功能不全、心源性水肿以及进行性肾衰竭的患畜禁用。⑤脱水动物在治疗前应适当补充体液。⑥不可与高渗盐水并用，因氯化钠可促进其迅速排出。⑦本品低温保存时，易析出结晶，微热溶解后再用，不影响药效。

【制剂、用法与用量】 甘露醇注射液 100 mL：20 g、250 mL：50 g。静脉注射，一次量，牛、马 1000～2000 mL，猪、羊 100～250 mL，每日 2～3 次。

山梨醇(Sorbitol)

【理化性质】 本品为白色结晶性粉末，无臭，味甜。本品易溶于水，常制成注射液。

【作用与应用】 本品为甘露醇的同分异构体，作用和应用与甘露醇相似。但山梨醇在体内有部分转化为糖原而失去高渗作用，故在相同浓度与剂量时，疗效稍逊于甘露醇。因本品溶解度高，价格便宜，常静脉注射其 25%的浓溶液，使组织脱水，降低颅内压，消除水肿。用法用量同甘露醇。

【注意事项】 ①本品进入机体后，部分在肝脏转化为果糖，故相同浓度的作用效果较甘露醇弱。②局部刺激比甘露醇大。

【制剂、用法与用量】 山梨醇注射液。静脉注射，一次量，马、牛 1000～2000 mL；羊、猪 100～250 mL。

三、利尿药与脱水药的合理选用

中度、轻度心源性水肿按常规应用强心苷外，一般选氢氯噻嗪。重度心源性水肿除用强心苷外，首选呋塞米。

急性肾衰竭时，一般首选大剂量呋塞米。急性肾炎所引起的水肿，一般不选利尿药，宜选高渗葡萄糖溶液及中药。

各种因素引起的脑水肿，首选甘露醇，次选呋塞米。

肺充血引起的肺水肿，选甘露醇。

心功能降低，肾循环障碍且肾小球滤过率下降，可用氨茶碱。

无论哪种水肿，如较长时间应用利尿药、脱水药，都要补充钾或与保钾性利尿药并用。

知识拓展

尿崩症与抗利尿药

尿崩症(diabetes insipidus)是指血管加压素(vasopressin，VP)，又称抗利尿激素(antidiuretic hormone，ADH)分泌不足(为中枢性或垂体性尿崩症)，或肾脏对血管加压素反应缺陷(为肾性尿崩症)而引起的一组综合征，其特点是多尿、烦渴、低比重尿和低渗尿。临床上主要治疗方法为保证液体摄入量和适当限制钠盐摄入，以保证血容量和血钠在正常范围。药物治疗学上可用激素替代疗法，即用 VP 类似制剂替代补充生理所需。非激素类药物治疗：氢氯噻嗪可使尿崩症患畜尿量减少，其作用机制可能是由于随尿排钠增加，体内缺钠，细胞外液减少，肾近曲小管重吸收增加，到达远曲小管的原尿减少，因而尿量减少，对中枢性和肾性尿崩症均有效，可使尿量减少 50%左右。卡马西平能刺激 VP 分泌，使尿量

减少；氯磺丙脲可加强 VP 作用，也可刺激其分泌，可能通过增加肾小管 cAMP 的形成，使尿量减少，尿渗透压增高，但对肾性尿崩症无效。随着分子生物学及临床医学的发展，近年与尿崩症诊断治疗相关的研究热点主要集中在尿崩症的相关基因突变位点与相关蛋白质功能的研究上。在先天性肾性尿崩症的基因治疗方面，主要是寻找相关突变基因编码蛋白质的分子伴侣，使得突变受体可以在细胞膜上表达，与配体结合后，通过 cAMP 的介导发挥相应的生物效应。

第十一章 营养药理

营养药物包括矿物元素和维生素等，是动物日粮中含量较少但又必需的一些组分，有不同的生化和结构功能，这些组分对维持动物机体正常功能非常重要，如果在体内的含量不足均可引起特定组分的缺乏症，影响动物的生长发育和生产性能。营养药物的作用就是补充体内这些组分的不足，对防治这些缺乏症发挥重要作用。

正常条件下，动物日粮已提供了其所需的营养物质，但是不正常的环境条件、泌乳及产蛋等要求会改变机体对很多营养物质的需要；饲粮中营养物质间的相互作用，寄生虫病及胃肠、肝脏和肾脏等的疾病均可影响特定营养成分的吸收、代谢或排泄，从而形成条件性缺乏或过剩。机体对许多营养药物有一定的需要量和耐受限量，在用量过大特别是超过耐受限量时会引起动物机体的毒副反应。营养药物主要防治由于含量不足引起的相应缺乏症，使用时应掌握按需使用的原则，避免过量而造成不利影响。

第一节 矿物元素

矿物元素是动物机体不可缺少的重要组成成分，是一类无机营养素。在动物体内约有 55 种矿物元素，现已证实有些是动物生理过程和代谢中的必需矿物元素。矿物元素约占动物体重的 4%，绝大部分分布于毛、蹄、角、肌肉、血液和上皮组织中。占动物体重 0.01%以上、需求量大的矿物元素称为常量元素(macroelement)；占体重 0.01%以下、需求量小的矿物元素称为微量元素(trace element)。常量元素和微量元素在动物生长发育和组织新陈代谢过程中具有重要的作用，对保障动物健康、提高生产性能和畜产品品质均有重要作用。当机体缺乏时，会引起相应的缺乏症，从而影响动物的生产性能和健康。必需矿物元素需由外界供给，一般生产中通过在饲料中添加予以预防补充，当外界供给不足或机体处于特殊生理阶段或严重缺乏时便会引发各自的缺乏症，应使用药物进行治疗。但它们的含量过高时，又会产生毒副作用，甚至引起动物死亡。某些矿物元素如硒等，在饲料中含量较低时是必需矿物元素，而含量较高时则是有毒有害矿物元素。

一、常量元素

常量元素一般包括钙、磷、钠、钾、氯、镁、硫 7 种，都是动物机体所必需的。钠、钾、氯已在水盐调节内容处介绍，本节主要介绍钙、磷、镁和硫。

(一) 钙和磷

常用含钙的矿物质饲料有石粉、牡蛎粉和蛋壳粉，同时含钙、磷的饲料有骨粉；植物性饲料中的磷大都是利用率低的植酸磷。常用的钙、磷类药物有氯化钙、葡萄糖酸钙、碳酸钙、乳酸钙、磷酸二氢钠、磷酸氢二钠、磷酸二氢钙、磷酸氢钙、磷酸钙等。

1. 体内过程 钙、磷主要在小肠以简单扩散和主动转运方式吸收入血。反刍动物的瘤胃可吸收少量磷。维生素 D 在肝脏和肾脏羟化酶的作用下转化成 1,25-二羟维生素 D_3[1,25-$(OH)_2D_3$]，通过血液转运至小肠，能刺激小肠黏膜合成钙结合蛋白(CaBP)，CaBP 能与钙发生特异性结合，促进钙主动吸收，磷被动吸收。动物对钙的吸收是由动物对钙的需要量来调节的。在泌乳、骨骼生长和

产蛋时，对钙的需要量大大增加，钙的吸收也随之上升。胃肠道钙、磷的吸收还受如下几个方面因素影响。

(1) 日粮中钙磷比：钙磷比对钙和磷的吸收十分重要，研究表明，当饲料中的钙磷比为(1～2)：1(猪为(1～1.5)：1，鸡为2：1)时，两者的吸收率最高。当饲料中的钙磷比不当时，如高钙低磷或高磷低钙，均可抑制钙、磷的吸收。

(2) 胃肠道内的酸碱度：酸性环境有利于钙盐的溶解，使吸收增加。

(3) 饲料的组成与胃肠内容物的相互作用：饲料中的草酸、脂肪酸和植酸过多时，会使钙形成不溶性盐，减少钙的吸收。在植酸的作用下，钙磷可形成植酸钙磷镁复合物，影响单胃动物钙、磷的吸收。反刍动物瘤胃中的微生物可产生植酸酶，水解植酸钙磷镁复合物，因此植酸对反刍动物的钙、磷吸收影响不明显。某些化合物的金属离子如镁、锌和铁，可抑制钙吸收；铁、铝、镁能与磷酸根结合成不溶性的磷酸盐，减少磷的吸收。如果在日粮中加入较多的乳糖、阿拉伯糖、葡萄糖醛酸、甘露糖、山梨醇，则可提高钙的吸收率。胆酸与钙易形成可溶性复合物，有利于钙的吸收。

钙和磷是动物机体必需的常量元素，具有重要的生理功能。钙和磷占体内矿物元素总量70%，主要以磷酸钙、碳酸钙、磷酸镁的形式存在。钙占体重的1%～2%，磷占体重的0.7%～1.1%。体内95%的钙和80%～85%的磷存在于骨骼和牙齿中，对骨骼系统的发育和维持其硬度起主要作用，体内约5%的钙分布于血清和除骨骼以外的其他组织细胞中，约15%的磷主要以核蛋白和磷脂化合物的形式存在于细胞内和细胞膜中。

正常的血钙浓度为90～100 mg/L，约45%以游离的离子形式存在，大约5%以磷酸盐或其他盐的形式存在，其余的50%与血浆蛋白结合。游离的钙离子在维持血钙浓度和骨骼钙化中起重要作用。缺钙时，机体总是先维持血钙，再满足骨钙需要。血磷包括有机磷和无机磷两种。大部分动物的血磷正常含量为60～90 mg/L。

体内的钙磷代谢受甲状旁腺激素(PTH)、降钙素(CT)和1,25-二羟维生素 D_3 的三元调节，这些激素作用的靶器官为肠道、肾和骨骼。PTH促进钙自肠道吸收，减少钙自肾排泄，CT相反。PTH对维生素D的活化有间接调节作用。1,25-二羟维生素 D_2 促进小肠中钙、磷的吸收，对PTH的释放也有间接反馈调节作用。PTH和CT的释放，又受血钙反馈调节。PTH和血液中无机磷的浓度相互控制25-羟维生素 D_3 活化成1,25-二羟维生素 D_3 的速率；1,25-二羟维生素 D_3 又反过来调节PTH的释放并影响钙及磷的动力学。当血钙水平即便有轻微降低时，通过PTH对维生素D的调控增加小肠钙吸收、肾小管重吸收和骨吸收而使血钙水平恢复正常。血钙水平的升高抑制PTH的分泌和1,25-二羟维生素 D_3 的合成，同时促进CT的分泌。其结果是降低钙吸收、增加尿钙排泄并减少骨吸收。尿磷(UP)和血清磷(SP)发生变化时，通过1,25-二羟维生素 D_3 调节钙代谢。钙、磷主要经粪和尿排泄。此外，汗腺能排出少量的钙，唾液腺能分泌少量磷，但泌乳动物体内的钙、磷不易分泌到乳汁中。

2. 钙的作用 钙在动物体内有多种作用。

(1) 促进骨骼和牙齿钙化，保证骨骼正常发育，维持骨骼正常的结构和功能。钙还是蛋壳结构的重要组成成分，也是牛奶的主要矿物质成分。

(2) 维持神经肌肉的正常兴奋性和收缩功能：血钙浓度过低，神经肌肉接头的兴奋性增高；血钙浓度过高，神经肌肉接头的兴奋性降低。无论骨骼肌，还是心肌和平滑肌，它们的收缩都必须有钙离子参加。

(3) 参与神经递质的释放：传出神经细胞突触前膜囊泡中神经递质(包括乙酰胆碱、肾上腺素、去甲肾上腺素)的释放，受钙离子浓度调节。细胞内钙离子浓度增加10倍，神经递质的释放量一般可增加10000倍。

(4) 与镁离子的相互拮抗作用：镁离子可降低运动神经末梢乙酰胆碱的释放，而钙离子则促进其乙酰胆碱的释放，故可对抗镁离子对骨骼肌的松弛作用。在中枢神经系统中，钙和镁也是相互拮

抗，镁中毒时可用钙解救，钙中毒时也可用镁解救。

(5) 抗过敏和消炎：钙离子能致密毛细血管内皮细胞，降低毛细血管和微血管的通透性，减少炎症渗出和防止组织水肿。

(6) 促进凝血：钙是重要的凝血因子，为正常的凝血过程所必需。血液凝固的内部和外部系统都依赖钙作为凝血因子活化的辅助作用。

3. 磷的作用 磷的作用包括以下几个方面。

(1) 磷也是骨骼和牙齿的主要成分，单纯缺磷也能引起佝偻病和骨软化症。

(2) 维持细胞膜的正常结构和功能：磷在体内可形成磷脂，如卵磷脂、脑磷脂和神经磷脂，它们是生物膜的重要成分，对维持生物膜的完整性和物质转运的选择性起调控作用。

(3) 参与体内脂肪的转运与储存：肝脏中的脂肪酸与磷结合形成磷脂，才能离开肝脏、进入血液，再与血浆蛋白结合成脂蛋白而被转运到全身组织中。

(4) 参与能量储存：磷是体内高能物质三磷酸腺苷、二磷酸腺苷和磷酸肌醇的组成成分。

(5) 磷是 DNA 和 RNA 的组成成分，还参与蛋白质合成，对动物生长发育和繁殖等起重要作用。

(6) 磷也是体内磷酸盐缓冲液的组成成分，参与调节体内的酸碱平衡。

4. 钙、磷的缺乏症与过量毒性 慢性钙、磷缺乏，幼年动物可出现佝偻病，成年动物可出现骨软症。还可表现为昏睡、异食癖、厌食、体重降低、乳汁分泌不足、繁殖功能及神经肌肉功能障碍。禽类中，钙或磷缺乏可导致蛋壳厚度下降，脆性增加及孵化率下降。牛日粮中钙、磷缺乏可出现血红蛋白尿(溶血性贫血、尿血等)。急性钙缺乏症主要与神经肌肉疾病和心血管的异常有关，其中较为突出的是泌乳牛、母马和母猪的临产麻痹、产后瘫痪，犬的产后肌强直、马的泌乳肌强直和其他动物的惊厥等。

日粮中钙磷比不当，会直接影响动物的生长和生产水平。在日粮中添加过量的钙，能干扰其他矿物质如磷、镁、铁、碘、锌和锰的吸收而引起缺乏症。在生长猪中，当饲喂低磷日粮，钙磷比大于1.3∶1时就会导致生长减缓及骨骼受损。高磷使血钙浓度降低，继而刺激副甲状腺分泌增加(为了调节血钙)，引起副甲状腺功能亢进。长时间摄入过量的钙可导致钙沉积过多或骨石化病的产生。高钙不仅影响磷的吸收，导致骨骼发育不良，而且还损害肾脏的功能，使尿酸排泄障碍而引起尿酸盐沉积、痛风症、蛋壳粗糙及尿石症等。摄入过量的钙，同时采食过量的日粮磷，可导致牛奶产量和蛋壳质量及产量的显著下降。

猪、禽、产蛋禽、绵羊、牛、兔和马饲料中钙的耐受量分别为1%、1.2%、4%、2%、2%、2%、2%，磷的耐受量分别为1.5%、1.0%、0.8%、1.0%、0.6%、1.0%、1.0%。

氯化钙(Calcium Chloride)

【理化性质】 本品为白色、坚硬的碎块或颗粒，无臭，味微苦，易溶于水，常制成注射液。本品极易潮解，应密封、干燥保存。

【作用与应用】

(1) 促进骨骼和牙齿钙化，保证骨骼正常发育。常用于钙、磷不足引起的骨软症和佝偻病。与维生素 D 联用，效果更好。

(2) 维持神经肌肉的正常兴奋性。血浆钙离子浓度的稳定是神经肌肉正常功能的必要条件。当血浆中钙离子浓度过高时，神经肌肉兴奋性降低，肌肉收缩无力；反之，神经肌肉兴奋性升高，骨骼肌痉挛，动物表现抽搐。临床上用于缺钙引起的抽搐、痉挛，牛的产前或产后瘫痪，猪的产前截瘫等。

(3) 增加毛细血管的致密度，降低毛细血管的通透性，减少渗出，有消炎、消肿和抗过敏作用。临床上用于炎症初期及毛细血管渗透性升高所致的荨麻疹、渗出性水肿、瘙痒性皮肤病、血清病、血管神经性水肿等过敏性疾病。

(4) 参与正常凝血过程。钙是重要的凝血因子，是正常凝血过程所必需的物质，可促进机体凝血。

(5) 拮抗镁离子的作用。钙离子能对抗由于镁离子浓度过高而引起的中枢抑制和横纹肌松弛等症状，可解救镁盐中毒。

【注意事项】 ①本品注射剂刺激性强，只适宜静脉注射。静脉注射应避免漏出血管，防止引起局部肿胀或坏死。②禁止与强心苷、肾上腺素等药物合用。③静脉注射速度宜缓慢，以防止血钙浓度骤升导致心律失常，使心脏停止于收缩期。④钙与强心苷类均能加强心肌的收缩，二者不能合用。

【制剂、用法与用量】 氯化钙注射液 10 mL：0.3 g、10 mL：0.5 g、20 mL：0.6 g、20 mL：1 g。静脉注射，一次量，马、牛 5～15 g，猪、羊 1～5 g，犬 0.1～1 g。

葡萄糖酸钙 (Calcium Gluconate)

【理化性质】 本品为白色结晶颗粒或粉末，无臭，无味。本品易溶于沸水，略溶于冷水，不溶于乙醇或乙醚等有机溶剂，常制成注射液。

【作用与应用】 和氯化钙相同，但刺激性小，比氯化钙安全。常用于防治钙的代谢障碍。

【注意事项】 ①刺激性较大，只可静脉注射，不可漏出血管，以免引起局部肿胀和坏死。②注射液若析出沉淀，宜微温溶解后使用。③静脉注射速度宜缓慢，且禁止与强心苷、肾上腺素等药物合用。④倍量稀释并缓慢静脉注射，以免血钙浓度骤升，导致心律失常，甚至出现钙僵。⑤间隔 12 h 后再给予初次量一半，以防复发。

【制剂、用法与用量】

葡萄糖酸钙注射液 20 mL：1 g、50 mL：5 g、100 mL：10 g、500 mL：50 g。静脉注射，一次量，马、牛 20～60 g，猪、羊 5～15 g，犬 0.5～2 g。

碳酸钙(Calcium Carbonate)

【理化性质】 本品为白色极细微的结晶性粉末，无味。本品不溶于水，常制成粉剂。

【作用与应用】 ①内服补充钙。②可中和胃酸。③有吸附性止泻作用。

本品为钙补充药，用于治疗钙缺乏引起的佝偻病、软骨症、产后瘫痪等疾病；也用于治疗动物腹泻；还可作为抗酸药，治疗胃酸过多。

【注意事项】 本品防治佝偻病、软骨症、产后瘫痪等时，最好与维生素 D 联用。

【用法与用量】 内服：一次量，马、牛 30～120 g，羊、猪 3～10 g，犬 0.5～2 g，每日 2 次或 3 次。

乳酸钙(Calcium Lactate)

【理化性质】 本品为白色或类白色结晶粉末，几乎无臭。本品溶于水，常制成片剂。

【作用与应用】 同氯化钙。

【注意事项】 同碳酸钙。

【用法与用量】 内服：一次量，马、牛 10～30 g，羊、猪 0.5～2 g，犬 0.2～0.5 g。

磷酸二氢钠(Sodium Dihydrogen Phosphate)

【理化性质】 本品为无色结晶或白色粉末。本品易溶于水，常制成注射液、片剂。

【作用与应用】 ①磷是骨骼和牙齿的主要成分，单纯缺磷也能引起佝偻病和骨软症。②磷参与构成磷脂，维持细胞膜的正常结构和功能。③磷是体内磷酸盐缓冲液的组成成分，参与调节体内酸碱平衡。④磷是三磷酸腺苷、脱氧核糖核酸与核糖核酸的组成成分，参与机体的能量代谢，对蛋白质合成、畜禽繁殖都有重要作用；磷是核酸的组成成分，可参与蛋白质的合成。⑤参与体内脂肪的转运与储存。

本品为磷补充药，用于磷缺乏引起的佝偻病、软骨症、产后瘫痪及急性低磷血症或慢性磷缺乏症。

【注意事项】 本品与补钙剂合用，可提高疗效。

【用法与用量】 内服：一次量，马、牛 90 g，每日 3 次。静脉注射，一次量，牛 30～60 g(制成 10%～20%灭菌溶液使用)。

磷酸氢钙(Calcium Hydrogen Phosphate)

【理化性质】 本品为白色极细微的结晶性粉末，无味。本品不溶于水，常制成片剂。

【作用与应用】 具有补充钙、磷的作用。

本品主要用于防治动物钙、磷等缺乏症。

【注意事项】 同碳酸钙。

【用法与用量】 内服：一次量，马、牛 12 g，羊、猪 2 g，犬、猫 0.6 g。

（二）镁

常用的含镁制剂有硫酸镁、氯化镁、碳酸镁和氧化镁。

1. 体内过程 在非反刍动物体内，镁主要经小肠被动吸收，而反刍动物主要经前胃壁主动吸收，在大肠内镁极少或不被吸收。故大剂量的内服镁盐经常被用作泻药。镁的吸收率受多种因素影响。不同种属动物镁的吸收率不同，猪、禽一般可达 60%，奶牛只有 5%～30%。饲料中高含量的钙、磷、钾、氨可抑制胃肠对镁的吸收，而食盐、容易发酵的糖类可提高胃肠对镁的吸收。

镁吸收后约 60%存在于骨骼内，其余大部分存在于细胞内，尤其是肌肉组织的细胞内，约 1%存在于细胞外液，在血浆中约 1/3 与蛋白质结合。镁除了主要通过肾脏排泄外，也可经乳汁、产蛋等方式排泄。非蛋白结合的镁可自由通过肾小球滤过，滤过的镁有 25%～30%在近曲小管被动重吸收。甲状旁腺激素(PTH)通过负反馈机制促进肾小管对镁的重吸收。低镁血症激发 PTH 释放，而高镁血症抑制 PTH 的释放。

2. 作用与应用 镁作为必需矿物元素有多种功能：①作为酶的活化因子或构成酶的辅基，如磷酸酶、激酶、氧化酶、肽酶和精氨酸酶等。葡萄糖 UDPG 焦磷酸化酶的催化活性必须有镁离子参与。②参与 DNA、RNA 和蛋白质的合成。③参与骨骼和牙齿的组成。④镁离子与钙离子相互制约，保持神经肌肉兴奋与抑制平衡。镁离子通过减少或阻断神经递质(如乙酰胆碱)而阻断神经冲动，而钙离子则可促进神经递质的释放；镁离子对肌肉收缩有抑制作用，而钙离子对肌肉收缩有兴奋作用。

正常条件下，动物对镁的需要量较低，通常不会发生镁缺乏症。但代谢紊乱或胃肠道内的物质不平衡时可降低镁的吸收，造成镁缺乏症。动物镁缺乏主要表现为厌食、生长受阻、过度兴奋、痉挛、肌肉震颤、反射亢进、抽搐、角弓反张和惊厥，严重者昏迷或死亡。牛主要表现为缺镁痉挛症。家禽表现为生长缓慢，蛋鸡产蛋率下降。硫酸镁、氯化镁、氧化镁和碳酸镁均可用于镁缺乏症，如牛低镁血症性痉挛、抽搐等。

镁过量会引起鸡、猪、牛、羊、马等动物中毒，主要表现为采食量下降、昏睡、运动失调和腹泻，严重者死亡。绵羊和马出现呼吸麻痹、发绀和心搏停止。当鸡饲粮镁含量高于 0.6%时，导致生长速度减慢、产蛋率下降和蛋壳变薄。用钙盐如硼葡萄糖酸钙可减缓镁的急性毒性。

家禽对日粮中镁的最大耐受量如下：牛、绵羊 0.5%，猪、禽、马、兔 0.3%。

3. 用法与用量 混饲：每千克饲料，生长猪、妊娠母猪与泌乳母猪 0.4 mg，肉用仔鸡 5～0.6 mg，蛋鸡 0.4～0.6 mg，奶牛 1～2 mg，肉牛 0.6～1 mg，羊 0.6 mg。

内服：氯化镁、硫酸镁、氧化镁和碳酸镁，预防低镁血症性痉挛、抽搐，一次量，成年牛 30 g，犊牛 3 g。

（三）硫

各种蛋白质饲料、含硫氨基酸和无机硫都是畜禽硫的主要来源，常用的含硫制剂是硫酸钠。

1. 体内过程 无机硫酸盐主要在回肠以易化扩散方式吸收，有机硫基本按含硫氨基酸吸收机制在小肠吸收。反刍动物和非反刍动物对硫的消化吸收不同，非反刍动物基本上只能消化吸收无机硫酸盐和有机含硫物质中的硫，反刍动物通过唾液分泌使血浆中硫酸盐重新循环到瘤胃，在微生物作用下使硫酸盐还原为亚硫酸盐，再合成蛋氨酸、胱氨酸，从而将外源硫转变为有机硫。非反刍动物吸收入体内的无机硫基本上不能转变成有机硫，更不能转变成含硫氨基酸，故反刍动物利用硫的能力较强，非反刍动物利用硫的能力很弱。但反刍动物和非反刍动物都能利用无机硫合成黏多糖。

动物体内约含 0.15%的硫，大部分作为其他营养物质的组成成分，以有机硫如含硫氨基酸(SAA)、一些 B 族维生素、硫酸软骨素、黏多糖、谷胱甘肽和牛磺酸等形式，分布于各种组织中。有些蛋白质如毛、羽中含硫量高达 4%左右。少部分以硫酸盐的形式存在于血液中。硫除主要通过粪、尿排泄之外，还有被毛脱落、换羽、出汗、泌乳和产蛋等排泄途径。尿中的硫主要是游离硫、蛋白质分解产物或含硫有毒物质经解毒后形成的硫酯化物。尿中氮硫比相当稳定。

2. 作用与应用 硫在动物机体中主要通过含硫营养物质的代谢产物起作用。硫是构成 SAA(如蛋氨酸、胱氨酸及半胱氨酸)、某些维生素(生物素、硫胺素)、肝素、谷胱甘肽以及牛磺酸的组分，为动物胃肠道微生物消化纤维素、利用非蛋白氮和合成 B 族维生素所必需。硫也是软骨素基质的重要组分。硫作为生物素的成分在脂类代谢中起重要作用；作为硫胺素的成分参与糖类的代谢过程；作为辅酶 A 的成分参与能量代谢。此外，硫还是黏多糖的成分，在成骨胶原及其结缔组织代谢中起作用。畜禽的被毛、爪、角、羽毛等角蛋白中含有较多的硫，在日粮中添加一定量的无机硫，可减少动物对 SAA 的需要量，加快毛、皮的生长速度并改善其品质。

反刍动物能很好地利用无机硫，瘤胃微生物具有利用无机硫和 SAA 中硫的能力。在含硫量不足的日粮中，用尿素氮代替部分蛋白质，添加硫酸盐后微生物可以合成 SAA。单胃动物需要的硫大部分是从 SAA 中获得的。猫是唯一不能利用 SAA 合成牛磺酸的动物，比其他动物更需要 SAA，还需要牛磺酸。动物缺硫通常是在缺乏蛋白质时才发生，以尿素为氮源饲喂反刍动物，当日粮氮硫比大于 10∶1(奶牛大于 12∶1)时容易缺硫。硫缺乏一般表现为 SAA 的缺乏。动物缺硫表现为体重明显减轻，毛、爪、角、蹄、羽毛等生长速度减慢，利用纤维素的能力降低，采食量下降。硫从日粮中的 SAA 中来，缺乏时会对每个器官系统产生不利的影响，因为负氮平衡又会减少蛋白质的合成，进而会影响新陈代谢的各个方面。猫缺乏牛磺酸，会导致视网膜脱落、心脏疾病，也会对细胞内钾的新陈代谢产生不利影响。

自然条件下硫过量的情况少见。用无机硫作为添加剂，用量超过 0.5%时，可使动物产生厌食、便秘、腹泻等毒性反应，严重时可引起死亡。反刍动物以硫酸盐和 SAA 形式长期过量地摄入硫，会降低食欲，抑制瘤胃微生物的发酵和降低生产性能。瘤胃微生物对日粮硫的发酵减少可导致急性和慢性硫化物中毒症状。急性硫化物中毒症状表现为呼吸困难、中枢神经抑制、抽搐和死亡。慢性硫化物中毒症状包括瘤胃弛缓、呼吸道疾病、厌食、体重下降、中枢神经异常。反刍动物对日粮中硫的最大耐受量为 0.4%。

3. 用法与用量 混饲：每 1000 kg 饲料(以硫元素的添加量计)，奶牛 2 g，肉牛 0.51 g，羊 1～2.4 g。

硫酸钠，每 1000 g 饲料，用于提高毛的产量和质量，绵羊 3 g，防治啄羽症，家禽 3～5 g。

二、微量元素

动物机体所必需的微量元素有铁、铜、锰、锌、钴、钼、铬、镍、钒、锡、氟、碘、硒、硅、砷 15 种。对机体可能是必需但尚未确定生理功能的，有钡、镉、银、锂、溴等，另有 15～20 种元素存在于体内，但生理作用不明，甚至对机体有害，可能是随饲料或环境污染进入机体，如铝、铅、汞。

微量元素在动物体的组织细胞中含量极微，有的只有百万分之几甚至亿万分之几，故称微量元素。但其对动物生命活动却具有十分重要的意义，它们是许多生化酶的必需组分或激活因子，在酶

系统中起催化作用;有些是激素、维生素的构成成分,在激素、维生素中起特异的生理作用,对体内的生化过程起着调节作用;有些对机体免疫功能有重要影响。动物所需的微量元素主要来自植物性饲料,故与土壤、水中含有的微量元素有关。动物摄入微量元素不足或过多,均会影响其生长发育或发生病变。随着我国畜牧业发展,大型养殖场要特别注意微量元素的补充。

(一) 硒(selenium)

1. 体内过程 硒的主要吸收部位是十二指肠,少量在小肠其他部位吸收。瘤胃中微生物能将无机硒变成硒代甲硫氨酸和硒代胱氨酸,使之吸收。硒的吸收比其他微量元素高,单胃动物的净吸收率为85%,反刍动物为35%。硒被吸收入血后,与血浆蛋白结合运到全身各组织中,其中肝、肾脏硒浓度较高,肌肉中总硒含量最高。机体的含硒量为每千克体重 20～25 μg,血硒浓度为 50～180 μg/L。硒可通过胎盘进入胎儿体内,也易通过卵巢和乳腺进入蛋或乳汁中。体内的硒主要通过粪、尿和乳汁排泄。从消化道吸收的硒,40%通过肾脏排泄。由非肠道给药的硒,70%通过肾脏排泄。

2. 药理作用 硒的药理作用如下:①抗氧化。硒是谷胱甘肽过氧化物酶的组分,参与所有过氧化物的还原反应,能防止生物膜的脂质过氧化,维持细胞膜的完整性。硒与维生素 E 在抗氧化损伤方面有协同作用。②参与辅酶 A 和辅酶 Q 合成,在体内三羧酸循环及电子传递过程中起重要作用。③维持畜禽正常生长。硒蛋白也是肌肉组织的正常组分。④参与维持胰腺的完整性,保护心脏和肝脏的正常功能。⑤维持精细胞的结构和功能。公猪缺硒,可致睾丸曲细精管发育不良,精子减少。⑥降低汞、铅、镉、银、铊等重金属的毒性。硒可与这些金属形成不溶性的硒化物,明显降低这些重金属对机体的毒害作用。⑦促进抗体生成,增强机体免疫力。

3. 中毒与解救 硒具有一定的毒性,用量过大可发生中毒,表现为运动失调、鸣叫、起卧、出汗,严重时体温升高、呼吸困难等。中毒后服用砷剂,可减少体内硒的吸收和促进硒从胆汁排出。也可喂含丰富蛋白质的饲料,结合补液、补糖,缓解中毒症状。

亚硒酸钠(Sodium Selenite)

【理化性质】 本品为白色结晶性粉末,无臭,易溶于水,不溶于乙醇。常制成注射液和预混剂。

【应用】 幼龄动物硒缺乏时,可发生白肌病。猪还可出现营养性肝坏死和桑葚心,雏鸡发生渗出性素质病、脑软化、胰腺纤维素性变性和肌萎缩等。硒缺乏还明显影响繁殖性能。母猪产仔数减少,蛋鸡产蛋量下降,母羊不育,母牛产后胎衣不下。本品主要用于防治白肌病及雏鸡发生的渗出性素质病等硒缺乏症。补硒时,添加维生素 E,防治效果更好。

硒为有毒元素,其治疗量与中毒量很接近,含硒制剂使用过量,可致动物急性中毒,表现为盲目蹒跚,重者呼吸衰竭死亡。经饲料长期添加饲喂动物,可致慢性中毒,表现为消瘦、贫血、关节强直、脱蹄、脱毛和影响繁殖等。急性硒中毒一般不易解救。慢性硒中毒,除立即停止添加外,可饲喂氨苯胂酸或皮下注射砷酸钠溶液解毒。动物对硒的最大耐受量如下:每千克饲料,牛、绵羊、马和兔 2 mg,猪 2.5 mg、禽 5 mg。中毒量如下:每千克饲料,牛 8 mg,绵羊 10 mg,猪 7 mg,禽 15 mg。

【注意事项】 ①本品常与维生素 E 联用,可提高治疗效果。②安全范围很小,在饲料中添加时,注意混合均匀。③肌内或皮下注射时有局部刺激性,动物往往表现不安,注射部位肿胀、脱毛等。④休药期:亚硒酸钠维生素 E 注射液,牛、羊、猪 28 日。

【制剂、用法与用量】 亚硒酸钠注射液 1 mL∶2 mg、5 mL∶5 mg、5 mL∶10 mg。肌内注射:一次量,马、牛 30～50 mg;驹、犊 5～8 mg;羔羊、仔猪 1～2 mg。家禽 1 mg 混于饮水 100 mL 中自饮。做预防时,适当减量。牛、羊、猪的休药期为 28 日。

亚硒酸钠维生素 E 注射液 1 mL、5 mL、10 mL。肌内注射:一次量,驹、犊 5～8 mL;羔羊、仔猪 1～2 mL。

亚硒酸钠维生素 E 预混剂:混饲,每 1000 kg 饲料 500～1000 g,畜禽 0.2～0.4 g。牛、羊、猪的

休药期为28日。

（二）锌(zinc)

常用的锌制剂有硫酸锌、碳酸锌、氯化锌、氧化锌和蛋氨酸锌。无机锌源中硫酸锌的生物学效价高，碳酸锌、氯化锌和氧化锌的生物学效价比较接近。蛋氨酸锌的利用率高于无机锌。

1. 体内过程 非反刍动物锌的吸收主要在小肠，反刍动物的皱胃、小肠均可吸收锌。鸡的腺胃和小肠具有较强的吸收能力，而成年单胃动物对锌吸收率较低，为7.5%～15%，仔猪对锌的生物利用度为25%～45%。钙、铜、铁、铬、镉等可降低锌的吸收。植酸与纤维素能与锌形成不溶性的螯合物而降低锌的吸收。多种维生素、有机酸、氨基酸可促进锌的吸收。动物处于应激状态时，降低锌的吸收。

锌的吸收是一种主动转运机制，通过血浆蛋白与原浆膜的相互作用使锌转入血液。血浆中的锌有两种存在形式：一是与球蛋白结合比较牢固的锌，占血浆锌的30%～40%，主要起酶的作用；二是与清蛋白结合疏松的锌，占血浆锌的60%～70%，是锌的转运形式。多数动物体内含锌量在10～100 mg/kg范围内。锌在体内的分布不均，肌肉中占50%～60%，骨骼中约占30%，皮和毛中锌含量随动物种类不同而变化较大，其他组织含锌量较少。肝是锌储存和代谢的主要场所，肾、胰、脾起辅助作用。日粮中未被吸收的锌通过粪便排出体外，内源性锌主要经胆汁、胰液及其他消化液随粪便排出，仅有极少量经尿液排泄。

2. 药理作用 锌的主要作用：①动物体内许多酶的组分。体内300多种酶需要锌，常见的有羧肽酶A和B、碳酸酐酶、碱性磷酸酶、醇脱氢酶等。②激活酶。锌参与激活的酶有多种，如精氨酸酶、组氨酸脱羧酶、卵磷脂酶、尿激酶、二核苷酸磷激酶等。③参与蛋白质、核酸、糖类和不饱和脂肪酸的代谢。锌在保护动物皮肤、毛发的健康，维持正常的繁殖功能、免疫、生物膜稳定性方面都发挥着重要作用。④参与激素的合成或调节活性。锌与胰岛素或胰岛素原形成可溶性聚合物，有利于胰岛素发挥生理作用。⑤与维生素和矿物元素产生相互拮抗或促进作用。例如，足量的锌是保证维生素A还原酶形成和发挥作用的重要因子。锌还与花生四烯酸、水和阳离子的代谢密切相关。⑥维持正常的味觉功能。⑦与动物生殖有很大关系，它不仅影响性器官的正常发育，而且还影响精子、卵子的质量和数量。⑧与免疫功能密切相关。体内锌减少，可引起免疫缺陷，动物对感染性疾病的易感性和发病率升高。

硫酸锌(Zinc Sulfate)

【理化性质】 硫酸锌一水化物含锌36.4%，含硫17.9%；其七水化物含锌22.7%，含硫11.1%，均为白色结晶或粉末，可溶于水，不溶于乙醇。

【应用】 动物缺锌时，采食量和生产性能下降，生长缓慢，伤口、溃疡和骨折不易愈合，皮肤和被毛出现损伤，雄性动物精子的生成减少和活力降低，雌性动物繁殖性能降低；皮肤不完全角质化症是很多动物缺锌的典型表现；奶牛的乳房和四肢皲裂，猪的上皮过度角化和变厚，绵羊的毛和角异常；家禽发生严重皮炎，羽毛粗乱、脱落，种禽产蛋量下降，种蛋孵化率降低。本品用于防治锌缺乏症。此外，也可用作收敛药，治疗结膜炎等。

各种动物对高锌有较强耐受力。动物对锌的耐受量如下：每千克饲料，马、牛和兔0.5 g，绵单0.3 g，禽、猪1 g。当猪饲喂每千克含4.8 g锌的日粮时，可出现生长受阻、步态僵直、腹泻等中毒症状。

【注意事项】 ①锌摄入过多可影响蛋白质代谢和钙的吸收，并导致铜缺乏症等。②休药期：水产动物500度日。

【用法与用量】 内服：1日量，牛0.05～0.1 g，驹0.2～0.5 g，羊、猪0.2～0.5 g，禽0.05～0.1 g。硫酸锌内服，猪每日0.2～0.5 g，数日内见效，经过几周，皮肤损伤可完全恢复；绵羊每日服0.3～0.5 g，可增加产羔数；1～2岁马每日补充0.4～0.6 g，能改善骨质营养不良；鸡为每千克饲料中286

mg。在实际生产中，多将硫酸锌混于饲料中饲喂。

（三）锰（manganese）

常用的锰制剂有硫酸锰、碳酸锰和氯化锰等无机锰。

1. 体内过程 锰的吸收主要在十二指肠。动物对锰的吸收很少，平均为 2%～5%，成年反刍动物可吸收 10%～18%。锰在吸收过程中常与铁、钴竞争吸收位点。饲料中过量的钙和铁可降低锰的吸收。动物处于妊娠期及鸡患球虫病时，对锰的吸收增加。

锰在体内的含量较低，每千克体重含锰量为 0.4～0.5 mg，在骨骼、肾、肝、胰腺含量较高，肌肉中含量较低。骨中锰占机体总锰量的 25%。血锰浓度为 5～10 μg/mL。血清中的锰与β球蛋白结合，向其他各组织器官运输、储存。体内的锰主要通过胆汁、胰液和十二指肠及空肠的分泌进入肠腔，随粪便排出。

2. 药理作用 锰的主要生物学功能：①构成和激活多种酶。含锰元素的酶有精氨酸酶、含锰超氧化物歧化酶、RNA 多聚酶和丙酮酸羧化酶等。可被锰激活的酶很多，有碱性磷酸酶、羧化酶、异柠檬酸脱氢酶、精氨酸酶等。因此，锰对糖、蛋白质、氨基酸、脂肪、核酸代谢以及细胞呼吸、氧化还原反应等都有十分重要的作用。②促进骨骼的形成与发育。骨基质黏多糖的形成需要硫酸软骨素参与，而锰则是硫酸软骨素形成所必需的成分。因此，缺猛时，骨的形成和代谢发生障碍，软骨成骨作用受阻，骨质受损，骨质变疏松。动物表现为腿短而弯曲、跛行、关节肿大。雏禽发生骨短粗症，腿骨变形，膝关节肿大；仔畜发生运动失调。③维护繁殖功能。催化性激素的前体胆固醇的合成，影响畜禽的繁殖。缺锰时，动物发情周期紊乱，母畜发情障碍，不易受孕；雄性动物生殖器官发育不良，性欲降低，精子不能形成；初生动物体重降低，死亡率增高，鸡的产蛋率下降，蛋壳变薄，孵化率降低。

硫酸锰(Manganous Sulfate)

【理化性质】 锰的硫酸盐均为淡红色结晶性粉末，易溶于水，不溶于乙醇。常制成预混剂。其一水化物含锰 32.5%，含硫 19.0%；五水化物含锰 22.8%，含硫 13.3%；七水化物含锰 19.8%，含硫 11.6%。

【应用】 动物缺锰可致采食量和生产性能下降，生长减慢，共济失调和繁殖功能障碍。骨异常是缺锰时的典型表现。雏鸡缺锰产生滑腱症（或叫骨短粗症）和软骨营养障碍，腿骨变形，膝关节肿大。母鸡产蛋率下降，蛋壳变薄，种蛋的受精率和孵化率明显降低。幼龄动物缺锰时骨变形、跛行和关节肿大。雌性动物发情受阻，不易受孕。雄性动物性欲下降，精子形成困难。本品用于防治锰缺乏症。

动物对锰的耐受力较高。禽对锰的耐受力最强，可高达每千克饲料 2000 mg，牛、羊可耐受 1000 mg，猪对锰敏感，只能耐受 400 mg。锰过量可引起动物生长受阻，抑制体内铁的代谢，发生缺铁性贫血，并且影响动物对钙、磷的利用，以致出现佝偻病或骨软症。

【注意事项】 畜禽很少发生锰中毒，但日粮中锰含量超过 2000 mg/kg 时，可影响钙的吸收和钙、磷在体内的停留。

【用法与用量】 混饲：每 1000 kg 饲料，猪 50～500 g，鸡 100～200 g。

（四）铜（copper）

铜能促进骨髓生成红细胞和血红蛋白的合成，促进铁在胃肠道的吸收，并使铁进入骨髓；缺铜时，会引起贫血、红细胞寿命缩短，以及生长停滞等。铜是多种氧化酶如细胞色素氧化酶、抗坏血酸氧化酶、酪氨酸酶、单胺氧化酶、黄嘌呤氧化酶等的组成成分，与生物氧化密切相关；酪氨酸酶能催化酪氨酸氧化生成黑色素，维持黑的毛色，并使羊毛的弯曲度增加和促进羊毛的生长；缺乏时，可使羊毛褪色、羊毛弯曲度降低或脱落。铜还能促进磷脂的生成，有利于大脑和脊髓的神经细胞形成髓鞘，缺乏时，脑和脊髓神经纤维髓鞘发育不正常或脱髓鞘。

铜制剂可用于上述铜的缺乏症。常用的铜制剂有硫酸铜、碳酸铜、氯化铜、氧化铜和蛋氨酸铜。各种铜盐的生物学效价不同，对于猪和鸡而言，无机铜源中硫酸铜最好；对反刍动物则以氧化铜为好。蛋氨酸铜的生物学效价比铜的无机化合物高。

1. 体内过程 动物内服铜制剂的吸收与日粮中铜的浓度有关。当日粮中铜浓度低时，主要经易化扩散吸收；当日粮中铜浓度高时，可经简单扩散吸收。多数动物对铜的吸收能力较差，成年动物对铜的吸收率为5%～15%，幼年动物为15%～30%，但断奶前羔羊高达40%～65%。消化道各段都能吸收铜，不同动物吸收铜的主要部位不同，犬是空肠，猪是小肠和结肠，雏鸡是十二指肠，绵羊是小肠和大肠。日粮中的锌、硫、钼、铁和钙可降低铜的吸收。

吸收入血的铜，大部分与铜蓝蛋白紧密结合，少部分与清蛋白疏松结合，以铜蓝蛋白和清蛋白铜复合物的形式存在，清蛋白铜复合物是铜分布到各种组织的转运形式。肝内的铜在肝实质细胞中储存，以铜清蛋白的形式释放入血，供其他组织利用。哺乳动物的血铜浓度为0.5～1.5 μg/mL，鸟类(包括家禽)、鱼、蛙的血铜浓度为0.2～0.3 μg/mL。

铜蓝蛋白中铜的含量占血浆铜含量的90%。铜主要随胆汁经肠道排泄，少量随尿液排出。

2. 药理作用 ①铜是机体利用铁合成血红蛋白所必需的物质，能促进骨髓生成红细胞。②构成酶的辅基或活性成分。铜作为细胞色素氧化酶、过氧化物歧化酶及酪氨酸酶等多种酶成分参与机体代谢。铜还是多巴胺-β-羟化酶、单胺氧化酶、黄嘌呤氧化酶等氧化酶的组分，起电子传递作用或促进酶与底物结合，稳定酶的空间构型等。如细胞色素氧化酶能催化磷脂的合成，使脑和脊髓的神经细胞形成髓鞘；酪氨酸酶既可使酪氨酸氧化成黑色素，又能在角蛋白合成中将巯基氧化成双硫键，促进羊毛的生长和保持一定的弯曲度。③参与色素沉着，毛和羽的角化，促进骨和胶原形成。铜是骨细胞胶原和弹性蛋白形成不可缺少的元素。参与机体骨骼的形成并促进钙、磷在软骨基质上的沉积。④铜可参与血清免疫球蛋白的构成，提高机体免疫力。

硫酸铜(Copper Sulfate)

【理化性质】 无水硫酸铜为灰白色斜方结晶或无定形粉末，易溶于水，含铜39.81%、硫20.09%。五水硫酸铜为蓝色透明的结晶性粉末或颗粒，可溶于水，含铜25.44%、硫12.84%。

【应用】 饲料中含铜不足可引起铜缺乏症。不同种属动物的症状有差异。主要症状为贫血，中性粒细胞减少，生长缓慢，被毛脱落或粗乱，骨骼生长不良，幼龄动物运动失调(摆腰症)，胃肠功能紊乱，心力衰竭等。本品用于防治铜缺乏症。高剂量铜(含铜量为每千克饲料100～250 mg)还能增加仔猪胃蛋白酶、小肠酶及磷脂酶A的活性，提高采食量和对脂肪的利用率，刺激仔猪生长。本品也可用于浸泡奶牛的腐蹄，作为辅助治疗。

绵羊、牛、兔、猪、鸡和马对铜的耐受量分别如下：每千克饲料25 mg、100 mg、200 mg、250 mg、300 mg和800 mg。超过此水平，各种动物均可产生毒性反应。其毒性反应包括反刍动物严重贫血，其他动物可表现为生长受阻、贫血、呕吐、排绿色或黑色稀便、肌肉营养不良和繁殖障碍等。高剂量铜还会导致土壤、水质的环境污染。故高剂量铜作为促生长剂的应用应予限制。

【注意事项】 绵羊和犊牛对铜较敏感，灌服或摄取大量铜能引起以溶血性贫血、血红蛋白尿、黄疸和肝损害为主要症状的急性或慢性中毒，严重时可因缺氧和休克而死。若绵羊铜中毒，采取每日内服钼酸铵50～100 mg、硫酸钠0.1 g，连用3周，可减少小肠对铜的吸收，加速血液和肝中铜的排泄。

【用法与用量】 治疗铜缺乏症：内服，一日量，牛2 g，犊1 g，每千克体重，羊20 mg。用作促生长剂：混饲，每1000 kg饲料，猪800 g，禽20 g。

(五) 碘(iodine)

常用的碘制剂有碘化钾、碘化钠、碘酸钾和碘酸钙。碘化钾、碘化钠可被动物充分利用，但在空

气中易被氧化，使碘挥发。

1. 体内过程 消化道各部位都可吸收碘。非反刍动物主要是小肠，反刍动物主要是瘤胃。无机碘可直接被吸收，有机碘还原成碘化物后才能被吸收。碘化钾在胃肠道的吸收率为25%～35%。吸收入血后的碘，60%～70%被甲状腺摄取，参与甲状腺素和三碘甲腺原氨酸的合成，再以激素形式返回到血液中。碘也可以离子形式，进入机体其他组织。碘主要经尿排泄。反刍动物皱胃可分泌内源性碘，但进入消化道的碘，一部分可重新被吸收利用。少量碘随唾液、胃液、胆汁的分泌，经消化道排出。皮肤和肺也可排出极少量的内源性碘。

动物体内平均含碘 0.2～0.3 mg/kg，碘在体内的分布极不均匀，其中甲状腺占 70%～80%，是单个微量元素在单一组织器官中浓度最高的元素。甲状腺对血浆中的无机碘有主动摄取作用，硫氢酸盐、高氯酸盐和铅可抑制摄取，而垂体促甲状腺激素可促进摄取。在甲状腺内，无机碘在碘化物过氧化物酶和酪氨酸碘化酶系的作用下，碘离子被转化为碘原子而活化，与酪氨酸反应形成一碘酪氨酸和二碘酪氨酸。两个二碘酪氨酸缩合成一个甲状腺素（T_4）分子，一个一碘酪氨酸与一个二碘酪氨酸可缩合成一个三碘甲腺原氨酸（T_3）分子。在体内，T_4 的含量比 T_3 高，但 T_3 的生物活性要比 T_4 高 5～10 倍。

2. 应用 碘是动物体内甲状腺素及其活性形式三碘甲腺原氨酸的组分，其生物学功能几乎都是通过甲状腺素控制机体的基础代谢率来实现的，碘能促进物质代谢，对动物繁殖、生长、发育等起调控作用。碘也是动物体内常驻微生物所必需的元素。

碘化钾(Potassium Iodide)

【物理性质】 本品为无色结晶或白色结晶性粉末；无臭，味咸苦。本品极易溶于水，常制成片剂。

【作用与应用】 ①碘是机体甲状腺素的组成成分，能促进蛋白质的合成，提高基础代谢率，可活化 100 多种酶，促进动物生长发育，维持正常的繁殖功能等。②体内一些特殊蛋白质（如角蛋白）的代谢和胡萝卜素向维生素 A 的转化都离不开甲状腺素。

动物缺碘时，因甲状腺细胞代偿性增生而表现为肿大，生长发育不良，繁殖力下降，基础代谢率降低；雌性动物产死胎或弱胎，发情无规律或不育，母鸡产蛋停止，种蛋孵化率下降；雄性动物的精液品质低劣。本品用于防治碘缺乏症；也可作为祛痰药，用于动物亚急性及慢性支气管炎的治疗等。

不同动物对碘的耐受力不同：每千克饲料，牛、羊 50 mg，马 5 mg，猪 400 mg，禽 300 mg。超过耐受量可造成不良影响，猪血红蛋白水平下降，鸡产蛋量下降，奶牛产奶量降低。

【注意事项】 ①碘化钾在酸性溶液中能析出游离碘。②碘化钾溶液遇生物碱能产生沉淀。③肝、肾病患畜慎用。

【用法与用量】 混饲：每 100 kg 饲料，猪 180 mg，蛋鸡 390～460 mg，肉仔鸡 350 mg，牦牛 260 mg，肉牛 130 mg，羊 260～530 mg。

碘酸钾(Potassium Iodate)和碘酸钙(Calcium Iodate)

【理化性质】 碘酸钾含碘 59.3%、钾 18.3%，为无色结晶或白色粉末，无臭，溶于水、稀酸和碘化钾水溶液。无水碘酸钙含碘 65.1%、钙 10.3%，为白色结晶性粉末。

【应用】 碘酸钾和碘酸钙比碘化钾稳定，且利用率高，用于防治碘缺乏症。

【用法与用量】 混饲（碘酸钾）：每 1000 kg 饲料，猪 240 mg，蛋鸡 510～590 mg，肉仔鸡 590 mg，奶牛 340 mg，肉牛 170 mg，羊 340～670 mg。

混饲（碘酸钙）：每 1000 kg 饲料，猪 220 mg，蛋鸡 460～540 mg，肉仔鸡 540 mg，奶牛 310 mg，肉牛 150 mg，羊 150～310 mg。

（六）钴(cobalt)

钴是维生素 B_{12} 的必需组成成分，能刺激骨髓的造血功能，有抗贫血作用。反刍动物瘤胃内的微生物必须利用摄入的钴，合成自身所必需的维生素 B_{12}。另外，钴还是核苷酸还原酶和谷氨酸变位酶的组成成分，参与脱氧核糖核酸的生物合成和氨基酸的代谢。钴缺乏时，血清维生素 B_{12} 浓度降低，引起动物尤其是反刍动物出现食欲减退、生长减慢、贫血、肝脂肪变性、消瘦、腹泻等症状。内服钴制剂，能消除以上钴缺乏症，常用的钴制剂有氯化钴、硫酸钴和碳酸钴。

1. 体内过程 钴的吸收率不高。内服的钴，一部分被胃肠道微生物利用以合成维生素 B_{12}，部分经小肠吸收进入血液。单胃动物对钴的吸收能力较低，猪 5%～10%，禽类 3%～7%，马 15%～20%。可溶性钴盐中的钴，以离子形式被吸收，而维生素 B_{12} 或类似物则与胃壁细胞分泌的内因子(一种糖蛋白)结合后才被吸收。钴和铁具有共同的肠黏膜转运途径，两者存在着竞争性抑制作用，高铁抑制钴吸收。反刍动物对钴的利用率较高，为 16%～60%。

钴在动物体内的含量极低，主要分布在肝、肾、脾和骨骼中，主要经肾排出。内服的无机钴，80%以上从粪便排出，10%左右从乳汁排出。注射的钴，主要由尿排出，少量由胆汁和小肠黏膜分泌排出。

2. 药理作用 钴是一个比较特殊的必需微量元素。动物不需要无机态的钴，只需要存在于维生素 B_{12} 中的有机钴。钴是维生素 B_{12} 的必需组分，通过维生素 B_{12} 表现其生理功能：参与一碳基团代谢，促进叶酸变为四氢叶酸，提高叶酸的生物利用率；参与甲烷、蛋氨酸、琥珀酰辅酶 A 的合成和糖原异生。反刍动物瘤胃中微生物必须利用外源钴才能合成维生素 B_{12}。非反刍动物的大肠中微生物合成维生素 B_{12} 也需要钴。

氯化钴(Cobalt Chloride)

【理化性质】 无水氯化钴含钴 45.4%、氯 54.6%，为淡蓝色、浅紫色或红紫色结晶。氯化钴可溶于水、乙醇和丙酮，常制成片剂、溶液。

【作用与应用】 饲料中长期缺钴，会影响维生素 B_{12} 合成，以致血红蛋白和红细胞生成受阻。牛、羊表现为明显的低色素性贫血，血液运输氧的能力下降，食欲减退，消瘦，生长减慢，异食癖，产奶量下降，死胎或初生动物体弱。本品主要用于防治反刍动物钴缺乏症。

动物机体具有限制钴吸收的能力，故各种动物对钴的耐受力都较强，达每千克饲料 10 mg。饲料中的钴超过需要量的 300 倍则产生中毒反应。

【注意事项】 ①本品只能内服，若注射给药，钴则不能被瘤胃微生物所利用。②钴摄入过量可导致红细胞增多症。

【制剂、用法与用量】 氯化钴片 20 mg、40 mg。内服：一次量，治疗，牛 500 mg，犊 200 mg，羊 100 mg，羔羊 50 mg；预防，牛 25 mg，犊 10 mg，羊 5 mg，羔羊 2.5 mg。

第二节 维 生 素

维生素是一类结构各异、维持动物健康和生产性能所必需的小分子有机化合物。体内一般不能合成，必须由日粮提供，或提供其前体物。反刍动物瘤胃的微生物能合成机体所需要的 B 族维生素和维生素 K。与三大营养物质不同，其本身不是构成机体的主要物质和能量的来源，也不是机体组织结构的组成成分。它们主要以辅酶(或辅基)和催化剂的形式广泛参与机体新陈代谢，保证机体组织器官的细胞结构和功能的正常，以维持动物的正常生产和健康。维生素对促进动物生长发育，改善饲料报酬，提高繁殖性能，增强抗应激能力，改善畜禽产品质量，有着十分重要的作用。

现发现具有维生素样功能的物质已有 50 多种，公认的维生素有 14 种。有些物质已被证明在某些方面具有维生素的生物学作用，少数动物必须由日粮提供，但没有证据证明大多数动物必须由日粮提供，这类物质称为类维生素，主要有甜菜碱、肌醇等。还有一些物质，有促进机体代谢的作用，但还没有证据证明哪种动物必须由日粮提供，如乳清酸(维生素 B_{13})、泛配子酸(维生素 B_{15})、苦杏仁苷(维生素 B_{17})、维生素 U 及葡萄糖耐受因子等，称为假维生素。

每种维生素对动物机体都有其特殊的功能，动物缺乏时会引起相应的营养代谢障碍，出现维生素缺乏症，轻者可致食欲降低、生长发育受阻、生产性能下降和抵抗力降低，重者引起死亡。维生素缺乏症在畜禽普遍发生，造成缺乏的原因主要如下：①维生素供应不足；②机体在应激、疾病情况下及在妊娠、泌乳、产蛋和快速生长时期，对维生素的需要量增加；③患有胃肠、肾脏疾病动物，机体对维生素的吸收、利用、合成发生障碍或排出增多；④内服抗菌药物，抑制了瘤胃、肠道内微生物对 B 族维生素和维生素 K 的合成和吸收。

动物对维生素的需要量较少，主要由饲料供给，少数维生素也能在体内合成，故机体一般不会缺乏。但如果饲料中维生素不足、动物吸收或利用发生障碍以及需要量增加等，均会引起维生素缺乏症，可影响动物生长发育和生产性能，并降低其对疾病的抵抗力，出现各种症状，严重时可导致动物死亡。这时，需要应用相应的维生素进行治疗，同时还应改善饲养管理条件，采取综合防治措施。

维生素制剂主要用于防治维生素缺乏症。但应注意，维生素除有其改善代谢等特定的作用外，在过量和长期使用时，又会使动物出现维生素中毒症状或不良反应，如多次大剂量使用脂溶性维生素，尤其是维生素 A 和维生素 D，易使动物发生蓄积性中毒。

常用的维生素按其溶解性分为脂溶性和水溶性两大类。其中，水溶性维生素包括 B 族维生素和维生素 C；脂溶性维生素包括维生素 A、维生素 D、维生素 E、维生素 K 等。

一、脂溶性维生素

脂溶性维生素能溶于脂或油类溶剂、不溶于水，包括维生素 A、维生素 D、维生素 E 和维生素 K。脂溶性维生素在肠道的吸收与脂肪的吸收密切相关，在肠道内随脂肪一同被吸收，吸收后可在体内尤其是肝内储存，但矿物油(液体石蜡等)、新霉素能干扰其吸收。腹泻、胆汁缺乏或其他能够减少脂肪吸收的因素，同样会减少脂溶性维生素的吸收。吸收后主要储存于肝和脂肪组织，以缓释方式供机体利用。脂溶性维生素吸收多，在体内储存也多，如果机体摄取的脂溶性维生素过多，超过体内储存的限量，会引起动物中毒。

维生素 A(Vitamin A)

维生素A_1　　　　维生素A_2

β-胡萝卜素

维生素 A，是一类具有相似结构和生物活性的高度不饱和脂肪醇，它有顺、反两种构型，其中以

反式视黄醇效价最高。维生素A只存在于哺乳动物和海鱼的组织中,植物中不含维生素A,只含有它的前体物——胡萝卜素,其中以β-胡萝卜素活性最高,它们在动物体内可转变为维生素A。常用的维生素A是全反式的维生素A乙酸酯和维生素A棕榈酸酯。一个国际单位(1 IU)的维生素A相当于0.3 μg。

【理化性质】 本品为淡黄色油溶液,或结晶与油的混合物,在空气中易被氧化破坏,遇光易变质。本品不溶于水,微溶于乙醇,常制成注射液、微胶囊。

【体内过程】 内服的维生素A和胡萝卜素,在胃蛋白酶和肠蛋白酶作用下,从与之结合的蛋白质上脱落下来。进入小肠后,游离的维生素A,经主动转运机制进入肠黏膜的上皮细胞内,重新酯化后吸收。胆盐对β-胡萝卜素的吸收有重要意义,它有表面活性剂的作用,可促进β-胡萝卜素的溶解和进入小肠细胞。维生素A和β-胡萝卜素的吸收受日粮中的蛋白质、脂肪、维生素E、铁等影响。脂肪和蛋白质有利于维生素A和β-胡萝卜素的吸收。一般来说,日粮中50%～90%的维生素A可被吸收,50%～60%的β-胡萝卜素可被吸收。胃病会降低β-胡萝卜素的转化和维生素A的吸收。

吸收的维生素A主要被酯化为维生素A棕榈酸酯,转化为乳糜微粒,被淋巴系统吸收转运到肝脏储存。当周围组织需要时,维生素A可从肝脏内释放出来,被水解成游离的维生素A,并与肝细胞合成的维生素A结合蛋白(retinol binding protein,RBP)结合后进入血液,再与别的蛋白质如α球蛋白结合,形成维生素A-蛋白质-蛋白质复合物,通过血液转运到靶器官。体内的维生素A通常以原形从尿中排泄,未被消化吸收的维生素A和胡萝卜素主要从粪中排泄。

【作用与应用】 ①维持视网膜的微光视觉:维生素A参与视网膜内视紫红质的合成,视紫红质是感光物质,能使动物在弱光下看清周围的物体。当其缺乏时,可出现视物障碍,在弱光中视物不清即夜盲症,甚至完全丧失视力。②维持上皮组织的完整性:维生素A参与组织间质中黏多糖的合成,黏多糖对细胞起着黏合、保护作用,是维持上皮组织正常结构和功能所必需的物质。缺乏时,皮肤、黏膜、腺体、气管和支气管的上皮组织干燥和过度角化,易受细菌的感染,发生多种疾病如眼干燥症、角膜软化、皮肤粗糙等症状。③促进动物的生长发育。维生素A能调节脂肪、碳水化合物、蛋白质及矿物质的代谢。缺乏时,可影响机体蛋白质的合成和骨组织的发育,导致幼龄动物生长发育受阻。重者出现肌肉、脏器萎缩乃至死亡。④促进类固醇激素的合成,维持正常的生殖功能。维生素A缺乏时,体内胆固醇和糖皮质激素的合成减少,公畜性欲下降,睾丸及附睾退化,精液品质下降。母畜发情不正常,不易受孕;妊娠母畜因胎盘损害,胎儿被吸收,流产、难产,生下弱胎、死胎或瞎眼仔畜。

本品主要用于防治维生素A缺乏症,如干眼症、夜盲症、角膜软化症和皮肤硬化症等;母畜流产、公畜生殖力下降、幼畜生长发育不良。本品也用于体质虚弱的畜禽、妊娠及泌乳的母畜,以增强机体免疫力。

【注意事项】 本品大剂量应用时可对抗糖皮质激素的抗炎作用,且过量可致中毒。

【制剂、用法与用量】

(1) 维生素AD油1 g(维生素A 5000 U与维生素D 500 U)内服:一次量,马、牛20～60 mL;羊、猪10～15 mL;犬5～10 mL;禽1～2 mL。

(2) 维生素AD注射液1 mL(维生素A 50000 U与维生素D 5000 U),包装有0.5 mL、1 mL、5 mL三种针剂。肌内注射,一次量,马、牛5～10 mL;驹、犊、羊、猪2～4 mL;仔猪、羔羊0.5～1 mL。

维生素D(Vitamin D)

自然界中维生素D以多种形式存在,其活性形式有维生素D_2(麦角钙化醇)和维生素D_3(胆钙化醇)两种。维生素D_2的前体是来自酵母和植物的麦角固醇,维生素D_3的前体来自动物的7-脱氢胆固醇。维生素D的活性用国际单位表示或用相当于多少微克的维生素D_3表示。一个国际单位(1 IU)

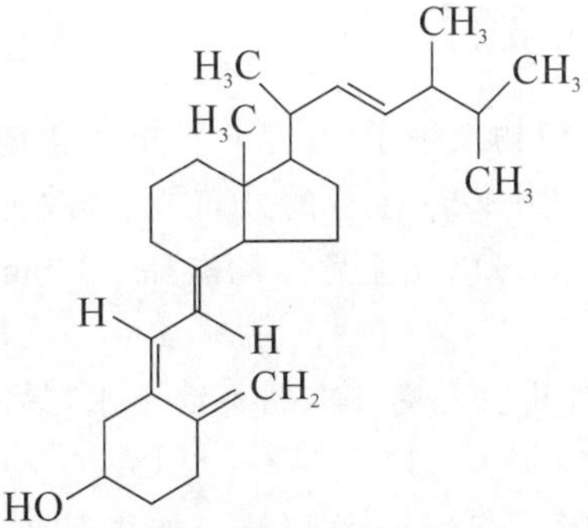

维生素D_2 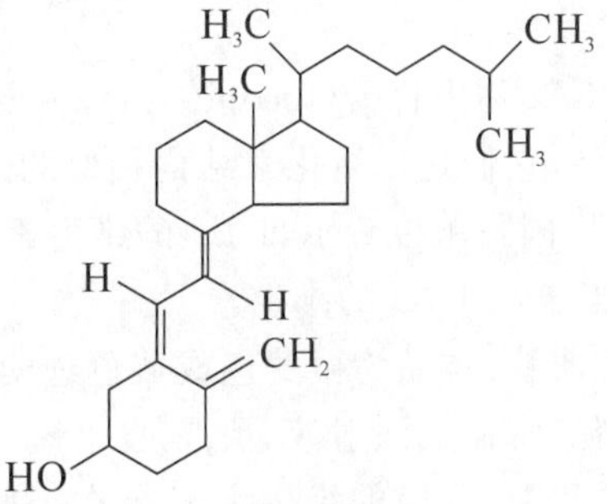　　维生素D_3

的维生素 D 相当于 0.025 μg 的维生素 D_3的活性。

【理化性质】 本品又称钙化醇或谷化醇，为白色针状结晶或无色结晶性粉末，无臭、无味。本品不溶于水，略溶于植物油，易溶于乙醇。本品种类有很多，主要有维生素 D_2和维生素 D_3两种形式，常制成注射液。

【体内过程】 维生素 D 为类固醇衍生物，主要有维生素 D_2和维生素 D_3。植物中的麦角固醇(维生素 D_2原)、动物皮肤中的 7-脱氢胆固醇(维生素 D_3原)，经日光或紫外线照射可转变为维生素 D_2和维生素 D_3。此外，鱼肝油、乳、肝、蛋黄中维生素 D 含量丰富。

维生素 D_2和维生素 D_3，以及维生素 D_2原和维生素 D_3原，均易在小肠经主动转运吸收。有利于脂肪吸收的各种因素，均能促进它们的吸收，其中胆酸盐最重要。消化道功能正常的动物内服维生素 D 的生物利用度为 80%。吸收入血的维生素 D，由载体(α 球蛋白)转运到其他组织，主要储存于肝和脂肪组织，一部分储存于肾、肺和皮肤等组织。

维生素 D 实际上是一种激素原，本身无生物活性，需先在肝羟化酶的作用下，变成 25-羟胆钙化醇或 25-羟麦角钙化醇，然后由球蛋白经血液转运到肾脏，在甲状旁腺素(PTH)的作用下，进一步羟化形成 1α,25-二羟胆钙化醇或 1,25-二羟麦角钙化醇，才能发挥生物学效应。1α,25-二羟胆钙化醇的活性比 25-羟胆钙化醇高 3.6 倍，比胆钙化醇高 5.5 倍。维生素 D 及其分解代谢产物的排泄途径还不十分清楚，一般认为它们主要通过胆汁排泄，从尿中排泄的量甚微。

【作用与应用】 在多数哺乳动物，如犊、猪、犬等体内，维生素 D_2和维生素 D_3的生物活性相等；在奶牛体内，维生素 D_2的生物活性是维生素 D_3 的 1/4～1/2；但在家禽体内，维生素 D_3的活性要比维生素 D_2高 30 倍。鱼对维生素 D_2的利用率较低，一般用维生素 D_3。

活化的维生素 D 能促进小肠对钙、磷的吸收，保证骨骼正常钙化，维持正常的血钙和血磷浓度。当维生素 D 缺乏时，钙、磷的吸收代谢紊乱，致使幼年动物发生佝偻病、骨软症，成年动物特别是妊娠或泌乳动物，发生骨软症。母鸡的产蛋率降低，蛋壳易碎。奶牛的产奶量大减。

维生素 D 主要用于防治佝偻病和骨软症。犊、猪、牛、禽易发生佝偻病，马、牛较多发生骨软症。使用时，应连续数周给予大剂量维生素 D，通常为日需要量的 10～15 倍。维生素 D 也可用于治疗骨折，促进骨的愈合。妊娠和泌乳动物及其幼龄动物，对钙、磷需要量大，常需补充维生素 D，以促进钙、磷吸收。奶牛产前 1 周每日肌内注射维生素 D，能有效预防产后轻瘫、乳热症和产褥热。

【注意事项】 ①长期应用大剂量维生素 D，可使骨脱钙变脆，易于变形和骨折等。②应注意与钙、磷合用。③休药期：维生素 D_3注射液，28 日，弃奶期 7 日。

【制剂、用法与用量】 维生素 D_2注射液 0.5 mL∶3.75 mg (15 万 U)、1 mL∶7.5 mg(30 万 U)、1 mL∶15 mg(60 万 U)。肌内注射、皮下注射，一次量，每千克体重，家畜 1500～3000 U。

维生素 D_3注射液。肌内注射，一次量，每千克体重，家畜 1500～3000 U。

Note

维生素 E(Vitamin E)

维生素 E 又称生育酚(tocopherol),主要存在于绿色植物及种子中,是一种抗氧化剂。目前已知的至少有 8 种,它们是一组化学结构相似的酚类化合物,其中以 α-生育酚分布最广,效价最高。维生素 E 的活性用国际单位表示,1 IU 的维生素 E 相当于 1 mg DL-α-生育酚乙酸酯。1 mg 合成的 DL-α-生育酚相当于 1.1 IU 的维生素 E。

【理化性质】 本品为微黄色或黄色透明的黏稠液体,几乎无臭。本品不溶于水,易溶于乙醇,遇氧迅速被氧化,常制成注射液、预混剂。

【体内过程】 内服的维生素 E 需在小肠中与胆汁等一起形成微胶粒。如果是维生素 E 乙酸酯,则先在小肠内被水解成维生素 E,以非载体介导的被动扩散方式进入肠黏膜细胞内,与脂肪酸和载体脂蛋白等一起形成乳糜微粒,然后通过肠系膜淋巴和胸导管被动转运到体循环。在血液中以脂蛋白为载体进行转运。大部分维生素被肝和脂肪组织摄取并储存,在心、肝、肺、肾、脾和皮肤组织中分布也较多。维生素 E 易从血液转运到乳汁中,但不易透过胎盘。维生素 E 主要通过粪便排泄。

【作用与应用】 维生素 E 的功能主要有以下几个方面。

(1) 抗氧化:维生素 E 对氧十分敏感,极易被氧化,可保护其他物质不被氧化,在体内外都可发挥抗氧化作用。在细胞内,维生素 E 可通过与氧自由基起反应,抑制有害的脂类过氧化物产生(如过氧化氢),阻止细胞内或细胞膜上的不饱和脂肪酸被过氧化物氧化、破坏,从而保护细胞膜的完整性,延长细胞的寿命。它还能使巯基不被氧化,保护某些酶的活性,维生素 E 与硒有协同抗氧化作用。

(2) 维护内分泌功能:维生素 E 可促进性激素分泌,调节性腺的发育和功能,有利于受精和受精卵的植入,并能防止流产,提高繁殖能力。还能促进甲状腺激素和促肾上腺皮质激素(ACTH)产生,调节体内糖类和肌酸的代谢,提高糖和蛋白质的利用率。

(3) 提高抗病力:维生素 E 可促进抗体的形成和淋巴细胞的增殖,增强细胞免疫反应,降低血液中免疫抑制剂皮质醇的含量,提高机体的抗病力。能促进辅酶 Q 和免疫蛋白质的生成,提高机体的抗病力。在细胞代谢中发挥解毒作用,维生素 E 对过氧化氢、黄曲霉毒素、亚硝基化合物等具有解毒功能。

(4) 维护骨骼肌和心肌的正常功能,防止肝坏死和肌肉退化。缺乏时,肌肉中能量代谢受阻,肌肉营养不良,易患白肌病。

(5) 维持毛细血管结构的完整和中枢神经系统的功能健全。雏鸡缺本品时,毛细血管通透性增强,易患渗出性素质病。

(6) 改善缺硒症状:维生素 E 通过使含硒的氧化型过氧化物酶变成还原型过氧化物酶,及减少其他过氧化物的生成而节约硒,可减轻因缺硒而带来的影响。

维生素 E 缺乏时症状与缺硒相似,动物表现为生殖障碍、细胞通透性损害和肌肉病变。如公畜睾丸发育不全、精子量少且活力降低,母畜胚胎发育障碍、死胎、流产;肝坏死、黄脂病、渗出性素质病、幼畜白肌病;骨骼肌、心肌等萎缩、变性、坏死、贫血等,羔羊四肢僵直,猪桑葚心,鸡脑软化等。维生素 E 与硒关系密切,维生素 E 能阻止脂肪酸过氧化物的形成和自由基的产生,硒是谷胱甘肽过氧化物酶的必需物质,可以减少谷胱甘肽的自由基。日粮中硒的缺乏会增加动物对维生素 E 的需求。补硒可防治或减轻维生素 E 缺乏的大多数症状,但硒只能代替维生素 E 的一部分作用。

本品主要用于防治畜禽的维生素 E 缺乏症,如犊、羔、驹和猪的营养性肌萎缩(白肌病),猪的肝坏死病和黄脂病,雏鸡的脑软化和渗出性素质病。

维生素 E 和硒为繁殖功能所必需,维生素 E 与硒合用,可降低母牛胎盘滞留、子宫炎、卵巢囊肿的发生率。维生素 E 还常与维生素 A、维生素 D、B 族维生素配合,用于畜禽的应激、生长不良、营养不良等综合性缺乏症。

【注意事项】 ①本品毒性小，但剂量过高可诱导雏鸡、犬凝血障碍。日粮中高浓度可抑制雏鸡生长，并可加重钙、磷缺乏引起的骨钙化不全。②偶尔可引起过敏反应。

【制剂、用法与用量】 维生素E预混剂内服：一次量，驹、犊0.5～1.5 g，羔羊、仔猪0.1～0.5 g，犬0.03～0.1 g，禽5～10 mg。

维生素E注射液1 mL：50 mg、10 mL：500 mg。皮下或肌内注射：一次量，驹、犊0.5～1.5 g，羔羊、仔猪0.1～0.5 g，犬0.03～0.1 g。

二、水溶性维生素

水溶性维生素包括B族维生素和维生素C，均易溶于水，在饲料中的分布和溶解度大体相同，体内储存量不大，摄入过多即可随尿液排出。B族维生素包括硫胺素、核黄素、泛酸、烟酸、维生素B_6、维生素H(生物素)、叶酸和维生素B_{12}。除维生素B_{12}外，水溶性维生素几乎不在体内储存，超过生理需要的部分会较快地随尿液排出体外，因此长期应用可造成蓄积中毒的可能性小于脂溶性维生素。一次大剂量使用，通常不会引起中毒性反应。

维生素B_1(Vitamin B_1)

【理化性质】 本品又称硫胺素(thiamine)，为白色结晶或结晶性粉末；有微弱的特臭，味苦。本品人工合成的常为其盐酸盐，易溶于水，微溶于乙醇。常制成片剂和注射液。

【体内过程】 维生素B_1内服后，仅少部分被小肠特别是十二指肠吸收，生物利用度低，大部分随粪便排出。大肠对其的吸收能力差，所以大肠微生物合成的维生素B_1利用率极低。反刍动物瘤胃能吸收游离的维生素B_1，游离的维生素B_1通过被动扩散和主动转运过程被吸收，在血液中通过载体蛋白转运到组织中。体内的维生素B_1大约80%以焦磷酸硫胺素的形式存在。维生素B_1在心、肝、骨骼肌、肾、大脑中的含量高于血液，但组织储存量低。猪储存维生素B_1的能力比其他动物强，可供1～2个月之需。家禽的储存量十分有限，要经常补充。维生素B_1主要随粪便和尿液排出。

【作用与应用】 维生素B_1和ATP主要在肝脏硫胺素酶和镁离子作用下，生成焦磷酸硫胺素而发挥作用：①作为α-酮酸氧化脱羧酶系的辅酶，参与丙酮酸、α-酮戊二酸的脱羧反应。因此，硫胺素与糖代谢密切相关，可维持正常的糖代谢，维持神经、心肌和胃肠道的正常功能，促进生长发育。②磷酸戊糖氧化磷酸化反应中转酮酶的辅酶，是机体特别是脑组织的氧化供能所必需的辅酶，也是戊糖、脂肪酸和胆固醇合成及生成还原型烟酰胺腺嘌呤二核苷酸磷酸(NADPH)所必需的辅酶。③增强乙酰胆碱的作用。维生素B_1可轻度抑制胆碱酯酶的活性，使乙酰胆碱作用加强。维生素B_1缺乏时，体内丙酮酸和乳酸蓄积，动物表现食欲不振，生长缓慢，多发性神经炎、运动减弱、震颤、软瘫、共济失调、角弓反张、抽搐等症状。家禽对维生素B_1缺乏最敏感，其次是猪。成年反刍动物瘤胃、马盲肠及具有食粪习性的兔的大肠中，微生物可合成维生素B_1，较少出现缺乏症状。

本品用于防治维生素B_1缺乏症或作为食欲不振、胃肠道功能障碍、神经炎、心肌炎、牛酮血症等的辅助治疗药物；此外，高热、重度使役和大量输注葡萄糖时，也应补充本品。

【注意事项】 ①本品对多种抗生素(如氨苄西林、多黏菌素等)均有不同程度的灭活作用。②生鱼肉、某些海鲜产品中含有硫胺素酶，能破坏维生素B_1的活性，故不可生喂。③本品可影响氨丙啉的抗球虫活性。

【制剂、用法与用量】 维生素B_1片和维生素B_1注射液。内服、皮下或肌内注射，一次量，马、牛100～500 mg；羊、猪25～50 mg；犬10～50 mg；猫5～30 mg。

混饲：每1000 kg饲料，家畜1～3 g，雏鸡18 g。

维生素B_2(Vitamin B_2)

【理化性质】 本品又称核黄素(riboflavin)，为橙黄色结晶性粉末，微臭、味微苦。本品在水、乙

醇中几乎不溶,常制成注射液和片剂。

【体内过程】 维生素 B_2 内服易吸收,进入小肠黏膜细胞中在黄素激酶作用下,被磷酸化为黄素单核苷酸(FMN)后经主动转运吸收,高剂量时以被动扩散形式吸收。FMN 与血浆蛋白结合通过血液转运到肝脏,在黄素腺嘌呤二核苷酸(FAD)合成酶作用下转化成 FAD。维生素 B_2 在体内分布均匀,积蓄储存量较少。维生素 B_2 主要以核黄素的形式从尿中排出,少量从汗、粪和胆汁中排出。过量的维生素 B_2 可迅速从尿中排出。

【作用与应用】 核黄素主要通过 FMN 和 FAD 发挥作用。FMN 和 FAD 是体内多种黄素等如黄嘌呤氧化酶、乙酰辅酶 A 脱氢酶、琥珀酸脱氢酶等氧化还原的辅基或辅酶成分,作为递氢体参与糖类、脂肪、蛋白质和核酸代谢,具有促进蛋白质在体内储存,提高饲料转化率,调节生长和组织修复的作用,还有保护肝脏、调节肾上腺素分泌、保护皮肤和皮脂腺等功能。

本品主要用于防治维生素 B_2 缺乏症。幼年反刍动物、猪、犬缺乏的一般症状是厌食、腹泻、生长缓慢、脱毛、皮炎、共济失调、角膜炎和视力降低。猪还表现特征性眼角膜炎、晶状体混浊等。妊娠母猪流产、早产和死胎。雏鸡多为足趾麻痹,腿无力,出现"曲趾性瘫痪";成年蛋鸡主要为产蛋率和孵化率降低。鱼类多为食欲不振,生长受阻,肌肉乏力,鳍损伤等。

【注意事项】 ①本品对多种抗生素(如氨苄西林、四环素、金霉素、土霉素、链霉素、卡那霉素、林可霉素、多黏菌素等)均有不同程度的灭活作用。②内服后尿液呈黄绿色。③常与维生素 B_1 合用。

【制剂、用法与用量】 维生素 B 片,维生素 B 注射液。内服、皮下或肌内注射:一次量,马、牛 100～150 mg,羊、猪 20 mg,犬 10～20 mg,5～10 mg

混饲:每 1000 kg 饲料,猪、禽 2～5 mg,兔 5～7 mg。

泛酸(Pantothenic Acid)

【理化性质】 泛酸即维生素 B_5,有右旋(D-)和消旋(DL-)两种形式,消旋体的生物活性是右旋体的 1/2。本品为橙黄色结晶性粉末,无臭,味微苦,在水、乙醇中几乎不溶。常用制剂为泛酸钙。

【体内过程】 游离型泛酸易在小肠被吸收,结合型泛酸的复合物辅酶 A 或酰基载体蛋白(ACP)在小肠中被碱性磷酸酶水解,以被动扩散方式吸收,通过血液转运到组织中,大部分又重新转变为辅酶 A 或 ACP。泛酸在肝、肾、肌肉、心和脑中含量较高,但很少储存。泛酸主要以游离酸形式经尿排出。

【作用与应用】 泛酸是辅酶 A 的组成成分,参与糖类、脂肪和蛋白质三大营养物质的代谢,促进脂肪代谢及类固醇和抗体的合成,是动物生长所必需的元素。泛酸是两个重要辅酶——辅酶 A 和 ACP 的组成成分。辅酶 A 是糖类、脂肪和氨基酸代谢中许多乙酰化反应的重要辅酶,在三羧酸循环、脂肪酸和胆固醇的合成及脂肪酸、丙酮酸、α-酮戊二酸的氧化等反应中起重要作用。在肾上腺皮质激素、某些氨基酸(谷氨酸、脯氨酸)和乙酰胆碱的合成中亦起重要作用。ACP 与辅酶 A 有相似的酰基结合部位。在脂肪酸碳链的合成中有相当于辅酶 A 的作用。

生长期牛、猪、犬的泛酸缺乏症表现包括厌食、生长缓慢、腹泻、便血、毛皮粗糙及运动失调等;猪还可出现后肢颤抖、痉挛和腿内弯,呈典型"鹅行步伐";猫表现为肝脏脂肪化;雏鸡表现为生长缓慢,皮炎,眼内分泌物增多,眼睑周围结痂,断羽减少,生长缓慢及产蛋量和孵化力下降。本品主要用于防治猪、禽的泛酸缺乏症,对防治其他维生素缺乏症有协同作用。

【注意事项】 本品在 B 族维生素中最易缺乏,单胃动物易缺乏,反刍动物不缺乏。

【用法与用量】 混饲(泛酸钙):每 1000 g 饲料,猪 10～13 g,禽 6～15 g。

维生素 B_6(Vitamin B_6)

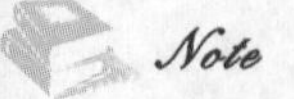

【理化性质】 天然维生素 B_6 有 3 种存在形式:吡哆醇、吡哆醛和吡哆胺。吡哆醇存在于大多数

植物中，而吡哆醛和吡哆胺主要存在于动物组织中。本品为白色或类白色结晶或结晶性粉末；无臭，味酸苦。本品易溶于水，微溶于乙醇。常制成片剂和注射液。

【体内过程】 天然的游离维生素 B_6 很容易被消化、吸收，主要吸收部位是小肠，磷酸吡哆醇、磷酸吡哆醛和磷酸吡哆胺在小肠被碱性磷酸酶水解，变成游离的吡哆醇、吡哆醛和吡哆胺，以被动扩散方式吸收入血，转运到肝，与磷酸反应重新转化成磷酸吡哆醛和磷酸吡哆胺，主要储存和分布于肝、肾、心、肌肉等组织，但储存量很少。磷酸吡哆醛和磷酸吡哆胺在转氨基作用下可以互相转变。吡哆醇在体内与 ATP 经酶的作用可转变成吡哆醛和吡哆胺，但不能逆转。磷酸吡哆醛和磷酸吡哆胺又可在碱性磷酸酶作用下脱去磷酸而还原，吡哆醛和吡哆胺在非专一性氧化酶作用下氧化为 4-吡哆酸随尿液排出体外。只有少量的吡哆醛和吡哆胺及磷酸吡哆醛和磷酸吡哆胺以原形从尿液中排泄。由粪便排出的量极少。

【作用与应用】 磷酸吡哆醛和磷酸吡哆胺是维生素 B_6 的活性形式，为氨基酸脱羧酶和转氨酶的辅酶，对非必需氨基酸的形成及氨基酸的脱羧反应十分重要；还参与半胱氨酸脱硫，糖原水解，亚油酸变为花生四烯酸，色氨酸转变成烟酸和醛与醇的互变等反应。磷酸化酶也含有维生素 B_6。维生素 B_6 不足，将引起氨基酸代谢紊乱，蛋白质合成障碍，肌肉中磷酸化酶的活性下降及生长激素、促性腺激素、性激素、胰岛素、甲状腺素的活性或含量降低。缺乏维生素 B_6 时，动物生长缓慢或停滞，皮肤发炎，脱毛，心肌变性。鸡表现为异常兴奋，惊跑，脱毛，下痢，产蛋率及种蛋孵化率降低等；猪表现为腹泻，贫血，运动失调，阵发性抽搐或痉挛，肝发生脂肪性浸润等。

饲料中维生素 B_6 含量丰富，成年反刍动物瘤胃和马肠道微生物也能合成维生素 B_6，故较少发生缺乏。核黄素和烟酸为维生素 B_6 磷酸化和激活所必需，缺乏时会间接导致维生素 B_6 缺乏。

维生素 B_6 常与维生素 B_1、维生素 B_2 和烟酸等联合用于防治 B 族维生素缺乏症。维生素 B_6 是异烟肼等药物的拮抗剂，可用于治疗氰乙酰肼、异烟肼、青霉胺、环丝氨酸等中毒引起的胃肠道反应和痉挛等兴奋症状。

本品主要用于防治维生素 B_6 缺乏症，如皮炎、周围神经炎等。维生素 B_6 还有止吐作用。

【制剂、用法与用量】 维生素 B_6 片和维生素 B_6 注射液。内服、皮下注射、肌内注射或静脉注射，一次量，马、牛 3～5 g，羊、猪 0.5～1 g，犬 0.02～0.08 g。

维生素 B_{12}(Vitamin B_{12})

【理化性质】 维生素 B_{12} 是结构最复杂、唯一含有金属元素钴的维生素，又称钴胺素。本品为深红色结晶或结晶性粉末；无臭、无味。本品在水、乙醇中略溶，常制成注射液。

【体内过程】 饲料中的维生素 B_{12} 通常与蛋白质结合，在胃酸和胃蛋白酶的消化作用下释放。在肠道微碱性环境中，维生素 B_{12} 与"内因子"(肠黏膜细胞分泌的一种糖蛋白)结合形成二聚复合物，在钙离子存在下又游离出来，在回肠末端被吸收。其在血中与 α 球蛋白和 β 球蛋白结合转运到全身各组织。维生素 B_{12} 在体内分布广泛，在肝分布最多，其含量占体内总量的大部分。主要随尿液和胆汁排出。

【作用与应用】 维生素 B_{12} 在肝内转变为腺苷钴胺素和甲钴胺素两种活性形式，参与体内多种代谢活动。腺苷钴胺素是甲基丙二酰辅酶 A 变位酶的辅酶，参与丙二酸与琥珀酸的互变和三羧酸循环。甲钴胺素是甲基转移酶的辅酶，参与蛋氨酸、胆碱及嘌呤和嘧啶的合成。其他多种酶系也含钴胺素。与维生素 B_{12} 缺乏症密切相关的两个功能是促进红细胞生成及维持神经组织的正常结构和功能。

在动物饲喂含钴不足的植物性饲料、胃肠道疾病及先天性不能产生内因子的情况下，会出现维生素 B_{12} 缺乏症。猪缺乏通常表现为巨幼红细胞贫血，家禽主要表现为产蛋率和蛋的孵化率降低。猪、犬、雏鸡生长发育受阻，饲料转化率降低，抗病力下降，皮肤变粗糙，出现皮炎。叶酸不足

Note

时，维生素 B_{12} 缺乏症的表现更为严重。日粮中胆碱、蛋氨酸、叶酸的缺乏都会增加维生素 B_{12} 的需要量。叶酸和维生素 B_{12} 在核酸代谢过程中都起辅酶作用，但叶酸的代谢依赖于维生素 B_{12}，因为维生素 B_{12} 可影响生成四氢叶酸。在治疗和预防巨幼红细胞贫血时，两者配合使用可取得较理想的效果。

维生素 B_{12} 的主要作用：①参与动物体内一碳基团的代谢，是传递甲基的辅酶，参与核酸和蛋白质的生物合成以及碳水化合物和脂肪的代谢。②促进红细胞的发育和成熟，维持骨髓的正常造血功能。③促进胆碱的生成。缺乏时，动物表现为营养不良，贫血，生长发育障碍；猪四肢共济失调，患巨幼红细胞贫血；雏鸡骨骼异常，生长缓慢，孵化率降低。④促使甲基丙二酸转变为琥珀酸，参与三羧酸循环。此作用关系到神经髓鞘脂类的合成及维持有鞘神经纤维功能的完整。

本品多用于治疗维生素 B_{12} 缺乏症，如猪巨幼红细胞贫血等；也可用于神经炎、神经萎缩、再生障碍性贫血及肝炎等的辅助治疗。

【注意事项】 ①本品在防治巨幼红细胞贫血时，常与叶酸合用。②反刍动物瘤胃内微生物可直接利用饲料中的钴合成维生素 B_{12}，故一般较少发生缺乏症。

【用法与用量】 肌内注射：一次量，马、牛 1～2 mg，羊、猪 0.3～0.4 mg，犬、猫 0.1 mg。

烟酸(Niacin)和烟酰胺(Nicotinamide)

【理化性质】 烟酸又称尼克酸，在体内转化成烟酰胺(尼克酰胺)。

烟酸和烟酰胺均为白色的针状结晶，溶于水，耐热。无臭或微臭，味微酸，常制成注射液和片剂。

【体内过程】 天然的未结合烟酸很容易从胃和小肠中消化、吸收。烟酰胺在小肠被水解为烟酸，然后以被动扩散和主动转运方式吸收，在肠上皮细胞重新转化成烟酰胺，然后大部分烟酰胺与红细胞结合，通过血液转运到组织。在组织中与核糖、磷酸、腺嘌呤结合，生成烟酰胺腺嘌呤二核苷酸(辅酶Ⅰ，NAD)或烟酰胺腺嘌呤二核苷酸磷酸(辅酶Ⅱ，NADP)。烟酸在反刍动物体内很少代谢降解，多以原形从尿中排出。在猪、犬体内，烟酸先代谢成甲基烟酰胺，再转化成 N-甲基-3-甲酰胺-4-吡啶酮和 N-甲基-5-甲酰胺-2-吡啶酮，随尿液排出，只有少量以原形排出。

【作用与应用】 烟酰胺是烟酸在体内的活性形式。烟酰胺主要通过 NAD(辅酶Ⅰ)和 NADP(辅酶Ⅱ)发挥作用。辅酶Ⅰ和辅酶Ⅱ是许多脱氢酶的辅基和辅酶，在呼吸链中传递氢，对糖类、脂肪和蛋白质的代谢，生物氧化中高能键的形成起重要作用。辅酶Ⅰ和辅酶Ⅱ还参与视紫红质的转化与生成。烟酸还能扩张血管，使皮肤发红、发热，降低血脂和胆固醇。烟酰胺无此作用。

烟酸主要用于防治烟酸缺乏症。反刍动物和马中很少见到烟酸缺乏症，这是由于日粮中充足的色氨酸可在肠道微生物作用下，合成满足需要的烟酸。只有在同时缺乏色氨酸时，才会发生烟酸缺乏症。玉米含色氨酸的量较少，烟酸又处于结合状态，都难以被利用。以玉米为主要饲料原料的禽和猪，必须添加足够的烟酸或色氨酸。动物烟酸缺乏症主要表现为代谢失调，尤其是表皮和消化系统。猪缺乏时表现为食欲不振、生长缓慢、贫血、口炎、呕吐、腹泻、鱼鳞状皮炎及脱毛。犬缺乏时出现典型的糙皮病和"黑舌病"。家禽烟酸缺乏症表现为口炎、羽毛生长不良、跗关节增厚和坏死性肠炎等非特异性症状。其他家畜表现为生长缓慢，食欲下降。

烟酸也常与维生素 B_1 和维生素 B_2 合用，可对各种疾病进行综合性辅助治疗。烟酸能降低脂肪沉积部位游离脂肪酸的释放速度，可辅助治疗牛酮血症，烟酰胺不能替代这一作用。

【注意事项】 鸡烟酸超剂量可引起足趾明显发红、腹痛性痉挛等。

【用法与用量】 烟酸内服：一次量，每千克体重，家畜 3～5 mg。

烟酰胺内服：一次量，每千克体重，家畜 3～5 mg，幼畜 3 mg；混饲，每 1000 kg 饲料，雏鸡 15～30 g。肌内注射，一次量，每千克体重，家畜 0.2～0.6 mg，幼雏不得超过 0.3 mg。

生物素(Biotin)

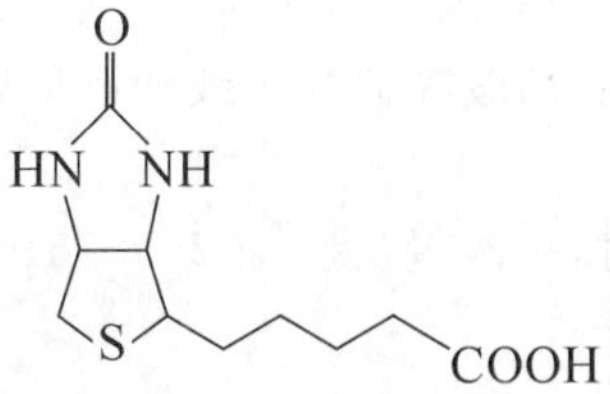

【理化性质】 生物素又称维生素 H(vitamin H),可能有 8 个同分异构体,但只有 D-生物素有维生素活性。生物素为针状结晶性粉末,微溶于水,溶于稀碱溶液。

【体内过程】 游离的生物素容易在小肠经主动转运吸收,在血液中主要以游离形式转运,肝、肌肉、肾、心和脑中生物素水平较高,但很少储存。哺乳动物通常不能降解生物素的环,但可将其中的小部分转变为生物素亚砜、生物素砜,大部分在线粒体通过侧链的 β-氧化转变为双降生物素。当动物吸收了高于其可储存量的生物素时,过多的生物素部分便与生物素代谢产物一起随尿液排出。未被吸收的生物素随粪便排出。

【作用与应用】 在动物体内,生物素以乙酰辅酶 A 羧化酶、丙酮酸羧化酶、丙酰辅酶 A 羧化酶和 β-甲基丁烯辅酶 A 羧化酶四种羧化酶的辅酶的形式存在,直接或间接参加糖类、蛋白质和脂肪的代谢过程,催化羧化或脱羧反应,如丙酮酸转化成草酰乙酸、苹果酸转化成丙酮酸、琥珀酸与丙酮酸互变、草酰乙酸转化为 α-酮戊二酸。生物素还参与肝糖原异生,促进脂肪酸和蛋白质代谢的中间产物合成葡萄糖或糖原,以维持正常的血糖浓度;也参与蛋白质合成、嘌呤和核酸的生成及体内长链脂肪酸的合成等。

生物素主要用于防治动物生物素缺乏症。成年反刍动物和马很少出现生物素缺乏症,禽和猪较易发生,火鸡最易发生。

【用法与用量】 混饲:每 1000 kg 饲料,鸡 0.15～0.35 g,猪 0.2 g,犬、猫、貂 0.25 g。

叶酸(Folic Acid)

【理化性质】 叶酸由一个蝶啶环、对氨基甲酸和谷氨酸缩合而成,也称蝶酰谷氨酸。本品为黄色结晶性粉末,无臭、无味,易溶于稀酸、碱,不溶于水、乙醇,常制成注射液和片剂。

【体内过程】 游离叶酸通过主动转运方式从小肠吸收入血,形成蝶酰谷氨酸并转运到组织中。主要分布在肝脏、骨髓和肠壁中。肝脏是调节其他组织叶酸分布的中心,其中储存的叶酸主要是 5-甲基四氢叶酸。叶酸在体内有一部分被代谢降解,一部分以原形随胆汁和尿液排出。

【作用与应用】 叶酸本身不具有生物活性,需经还原酶还原为二氢叶酸,再经二氢叶酸还原酶催化形成四氢叶酸才起作用。四氢叶酸是传递一碳基团如甲酰、亚胺甲酰、亚甲基或甲基的辅酶,参与的一碳基团反应主要包括丝氨酸与甘氨酸的相互转化、苯丙氨酸生成酪氨酸、丝氨酸生成谷氨酸、胱氨酸形成蛋氨酸、乙醇胺合成胆碱、组氨酸降解以及嘌呤、嘧啶的合成等。叶酸还与维生素 B_{12} 和维生素 C 一起,共同参与红细胞和血红蛋白生成,促进免疫球蛋白的合成,增加对谷氨酸的利用,保护肝脏并参与解毒等。叶酸对核酸合成极旺盛的造血组织、消化道黏膜和发育中的胎儿等十分重要。叶酸缺乏时,氨基酸互变受阻,嘌呤及嘧啶不能合成,以致核酸合成不足,细胞的分裂与成熟不完全,主要表现为巨幼红细胞贫血、腹泻、皮肤功能受损、肝功能不全、生长发育受阻。

成年反刍动物和马的叶酸缺乏症较少见,瘤胃功能不全的幼年反刍动物可能发生叶酸缺乏症。生长期的猪叶酸摄取不足或成年猪长期内服能抑制肠道细菌合成叶酸的磺胺类药物,都会导致下列缺乏症表现:贫血、白细胞减少、腹泻及生长率下降。家禽对叶酸的利用率低,肠道合成有限,对日粮

中叶酸缺乏比家畜敏感。动物缺乏的典型症状是巨幼红细胞贫血、生长缓慢、繁殖性能和免疫功能下降。鸡脱羽，脊柱麻痹，孵化率下降等；猪患皮炎，脱毛，消化、呼吸及泌尿系统器官黏膜损伤等。

本品用于防治叶酸缺乏症，如犬、猫等的巨幼红细胞贫血、再生障碍性贫血等。

【注意事项】 ①本品对甲氧苄啶、乙胺嘧啶等所致的巨幼红细胞贫血无效。②可与维生素 B_6、维生素 B_{12} 等联用，以提高疗效。

【用法与用量】 内服或肌内注射，一次量，犬、猫 2.5～5 mg，每千克体重，家禽 0.1～0.2 mg。混饲，每 1000 kg 饲料，畜禽 10～20 g。

胆碱(Choline)

【理化性质】 胆碱是β-羟乙基三甲胺羟化物，常用的是氯化胆碱，为吸湿性很强的白色结晶物，易溶于水和乙醇。

【体内过程】 饲料中的胆碱大部分以卵磷脂(磷脂酰胆碱)形式存在，少量以神经磷脂或游离胆碱形式存在。卵磷脂和神经磷脂在胃肠道消化酶的作用下，释放游离胆碱，在空肠和回肠经钠泵吸收。胃肠道疾病会降低脂类的消化及卵磷脂和胆碱的吸收。瘤胃对来自干草、棉籽、鱼、大豆、硬脂酸胆碱和氯化胆碱的胆碱降解率大于 80%。大约 1/3 的胆碱被完整吸收，其余的 2/3 被肠道微生物酶降解为三甲胺吸收。主要以三甲胺或三甲胺氧化物的形式从尿中排出。

【作用与应用】 胆碱在体内的作用主要有以下几个方面：①胆碱是一种"抗脂肪肝因子"，能促进脂蛋白合成和脂肪酸转运，提高肝对脂肪酸的利用率，防止脂肪在肝中蓄积。②胆碱是卵磷脂的重要组分，是维护细胞膜正常结构和功能的关键物质。③胆碱也是神经递质乙酰胆碱的重要组分，能维持神经纤维的正常传导。④胆碱含有 3 个活性甲基，是体内甲基的供体，为同型半胱氨酸合成蛋氨酸、胍基乙酰生成肌酸和合成肾上腺素提供甲基。

动物可利用蛋氨酸和丝氨酸合成胆碱。如果日粮中提供了充足的硫酸盐，胆碱可节省蛋氨酸的用量。胆碱和蛋氨酸、甜菜碱有协同作用。蛋氨酸有 1 个甲基，甜菜碱有 3 个甲基，在动物体内的甲基置换反应中，蛋氨酸、甜菜碱具有部分替代胆碱提供甲基的作用。

大多数动物可合成足够数量的胆碱。但日粮中蛋白质或脂肪含量增加会使胆碱需要量增加，应激也会增加胆碱的需要量，导致出现胆碱缺乏症。表现为脂肪的代谢和转运障碍，发生脂肪变性、脂肪浸润(如脂肪肝综合征)、生长缓慢、骨和关节畸变。在集约化养殖中本品主要添加于饲料中，防治胆碱缺乏症及脂肪肝、骨短粗症等。还可用于治疗家禽的急、慢性肝炎，马的妊娠毒血症。

在水溶性维生素中，胆碱较易过量中毒。犬和家禽对胆碱很敏感，犬的饲料含量在 3 倍推荐用量时可形成贫血，鸡的饲料含量在 2 倍时就会导致生长减缓。

【注意事项】 饲料中充足的胆碱可减少蛋氨酸的添加量。叶酸和维生素 B_{12} 可促进蛋氨酸和丝氨酸转变成胆碱，这两种维生素缺乏时，也可引起胆碱的缺乏。

【用法与用量】 氯化胆碱，混饲：每 1000 kg 饲料，猪 250～300 g，禽 500～800 g。

甜菜碱(Betaine)

【理化性质】 本品为白色或淡黄色结晶性粉末；味甜。本品易溶于水，常制成预混剂。

【作用与应用】 ①作为高效的甲基供体，替代蛋氨酸和胆碱的供甲基功能，参与酶促反应。②促进脂肪代谢，提高瘦肉率，预防脂肪肝。本品可通过促进体内磷脂的合成，降低肝中脂肪合成酶的活性，促进肝载脂蛋白的合成，加速肝脂肪的迁移，降低肝甘油三酯的含量，有效防止肝脂肪蓄积。③本品具有甜味和鱼虾敏感的鲜味以及具有适合鱼类嗅觉和味觉感受器的化学结构，并能增加其他氨基酸的味觉感受效应，具有诱食作用。④本品具有抗应激和提高免疫力的作用。

本品主要用于促进动物生长；也用作水产诱食剂。

【注意事项】 本品与盐霉素、莫能霉素等聚醚类离子载体抗球虫药同时使用，能够保护肠道细

胞的正常功能和营养吸收，提高抗球虫药疗效。

【制剂、用法与用量】 盐酸甜菜碱预混剂。混饲：每 1000 kg 饲料 1.5～4 kg。

维生素 C(Vitamin C)

CH_2OH

CHOH

O　O

HO　OH

【理化性质】 维生素 C 又名抗坏血酸。维生素 C 广泛存在于新鲜水果、蔬菜和青绿饲料中。本品为白色结晶性粉末，无臭、味酸。本品易溶于水，在乙醇中略溶，常制成注射液和片剂。

【体内过程】 维生素 C 内服的吸收与单糖类似，通过主动转运易被小肠吸收。广泛分布于全身各组织，肾上腺、垂体、黄体、视网膜含量较高，其次是肝、肾和肌肉。正常情况下，过多的维生素 C 会被代谢降解，随尿液排出体外。少量以原形随尿排出。

【作用与应用】 维生素 C 广泛参与机体的多种生化反应。

(1) 氧化还原反应：在体内参与氧化还原反应而发挥递氢作用（既可供氧，又可受氧），如使红细胞的高铁血红蛋白(Fe^{3+})还原为有携氧功能的低铁血红蛋白(Fe^{2+})；将叶酸还原成二氢叶酸，继而还原成有活性的四氢叶酸；参与红细胞色素氧化酶中离子的还原；在胃肠道内提供酸性环境，促进三价铁还原成二价铁，有利于铁的吸收，也将血浆铁转运蛋白(Fe^{3+})还原成组织铁蛋白(Fe^{2+})，促进铁在组织中储存。

(2) 解毒：维生素 C 在谷胱甘肽还原酶作用下，使氧化型谷胱甘肽还原为还原型谷胱甘肽。还原型谷胱甘肽的巯基能与重金属如铅、砷离子和某些毒素（如苯、细菌毒素）相结合而排出体外，保护含巯基酶和其他活性物质不被毒物破坏。维生素 C 还可通过自身的氧化作用来保护红细胞膜中的巯基，减少代谢产生的过氧化氢对红细胞膜的破坏所致的溶血。维生素 C 也可用于磺胺类或巴比妥类等中毒的辅助治疗。

(3) 参与体内活性物质生成和组织代谢：苯丙氨酸羟化成酪氨酸，多巴胺转变为去甲肾上腺素，色氨酸生成 5-羟色胺，肾上腺皮质激素的合成和分解等都有维生素 C 参与。维生素 C 是脯氨酸羟化酶和赖氨酸羟化酶的辅酶，参与胶原蛋白合成，可促进胶原组织、骨、结缔组织、软骨、牙齿和皮肤等细胞间质形成；增加毛细血管的致密性。

(4) 增强机体抗病力：维生素 C 能提高白细胞和吞噬细胞功能，促进网状内皮系统和抗体形成，增强抗应激的能力，维护肝解毒，改善心血管功能。

(5) 解毒作用：本品可使氧化型谷胱甘肽还原为还原型谷胱甘肽，还原型谷胱甘肽的巯基(—SH)可与铅、汞、砷等金属离子及苯等毒物结合而排出体外，保护含巯基的酶，从而发挥解毒的功能。

(6) 抗炎及抗过敏作用：本品具有拮抗组胺和缓激肽的作用，可直接作用于支气管受体而松弛支气管平滑肌，还能抑制糖皮质激素在肝中的分解破坏，故具有抗炎与抗过敏的作用。

维生素 C 缺乏时，动物发生坏血病（维生素 C 缺乏病），主要症状为毛细血管的通透性和脆性增加，黏膜自发性出血，皮下、骨骼和内脏发生广泛性出血。此外，创伤愈合缓慢，骨骼和其他结缔组织生长发育不良，机体的抗病性和防御功能下降，易患感染性疾病。

动物在正常情况下不易发生维生素 C 缺乏症，但饲料中维生素 C 显著缺乏，或在发生感染性疾病、动物处于应激状态、鸡在炎热季节时都对维生素 C 的需要量显著增加，有必要在饲料中补充维生素 C。

临床上除常用于防治缺乏症外，维生素 C 可用作急、慢性感染，高热及心源性和感染性休克等的辅助治疗药；也用于各种贫血、出血症及各种因素诱发的高铁血红蛋白血症；还用于重度创伤或烧伤，重金属铅、汞及其他化学物质苯、砷的慢性中毒，过敏性皮炎，过敏性紫癜和湿疹等疾病的辅助治疗。炎热季节在饲料中添加维生素 C 可减轻鸡的热应激反应。

【注意事项】 ①本品在瘤胃中易被破坏，故反刍动物不宜内服。②不宜与钙制剂、氨茶碱等药物混合注射。③对氨苄西林、四环素、金霉素、土霉素、红霉素、卡那霉素、链霉素、林可霉素和多黏菌素等均有不同程度的灭活作用。

【制剂、用法与用量】 维生素 C 片 100 mg。内服，一次量，马 1～3 g，猪 0.2～0.5 g，犬 0.1～0.5 g。

维生素 C 注射液 2 mL：0.25 g，5 mL：0.5 g，20 mL：2.5 g。肌内、静脉注射，一次量，马 1～3 g，牛 2～4 g，羊、猪 0.2～0.5 g，犬 0.02～0.1 g。

Note

第十二章　抗微生物药理

抗微生物药物(antimicrobial drugs)是指对细菌、支原体、衣原体、真菌、病毒等微生物(病原体或病原菌)具有选择性抑制或杀灭作用,主要用于防治微生物导致的感染性疾病的一类药物。抗微生物药物对感染性疾病的治疗以及对由寄生虫及恶性肿瘤所致疾病的药物治疗统称为化学治疗(chemotherapy)(简称化疗)。化学治疗药物(chemotherapy drugs)(简称化疗药)对病原体通常具有较高的选择性作用,而对机体(宿主)没有或只有轻度毒性作用。病原体如细菌、寄生虫、病毒等所引起的疾病是兽医临床的常见病和多发病。这些传染病和寄生虫病给养殖业造成巨大损失,而且抗微生物药物在动物应用中产生的耐药性可能向人扩散和传播,从而直接或间接地危害人们的健康和公共卫生安全。因此,研究化学治疗和化疗药便成了发展现代化养殖业和公共卫生的一个重要课题。

使用化疗药防治畜禽疾病的过程中,化疗药、机体、病原体三者之间存在复杂的相互作用关系,被称为"化疗三角"(图 12-1)。例如,使用抗生素时,在充分发挥其抗菌作用的同时,也要重视动物机体的防御功能,如网状内皮系统和粒细胞的吞噬作用、淋巴细胞和抗体的形成等,以迅速消灭病原体;另一方面,药物在作用于病原体的同时,对机体也会带来不良的作用,所以应尽量避免或减少药物对机体的不良反应,否则影响动物的康复。总之,化学治疗要针对性地选药,根据药物的药动学特征,给予充足的剂量和疗程,防止病原体的耐药性和药物不良反应的产生,同时依靠和发挥动物机体的防御功能。

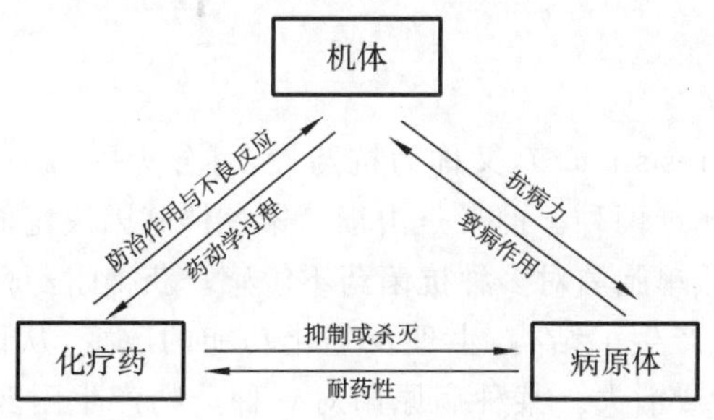

图 12-1　化疗药、机体、病原体的相互作用关系

(一) 抗菌谱

抗菌谱(antibacterial spectrum)是指药物抑制或杀灭病原菌的范围。凡仅作用于细菌的药物称为窄谱(narrow spectrum)抗菌药,有的也把仅作用于革兰阳性菌或革兰阴性菌的药物称为窄谱抗菌药,例如青霉素、链霉素。凡除能抑制细菌之外,也能抑制支原体、立克次体和衣原体,抗菌作用范围广泛的药物,称为广谱(broad spectrum)抗菌药,如四环素类、氟苯尼考、氟喹诺酮类等。半合成的抗生素和人工合成的抗菌药多具有广谱抗菌作用。抗菌谱是兽医临床选药的基础。

(二) 抗菌活性

抗菌活性(antibacterial activity)是指抗菌药抑制或杀灭细菌的能力。可用体外抑菌试验和体内实验治疗方法测定。体外抑菌试验对临床用药具有重要参考意义。能够抑制培养基内细菌生长的最低浓度称为最小抑菌浓度(minimal inhibitory concentration,MIC)。以杀灭细菌为评定标准时,使活菌总数减少 99% 或 99.5% 以上的最低浓度,称为最小杀菌浓度(minimal bactericidal concentration,MBC)。在一批实验中能抑制 50% 或 90% 受试菌所需 MIC,分别称为 MIC_{50} 及

MIC_{90}。抗菌药的抑菌作用和杀菌作用是相对的，有些抗菌药在低浓度时呈抑菌作用，而高浓度呈杀菌作用。临床上所指的抑菌药(bacteriostatic drugs)是指仅能抑制细菌的生长繁殖，而无杀灭作用的药物，如磺胺类、四环素类、酰胺醇类等。杀菌药(bactericidal drugs)是指既能抑制细菌的生长繁殖，又能杀灭细菌的药物，如β-内酰胺类、氨基糖苷类、氟喹诺酮类等。

（三）抗菌药后效应

抗菌药后效应(postantibiotic effect，PAE)是指抗菌药在停药后其浓度低于最小抑菌浓度时，仍对病原菌保持一定的抑制作用。PAE以时间的长短来表示，它几乎是所有抗菌药的一种性质。由于最初只对抗生素进行研究，故称为抗生素后效应。后来发现人工合成的抗菌药也能产生PAE，故称之为抗菌药后效应更为准确。此外，处于PAE期的细菌再与亚抑菌浓度的抗菌药接触后，可以进一步被抑制，这种作用称为抗菌药后效应期亚抑菌浓度作用。能产生抗菌药后效应的药物主要有β-内酰胺类、氨基糖苷类、大环内酯类、林可胺类、四环素类、酰胺醇类和氟喹诺酮类等。PAE产生的确切机制尚不清楚，可能的机制如下：①细菌胞壁可逆的非致死性损伤的恢复需要一定时间。②血药浓度虽低，但药物持续停留于结合位点或胞质周围间隙中，完全消除需要一定时间。③细菌需合成新的酶类才能生长繁殖。

（四）化疗指数

化疗指数(chemotherapeutic index，CI)是评价化疗药安全性的指标。化疗指数以动物的半数致死量(LD_{50})与治疗感染动物的半数有效量(ED_{50})的比值表示，即$CI=LD_{50}/ED_{50}$；或以动物的5%致死量(LD_5)与治疗感染动物的95%有效量(ED_{95})之比值来衡量。化疗指数愈大，药物相对愈安全，说明药物的毒性低而疗效高。化疗指数高的药物，毒性虽小或无，但非绝对安全，例如青霉素的化疗指数高达1000以上，但有可能引起过敏性休克的危险。一般认为，抗菌药的化疗指数大于3，才具有实际应用价值。但有些化疗药如抗血液原虫药的化疗指数很难达到3，因此，对抗不同病原体的药物应有不同要求。

（五）耐药性

细菌对抗菌药的耐药性(resistance)，又称为抗药性，可分为固有耐药性(intrinsic resistance)和获得耐药性(acquired resistance)两种。前者是由细菌染色体基因决定而代代相传的耐药性，如肠道杆菌对青霉素的耐药和铜绿假单胞菌对多种抗菌药不敏感。获得耐药性即一般所指的耐药性，是指病原菌在多次接触抗菌药后，产生了结构、生理及生化功能的改变，从而形成具有抗药性的变异菌株，它们对药物的敏感性下降或消失。某种病原菌对一种药物产生耐药性后，往往对同一类的药物也具有耐药性，这种现象称为交叉耐药性。交叉耐药性有完全交叉耐药性及部分交叉耐药性之分。完全交叉耐药性是双向的，如多杀性巴氏杆菌对磺胺嘧啶产生耐药后，对其他磺胺类药均产生耐药；部分交叉耐药性是单向的，如氨基糖苷类之间，对链霉素耐药的细菌，对庆大霉素、卡那霉素、新霉素仍然敏感，而对庆大霉素、卡那霉素、新霉素耐药的细菌，对链霉素也耐药。耐药性的产生是抗菌药在兽医临床应用中的一个严重问题。

临床上最为常见的耐药性是平行地从另一种耐药菌转移而来，即通过质粒(plasmid)介导的耐药性，但亦可由染色体介导。质粒介导的耐药性基因易于传播，在临床上具有更重要的价值。耐药质粒在微生物间可通过下列方式转移：①转化(transformation)，即通过耐药菌溶解后DNA的释出，耐药基因被敏感菌获取，耐药基因与敏感菌中的同种基因重新组合，使敏感菌成为耐药菌。此方式主要见于革兰阳性菌及嗜血杆菌。②转导(transduction)，即通过噬菌体将耐药基因转移给敏感菌，是金黄色葡萄球菌耐药性转移的唯一方式。③接合(conjugation)，即通过耐药菌和敏感菌菌体的直接接触，由耐药菌将耐药因子转移给敏感菌。此方式主要见于革兰阴性菌，特别是肠道菌。值得注意的是，在人和动物的肠道内，这种耐药性的接合转移现象已被证实。动物的肠道细菌有广泛的耐药质粒转移现象，这种耐药菌又可传递给人。④易位(translocation)或转座(transposition)，即耐药

基因可自一个质粒转座到另一个质粒，从质粒到染色体或从染色体到噬菌体等。此方式可在不同属和种的细菌中进行，甚至从革兰阳性菌转座至革兰阴性菌，不仅扩大了耐药性传播的宿主的范围，还可使耐药因子增多。除质粒转移耐药性外，近年还发现整合子基因盒转移机制，是造成多重耐药性的重要原因。

细菌产生耐药性的机制有以下几种方式。

(1) 细菌产生灭活酶使药物失活：主要有水解酶和合成酶两种。最重要的水解酶是β-内酰胺酶类，它们能使青霉素或头孢菌素的β-内酰胺环断裂而使药物失效。红霉素酯化酶亦为水解酶，通过水解红霉素结构中的内酯环而使之失去抗菌活性。合成酶又称钝化酶，位于胞质膜外间隙，其功能是把相应的化学基团结合到药物分子上，钝化后的药物不能进入膜内与核糖体结合而丧失其蛋白质合成的抑制作用，从而导致耐药。常见的合成酶主要有乙酰化酶、磷酸化酶、腺苷化酶及核苷化酶等。如乙酰化酶作用于氨基糖苷类及酰胺醇类，使其乙酰化而失效；磷酸化酶、腺苷化酶及核苷化酶可作用于氨基糖苷类，而使其失去抗菌活性。

(2) 改变膜的通透性：一些革兰阴性菌对四环素类及氨基糖苷类产生耐药性是由于耐药菌在所带的质粒诱导下产生3种新的膜孔蛋白，阻塞了外膜亲水性通道，使药物不能进入菌体而形成耐药性。革兰阴性菌及铜绿假单胞菌细胞外膜亲水通道功能的改变也会使细菌对某些广谱青霉素和第三代头孢菌素产生耐药性。

(3) 作用靶位结构的改变：耐药菌药物作用点的结构或位置发生变化，使药物与细菌不能结合而丧失抗菌效能。已证实耐甲氧西林金黄色葡萄球菌(MRSA)对β-内酰胺类抗生素产生耐药的主要机制是金黄色葡萄球菌胞质膜诱导产生了一种特殊的青霉素结合蛋白(penicillin binding protein，PBP)PBP2A，PBP2A具有其他PBP的功能，但与β-内酰胺类的亲和力极低，可取代其功能而不被药物作用。

(4) 主动外排作用：膜的主动外排机制是由各种外排蛋白系统介导的抗菌药从细菌细胞内泵出的主动排出过程，故称主动外排系统(active efflux system)，是获得性耐药的重要机制之一。能被细菌主动外排机制泵出菌体外引起耐药的抗菌药主要有四环素类、喹诺酮类、大环内酯类、β-内酰胺类等。

(5) 改变代谢途径：例如，磺胺药是与对氨基苯甲酸(PABA)竞争二氢叶酸合成酶而产生抑菌作用。金黄色葡萄球菌多次接触磺胺药后，其自身的PABA产量增加，可高达原敏感菌产量的20～100倍。后者与磺胺药竞争二氢叶酸合成酶，使磺胺药的作用下降甚至消失。

第一节 抗 生 素

一、定义

抗生素(antibiotics)原称抗菌素，是细菌、真菌、放线菌等微生物的代谢产物，在极低浓度下能抑制或杀灭其他微生物。抗生素除能从微生物的培养液中提取外，对其化学结构进行改造后获得的新化学物，称为半合成抗生素。这不仅增加了抗生素的来源，改善了抗菌性能，而且也扩大了临床应用范围。有些抗生素具有抗病毒、抗肿瘤或抗寄生虫的作用。

抗生素的效价一般以游离碱的质量作为效价单位计算，如红霉素、链霉素、卡那霉素、庆大霉素、四环素等，以1 μg为一个效价单位，即1 g为100万单位。少数抗生素的效价与质量之间有特别的规定，例如青霉素钠0.6 μg为1个国际单位(IU)；青霉素钾0.625 μg为1个国际单位(IU)；硫酸黏菌素1 μg为30个国际单位；制霉菌素1 μg为3.7个国际单位。兽医临床上使用的抗生素制剂，为了考虑开处方的习惯，在其标签上除以国际单位表示外，还注明了质量(mg或g)。

二、分类

根据抗生素的化学结构，可将其分为下列几类。

(1) β-内酰胺类：包括青霉素类、头孢菌素类等。前者有青霉素、氨苄西林、阿莫西林、苯唑西林等；后者有头孢唑啉、头孢氨苄、头孢拉啶、头孢噻呋等。此外，还有非典型β-内酰胺类，如碳青霉烯类（亚胺培南）、单环β-内酰胺类（氨曲南）、β-内酰胺酶抑制剂（克拉维酸、舒巴坦）及氧头孢烯类（拉氧头孢）等。

(2) 氨基糖苷类：链霉素、卡那霉素、庆大霉素、阿米卡星、新霉素、大观霉素、安普霉素、潮霉素、越霉素A等。

(3) 四环素类：土霉素、四环素、金霉素、多西环素、美他环素和米诺环素等。

(4) 酰胺醇类：甲砜霉素、氟苯尼考等。

(5) 大环内酯类：红霉素、泰乐菌素、替米考星、吉他霉素、螺旋霉素等。

(6) 林可胺类：林可霉素、克林霉素等。

(7) 多肽类：杆菌肽、黏菌素、维吉尼霉素、恩拉菌素、那西肽等。

(8) 截短侧耳素类：泰妙菌素、沃尼妙林等。

(9) 含磷多糖和其他类：黄霉素等。

(10) 多烯类：制霉菌素、两性霉素B等。

此外，还有大环内酯类的阿维菌素类抗生素和聚醚类（离子载体类）抗生素，如莫能菌素等，均属抗寄生虫药（详见第十四章）。

三、作用机制

抗生素主要通过干扰细菌的生理生化系统，影响其结构和功能，使其失去生长繁殖能力而达到抑制或杀灭病原菌的作用。根据主要作用靶位的不同，抗生素的作用机制可分为下列4种类型（图12-2）。

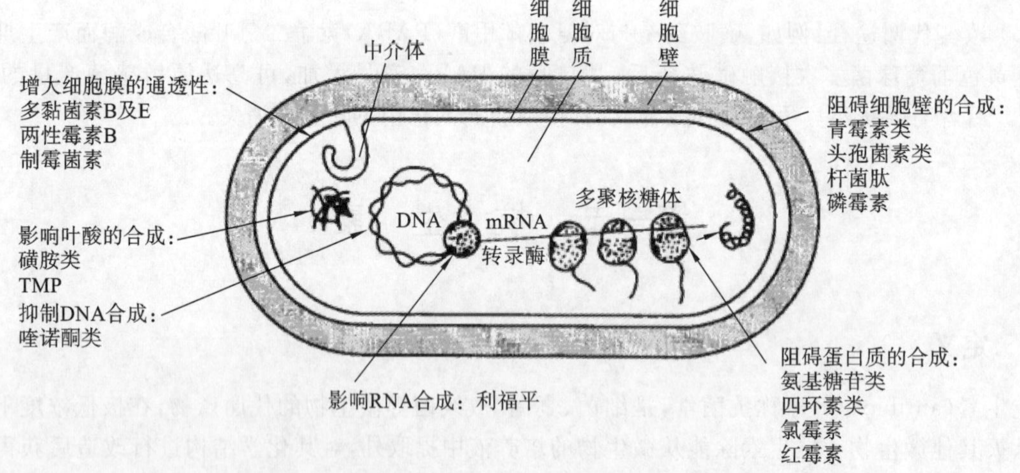

图12-2　细菌的基本结构及抗生素作用原理示意图

(1) 抑制细菌细胞壁的合成：细菌的细胞壁位于细菌的最外层，它能抵御菌体内强大的渗透压，维持细菌的正常形态和功能。其主要成分是糖类、蛋白质和类脂质组成的聚合物，相互镶嵌排列而成。这种异质多聚成分（肽聚糖）构成了细胞壁的基础成分细胞壁黏肽。革兰阳性菌细胞壁黏肽层厚而致密，占细胞壁质量的65%～95%；革兰阴性菌细胞壁黏肽层薄而疏松，占细胞壁质量的10%以下。青霉素类、头孢菌素类及杆菌肽等能分别抑制细胞壁黏肽合成过程中的不同环节。细胞壁黏

肽的合成分胞质内、胞质膜及胞质外 3 个步骤。磷霉素(一种广谱抗生素)主要在胞质内抑制黏肽前体物质核苷形成。杆菌肽主要在胞质膜上抑制线形多糖肽链的形成。β-内酰胺类能与细菌胞质膜上的青霉素结合蛋白(PBP)结合,各种 PBP 的功能并不相同,分别起转肽酶、羧肽酶及内肽酶等作用。β-内酰胺类抗生素与它们结合后,其活性丧失,造成敏感菌内黏肽的交叉联结受到阻碍,细胞壁缺损,菌体内的高渗透压使胞外的水分不断渗入菌体内,引起菌体膨胀变形,加上激发细胞自溶酶(autolysin)的活性,使细菌裂解而死亡。不同种类的细菌有不同的 PBP,与青霉素的亲和力也有差异,这就是不同细菌对青霉素的敏感性不同的原因。大多数革兰阴性杆菌对青霉素不敏感,除了 PBP 不同外,其外膜结构特殊,使青霉素难以进入,即使有少量的药物进入,也可被存在于外膜间隙的青霉素酶破坏,这也是不敏感的原因之一。β-内酰胺类主要影响正在繁殖的细菌,故这类抗生素称为繁殖期杀菌剂。

(2) 增加细菌细胞膜的通透性:位于细胞壁内侧的细胞膜主要是由类脂质与蛋白质分子构成的半透膜,它的功能在于维持渗透屏障、运输营养物质和排泄菌体内的废物,并参与细胞壁的合成等。当细胞膜损伤时,通透性将增加,导致菌体内细胞质中的重要营养物质(如核苷酸、氨基酸、嘌呤、嘧啶、磷脂、无机盐等)外漏而死亡,产生杀菌作用。属于这种作用方式而呈现抗菌作用的抗生素有多肽类(如多黏菌素 B 和黏菌素)及多烯类(如两性霉素 B、制霉菌素等)。多肽类的分子有两极性,能与细胞膜的蛋白质及膜内磷脂结合,使细胞膜受损。两性霉素 B 及制霉菌素等可与真菌细胞膜上的类固醇结合,使细胞膜通透性增加;而细菌细胞膜不含类固醇,故对细菌无效。动物细胞的细胞膜上含有少量类固醇,故长期或大剂量使用两性霉素 B 可出现溶血性贫血。咪唑类(酮康唑)可抑制真菌细胞膜中类固醇的生物合成,损伤细胞膜而增加其通透性。

(3) 抑制细菌蛋白质的合成:细菌蛋白质合成场所在细胞质内的核糖体上,蛋白质的合成过程分 3 个阶段,即起始阶段、延长阶段和终止阶段。不同抗生素 3 个阶段的作用不完全相同,有的可作用于 3 个阶段,如氨基糖苷类;有的仅作用于延长阶段,如林可胺类。细菌细胞与哺乳动物细胞合成蛋白质的过程基本相同,两者最大的区别在于核糖体的结构及蛋白质、RNA 的组成不同。细菌核糖体的沉降常数为 70S,由 30S 和 50S 亚基组成。哺乳动物细胞核糖体的沉降常数为 80S,由 40S 和 60S 亚基组成。二者的生理、生化功能均不同。抗生素对细菌核糖体有高度的选择性作用,但不影响宿主核糖体的功能和蛋白质的合成。许多抗生素均可影响细菌蛋白质的合成,但作用部位及作用阶段不完全相同。四环素类主要作用于 30S 亚基。酰胺醇类、大环内酯类、林可胺类则主要作用于 50S 亚基,由于这些药物在核糖体 50S 亚基上的结合点相同或相连,故合用时可能发生拮抗作用。

(4) 抑制细菌核酸的合成:核酸具有调控蛋白质合成的功能。新生霉素(一种主要作用于革兰阳性菌的抗生素)、灰黄霉素和抗肿瘤的抗生素(如丝裂霉素 C、放线菌素等)、利福平(广谱抗生素,尤其对分枝杆菌作用强)等可抑制或阻碍细菌细胞 DNA 或 RNA 的合成。例如,新生霉素主要影响 DNA 聚合酶的作用,从而影响 DNA 合成;灰黄霉素可阻止鸟嘌呤进入 DNA 分子中而阻碍 DNA 的合成;利福平可与 DNA 依赖的 RNA 多聚酶(转录酶)的 β 亚单位结合,抑制其活性,使转录过程受阻从而阻碍 mRNA 的合成。这些抗生素抑制了细菌细胞的核酸合成,从而引起细菌死亡。

(一) β-内酰胺类抗生素

β-内酰胺类抗生素(β-lactam antibiotics)是指化学结构中含有 β-内酰胺环的一类抗生素,兽医临床常用药物主要包括青霉素类和头孢菌素类。β-内酰胺类抗生素抗菌活性强、毒性低、品种多及适应证广。它们的抗菌作用机制均为抑制细菌细胞壁的合成。

1. 青霉素类

青霉素类(penicillins)包括天然青霉素和半合成青霉素。前者的优点是杀菌力强、毒性低、使用方便、价格低廉,但存在抗菌谱较窄,易被胃酸和 β-内酰胺酶(青霉素酶)水解破坏,金黄色葡萄球菌易产生耐药性、易过敏等缺点。而半合成青霉素具有耐酸、耐酶和广谱长效等特点。在兽医临床上

最常用的是青霉素。

1）天然青霉素　1928 年，Fleming 首次报道了青霉素的发现。1940 年，Chain、Flory 从青霉菌的培养液中获得大量的青霉素且成功地将其作为第一个抗生素应用于临床。从青霉素的培养液中可获得含有青霉素 F、青霉素 G、青霉素 X、青霉素 K 和双氢 F 5 种组分。它们的基本化学结构是由母核 6-氨基青霉烷酸(6-aminopenicillanic acid，6-APA)和侧链组成(图 12-3)。其中以青霉素 G 的作用最强，性质较稳定，产量亦较高。

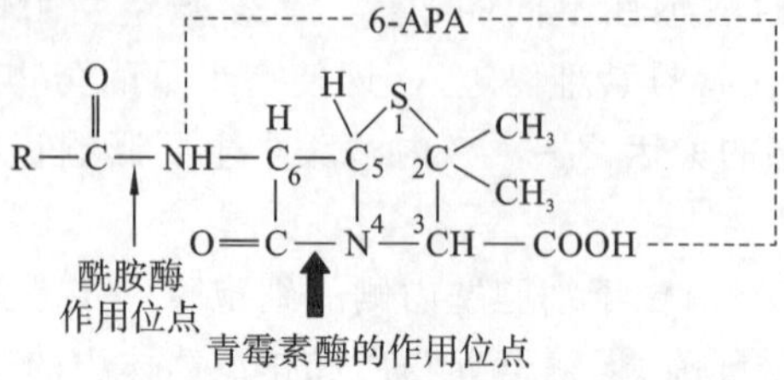

6-APA

酰胺酶作用位点

青霉素酶的作用位点

图 12-3　青霉素类的化学结构及特点

青霉素(Benzylpenicillin)

青霉素又称为苄青霉素、青霉素 G(penicillin G)。

【理化性质】　青霉素是一种有机酸，性质稳定，难溶于水。其钾盐或钠盐为白色结晶性粉末；无臭或微有特异性臭味；有引湿性；遇酸、碱或氧化剂等迅速失效，水溶液在室温放置易失效。在水中极易溶解，乙醇中溶解，在脂肪油或液体石蜡中不溶。20 万 IU/mL 青霉素溶液于 30 ℃放置 24 h，效价下降 56%，青霉烯酸含量增加 200 倍，临床应用时应新鲜配制。青霉素游离酸的 pKa 为 2.8。

【药动学】　内服易被胃酸和消化酶破坏，仅少量吸收。但新生仔猪和鸡内服大剂量(8 万～10 万 IU/kg)青霉素吸收较多，能达到有效血药浓度。肌内注射或皮下注射后吸收较快，一般 15～30 min 达到血药峰浓度，并迅速下降。常用剂量维持有效血药浓度(0.5 μg/mL)的时间为 6～7 h。吸收后在体内分布广泛，能分布到全身各组织，以肾、肝、肺、肌肉、小肠和脾脏等的浓度较高；骨骼、唾液和乳汁含量较低。当中枢神经系统或其他组织有炎症时，青霉素则较易透入。例如患脑膜炎时，血脑屏障的通透性增加，青霉素进入量增加，可达到有效血药浓度。

青霉素在动物体内的半衰期较短，种属间的差异较小。肌内注射给药，在马、水牛、犊牛、猪、兔中的半衰期分别是 2.6 h、1.02 h、1.63 h、2.56 h 及 0.52 h，而静脉注射给药后，马、牛、骆驼、猪、羊、犬及火鸡的半衰期分别是 0.9 h、0.7～1.2 h、0.8 h、0.3～0.7 h、0.7 h、0.5 h 和 0.5 h。青霉素吸收进入血液循环后，在体内不易代谢，主要以原形从尿中排出，肌内注射治疗量的青霉素钠或钾的水溶液后通常在尿中可回收到注射剂量的 60%～90%，给药后 1 h 内随尿排出绝大部分药物。在尿中约 80%的青霉素由肾小管分泌排出，20%左右通过肾小球滤过。此外，青霉素可随乳汁排泄，牛奶中的青霉素浓度约为其血浆浓度的 0.2%，易感人群食用此牛奶可能引起过敏反应，因此给药奶牛的牛奶应严格遵守弃奶期。

在兽医临床，青霉素的给药途径常常采用肌内注射、皮下注射和局部应用。局部应用是指乳管内、子宫内及关节腔内注入等。青霉素在动物体内的消除很快，有效血药浓度维持时间较短。但在体内的药效试验证实，间歇应用青霉素水溶液时，青霉素消失后仍继续发挥其抑菌作用(抗生素后效应)，细菌受青霉素杀伤后，恢复繁殖力一般要 6～12 h，故在一般情况下，每日 2 次肌内注射能达到有效治疗浓度。但严重感染时仍应每隔 4～6 h 给药 1 次。为了减少给药次数，保持较长的有效血药浓度维持时间，可采取下列方法：①肌内注射长效青霉素，如普鲁卡因青霉素，由于其产生的血药浓度不高，仅用于轻度感染或维持疗效。②在应用长效制剂的同时，加用青霉素钠或钾，或先肌内注射青霉素钠或钾，再用长效制剂以维持有效血药浓度。

【药理作用】 青霉素属窄谱的杀菌性抗生素。抗菌作用很强，低浓度抑菌，高浓度杀菌。青霉素对革兰阳性和阴性球菌、革兰阳性杆菌、放线菌和螺旋体等高度敏感，常作为首选药。对青霉素敏感的病原菌主要包括链球菌、葡萄球菌、肺炎链球菌、脑膜炎球菌、丹毒杆菌、化脓放线菌、炭疽芽孢杆菌、破伤风梭菌、李氏杆菌、产气荚膜梭菌、牛放线杆菌和钩端螺旋体等。大多数革兰阴性杆菌对青霉素不敏感。青霉素对处于繁殖期正大量合成细胞壁的细菌作用强，而对已合成细胞壁而处于静止期者作用弱，故称繁殖期杀菌剂。哺乳动物的细胞无细胞壁结构，故其对哺乳动物毒性小。

【耐药性】 除金黄色葡萄球菌外，一般细菌对青霉素不易产生耐药性。青霉素广泛用于兽医临床，可杀灭金黄色葡萄球菌中的大部分敏感菌株，使原来的极少数耐药菌株得以大量生长繁殖和传播；同时通过噬菌体能把耐药菌株产生的β-内酰胺酶的能力转移到敏感菌株上，使敏感菌株变成了耐药菌株。因此，耐药的金黄色葡萄球菌菌株的比例逐年增加。耐药金黄色葡萄球菌能产生大量的β-内酰胺酶，使青霉素的β-内酰胺环水解而成为青霉噻唑酸，失去抗菌活性。

【应用】 本品用于革兰阳性球菌所致的马腺疫、链球菌病、猪淋巴结脓肿、葡萄球菌病以及乳腺炎、子宫炎、化脓性腹膜炎和创伤感染等；革兰阳性杆菌所致的炭疽、恶性水肿、气肿疽、气性坏疽、猪丹毒、放线菌病以及肾盂肾炎、膀胱炎等；钩端螺旋体病。此外，对于鸡球虫病并发的肠道梭菌感染，可内服大剂量的青霉素；发生破伤风而使用本品时，应与抗破伤风血清合用。对耐药金黄色葡萄球菌的感染，可采用半合成青霉素类、头孢菌素类、红霉素及氟喹诺酮类等药物进行治疗。

【不良反应】 青霉素的毒性很小，其不良反应除局部刺激外，主要是过敏反应。在兽医临床上，马、骡、牛、猪、犬中已有报道，但症状较轻。主要临床表现为流汗、兴奋、不安、肌肉震颤、呼吸困难、心率加快、站立不稳，有时见荨麻疹、眼睑和头面部水肿，阴门、直肠肿胀和无菌性蜂窝织炎等，严重时休克，抢救不及时，可导致迅速死亡。因此，在用药后应注意观察，若出现过敏反应，要立即进行对症治疗，严重者可静脉或肌内注射肾上腺素（马、牛每次 2～5 mg，羊、猪每次 0.2～1 mg，犬每次 0.1～0.5 mg，猫每次 0.1～0.2 mg），必要时可加用糖皮质激素和抗组胺药，增强或稳定疗效。

青霉素引起过敏反应的基本成分是其降解产物和聚合物。青霉素的性质不稳定，可降解为青霉噻唑酸和青霉烯酸。前者还可聚合成青霉噻唑酸聚合物，此聚合物极易与多肽或蛋白质结合成青霉噻唑酸蛋白，它为一种速发型的致敏原，是青霉素产生过敏反应的最主要原因。

【注意事项】 ①本品内服易被胃酸破坏，而肌内注射后分布广泛，且脑炎时脑脊液中浓度增高；乳管内注入后，奶中抗菌浓度维持时间长；半衰期较短，主要以原形由肾脏排泄。②本品毒性小，但局部刺激性强，可产生疼痛反应，钾盐尤甚。③犬、猪等动物可发生皮疹、水肿、流汗、不安、肌肉震颤、心率加快、呼吸困难和休克等过敏反应，可酌情应用地塞米松、氢化可的松、肾上腺素、葡萄糖酸钙和维生素 C 等药物救治。④β-内酰胺环在水溶液中可裂解成无活性的青霉烯酸和青霉噻唑酸，使抗菌活性降低与过敏反应发生率增高，故在应用时现配现用。⑤本品与氨基糖苷类合用呈现协同作用；与四环素类、氟苯尼考、红霉素等快效抑菌剂合用，抗菌活性降低；与含重金属离子药物、醇类、酸、碘、氧化剂、还原剂、羟基化合物、呈酸性的葡萄糖注射液或盐酸四环素注射液等合用可破坏其活性；与胺类可形成不溶性盐（如注射用普鲁卡因青霉素等），使吸收和排泄缓慢而药效持久，适用于轻度感染。⑥青霉素钾大剂量或注射速度过快，可引起高钾性心搏骤停，对心、肾功能不全的患病动物慎用。

【用法与用量】 肌内注射：一次量，每千克体重，马、牛 1 万～2 万 IU，羊、猪、驹、犊 2 万～3 万 IU，犬、猫 3 万～4 万 IU，禽 5 万 IU。每日 2～3 次，连用 2～3 日。乳管内注入：一次量，每个乳室，牛 10 万 IU。每日 1～2 次，连用 2～3 日。

【最高残留限量】 残留标示物：青霉素。所有食品动物，肌肉、脂肪、肝、肾 50 μg/kg，奶 4 μg/kg。

【制剂与休药期】 注射用青霉素钠、注射用青霉素钾：0 日；弃奶期 3 日。中华鳖、鳗鲡 21 日。

普鲁卡因青霉素(Procaine Benzylpenicillin)

【作用与应用】 本品肌内注射后，在局部水解释放出青霉素，缓慢吸收。达峰时间较长，血药浓度较低，但维持时间较长。本品用于治疗高度敏感菌引起的慢性感染，或作为维持剂量用。

【用法与用量】 肌内注射：一次量，每千克体重，马、牛 1 万～2 万 IU，羊、猪、驹、犊 2 万～3 万 IU，犬、猫 3 万～4 万 IU。每日 1 次，连用 2～3 日。

【最高残留限量】 残留标示物：青霉素。所有食品动物，肌肉、脂肪、肝、肾 50 μg/kg，奶 4 μg/kg。

【制剂与休药期】 注射用普鲁卡因青霉素(procaine benzylpenicillin for injection)：弃奶期 3 日。

苄星青霉素(Benzathine Benzylpenicillin)

【作用与应用】 本品为长效青霉素，吸收和排泄缓慢，血药浓度较低，但维持时间长，只适用于对青霉素高度敏感的细菌所致的轻度或慢性感染，例如长途运输家畜时用于防治呼吸道感染、肺炎，牛的肾盂肾炎、子宫蓄脓等。

【用法与用量】 肌内注射：一次量，每千克体重，马、牛 2 万～3 万 IU，羊、猪 3 万～4 万 IU，犬、猫 4 万～5 万 IU。必要时 3～4 日后重复 1 次。

【最高残留限量】 残留标示物：青霉素。所有食品动物，肌肉、脂肪、肝、肾 50 μg/kg，奶 4 μg/kg。

【制剂与休药期】 注射用苄星青霉素(benzathine benzylpenicillin for injection)：牛、羊 4 日，猪 5 日；弃奶期 3 日。

2) 半合成青霉素　以青霉素结构中的母核(6-APA)为原料，连接不同结构的侧链，从而合成了一系列衍生物。它们具有耐酸或耐酶(β-内酰胺酶不能破坏)、广谱等特点。

氨苄西林(Ampicillin)

氨苄西林又称为氨苄青霉素、安比西林。

【理化性质】 其游离酸含 3 分子结晶水(供内服)；白色结晶性粉末；味微苦。在水中微溶，在三氯甲烷、乙醇、乙醚或不挥发油中不溶；在稀盐酸或氢氧化钠溶液中溶解。p*K*a 为 2.5 和 7.3。0.25%水溶液的 pH 值为 3.5～5.5。注射用其钠盐，为白色或类白色的粉末或结晶；无臭或微臭，味微苦；有引湿性。在水中易溶，乙醇中略溶，乙醚中不溶。10%水溶液的 pH 值为 8～10。

【药动学】 本品耐酸、不耐酶，内服或肌内注射均易吸收。单胃动物内服吸收的生物利用度为 30%～55%，反刍动物吸收差，绵羊内服的生物利用度仅为 2.1%。肌内注射吸收好，生物利用度超过 80%。吸收后分布到各组织，其中以胆汁、肾、子宫等的浓度较高。相同剂量给药时，肌内注射较内服血液和尿中的浓度高，常用肌内注射。主要由尿和胆汁排泄，给药后 24 h 大部分从尿中排出。本品的血清蛋白结合率较青霉素低，氨苄西林与马血清蛋白结合的能力约为青霉素的 1/10。肌内注射，在马、水牛、黄牛、猪、奶山羊体内的半衰期分别为 1.21～2.23 h、1.26 h、0.98 h、0.57～1.06 h 及 0.92 h。静脉注射，在马、牛、羊、犬体内的半衰期分别为 0.62 h、1.20 h、1.58 h 及 1.25 h。

【药理作用】 本品具有广谱抗菌作用。对大多数革兰阳性菌的效力不及青霉素。对革兰阴性菌，如大肠杆菌、变形杆菌、沙门菌、嗜血杆菌、布鲁菌和巴氏杆菌等均有较强的作用，与氯霉素、四环素相似或略强，但不如卡那霉素、庆大霉素和黏菌素。本品对耐青霉素的金黄色葡萄球菌、铜绿假单胞菌无效。

【应用】 本品用于敏感菌所致的肺部、尿道感染和革兰阴性杆菌引起的某些感染等，例如驹、犊肺炎，牛巴氏杆菌病、肺炎，乳腺炎，猪传染性胸膜肺炎，鸡白痢、禽伤寒等。严重感染时，可与氨基糖

苷类抗生素合用以增强疗效。不良反应同青霉素。

【注意事项】 ①本品内服后耐酸，单胃动物吸收较好，反刍动物吸收差；肌内注射吸收生物利用度大于 80%，吸收后分布广泛，可透过胎盘屏障，但脑脊液和乳中含量低。半衰期短，主要经肾排泄。②可产生过敏反应，犬较易发生。③长期或超量应用，可发生二重感染，故马属动物不宜长期内服，成年反刍动物禁止内服。④氨苄西林钠在生理盐水、复方氯化钠溶液中稳定性较好，在 5%葡萄糖生理盐水中稳定性一般，在 10%葡萄糖溶液、5%碳酸氢钠溶液中稳定性差，输液时应注意选择。⑤氨苄西林混悬注射液使用前应先将药液摇匀，注射后应在注射部位多次轻轻按摩。⑥常与海他西林(海他西林由氨苄西林与丙酮发生缩合反应而成，本身无抗菌活性，进入动物体内迅速水解为氨苄西林而发挥抗菌作用。)按 4∶1 的比例制成复方氨苄西林片、复方氨苄西林粉，用于鸡的氨苄西林敏感菌引起的感染；钠盐与氯唑西林钠制成乳房注入剂治疗奶牛乳腺炎；其钠盐与维生素 C、乳糖酸红霉素、盐酸庆大霉素、硫酸卡那霉素、盐酸林可霉素、盐酸土霉素、盐酸四环素、碳酸氢钠等药物有配伍禁忌。

【用法与用量】 内服：一次量，每千克体重，家畜、禽 20～40 mg/kg。每日 2～3 次，连用 2～3 日。混饮：每升水，家禽 60 mg(以氨苄西林计)。连用 3～5 日。肌内、静脉注射：一次量，每千克体重，家畜 10～20 mg。每日 2～3 次(高剂量用于幼畜和急性感染)，连用 2～3 日。皮下或肌内注射(混悬注射液)：一次量，每千克体重，家畜 5～7 mg。每日 1 次，连用 2～3 日。乳管内注入：奶牛每个乳室 200 mg。每日 1 次，连用 2～3 日。

【最高残留限量】 残留标示物：氨苄西林。所有食品动物，肌肉、脂肪、肝、肾 50 μg/kg，奶 10 μg/kg。

【制剂与休药期】 氨苄西林可溶性粉：鸡 7 日，蛋鸡产蛋期禁用。氨苄西林(三水合物)胶囊。氨苄西林混悬注射液：牛 6 日，弃奶期 48 h；猪 15 日。注射用氨苄西林钠：牛 6 日，弃奶期 48 h；猪 15 日。

阿莫西林(Amoxicillin)

【理化性质】 阿莫西林又称为羟氨苄青霉素，为白色或类白色结晶性粉末；味微苦。本品在水中微溶，在乙醇中几乎不溶。p*K*a 为 2.4、7.4 及 9.6。0.5%水溶液的 pH 值为 3.5～5.5。本品的耐酸性较氨苄西林强。

【药动学】 本品在胃酸中较稳定，单胃动物内服后有 74%～92%被吸收，胃肠道内容物会影响吸收速率，但不影响吸收程度。内服相同的剂量后，阿莫西林的血药浓度一般比氨苄西林高 1.5～3 倍。在马、驹、山羊、绵羊、犬体内，本品的半衰期分别为 0.66 h、0.74 h、1.12 h、0.77 h 及 1.25 h。本品可进入脑脊液，患脑膜炎时的浓度为血药浓度的 10%～60%。在犬体内，其血浆蛋白结合率约 13%，乳中的药物浓度很低。

【作用与应用】 本品的作用、应用、抗菌谱与氨苄西林基本相似，对肠球菌属和沙门菌的作用较氨苄西林强 2 倍。细菌对本品和氨苄西林有完全的交叉耐药性。

【注意事项】 ①本品与克拉维酸(克拉维酸为 β-内酰胺酶抑制剂，能与 β-内酰胺酶发生不可逆结合，使酶失去活性，水解 β-内酰胺类抗生素的活性)按 4∶1 的比例制成复合片剂或混悬液，提高对耐药葡萄球菌感染的疗效，用于治疗犬和猫的尿道、皮肤及软组织的细菌感染。②内服耐酸，单胃动物吸收良好，不受胃肠道内容物影响，可与饲料同服。血药浓度比氨苄西林高 1.5～3 倍。③在输液中稳定性与氨苄西林钠相同，静脉滴注时最好在 2 h 内用完。④休药期：鸡 7 日，产蛋期禁用；牛、猪 14 日，弃奶期 2.5 日。

【用法与用量】 内服：一次量，每千克体重，家畜 10～15 mg，禽 20～30 mg。每日 2 次，连用 2～3 日。混饮：每升水，家禽 60 mg(以阿莫西林计)。连用 3～5 日。肌内注射：一次量，每千克体重，家畜 5～10 mg。每日 2 次，连用 2～3 日。乳管内注入：奶牛每个乳室 200 mg。每日 1 次，连用 2～3 日。

【最高残留限量】 残留标示物：阿莫西林。所有食品动物，肌肉、脂肪、肝、肾 50 μg/kg，奶 10 μg/kg。

【制剂与休药期】 阿莫西林片（amoxicillin tablets）。阿莫西林胶囊（amoxicillin capsules）。阿莫西林可溶性粉（amoxicillin soluble powder）：鸡 7 日，蛋鸡产蛋期禁用。注射用阿莫西林钠（amoxicillin sodium for injection）。

羧苄西林(Carbenicillin)

【药动学】 羧苄西林又称为羧苄青霉素、卡比西林。其钠盐内服不吸收，内服剂型为羧苄西林茚满酯。肌内注射钠盐能迅速吸收，可进入胸水、腹水、关节液、胆汁和淋巴液等。在马、犬体内的半衰期分别为 1 h、1.25 h。

【作用与应用】 本品的作用、抗菌谱与氨苄西林相似，特点是对铜绿假单胞菌、变形杆菌和大肠杆菌有较好的抗菌作用，对耐青霉素的金黄色葡萄球菌无效。注射给药，主要用于动物的铜绿假单胞菌全身性感染，通常与氨基糖苷类合用以增强其作用，但不能混合注射，应分别注射给药；对变形杆菌和肠杆菌属的感染也可应用。内服吸收很少，半衰期短，不适宜做全身治疗，仅适用于铜绿假单胞菌性尿道感染。

【用法与用量】 肌内注射：一次量，每千克体重，家畜 10～20 mg。每日 2～3 次，连用 2～3 日。静脉注射或内服：一次量，每千克体重，犬、猫 55～110 mg。每日 3 次，连用 2～3 日。

【制剂】 注射用羧苄西林钠（carbenicillin sodium for injection），羧苄西林茚满酯。

青霉素 V

【理化性质】 常用其钾盐。本品为白色结晶性粉末，溶于水和乙醇，p*K*a 为 2.73。

【作用与应用】 本品的抗菌谱、抗菌作用、应用与青霉素相似，但抗菌活性比青霉素稍差。可内服，耐胃酸但不耐 β-内酰胺酶。犊牛内服的生物利用度为 30%，在动物体内的半衰期小于 1 h。一般不用于敏感菌的严重感染。

【用法与用量】 内服：一次量，每千克体重，马 40～70 mg，犬、猫 5.5～11 mg，每日 3～4 次，连用 2～3 日。

【制剂】 青霉素 V 钾片（phenoxymethyl penicillin potassium tablets）。

苯唑西林(Oxacillin)

苯唑西林又称为苯唑青霉素、新青霉素Ⅱ。

【作用与应用】 本品为半合成的耐酸、耐酶青霉素。对耐青霉素的金黄色葡萄球菌有效，但对青霉素敏感菌株的杀菌作用不如青霉素。在马、犬体内的半衰期分别是 0.6 h 及 0.5 h。肌内注射后吸收迅速，在 30 min 内达峰浓度，在黄牛和猪体内的半衰期分别是 1.34 h 及 0.96 h。主要用于对青霉素耐药的金黄色葡萄球菌感染，如败血症、肺炎、乳腺炎、烧伤创面感染等。

【用法与用量】 肌内注射：一次量，每千克体重，马、牛、羊、猪 10～15 mg，犬、猫 15～20 mg。每日 2～3 次，连用 2～3 日。内服或肌内注射：一次量，每千克体重，犬、猫 20～30 mg。每日 2～3 次，连用 3～5 日。

【注意事项】 ①本品与氨苄西林或庆大霉素合用，可增强对肠球菌的抗菌活性。②内服耐酸，肌内注射后体内分布广泛。主要经肾排泄。③其他同青霉素 G。

【最高残留限量】 残留标示物：苯唑西林。所有食品动物，肌肉、脂肪、肝、肾 300 μg/kg，奶 30 μg/kg。

【制剂与休药期】 苯唑西林钠片，苯唑西林钠胶囊。注射用苯唑西林钠：牛、羊 14 日，猪 5 日；弃奶期 3 日。

氯唑西林(Cloxacillin)

氯唑西林又称为邻氯青霉素。

【作用与应用】 本品为半合成的耐酸、耐酶青霉素。对耐青霉素的菌株有效，尤其对耐药金黄色葡萄球菌有很强的杀菌作用，故被称为“抗葡萄球菌青霉素”，但对青霉素敏感菌的作用不如青霉素。本品内服可以抗酸，但生物利用度仅为37%～60%，受食物影响还会降低。在犬体内的半衰期为0.5 h。常用于治疗动物的骨、皮肤和软组织的葡萄球菌感染，以及耐青霉素葡萄球菌感染，如奶牛乳腺炎。

【用法与用量】 内服：一次量，每千克体重，马、牛、羊、猪10～20 mg，犬、猫20～40 mg。每日3次，连用2～3日。肌内注射：一次量，每千克体重，马、牛、羊、猪5～10 mg，犬、猫20～40 mg。每日3次，连用2～3日。乳管内注入：奶牛每个乳室200 mg。每日1次，连用2～3日。

【注意事项】 ①内服耐酸，吸收快而不完全，胃中内容物影响其吸收。吸收后分布广泛，可透过胎盘屏障。②其他参见苯唑西林。

【最高残留限量】 残留标示物：氯唑西林。所有食品动物，肌肉、脂肪、肝、肾300 μg/kg，奶30 μg/kg。

【制剂与休药期】 氯唑西林钠胶囊(cloxacillin sodium capsules)；注射用氯唑西林钠(cloxacillin sodium for injection)：牛10日；弃奶期48 h。

苄星氯唑西林(Benzathine Cloxacillin)

【理化性质】 本品为白色或类白色结晶性粉末。本品在甲醇中易溶，在三氯甲烷中可溶，在水或乙醇中不溶。

【药理作用】 参见氯唑西林。本品有长效作用，仅用于治疗乳腺炎。

【最高残留限量】 残留标示物：苄星氯唑西林。所有食品动物，肌肉、脂肪、肝，肾300 μg/kg。

【制剂与休药期】 苄星氯唑西林注射液：牛28日。

苄星氯唑西林乳房注入剂(干乳期)：牛28日，弃奶期为产犊后96 h。

氨苄西林苄星氯唑西林乳房注入剂(干乳期)：牛28日，弃奶期为产犊后96 h。

氨苄西林苄星氯唑西林乳房注入剂(泌乳期)：牛7日，弃奶期60 h。

2. 头孢菌素类

头孢菌素类又称先锋霉素类，是一类广谱半合成抗生素，与青霉素类一样，都具有β-内酰胺环，共称为β-内酰胺类抗生素。不同的是头孢菌素类是7-氨基头孢烷酸(7-aminocephalosporanic acid，7-ACA)的衍生物，而青霉素类为6-APA衍生物。从冠头孢菌的培养液中提取获得的头孢菌素C(cephalosporin C)，其抗菌活性低，毒性大，不能用于临床。以头孢菌素C为原料，经催化水解后可获得母核7-ACA，并在其侧链R_1和R_2处，引入不同的基团而形成一系列半合成头孢菌素(表12-2)，其抗菌谱与广谱青霉素相似，抗菌谱广、杀菌力强，对胃酸和β-内酰胺酶较稳定，过敏反应少，对多数耐青霉素菌仍然敏感；与青霉素类抗生素、氨基糖苷类抗生素合用有协同作用。现兽医临床多用于贵重动物疾病、宠物疾病和局部感染的治疗。根据发现时间的先后，可分为第一、二、三、四代头孢菌素。头孢菌素的基本结构如下：

头孢菌素

表 12-2　头孢菌素类药物的化学结构、分类及给药途径

	药名	R_1	R_2	给药途径
第一代	头孢噻吩(Cephalothin,先锋霉素Ⅰ)	(噻吩环,S)—CH_2—	—$CH_2OC(=O)CH_3$	注射
	头孢氨苄(Cefalexin,先锋霉素Ⅳ)	(苯环)—CH(—NH_2)—	—CH_3	内服
	头孢唑啉(Cefazolin,先锋霉素Ⅴ)	(四唑环,N—N=N—N)—N—CH_2—	—CH_2S—(噻二唑环,N—N,S)—CH_3	注射
	头孢羟氨苄(Cefadroxil)	HO—(苯环)—CH(—NH_2)—	—CH_3	内服
第二代	头孢孟多(Cefamandole)	(苯环)—CH(—OH)—	—CH_2S—(四唑环,N—N,N—N)—N—CH_3	注射
	头孢西丁(Cefoxitin)	(噻吩环,S)—CH_2—	—$CH_2OC(=O)NH_2$	注射
	头孢克洛(Cefaclor)	(苯环)—CH(—NH_2)—	—Cl	内服
	头孢呋辛(Cefuroxim)	(呋喃环,O)—C(=N—OCH_3)—	—$CH_2OC(=O)NH_2$	注射
第三代	头孢噻肟(Cefotaxime)	H_2N—(噻唑环,N,S)—C(=N—OCH_3)—	—$CH_2OC(=O)CH_3$	注射
	头孢唑肟(Ceftizoxime)	H_2N—(噻唑环,N,S)—C(=N—OCH_3)—	—H	注射

续表

	药名	R_1	R_2	给药途径
第三代	头孢曲松(Ceftriaxone)	N, S, H_2N, C—, N, OCH_3	H_3C, N, H, N, O, N, O, $—CH_2S$	注射
	头孢哌酮(Cefoperazone)	HO, CH—, NH, CO, O, N, O, N, C_2H_5	N, N, N, N, $—CH_2S$, CH_3	注射
	头孢他啶(Ceftazidime)	N, S, H_2N, C—, N, $OC(CH_3)_2COOH$	$—CH_2N^+$	注射
	头孢噻呋(Ceftiofur)	N, S, H_2N, C—, N, OCH_3	$—CH_2S$, O, O	注射
第四代	头孢吡肟(Cefepime)	N, S, H_2N, C—, N, OCH_3	H_3C, $—CH_2N^+$	注射
	头孢喹诺(Cefquinome)	S, NH_2, N, C, N, OCH_3	CH_2, N^+	注射

第一代头孢菌素对革兰阳性菌(包括耐药金黄色葡萄球菌)的作用强于第二、三、四代,对革兰阴性菌的作用则较差,对铜绿假单胞菌无效。第一代对β-内酰胺酶比较敏感,并且不能像青霉素那样有效地对抗厌氧菌。第二代头孢菌素对革兰阳性菌的作用与第一代相似或有所减弱,但对革兰阴性菌的作用则比第一代强,比较能耐受β-内酰胺酶;部分药物对厌氧菌有效,但对铜绿假单胞菌无效。第三、第四代头孢菌素的特点是对革兰阴性菌的作用比第二代更强,尤其对铜绿假单胞菌、肠杆菌属、厌氧菌有很好的作用,但对革兰阳性菌的作用比第一、二代弱。第三代头孢菌素对β-内酰胺酶有很高的耐受力。第四代头孢菌素除具有第三代头孢菌素对革兰阴性菌较强的抗菌作用外,抗菌谱更广,对β-内酰胺酶高度稳定,血浆半衰期较长,无肾毒性。

头孢菌素能广泛地分布于大多数的体液和组织中,包括肾、肺、关节、骨、软组织和胆囊。第三代头孢菌素具有较好的穿透脑脊液的能力。头孢菌素主要经肾小球过滤和肾小管分泌排泄,丙磺舒可与头孢菌素竞争分泌排泄,延缓头孢菌素的排出。肾功能障碍时,半衰期显著延长。

目前人医用和批准动物也可用的头孢菌素类药物有头孢氨苄、头孢赛曲。动物专用的头孢菌素

类药物主要有头孢噻呋、头孢喹诺、头孢洛宁、头孢维星等。

头孢氨苄(Cefalexin)

【理化性质】 本品又称先锋霉素Ⅳ,为白色或微黄色结晶性粉末,微臭,在水中微溶,在乙醇、三氯甲烷或乙醚中不溶,常制成乳剂、片剂、胶囊。

【药动学】 本品内服吸收迅速而完全,犬、猫的生物利用度为75%~90%,以原形从尿中排出。在犊牛、奶牛、绵羊体内的半衰期分别为2 h、0.58 h及1.20 h,犬、猫为1~2 h。肌内注射能很快吸收,约0.5 h血药浓度达峰值,犊牛的生物利用度为74%。

【药理作用】 广谱抗菌作用。对革兰阳性菌的抗菌活性较强,肠球菌除外。对部分大肠杆菌、奇异变形杆菌、克雷伯菌、沙门菌、志贺菌有抗菌作用,但对铜绿假单胞菌耐药。

【应用】 主要用于耐药金黄色葡萄球菌及某些革兰阴性杆菌如大肠杆菌、沙门菌、克雷伯菌等敏感菌引起的消化道、呼吸道、泌尿生殖道感染,牛乳腺炎等。

【不良反应】 ①过敏反应:犬肌内注射有时出现严重的过敏反应,甚至引起死亡。②胃肠道反应表现为厌食、呕吐或腹泻,犬、猫较为多见。③潜在的肾毒性:本品主要经过肾排泄,因此肾功能不良的动物的用药剂量应注意调整。

【用法与用量】 内服:一次量,每千克体重,马22 mg,犬、猫10~30 mg;每日3~4次,连用2~3日。乳管内注入:奶牛每个乳室200 mg。每日2次,连用2日。

【最高残留限量】 残留标示物:头孢氨苄。牛,肌肉、脂肪、肝200 μg/kg,肾1000 μg/kg,奶100 μg/kg。

【制剂与休药期】 头孢氨苄片;头孢氨苄胶囊;头孢氨苄乳剂:弃奶期48 h。

头孢赛曲(Cefacetrile)

【理化性质】 头孢赛曲又称氰甲头孢菌素钠,为第一代半合成头孢菌素,是由氰乙酰氯和7-氨基头孢烷酸反应制得的广谱头孢菌素。本品为白色结晶性粉末,可溶于水,性质较稳定。

【药动学】 头孢赛曲的内服生物利用度很低,在牛体内仅有3%的药物被胃肠道吸收。以推荐剂量乳房给药,4 h后最大血药浓度可达到170 μg/L,之后便迅速消除,54.6%通过牛奶排泄,21%通过尿液和粪便排泄。

【作用与应用】 抗菌谱与头孢氨苄相似,但对大肠杆菌的抗菌作用较强。对大肠杆菌和产气杆菌等产生的β-内酰胺酶特别稳定,对金黄色葡萄球菌(包括耐药菌株)、肺炎链球菌、溶血性链球菌等革兰阳性菌高度敏感,对大肠杆菌、肺炎克雷伯菌、奇异变形杆菌和某些沙门菌等革兰阳性菌也较敏感,但对铜绿假单胞菌、吲哚阳性变形杆菌及脆弱类杆菌不敏感。

头孢赛曲乳房注入剂,用于泌乳期奶牛乳腺炎的治疗。治疗量如下:每天每个乳室乳管内注入250 mg。

残留标示物为头孢赛曲,欧盟规定牛奶的最高残留限量125 μg/kg。

【不良反应】 对牛以头孢赛曲乳房注入剂每天给药,会产生较小或者轻微的乳房刺激。眼睛及皮肤的刺激性:对试验动物有较小或轻微的刺激性,对敏感动物如豚鼠皮肤,有中度的刺激性。

头孢洛宁(Cefalonium)

【理化性质】 本品为白色或类白色结晶性粉末,极微溶于水和甲醇,溶于二甲亚砜,不溶于二氯甲烷、乙醇(96%)和乙醚;在稀酸和碱性溶液中溶解。

【药动学】 本品是动物专用的头孢菌素类抗生素,属于第一代头孢菌素。奶牛乳房灌注本品,给药剂量为每个乳室250 mg,给药后8 h、12 h和24~72 h,血浆中药物浓度分别为0.21~0.42 μg/mL、0.15~0.27 μg/mL和<0.1 μg/mL,大部分药物以原形通过尿液和乳房缓慢进入乳腺

组织。

【药理作用】 头孢洛宁对酸和β-内酰胺酶稳定，杀菌力强，抗菌谱广，对大多数革兰阴性菌和革兰阳性菌均有效，尤其对引起奶牛乳腺炎的大多数病原菌有效，如金黄色葡萄球菌、无乳链球菌、停乳链球菌、乳房链球菌、化脓性隐秘杆菌、大肠杆菌和克雷伯菌等。

【应用】 主要用于奶牛干乳期乳腺炎的防治，乳管内注入，每个乳室 250 mg。头孢洛宁眼膏，主要用于敏感菌所致的牛角膜炎、结膜炎。

残留标示物为头孢洛宁，欧盟规定牛奶的最高残留限量为 10 μg/kg。

【制剂】 头孢洛宁乳房灌注剂(干乳期)，头孢洛宁眼膏。

头孢维星

【理化性质】 本品为可溶性粉末，遇光变质。

【药动学】 犬以每千克体重 8 mg 皮下注射给药，生物利用度 100%，峰浓度为 121 μg/mL，达峰时间 6.2 h，消除半衰期 133 h。尿中药物峰浓度为 66.1 μg/mL，达峰时间 54 h，皮下注射给药后 14 日尿中药物浓度为 2.91 μg/mL。猫以每千克体重 8 mg 皮下注射给药，吸收快，注射 2 h 后达到峰浓度 141 μg/mL，生物利用度 99%，半衰期 166 h。猫静脉注射给药后表观分布容积为 0.09 L/kg，平均血浆清除率 0.35 mL/(h·kg)。与其他头孢类抗生素相比，头孢维星的显著特点是其极高的血浆蛋白结合率和长效作用。用于犬、猫时，可广泛地与血浆蛋白结合，犬的血浆蛋白结合率为 96%～98.7%，猫为 99.5%～99.8%。

【作用与应用】 本品是动物专用的第三代头孢菌素。对革兰阳性菌及革兰阴性菌均有杀菌作用。对引起犬、猫皮肤感染的中间葡萄球菌的 MIC_{90} 为 0.25 μg/mL，多杀性巴氏杆菌的 MIC_{90} 为 0.12 μg/mL。对引起犬脓肿的拟杆菌属的 MIC_{90} 为 4 μg/mL，梭菌属的 MIC_{90} 为 1 μg/mL。对犬牙周感染分离的单胞菌的 MIC_{90} 为 0.062 μg/mL，中间普氏菌的 MIC_{90} 为 0.5 μg/mL，对引起犬、猫尿道感染的大肠杆菌的 MIC_{90} 为 1 μg/mL。

主要用于犬、猫，治疗皮肤和软组织感染，如治疗犬的脓皮病、创伤和中间葡萄球菌、β-溶血性链球菌、大肠杆菌或巴氏杆菌引起的脓肿；治疗猫的皮肤及软组织脓肿和多杀性巴氏杆菌、梭杆菌属引起的伤口感染。

【不良反应】 目前还没有关于头孢维星不良反应的报道，但它不能应用于对头孢菌素类敏感的犬、猫。

【注意事项】 禁用于 8 月龄以下和哺乳期的犬、猫；禁用于有严重肾功能障碍的犬、猫；配种后 12 周内禁用该品；禁用于豚鼠和兔等动物。

【用法与用量】 皮下注射或静脉注射：每千克体重，犬、猫 8 mg。单次给药药效可以持续 14 日，根据感染情况可以重复给药(最多不超过 3 次)。

【制剂】 注射用头孢维星钠。

头孢噻呋(Ceftiofur)

【理化性质】 本品为 1988 年美国研制成功的动物专用抗生素，为类白色或淡黄色粉末，在水中不溶，在丙酮中微溶，在乙醇中几乎不溶。钠盐有引湿性，在水中易溶，常制成粉针、混悬型注射液。

【药动学】 本品是专门用于动物的第三代头孢菌素。内服不吸收，肌内和皮下注射吸收迅速。体内分布广泛，但不能通过血脑屏障。注射给药后，在血液和组织中的药物浓度高，有效血药浓度维持时间长。在体内能生成具有活性的代谢产物——脱氧呋喃甲酰头孢噻呋，并进一步代谢为无活性的产物，从尿和粪中排泄。本品在马、牛、羊、猪、犬、鸡体内的半衰期分别是 3.2 h、7.1 h、2.2～3.9 h、14.5 h、4.1 h 及 6.8 h。

【药理作用】 本品具有广谱杀菌作用。对革兰阳性菌(包括β-内酰胺酶菌)、革兰阴性菌的抗菌

活性较强。敏感菌主要有多杀性巴氏杆菌、溶血性巴氏杆菌、胸膜肺炎放线杆菌、沙门菌、大肠杆菌、链球菌、葡萄球菌等，但某些铜绿假单胞菌、肠球菌耐药。本品的抗菌活性比氨苄西林强，对链球菌的抗菌作用比氟喹诺酮类药物强。

【应用】 主要用于治疗牛的急性呼吸系统感染，尤其是溶血性巴氏杆菌或出血性败血巴氏杆菌引起的支气管肺炎，牛乳腺炎，猪放线杆菌性胸膜肺炎等。

【注意事项】 ①本品有肾毒性，可引起胃肠道菌群紊乱或二重感染。②本品内服不吸收，肌内和皮下注射吸收迅速且分布广泛，有效血药浓度维持时间较长。③可引起牛特征性的脱毛和瘙痒。④与氨基糖苷类联合用药有协同作用，但可增强肾毒性；可与马立克疫苗混合用于1日龄雏鸡，不影响疫苗效力。

【用法与用量】 肌内注射：一次量，每千克体重，牛1.1 mg，猪3～5 mg，犬2.2 mg。每日1次，连用3日。皮下注射：1日龄雏鸡，每羽0.1 mg。

【最高残留限量】 残留标示物：脱氧呋喃甲酰头孢噻呋。牛、猪，肌肉1000 μg/kg，脂肪、肝2000 μg/kg，肾6000 μg/kg，牛奶100 μg/L。

【制剂与休药期】 注射用头孢噻呋(ceftiofur for injection)：猪1日。盐酸头孢噻呋注射液(ceftiofur hydrochloride injection)。注射用头孢噻呋钠(ceftiofur sodium for injection)：牛3日，猪1日。

头孢喹诺(Cefquinome)

【理化性质】 头孢喹诺又称为头孢喹肟，为第四代头孢菌素。常用硫酸盐，为白色至淡黄色粉末，在水中易溶，在乙醇中略溶，在氯仿中几乎不溶。

【药动学】 本品是专门用于动物的第四代头孢菌素。内服吸收很少，肌内和皮下注射时吸收均迅速，达峰时间0.5～2 h，生物利用度高(>93%)。体内分布并不广泛，表观分布容积约0.2 L/kg。奶牛泌乳期乳房灌注给药后，可以快速分布于整个乳房组织，并维持较高的组织浓度。在动物体内主要以原形经肾随尿排出体外。在马、牛、山羊、猪、犬体内的半衰期分别是2～2.5 h、1.5～3 h、2 h、1～2 h及1 h。

【药理作用】 本品具有广谱杀菌作用。对革兰阳性菌(包括β-内酰胺酶菌)、革兰阴性菌的抗菌活性较强。敏感菌主要有金黄色葡萄球菌、链球菌、肠球菌、大肠杆菌、沙门菌、多杀性巴氏杆菌、溶血性巴氏杆菌、胸膜肺炎放线杆菌、克雷伯菌、铜绿假单胞菌等。本品的抗菌活性比头孢噻呋、恩诺沙星强。

【应用】 主要用于治疗敏感菌引起的牛、猪呼吸系统感染及奶牛乳腺炎，例如牛、猪溶血性巴氏杆菌或多杀性巴氏杆菌引起的支气管肺炎，猪放线杆菌性胸膜肺炎、渗出性皮炎等。

【用法与用量】 肌内注射：一次量，每千克体重，牛1 mg，猪1～2 mg，每日1次，连用3日。乳管内注入：奶牛每个乳室75 mg。每日2次，连用2日。

【最高残留限量】 残留标示物：头孢喹诺。牛、猪，肌肉、脂肪50 μg/kg，肝100 μg/kg，肾200 μg/kg，牛奶20 μg/kg。

【制剂】 硫酸头孢喹肟注射液。

3. β-内酰胺酶抑制剂

克拉维酸(Clavulanic Acid)

克拉维酸又称为棒酸，是由棒状链霉菌产生的抗生素。本品的钾盐为无色针状结晶，易溶于水，在水溶液中极不稳定。

【作用与应用】 克拉维酸仅有微弱的抗菌活性，是一种革兰阳性菌和革兰阴性菌所产生的β-内酰胺酶的"自杀"抑制剂(不可逆结合者)，故称为β-内酰胺酶抑制剂(β-lactamase inhibitors)。内服

吸收好,也可注射。本品不单独用于抗菌治疗,通常与其他β-内酰胺类抗生素合用以克服细菌的耐药性。如将克拉维酸与氨苄西林合用,使后者对产生β-内酰胺酶的金黄色葡萄球菌的最小抑菌浓度,由大于1000 μg/mL减小至0.1 μg/mL。现已有阿莫西林与克拉维酸钾组成的复方制剂用于兽医临床,如阿莫西林+克拉维酸钾(4∶1),主要用于对阿莫西林敏感的畜禽细菌性感染和产β-内酰胺酶的耐药金黄色葡萄球菌感染,如鸡的禽霍乱、鸡白痢、大肠杆菌病、葡萄球菌病等,家畜的巴氏杆菌病、肺炎、乳腺炎、子宫炎、大肠杆菌病、沙门菌病等。

【用法与用量】 肌内或皮下注射:一次量(以阿莫西林计),每千克体重,牛、猪、犬、猫7 mg。每日1次,连用3~5日。

内服:一次量(以阿莫西林计),每千克体重,家畜10~15 mg,鸡20~30 mg。每日2次,连用3~5日。

混饮:每升水,鸡50 mg。连用3~7日。

【制剂与休药期】 阿莫西林-克拉维酸钾片(amoxicillin and clavulanate potassium tablets)。阿莫西林克拉维酸钾注射液:牛、猪14日;弃奶期60 h。

舒巴坦(Sulbactam)

舒巴坦又称为青霉烷砜。

【理化性质】 本品的钠盐为白色或类白色结晶性粉末,溶于水,在水溶液中有一定的稳定性。

【作用与应用】 本品为不可逆性竞争型β-内酰胺酶抑制药,抗菌作用略强于克拉维酸。可抑制β-内酰胺酶对青霉素、头孢菌素类的破坏。与氨苄西林联合应用可使葡萄球菌、嗜血杆菌、巴氏杆菌、大肠杆菌、克雷伯菌等对氨苄西林的最低抑菌浓度下降而增效,并可使产酶菌株对氨苄西林恢复敏感。本品与氨苄西林联合,在兽医临床用于上述菌株所致的呼吸道、消化道及尿道感染。可静脉注射给药。

【用法与用量】 内服:一次量(以氨苄西林计),每千克体重,家畜20~30 mg。每日2次,连用3~5日。肌内注射:一次量(以氨苄西林计),每千克体重,家畜10~15 mg。每日2次,连用3~5日。

【制剂】 氨苄西林钠-舒巴坦钠(ampicillin sodium and sulbactam sodium):效价比2∶1,注射用。氨苄西林-舒巴坦甲苯磺酸盐:内服用。

知识拓展

人医常用的头孢类药物和新研制的药物还有很多,具体介绍如下。

头孢羟氨苄(Cefadroxil)

头孢羟氨苄,第一代头孢菌素,口服给药,吸收良好,受食物的影响小,半衰期($t_{1/2}$)约1.5 h。对金黄色葡萄球菌(包括耐青霉素C菌株)、肺炎链球菌、A组溶血性链球菌及大肠杆菌、志贺菌属等有效,临床主要用于敏感菌所引起的呼吸道、尿道、胆道、皮肤、软组织等感染。口服后可见胃肠道反应。

头孢噻吩(Cephalotin)

头孢噻吩是第一代头孢菌素,注射给药,吸收迅速而完全,生物利用度高。广泛分布于各种组织和体液中,本品适用于耐青霉素金黄色葡萄球菌(甲氧西林耐药菌除外)和敏感革兰阴性杆菌所致的呼吸道感染、软组织感染、尿道感染、败血症等,病情严重者可与氨基糖苷类抗生素联合应用,但应警惕可能加重肾毒性。该品不宜用于细菌性脑膜炎患者。有头孢菌素过敏和青霉素过敏性休克史者禁用。

头孢呋辛(Cefuroxim)

头孢呋辛为第二代头孢菌素,注射给药,$t_{1/2}$ 1～2 h。对革兰阴性杆菌作用强大,临床主要用于敏感的革兰阴性杆菌所致的呼吸道、尿道、皮肤、软组织、骨、关节等部位及妇科感染。对肝、肾均有一定损害。

头孢克洛(Cefaclor)

头孢克洛为第二代头孢菌素,口服给药后吸收迅速,体内分布较广。对金黄色葡萄球菌、溶血性链球菌、肺炎链球菌、大肠杆菌、肺炎杆菌等有良好的抗菌活性。临床主要用于敏感菌所致的呼吸道、尿道、皮肤、软组织感染,以及中耳炎等。用药后可引起肾损害,胃部不适、食欲不振、嗳气等胃肠道反应。偶有瘙痒、皮疹等过敏反应发生,长期使用可引起二重感染。

头孢哌酮(Cefoperazone)

头孢哌酮为第三代头孢菌素,注射给药,$t_{1/2}$ 约 2 h。对大多数革兰阴性菌作用强,大肠杆菌、奇异变形杆菌、流感杆菌、克雷伯菌、沙门杆菌对本品敏感,对铜绿假单胞菌作用较强。对革兰阳性菌的作用较弱,仅对溶血性链球菌和肺炎链球菌较为有效。临床主要用于敏感菌所致的呼吸道、尿道、胆道、皮肤、软组织、骨、关节、腹膜、胸膜等部位的感染,也可用于脑膜炎和败血症。大剂量应用时可有出血倾向。

头孢他啶(Ceftazidime)

头孢他啶为第三代头孢菌素,注射给药,体内分布广泛,易通过胎盘屏障,$t_{1/2}$ 约 2 h。对多种β-内酰胺酶稳定,抗菌活性强。对革兰阴性菌的抗菌作用强,尤其对铜绿假单胞菌抗菌活性为目前最强,对革兰阳性菌的作用与第一代头孢菌素近似或较弱。对某些厌氧菌也有一定的抗菌活性,但对脆弱类杆菌抗菌作用差。临床用于铜绿假单胞菌引起的感染及敏感革兰阴性菌所致的下呼吸道、泌尿生殖系统、皮肤、软组织、骨、关节、胸腔、腹腔感染,也可用于脑膜炎、败血症。不良反应主要有过敏反应和胃肠道反应,过量使用可产生神经系统症状如癫痫、昏迷、脑病、抽搐等。

头孢匹罗(Cefpirome)

头孢匹罗为第四代头孢菌素,注射给药,生物利用度高,体内分布广,$t_{1/2}$ 约 2 h。对革兰阳性菌和阴性菌均有强大的抗菌活性,对多种耐药菌株也具有良好疗效。

临床主要用于治疗敏感菌引起的严重的呼吸道、尿道及皮肤、软组织等感染,尤其适用于严重的多重耐药菌感染和医院内感染。不良反应主要有胃肠道反应和过敏反应,治疗时间较长时可发生血小板减少及二重感染。

头孢西丁(Cefoxitin)

头孢西丁是头孢霉素 C 的半合成衍生物,抗菌谱广、对质粒和染色体介导的革兰阴性菌产生的β-内酰胺酶高度稳定,故对革兰阴性菌作用较强,对革兰阳性菌的作用较头孢噻吩弱,对厌氧菌有良好的作用。该药体内分布广泛,在脑脊液中浓度高,以原形从肾排出。用于治疗厌氧菌和需氧菌所致的盆腔、腹腔及妇科的混合感染。亦可用于肠道手术术前的预防用药。常见不良反应有皮疹、静脉炎等。

亚胺培南(Imipenem)

亚胺培南是甲砜霉素基衍生物。因甲砜霉素极易被肾脱氢肽酶水解失活,且不耐酸,故不能口服,临床上与肽酶抑制剂西司他丁(cilastatin)1∶1组成的复方制剂,称为泰能。本品抗菌谱广,除对军团菌、沙眼衣原体和肺炎支原体无效外,对其他大多数革兰阳性菌和阴性菌均有效。临床用于多重耐药菌引起的严重感染、医院内感染和严重需氧菌与厌氧菌混合感染。常见不良反应有恶心、呕吐、腹泻、药疹等。剂量过大可造成肾功能损害,个别患者可引起癫痫发作。

氨曲南(Aztreonam)

氨曲南是第一个人工合成的单环β-内酰胺类抗生素。口服不吸收,肌内注射吸收好,体内分布广泛,能透过血脑屏障,主要经肾脏排泄,$t_{1/2}$约1.7 h。抗菌谱窄,革兰阳性菌对其天然耐药。其对革兰阴性菌作用强,对多种质粒和染色体介导的β-内酰胺酶稳定,临床疗效好。主要用于需氧革兰阴性杆菌引起的呼吸道、腹腔、盆腔感染的治疗,与氨基糖苷类抗生素联合应用有协同杀菌的作用。与青霉素、头孢菌素无交叉过敏反应,可用于对青霉素过敏的患者。不良反应少而轻,常见的有皮疹、胃肠道反应等。

第五代头孢菌素研究进展

自头孢菌素问世以来,其因广谱、高效、低毒,被广泛应用于临床。在全球抗感染药物市场中,头孢菌素类药物约占50%的市场份额。然而,抗菌药的不合理使用使细菌的耐药问题成为世界性难题。当前,治疗耐甲氧西林金黄色葡萄球菌(MRSA)等革兰阳性菌感染以及提高对超广谱β-内酰胺酶(ESBLS)、金属β-内酰胺酶(MB)的稳定性成为第五代头孢菌素类药物研究的热点。目前已上市的第五代头孢菌素类药物包括头孢吡普和头孢洛林。

头孢吡普由瑞士巴塞利亚公司开发,2008年获准在加拿大上市。头孢吡普是第一个对MRSA和耐万古霉素金黄色葡萄球菌(VRSA)有效的头孢菌素类药物,目前已获准用于治疗包括糖尿病感染在内的复杂性皮肤及软组织感染。

头孢洛林酯是由日本武田制药公司开发,于2009年经美国FDA批准上市,是头孢洛林的前药。目前已获准用于治疗成人社区获得性细菌性肺炎(CABP)和急性细菌性皮肤和软组织感染(ABSSSI),包括MRSA所致的感染。

第五代头孢菌素的问世将成为治疗多药耐药菌感染的新型药物,具有广阔的应用前景。

(二) 氨基糖苷类抗生素

本类抗生素的化学结构由氨基糖分子和非糖部分的苷原结合而成,故称为氨基糖苷类抗生素(aminoglycosides antibiotics)。其属静止期杀菌药。抗菌谱较广,大部分药对需氧革兰阴性杆菌作用强,对革兰阳性菌(葡萄球菌属除外)和革兰阴性球菌作用较弱,对厌氧菌、立克次体、衣原体、支原体(大观霉素、安普霉素有效)、放线菌、密螺旋体(安普霉素有效)一般无效;部分药对分枝杆菌属(如结核分枝杆菌)作用强。有明显的抗生素后效应。临床常用的药物有链霉素、双氢链霉素、卡那霉素、庆大霉素、新霉素、阿米卡星、大观霉素及安普霉素等。

本类药物的主要共同特征:①均为有机碱,能与酸形成盐。常用制剂为硫酸盐,易溶于水,性质稳定。在碱性环境中抗菌作用增强。②内服吸收很少,几乎完全从粪便排出,有利于作为肠道感染用药。注射给药后吸收迅速,大部分以原形从尿中排出,适用于尿道感染。③属杀菌性抗生素,抗菌

Note

谱较广，对需氧革兰阴性杆菌的作用强，对厌氧菌无效；对革兰阳性菌的作用较弱，但对金黄色葡萄球菌包括耐药菌株较敏感。④不良反应主要是损害第八对脑神经（致前庭功能失调及耳蜗神经损害）、肾毒性（可损害肾小管上皮细胞，出现蛋白尿、管型尿、血尿和肾功能减退）及对神经肌肉有阻断作用（抑制乙酰胆碱的释放并与 Ca^{2+} 络合，导致四肢肌无力、心肌抑制和呼吸衰竭）、损害肠壁绒毛而影响肠道对脂肪、蛋白质、糖类、铁等的吸收，甚至引起肠道菌群失调，发生厌氧菌、真菌大量繁殖的二重感染，偶见过敏反应。

氨基糖苷类抗生素的作用机制是抑制细菌蛋白质的合成过程，可使细菌细胞膜的通透性增强，使内物质外渗导致细菌死亡。本类药物对静止期细菌杀灭作用强，为静止期杀菌药。

细菌对本类药物耐药主要通过质粒介导产生的钝化酶引起。细菌可产生多种钝化酶，一种药物能被一种或多种钝化酶所钝化，几种药物也能被同一种钝化酶钝化。因此，氨基糖苷类抗生素的不同品种间存在不完全的交叉耐药性。

链霉素(Streptomycin)

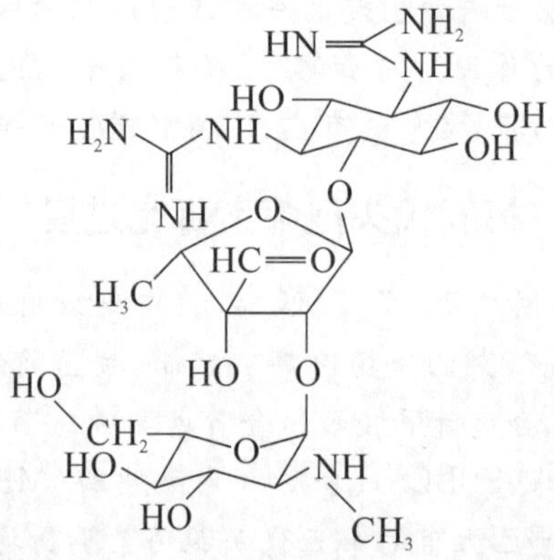

【理化性质】 链霉素是从灰色链霉菌培养液中提取获得，本品于 1944 年被研制成功。作为药物使用其硫酸盐，为白色或类白色粉末。无臭或几乎无臭，味微苦，有引湿性。在水中易溶，在乙醇或三氯甲烷中不溶，常制成粉针。

【药动学】 内服难吸收，大部分以原形从粪便中排出。肌内注射吸收迅速而完全，0.5～2 h 达血药峰浓度，有效血药浓度可维持 6～12 h。在各种动物体内的半衰期如下：马 3.1 h，水牛 3.9 h，黄牛 4.1 h，奶山羊 4.7 h，猪 3.8 h。主要分布于细胞外液，易透入胸腔、腹腔中，有炎症时渗入增多。亦可透入胎盘进入胎儿循环，胎血浓度约为母畜血浓度的一半，因此孕畜注射链霉素时，应警惕对胎儿的毒性。本品不易进入脑脊液。主要通过肾小球滤过而排出，24 h 内排出给药剂量的 50%～60%。在尿中浓度很高，可用于治疗尿道感染。在碱性环境中抗菌作用增强，如在 pH 值为 8 的环境下抗菌作用比在 pH 值为 5.8 时强 20～80 倍，故可加服碳酸氢钠碱化尿液，增强治疗效果。这在杂食及肉食动物用药时尤其重要。当动物出现肾功能障碍时半衰期显著延长，排泄减慢，宜减少用量或延长给药间隔时间。

【药理作用】 抗菌谱较广。抗分枝杆菌的作用在氨基糖苷类抗生素中最强，对大多数革兰阴性杆菌和革兰阳性球菌有效。例如，对大肠杆菌、沙门菌、布鲁菌、巴氏杆菌、变形杆菌、痢疾杆菌、鼠疫杆菌、产气荚膜梭菌、鼻疽杆菌等均有较强的抗菌作用，对金黄色葡萄球菌等多数革兰阳性球菌效果差，对钩端螺旋体、放线菌也有效。链球菌、铜绿假单胞菌和厌氧菌对本品固有耐药。

【应用】 主要用于敏感菌所致的急性感染，例如大肠杆菌所引起的各种腹泻、乳腺炎、子宫炎、败血症、膀胱炎等；巴氏杆菌所引起的牛出血性败血症、犊牛肺炎、猪肺疫、禽霍乱等；猪布鲁菌病；鸡传染性鼻炎；马志贺菌引起的脓毒败血症（化脓性肾炎和关节炎）；马棒状杆菌引起的幼驹肺炎。常

作为结核病、鼠疫、大肠杆菌病、巴氏杆菌病和钩端螺旋体病的首选药；也可用于治疗鱼类的打印病、竖鳞病、疖疮病、弧菌病，中华鳖的穿孔病、红斑病等细菌性疾病等。

链霉素的反复使用，极易使细菌产生耐药性，并远比青霉素快，且一旦产生，停药后不易恢复。因此，临床上常采用联合用药，以减少或延缓耐药性的产生，与青霉素合用治疗各种细菌性感染。链霉素耐药菌株对其他氨基糖苷类抗生素仍敏感。

【注意事项】 ①偶有过敏反应，发生率比青霉素低，以发热、皮疹、嗜酸性粒细胞增多、血管神经性水肿等为症状，并与其他氨基糖苷类有交叉过敏现象。②长期应用可引起肾损害，动物肾功能不全时慎用。③有剂量依赖性耳毒性，可引起前庭功能和第八对脑神经损害，导致运动失调和耳聋，与头孢菌素、强效利尿药和红霉素等合用可使耳毒性增强。④有神经肌肉阻滞作用，在剂量过大或与骨骼肌松弛药、麻醉药合用时，动物出现肌肉无力、四肢瘫痪，甚至出现呼吸麻痹而死亡，如犬、猫外科手术全身麻醉后，联合使用青霉素、链霉素预防感染时，常出现意外死亡。严重者肌内注射新斯的明或静脉注射氯化钙可缓解。⑤猫对链霉素较敏感，常量即可造成恶心、呕吐、流涎及共济失调等。⑥与β-内酰胺类抗生素或碱性药物(如碳酸氢钠、氨茶碱等)合用，可增强抗菌效力，用于治疗尿道感染；与含 Ca^{2+}、Mg^{2+}、Na^{+}、NH_4^{+}、K^{+} 等阳离子药物使用则可抑制药物的抗菌活性。⑦内服极少吸收，肌内注射吸收良好，血中有效浓度一般可维持 6～12 h，能透过胎盘屏障。半衰期较短，主要以原形经肾排出。

【用法与用量】 肌内注射：一次量，每千克体重，家畜 10～15 mg，家禽 20～30 mg。每日 2 次，连用 2～3 日。鱼类，每千克体重 200 mg；中华鳖 40～50 mg。

【最高残留限量】 残留标示物：链霉素。牛、绵羊、猪、鸡，肌肉、脂肪、肝 600 μg/kg，肾 1000 g/kg，牛奶 200 μg/kg。

【制剂与休药期】 注射用硫酸链霉素(streptomycin sulfate for injection)：牛、羊、猪 18 日；鱼类 14 日。弃奶期 72 h。

庆大霉素(Gentamicin)

【理化性质】 本品是自小单孢子属培养液中提取获得的 C_1、C_{1a}、C_2 和 C_{2a} 4 种成分的复合物。4 种成分的抗菌活性和毒性基本一致。其硫酸盐为白色或类白色的粉末；无臭；有引湿性；在水中易溶，在乙醇、丙酮、三氯甲烷或乙醚中不溶，其 4% 的水溶液的 pH 值为 4.0～6.0，常制成片剂、粉剂、注射液。

【药动学】 本品内服难吸收，肠内浓度较高。肌内注射后吸收快而完全，0.5～1 h 达血药峰浓度，马、奶牛、犬、猫、鸡、火鸡肌内注射的生物利用度分别为 87%、92%、95%、68%、95%及 21%。吸收后主要分布于细胞外液，可渗入胸腹腔、心包、胆汁及滑膜液中，亦可进入淋巴结及肌肉组织。70%～80%以原形通过肾小球滤过从尿中排出。在动物体内的半衰期如下：马 1.66～3.85 h，水牛 2.3～5.69 h，黄牛 3.2 h，奶牛 1.83 h，犊牛 1.85～3.96 h，奶山羊 2.3 h，绵羊 1.33～2.4 h，猪 2.1 h，犬 1.01～1.36 h，猫 1.25～1.36 h，兔 0.98～1.15 h，鸡 3.38 h，火鸡 2.57 h。有效血药浓度可维持 6～8 h。本品在新生仔畜体内排泄显著减慢，而肾功能障碍时半衰期亦明显延长，在此情况下给药方案应适当调整。

【药理作用】 本品在氨基糖苷类抗生素中抗菌谱较广，抗菌活性最强，对革兰阴性菌和阳性菌均有作用。在革兰阴性菌中，对大肠杆菌、变形杆菌、嗜血杆菌、铜绿假单胞菌、沙门菌和布鲁菌等均有较强的作用，特别是对肠道菌及铜绿假单胞菌有高效。在革兰阳性菌中，对耐药金黄色葡萄球菌的作用最强，对耐药的葡萄球菌、多数链球菌(如化脓链球菌、肺炎链球菌、粪链球菌等)、炭疽芽孢杆菌等亦有效。此外，对支原体亦有一定作用。对厌氧菌(类杆菌属)、结核分枝杆菌不敏感，对立克次体不敏感。

【应用】 主要用于耐药金黄色葡萄球菌、铜绿假单胞菌、变形杆菌和大肠杆菌等所引起的各种

Note

疾病，例如呼吸道感染、肠道感染、尿道感染、胆道感染、乳腺炎、皮肤和软组织感染、败血症等；鸡传染性鼻炎。内服还可用于肠炎和细菌性腹泻。本品已广泛应用于兽医临床，耐药菌株逐渐增加，但不如链霉素、卡那霉素耐药菌株普遍，与链霉素单向交叉耐药，对链霉素耐药菌有效。耐药性维持时间较短，停药一段时间后易恢复其敏感性。

【注意事项】 ①本品可偶见过敏反应。②易造成前庭功能损害，对听觉的损害相对较少。③长期或大量应用引起可逆性肾毒性的发生率增高，对肾有较严重的损害作用，这与其在肾皮质部蓄积有关，与头孢菌素合用肾毒性增强。④静脉推注时，神经肌肉传导阻滞作用明显，可引起呼吸抑制作用。⑤与小诺霉素（小诺霉素抗菌谱、抗菌活性近似庆大霉素，但对氨基糖苷乙酰转移酶稳定）制成混合物硫酸庆大小诺霉素，用于对卡那霉素、阿米卡星、庆大霉素等耐药的病原菌感染；与β-内酰胺类抗生素有协同作用；与甲氧苄啶-磺胺合用对大肠杆菌及肺炎克雷伯菌也有协同作用；与四环素、红霉素等可能出现拮抗作用。

【用法与用量】 肌内注射：一次量，每千克体重，家畜 2～4 mg，犬、猫 3～5 mg，家禽 5～7.5 mg。每日 2 次，连用 2～3 日。静脉滴注（严重感染）：用量同肌内注射。内服：一次量，每千克体重，驹、犊、羔羊、仔猪 5～10 mg。每日 2 次，连用 2～3 日。混饮，每升水，家禽 20～40 mg，连用 3 日。

【最高残留限量】 残留标示物：庆大霉素。牛、猪，肌肉、脂肪 10 μg/kg，肝 2000 μg/kg，肾 5000 μg/kg，牛奶 200 μg/kg；鸡、火鸡，可食性组织 100 μg/kg。

【制剂与休药期】 硫酸庆大霉素注射液（gentamycin sulfate injection）：猪 40 日。硫酸庆大霉素片（gentamycin sulfate tablets）。

卡那霉素（Kanamycin）

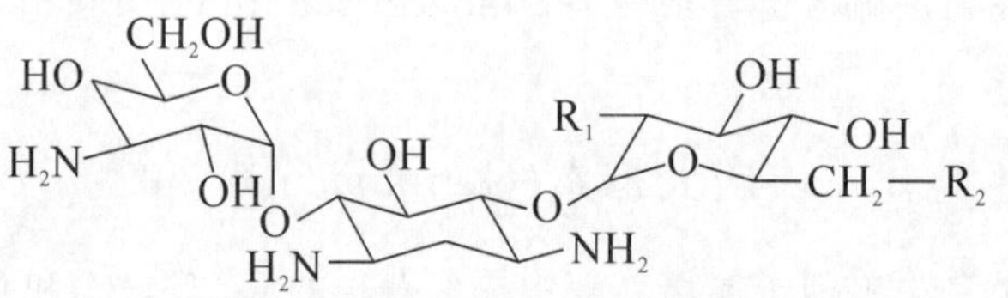

	R_1	R_2
卡那霉素A	—OH	$—NH_2$
卡那霉素B	$—NH_2$	$—NH_2$
卡那霉素C	$—NH_2$	—OH

【理化性质】 卡那霉素是从卡那链霉菌的培养液中提取获得的，有 A、B、C 3 种成分。临床应用以卡那霉素 A 为主，约占 95%，亦含少量的卡那霉素 B，占比小于 5%。常用其硫酸盐，为白色或类白色粉末，无臭，有引湿性。在水中易溶，在乙醇、丙酮、三氯甲烷或乙醚中几乎不溶。水溶液稳定，于 100 ℃、30 min 灭菌不降低其活性，常制成粉针、注射液。

【药动学】 内服吸收不良。肌内注射吸收迅速且完全，马、犬的生物利用度分别为 100% 及 89%，0.5～1 h 达血药峰浓度。在体内主要分布于各组织和体液中，以胸水、腹水中的药物浓度较高，胆汁、唾液、支气管分泌物及脑脊液中含量很低。在动物体内的半衰期如下：马 1.8～2.3 h，水牛 2.3 h，黄牛 2.8 h，犊牛 2 h，奶山羊 2.2 h，绵羊 1.8 h，猪 2.1 h，犬 0.9～1.2 h，火鸡 2.6 h。本品主要通过肾排泄，有 40%～80% 以原形从尿中排出。尿中浓度很高，有利于治疗尿道感染。

【药理作用】 其抗菌谱与链霉素相似，但抗菌活性稍强。对多数革兰阴性菌如大肠杆菌、变形杆菌、沙门菌和巴氏杆菌等有很强的抗菌作用，对分枝杆菌和耐青霉素金黄色葡萄球菌亦较敏感。但对铜绿假单胞菌无效，对除金黄色葡萄球菌以外的革兰阳性菌、厌氧菌等不敏感，对立克次体不敏感，细菌耐药比链霉素慢，与新霉素交叉耐药，与链霉素单向交叉耐药。

【应用】 主要用于治疗多数革兰阴性杆菌和部分耐青霉素金黄色葡萄球菌所引起的感染，如呼

吸道、肠道和尿道感染，乳腺炎，禽霍乱和雏鸡白痢等。此外，亦可用于治疗猪气喘病、猪萎缩性鼻炎、败血症、皮肤和软组织感染等。

【注意事项】 ①本品耳毒性比链霉素和庆大霉素强，比新霉素小，与强效利尿药合用可加强毒性。②肾毒性大于链霉素，与多黏菌素合用可加强毒性。③较常发生神经肌肉阻滞作用。④休药期:28 日、弃奶期 7 日。

【制剂、用法与用量】 注射用硫酸卡那霉素(kanamycin sulfate for injection)，硫酸卡那霉素注射液 (kanamycin sulfate injection)。肌内注射:一次量，每千克体重，家畜 10～15 mg。每日 2 次，连用 2～3 日。

新霉素(Neomycin)

【理化性质】 本品为白色或类白色粉末;无臭。本品极易溶于水，常制成可溶性粉、溶液、预混剂、片剂、滴眼液。

【作用与应用】 抗菌谱与链霉素相似。在氨基糖苷类抗生素中，本品毒性最大，一般禁止注射给药。内服给药后很少吸收，在肠道内呈现抗菌作用，内服用于葡萄球菌、痢疾杆菌、大肠杆菌、变形杆菌等引起的畜禽的肠炎;子宫或乳管内注入，治疗奶牛、母猪的子宫内膜炎和乳腺炎;局部外用(0.5%溶液或软膏)，治疗葡萄球菌和革兰阴性杆菌引起的皮肤、眼、耳感染。

【注意事项】 ①本品在氨基糖苷类抗生素中毒性最大，而常量内服或局部用药很少出现毒性反应，临床一般只供内服或局部应用。②对猫、犬、牛注射易引起肾毒性和耳毒性，猪注射出现短暂性后躯麻痹及呼吸骤停的神经肌肉阻滞症状。③内服影响洋地黄类药物、维生素 A 或维生素 B_{12} 的吸收。④与大环内酯类抗生素合用，可治疗革兰阳性菌所致的乳腺炎;与甲溴东莨菪碱配伍制成硫酸新霉素甲溴东莨菪碱溶液，用于治疗革兰阴性菌引起的仔猪腹泻。⑤休药期:鸡 5 日，火鸡 14 日。蛋鸡禁用。

【用法与用量】 内服:一次量，每千克体重，家畜 10～15 mg，犬、猫 10～20 mg。每日 2 次，连用 3～5 日。混饮:每升水，禽 50～70 mg(效价)，连用 3～5 日。混饲:每 1000 kg 饲料，猪、鸡 77～154 g(效价)，连用 3～5 日。

【最高残留限量】 残留标示物:新霉素 B。牛、羊、猪、火鸡、鸡、鸭，肌肉、脂肪、肝 500 μg/kg，肾 10000 μg/kg，牛奶 500 μg/kg，鸡蛋 500 μg/kg。

【制剂】 硫酸新霉素片(neomycin sulfate tablets)。硫酸新霉素可溶性粉:鸡 5 日，火鸡 14 日，蛋鸡产蛋期禁用。硫酸新霉素甲溴东莨菪碱溶液。

大观霉素(Spectinomycin)

【理化性质】 大观霉素又称为壮观霉素。其盐酸盐或硫酸盐为白色或类白色结晶性粉末;在水中易溶，在乙醇、三氯甲烷或乙醚中几乎不溶，常制成可溶性粉。

【作用与应用】 ①本品对大肠杆菌、沙门菌、志贺菌、变形杆菌等多种革兰阴性杆菌有中度抑制作用;对化脓链球菌、肺炎链球菌、表皮葡萄球菌敏感;对铜绿假单胞菌不敏感。②对支原体敏感;对密螺旋体不敏感。③易产生耐药性，与链霉素无交叉耐药性。④有促进鸡的生长和改善饲料利用率的作用。

【注意事项】 ①本品的肾毒性和耳毒性较轻，而神经肌肉传导阻滞作用明显，不能静脉给药。②与林可霉素联用比单独使用效果好，常将盐酸大观霉素或硫酸大观霉素与盐酸林可霉素混合成复方制剂，增加对支原体的抗菌活性;与四环素合用呈拮抗作用。③本品皮下或肌内注射吸收良好，但药物的组织浓度低于血浆浓度，且不易进入脑脊液。主要以原形经肾排出。

【用法与用量】 混饮:每升水，禽 0.5～1.0 g(效价)。连用 3～5 日。内服:一次量，每千克体重，猪 20～40 mg。每日 2 次，连用 3～5 日。

【最高残留限量】 残留标示物：大观霉素。牛、羊、猪、鸡，肌肉 500 μg/kg，脂肪、肝 2000 μg/kg，肾 5000 μg/kg，牛奶 200 μg/kg，鸡蛋 2000 μg/kg。

【制剂与休药期】 盐酸大观霉素可溶性粉(spectinomycin hydrochloride soluble powder)：鸡 5 日，蛋鸡产蛋期禁用。盐酸大观霉素盐酸林可霉素可溶性粉(spectinomycin hydrochloride and lincomycin hydrochloride soluble powder)。

安普霉素(Apramycin)

【理化性质】 其硫酸盐为微黄色至黄褐色粉末，本品有引湿性。本品在甲醇、丙酮、三氯甲烷或乙醚中几乎不溶，易溶于水，常制成可溶性粉、预混剂。

【药动学】 内服给药后吸收差(<10%)，新生仔畜可部分吸收。肌内注射后吸收迅速，在 1～2 h 可达血药峰浓度，生物利用度 50%～100%。它只能分布于细胞外液。在犊牛、绵羊、兔、鸡体内的半衰期分别为 4.4 h、1.5 h、0.8 h、1.7 h。大部分以原形从尿中排出，4 日内约排泄 95%。

【作用与应用】 ①本品对大肠杆菌、沙门菌、铜绿假单胞菌、克雷伯菌、变形杆菌、巴氏杆菌、支气管败血波氏杆菌等多种革兰阴性菌和葡萄球菌均有抑制作用。②对猪痢疾短螺旋体和支原体也有抑制作用。③有抗钝化酶的灭活作用，细菌不易耐药；与其他氨基糖苷类药物无交叉耐药性。④能促进 6 周龄前的肉鸡生长。

本品用于治疗畜禽革兰阴性菌引起的肠道感染，如猪大肠杆菌病、犊牛肠杆菌引起的腹泻，鸡大肠杆菌、沙门菌、支原体引起的感染。

【注意事项】 ①本品是治疗大肠杆菌病的首选药。②本品遇铁锈易失效，也不宜与微量元素制剂联合使用；饮水给药必须当日配制；盐酸吡哆醛能加强本品的抗菌活性。③长期或大量应用可引起肾毒性。④新生仔畜内服可部分吸收，吸收量同用量有关，并随动物年龄增长而减少。⑤休药期：猪 21 日，鸡 7 日。蛋鸡产蛋期禁用；泌乳牛禁用。

【用法与用量】 肌注：一次量，每千克体重，家畜 20 mg。每日 2 次，连用 3 日。内服：一次量，每千克体重，家畜 20～40 mg。每日 1 次，连用 5 日。混饮：每升水，鸡 250～500 mg(效价)，连用 5 日。混饲：每 1000 kg 饲料，猪 80～100 g(效价)，连用 7 日。

【最高残留限量】 残留标示物：安普霉素。猪，肾 100 μg/kg。

【制剂与休药期】 硫酸安普霉素注射液(apramycin sulfate injection)；硫酸安普霉素可溶性粉(apramycin sulfate soluble powder)：猪 21 日，鸡 7 日，蛋鸡产蛋期禁用。

知识拓展

氨基糖苷类抗生素发展简介

链霉素是 1944 年用于临床的第一个氨基糖苷类抗生素，因其对结核分枝杆菌有抗菌活性，故是第一个用于治疗肺结核的药物，现仍为治疗结核病的二线药物。美国微生物学家赛尔曼·A.瓦克斯曼("抗生素"这一术语是其首次提出)因发现和制成了链霉素而获得 1952 年诺贝尔生理学或医学奖。1957 年应用于临床的卡那霉素因对需氧革兰阴性杆菌严重感染和粟粒性结核有显著疗效而成为第一代氨基糖苷类抗生素的代表药，但其对假单孢菌类感染无效，加之严重的肾毒性、耳毒性和多种耐药菌株的出现，被新一代的氨基糖苷类抗生素取代。庆大霉素和安布霉素是第二代氨基糖苷类抗生素，对第一代无效的假单孢菌类和耐药菌株也具有抗菌活性，临床应用广泛。阿米卡星和奈替米星均为第三代氨基糖苷类抗生素，对庆大霉素和卡那霉素耐药菌株有抗菌活性，对耐头孢菌素和耐甲氧西林菌株也有效，肾毒性、耳毒性低，比第一代、第二代氨基糖苷类抗生素更有优势。氨基糖苷类抗

生素目前仍为临床治疗需氧革兰阴性杆菌严重感染的主要抗菌药之一，尤其适用于肺囊性纤维性变及进行腹膜透析的患者。

阿米卡星(Amikacin)

【理化性质】 阿米卡星又称为丁胺卡那霉素，为半合成的氨基糖苷类抗生素，将氨基羟丁酰基引入卡那霉素A分子的链霉胺部分而得名。其硫酸盐为白色或类白色结晶性粉末；几乎无臭，无味；有引湿性；在水中极易溶解，在甲醇中几乎不溶。其1%的水溶液的pH值为6.0～7.5。

【药动学】 内服吸收不良。肌内注射吸收迅速且完全，猫的生物利用度为90%。血药浓度在0.5～1 h达峰值。在动物体内的半衰期如下：马1.14～1.57 h，犬0.98～1.07 h。本品主要通过肾排泄，尿中浓度很高。

【药理作用】 本品是抗菌谱最广的氨基糖苷类抗生素。其突出优点是对许多肠道革兰阴性杆菌和铜绿假单胞菌所产生的钝化酶稳定，故对一些时常用氨基糖苷类抗生素的菌株(包括铜绿假单胞菌)所致感染仍然有效，对庆大霉素、卡那霉素耐药的铜绿假单胞菌、大肠杆菌、变形杆菌、克雷伯菌等仍有效；对金黄色葡萄球菌亦有较好作用。本品为治疗此类感染的首选药物，与β-内酰胺类抗生素合用，治疗中性粒细胞减少或其他免疫缺陷者合并严重的革兰阴性杆菌感染，疗效满意。

【应用】 用于治疗耐药菌引起的菌血症、败血症、呼吸道感染、腹膜炎及敏感菌引起的各种感染等。不良反应与链霉素相似。

【不良反应】 其耳毒性主要表现为耳蜗听神经损伤，发生率较高；前庭功能损伤发生率与庆大霉素和妥布霉素相近。肾毒性较庆大霉素和妥布霉素低，较少引起神经肌肉阻断作用。

【制剂、用法与用量】 注射用硫酸阿米卡星(amikacin sulfate for injection)，硫酸阿米卡星注射液(amikacin sulfate injection)。肌内注射：一次量，每千克体重，马、牛、羊、猪、犬、猫、家禽5～7.5 mg。每日2次，连用2～3日。

妥布霉素(Tobramycin)

妥布霉素抗菌作用与庆大霉素相似，在革兰阳性菌中仅对葡萄球菌有效，但对铜绿假单胞菌的作用较庆大霉素强2～5倍，而且对庆大霉素耐药者仍有效。妥布霉素对其他革兰阴性杆菌的抗菌活性弱于庆大霉素，一般不作为首选药。对铜绿假单胞菌感染或需较长时间用药者，以妥布霉素为宜。不良反应主要表现为耳毒性和肾毒性，但均较庆大霉素轻。

奈替米星(Netilmicin)

奈替米星显著特点是对多种氨基糖苷类钝化酶稳定，因此对MRSA及对常用氨基糖苷类耐药菌有较好抗菌活性。临床用于敏感菌所致的严重感染，是治疗各种革兰阴性杆菌感染的主要抗菌药，但不用于初发的、其他安全有效口服抗菌药能有效控制的尿道感染。其耳毒性、肾毒性发生率在常用的氨基糖苷类抗生素中较低。但不可任意加大剂量或延长疗程，若每日剂量>6 mg/kg或疗程长于15日，则有可能发生耳毒性、肾毒性。

异帕米星(Isepamicin)

异帕米星抗菌谱与阿米卡星相似，其对阿米卡星敏感的肠杆菌科细菌的作用比阿米卡星强2倍，对普通变形杆菌的作用与阿米卡星相同，对奇异变形杆菌和铜绿假单胞菌的作用与阿米卡星相同或稍差，对凝固酶阳性及阴性葡萄球菌以及耐甲氧西林葡萄球菌均有良

Note

好作用，对淋球菌及脑膜炎球菌作用差，对流感杆菌具有中度作用，对肠球菌属无活性。其最大特点为对细菌产生的多数氨基糖苷类钝化酶稳定。主要用于革兰阴性杆菌所致败血症，呼吸道、尿道、腹腔及术后等感染，尤其适用于对庆大霉素或其他氨基糖苷类耐药的革兰阴性杆菌感染。耳毒性和肾毒性少见。

（三）四环素类抗生素

四环素类抗生素为一类具有共同多环并四苯羧基酰胺母核的衍生物，仅在5、6、7位取代基有所不同（表12-3）。它们对革兰阳性菌和革兰阴性菌、螺旋体、立克次体、支原体、衣原体、原虫（球虫、阿米巴原虫）等均可产生抑制作用，故称为广谱抗生素。

表12-3　四环素类的化学结构

药名	R	R_1	R_2
金霉素	Cl	OH	H
四环素	H	OH	H
土霉素	H	OH	OH
多西环素	H	H	OH

四环素类抗生素可分为天然品和半合成品两类：前者由不同链霉菌的培养液中提取获得，有四环素、土霉素、金霉素和地美环素；后者为半合成衍生物，有多西环素、美他环素（甲烯土霉素，methacycline）和米诺环素（二甲胺四环素，minocycline）等。按其抗菌活性大小顺序依次为米诺环素＞多西环素＞美他环素＞金霉素＞四环素＞土霉素。我国批准用于兽医临床的有四环素、土霉素、金霉素和多西环素。

四环素类抗生素的共同特性如下。

1. 体内过程

1）吸收　四环素类抗生素口服能吸收但不完全，影响口服吸收率的因素如下：①多价阳离子Mg^{2+}、Ca^{2+}、Al^{3+}、Fe^{2+}与四环素类抗生素形成难溶难吸收的络合物，因此含这些离子的药物如铁剂、食物及奶制品等均可妨碍其吸收，宜空腹服用，服用铁剂后胃液中酸度增高，药物溶解完全，吸收较好。②与碱性药如碳酸氢钠、H_2受体阻断药或抗酸药合用，可使四环素类抗生素吸收减少；酸性药如维生素C则可促进四环素类抗生素吸收。

2）分布　血浆蛋白结合率差异性较大（40%～80%），组织分布广泛，主要集中于肝、肾、脾、皮肤、骨、骨髓、牙齿及牙釉质等组织；能透过胎盘屏障，沉积于新形成的牙齿和骨骼，与这些部位的钙离子结合而影响其发育，并产生损害作用；易渗透到大多数组织和体液中，但除多西环素和米诺环素外在脑脊液中均难达到有效治疗浓度。

3）代谢与排泄　四环素类抗生素部分在肝代谢，并经胆道和肾排泄，大多数四环素类抗生素存在肝肠循环，胆汁中药物浓度较高，有利于治疗胆道感染。部分以原形经肾小球滤过排泄，尿液中药

物浓度较高，有利于治疗尿道感染。

除多西环素外，肾功能不全时所有四环素类抗生素都可蓄积体内并加重肾损害。多西环素因主要经肠道排泄，可供肾功能不全时使用。四环素类抗生素的 $t_{1/2}$ 差别较大，可根据 $t_{1/2}$ 分为短效类（$t_{1/2}$ 为 6～8 h），四环素、土霉素；中效类（$t_{1/2}$ 为 12 h），美他环素；长效类（$t_{1/2}$ 为 16～18 h），多西环素、米诺环素。

2. 抗菌作用

四环素类抗生素属广谱抗生素，其抗菌谱包括常见的革兰阳性与革兰阴性需氧菌和厌氧菌、立克次体、螺旋体、支原体、衣原体及某些原虫等。大多数常用四环素类抗生素的抗菌活性近似，但多西环素、米诺环素、替加环素对耐四环素菌株仍有较强抗菌活性。

四环素类抗生素对革兰阳性菌的抗菌活性较革兰阴性菌强。在革兰阳性菌中，葡萄球菌敏感性最高，化脓性链球菌与肺炎链球菌其次，李斯特菌、放线菌、奴卡菌、梭状芽孢杆菌、炭疽芽孢杆菌等也均敏感，但肠球菌属对四环素类抗生素不敏感。在革兰阴性菌中，四环素类抗生素对大肠杆菌、大多数弧菌属、弯曲杆菌、布鲁菌属和某些嗜血杆菌属有良好的抗菌活性，对淋病奈瑟球菌和脑膜炎奈瑟球菌有一定抗菌活性，对沙门菌属和志贺菌属的活性有限，对变形杆菌和铜绿假单胞菌无作用。四环素类抗生素对 70%以上的厌氧菌有抗菌活性，如脆弱杆菌、放线菌等，以部分合成四环素类抗生素作用较好。但其作用不如克林霉素、酰胺醇类及甲硝唑，故临床一般不选用四环素类抗生素治疗厌氧菌感染。

3. 作用机制

四环素类抗生素能特异性地与细菌核糖体 30S 亚基 A 位特异性结合，阻止蛋白质合成始动复合物的形成和阻断氨酰 RNA（亦称氨基能 RNA）进入 A 位，从而抑制肽链的延长和蛋白质的合成；尚可引起细菌细胞膜通透性的改变，使胞内核苷酸等重要成分外漏，从而抑制 DNA 的复制，故系快速抑菌药，高浓度时亦具杀菌作用。

4. 耐药性

对四环素类抗生素耐药菌株的日益增加限制了它们的临床应用，天然的四环素类抗生素之间存在交叉耐药性，但天然的与半合成的四环素类抗生素之间交叉耐药性不明显。细菌对四环素类抗生素的耐药机制主要有三种：①细菌外排泵蛋白大量表达，促使四环素类抗生素被排出细胞外；②细菌核糖体保护蛋白大量表达，保护细菌的蛋白质合成过程不受四环素类抗生素的影响；③某些细菌可产生灭活或钝化四环素类抗生素的酶。

5. 临床应用

四环素类抗生素对立克次体引起的斑疹伤寒和恙虫病等有特效，可作为衣原体感染如鹦鹉热衣原体引起的鹦鹉热、肺炎衣原体引起的肺炎、沙眼衣原体引起的淋巴结性肉芽肿、非特异性尿道炎、输卵管炎及沙眼等的首选药；对螺旋体感染如回归热鼠疫，霍乱弧菌引起的霍乱，布鲁菌引起的布鲁菌病，幽门螺杆菌引起的消化性溃疡等也有疗效。使用本类药物时首选多西环素。

6. 不良反应

1）胃肠道反应　这类药物最常见的反应。早期是由于药物的直接刺激，后期是由于对肠道菌群的影响。主要表现有腹泻、恶心和食欲下降。

2）二重感染　正常机体的口腔、鼻咽部、消化道等处有多种微生物寄生，它们相互拮抗而维持相对平衡的共生状态。长期使用广谱抗生素，使敏感菌受到抑制，而一些不敏感菌如真菌或耐药菌趁机大量繁殖，造成新的感染，称为二重感染，又称菌群交替症，多见于老、幼、体弱、抵抗力低的患畜及合用糖皮质激素或抗恶性肿瘤药的患畜。常见的二重感染：①真菌感染。多由白色念珠菌引起，表现为鹅口疮、肠炎，应立即停药并同时进行抗真菌治疗。②对四环素耐药的梭状芽孢杆菌引起的伪膜性肠炎。即由细菌产生一种毒性较强的外毒素，引起肠壁坏死、体液渗出、剧烈腹泻、脱水或休克等症状，可危及生命，应立即停药并选用万古霉素或甲硝唑治疗。

3）对牙齿和骨骼发育的影响　四环素类抗生素能与新形成的牙齿和骨组织中的沉积钙结合而影响其发育，造成恒齿永久性棕色色素沉着，牙釉质发育不良、畸形或生长抑制。长期应用四环素类抗生素还可以影响骨髓功能。

4）肝毒性　四环素类抗生素可损害肝功能或造成肝坏死，特别是在妊娠或肝功能已受损的情况下。

5）肾毒性　合用利尿药时，四环素类抗生素可增加血尿素氮含量。除多西环素外，其他四环素类抗生素可在肾功能不全者体内蓄积达中毒水平。使用过期和降解的四环素类抗生素制剂可导致肾小管酸中毒和其他的肾损害，并引起血尿素氮增加。

6）光敏反应　全身应用四环素类抗生素可以诱发光敏反应，地美环素最常发生，多西环素也较四环素和米诺环素多见。

7）前庭反应　与用药剂量有关。超量可引起前庭功能紊乱，出现头晕、眩晕、恶心呕吐等症状。

四环素(Tetracycline)

【理化性质】　本品从链霉菌培养液中提取获得。常用其盐酸盐，为黄色结晶性粉末，有引湿性；遇光色渐变深；在碱性溶液中易被破坏失效。可溶于水，在乙醇中略溶。其1%水溶液的pH值为1.8～2.8。水溶液放置后不断降解，效价降低，并变为混浊，常制成粉针、片剂。

【药动学】　内服后血药浓度较土霉素或金霉素高。对组织的渗透性较好，易透入胸腹腔、乳汁中。四环素静脉注射在动物体内的半衰期如下：马5.8 h，水牛4.0 h，黄牛5.4 h，羊5.7 h，猪3.6 h，犬和猫5～6 h，兔2 h，鸡2.77 h。

【作用与应用】　本品的作用与土霉素相似，对大肠杆菌、变形杆菌等革兰阴性杆菌作用较好，但对葡萄球菌等革兰阳性球菌的作用不如金霉素。

本品用于治疗某些革兰阳性菌和革兰阴性菌、支原体、立克次体、螺旋体、衣原体等引起的感染，常作为布鲁菌病、嗜血杆菌性肺炎、大肠杆菌病和李氏杆菌病的首选药。

【注意事项】　①本品盐酸盐水溶液刺激性大，不宜肌内注射和局部应用，静脉注射时切勿漏出血管外。②大剂量或长期应用，可引起肝损害和肠道菌群紊乱，如出现维生素缺乏症和二重感染。③本品进入机体后与钙结合，沉积于牙齿和骨骼中，对胎儿骨骼发育有影响。④静脉注射速度过快时，可与钙结合引起心血管抑制，出现急性心力衰竭的心血管效应。⑤本品内服吸收较快，血药浓度较土霉素和金霉素高。吸收后组织渗透性较高，能透过胎盘屏障，易透入胸腹腔及乳汁中。⑥其他参见土霉素。⑦休药期：四环素片，牛12日，猪10日，鸡4日。注射用盐酸四环素，牛、羊、猪8日；弃奶期2日。畜禽产蛋期和泌乳期禁用。

【用法与用量】　内服：一次量，每千克体重，家畜10～20 mg，犬15～50 mg，禽25～50 mg。每日2～3次，连用3～5日。

混饲：每1000 kg饲料，猪300～500 g(治疗)。连用3～5日。

混饮：每升水，猪100～200 mg，禽150～250 mg。连用3～5日。

静脉注射：一次量，每千克体重，家畜5～10 mg。每日2次，连用2～3日。

【最高残留限量】　残留标示物：四环素。所有食品动物，肌肉100 μg/kg，肝300 μg/kg，肾600 μg/kg，牛奶、羊奶100 μg/kg，禽蛋200 μg/kg，鱼肉、虾肉100 μg/kg。

【制剂与休药期】　四环素片(tetracycline tablets)：牛12日，猪10日，鸡4日。

盐酸四环素可溶性粉(tetracycline hydrochloride soluble powder)：牛12日，猪10日，鸡4日。

注射用盐酸四环素(tetracycline hydrochloride for injection)：牛、羊、猪8日；弃奶期2日。

金霉素(Chlorotetracycline)

【理化性质】　本品又称盐酸氯四环素，从链霉菌的培养液中获得。常用其盐酸盐，为金黄色或

黄色结晶;无臭;味苦;遇光色渐变深。在水或乙醇中微溶。其水溶液不稳定,浓度超过1%即析出。在37 ℃放置5 h,效价降低50%,常制成粉针。

【药动学】 在火鸡、肉鸡、犊牛体内的半衰期分别是0.88 h、5.8 h、8.3~8.9 h。

【作用与应用】 ①本品的作用与土霉素相似,对耐青霉素的金黄色葡萄球菌感染的疗效优于土霉素和四环素,但抗菌作用和局部刺激性较四环素、土霉素强。由于局部刺激性强,稳定性差,人医用的内服制剂和针剂均已淘汰。②本品中、高剂量用于防治敏感病原菌所致疾病,如鸡慢性呼吸道病、火鸡传染性鼻窦炎、猪细菌性肠炎、犊牛细菌性痢疾、钩端螺旋体病、滑膜炎、鸭巴氏杆菌病等;局部应用治疗牛子宫内膜炎和乳腺炎。

【注意事项】 ①本品在四环素类抗生素中刺激性最强,仅用于静脉注射。②本品内服吸收较土霉素少,被吸收药物主要经肾排泄。③其他参见土霉素。④休药期:0日。

【用法与用量】 内服:一次量,每千克体重,家畜10~25 mg。每日2次。混饲:每1000 kg饲料,猪300~500 g,家禽200~600 g。一般连用不超过5日。

【最高残留限量】 残留标示物:金霉素。所有食品动物,肌肉100 μg/kg,肝300 μg/kg,肾600 μg/kg,牛奶、羊奶100 μg/kg,禽蛋200 μg/kg,鱼肉、虾肉100 μg/kg。

【制剂】 盐酸金霉素片。

土霉素(Oxytetracycline)

【理化性质】 土霉素又称为氧四环素。从土壤链霉菌的培养液中提取获得。土霉素为淡黄色至暗黄色的结晶性粉末或无定形粉末;无臭,在日光下颜色变暗,在碱溶液中易被破坏失效。在乙醇中微溶,在水中极微溶解,易溶于稀酸、稀碱溶液。常用其盐酸盐,为黄色结晶性粉末,性状稳定,在乙醇中略溶,易溶于水,水溶液不稳定,宜现用现配。其10%水溶液的pH值为2.3~2.9,常制成粉针、片剂、注射液。

【药动学】 内服吸收均不规则、不完全,主要在小肠的上段被吸收。胃肠道内的镁、钙、铝、铁、锌、锰等多价金属离子,能与本品形成难溶的螯合物,从而使药物吸收减少。内服后,2~4 h血药浓度达峰值。反刍动物不宜内服给药,原因是吸收差,血液中难以达到治疗浓度,并且能抑制胃内敏感微生物的活性。猪肌内注射土霉素后,2 h内血药浓度达峰值。土霉素在动物体内的半衰期如下:马10.5~14.9 h,驴6.5 h,奶牛9.1 h,犊牛8.8~13.5 h,猪6 h,犬4~6 h,兔1.32 h,火鸡0.73 h。吸收后在体内分布广泛,易渗入胸腹腔和乳汁中;亦能通过胎盘屏障进入胎儿循环;但在脑脊液中的浓度低。体内储存于胆、脾,尤其易沉积于骨骼和牙齿。可在肝内浓缩,经胆汁分泌,胆汁的药物浓度为血中浓度的10~20倍。有相当一部分可由胆汁排入肠道,并再被吸收利用,形成肝肠循环,从而延长药效在体内的持续时间。主要由肾排泄,在胆汁和尿中浓度高,有利于胆道及尿道感染的治疗。但当肾功能障碍时,排泄变慢,半衰期延长,可增强对肝的毒性。

【药理作用】 土霉素为广谱抗生素,起抑菌作用。除对革兰阳性菌和阴性菌有作用外,对立克次体、衣原体、支原体、螺旋体、放线菌和某些原虫亦有抑制作用。在革兰阳性菌中,对葡萄球菌、溶血性链球菌、炭疽芽孢杆菌和梭菌等的作用较强,但其作用不如青霉素类抗生素和头孢菌素类抗生素;在革兰阴性菌中,对大肠杆菌、产气荚膜梭菌、布鲁菌和巴氏杆菌等较敏感,而其作用不如氨基糖苷类抗生素和酰胺醇类抗生素。

【应用】 ①大肠杆菌或沙门菌引起的下痢,例如犊牛白痢、羔羊痢疾、仔猪黄痢和白痢、雏鸡白痢等。②多杀性巴氏杆菌引起的牛出血性败血症、猪肺疫、禽霍乱等。③支原体引起的牛肺炎、猪气喘病、鸡慢性呼吸道病等。④局部用于坏死杆菌所致的组织坏死、子宫蓄脓、子宫内膜炎等。⑤泰勒虫病、放线菌病、钩端螺旋体病等。⑥用于治疗鱼类、虾的细菌性肠炎病、弧菌病。

【注意事项】 ①对于杂食动物、食肉动物和新生食草动物可内服给药,但长期使用可导致B族维生素和维生素K缺乏,而牛、马和兔等成年食草动物不宜内服给药,因易引起肠道菌群失调而诱发二重感染。②土霉素的盐酸盐水溶液的局部刺激性强，注射剂一般用于静脉注射，但浓度为20%的长效土霉素注射液则可分点深部肌内注射。③在肝、肾功能严重不良的患病动物或使用呋塞米强效利尿药时，忌用本品。④治疗布鲁菌病和鼠疫时，最好与氨基糖苷类抗生素联合应用。⑤作为饲料中添加剂，在低钙(0.18%~0.55%)日粮中，连续饲喂鸡不得超过5日；常和竹桃霉素和新霉素等联合使用。⑥若鸡中毒出现采食量和产蛋量均下降或雏鸡生长缓慢，可用绿豆汤、甘草水或葡萄糖液内服解救。⑦应避免与乳制品和含镁、铝、铁、锌、锰等多价金属离子等的药物或饲料同服。⑧与泰乐菌素等大环内酯类抗生素、多黏菌素合用呈协同作用。⑨忌与碱性食物或碳酸氢钠同用，因它们可使胃内pH值增高，减少吸收。⑩本品内服吸收差而不完全，食物可影响其吸收；肌内注射易吸收，半衰期较长，主要以原形由肾排泄。

【不良反应】

(1) 局部刺激：本品盐酸盐水溶液属强酸性，刺激性大，最好不采用肌内注射给药。

(2) 二重感染：成年食草动物内服后，剂量过大或疗程过长时，易引起肠道菌群紊乱，导致消化功能紊乱，造成肠炎和腹泻，并形成二重感染。

为防止不良反应的产生，应用四环素类抗生素时应注意：①除土霉素外，其他均不宜肌内注射。静脉注射时勿漏出血管外，注射速度应缓慢。②成年反刍动物、马属动物和兔不宜内服给药。③避免与含多价金属离子的药物或饲料、乳制品共服。

【用法与用量】 内服：一次量，每千克体重，猪、驹、犊、羔10~25 mg，犬15~50 mg，禽25~50 mg。每日2~3次，连用3~5日。

混饲：每1000 kg饲料，猪300~500 g(治疗用)。连用3~5日。

混饮：每升水，猪100~200 mg，禽150~250 mg。连用3~5日。

肌内注射：一次量，每千克体重，家畜10~20 mg。每日1~2次，连用2~3日。静脉注射：一次量，每千克体重，家畜5~10 mg，每日2次，连用2~3日。

【最高残留限量】 残留标示物：土霉素。所有食品动物，肌肉100 μg/kg，肝300 μg/kg，肾600 μg/kg，牛奶、羊奶200 μg/kg，禽蛋200 μg/kg，鱼肉、虾肉100 μg/kg。

【制剂与休药期】 土霉素片(oxytetracycline tablets)：牛、羊、猪7日，禽5日，鳗鲡30日，鲇鱼21日；弃蛋期2日，弃奶期3日。

土霉素注射液(oxytetracycline injection)：牛、羊、猪28日；弃奶期7日。

长效土霉素注射液(long-acting oxytetracycline injection)：牛、羊、猪28日。

盐酸土霉素水溶性粉(oxytetracycline hydrochloride soluble powder)。

注射用盐酸土霉素(oxytetracycline hydrochloride for injection)：牛、羊、猪8日；弃奶期48 h。

长效盐酸土霉素注射液(long-acting oxytetracycline hydrochloride injection)：牛、羊、猪28日。

多西环素(Doxycycline)

【理化性质】 本品又称脱氧土霉素、强力霉素，其盐酸盐为淡黄色或黄色结晶性粉末；无臭，味苦。本品易溶于水，微溶于乙醇，1%水溶液的pH值为2~3。本品的p*K*a为3.5、7.7和9.5，常制成片剂。

【药动学】 本品内服后吸收迅速，受食物影响较小，生物利用度高。维持有效血药浓度时间长，对组织渗透力强，分布广泛，易进入细胞内。原形药物大部分经胆汁排入肠道又再被吸收，有显著的肝肠循环效应。本品在肝内大部分以结合或络合方式灭活，再经胆汁分泌入肠道，随粪便排出，因而对胃肠道菌群及动物的消化功能影响小，不易引起二重感染。经肾排出时，由于本品具有较强的脂溶性，易被肾小管重吸收，因而有效血药浓度维持时间较长。在动物体内的半衰期如下：奶牛9.2 h，犊牛9.5~14.9 h，山羊16.6 h，猪4.04 h，犬7~10.4 h，猫4.6 h。

【作用与应用】 ①本品为四环素类抗生素中稳定性最好和抗菌力较强的半合成抗生素，体内、

外抗菌活性均较土霉素与四环素强，为四环素的 2～8 倍；抗菌谱与其他四环素类抗生素相似，对革兰阳性菌的作用优于革兰阴性菌，但对肠球菌耐药。②与土霉素和四环素等有交叉耐药性。

本品用于治疗革兰阳性菌、阴性菌和支原体引起的感染性疾病，如溶血性链球菌病、葡萄球菌病、大肠杆菌病、巴氏杆菌病、沙门菌病、布鲁菌病、炭疽、猪螺旋体病、猪与鸡的支原体病和鹦鹉热等。

【注意事项】 ①本品在四环素类抗生素中毒性最小，犬、猫内服可出现恶心、呕吐反应，与食物同服可使反应减轻。但给马属动物静脉注射后，可出现心律不齐、虚脱和死亡，故禁用。②可在肝中部分代谢灭活，使其肠道浓度低，二重感染较少发生。③肾功能损害时，药物自肠道的排泄量增加，成为主要排泄途径，故可用于有肾功能损害的动物。④与利福平或链霉素合用治疗布鲁菌病有协同作用，与乙胺嘧啶合用在治疗小鼠实验性弓形虫感染时也有协同作用。⑤本品内服易吸收，生物利用度高，受食物影响较小，如与牛奶替代品同时内服，在犊牛体内的生物利用度为 70%。对组织渗透力强，肺中的浓度比血浆中的高。因有显著的肝肠循环，有效血药浓度维持时间长。半衰期长。⑥其他参见土霉素。⑦休药期：28 日。蛋鸡与泌乳期奶牛禁用。

【用法与用量】 内服，一次量，每千克体重，猪、驹、犊、羔 3～5 mg；犬、猫 5～10 mg；禽 15～25 mg。一天 1 次，连用 3～5 日。

混饲：每 1000 kg 饲料，猪 150～250 g，禽 100～200 g。连用 3～5 日。

混饮：每升水，猪 100～150 mg，禽 50～100 mg。连用 3～5 日。

【最高残留限量】 残留标示物：多西环素。牛、猪、禽，肌肉 100 μg/kg，肝 300 μg/kg，肾 600 μg/kg；猪、禽，皮和脂肪 300 μg/kg。

【制剂】 盐酸多西环素片(doxycycline hyclate tablets)，28 日，蛋鸡产蛋期禁用。盐酸多西环素可溶性粉(doxycycline hyclate soluble powder)28 日，蛋鸡产蛋期禁用。

知识拓展

1948 年从链霉菌中分离得到的金霉素是最早的四环素类抗生素，20 世纪 50 年代相继发现的四环素及地美环素都属于天然产物，是第一代四环素类抗生素，临床应用中发现天然四环素类抗生素的化学结构不够稳定，对一些常见致病菌的作用较差，且耐药菌株日益增多，对其结构修饰产生了第二代以多西环素及米诺环素为代表的半合成四环素类抗生素，其口服吸收好、$t_{1/2}$长、耐药菌株少、不良反应轻，已在临床上取代了天然四环素类抗生素。人们为克服致病菌对四环素类抗生素的耐药性做了许多研究，直到 20 世纪 90 年代才初显成效。在结构修饰寻找半合成四环素类抗生素时，发现 9 位上连有二甲基甘氨酰氨基可成为抗菌活性强并对耐四环素类菌株仍敏感的第三代四环素类抗生素，即甘氨酰四环素类抗生素，替加环素是其代表药物。四环素类抗生素除具有广谱抗菌活性外，近年来还发现其具有抑制胶原酶活力，抑制骨吸收、促进骨形成以及促进纤维细胞附着和扩展等非抗菌作用，使该类药物具有了新的临床应用价值。

米诺环素(Minocycline)

米诺环素系四环素的人工半合成产品。米诺环素的溶解性明显高于其他四环素类抗生素，口服吸收迅速而完全，吸收率可高达 95%。本药吸收不受牛奶等食物影响，但仍能与抗酸药及含有铁、铝、钙等阳离子的药物形成络合物，达到与注射相同的血药浓度。组织渗透性高于多西环素，在肝、胆、肺、扁桃体等中均能达有效治疗浓度，特别是对前列腺组织穿透性更好；能进入乳汁、羊水，在脑脊液中的浓度高于其他四环素类抗生素，这可能是其引起前庭耳毒性的原因。米诺环素在体内很少代谢，服用量的 34%经肝肠循环由粪便排出，尿排出量仅为5%～10%，促进药物由胆汁的排出。

抗菌谱与四环素相似，抗菌活性比四环素强2～4倍，对耐四环素菌株也有良好的抗菌作用，对革兰阳性菌的作用强于革兰阴性菌，尤其对葡萄球菌的作用更强。对肺炎支原体、沙眼衣原体和立克次体等也有较好的抑制作用。临床主要用于治疗上述各种敏感病原体所致的感染，包括沙眼衣原体所致疾病等。因为米诺环素极易穿透皮肤，特别适合治疗痤疮。

不良反应为前庭功能改变，引起眩晕、耳鸣、恶心、呕吐和共济失调等，长期服用还可出现皮肤色素沉着，需停药几个月才能消退。其他不良反应较四环素少见。

美他环素(Methacycline)

美他环素口服可吸收，血浆蛋白结合率80%，在体内分布广。主要以原形自尿排泄，约占给药量的50%，$t_{1/2}$为16 h。许多立克次体属、支原体属、衣原体属、某些非结核性杆菌属、螺旋体对其敏感，但肠球菌属对其耐药。某些四环素或土霉素耐药的菌株对美他环素仍敏感。用于衣原体感染、立克次体病、支原体肺炎、回归热等非细菌性感染及敏感菌所致胃肠道、泌尿系统、呼吸系统、皮肤和软组织感染等。治疗布鲁菌病和鼠疫时需与氨基糖苷类抗生素联合应用。不良反应有胃肠道症状，也可发生肝脂肪变性，某些患者日晒时可能有光敏现象。

替加环素

替加环素是美国FDA于2005年批准上市的第一个新型静脉注射用甘氨酰四环素类抗生素。替加环素给药后有22%以原形经尿液排泄，其平均消除半衰期范围为27(单剂量100 mg)～42 h(多剂量)，因此，每12 h用药一次，并且不用根据肾功能受损情况调整剂量，使用比较方便。

抗菌作用与四环素类抗生素相似，但其对核糖体A位的亲和力比其他常用四环素类抗生素强。有广谱抗菌活性，其抗菌活性比四环素强。现研究表明，替加环素能避免病原体对抗菌药的两种主要耐药机制：外排泵和核糖体保护，故其不仅对耐四环素类菌株有良好的抗菌作用，而且对其他抗菌药的耐药菌株也有效(铜绿假单胞菌除外)，如耐甲氧西林金黄色葡萄球菌(MRSA)和表皮葡萄球菌(MRSE)、耐青霉素肺炎链球菌(PRSP)、耐万古霉素肠球菌(VRE)及超广谱β-内酰胺酶耐药菌株(ESBL)等。目前替加环素被批准用于大肠杆菌、粪肠球菌(仅万古霉素敏感株)、金黄色葡萄球菌、无乳链球菌、咽峡链球菌属、脓性链球菌和脆弱拟杆菌、多形拟杆菌、单形拟杆菌、普通拟杆菌、费氏柠檬酸杆菌、阴沟肠肝菌、产酸克雷伯菌、肺炎克雷伯菌、产气荚膜梭菌、微小消化链球菌等引起的腹内感染和复杂皮肤及其软组织感染。替加环素为医生们提供了一种新的、可在治疗初期当病因尚未明了时选择的广谱抗生素。常见不良反应为恶心、呕吐和腹泻，其他不良反应目前少见。

(四)酰胺醇类抗生素

酰胺醇类抗生素以前称为氯霉素类药物，属广谱抗生素，属速效抑菌剂。其包括氯霉素、甲砜霉素、氟苯尼考等。氯霉素是从委内瑞拉链霉菌培养液中提取获得，是第一个可用人工全合成的抗生素。氯霉素类药物是以苯基1,3-丙二醇为基本骨架。苯环上对位引入硝基、甲磺酰基、乙酰基，使抗菌活性增强，但硝基引入可引起人和动物的可逆性血细胞减少和不可逆的再生障碍性贫血。目前，世界各国几乎都禁止氯霉素用于所有食品动物，氟苯尼考已成为氯霉素的替代品。

本类药物的作用机制主要是可与70S核蛋白体的50S亚基上的A位紧密结合，阻碍肽酰基转移

酶的转肽反应，使肽链不能延伸，进而抑制细菌蛋白质的合成。

细菌对本类药物可产生耐药性，但发生较缓慢，同类药物之间有完全交叉耐药，耐药菌以大肠杆菌为多。细菌的耐药性主要是通过质粒编码介导的乙酰转移酶使酰胺醇类纯化而失活；某些细菌也能改变细菌细胞膜的通透性，使药物难以进入菌体。氯霉素、甲砜霉素、氟苯尼考之间存在完全交叉耐药性。

甲砜霉素(Thiamphenicol)

$$H_3CO_2S-C_6H_4-CH(OH)-CH(NHCOCHCl_2)-CH_2OH$$

【理化性质】 甲砜霉素又称为甲砜氯霉素，也称硫霉素。本品为白色结晶性粉末；无臭。微溶于水，溶于甲醇，几乎不溶于乙醚或氯仿。在二甲基甲酰胺中易溶，常制成粉剂、片剂。

【药动学】 本品内服吸收迅速而完全，猪肌内注射本品吸收快，达峰时间为 1 h，生物利用度为 76%，半衰期为 4.2 h，体内分布较广泛；静脉注射给药的半衰期为 1 h。本品在肝内代谢少，大多数药物(70%～90%)以原形从尿中排出。

【药理作用】 本品属广谱抑菌性抗生素。对革兰阳性菌和阴性菌都有作用，但对革兰阴性菌的作用较革兰阳性菌强。对其敏感的革兰阴性菌有大肠杆菌、沙门菌、产气荚膜梭菌、布鲁菌及巴氏杆菌等。对其敏感的革兰阳性菌有炭疽芽孢杆菌、链球菌、棒状杆菌、肺炎链球菌、葡萄球菌等。对衣原体、钩端螺旋体及立克次体亦有一定的作用，但对铜绿假单胞菌无效。

【应用】 本品主要用于肠道感染，特别是沙门菌感染，如仔猪副伤寒，幼驹副伤寒，禽副伤寒，雏鸡白痢，仔猪黄痢、白痢，幼驹大肠杆菌病等。也可用于防治鱼类由肠炎菌引起的败血症、肠炎、赤皮病等，以及用于河蟹、鳖、虾、蛙等特种水生生物的细菌性疾病。

【注意事项】 ①本品为治疗伤寒和副伤寒的首选药。②本品有较强的免疫抑制作用，对疫苗接种期或免疫功能严重缺损的动物禁用。③本品不导致再生障碍性贫血，但可抑制红细胞、白细胞和血小板生成，抑制程度比氯霉素轻。④本品长期内服可引起消化功能紊乱，出现维生素缺乏或二重感染症状。⑤本品有胚胎毒性，妊娠期及哺乳期动物慎用。⑥本品与大环内酯类、β-内酰胺类、林可胺类药物合用时产生拮抗作用。⑦本品对肝微粒体药物代谢酶有抑制作用，可影响其他药物的代谢，增强药效或毒性；肾功能不全的患病动物应减量或延长给药间隔时间。⑧本品内服、肌内注射吸收快而完全，吸收后体内分布广泛。主要以原形经肾排泄。⑨休药期：畜、禽 28 日，弃奶期 7 日。鱼类，15 日。

【用法与用量】 内服：一次量，每千克体重，畜、禽 5～10 mg。每日 2 次，连用 2～3 日。拌料投喂，一次量，每千克体重，鱼类 2.5 mg。连用 3～4 日。

【最高残留限量】 残留标示物：甲砜霉素。牛、羊、猪、鸡、鱼等，各类可食性组织 50 μg/kg，牛乳 50 μg/kg。

【制剂】 甲砜霉素片(thiamphenicol tablets)：28 日，弃奶期 7 日。

甲砜霉素粉(thiamphenicol powder)：28 日，弃奶期 7 日。

氟苯尼考(Florfenicol)

【理化性质】 氟苯尼考又称为氟甲砜霉素，是甲砜霉素的单氟衍生物，为白色或类白色结晶性粉末；无臭。在二甲基甲酰胺中极易溶解，在甲醇中溶解，在冰醋酸中略溶，在水或氯仿中极微溶解。本品是动物专用抗菌药，常制成粉剂、溶液、注射液。

$$H_3CO_2S-\langle\bigcirc\rangle-\underset{HO}{\overset{H}{C}}-\underset{NHCOCHCl_2}{\overset{H}{C}}-CH_2F$$

【药动学】 畜禽内服和肌内注射本品吸收快，体内分布较广，半衰期长，能维持较长时间的血药浓度。肉鸡、犊牛内服的生物利用度分别为 55.3%、88%；猪内服几乎完全吸收。牛静脉注射及肌内注射的半衰期分别为 2.6 h、18.3 h；猪静脉注射及肌内注射的半衰期分别为 6.7 h、17.2 h；鸡静脉注射的半衰期为 5.36 h。大多数药物以原形(50%～65%)从尿中排出。

【作用与应用】 本品属动物专用的广谱抗生素。抗菌谱与甲砜霉素相似，但抗菌活性优于甲砜霉素。对耐氯霉素和甲砜霉素的大肠杆菌、沙门菌、克雷伯菌亦有效。

本品主要用于牛、猪、鸡和鱼类的细菌性疾病，如巴氏杆菌引起的牛呼吸道感染、乳腺炎；猪传染性胸膜肺炎、黄痢、白痢；鸡大肠杆菌病、禽霍乱；鱼疖疮病等。

【注意事项】 ①有胚胎毒性，故妊娠动物禁用。②与甲氧苄啶合用产生协同作用。③毒副作用小，安全范围大，使用推荐剂量不引起骨髓抑制或再生障碍性贫血。④肌内注射有一定刺激性，应进行深层分点注射。⑤本品内服和肌内注射吸收快而完全，乳房灌注给药生物利用度也较好。体内分布广泛，一次给药有效血药浓度可维持 48～72 h。肌内注射半衰期较长。

【用法与用量】 内服：一次量，每千克体重，猪、鸡 20～30 mg，每日 2 次，连用 3～5 日；鱼，10～15 mg。每日 1 次，连用 3～5 日。

混饲：每 1000 kg 饲料，猪 20～40 g(效价)。连用 7 日。

混饮：每升水，鸡 100 mg。连用 3～5 日。

肌内注射：一次量，每千克体重，猪、鸡 20 mg，每隔 48 h 用 1 次，连用 2 次；鱼 0.5～1 mg，每日 1 次，连用 3～5 日。

【最高残留限量】 残留标示物：氟苯尼考胺。牛、羊，肌肉 200 μg/kg，肝 3000 μg/kg，肾 300 μg/kg；猪，肌肉 30 μg/kg，皮脂 500 μg/kg，肝 2000 μg/kg，肾 500 μg/kg；家禽，肌肉 100 μg/kg，皮脂 200 μg/kg，肝 2500 μg/kg，肾 750 μg/kg；鱼，肌肉和皮 1000 μg/kg；其他动物，肌肉 100 μg/kg，脂肪 200 μg/kg，肝 2000 μg/kg，肾 300 μg/kg。

【制剂与休药期】 氟苯尼考粉(florfenicol powder)：猪 20 日，鸡 5 日，蛋鸡产蛋期禁用。氟苯尼考溶液(florfenicol solution)：鸡 5 日，蛋鸡产蛋期禁用。氟苯尼考注射液(florfenicol injection)：猪 14 日，鸡 28 日，蛋鸡产蛋期禁用。

知识拓展

氯霉素的发展简介

氯霉素是首种完全由人工合成方法制造的广谱抗生素，早在 1949 年其就因能有效治疗许多不同种类的致病微生物感染而在临床广泛应用，但很快又因致死性再生障碍性贫血和灰婴综合征等严重不良反应，极大地限制了其临床应用。直到 20 世纪 70 年代，随着耐青霉素甚至耐氨苄西林的菌株出现，氯霉素再次在治疗需氧菌及厌氧菌混合感染、细菌性脑膜炎方面受到重视。20 世纪 80 年代后，由于其严重不良反应、耐氯霉素菌株的出现以及氟喹诺酮类抗生素和头孢菌素类抗生素众多新品种的出现，氯霉素全身治疗仅限于危及生命而又无其他药物可用的疾病。现在，氯霉素主要用在医治细菌性结膜炎的眼药水或药膏中。

氯霉素(Chloromycetin)

【理化性质】 氯霉素最初从委内瑞拉链丝菌的培养液提取，目前临床使用人工合成的左旋体。

【体内过程】 氯霉素有多种剂型，口服制剂有氯霉素和氯霉素棕榈酸钠，注射剂为氯霉素琥珀酸钠，后两者为前体药，须经水解才能释放出有抗菌活性的氯霉素。氯霉素口服后需在十二指肠水解才能吸收，峰浓度出现较晚。而静脉注射氯霉素琥珀酸钠时，其在体内水解成氯霉素前已有20%～30%由肾排泄，降低了生物利用度。氯霉素脂溶性高，分布广泛，有较强的组织穿透力，易透过血脑屏障，脑脊液中药物可达有效治疗浓度，还能透过血眼屏障，无论全身或局部用药均可达到有效治疗浓度。氯霉素尚可进入细胞内，抑制胞内菌，对伤寒杆菌等引起的细胞内感染有效。氯霉素大部分在肝与葡萄糖醛酸结合，经肾排泄，尿中原形药物占5%～15%，但已达到有效治疗浓度。氯霉素为肝药酶抑制剂，若与某些经肝药酶代谢的药物合用，可使后者的血药浓度异常增高；若氯霉素与肝药酶诱导剂合用，则使氧素代谢加速而血药浓度降低。

【药理作用】 氯霉素属广谱抗生素，低浓度抑菌，系快速抑菌药，高浓度时亦具杀菌作用。对革兰阴性菌的抗菌活性强于革兰阳性菌，对革兰阳性菌的作用弱于青霉素类抗生素和四环素类抗生素。伤寒杆菌及副伤寒杆菌、布鲁菌及百日咳杆菌对其敏感。厌氧菌、立克次体、螺旋体和支原体也对其敏感。

【作用机制】 氯霉素主要与细菌核糖体50S亚基上的肽酰转移酶作用位点可逆性结合，阻止P位肽链的末端羧基与A位上氨酰tRNA的氨基发生反应，从而阻止肽链延伸，使蛋白质合成受阻。

需注意由于哺乳动物骨髓造血细胞线粒体的70S核糖体与细菌70S核糖体相似，高剂量的氯霉素也能抑制这些细胞器的蛋白质合成，产生骨髓抑制的毒性反应。而且氯霉素在50S亚基上的结合位点与大环内酯类和林可霉素的结合位点十分接近，故它们同时应用可因相互竞争相近的结合位点而产生拮抗作用或交叉耐药。

【耐药性】 各种细菌对氯霉素均可产生耐药性，其机制主要如下：①由质粒介导，在乙酰基转移酶作用下，氯霉素转化成乙酰化衍生物而失去活性；②由细菌细胞膜渗透性降低所致，较常见于铜绿假单胞菌、大肠杆菌、志贺菌属等；③通过基因突变获得，伤寒杆菌的耐药性发生较慢可能与此有关。

【临床应用】 由于严重的不良反应、细菌耐药性等原因，氯霉素目前几乎不再作为全身治疗药，但仍可应用如下：①多种细菌性脑膜炎、脑脓肿或用于治疗其他药物如青霉素类抗生素疗效不佳的脑膜炎患者；②用于治疗伤寒杆菌及其他沙门菌属感染，多药耐药的嗜血杆菌感染；③对立克次体病等严重感染也有相当疗效；④眼科局部用药治疗敏感菌引起的各种眼部感染。

【不良反应】

(1) 抑制骨髓造血功能：其主要不良反应，又可分为两种情况：一种是可逆性白细胞减少，较常见，表现为贫血、白细胞计数下降或血小板减少症，这与剂量、疗程有关，停药可恢复，另一种是不可逆的再生障碍性贫血，虽少见，但死亡率却很高，与剂量、疗程无关，为防止发生，应避免滥用。

(2) 灰婴综合征(gray syndrome)：人类新生儿、早产儿应用剂量过大时，常于用药后4日发生循环衰竭，患者出现腹胀、呕吐、呼吸急促及进行性皮肤苍白等，称为灰婴综合征，死亡率高。与其肝发育不全，缺乏葡萄糖醛酸转移酶，对氯霉素代谢能力有限，导致药物在体内蓄积有关。及早停药，积极治疗，可于停药后24～36 h逐渐恢复。禁用于新生儿、早产

儿、葡萄糖-6-磷酸脱氢酶(G-6-PD)缺陷者,妊娠后期及哺乳期妇女。

(3) 其他:口服用药时出现胃肠道反应,还可引起精神障碍患者出现严重失眠、幻视、幻觉狂躁、猜疑、抑郁等精神症状。偶见皮疹、药物热、血管神经性水肿等过敏反应;还可见菌群失调所致的维生素缺乏、二重感染。

(五) 大环内酯类抗生素

大环内酯类抗生素(macrolides antibiotics)是由链霉菌产生或半合成的一类弱碱性抗生素,具有14～16元内酯环基本化学结构。按照来源,分为天然和半合成两类;根据所含碳原子数的不同,分为14元环、15元环和16元环三类。第一个用于临床的大环内酯类抗生素是红霉素,于1952年上市,属第一代大环内酯类抗生素。克拉霉素和阿奇霉素是新一代的大环内酯衍生物。泰利菌素是首个批准上市的半合成大环酮内酯类抗生素,其抗菌谱与大环内酯类相似,对耐大环内酯类的革兰阴性菌有抗菌作用,属第三代药物。近年来,已研发出两种新的动物专用大环内酯类抗生素,即泰拉霉素和格米霉素。人医也开发了多种大环内酯类抗生素新品种。

我国农业农村部批准兽医临床应用的本类抗生素有红霉素、吉他霉素、泰乐菌素、替米考星、泰万菌素、泰拉霉素等。国外已上市的品种还有格米霉素和泰地罗新。其中泰乐菌素、替米考星、泰万菌素、泰拉霉素、格米霉素和泰地罗新均是动物专用的大环内酯类抗生素。

大环内酯类抗生素抗菌谱较窄,为速效抑菌剂,主要对多数革兰阳性菌、部分革兰阴性球菌、厌氧菌、支原体、衣原体、立克次体和密螺旋体等有抑制作用,尤其对支原体作用强,但对沙门菌、克雷伯菌、变形杆菌、巴氏杆菌、嗜血杆菌、铜绿假单胞菌、结核分枝杆菌、放线菌、钩端螺旋体等一般无抑制作用。第一代药物主要对大多数革兰阳性菌、厌氧球菌和包括奈瑟菌、嗜血杆菌及白喉棒状杆菌在内的部分革兰阴性菌有强大的抗菌活性,对军团菌、弯曲菌、支原体、衣原体、弓形虫、非结核性杆菌等也具有良好作用。对产生β-内酰胺酶的葡萄球菌和耐甲氧西林金黄色葡萄球菌(MRSA)有一定抗菌活性。第二代大环内酯类抗生素抗菌谱扩大,增强了对革兰阴性菌的抗菌活性。第三代大环内酯类抗生素对大环内酯类敏感菌及耐药病原体均有良好抗菌活性。大环内酯类抗生素通常被认为是抑菌药,在高浓度时也可杀菌,碱性环境中抗菌活性增强,毒性低,无严重不良反应。

本类药物的作用机制均相同,能与敏感菌的核蛋白体50S亚基结合,通过对转肽作用和/或mRNA位移的阻断,而抑制肽链的合成和延长,影响细菌蛋白质的合成。细菌产生耐药性与质粒介导及染色体突变有关,常见的机制是23S核糖体RNA的腺嘌呤残基转录后甲基化。本类抗生素之间有不完全的交叉耐药性,与林可胺类抗生素有交叉耐药性。

红霉素(Erythromycin)

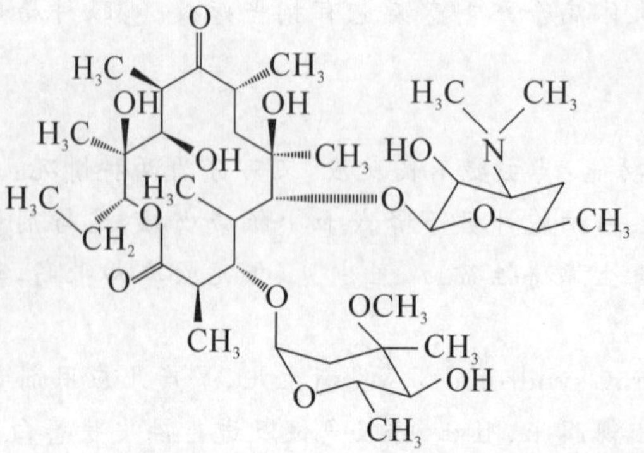

【理化性质】 红霉素是从链霉菌的培养液中提取出来的。本品为白色或类白色的结晶或粉末;

无臭，味苦；微有引湿性。在甲醇、乙醇或丙酮中易溶，在水中极微溶解。其乳糖酸盐供注射用，为红霉素的乳糖醛酸盐，易溶于水。此外，还有其琥珀酸乙酯（琥乙红霉素）、丙酸酯的十二烷基硫酸盐（依托红霉素，又名无味红霉素）及硫氰酸盐供药用，后者属动物专用药。硫氰酸红霉素为白色或类白色的结晶或粉末；无臭，味苦；微有引湿性。在甲醇、乙醇中易溶，在水、氯仿中微溶。常制成可溶性粉、注射用无菌粉末、片剂。

【药动学】 红霉素碱内服易被胃酸破坏，宜采用耐酸的依托红霉素或琥乙红霉素，内服吸收良好，1～2 h达血药峰浓度，有效血药浓度维持时间约5 h。吸收后广泛分布于全身各组织和体液中，在胆汁中的浓度最高，可透过胎盘屏障进入关节腔。患脑膜炎时脑脊液中可达较高浓度。本品大部分在肝内代谢为无活性的N-甲基红霉素，主要经胆汁排泄，部分在肠道重吸收，仅约5%由肾排出。肌内注射后吸收迅速，但注射部位会发生疼痛和肿胀。静脉注射时在马、牛、猪、羊、犬、兔体内的半衰期分别是2.91 h、1.74～3.16 h、1.21 h、2.78 h、1.72 h、1.4 h。在马体内的血浆蛋白结合率为73%～81%。

【药理作用】 本品一般起抑菌作用，高浓度对敏感菌有杀菌作用。红霉素的抗菌谱与青霉素相似，对革兰阳性菌如金黄色葡萄球菌（包括耐青霉素的金黄色葡萄球菌）、链球菌、肺炎链球菌、猪丹毒杆菌、梭状芽孢杆菌、炭疽芽孢杆菌、棒状杆菌等有较强的抗菌作用；对某些革兰阴性菌如巴氏杆菌、布鲁菌有较弱的作用，但对大肠杆菌、克雷伯菌、沙门菌等肠杆菌属无作用。此外，本品对某些支原体、立克次体和螺旋体亦有效。

【应用】 主要用于对青霉素耐药的金黄色葡萄球菌所致的轻、中度感染和对青霉素过敏的病例，如肺炎、败血症、子宫内膜炎、乳腺炎和猪丹毒等。对禽的慢性呼吸道病、鸡传染性鼻炎、猪支原体性肺炎也有较好的疗效。其眼膏或软膏也可用于眼部或皮肤感染；也常用于防治鱼类和虾的革兰阳性菌和支原体感染，如白头白嘴病、烂腮病、白皮病、链球菌病、对虾肠道细菌病等。红霉素虽有强大的抗革兰阳性菌的作用，但其疗效不如青霉素，因此若病原菌对青霉素敏感，宜首选青霉素。

【不良反应】 毒性低，但刺激性强。肌内注射可发生局部炎症，宜采用深部肌内注射。静脉注射速度要缓慢，同时应避免漏出血管外。犬、猫内服可引起呕吐、腹痛、腹泻等症状，应慎用。

【注意事项】 ①在接种鸡新城疫、传染性法氏囊、传染性支气管炎等的疫苗之前，给鸡饮用硫氰酸红霉素对支原体病的发生有一定预防作用。②本品可引起部分动物发生过敏反应与胃肠道功能紊乱，如牛可出现不安、流涎和呼吸困难，马属动物则表现为腹泻。③静脉注射时，浓度过高或速度过快易发生血栓性静脉炎及静脉周围炎，故应缓慢注射和避免药液外漏。④局部刺激性较强，如乳房给药后可引起炎症反应。⑤使用注射用乳糖酸红霉素时，应先用灭菌注射用水溶解，然后用5%葡萄糖注射液稀释，可用氯化钠注射液溶解。⑥本品在中性和碱性环境中较稳定，在酸性环境中不稳定，很快失效，注射溶液的pH值应维持在5.5以上，红霉素在pH值5.5～8.5时抗菌效能增强，当pH值小于4时作用明显减弱。⑦本品与青霉素G、林可胺类药物合用有拮抗作用，与链霉素等合用有协同作用。⑧本品内服易被胃酸破坏，而肠溶制剂能较好吸收。吸收后分布广泛，肺、肾中浓度较高，乳中浓度可达到血清浓度的一半，能透过胎盘屏障。半衰期短，主要以原形从胆汁排泄。⑨细菌极易产生耐药，与其他大环内酯类及林可霉素有交叉耐药性。

【用法与用量】 红霉素片：内服，一次量，每千克体重，仔猪、犬、猫10～20 mg。每日2次，连用2～3日。注射用乳糖酸红霉素：静脉注射，一次量，每千克体重，马、牛、羊、猪3～5 mg，犬、猫5～10 mg。每日2次，连用2～3日。硫氰酸红霉素可溶性粉：混饮，每升水，禽125 mg（效价），连用3～5日。拌料投喂，一次量，每千克体重，鱼类1.25 mg，连用5～7日。

【最高残留限量】 残留标示物：红霉素。所有食品动物，肌肉、脂肪、肝、肾200 μg/kg，乳40 μg/kg，蛋150 μg/kg。

【制剂与休药期】 红霉素片。

硫氰酸红霉素可溶性粉：鸡3日，蛋鸡产蛋期禁用。

注射用乳糖酸红霉素：牛、鱼、虾 14 日，羊 3 日，猪 7 日；弃奶期 3 日。

泰乐菌素(Tylosin)

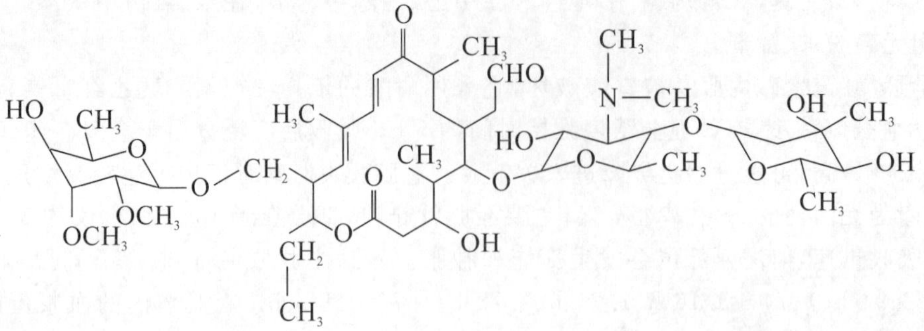

【理化性质】 泰乐菌素是从弗氏链霉菌的培养液中提取获得。本品是 1959 年被研制成功的动物专用抗生素，为白色至浅黄色粉末；在甲醇中易溶，在乙醇、丙酮或三氯甲烷中溶解，在水中微溶，与酸制成盐后则易溶于水。水溶液在 pH 值 5.5～7.5 时稳定。若水中含铁、铜、铝等金属离子时，则可与本品形成络合物而失效，其酒石酸盐和磷酸盐溶于水，常制成可溶性粉、预混剂、注射剂。

【药动学】 本品内服可吸收，猪内服后 1 h 达血药峰浓度，但有效血药浓度维持时间比注射给药短。肌内注射吸收迅速，组织中的药物浓度比内服高 2～3 倍，有效浓度维持时间亦较长。在体内分布广泛，排泄途径主要为肾和胆汁。本品在乳汁中的浓度约为血清浓度的 20%。在奶牛、犊牛、山羊、犬体内的半衰期分别为 1.62 h、0.95～2.32 h、3.04 h、0.9 h。

【药理作用】 本品为畜禽专用抗生素。对革兰阳性菌、支原体、螺旋体等均有抑制作用；对大多数革兰阴性菌作用较差。对革兰阳性菌的作用较红霉素弱，其特点是对支原体有较强的抑制作用。

【应用】 主要用于防治鸡和其他动物的支原体感染，牛的摩拉菌感染，猪的弧菌性痢疾、传染性胸膜肺炎，犬的结肠炎等。此外，亦可用于浸泡种蛋以预防鸡支原体传播。欧盟从 1999 年开始禁止将磷酸泰乐菌素作为促生长添加药物使用。

【不良反应】 ①牛静脉注射可引起震颤、呼吸困难及抑郁等；马属动物注射本品可致死，禁用。②肌内注射时可产生较强局部刺激；本品可引起人接触性皮炎。③本品不能与聚醚类抗生素合用，因可导致后者的毒性增强。

【注意事项】 ①本品常作为支原体引起的猪气喘病与山羊胸膜肺炎的首选药。②临床使用可引起人接触性皮炎，鸡皮下注射可发生短暂的颜面肿胀，猪也偶见直肠水肿和皮肤红斑及瘙痒反应，牛静脉注射可引起震颤和呼吸困难及抑郁等；也可致马属动物死亡，禁用。③本品的酒石酸乙酰异戊酰泰乐菌素用于治疗鸡的支原体病、猪气喘病、链球菌性肺炎等；磷酸泰乐菌素与磺胺二甲嘧啶制成的预混剂主要用于治疗支原体及敏感革兰阳性菌感染，也用于预防猪痢疾；本品的水溶液不宜与铜、镁、铝、铁、锌、锰等多价金属离子一起使用。④本品内服吸收比红霉素和北里霉素好，而其磷酸盐吸收较少，肌内注射吸收迅速。⑤其他参见红霉素。

【用法与用量】 内服：一次量，每千克体重，猪 7～10 mg。每日 2 次，连用 5～7 日。混饮：每升水，禽 500 mg(效价)，猪 200～500 mg(治疗弧菌性痢疾)。连用 3～5 日。混饲：每 1000 kg 饲料，猪 10～100 g，鸡 4～50 g。肌内注射：一次量，每千克体重，牛 10～20 mg，猪 5～13 mg，猫 10 mg。每日 1～2 次，连用 5～7 日。

【最高残留限量】 残留标示物：泰乐菌素 A。牛、猪、鸡，肌肉、脂肪、肝、肾 200 μg/kg，牛奶 50 μg/kg，鸡蛋 200 μg/kg。

【制剂与休药期】 酒石酸泰乐菌素可溶性粉：鸡 1 日，蛋鸡产蛋期禁用。

注射用酒石酸泰乐菌素(tylosin tartrate for injection):猪 21 日。

泰乐菌素注射液(tylosin injection):猪 14 日。

泰万菌素(Tylvalosin)

【理化性质】 泰万菌素是对泰乐菌素第 3 位进行乙酰化和对第 4 位进行异戊酰化而形成的化合物,可通过生物转化法生产。

【药理作用】 本品为动物专用抗生素。其抗菌谱近似于泰乐菌素,如对金黄色葡萄球菌(包括耐青霉素菌株)、链球菌、炭疽芽孢杆菌、猪丹毒丝菌、李斯特菌、腐败梭菌等有较强的抗菌作用。本品对其他抗生素耐药的革兰阳性菌有效,对革兰阴性菌几乎不起作用,对败血支原体和滑液支原体具有很强的抗菌活性。

【应用】 主要用于防治猪、鸡革兰阳性菌感染及支原体感染,如鸡的慢性呼吸道病,猪的支原体肺炎、短螺旋体性痢疾等。

【用法与用量】 混饮:每升水,猪 50~85 mg(效价),连用 5 日;鸡 200 mg(效价),连用 3~5 日。

混饲:每 1000 kg 饲料,猪 50~75 g(效价),鸡 100~300 g,连用 7 日。

【最高残留限量】 残留标示物:泰万菌素和 3-O-乙酰泰乐菌素的总和。猪,肌肉、皮和脂肪、肝、肾 50 μg/kg。

【制剂与休药期】 酒石酸泰万菌素可溶性粉(tylvalosin tartrate soluble powder):猪 3 日,鸡 5 日,蛋鸡产蛋期禁用。

替米考星(Tilmicosin)

【理化性质】 替米考星是由泰乐菌素的一种水解产物半合成的畜禽专用抗生素。本品为白色粉末。在甲醇、乙腈、丙酮中易溶,在乙醇、丙二醇中溶解,在水中不溶。本品的磷酸盐在水、乙醇中溶解,常制成溶液、预混剂、注射剂。

【药动学】 本品内服和皮下注射吸收快,但不完全,奶牛及奶山羊皮下注射的生物利用度分别为 22%及 8.9%。表观分布容积大,肺组织中的药物浓度高,是血清浓度的几十倍。具有良好的组织穿透力,能迅速而较完全地从血液进入乳腺,乳中药物浓度高,是血清的 10~30 倍,维持时间长,乳中半衰期长达 1~2 日。皮下注射后,奶牛及奶山羊的血清半衰期分别为 4.2 h 及 29.3 h。这种特殊的药动学特征尤其适合家畜肺炎和乳腺炎等感染性疾病的治疗。

【药理作用】 抗菌作用与泰乐菌素相似,对革兰阳性菌、某些革兰阴性菌、支原体、螺旋体等均有抑制作用;对胸膜肺炎放线杆菌、巴氏杆菌及畜禽支原体具有比泰乐菌素更强的抗菌活性。

【应用】 主要用于防治家畜肺炎(由胸膜肺炎放线杆菌、巴氏杆菌、支原体等感染引起)、禽支原体病及泌乳动物的乳腺炎。

【不良反应】 本品肌内注射时可产生局部刺激。对动物的毒性作用主要体现在心血管系统,可引起心动过速和收缩力减弱。牛皮下注射,每千克体重 50 mg 可引起心肌毒性,150 mg 可致死。猪肌内注射,每千克体重 10 mg 可引起呼吸加快、呕吐和惊厥,20 mg 可使大部分试验猪死亡。牛一次静脉注射,每千克体重 5 mg 即可致死。对猪、灵长类和马也有致死性危险。故本品仅供内服和皮下注射。

【注意事项】 ①本品对胸膜肺炎放线杆菌、巴氏杆菌及畜禽支原体的作用强于泰乐菌素。②非肠道给药毒性比口服大,如肌内和皮下注射,可出现局部水肿反应;静脉注射可引起动物心动过速和收缩力减弱,严重时可引起动物死亡。③与肾上腺素合用可提高猪死亡率。④不能与人的眼接触,马属动物禁用。⑤预混剂仅限于治疗。⑥本品内服或皮下注射后吸收快,组织穿透力强,肺和乳中浓度高,有效血药浓度维持时间长。半衰期一般可达 1~2 日。⑦其他参见红霉素。

【用法与用量】 混饮:每升水,鸡 75 mg。连用 3 日。混饲:每 1000 kg 饲料,猪 200~400 g。连

用15日。皮下注射：一次量，每千克体重，牛 10 mg。仅注射 1 次。乳管内注入：奶牛每个乳室 300 mg。

【最高残留限量】 残留标示物：替米考星。牛、绵羊，肌肉、脂肪 100 μg/kg，肝 1000 μg/kg，肾 300 μg/kg。绵羊，奶 50 μg/kg。猪，肌肉、脂肪 100 μg/kg，肝 1500 μg/kg，肾 1000 μg/kg。鸡，肌肉、皮和脂肪 75 μg/kg，肝 1000 μg/kg，肾 250 μg/kg。

【制剂与休药期】

替美考星溶液(tilmicosin solution)：鸡 12 日，蛋鸡产蛋期禁用。

替美考星注射液(tilmicosin injection)：牛 35 日，肉牛犊禁用。

吉他霉素(Kitasamycin)

【理化性质】 本品又称北里霉素、柱晶白霉素，为白色或类白色粉末；无臭，味苦。本品极微溶于水，其酒石酸盐易溶于水，常制成可溶性粉、片剂。

【作用与应用】 ①本品的抗菌谱近似于红霉素，对大多数革兰阳性菌的作用不及红霉素，对耐药金黄色葡萄球菌的作用优于红霉素、四环素，对某些革兰阴性菌有效。②对支原体的作用与泰乐菌素作用相似，对立克次体、螺旋体也有效。

本品用于治疗革兰阳性菌、支原体及钩端螺旋体等感染，如鸡的葡萄球菌病、链球菌病、支原体病等。

【注意事项】 ①本品有较强的局部刺激性和耳毒性。治疗时连续使用不得超过 7 日，常与链霉素联合使用。②内服吸收良好，肝、肺、肾、肌肉中的浓度常超过血药浓度。主要经肝胆系统排泄。③其他参见红霉素。④休药期：猪、鸡 7 日。蛋鸡产蛋期禁用。

【用法与用量】 内服：一次量，每千克体重，猪 20～30 mg，禽 20～50 mg。每日 2 次，连用 3～5 日。混饮：每升水，禽 250～500 mg(效价)，猪 100～200 mg。连用 3～5 日。混饲：每 1000 kg 饲料，猪 5～50 g，鸡 5～10 g；治疗，猪 80～300 g，鸡 100～300 g，连用 5～7 日。

【最高残留限量】 残留标示物：吉他霉素。猪、禽，肌肉、肝、肾 200 μg/kg。

【制剂与休药期】 吉他霉素片(kitasamycin tablets)：猪、鸡 7 日，蛋鸡产蛋期禁用。酒石酸吉他霉素可溶性粉(kitasamycin tartrate soluble powder)：鸡 7 日，蛋鸡产蛋期禁用。

泰拉霉素

【理化性质】 本品为白色或类白色粉末。在甲醇、丙酮和乙酸乙酯中易溶，可溶于乙醇。

【药动学】 给牛颈部皮下注射，每千克体重 2.5 mg，几乎能迅速完全吸收，生物利用度大于 90%，15 min 达血药峰浓度，表观分布容积 11 L/kg，血浆消除半衰期 2.75 日，肺组织的半衰期 8.75 日。猪肌内注射，每千克体重 2.5 mg，迅速吸收，15 min 达血药峰浓度，生物利用度 88%，吸收后迅速分布到全身组织，表观分布容积 13～15 L/kg，血浆半衰期 60～90 h，肺组织半衰期 5.9 日。本品对肺有特别的亲和力，从注射部位吸收后，可在肺巨噬细胞和中性粒细胞中迅速聚集而缓慢释放，因此在各组织中，肺的药物浓度最高而且持久。主要以原形经粪和尿排出。

【药理作用】 抗菌谱与泰乐菌素相似，主要抗革兰阳性菌，对少数革兰阴性菌和支原体也有效。对胸膜肺炎放线杆菌、巴氏杆菌及支原体的活性比泰乐菌素强。95%的溶血性巴氏杆菌菌株对本品敏感。

【应用】 用于治疗和预防对泰拉霉素敏感的溶血性巴氏杆菌、多杀性巴氏杆菌、嗜血杆菌和支原体等引起的牛呼吸道疾病；胸膜肺炎放线杆菌、多杀性巴氏杆菌和肺炎支原体等引起的猪呼吸道疾病。

【不良反应】 正常使用剂量对牛、猪的不良反应很少。有报道，犊牛有暂时性唾液分泌增多和呼吸困难，食欲下降。

【用法与用量】 皮下注射：一次量，每千克体重，牛 2.5 mg。一个注射部位的给药体积不超过 7.5 mL。

颈部肌内注射：一次量，每千克体重，猪 2.5 mg。一个注射部位的给药体积不超过 2 mL。

【制剂与休药期】 泰拉霉素注射液：牛 49 日，猪 33 日。

知识拓展

螺旋霉素(Spiramycin)

常用本品的乙酰化物，即乙酰螺旋霉素，其性质较稳定，耐酸，抗菌活性较高。抗菌谱与红霉素相似，但效力较红霉素差。本品与红霉素、泰乐菌素之间有部分交叉耐药性。主要用于防治葡萄球菌感染和支原体病，如慢性呼吸道病、肺炎等。

泰利霉素

泰利霉素为红霉素的衍生物，是半合成的酮内酯类抗生素。对胃酸稳定，口服吸收良好，组织细胞穿透力强，大部分在肝中代谢，经胆道和尿道排泄。其抗菌谱与阿奇霉素相似，抗菌作用更强。因酮内酯结构使其对某些细菌核糖体的结合力高于其他大环内酯类抗生素，且对甲基化反应和细菌外排作用比较稳定，因此对许多耐大环内酯类抗生素的菌株，尤其是革兰阴性菌等有较强的抗菌活性。临床主要用于呼吸道感染的治疗，如社区获得性肺炎、慢性支气管炎急性发作、急性上颌窦炎、咽炎、扁桃体炎等。泰利霉素可使一些患者的 Q-T 间期延长，应避免用于 Q-T 间期延长及潜在的心律失常患者。肾病患者慎用泰利霉素，重症肌无力患者禁用泰利霉素。

罗红霉素(Roxithromycin)

罗红霉素是 14 元环的半合成大环内酯类抗生素。其抗菌谱和抗菌作用与红霉素相似。罗红霉素对胃酸较稳定，口服生物利用度及血药浓度明显高于其他大环内酯类抗生素，且组织渗透性好，$t_{1/2}$较长。罗红霉素对金黄色葡萄球菌、肺炎链球菌、化脓性链球菌的体外抗菌活性不如红霉素，但体内抗菌活性强于红霉素。

克拉霉素(Clarithromycin)

克拉霉素为红霉素甲基化物，是 14 元环的半合成大环内酯类抗生素。其体内过程与红霉素基本相似，对胃酸稳定性增加，食物可促进其吸收，生物利用度高，在肺、扁桃体及皮肤等组织中有较高的浓度。克拉霉素的 14-羟基代谢产物仍有抗菌作用。因克拉霉素及其代谢产物经肝、肾消除，肾功能低下的患者应调整药物剂量。

克拉霉素抗菌谱和抗菌作用与红霉素相似。对革兰阳性菌作用强，对细胞内病原微生物如衣原体、脲原体、军团菌和幽门螺杆菌等的作用强于红霉素。与红霉素之间存在交叉耐药性。临床主要用于呼吸道、泌尿生殖系统及皮肤软组织感染。

阿奇霉素(Azithromycin)

阿奇霉素是目前唯一的 15 元大环内酯类抗生素。对胃酸稳定，口服吸收良好，可静脉滴注给药。血清药物浓度低，组织分布良好，中性粒细胞、巨噬细胞和成纤维细胞中的药物浓度高，表观分布容积大，$t_{1/2}$长。阿奇霉素抗菌谱很广，与其他大环内酯类抗生素相比抗菌活性较强。革兰阳性菌、革兰阴性菌、厌氧菌、支原体、衣原体、螺旋体等均对其敏感。其

Note

中对链球菌和葡萄球菌的作用弱于红霉素，对流感杆菌所致的呼吸道感染的疗效明显优于红霉素。临床用于衣原体所致的尿道炎，对分枝杆菌属引起的传染性疾病和获得性免疫缺陷症状有效。

（六）林可胺类抗生素

林可胺类抗生素是从链霉菌发酵液中提取的一类抗生素，它们有许多共同的特性：都是高脂溶性的碱性化合物，能够在肠道很好地吸收，在畜禽体内分布广泛，对细胞屏障穿透力强，药动学特征相似。作用机制与大环内酯类抗生素相似，主要作用于细菌核糖体 50S 亚基，通过抑制肽链的延长而抑制细菌蛋白质的合成。由于存在竞争作用位点 50S 亚基，故本类药物与大环内酯类抗生素合用时可产生拮抗作用，故不宜与有竞争作用位点的大环内酯类抗生素、泰妙菌素合用。兽医临床上常用药物为林可霉素和克林霉素，对革兰阳性菌和支原体有较强抗菌活性，对厌氧菌也有一定作用，对大多数需氧革兰阴性菌耐药。

林可霉素(Lincomycin)

【理化性质】 林可霉素又称为洁霉素。其盐酸盐为白色结晶性粉末；有微臭或特殊臭味；味苦。本品在水或甲醇中易溶，在乙醇中略溶。20%水溶液的 pH 值为 3.0～5.5；性质较稳定，pK_a 7.6，常制成可溶性粉、片剂、注射液。

【药动学】 林可霉素内服吸收不完全，猪内服的生物利用度为 20%～50%，约 1 h 血药浓度达峰值。肌内注射吸收良好，0.5～2 h 可达血药峰浓度。广泛分布于各种体液和组织中，包括骨骼，可扩散进入胎盘。肝、肾中的药物浓度较高，但脑脊液中即使在炎症时也达不到有效浓度。内服给药，约 50%的林可霉素在肝中代谢，代谢产物仍具有活性。原药及代谢产物在胆汁、尿与乳汁中排出，在粪中可继续排出数日，以致敏感微生物受到抑制。肌内注射给药的半衰期如下：马 8.1 h，黄牛 4.1 h，水牛 9.3 h，猪 6.8 h。

【药理作用】 抗菌谱与大环内酯类抗生素相似。对革兰阳性菌如葡萄球菌、溶血性链球菌和肺炎链球菌等有较强的抗菌作用，对支原体的作用与红霉素相似但比其他大环内酯类抗生素稍弱；对破伤风梭菌、产气荚膜梭菌、猪痢疾密螺旋体也有抑制作用；对革兰阴性菌无效。

【应用】 用于敏感的革兰阳性菌，尤其是金黄色葡萄球菌（包括耐药金黄色葡萄球菌）、链球菌、厌氧菌的感染，以及猪、鸡的支原体病。可以前用作饲料添加剂，现在已禁用。本品与大观霉素合用，可起协同作用。

【注意事项】 ①本品能引起马、兔和其他食草动物严重的腹泻，甚至致死；马内服或注射可引起出血性结膜炎、腹泻，可能致死；牛内服可引起厌食、腹泻、酮血症、产奶量减少；猪用药后也可出现胃肠道功能紊乱，剂量过大可出现皮肤红斑及肛门、阴道水肿；大剂量可引起犬的伪膜性肠炎，故过敏或已感染白色念珠菌的动物禁用。②肌内注射给药有疼痛刺激，或吸收不良，犬和猫快速静脉注射，

可引起血压升高和心肺功能减弱。③有神经肌肉阻断作用，若与氨基糖苷类和多肽类抗生素合用，可加剧神经肌肉阻滞作用。④与大观霉素、庆大霉素等合用对葡萄球菌和链球菌等有协同作用，与红霉素合用有拮抗作用，与硫酸大观霉素配伍制成的可溶性粉、预混剂，可增强对猪、鸡的沙门菌病、大肠杆菌性肠炎、支原体感染和猪密螺旋体痢疾的治疗效果。⑤避免与含白陶土或抑制肠道蠕动的止泻药合用，否则可明显影响盐酸林可霉素吸收。⑥本品内服不易吸收，肌内注射吸收缓慢。吸收后分布广泛，乳、肾中的浓度较高，可通过胎盘屏障。半衰期较长。

【用法与用量】 内服：一次量，每千克体重，猪 10～15 mg，犬、猫 15～25 mg。每日 1～2 次，连用 3～5 日。混饮：每升水，猪 40～70 mg(效价)，连用 7 天；鸡 20～40 mg，连用 5～10 日。静脉或肌内注射：一次量，每千克体重，猪 10 mg，每日 1 次；犬、猫 10 mg，每日 2 次，连用 3～5 日。

【最高残留限量】 残留标示物：林可霉素。牛、羊、猪、禽，肌肉、脂肪 100 μg/kg，肝 500 μg/kg，肾 1500 μg/kg，牛奶、羊奶 150 μg/kg，鸡蛋 50 μg/kg。

【制剂与休药期】 盐酸林可霉素片(lincomycin hydrochloride tablets)：猪 6 日。盐酸林可霉素可溶性粉(lincomycin hydrochloride soluble powder)：猪、鸡 5 日，蛋鸡产蛋期禁用。盐酸林可霉素注射液(lincomycin hydrochloride injection)：猪 2 日。盐酸林可霉素-硫酸大观霉素可溶性粉：猪、鸡 5 日，蛋鸡产蛋期禁用。

克林霉素(Clindamycin)

【理化性质】 克林霉素又称为氯林可霉素、氯洁霉素。其盐酸盐为白色或类白色结晶粉末，易溶于水。本品的盐酸盐、棕榈酸酯盐供内服用，克林霉素磷酸酯供注射用。

【药动学】 克林霉素内服吸收比林可霉素好，生物利用度高，且不受食物的影响，达峰时间快，血药浓度高。犬静脉注射的半衰期为 3.2 h；肌内注射的生物利用度为 87%，半衰期为 3.6 h。分布、代谢特征与林可霉素相似，但血浆蛋白结合率高，可达 90%。

【作用与应用】 抗菌作用、应用与林可霉素相同。抗菌效力比林可霉素强 4～8 倍。

【用法与用量】 内服或肌内注射：一次量，每千克体重，犬、猫 10 mg。每日 2 次。

【制剂】 盐酸克林霉素胶囊(clindamycin hydrochloride capsules)，磷酸克林霉素注射液(clindamycin phosphate for injection)。

（七）多肽类抗生素

多肽类抗生素是一类具有多肽结构的化学物质。兽医临床常用的多肽类抗生素有杆菌肽、黏菌素、维吉尼亚霉素和恩拉霉素等，人医中使用的还有万古霉素和去甲万古霉素、替考拉宁、达托霉素等。上述药物虽然抗菌谱较窄，但抗菌活性强，均属于杀菌药。其中，黏菌素仅对革兰阴性杆菌有作用，其他则均对革兰阳性菌有作用。多数药物由于毒性较大，尤其是肾毒性和对神经系统的损害较为突出，临床上一般不作为治疗的首选药物。但是随着耐药性问题日益严重，本类药物的临床价值又重新得到重视。

黏菌素(Colistin)

【理化性质】 本品又称黏杆菌素、多黏菌素 E，由多黏芽孢杆菌变种的培养液中提取获得。本品为白色或类白色粉末；无臭，有引湿性。本品易溶于水，在乙醇中微溶，常制成可溶性粉。

【药动学】 内服难吸收，用于肠道感染。吸收后分布于全身组织，肝、肾中含量较高，主要经肾缓慢排泄。

【作用与应用】 本品为窄谱型杀菌抗生素。对革兰阴性杆菌作用强，尤以铜绿假单胞菌最为敏感，对大肠杆菌、沙门菌、巴氏杆菌、痢疾杆菌、布鲁菌和弧菌等的作用较强，对变形杆菌属、厌氧杆菌属、革兰阴性球菌和革兰阳性菌等无效。

本品的杀菌机制是其带正电荷的游离氨基能与革兰阴性杆菌胞质膜磷脂中带负电荷的磷酸根结合，降低胞质膜的表面张力，增加通透性，使菌体内氨基酸、嘌呤、嘧啶、磷酸盐等成分外漏；其还可进入胞质内干扰正常功能，导致细菌死亡。细菌对本品不易产生耐药性，但与多黏菌素 B 之间有交叉耐药性。本类药物与其他抗菌药物间没有交叉耐药性。

本品主要用于防治猪、鸡的革兰阴性菌所致的肠道感染；外用治疗烧伤和外伤引起的铜绿假单胞菌感染；由于耐药性的风险问题，我国已禁止其作为饲料药物添加剂促进畜禽生长。

【注意事项】 ①本品常作为铜绿假单胞菌和大肠杆菌引起的感染性疾病的首选药。②注射给药刺激性强，局部疼痛显著，并可引起肾毒性和神经毒性，故多用于内服或局部用药。③不宜与麻醉药和镁制剂等骨骼肌松弛药、庆大霉素与链霉素等氨基糖苷类抗生素合用，因能引起蛋白尿、血尿、管型尿、肌无力和呼吸暂停；与杆菌肽锌、磺胺药和甲氧苄啶合用对大肠杆菌、肺炎杆菌和铜绿假单胞菌等有协同作用；与螯合剂(EDTA)和阳离子清洁剂合用，治疗铜绿假单胞菌所致的局部感染效果好。④本品内服不易吸收，吸收后主要以原形经肾排泄，本品易引起肾毒性和神经系统的毒性反应。注射已少用。⑤休药期：猪、鸡 7 日。蛋鸡产蛋期禁用。

【用法与用量】 以黏菌素计：混饮，每升水，猪 40～200 mg；鸡 20～60 mg。混饲，每 1000 kg 饲料，犊牛(哺乳期)5～40 g；乳猪(哺乳期)2～40 g；仔猪 2～20 g；鸡 2～20 g。

杆菌肽(Bacitracin)

【理化性质】 本品为淡黄色或淡棕黄色粉末；有臭味，味苦。本品于 1943 年被研制成功，几乎不溶于水，常制成可溶性粉。

【作用与应用】 ①本品的抗菌谱和青霉素 G 相似，对金黄色葡萄球菌(包括耐青霉素的金黄色葡萄球菌)、链球菌、肺炎链球菌、肠球菌等大多数革兰阳性菌作用强，对脑膜炎双球菌和流感杆菌等少数革兰阴性菌有效。②对螺旋体和放线菌也有效。③细菌不易产生耐药性，与其他抗生素无交叉耐药性。

本品局部应用治疗革兰阳性菌及耐青霉素葡萄球菌所引起的皮肤创伤、眼部感染和乳腺炎。

【注意事项】 ①本品注射给药的肾毒性大，一般用于内服和外用。②与青霉素、链霉素、新霉素、多黏菌素及有机砷制剂等合用有协同作用；本品和多黏菌素组成的复方制剂，不宜与土霉素、金霉素、吉他霉素、恩拉霉素、维吉尼亚霉素、喹乙醇等合用。③由本品制成的亚甲基水杨酸杆菌肽可溶性粉，用于治疗耐青霉素的金黄色葡萄球菌感染。④二价金属离子能加强其抗菌效能，可制成锌盐。⑤本品内服吸收很差，肌内注射易吸收。乳管内注入，在乳中残留时间不超过 72 h。⑥休药期：0 日。蛋鸡产蛋期禁用。

【用法与用量】 以杆菌肽计：混饲，每 1000 kg 饲料，犊 3 月龄以下 10～100 g，3～6 月龄 4～40 g；猪 6 月龄以下 4～40 g；禽 16 周龄以下 4～40 g。

恩拉霉素(Enramycin)

【理化性质】 本品又称持久霉素，为白色或微黄色结晶性粉末。本品是 1967 年日本武田制药厂研制的动物专用抗生素，溶于含水乙醇。

【作用与应用】 ①本品对金黄色葡萄球菌、表皮葡萄球菌、化脓链球菌等革兰阳性菌有抗菌作用，对革兰阴性菌无效。②低浓度可促进猪、禽生长，但由于耐药性的风险问题，我国已禁止将其作为饲料药物添加剂促进畜禽生长。

本品用于预防革兰阳性菌感染。

【注意事项】 ①禁止与四环素、吉他霉素、杆菌肽、维吉尼亚霉素等配伍应用。②可与黏杆菌素或喹乙醇联合应用。③本品内服难吸收。④休药期：猪、鸡 7 日。蛋鸡产蛋期禁用。

【用法与用量】 以恩拉霉素计：混饲，每 1000 kg 饲料，猪 2.5～20 g；鸡 1～5 g。

维吉尼亚霉素(Virginiamycin)

【理化性质】 本品又称弗吉尼亚霉素，为浅黄色粉末；有特臭，味苦。本品是1955年被研制成功的动物专用抗生素，极微溶于水，常制成预混剂。

【作用与应用】 ①本品对金黄色葡萄球菌、肠球菌等革兰阳性菌均有较强作用，对大多数革兰阴性菌无效。②对支原体有作用。③不易产生耐药性，与其他抗生素无交叉耐药性。④低剂量能促生长和提高饲料转化率，但由于耐药性的风险问题，我国已禁止将其作为饲料药物添加剂促进畜禽生长。

中、高剂量则用于防治梭状芽孢杆菌所致的肠炎和猪痢疾。

【注意事项】 ①本品内服不易吸收，主要随粪排出。②休药期：猪、鸡1日。

【用法与用量】 以维吉尼亚霉素计。混饲：每1000 kg饲料，猪10～25 g；鸡5～20 g。

那西肽

【理化性质】 本品为浅黄绿褐色或黄绿褐色粉末；有特异气味。在二甲基甲酰胺中溶解，在乙醇、丙酮或三氯甲烷中微溶，在水中不溶。

【作用与应用】 本品对革兰阳性菌的抗菌活性较强，如葡萄球菌、梭状芽孢杆菌对其敏感，为畜禽专用抗生素。混饲给药很少吸收。作用机制是抑制细菌蛋白质合成。

【用法与用量】 以那西肽计。混饲：每1000 kg饲料，鸡2.5 g。

知识拓展

万古霉素(Vancomycin)

【理化性质】 万古霉素是从链霉菌培养液中分离获得的结构复杂的三环糖肽类化合物，为第一代多肽抗生素。因其抗多重耐药性，如对耐甲氧西林金黄色葡萄球菌(MRSA)和肠球菌有效，在临床中日益受到重视。但近年来，由于越来越多的万古霉素耐药菌株的出现，其地位渐渐被利奈唑胺和达托霉素所取代。

【体内过程】 万古霉素口服不吸收，肌内注射给药可引起注射局部剧痛和坏死，故其给药途径为缓慢静脉滴注。万古霉素体内分布广泛，可进入各组织、体液，脑膜炎时可透过血脑屏障，进入脑脊液。体内仅小部分被代谢，超过90%的万古霉素经肾小球滤过后随尿液排泄。

【药理作用】 对革兰阳性菌具有强大的抗菌活性，包括草绿色和溶血性链球菌、肺炎链球菌等；对破伤风杆菌、白喉杆菌、炭疽芽孢杆菌和产气荚膜杆菌等作用亦强。尤其对MRSA和耐甲氧西林表皮葡萄球菌抗菌作用强大。

万古霉素可干扰敏感菌细胞壁的合成，为速效杀菌药。万古霉素与细菌细胞壁骨架肽聚糖的五肽前体化合物侧链中的D-丙氨酰-D-丙氨酰部位结合，抑制肽聚糖聚合反应的转糖苷过程，还可通过抑制细菌膜磷脂的合成，破坏细胞膜，发挥抗菌作用。

【耐药性】 细菌不易对万古霉素产生耐药性，目前发现的耐药菌株包括耐万古霉素肠球菌(VRE)和耐万古霉素金黄色葡萄球菌(VRSA)。耐药性产生机制：①细菌通过质粒介导，对万古霉素的通透性降低；②细菌与万古霉素的结合减少。

【临床应用】 万古霉素不作为常规用药，仅用于严重的革兰阳性球菌感染，鉴于耐药菌株的出现，应严格按适应证用药。万古霉素临床用于MRSA、MRSE所致感染，如败血症、肺炎、骨髓炎等；万古霉素与氨基糖苷类抗生素有协同抗菌作用，可合用治疗肠球菌所

Note

致的心内膜炎;口服万古霉素仅限于治疗难辨梭形芽孢杆菌或葡萄球菌所致的具有潜在致死性的伪膜性结肠炎。

【不良反应】 万古霉素副作用严重,可引起药物热等。注射给药,可引起注射局部的静脉炎,静脉滴注过快时,因促进组胺释放,可在后颈部、上肢及上身出现皮肤潮红、低血压,甚至休克。万古霉素与静脉滴注有关的不良反应,可从以下几个方面进行防治:给药前1 h,预先给予抗组胺药;减慢滴速;停药2 h,再次给药时增加溶剂的量;使用抗组胺药和糖皮质激素进行治疗。肾衰竭患者应用万古霉素,可因药物体内蓄积导致剂量依赖性听力损伤。

【药物相互作用】 与有耳、肾毒性的药物合用,如髓袢利尿药、氨基糖苷类、多黏菌素类等,可增加其耳、肾毒性;与抗组胺药、吩噻嗪类合用时,可掩盖其耳鸣、头昏眩晕等耳毒性症状;与肌松药合用可增强神经肌肉阻滞作用;与碱性溶液有配伍禁忌;与重金属接触可产生沉淀。

去甲万古霉素(Norvancomycin)

去甲万古霉素化学结构较万古霉素少1个甲基,其抗菌谱、药理作用及机制与万古霉素基本相同,对MRSA和MRSE作用较万古霉素强,抗脆弱拟杆菌作用很强,肠球菌属的多数菌株对其亦敏感,而大多数的革兰阴性杆菌对其耐药。该药与其他抗生素无交叉耐药性。临床主要在其他常用抗生素无效或发生伪膜性结肠炎时应用,不宜与氯霉素、甾体激素等混合静脉滴注,因可与之产生沉淀。去甲万古霉素很少引起"红人综合征"。

替考拉宁(Teicoplanin)

替考拉宁与万古霉素化学结构相近,但半衰期明显延长,与万古霉素抗菌谱相似,药理作用及机制相同,抗菌活性更强,尤其对金黄色葡萄球菌和链球菌属更有效。临床适应证与万古霉素相同。替考拉宁肾毒性及耳毒性较万古霉素小,故可用于中性粒细胞减少和对万古霉素过敏患者敏感菌感染的治疗。

不良反应较万古霉素少见而轻微,耳、肾毒性少见,最常见者为肌内注射时局部轻微疼痛,暂时性的肝功能异常。对于重症感染患者和肾功能异常者,仍需进行血药浓度监测。偶见恶心、呕吐、眩晕、颤抖、嗜酸性粒细胞增多,粒细胞减少、血小板增多等。偶有支气管痉挛等过敏反应,极少引起"红人综合征"。

达托霉素

达托霉素化学结构新颖,是环脂肽类抗生素。达托霉素以静脉滴注方式给药,其血浆蛋白结合率可达90%~95%,体内分布广泛,难以透过血脑屏障,部分在肝代谢,其原形及代谢产物经肾清除。

达托霉素是窄谱杀菌药,仅对革兰阳性菌有效,包括对甲氧西林敏感和耐药的金黄色葡萄球菌,耐青霉素的肺炎链球菌,链球菌,肠球菌(含VRE)等。达托霉素作用机制与众不同,该药可与细菌细胞膜结合,引起细胞膜快速去极化,进而改变细胞膜的性质,影响细胞膜多种功能,并抑制细胞内DNA、RNA和蛋白质的合成,发挥剂量依赖性杀菌作用。

临床用于治疗由敏感的革兰阳性菌引起的皮肤及软组织感染,如脓肿、手术切口感染和皮肤溃疡。还可用于由金黄色葡萄球菌引起的右侧感染性心内膜炎及复杂性皮肤与软组织感染并发的菌血症。

达托霉素常见的不良反应有便秘、恶心、头痛、失眠。达托霉素还可升高转氨酶和肌酸磷酸激酶水平,用药期间每周应检测指标变化。为避免可能的肌肉毒性,应用达托霉素期间应停用 HMG-CoA 抑制剂。

（八）截短侧耳素类抗生素

本类抗生素主要包括泰妙菌素和沃尼妙林，它们都是畜禽专用的抗生素。

泰妙菌素(Tiamulin)

【理化性质】 本品又称支原净、泰妙灵、泰牧霉素，为白色或类白色结晶性粉末；无臭，无味。本品是半合成的动物专用抗生素，溶于水，常制成可溶性粉。

【作用与应用】 ①本品抗菌谱与大环内酯类抗生素相似，对金黄色葡萄球菌、链球菌等均有较强抑制作用，对革兰阴性菌尤其肠道菌作用较弱。②对支原体、猪胸膜肺炎放线杆菌、猪痢疾短螺旋体等均有较强抑制作用，对支原体的作用优于大环内酯类抗生素。

本品用于防治鸡慢性呼吸道病、猪支原体肺炎和放线菌性胸膜肺炎，也可用于猪短螺旋体痢疾。

【注意事项】 ①本品禁止与莫能菌素、盐霉素等聚醚类离子载体抗生素合用，可增强后者的毒性，使鸡生长缓慢、运动失调、麻痹瘫痪，甚至死亡。②与金霉素以 1∶4 配伍混饲，可治疗猪细菌性肠炎、细菌性肺炎、猪短螺旋体痢疾。③应避免使用者的眼睛和皮肤与药物接触。④含药饲料在环境温度超过 40 ℃时，储存期不得超过 7 日。⑤可导致马结肠炎，禁用。⑥猪食用过量，可引起短暂流涎、呕吐和中枢神经抑制。⑦单胃动物内服吸收良好，而反刍动物则可被胃肠道菌群灭活。⑧休药期：猪、鸡 5 日。

【用法与用量】 以泰妙菌素计：混饮，每升水，猪 45～60 mg，连用 5 日；鸡 125～250 mg，连用 3 日。混饲，每 1000 kg 饲料，猪 40～100 g，连用 5～10 日。

沃尼妙林

【理化性质】 本品为白色结晶性粉末；极微溶于水，溶于甲醇、乙醇、丙酮、氯仿，其盐酸盐溶于水。

【药动学】 猪内服本品吸收迅速，生物利用度为 57%～90%，给药后 1～4 h 达到血药峰浓度，血浆半衰期 1.3～2.7 h。重复给药可发生轻微蓄积，但 5 h 内平稳。本品有明显的首过效应，体内分布广泛，主要分布在肝和肺组织中。本品在猪体内代谢广泛，代谢产物主要经胆汁和粪排泄。

【药理作用】 抗菌谱较广，对革兰阳性菌和少数革兰阴性菌有效，对支原体和螺旋体有高效，对肠杆菌科细菌如大肠杆菌、沙门菌的作用很弱。作用机制同泰妙菌素。

【应用】 主要用于治疗和预防猪短螺旋体痢疾、猪支原体肺炎、猪结肠螺旋体病(结肠炎)和细胞内劳森菌感染引起的猪增生性肠炎(回肠炎)。

本品于 1999 年被批准用于预防和治疗由猪痢疾短螺旋体感染引起的猪短螺旋体痢疾和由肺炎支原体感染引起的猪气喘病；2004 年 1 月被批准用于预防由结肠菌毛样短螺旋体感染引起的猪结肠螺旋体病和治疗由细胞内劳森菌感染引起的猪增生性肠炎。

【不良反应】 沃尼妙林可影响莫能菌素、盐霉素等聚醚类离子载体抗生素的代谢，联合应用时可导致动物出现生长缓慢、运动失调、麻痹瘫痪等不良反应。

【用法与用量】 以盐酸沃尼妙林计。混饲：每 1000 kg 饲料，治疗猪短螺旋体痢疾 75～150 g；治疗猪增生性肠炎 50～100 g；治疗猪支原体肺炎 100～200 g；治疗猪传染性胸膜肺炎 50～100 g。连用 7～14 日。

【最高残留限量】 残留标示物：沃尼妙林。猪，肌肉 50 μg/kg，肝 500 μg/kg，肾 100 μg/kg。

（九）含磷多糖及其他抗生素

本类抗生素分属不同化学结构，主要包括黄霉素、赛地卡霉素和阿维拉霉素。

黄霉素(Flavomycin)

【理化性质】 本品又称黄磷脂醇素、斑贝霉素、默诺霉素A,为褐色粉末;有特臭。本品是动物专用抗生素。

【作用与应用】 本品属于多糖类的窄谱抗生素,对金黄色葡萄球菌、化脓性链球菌等革兰阳性菌的作用较强,对革兰阴性菌的作用弱,对真菌和病毒无效。

【注意事项】 ①本品毒性极低,安全范围广,无药物残留或极低残留。不宜用于成年畜、禽。②本品内服难吸收,24 h后几乎全以原形从粪中排出。③休药期:0日。

【用法与用量】 以黄霉素计:混饲,每日每头肉牛30～50 mg;每1000 kg饲料,育肥猪5 g;仔猪20～25 g;肉鸡5 g。

赛地卡霉素

【理化性质】 本品为白色或浅橙黄色结晶性粉末。本品是动物专用抗生素,不溶于水。

【作用与应用】 ①本品对葡萄球菌、链球菌、肺炎链球菌等多种革兰阳性菌等敏感。②对猪痢疾短螺旋体有较强抑制作用,且强于林可霉素,但不及泰妙菌素。

本品主要用于防治猪短螺旋体痢疾。

【注意事项】 ①本品毒性低,安全范围大。②休药期:猪1日。

阿维拉霉素(Avilamycin)

【理化性质】 本品又称卑霉素、阿美拉霉素,是从绿色产色链霉菌Tu57的培养液中提取得到的二氯异扁枝衣酸酯,属正糖霉素族的寡聚糖类抗生素。本品为亮棕褐色粉末;有霉味;微溶于水,易溶于丙酮、丙醇、乙酸乙酯、苯和乙醚等有机溶剂。

【作用与应用】 主要对葡萄球菌、链球菌、肠球菌等革兰阳性菌有效,对革兰阴性菌的作用较弱。对大肠杆菌还可影响其鞭毛及对宿主黏膜细胞表面的黏附,以达到抗感染的作用。作用机制是通过与细菌核糖体结合而抑制蛋白质合成。

用于预防由产气荚膜梭菌引起的肉鸡坏死性肠炎。

【用法与用量】 以阿维拉霉素计。混饲:每1000 kg饲料,肉鸡坏死性肠炎,0～4个月,20～40 g;4～6个月,10～20 g;肉鸡5～10 g。辅助控制断奶仔猪腹泻,40～80 g,连用28日。

第二节 化学合成抗菌药

一、磺胺类药

自从1935年发现第一个磺胺类药以来,先后合成的这类药有上千种,而临床上常用的只有二三十种。磺胺类药具有抗菌谱较广、性质稳定、使用方便、价格低廉、国内能大量生产等优点。甲氧苄啶和二甲氧苄啶等抗菌增效剂与磺胺类药联合使用后,抗菌谱扩大、疗效显著提高。因此,磺胺类药至今在抗微生物药物中仍有重要地位。

(一) 理化性质

磺胺类药一般为白色或淡黄色结晶性粉末,在水中溶解度差,易溶于稀碱溶液中。制成钠盐后易溶于水,水溶液呈碱性。

(二) 构效关系及分类

磺胺类药的基本化学结构是对氨基苯磺酰胺(简称磺胺)。

$$\underset{R_2}{\overset{H}{>}}N\text{—}{}^{4}\langle C_6H_4\rangle{}^{1}\text{—}SO_2\text{—}N\underset{R_1}{\overset{H}{<}}$$

R代表不同的基团，由于所引入的基团不同，因此合成了一系列的磺胺类药。它们的抑菌作用与化学结构之间的关系如下：①在其结构中以其他基团取代氨基上的氢所得的衍生物，必须保持对位和游离的氨基才有活性；②对位上氨基的一个氢原子（R_2）被其他基团取代，其抑菌作用大大减弱，此化合物必须在肠道内被水解为游离氨基才能起作用，如酞磺噻唑；③磺酰胺基中的一个氢原子（R_1）被杂环取代所得的衍生物抗菌活性更强，如磺胺嘧啶等。磺胺类药根据内服后的吸收情况可分为肠道易吸收、肠道难吸收及外用三类（表12-4）。

表12-4　常用磺胺类药的分类和英文缩写

类型	药名	英文缩写
肠道易吸收的磺胺类药	氨苯磺胺	SN
	磺胺噻唑	ST
	磺胺嘧啶	SD
	磺胺二甲嘧啶	SM_2
	磺胺甲噁唑（新诺明、新明磺）	SMZ
	磺胺对甲氧嘧啶（磺胺-5-甲氧嘧啶、消炎磺）	SMD
	磺胺间甲氧嘧啶（磺胺-6-甲氧嘧啶、制菌磺）	SMM、DS-36
	磺胺地索辛（磺胺-2,6-二甲氧嘧啶）	SDM
	磺胺多辛（磺胺-5,6-二甲氧嘧啶、周效磺胺）	SDM′
	磺胺喹噁啉	SQ
	磺胺氯吡嗪	—
肠道难吸收的磺胺类药	磺胺脒	SG
	柳氮磺吡啶（水杨酰偶氮磺胺吡啶）	SASP
	酞磺噻唑（酞酰磺胺噻唑）	PST
	酞磺醋胺	PSA
	琥磺噻唑（琥磺胺噻唑、琥珀酰磺胺噻唑）	SST
外用磺胺类药	磺胺醋酰钠	SA-Na
	醋酸磺胺米隆（甲磺灭脓）	SML
	磺胺嘧啶银（烧伤宁）	SD-Ag

（三）药动学

（1）吸收：内服易吸收的磺胺，其生物利用度大小因药物和动物种类而有差异。其顺序分别为SM_2＞SDM′＞SN＞SD；禽＞犬＞猪＞马＞羊＞牛。一般而言，食肉动物内服3～4 h后，血药达峰浓度；食草动物为4～6 h；反刍动物为12～24 h。尚无反刍功能的犊牛和羔羊，其生物利用度与食肉、杂食动物相似。此外，胃肠内容物充盈度及胃肠蠕动情况，均能影响磺胺类药的吸收。难吸收的磺胺类药如SG、SST、PST等，在肠内保持相当高的浓度，故适用于肠道感染。

（2）分布：吸收后分布于全身各组织和体液中。以血液、肝、肾含量较高，神经、肌肉及脂肪中的含量较低，可进入乳腺、胎盘、胸膜、腹膜及滑膜腔。吸收后，一部分与血浆蛋白结合，但结合疏松，可逐渐释出游离型药物。磺胺类药中以SD与血浆蛋白的结合率较低，易于通过血脑屏障进入脑脊液（为血药的50%～80%），故可作为脑部细菌感染的首选药。磺胺类药的血浆蛋白结合率因药物和动物种类的不同而有很大差异，通常以牛为最高，羊、猪、马等次之。一般来说，血浆蛋白结合率高的磺

胺类药排泄较缓慢，血中有效药物浓度维持时间也较长。

(3) 代谢：磺胺类药主要在肝代谢，引起多种结构上的变化。其中最常见的方式是对位氨基(R_2)的乙酰化。乙酰化程度与动物种属有关，例如 SM 的乙酰化，猪(30%)比牛(11%)、绵羊(8%)都高，家禽和犬的乙酰化极微。其次是羟基化作用，绵羊比牛高，猪则无此作用。各种磺胺药及其代谢产物与葡萄糖苷酸的结合率是不相同的，例如 SMZ、SN、SM_2 和 SDM 在山羊体内与葡萄糖苷酸的结合率分别是 5%、7%、30%及 16%～31%。杂环断裂的代谢途径在多数动物中并不重要。此外，反刍动物体内的氧化作用是磺胺类药代谢的重要途径，例如 SD 在山羊体内被氧化成 2-磺胺-4-羟基嘧啶而失去活性。

磺胺乙酰化后失去抗菌活性，但仍保持原有磺胺的毒性。除 SD 等 R_1 位有嘧啶环的磺胺类药外，其他乙酰化磺胺的溶解度普遍下降，增加了对肾的毒副作用。食肉及杂食动物，由于尿中酸度比食草动物高，较易引起磺胺及乙酰磺胺的沉淀，导致结晶尿的产生，损害肾功能。若同时内服碳酸氢钠碱化尿液，则可提高其溶解度，促进其从尿中排出。

各种磺胺类药在同一动物体内的半衰期不同，同一药物在不同动物体内的半衰期亦不一样。磺胺类药在动物体内的代谢存在多态性，存在快、慢代谢个体，导致半衰期有较大差异。

(4) 排泄：内服难吸收的磺胺类药主要随粪便排出；肠道易吸收的磺胺类药主要通过肾排出。少量由乳汁、消化液及其他分泌液排出。经肾排出的药物，以原形药、乙酰化代谢产物、葡萄糖苷酸结合物三种形式排泄。排泄的快慢主要取决于通过肾小管时被重吸收的程度。凡重吸收少者，排泄快，消除半衰期短，有效血药浓度维持时间短(如 SN、SD)；而重吸收多者，排泄慢，消除半衰期长，有效血药浓度维持时间较长(如 SM_2、SMM、SDM 等)。当肾功能损害时，药物的消除半衰期明显延长，毒性可能增加，临床使用时应注意。

(四) 药理作用

抗菌谱较广。对大多数革兰阳性菌和部分革兰阴性菌有效，甚至对衣原体和某些原虫也有效。对磺胺类药较敏感的病原菌包括链球菌、肺炎链球菌、沙门杆菌、化脓棒状杆菌、大肠杆菌等；一般敏感菌包括葡萄球菌、变形杆菌、巴氏杆菌、产气荚膜梭菌、肺炎杆菌、炭疽芽孢杆菌、铜绿假单胞菌等。某些磺胺类药还对球虫、卡氏白细胞原虫、疟原虫、弓形虫等有效，但对螺旋体、立克次体、结核分枝杆菌等无效。

不同磺胺类药对病原菌的抑制作用亦有差异。一般来说，其抗菌作用强度的顺序为 SMM＞SMZ＞SD＞SDM＞SMD＞SM_2＞SDM′＞SN。

(五) 作用机制

磺胺类药主要通过干扰敏感菌的叶酸代谢而抑制其生长繁殖。对磺胺类药敏感的细菌在生长繁殖过程中，不能直接从生长环境中利用外源叶酸，而是利用对氨基苯甲酸(PABA)、蝶啶及谷氨酸，在二氢叶酸合成酶的催化下合成二氢叶酸，再经二氢叶酸还原酶还原为四氢叶酸，四氢叶酸是一碳基团转移酶的辅酶，参与嘌呤、嘧啶、氨基酸的合成。磺胺类药的化学结构与 PABA 的结构极为相似，能与 PABA 竞争二氢叶酸合成酶，抑制二氢叶酸的合成，进而导致核酸合成受阻，结果使细菌生长繁殖被抑制。高等动植物能直接利用外源性叶酸，故其代谢不受磺胺类药干扰(图 12-4)。

(六) 耐药性

细菌对磺胺类药易产生耐药性，尤以葡萄球菌最易产生，大肠杆菌、链球菌等次之。产生的原因可能是通过质粒转移或酶突变产生，包括二氢叶酸合成酶与磺胺的亲和力降低，细菌对磺胺的通透性降低，以及细菌改变了代谢途径，如产生了较多的 PABA 或二氢叶酸合成酶等。各磺胺类药之间可产生程度不同的交叉耐药性，但与其他抗菌药之间无交叉耐药现象。

(七) 临床应用

(1) 全身感染：常用药有 SD、SM_2、SMZ、SMD、SMM、SDM′等，可用于巴氏杆菌病、乳腺炎、子宫

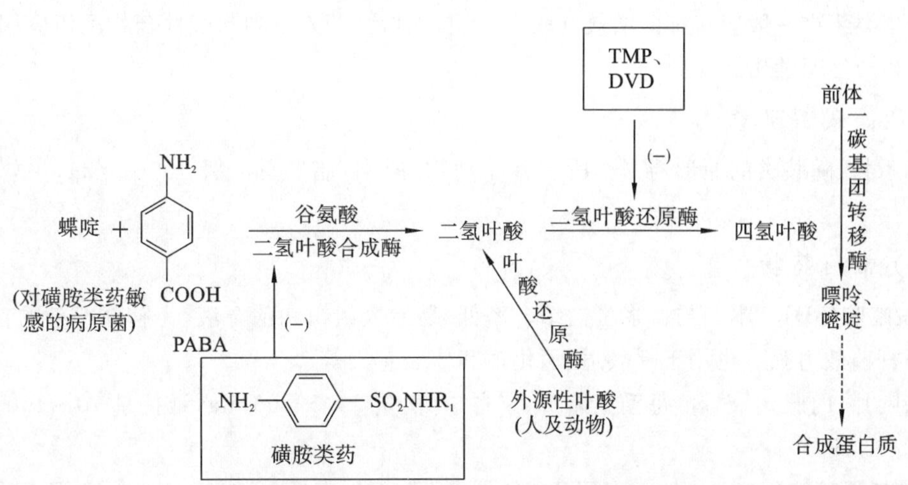

图 12-4 磺胺类药和某些化疗药物作用机制示意图

内膜炎、腹膜炎、败血症以及呼吸道、消化道和尿道感染；对马腺疫、坏死杆菌病，牛传染性腐蹄病，猪萎缩性鼻炎、链球菌病、仔猪水肿病、弓形虫病，羔羊多发性关节炎，兔葡萄球菌病，鸡传染性鼻炎、禽霍乱、副伤寒、球虫病等均有效。一般与 TMP 合用，可提高疗效，缩短疗程。对于病情严重病例或首次用药，则可以考虑用钠盐肌内注射或静脉注射给药。

(2) 肠道感染：选用肠道难吸收的磺胺类药，如 SG、PST、SST 等为宜。可用于仔猪黄痢及畜禽白痢、大肠杆菌病等的治疗。常与 DVD 合用以提高疗效。

(3) 尿道感染：选用抗菌作用强，尿中排泄快，乙酰化率低，尿中药物浓度高的磺胺类药，如 SMM、SMD 和 SMZ 等。与 TMP 合用，可提高疗效，克服或延缓耐药性的产生。

(4) 局部软组织和创面感染：选外用磺胺药，如 SN、SD-Ag 等。SN 可用其结晶性粉末，撒于新鲜伤口，以发挥其防腐作用，现已少用。SD-Ag 对铜绿假单胞菌的作用较强，且有收敛作用，可促进创面干燥结痂，可用于烧伤感染。

(5) 原虫感染：选用 SQ、磺胺氯吡嗪、SM_2、SMM、SDM 等，用于禽、兔球虫病，鸡卡氏住白细胞虫病，猪弓形虫病等。

(6) 其他：治疗脑部细菌性感染，宜采用在脑脊液中含量较高的 SD；治疗乳腺炎宜采用在乳汁中含量较高的 SM_2。

（八）不良反应

(1) 急性中毒：多见于静脉注射磺胺类钠盐时，速度过快或剂量过大。表现为神经症状，如共济失调、痉挛性麻痹、呕吐、昏迷、食欲降低和腹泻等。严重者迅速死亡。牛、山羊还可见视物障碍、散瞳。雏鸡中毒时出现大批死亡。

(2) 慢性中毒：见于剂量较大或连续用药超过 1 周，主要症状如下：难溶解的乙酰化物结晶损伤泌尿系统，出现结晶尿、血尿和蛋白尿等；抑制胃肠道菌群，导致消化系统障碍和食草动物的多发性肠炎等；造血功能破坏，出现溶血性贫血、凝血时间延长和毛细血管渗血；幼畜及幼禽免疫系统抑制、免疫器官出血及萎缩；家禽慢性中毒时，增重减慢，蛋鸡产蛋率下降，蛋破损率和软蛋率增高。

（九）注意事项

(1) 要有足够的剂量和疗程，首次内服常用加倍量(负荷量)，使血药浓度迅速达到有效抑菌浓度，连用 3～5 日。

(2) 动物用药期间应充分饮水，以增加尿量、促进排出；幼畜、杂食或食肉动物使用磺胺类药时，宜与等量的碳酸氢钠同服，以碱化尿液，促进排出；补充 B 族维生素和维生素 K。

(3) 磺胺类钠盐注射液对局部组织有很强的刺激性，宠物不宜肌内注射，一般应静脉注射。

(4) 磺胺类药物一般应与抗菌增效剂联合使用，以增强药效。勿与酸性药物配伍应用。

(5) 蛋鸡产蛋期禁用。

（十）最高残留限量

残留标示物：磺胺类的原形药物。所有食品动物，肌肉、脂肪、肝、肾 100 μg/kg，牛奶、羊奶 100 μg/kg。

（十一）常用药物

1. 磺胺嘧啶(SD) 本药与血浆蛋白结合率低，易渗入组织和脑脊液，为脑部感染的首选药。对球菌和大肠杆菌效力强。也用于呼吸道、消化道和体表感染等。

磺胺嘧啶片：内服，一次量，每千克体重，家畜，首次量 140～200 mg，维持量 70～100 mg。每日 2 次，连用 3～5 日。

2. 磺胺二甲嘧啶(SM_2) 抗菌作用比 SD 弱，但乙酰化率低，不良反应少。除用于治疗敏感菌所致的全身感染外，还可防治球虫病。

磺胺二甲嘧啶片：内服，一次量，每千克体重，家畜，首次量 140～200 mg，维持量 70～100 mg。每日 1～2 次，连用 3～5 日。休药期，牛 10 日，猪 15 日，禽 10 日。

磺胺二甲嘧啶钠注射液：静脉或肌内注射，一次量，每千克体重，家畜 50～100 mg。每日 1～2 次，连用 2～3 日。

3. 磺胺间甲氧嘧啶(SMM) 抗菌力最强，不良反应少。可治疗各种全身和局部感染，尤其对猪弓形虫病、猪水肿病和家禽球虫病疗效较好，对猪萎缩性鼻炎亦有一定防治作用。

磺胺间甲氧嘧啶片：内服，一次量，每千克体重，畜禽，首次量 50～100 mg，维持量 25～50 mg。每日 2 次，连用 3～5 日。

磺胺间甲氧嘧啶钠注射液：静脉或肌内注射，一次量，每千克体重，家畜 50 mg。每日 1～2 次，连用 2～3 日。

4. 磺胺地索辛(SDM) 抗菌力与 SD 相似，乙酰化率低，血浆蛋白结合率高。主要用于呼吸道、尿道、消化道及局部感染。对犊牛和禽球虫病、禽霍乱、禽传染性鼻炎有较好疗效。对鸡球虫病优于呋喃类和其他磺胺类药。

磺胺地索辛片：内服，一次量，每千克体重，家畜，首次量 50～100 mg，维持量 25～50 mg。每日 1～2 次，连用 3～5 日。

5. 磺胺甲噁唑(SMZ) 抗菌力与 SMM 相似，内服后吸收和排泄慢。主要用于严重的呼吸道和尿道感染，与 TMP 配用，抗菌效力可增强数倍至数十倍。

磺胺甲噁唑片：内服，一次量，每千克体重，家畜，首次量 50～100 mg，维持量 25～50 mg。每日 2 次，连用 3～5 日。

6. 磺胺对甲氧嘧啶(SMD) 疗效不如 SDM，但由于乙酰化率低，毒性小，比较适用于尿道感染。

磺胺对甲氧嘧啶片：内服，一次量，每千克体重，家畜，首次量 50～100 mg，维持量 25～50 mg。每日 1～2 次，连用 3～5 日。

7. 磺胺脒(SG) 内服大部分不吸收，肠内浓度高。适用于肠道感染，如肠炎、白痢和球虫病。

磺胺脒片：内服，一次量，每千克体重，家畜 100～200 mg。每日 2 次，连用 3～5 日。

8. 氨苯磺胺(SN) 水溶性较高，血浆蛋白结合率低，脑脊液、羊水、乳汁、房水中浓度较高。但由于抗菌力低，毒性大，常外用治疗感染创伤。配成 10％软膏，外用。

9. 磺胺嘧啶银(SD-Ag) 对铜绿假单胞菌和大肠杆菌作用强，且有收敛创面和促进愈合的作用。主要用于烧伤感染。撒布于烧伤创面或配成 2％混悬液湿敷。

10. 磺胺噻唑(PST) 磺胺噻唑片:内服,一次量,每千克体重,家畜,首次量 140～200 mg,维持量 70～100 mg。每日 2～3 次,连用 3～5 日。

磺胺噻唑钠注射液:静脉或肌内注射,一次量,每千克体重,家畜 50～100 mg。每日 2 次,连用 2～3 日。

11. 磺胺甲氧哒嗪片 内服,一次量,每千克体重,家畜,首次量 50～100 mg,维持量 25～50 mg。每日 2 次,连用 3～5 日。

12. 磺胺甲氧哒嗪钠注射液 静脉或肌内注射,一次量,每千克体重,家畜 50 mg。每日 1 次,连用 2～3 日。

13. 磺胺多辛片 内服,一次量,每千克体重,家畜,首次量 50～100 mg,维持量 25～50 mg。每日 1～2 次,连用 3～5 日。

14. 磺胺氯吡嗪钠可溶性粉 混饮,每升水,肉鸡、火鸡 300 mg(以磺胺氯吡嗪钠计);混饲,每 1000 kg 饲料,肉鸡、火鸡、兔 600 g,连用 3 日。蛋鸡产蛋期禁用。火鸡、肉鸡的休药期分别为 4 日和 1 日。

15. 磺胺喹噁啉钠可溶性粉 混饮,每升水,禽 300～500 mg(以磺胺喹噁啉钠计),连续饮用不得超过 10 日。蛋鸡产蛋期禁用。休药期 10 日。

16. 醋酸磺胺米隆 外用,5%～10%溶液湿敷。

17. 琥珀酰磺胺噻唑片 内服,一次量,每千克体重,家畜 100～200 mg。每日 2 次,连用 3～5 日。

18. 酞磺噻唑片 内服,一次量,每千克体重,家畜 100～150 mg。每日 2 次,连用 3～5 日。

19. 酞磺醋胺片 内服,一次量,每千克体重,犊、羔羊、猪、犬、猫 100～150 mg。每日 2 次,连用 3～5 日。

20. 磺胺醋酰(SA) 15%滴眼液,用于眼部感染。

二、抗菌增效剂

抗菌增效剂是一类新型广谱抗菌药。由于它能增强磺胺类药和多种抗生素的疗效,故称为抗菌增效剂。国内常用的有甲氧苄啶(trimethoprim,TMP)和二甲氧苄啶(diaveridine,DVD)两种。

甲氧苄啶(Trimethoprim,TMP)

【理化性质】 甲氧苄啶又称为甲氧苄氨嘧啶、三甲氧苄氨嘧啶。本品为白色或类白色结晶性粉末;无臭,味苦。在乙醇中微溶,水中几乎不溶,在冰醋酸中易溶。

【药动学】 内服吸收迅速而完全,1～2 h 血药浓度达高峰。本品脂溶性较强,广泛分布于各组织和体液中,在肺、肾、肝中浓度较高,乳中浓度为血中浓度的 1.3～3.5 倍。血浆蛋白结合率为 30%～40%。其半衰期存在较大的种属差异:马 4.20 h,水牛 3.14 h,黄牛 1.37 h,奶山羊 0.94 h,猪 1.43 h,鸡、鸭约 2 h。主要从尿中排出,3 日内约排出剂量的 80%,其中 6%～15%以原形排出。尚有少量从胆汁、唾液和粪便中排出。

【药理作用】 抗菌谱广，与磺胺类药相似而活性较强。对多种革兰阳性菌及阴性菌均有抗菌作用，其中较敏感的有溶血性链球菌、葡萄球菌、大肠杆菌、变形杆菌、巴氏杆菌和沙门菌等。但对铜绿假单胞菌、分枝杆菌、丹毒杆菌、钩端螺旋体无效。单用易产生耐药性，一般不单独作为抗菌药使用。

其作用机制是抑制二氢叶酸还原酶，使二氢叶酸不能还原成四氢叶酸，因而阻碍了敏感菌的叶酸代谢和利用，从而妨碍菌体核酸合成。TMP 或 DVD 与磺胺类药合用时，可从两个不同环节同时阻断叶酸代谢而起双重阻断作用。合用时抗菌作用增强几倍至几十倍，甚至使抑菌作用变为杀菌作用，故称"抗菌增效剂"，不但可减少细菌耐药性的产生，而且对磺胺类药耐药的大肠杆菌、变形杆菌、化脓链球菌等亦有作用。此外，TMP 还可增强多种抗生素（如红霉素、四环素、庆大霉素、黏菌素等）的抗菌作用。

【临床应用】 常以 1∶5 的比例与 SMD、SMM、SMZ、SD、SM_2、SQ 等磺胺类药合用。

含 TMP 的复方制剂主要用于治疗链球菌、葡萄球菌和革兰阴性杆菌引起的呼吸道、尿道感染及蜂窝织炎、腹膜炎、乳腺炎、创伤感染等。亦用于治疗幼畜肠道感染、猪萎缩性鼻炎、猪传染性胸膜肺炎。对家禽大肠杆菌病、鸡白痢、鸡传染性鼻炎、禽伤寒及霍乱等均有良好的疗效。

【不良反应】 毒性低，副作用小，偶尔引起白细胞、血小板减少等。但孕畜和初生仔畜应用易引起叶酸摄取障碍，宜慎用。

【最高残留限量】 残留标示物：甲氧苄啶。牛，肌肉、脂肪、肝、肾 50 μg/kg，奶 50 μg/kg；猪、禽，肌肉、皮和脂肪、肝、肾 50 μg/kg，奶 50 μg/kg；马，肌肉、脂肪、肝、肾 100 μg/kg；鱼，肌肉和皮 50 μg/kg。

二甲氧苄啶(Diaveridine，DVD)

【理化性质】 二甲氧苄啶又称二甲氧苄氨嘧啶。本品为白色或微黄色结晶性粉末；几乎无臭。在水、乙醇中不溶，在盐酸中溶解，在稀盐酸中微溶。

【药动学】 DVD 内服吸收很少，其最高血药浓度约为 TMP 的 1/5，在胃肠道内的浓度较高，主要从粪便中排出，故用作肠道抗菌增效剂比 TMP 优越。

【作用与应用】 抗菌活性比 TMP 弱，但作用机制相同。常以 1∶5 的比例与 SQ 等合用。含 DVD 的复方制剂主要用于防治禽、兔球虫病及畜禽肠道感染等。DVD 单独应用也具有防治球虫的作用。

【制剂、用法、用量与休药期】 磺胺对甲氧嘧啶-二甲氧苄啶片：内服，一次量，每千克体重，家畜 20～25 mg(以磺胺对甲氧嘧啶计)，每日 2 次，连用 3～5 日。蛋鸡产蛋期禁用。

知识拓展

复方新诺明

复方新诺明是甲氧苄啶(TMP)和磺胺甲噁唑按 1∶5 的比例制成的复方制剂，二者配伍后，可使细菌的叶酸代谢受到双重抑制，因而抗菌作用比两药单独等量应用时的作用强，

由抑菌作用转为杀菌作用，减少耐药性的产生。本品可用于单纯性、慢性、反复发作性尿道感染，治疗伤寒杆菌及其他沙门菌属引起的感染疗效好；可用于敏感志贺杆菌所致的肠道感染，静脉注射用于治疗霍乱、禽霍乱及旅行者腹泻；对敏感菌引起的呼吸道感染，特别是肺炎链球菌引起的慢性支气管炎急性发作有效；也可用于肺炎链球菌和流感杆菌所致的急性中耳炎。复方新诺明是目前治疗卡氏肺囊虫感染和奴卡菌感染的主要药物。

三、喹诺酮类

喹诺酮类是指人工合成的一类具有4-喹诺酮环结构的杀菌性抗菌药物。1962年首先应用于临床的第一代喹诺酮类是萘啶酸（nalidixic acid）；第二代的代表药物是1974年合成的吡哌酸（pipemidic acid）和动物专用的氟甲喹（flumequine），第一、二代药物主要对革兰阴性杆菌有效。1979年合成了第三代的第一个药物诺氟沙星（norfloxacin），由于它具有6-氟-7-哌嗪-4-喹诺酮环结构，故称为氟喹诺酮类药物。20世纪90年代后期开发的莫西沙星（moxifloxacin）、加替沙星（gatifloxacin）等，在第三代药物作用的基础上增强了抗厌氧菌的活性，对多数病原菌的疗效达到或超过β-内酰胺类抗生素。

近30年来，氟喹诺酮类药物的研究进展十分迅速，临床常用的已有10多种。这类药物具有下列特点：①抗菌谱广，对革兰阳性菌和革兰阴性菌、铜绿假单胞菌、支原体、衣原体等均有作用。②杀菌力强，在体外很低的药物浓度即可显示高度的抗菌活性，临床疗效好。③吸收快、体内分布广泛，可治疗各个系统或组织的感染性疾病。④抗菌机制独特，与其他抗菌药无交叉耐药性。⑤使用方便，不良反应小。

临床应用的氟喹诺酮类药物包括诺氟沙星（氟哌酸）、培氟沙星（甲氟哌酸）、氧氟沙星（氟嗪酸）、环丙沙星（环丙氟哌酸）、洛美沙星、恩诺沙星（乙基环丙氟哌酸）、达氟沙星（单诺沙星）、二氟沙星（双氟哌酸）、沙拉沙星等，其中后面4种为动物专用的氟喹诺酮类药物。国外上市的动物专用药还有麻保沙星、奥比沙星、依巴沙星等。目前，由于食品动物大量使用此类药物，耐药性迅速增加，可能对人类治疗的药物资源造成威胁，故国内外趋向于尽量不使用人医临床常用的抗菌药，尤其是极其重要的抗菌药。

【构效关系】 喹诺酮类的母核为4-喹诺酮环，在其1、3、6、7、8位引入不同的基团，即形成本类各种药物。其中氟喹诺酮类的结构特征如下：6位引入氟，7位引入哌嗪环。喹诺酮类的构效关系如下：①喹诺酮类抗菌作用的必需基本结构。②在哌嗪环上引入甲基或乙基，可以提高其内服的生物利用度和组织药物浓度。③6位引入氟抗菌作用明显增强。④7位引入哌嗪环与抗铜绿假单胞菌有关。⑤8位引入氟，内服的生物利用度提高，可提高抗革兰阳性菌和厌氧菌的活性。⑥1位引入苯环或环状基团等抗菌作用增强（图12-5）。

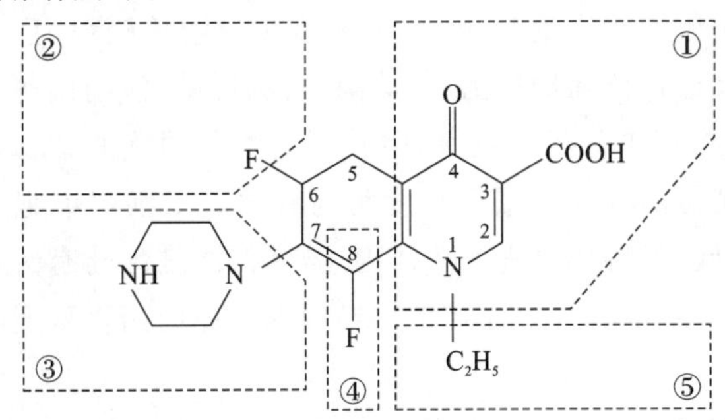

图12-5 喹诺酮类构效关系示意图

【药理作用】 氟喹诺酮类为广谱杀菌性抗菌药。对革兰阳性菌和阴性菌、支原体、某些厌氧菌均有效。例如对大肠杆菌、沙门菌、巴氏杆菌、克雷伯菌、变形杆菌、铜绿假单胞菌、嗜血杆菌、波氏菌、丹毒杆菌、金黄色葡萄球菌、链球菌、化脓放线菌、支原体等均敏感。对耐甲氧西林金黄色葡萄球菌、耐磺胺类+TMP的细菌、耐庆大霉素的铜绿假单胞菌、耐泰乐菌素或泰妙菌素的支原体也有效。氧氟沙星、环丙沙星及马波沙星等对分枝杆菌和其他分枝杆菌有一定抗菌作用。近年来还发现有的氟喹诺酮类药具有抗寄生虫作用或抗癌作用。

本类药物理想的杀菌浓度为0.1～10 μg/mL。研究表明，本类药物属剂量依赖性杀菌药，一般认为血药峰浓度在10～12倍的MIC或24 h的AUC/MIC超过125，其抗菌效果最好。此外，氟喹诺酮类对许多细菌(金黄色葡萄球菌、链球菌、大肠杆菌、克雷伯菌、铜绿假单胞菌等)能产生抗菌药后效应作用，一般可维持1～3 h。

【作用机制】 氟喹诺酮类的抗菌作用机制是抑制细菌脱氧核糖核酸(DNA)回旋酶，干扰DNA的正常转录与复制而发挥抗菌作用，同时也可抑制拓扑异构酶Ⅱ，并干扰复制的DNA分配到子代细胞中，使细菌死亡。大肠杆菌的DNA回旋酶由2个A亚单位及2个B亚单位组成，A亚单位参与酶反应中DNA链的断裂和重接，B亚单位参与该酶反应中能量的转换和ATP的水解，它们共同作用能将DNA正超螺旋的一条单链切开、移位、封闭，形成负超螺旋结构(图12-6)。氟喹诺酮类可与DNA和DNA回旋酶形成复合物，进而抑制A亚单位，只有少数药物还作用于B亚单位，不能形成负螺旋结构，阻断DNA复制，导致细菌死亡。由于细菌细胞的DNA呈裸露状态(原核细胞)，而畜禽细胞的DNA呈包被状态(真核细胞)，故这类药物易进入菌体直接与DNA相接触而呈选择性作用。哺乳动物细胞内有与细菌DNA回旋酶功能相似的拓扑异构酶Ⅱ，治疗量的氟喹诺酮类对此酶影响很小，故不良反应低。但应该注意的是，利福平(RNA合成抑制剂)、氯霉素(蛋白质合成抑制剂)均可导致氟喹诺酮类药物作用的降低，例如可使诺氟沙星的作用完全消失及氧氟沙星和环丙沙星的作用部分抵消，原因是这些抑制剂抑制了核酸外切酶的合成。因此，氟喹诺酮类药物不应与利福平、氯霉素等DNA、RNA及蛋白质合成抑制剂联合应用。

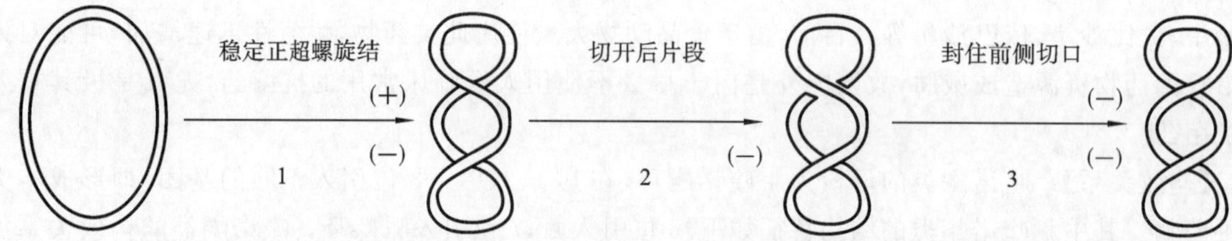

图12-6 通过DNA回旋酶形成负超螺旋结构的模式图

注：1.酶与DNA两个片段结合，形成一个正超螺旋结构；

2.酶在DNA中切开一双链切口，通过切口移过前面片段；

3.封住切口，形成一个负超螺旋结构。喹诺酮类抑制DNA回旋酶切口及封口活性。

【耐药性】 随着氟喹诺酮类的广泛应用，其耐药菌株呈增长趋势，且本类药物之间存在交叉耐药性。相对多见的耐药菌有金黄色葡萄球菌、链球菌、大肠杆菌、沙门菌等。细菌产生耐药性的机制如下：①细菌DNA回旋酶A亚单位发生突变，阻止了药物与回旋酶结合，亲和力下降，这种基因突变造成的氟喹诺酮类作用靶位的改变与细菌高度耐药有关。②细菌细胞膜孔通道蛋白的改变或缺失，使膜对药物的通透性降低，阻碍药物进入菌体内，与其低浓度耐药有关。③主动排出机制也是本类药物的耐药机制之一，由于细胞膜排出药物增加导致细菌体内药物浓度降低而产生耐药。

【不良反应】

(1) 影响软骨发育：对负重关节的软骨组织生长有不良影响。

(2) 损伤尿道:在尿中可形成结晶,尤其是使用剂量过大或动物饮水不足时更易发生。

(3) 胃肠道反应:剂量过大,导致动物食欲下降或废绝,饮欲增加,腹泻等。

(4) 中枢神经系统潜在的兴奋作用:犬中毒时兴奋不安,抽搐或癫痫样发作;鸡中毒时先兴奋后呆滞或昏迷死亡。

(5) 过敏反应:偶见红斑、瘙痒及光敏反应。

【注意事项】

(1) 禁用于幼龄动物(尤其是马和小于8周龄的犬)、蛋鸡产蛋期和孕畜。

(2) 患癫痫的犬、食肉动物,肝肾功能不良患畜慎用。

(3) 本类药物耐药菌株呈增多趋势,不应在亚治疗量下长期使用。

恩诺沙星(Enrofloxacin)

【理化性质】 恩诺沙星又称为乙基环丙沙星、恩氟沙星。本品为微黄色或淡橙黄色结晶性粉末;无臭,味微苦;遇光色渐变为橙红色。在甲醇中微溶,在水中极微溶解;在醋酸、盐酸或氢氧化钠溶液中易溶。其盐酸盐及乳酸盐均易溶于水,一般酸盐比较稳定,钠盐溶解度较高。

【药动学】 多数单胃动物内服吸收迅速和较完全,0.5~2 h达血药峰浓度。内服的生物利用度如下:鸽子92%,鸡62.2%~84%,火鸡58%,兔61%,犬、猪、未反刍犊牛80%~100%,成年牛低于10%。肌内注射吸收迅速而完全,生物利用度如下:鸽子87%,兔92%,猪91.9%,奶牛82%,骆驼92%。血清蛋白结合率为20%~40%。畜禽应用恩诺沙星后,体内分布很广泛,除了中枢神经系统外,几乎所有组织的药物浓度都高于血浆,这有利于全身感染和深部组织感染的治疗。通过肾和非肾代谢方式进行消除,15%~50%的药物以原形通过尿排泄(肾小管分泌和肾小球的滤过作用)。肝代谢是次要消除方式,主要是脱去7位哌嗪环的乙基生成环丙沙星,其次为氧化及葡萄糖醛酸结合。消除半衰期在不同种属动物和不同给药途径有较大差异。静脉注射的半衰期如下:鸽子3.8 h,鸡5.26~10.3 h,火鸡4.1 h,兔2.2~2.5 h,犬2.4 h,猪3.45 h,牛1.7~2.3 h,马4.4 h,骆驼3.6 h。肌内注射的半衰期如下:猪4.06 h,奶牛5.9 h,马9.9 h,骆驼6.4 h。内服的半衰期如下:鸡9.14~14.2 h,犬3.7~5.5 h,猪6.93 h。

【药理作用】 本品为动物专用的杀菌性广谱抗菌药,对支原体有特效。对大肠杆菌、克雷伯菌、沙门菌、变形杆菌、嗜血杆菌、多杀性巴氏杆菌、溶血性巴氏杆菌、副溶血性弧菌、金黄色葡萄球菌、化脓放线菌、丹毒杆菌、支原体、衣原体等均有良好的作用,对铜绿假单胞菌、链球菌作用较弱,对厌氧菌作用微弱。对大多数敏感菌株的MIC均低于1 μg/mL,并有明显的抗菌后效应。抗支原体的效力比泰乐菌素和泰妙菌素强。对耐泰乐菌素、泰妙菌素的支原体,本品亦有效。本品的作用有明显的浓度依赖性,血药浓度大于8倍MIC时可发挥最佳治疗效果。

【应用】

(1) 牛:犊牛大肠杆菌性腹泻、大肠杆菌性败血症、溶血性巴氏杆菌-牛支原体引起的呼吸道感染、舍饲牛的斑疹伤寒、犊牛鼠伤寒沙门菌感染及急性、隐性乳腺炎等。由于成年牛内服给药的生物利用度低,故必须采用注射给药。

(2) 猪:链球菌病、仔猪黄痢和白痢、大肠杆菌性肠毒血症(水肿病)、沙门菌病、传染性胸膜肺炎、乳腺炎-子宫炎-无乳综合征、支原体性肺炎等。

(3) 家禽:各种支原体感染(败血支原体、滑液囊支原体、火鸡支原体和衣阿华支原体);大肠杆菌、鼠伤寒沙门菌和副鸡嗜血杆菌感染;鸡白痢沙门菌、亚利桑那沙门菌、多杀性巴氏杆菌、丹毒杆菌、葡萄球菌、链球菌感染等。

(4) 犬、猫:皮肤、消化道、呼吸道及泌尿生殖系统等由细菌或支原体引起的感染,如犬的外耳

炎、化脓性皮炎，克雷伯菌引起的创伤感染和生殖道感染等。

【制剂、用法与用量】

恩诺沙星注射液 10 mL:50 mg、10 mL:250 mg。肌内注射，一次量，每千克体重，牛、羊、猪 2.5 mg，犬、猫、兔 2.5～5 mg。1～2 次/日，连用 2～3 日。

恩诺沙星溶液 100 mL:2.5 g、100 mL:5 g、100 mL:10 g。混饮，每升水，禽 50～75 mg(以恩诺沙星计)。

内服：一次量，每千克体重，反刍前犊牛、猪、犬、猫、兔 2.5～5 mg，禽 5～7.5 mg。每日 2 次，连用 3～5 日。

【最高残留限量】 残留标示物：恩诺沙星与环丙沙星之和。牛、羊，肌肉、脂肪 10 μg/kg，肝 300 μg/kg，肾 200 μg/kg，牛奶、羊奶 100 μg/kg；猪、兔，肌肉、脂肪 100 μg/kg，肝 200 μg/kg，肾 300 μg/kg；禽，肌肉、皮和脂肪 100 μg/kg，肝 20 μg/kg，肾 300 μg/kg；其他动物，肌肉、脂肪 100 μg/kg，肝、肾 200 μg/kg。

【制剂与休药期】 恩诺沙星片(enrofloxacin tablets)：蛋鸡产蛋期禁用，鸡 8 日。恩诺沙星可溶性粉(enrofloxacin soluble powder)：蛋鸡产蛋期禁用，鸡 8 日。恩诺沙星溶液(enrofloxacin solution)：蛋鸡产蛋期禁用，鸡 8 日。恩诺沙星注射液(enrofloxacin injection)：牛、羊、兔 14 日，猪 10 日。

达氟沙星(Danofloxacin)

【理化性质】 达氟沙星又称为单诺沙星。用其甲磺酸盐，为白色至淡黄色结晶性粉末；无臭，味苦。在水中易溶，在甲醇中微溶。

【药动学】 本品的特点是肺组织的药物浓度可达血浆的 5～7 倍。内服、肌内注射和皮下注射的吸收较迅速和完全。猪、鸡内服的生物利用度分别是 89%及 100%，血药浓度的达峰时间约 3 h；犊牛肌内注射的生物利用度是 76%，血药浓度的达峰时间约 1 h。

本品主要通过肾排泄，猪及犊牛肌内注射后尿中排泄的原形药物分别为剂量的 43%～51%及 38%～43%。半衰期如下：静脉注射，犊牛 2.9 h，猪 8.0 h；肌内注射，犊牛 4.3 h，猪 6.8 h；内服，猪 9.8 h，鸡 6～7 h。

【作用与应用】 本品为动物专用的广谱杀菌药，抗菌谱与恩诺沙星相似，尤其对畜禽的呼吸道致病菌有很好的抗菌活性。敏感菌如下：牛，溶血性巴氏杆菌、多杀性巴氏杆菌、支原体；猪，胸膜肺炎放线杆菌、猪肺炎支原体；鸡，大肠杆菌、多杀性巴氏杆菌、败血支原体等。主要用于牛巴氏杆菌病、肺炎；猪传染性胸膜肺炎、支原体性肺炎；禽大肠杆菌病、禽霍乱、慢性呼吸道病等。

【用法与用量】 内服：一次量，每千克体重，鸡 2.5～5 mg。每日 1 次，连用 3 日。

混饮：每升水，鸡 25～50 mg。每日 1 次，连用 3 日。

肌内注射：一次量，每千克体重，牛、猪 1.25～2.5 mg。每日 1 次，连用 3 日。

【最高残留限量】 残留标示物：达氟沙星。牛、绵羊、山羊，肌肉 200 μg/kg，脂肪 100 μg/kg，肝、肾 400 μg/kg，奶 30 μg/kg；家禽，肌肉 200 μg/kg，皮和脂肪 100 μg/kg，肝、肾 400 μg/kg；其他动物，肌肉 100 μg/kg，脂肪 50 μg/kg，肝、肾 200 μg/kg。

【制剂与休药期】 甲磺酸达氟沙星可溶性粉(danofloxacin mesylate soluble powder)：鸡 5 日，蛋鸡产蛋期禁用。甲磺酸达氟沙星溶液(danofloxacin mesylate solution)：鸡 5 日，蛋鸡产蛋期禁用。甲磺酸达氟沙星注射液(danofloxacin mesylate injection)：猪 25 日。

二氟沙星(Difloxacin)

【理化性质】 用其盐酸盐，为类白色或淡黄色结晶性粉末；无臭，味微苦；遇光色渐变深；有引湿

性。在水中微溶，在乙醇中极微溶，在冰醋酸中微溶。

【药动学】 本品内服及肌内注射吸收均较迅速，1～3 h 达血药峰浓度，吸收良好。内服给药的生物利用度如下：鸡 54.2%，猪 100%。肌内注射的生物利用度如下：鸡 77%，猪 95.3%。血浆蛋白结合率为 16%～52%。在动物体内分布广泛。经肾排泄，尿中浓度高。半衰期较长，猪静脉注射、肌内注射、内服给药的半衰期分别是 17.1 h、25.8 h 及 16.7 h；鸡、犬内服的半衰期分别是 8.2 h 及 9 h。有效血药浓度维持时间较长。

【作用与应用】 本品为动物专用的广谱杀菌药，抗菌谱与恩诺沙星相似，但抗菌活性略低。

对畜禽呼吸道致病菌有良好的抗菌活性，尤其对葡萄球菌有较强的作用。

用于敏感菌引起的畜禽消化系统、呼吸系统、尿道感染和支原体病等的治疗，如猪传染性胸膜肺炎、猪肺疫、猪气喘病，犬的脓皮病，鸡的慢性呼吸道病等。

【用法与用量】 内服：一次量，每千克体重，猪、犬、鸡 5～10 mg。每日 2 次，连用 3～5 日。

肌内注射：一次量，每千克体重，猪 5 mg。每日 1 次，连用 3 日。

【最高残留限量】 残留标示物：二氟沙星。牛、羊，肌肉 400 μg/kg，脂肪 100 μg/kg，肝 1400 μg/kg，肾 800 μg/kg；猪，肌肉 400 μg/kg，皮和脂肪 100 μg/kg，肝 800 μg/kg，肾 800 μg/kg；家禽，肌肉 300 μg/kg，皮和脂肪 400 μg/kg，肝 1900 μg/kg，肾 600 μg/kg；其他动物，肌肉 300 μg/kg，脂肪 100 μg/kg，肝 800 μg/kg；肾 600 μg/kg。

【制剂与休药期】 盐酸二氟沙星片(difloxacin hydrochloride tablets)：鸡 1 日，蛋鸡产蛋期禁用。盐酸二氟沙星粉(difloxacin hydrochloride powder)：鸡 1 日，蛋鸡产蛋期禁用。盐酸二氟沙星溶液(difloxacin hydrochloride solution)：鸡 1 日，蛋鸡产蛋期禁用。盐酸二氟沙星注射液(difloxacin hydrochloride injection)：猪 45 日。

沙拉沙星(Sarafloxacin)

【理化性质】 用其盐酸盐，为类白色至淡黄色结晶性粉末；无臭，味微苦；有引湿性；遇光、热色渐变深。在水或乙醇中几乎不溶或不溶；在氢氧化钠溶液中溶解。

【药动学】 畜禽内服及肌内注射吸收均较迅速，1～3 h 达血药峰浓度。内服给药的生物利用度如下：鸡 61%，猪 52%。肌内注射的生物利用度如下：鸡 71.7%，猪 87%。在动物体内分布广泛。经肾排泄，尿中浓度高。大马哈鱼内服后，吸收缓慢，血药浓度达峰时间为 12～14 h，生物利用度仅为 3%～7%。猪静脉注射、肌内注射、内服给药的半衰期分别是 3.1 h、3.5 h 及 6.7 h，鸡肌内注射、内服给药的半衰期分别是 5.2 h 及 3.3 h。

【作用与应用】 本品为动物专用的广谱杀菌药，抗菌谱与二氟沙星相似，对支原体的效果略差于二氟沙星。对鱼的杀鲑气单胞菌、鳗弧菌等也有效。用于敏感菌引起的畜禽各种感染性疾病的治疗，如猪、鸡的大肠杆菌病、沙门菌病、支原体病和葡萄球菌感染等。也用于鱼敏感菌感染性疾病。

【用法与用量】 内服：一次量，每千克体重，猪、鸡 5～10 mg。每日 1～2 次，连用 3～5 日。

混饮：每升水，鸡 50～100 mg，连用 3～5 日。

肌内注射：一次量，每千克体重，猪、鸡 2.5～5 mg。每日 2 次，连用 3～5 日。

【最高残留限量】 残留标示物：沙拉沙星。鸡、火鸡，肌肉 10 μg/kg，脂肪 20 μg/kg，肝、肾 80 μg/kg；鱼，肌肉和皮 30 μg/kg。

【制剂与休药期】 盐酸沙拉沙星片(sarafloxacin hydrochloride tablets)：鸡 0 日，蛋鸡产蛋期禁用。盐酸沙拉沙星可溶性粉(sarafloxacin hydrochloride soluble powder)：鸡 0 日，蛋鸡产蛋期禁用。盐酸沙拉沙星溶液(sarafloxacin hydrochloride solution)：鸡 0 日，蛋鸡产蛋期禁用。盐酸沙拉沙星注射液(sarafloxacin hydrochloride injection)：猪、鸡 0 日，蛋鸡产蛋期禁用。

诺氟沙星(Norfloxacin)

【理化性质】 诺氟沙星又名氟哌酸,为类白色至淡黄色结晶性粉末,无臭,味微苦。在水或乙醇中极微溶解,在醋酸、盐酸或氢氧化钠溶液中易溶。其烟酸盐、盐酸盐和乳酸盐均易溶于水。

【药动学】 内服及肌内注射吸收均较迅速,1～2 h达血药峰浓度,但不完全。内服给药的生物利用度如下:鸡57%～61%,犬35%;肌内注射的生物利用度如下:鸡69%,猪52%。血浆蛋白结合率低,10%～15%。在体内分布广泛。内服剂量的1/3经尿排出,其中80%为原形药物。消除半衰期较长,在鸡、兔和犬体内分别是3.7～12.1 h、8.8 h及6.3 h。有效血药浓度维持时间较长。

【作用与应用】 本品对革兰阴性菌如大肠杆菌、沙门杆菌、巴氏杆菌及铜绿假单胞菌的作用较强;对革兰阳性菌有效;对支原体亦有一定的作用;对大多数厌氧菌无效。主要用于敏感菌引起的消化系统、呼吸系统、尿道感染和支原体病等。

【制剂、用法与用量】

烟酸诺氟沙星可溶性粉50 g:1.25 g。混饮,每升水,禽100 mg(以诺氟沙星计);内服,一次量,每千克体重,猪、犬10～20 mg。每日1～2次。

烟酸诺氟沙星注射液100 mL:2 g。肌内注射,一次量,每千克体重,猪10 mg。每日2次。

培氟沙星(Pefloxacin)

【理化性质】 其甲磺酸盐为白色或微黄色粉末,易溶于水。

【作用与应用】 抗菌谱、体外抗菌活性与诺氟沙星相似。内服吸收良好,生物利用度优于诺氟沙星,心肌浓度是血药浓度的1～4倍,较易通过血脑屏障。主要用于敏感菌引起的呼吸道感染、肠道感染、脑膜炎、心内膜炎、败血症、猪肺疫、禽霍乱、禽伤寒、副伤寒及畜禽支原体病。

【制剂、用法与用量】

甲磺酸培氟沙星可溶性粉:混饮,每升水,家禽50～100 mg;内服,一次量,每千克体重,禽10 mg,猪5～10 mg,每日2次。

甲磺酸培氟沙星注射液100 mL:2 g。肌内注射,一次量,每千克体重,禽、猪2.5～5 mg。

洛美沙星(lomefloxacin)

【理化性质】 其盐酸盐为白色至灰黄色粉末,略溶于水。

【作用与应用】 抗菌谱、抗菌活性与诺氟沙星相似或略强,内服吸收良好,生物利用度较高,消除半衰期较长,临床应用同诺氟沙星。

【制剂、用法与用量】

盐酸洛美沙星可溶性粉:混饮,每升水,禽50～100 mg。

盐酸洛美沙星注射液50 mL:500 mg。肌内注射,一次量,每千克体重,禽5～10 mg,家畜2.5～5 mg,每日1～2次。

马波沙星(Marbofloxacin)

本品为动物专用的新型广谱杀菌药物,抗菌谱、抗菌活性与恩诺沙星相似。对耐红霉素、林可霉素、氯霉素、强力霉素、磺胺类药的病原菌仍然有效。内服与注射后吸收迅速而完全,消除半衰期较长。体内分布广泛,在皮肤中的浓度约为血浆浓度的1.6倍。应用同恩诺沙星。

马波沙星注射液2 mL:0.2 g、100 mL:10 g。肌内注射,一次量,每千克体重,牛、猪2 mg,鸡2.5 mg,每日1次。

马波沙星片20 mg、80 mg。内服,一次量,每千克体重,畜2 mg,每日1次。

知识拓展

环丙沙星(Ciprofloxacin)

【理化性质】 环丙沙星又名环丙氟哌酸,其盐酸盐和乳酸盐为淡黄色结晶性粉末,易溶于水。

【药动学】 内服、肌内注射吸收迅速,生物利用度种属间差异较大。内服的生物利用度如下:鸡 70%,猪 37.3%～51.6%,犊牛 53.0%,马 6.8%;肌内注射的生物利用度如下:猪 78%,绵羊 49%,马 98%。血药浓度的达峰时间为 1～3 h。在动物体内分布广泛。内服的消除半衰期如下:犊牛 8.0 h,猪 3.32 h,犬 4.65 h。主要通过肾排泄,猪和犊牛从尿中排出的原形药物分别为给药剂量的 47.3%及 45.6%。血浆蛋白结合率,猪为 23.6%,牛为 70.0%。

【作用与应用】 对革兰阴性菌的抗菌活性强,是目前应用的氟喹诺酮类中较强的一种;对革兰阳性菌的作用也较强。此外,对厌氧菌、铜绿假单胞菌亦有较强的抗菌作用。临床用于全身各系统的感染,如对消化道、呼吸道、泌尿生殖系统、皮肤软组织感染及支原体感染等均有良效。

【制剂、用法与用量】

盐酸环丙沙星注射液 10 mL∶0.2 g。肌内注射,一次量,每千克体重,家畜 2.5 mg,家禽 5 mg。每日 2 次。

盐酸环丙沙星可溶性粉 50 g∶1 g。混饮,每升水,家禽 1 g。

氧氟沙星(Ofloxacin)

【理化性质】 黄色或灰黄色结晶性粉末,微溶于水,易溶于醋酸。

【作用与应用】 对多数革兰阴性菌和阳性菌、某些厌氧菌和支原体有广谱的抗菌活性,对庆大霉素耐药的铜绿假单胞菌和氯霉素耐药的大肠杆菌、伤寒杆菌、痢疾杆菌等均有良好的抗菌作用。体外抗菌活性优于诺氟沙星,内服吸收良好,生物利用度高,用于治疗支原体及支原体与细菌混合感染,治疗敏感菌引起的呼吸道、尿道、肠道感染和皮肤软组织感染等。

【制剂、用法与用量】

氧氟沙星可溶性粉:混饮,每升水,畜、禽 50～100 mg。

氧氟沙星注射液 10 mL∶0.2 g。肌内或静脉注射,一次量,每千克体重,畜、禽 3～5 mg,每日 2 次,连用 3～5 日。

左氧氟沙星(Levofloxacin)

左氧氟沙星为氧氟沙星的左旋体,水溶性好,易制成注射剂。体内分布广泛,以原形药物从尿中排出。抗菌谱同氧氟沙星,但临床用量为氧氟沙星的 1/2,抗菌活性为氧氟沙星的 2 倍。抗葡萄球菌和链球菌的活性是环丙沙星的 2～4 倍,抗厌氧菌的活性为环丙沙星的 4 倍,抗肠杆菌活性与环丙沙星相当。对支原体、衣原体及军团菌也有较强的杀灭作用。临床主要用于敏感菌引起的中、重度感染。主要不良反应为胃肠道反应,是目前已上市的同类药物中不良反应最小者。

司帕沙星(Sparfloxacin)

司帕沙星又称司氟沙星,是长效制剂,$t_{1/2}$ 可长达 16 h,血浆蛋白结合率为 42%～44%,组织穿透性好,广泛分布于多种组织及体液中,也可进入脑脊液。以原形经胆汁排泄,形成

肝肠循环。抗菌谱广，对肺炎链球菌、葡萄球菌、链球菌等革兰阳性菌的作用为环丙沙星的2～4倍，对肠杆菌科和铜绿假单胞菌的体内抗菌活性优于环丙沙星，强于氧氟沙星，对厌氧菌、支原体属、衣原体属亦有很强的抗菌活性。临床主要用于敏感菌所致呼吸道、尿道、耳鼻喉及皮肤软组织感染等，也可作为二线药治疗结核病。不良反应除胃肠道反应外，偶见转氨酶升高和神经系统反应，光敏反应发生率高。

加替沙星(Gatifloxacin)

加替沙星为8-甲氧氟喹诺酮类外消旋体化合物，血浆蛋白结合率为20%，在肺实质和肺泡巨噬细胞中可达较高浓度，80%～90%的原形药物经肾排出。对各种导致呼吸系统疾病的病原体，耐甲氧西林金黄色葡萄球菌(MRSA)及粪肠球菌、厌氧菌均有明显的抗菌活性，抗肠杆菌科细菌的活性与环丙沙星相似或略差，抗铜绿假单胞菌的作用为环丙沙星的1/4。临床主要用于呼吸道、泌尿系统、皮肤软组织及五官科感染。主要的不良反应为影响血糖代谢，出现低血糖症和高血糖症。

四、硝基咪唑类

硝基咪唑类里的5-硝基咪唑类是指一组具有抗原虫和抗菌活性的药物，同时亦具有很强的抗厌氧菌的作用，包括甲硝唑、地美硝唑、替硝唑(tinidazole)、氯甲硝唑、硝唑吗啉和氟硝唑等。在兽医临床常用的为甲硝唑、地美硝唑，仅能用于治疗，禁用于食品动物的促生长。本类药物的抗滴虫作用见第十四章。

甲硝唑(Metronidazole)

【理化性质】 甲硝唑又名灭滴灵、甲硝咪唑，为白色或微黄色的结晶或结晶性粉末。本品在乙醇中略溶，在水中微溶，pK_a为2.6。

【药动学】 本品内服吸收迅速，但程度不一致，其生物利用度为60%～100%，在1～2 h达血药峰浓度，能广泛分布于全身组织，进入血脑屏障，在脓肿及脓胸部位可达到有效浓度。血浆蛋白结合率低于20%。在体内生物转化后，其代谢产物及原形药物自肾与胆汁排出。在犬、马体内的半衰期为4～5 h及1.5～3.3 h。

【作用与应用】 对大多数专性厌氧菌具有较强的作用，包括拟杆菌属、梭状芽孢杆菌属、产气荚膜梭菌、厌氧链球菌等；此外，还有抗滴虫和阿米巴原虫的作用。但对需氧菌或兼性厌氧菌无效。主要用于治疗阿米巴痢疾、牛毛滴虫病、贾第鞭毛虫病、小袋虫病等原虫感染；手术后厌氧菌感染；肠道和全身的厌氧菌感染。本品易进入中枢神经系统，故为脑部厌氧菌感染的首选防治药物。

【不良反应】 剂量过大时，可出现以肌肉震颤、抽搐、共济失调、惊厥等为特征的神经系统紊乱症状。本品可能对啮齿动物有致癌作用，对细胞有致突变作用，不宜用于孕畜。

【制剂、用法与用量】 甲硝唑片(metronidazole tablets)0.2 g。内服：一次量，每千克体重，牛60 mg，犬25 mg。每日1～2次。

混饮：每升水，禽500 mg，连用7日。

甲硝唑注射液(metronidazole injection)。静脉滴注：每千克体重，牛75 mg，马20 mg。每日1次，连用3日。

外用：配成5%软膏涂敷，配成1%溶液冲洗尿道。

地美硝唑(Dimetridazole)

Note

【理化性质】 地美硝唑又称为二甲硝唑、二甲硝咪唑。本品为类白色或微黄色粉末，在乙醇中溶解，在水中微溶。

【作用与应用】 本品具有广谱抗菌和抗原虫作用。主要能抗厌氧菌、大肠弧菌、链球菌、葡萄球菌和短螺旋体。用于猪短螺旋体痢疾，禽组织滴虫病，畜禽肠道和全身的厌氧菌感染。

【不良反应】 鸡对本品较为敏感，大剂量可引起平衡失调，肝肾功能损害。

【用法与用量】 内服：一次量，每千克体重，牛 60～100 mg。

混饲：每 1000 kg 饲料，猪 200～500 g，禽 80～500 g(以地美硝唑计)。连续用药，鸡不得超过 10 日。

【制剂与休药期】 地美硝唑预混剂(dimetridazole premix)：猪、禽 3 日，产蛋期禁用。

五、喹噁啉类

本类药物为合成抗菌药，均属喹噁啉-N-1，4-二氧化物的衍生物，应用于畜禽的主要有卡巴氧、乙酰甲喹和喹乙醇。卡巴氧主要用作生长促进剂，因发现其有致突变和致癌作用，目前，部分国家已禁用于食品动物。喹噁啉类的化学结构式如下。

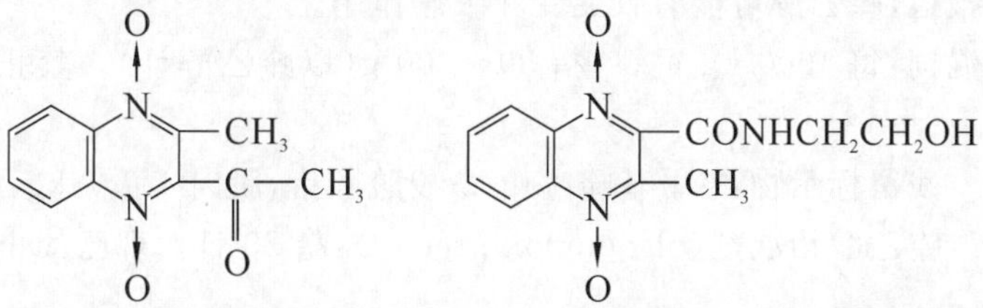

乙酰甲喹　　　　喹乙醇

乙酰甲喹(Mequindox)

【理化性质】 乙酰甲喹又称为痢菌净，化学名为 3-甲基-2-乙酰基喹噁啉-1，4-二氧化物，是国内合成的卡巴氧类似物。本品为鲜黄色结晶或黄色粉末；无臭，味微苦；遇光色渐变深，在水、甲醇中微溶。

【药动学】 内服和肌内注射给药均易吸收，猪肌内注射后约 10 min 即可分布于全身各组织，体内消除快，半衰期约 2 h，给药后 8 h 血液中已测不到药物。在体内破坏少，约 75％以原形从尿中排出，故尿中浓度高。

【药理作用】 具有广谱抗菌作用，对革兰阴性菌的作用强于革兰阳性菌，对猪痢疾短螺旋体的作用尤为突出。对大肠杆菌、巴氏杆菌、猪霍乱沙门菌、鼠伤寒沙门菌、变形杆菌的作用较强；对某些革兰阳性菌如金黄色葡萄球菌、链球菌亦有抑制作用。其抗菌机制是抑制菌体 DNA 的合成。

【应用】 经临床证实，本品为治疗猪短螺旋体痢疾的首选药。此外，对仔猪黄痢、白痢，犊牛副伤寒，鸡白痢、禽大肠杆菌病等有较好的疗效。禁止用作生长促进剂。

【不良反应】 本品治疗量对鸡、猪无不良影响。但如用药剂量高于治疗量的 3 倍时，或长时间应用，可致中毒或死亡，家禽尤为敏感。

【用法与用量】 内服：一次量，每千克体重，牛、猪、鸡 5～10 mg。每日 2 次，连用 3 日。

肌内注射：一次量，每千克体重，牛、猪 2.5～5 mg，鸡 2.5 mg。每日 2 次，连用 3 日。

【制剂与休药期】 乙酰甲喹片(mequindox tablets)：牛、猪 35 日。乙酰甲喹注射液(mequindox injection)：牛、猪 35 日。

喹乙醇(Olaquindox)

【理化性质】 喹乙醇又称为奥奎多司。本品为浅黄色结晶性粉末；无臭，味苦；在热水中溶解，

微溶于冷水，在甲醇、乙醇中几乎不溶。

【药动学】 喹乙醇内服吸收迅速，生物利用度较高，犬、猪内服的生物利用度为90%及100%。以^{14}C标记的喹乙醇的示踪研究表明，约85%经肾随尿排出，15%随粪便以原形排出体外。给猪内服每千克体重2 mg的喹乙醇，24 h内约排出剂量的95%。仔猪以0.01%浓度的喹乙醇混饲，连喂140日，停药后24 h组织中的原形药物残留量小于0.2 g/g，但30日后还可在内脏器官检测到其代谢产物，现已禁用作生长促进剂。

【药理作用】 本品除具有抗菌作用外，还有促进蛋白同化作用，能提高饲料转化率，使猪增重加快。对革兰阴性菌如巴氏杆菌、大肠杆菌、沙门菌、变形杆菌等有抑制作用；对革兰阳性菌（如金黄色葡萄球菌、链球菌等）和猪痢疾短螺旋体亦有一定的抑制作用；对耐四环素、氯霉素及氨苄西林等药物的菌株仍然有效。

【应用】 主要用于防治仔猪黄痢、白痢，猪沙门菌感染、猪短螺旋体痢疾等。

【不良反应】 鸡、鸭对本品较敏感，以前，国内鸡、鸭喹乙醇中毒的报道较多，主要由于添加剂量过大，混饲不均所引起。猪超量易中毒，可引起肾小球损害，不要随意加大混饲浓度。人接触本品后可引起光敏反应。据报道，喹乙醇可能有致突变和致癌作用。

【用法与用量】 混饲：每1000 kg饲料，猪50～100 g（以喹乙醇计）。禁止用于禽、鱼。体重超过35 kg的猪禁用。

【最高残留限量】 残留标示物：3-甲基喹噁啉-2-羧酸。猪，肌肉4 μg/ kg，肝50 μg/kg。

【制剂与休药期】 喹乙醇预混剂（olaquindox premix）：猪35日。现已禁止用作生长促进剂。

六、硝基呋喃类

硝基呋喃类（nitrofurans）是呋喃核的5位引入硝基和2位引入其他基团的一类人工合成抗菌药。这类药物主要有呋喃唑酮、呋喃它酮（furaltadone）、呋喃苯烯酸钠、呋喃妥因和呋喃西林等。由于这类药物有致突变和致癌的潜在危险，现已禁用于食品动物。在动物源性食品兽药残留检测中，呋喃唑酮、呋喃它酮、呋喃妥因和呋喃西林的残留标示物分别是3-氨基-2-噁唑烷基酮（AOZ）、5-吗啉甲基-3-氨基-2-噁唑烷基酮（AMOZ）、1-氨基-2-内酰脲（AHD）和氨基脲（SEM）。

硝基呋喃类是人工合成的黄色结晶性粉末，微溶于水。临床常用的有抗细菌感染的呋喃唑酮和呋喃妥因，抗血吸虫感染的呋喃丙胺等。

多数硝基呋喃类可经肠道吸收，但难以维持有效血药浓度，故不宜用于全身感染。呋喃唑酮内服吸收很少，肠道内浓度较高，主要用于肠道感染。呋喃妥因内服吸收迅速而完全，进入血液后，几乎全部与血浆蛋白结合，失去抗菌活性，在组织中达不到有效抗菌浓度，但由尿中排出时，又与血浆蛋白分离而恢复抗菌活性，故用于尿道感染。

硝基呋喃类为广谱抗菌药。对多数革兰阳性菌、革兰阴性菌、某些真菌和原虫有杀灭作用。其中对大肠杆菌、沙门杆菌的作用较强；对产气杆菌、变形杆菌、铜绿假单胞菌、结核分枝杆菌的作用较差。细菌对本类药物不易产生耐药性，与其他抗菌药无交叉耐药性，且其抗菌效力不受血液、脓汁、组织分解产物的影响。

呋喃唑酮：又名痢特灵，内服难吸收，肠道内浓度高，适用于消化道感染，如肠炎、细菌性痢疾、仔猪白痢、仔猪副伤寒等。

呋喃妥因：内服后易被吸收，40%～50%以原形由尿排出，血中有效浓度低，尿中有效浓度高，适用于尿道感染，如肾盂肾炎、膀胱炎、尿道炎等。

本类药物毒性和副作用较大。雏禽特别敏感，易导致中毒。犊牛和仔猪也较敏感，大剂量或长期应用时，抑制造血功能，可使白细胞和红细胞生成减少，并可抑制犊牛胃黏膜细胞的分泌功能，减弱瘤胃和肠管的蠕动，以及使反刍动物瘤胃的菌群失调等。

为了预防本类药物的毒性反应，必须严格掌握用药浓度及剂量，用药时间以不超过2周为宜。

当发生中毒时，除立即停药外，可用葡萄糖及维生素C等进行辅助治疗。

呋喃妥因片 0.1 g。内服，一次量，每千克体重，家畜 6～7.5 mg。每日 2 次。

呋喃唑酮片 0.1 g。内服，一次量，每千克体重，驹、犊、猪 10～12 mg。每日 2 次，连用 5～7 日。

第三节 抗真菌药与抗病毒药

一、抗真菌药

真菌的种类虽然很多，但只有少数是病原性真菌，感染人和动物引起某些疾病。真菌感染可分为浅部和深部真菌感染(全身性真菌感染)两类。常见的浅部真菌病由各种表皮癣菌属、小孢霉菌属和毛癣菌属引起，多侵犯皮肤、羽毛、趾甲、鸡冠、肉髯等部位，表现为不同程度的脱毛，出现环形斑，覆有鳞屑、瘙痒等症状，发病率高，但致死率低。深部真菌病的主要病原菌则有白色念珠菌、新型隐球菌、曲霉菌等，引起念珠菌病、隐球菌病、犊牛真菌性胃肠炎、牛真菌性子宫炎和雏鸡曲霉菌性肺炎等，多侵犯内脏器官和深部组织，其发病率低，但致死率高。

抗真菌药(antifungal agents)是指具有抑制真菌生长繁殖或杀灭真菌作用的药物。临床用于浅部真菌感染的药物主要有特比萘芬、咪康唑、克霉唑、酮康唑、伊曲康唑以及灰黄霉素、制霉菌素等；用于治疗深部真菌感染的药物主要有两性霉素B、氟胞嘧啶、氟康唑、伊曲康唑和酮康唑等。许多抗真菌药兼有抗浅部和深部真菌感染的作用，临床上有些抗真菌药既可局部用药又可全身用药。

(一) 多烯类抗生素

两性霉素 B(Amphotericin B)

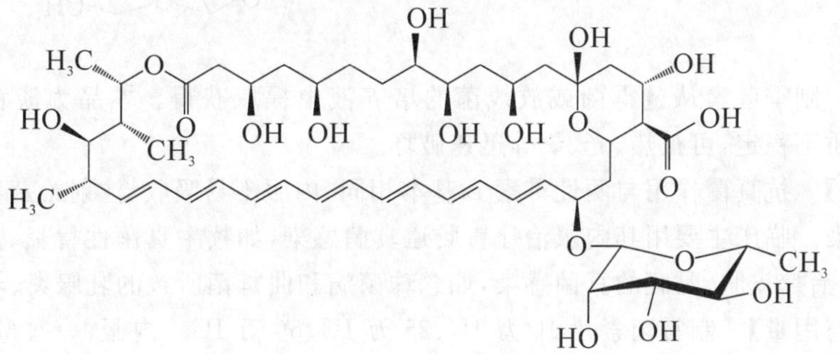

【理化性质】 两性霉素B是从链霉菌的培养液中分离获得的。本品为黄色或橙黄色粉末；无臭或几乎无臭，无味；有引湿性，在日光下易被破坏失效。本品在二甲亚砜中溶解，在甲醇中极微溶解，在水、乙醇中不溶。

【药动学】 内服及肌内注射均不易吸收，肌内注射刺激性大，一般以缓慢静脉注射治疗全身性真菌感染，可维持较长的血中药物有效浓度。体内分布较广，但不易进入脑脊液。大部分经肾缓慢排出，胆汁排泄 20%～30%。本品消除缓慢，人在停药 7 周后还可以从尿中检出血浆蛋白结合率高，为 90%～95%。

【药理作用】 本品为广谱抗真菌药。对隐球菌、球孢子菌、白色念珠菌、芽生菌等都有抑制作用，是治疗深部真菌感染的首选药。

【作用机制】 本品能选择性地与真菌细胞膜上的麦角固醇相结合，可增加细胞膜的通透性，导致胞质内电解质、氨基酸、核酸等物质外漏，使真菌死亡。由于细菌的细胞膜不含类固醇，故应用本

品无效。而哺乳动物的肾上腺细胞、肾小管上皮细胞、红细胞的细胞膜含固醇，故对这些细胞有毒性作用。

【应用】 用于犬组织胞浆菌病、芽生菌病、球孢子菌病，亦可预防白色念珠菌感染及各种真菌感染的局部炎症，如甲或爪的真菌感染、雏鸡嗉囊真菌感染等。本品内服不吸收，故毒性反应较小，是消化道系统真菌感染的有效药物。

【不良反应】 本品毒性较大，不良反应较多。在静脉注射过程中，可引起震颤、高热和呕吐等。在治疗过程中，可引起肝、肾损害，贫血和白细胞减少等。猫每天每千克体重静脉注射 1 mg 连续 17 日即出现严重溶血性贫血。在使用两性霉素 B 治疗时，应避免使用的其他药物包括氨基糖苷类(肾毒性)、洋地黄类(两性霉素 B 使此类药物的毒性增强)、箭毒(神经肌肉阻断)、噻嗪类利尿药(低钾血症、低钠血症)。

【制剂、用法与用量】 注射用两性霉素 B 50 mg。静脉注射：一次量，每千克体重，犬、猫 0.15～0.5 mg，隔日 1 次或每周 3 次，总剂量 4～11 mg；每千克体重，马开始用 0.38 mg，每日 1 次，连用 4～10 日，以后可增加到 1 mg，再用 4～8 日，临用前，先用注射用水溶解，再用 5% 的葡萄糖注射液(切勿用生理盐水)稀释成 0.1% 的注射液，缓缓静脉注入。外用：0.5% 溶液，涂敷或注入局部皮下，或用其 3% 软膏。

制霉菌素(Nystatin)

H_3C O 1 OH 14 OH 37 HO O OH OH OH OH OH 16 COOH CH_3 17 28 19 OH NH_2 H_3C 29 OH O O CH_3

【理化性质】 制霉菌素从链霉菌或放线菌的培养液中提取获得。本品为淡黄色粉末；有吸湿性，不溶于水，性质不稳定，可被热、光、氧等迅速破坏。

【作用与应用】 抗真菌作用与两性霉素 B 基本相同，内服不易吸收，注射给药毒副作用较大，故不宜用于全身感染。临床主要用其内服治疗胃肠道真菌感染，如犊牛真菌性胃炎、禽曲霉菌病、禽念珠菌病；局部应用治疗皮肤、黏膜的真菌感染，如念珠菌病和曲霉菌所致的乳腺炎、子宫炎等。

【制剂、用法与用量】 制霉菌素片 10 万 IU、25 万 IU、50 万 IU。内服，一次量，牛、马 250 万～500 万 IU，猪、羊 50 万～100 万 IU，犬 5 万～15 万 IU。每日 2～3 次。家禽鹅口疮(白色念珠菌病)，每千克饲料，50 万～100 万 IU，混饲连喂 1～3 周；雏鸡曲霉菌病，每 100 羽 50 万 IU，每日 2 次，连用 2～4 日。

制霉菌素混悬液乳管内注入，每个乳室，牛 10 万 IU；子宫内灌注，马、牛 150 万～200 万 IU。

灰黄霉素(Griseofulvin)

H_3CO O OCH_3 O H_3CO O Cl CH_3

【理化性质】 本品为白色或类白色的微细粉末；无臭，味微苦；极微溶于水，微溶于乙醇。

【药动学】 本品内服易吸收，其生物利用度与颗粒大小有关，直径 2.7 μm 的灰黄霉素微细颗粒的生物利用度为 10 μm 的两倍。单胃动物内服后 4～6 h 血药达峰浓度。吸收后广泛分布于全身各组织，以皮肤、毛发、爪、甲、肝、脂肪和肌肉中含量较高。进入体内后在肝内被代谢，经肾排出。少数原形药物直接经尿和乳汁排出，未被吸收的灰黄霉素随粪便排出。

【作用与应用】 灰黄霉素内服对各种皮肤真菌（小孢子菌、表皮癣菌和毛癣菌）有强大的抑菌作用，对其他真菌无效。

主要用于小孢子菌、毛癣菌及表皮癣菌引起的各种皮肤真菌病，如犊牛、马属动物、犬和家禽的毛癣。本药不易透过表皮角质层，外用无效。

【不良反应】 有致癌和致畸作用，禁用于怀孕动物，尤其是母马及母猫。有些国家已将其淘汰。

【用法与用量】 内服，一次量，每千克体重，马、牛 10 mg，猪 20 mg，犬、猫 40～50 mg。每日 1 次，连用 4～8 周。

【制剂】 灰黄霉素片(griseofulvin tablets)。

（二）唑类抗真菌药

唑类抗真菌药包括咪唑类(imidazoles)和三唑类(triazoles)。咪唑类与三唑类为广谱抗真菌药，咪唑类中克霉唑(clotrimazole)、咪康唑(miconazole)和益康唑(econazole)主要作为局部用药；三唑类中氟康唑(fluconazole)和伊曲康唑(itraconazole)可作为全身用药。近年来，第二代三唑类抗真菌药如伏立康唑(voriconazole)、泊沙康唑(posaconazole)和拉夫康唑具有广谱、高效、低毒等特点，克服了第一代药物抗菌谱窄、生物利用度低及耐药性等问题。

酮康唑(Ketoconazole)

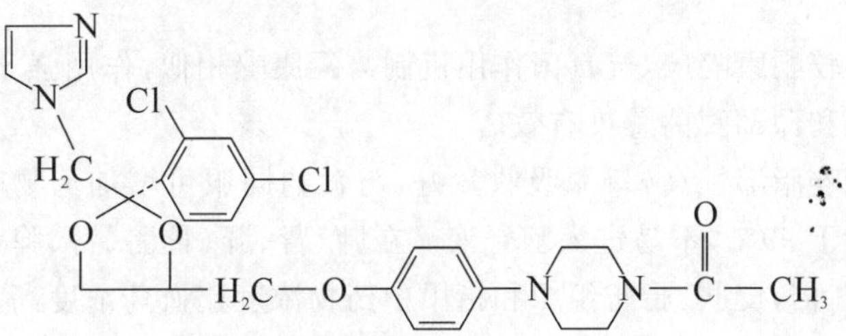

【理化性质】 本品为类白色结晶性粉末；无臭，无味。在水中几乎不溶，微溶于乙醇，在甲醇中溶解。

【药动学】 内服易吸收，但个体间差异很大，犬内服的生物利用度为 4%～89%，达峰时间为1～4 h；这种大范围的变化给临床应用增加了复杂性。吸收后分布于胆汁、唾液、尿液、滑液囊和脑脊液，在脑脊液中的浓度小于血液的 10%，血浆蛋白结合率为 84%～99%，在犬体内的半衰期平均为 2.7 h(1～6 h)。胆汁排泄超过 80%；有约 20%的代谢产物从尿中排出。只有 2%～4%的药物以原形随尿液排泄。

【药理作用】 本品为广谱抗真菌药，对全身及浅表真菌均有抗菌活性。一般浓度对真菌有抑制作用，高浓度对敏感真菌有杀灭作用。对芽生菌、球孢子菌、隐球菌、念珠菌、组织胞浆菌、小孢子菌和毛癣菌等真菌有抑制作用；对曲霉菌、孢子丝菌作用弱，白色念珠菌对本品耐药。

【作用机制】 本品能选择性地抑制真菌微粒体细胞色素 P-450 酶依赖性的 14α-去甲基化酶，导致不能合成细胞膜麦角固醇，使 14α-甲基固醇蓄积。这些甲基固醇干扰磷脂酰化偶联，损害某些膜结合的酶系统功能，如 ATP 酶和电子传递系统酶，从而抑制真菌生长。

【应用】 用于治疗犬、猫等动物的球孢子菌病、组织胞浆菌病、隐球菌病、芽生菌病；亦可防治皮

肤真菌病等。

【制剂、用法与用量】 酮康唑片(ketoconazole tablets),酮康唑胶囊(ketoconazole capsules)。内服:一次量,每千克体重,马 3～6 mg,犬、猫 5～10 mg,每日 1 次。

克霉唑(Clotrimazole)

克霉唑属咪唑类,是人工合成的广谱抗真菌药。本品为白色结晶性粉末,难溶于水。内服易吸收,单胃动物约 4 h 可达血药峰浓度,广泛分布于体内各组织和体液中。主要在肝代谢失活,代谢产物大部分由胆汁排出,小部分经尿排泄。对各种皮肤真菌如小孢子菌、表皮癣菌和毛癣菌有强大的抑菌作用,对深部真菌的作用较两性霉素 B 差。临床主要用于体表真菌病,如毛癣、鸡冠等各种癣病。若长时间应用可见肝功能不良反应,但停药后可恢复。

克霉唑片 0.25 g、0.5 g。内服,一次量,牛、马 5～10 g,驹、犊、猪、羊 1～1.5 g。每日 2 次。混饲,雏鸡每 100 羽 1 g。

克霉唑软膏外用,1%或 3%软膏。

伊曲康唑(Itraconazole)

伊曲康唑抗真菌谱较酮康唑广,抗真菌作用机制与酮康唑相似,作用强于酮康唑,但副作用比酮康唑少。对大部分浅部和深部真菌感染有效。

【药动学】 伊曲康唑脂溶性高,口服吸收较好,与食物同服可增加药物吸收。原形和其代谢产物的血浆蛋白结合率大于 99%,不易进入脑脊液。在肺、肾、肝、骨骼、胃、脾和肌肉中的药物浓度比相应的血浆浓度高 2～3 倍,皮肤、脂肪组织和指甲中药物浓度比血药浓度高 10 倍以上。连续用药 4 周后停药 7 日,血液中药物已检测不到,但皮肤中药物仍可保持治疗浓度达 2～4 周。主要经肝代谢,其代谢产物羟基伊曲康唑仍具有抗真菌活性,肾功能不全对药物消除无明显影响,$t_{1/2}$ 为 15～20 h。

【临床应用】 本品是治疗暗色孢科真菌、孢子丝菌、组织胞浆菌和芽生菌感染(不包括感染重危者及病变累及脑膜者)的首选药物。治疗侵袭性曲霉菌病作用明显,对新型隐球菌感染有效,但效果不如两性霉素 B 和氟康唑。该药在尿中的活性成分甚少,因此不宜用于治疗白色念珠菌所致尿道感染。伊曲康唑可用于治疗浅部真菌感染,如毛癣、真菌性结膜炎和口腔、阴道念珠菌感染。

【不良反应】 恶心、呕吐、头痛、头晕、皮肤瘙痒、药疹等。大鼠实验表明本药有致畸作用,孕畜禁用。

氟康唑(Fluconazole)

氟康唑为三唑类广谱抗真菌药,氟康唑抗菌谱与酮康唑相似。

其特点如下:①抗菌活性比酮康唑强 5～20 倍。②口服吸收不受食物及胃酸 pH 值影响,吸收率可达 80%。③体内分布广泛,脑脊液中药物浓度较高,可达血药浓度的 50%～90%。④在肝中代谢量极少,本药对肝药酶的抑制作用小,90%以上的药物以原形经尿排出体外,$t_{1/2}$ 为 25～30 h,肾功

不良者明显延长。

临床主要用于全身性或局部念珠菌、隐球菌等真菌感染，对白色念珠菌、新型隐球菌及多种皮肤癣菌均有明显抑菌活性。较常见的不良反应有轻度消化道反应、头晕、头痛，偶见脱毛，转氨酶升高。

咪康唑(Miconazole)

咪康唑抗真菌谱广，口服难以吸收，口服不良反应主要是消化道症状和皮疹等变态反应，静脉给药出现畏寒、发热、静脉炎、贫血、高脂血症和心律不齐。由于咪康唑口服吸收少，静脉给药后不良反应又多见，因此目前主要制成2%霜剂和2%洗剂用于皮肤癣菌或白色念珠菌所致皮肤、黏膜感染，疗效优于克霉唑。临床主要局部用于治疗皮肤、黏膜的真菌感染。

（三）丙烯胺类抗真菌药

丙烯胺类抗真菌药是近年来研制的真菌细胞壁合成抑制药，为可逆性、非竞争性的角鲨烯环氧合酶竞争性抑制剂。丙烯胺类抗真菌药能抑制角鲨烯环氧合酶，使角鲨烯不能转化为羊毛固醇，继而阻断羊毛固醇向麦角固醇的转化，影响真菌细胞膜的结构和功能而产生抑菌或杀菌效应。临床用药物有特比萘芬和布替萘芬。本类药物具有抗真菌谱广、杀菌作用强、毒性小、与其他药物相互作用少等特点。

特比萘芬(Terbinafine，TBF)

【药动学】 特比萘芬口服吸收良好且迅速，血浆蛋白结合率高达99%，进入血液循环后，广泛分布于全身组织。连续服药后在皮肤中药物浓度比血药浓度高75%，停药后在皮肤角质层、甲板和毛囊等组织可长时间维持较高浓度，尤其适合治疗皮肤癣菌。本药在肝代谢，灭活产物主要经肾排泄，无蓄积作用。

【药理作用】 对皮肤真菌、曲霉菌、皮炎芽生菌、组织胞浆菌等浅部真菌有明显抗菌作用。体外抗皮肤真菌活性比酮康唑高20～30倍，比伊曲康唑高10倍。此外对酵母菌、白色念珠菌也有抑菌效应。

【临床应用】 用于治疗由皮肤真菌引起的甲癣、手癣、体癣和足癣等，疗效较好，作用优于灰黄霉素和伊曲康唑，但对酵母菌、白色念珠菌引起的甲癣无效。

【不良反应】 主要为胃肠道反应，发生率5%～10%，较轻微，其次可出现皮肤瘙痒、荨麻疹、皮疹，较少发生肝功能损害。

二、抗病毒药

病毒是最小的病原微生物，它与细菌不同，不具有细胞的结构，仅含有一种核酸(DNA或RNA)。按核酸组成的不同可分为DNA病毒和RNA病毒。病毒自身缺乏酶系统，必须在活细胞中才能增殖，需寄生于宿主细胞内，利用宿主细胞的代谢系统才能增殖。它通过感染寄生在宿主细胞内，依赖宿主细胞合成所需的核酸和蛋白质进行生存、复制和传播。病毒通过注射式侵入、细胞内吞、膜融合等方式进入宿主细胞；病毒利用宿主细胞的代谢系统，按照病毒的遗传信息进行病毒核酸和蛋白质的生物合成；在细胞核内或细胞质内，病毒颗粒装配成熟；最后从宿主细胞释放出，再感染新的细胞。抗病毒药可通过阻止上述任何一个环节而达到抑制病毒增殖的目的。病毒核酸和宿主核酸在本质上无差异，抗病毒药在抑制病毒的同时亦对宿主细胞产生毒性。病毒感染性疾病主要靠疫苗预防。目前尚未有对病毒作用可靠、疗效确实的药物，故兽医临床，尤其对食品动物不主张使用抗病毒药，主要问题是食品动物大量使用可能导致病毒产生耐药性，使人类的病毒感染性疾病治疗失去药物资源。在宠物病毒感染中逐步试用的抗病毒药主要有金刚烷胺、吗啉胍、利巴韦林和干扰素等。我国目前也试用中草药对某些病毒感染性疾病进行防治，如板蓝根、大青叶、金银花、地丁、溪

黄草、黄芪、茵陈、虎杖等，但对其疗效尚待深入研究。

金刚烷胺(Amantadine)、金刚乙胺(Rimantadine)

【理化性质】 金刚烷胺是人工合成的饱和三环癸烷的氨基衍生物。其盐酸盐为白色结晶或结晶性粉末。无臭，味苦。在水或乙醇中易溶，在氯仿中溶解。金刚乙胺是金刚烷胺的衍生物，具有相似药理作用但副作用小。两者均可特异性地抑制甲型流感病毒。

【药动学】 两药口服均易吸收，体内分布广泛。金刚烷胺几乎全部以原形由尿排出，$t_{1/2}$为12～16 h，肾功能减退者应适当减少剂量或慎用。

【药理作用】 两药通过作用于具有离子通道的M2蛋白阻止病毒脱壳及其RNA的释放，干扰病毒进入细胞，使病毒早期复制被中断，也能通过影响凝集素的构型而干扰病毒装配，从而发挥抗流感病毒的作用。本品的抗病毒谱较窄，对甲型流感病毒选择性高。金刚烷胺尚有抗震颤麻痹的作用。

本品的抗病毒作用无宿主特异性。

【试用】 马以每千克体重20 mg的剂量给药，连用11日，发现可减少实验性攻毒的流感病毒的脱壳，未见明显毒性反应。

【不良反应】 常见不良反应有胃肠道反应和中枢神经系统症状，包括恶心、食欲不振、头晕、失眠、共济失调等。停药后不良反应即消失。大剂量金刚烷胺能引起严重神经毒性反应，导致动物出现精神错乱、幻觉，可能诱发癫痫发作、精神障碍症状。动物实验见致畸作用，孕畜应慎用。

吗啉胍(Moroxydine)

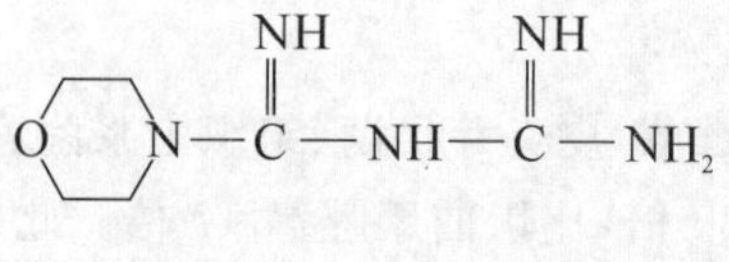

【理化性质】 吗啉胍又名病毒灵，其盐酸盐为白色结晶性粉末。无臭，味微苦。在水中易溶，在乙醇中微溶。

【药理作用】 本品为一种广谱抗病毒药。对流感病毒、副流感病毒、呼吸道合胞病毒等RNA病毒有作用，对DNA型的某些腺病毒、鸡马立克病毒、鸡痘病毒及鸡传染性支气管炎病毒也有一定的抑制作用。

【作用机制】 主要是抑制RNA聚合酶的活性及蛋白质的合成。

【试用】 兽医临床试用于犬瘟热和犬的细小病毒病等的防治。

内服：一次量，每千克体重犬20 mg/kg。每日2次。

混饮：每升水，犬100～200 mg。连续使用3～5日。

利巴韦林(Ribavirin)

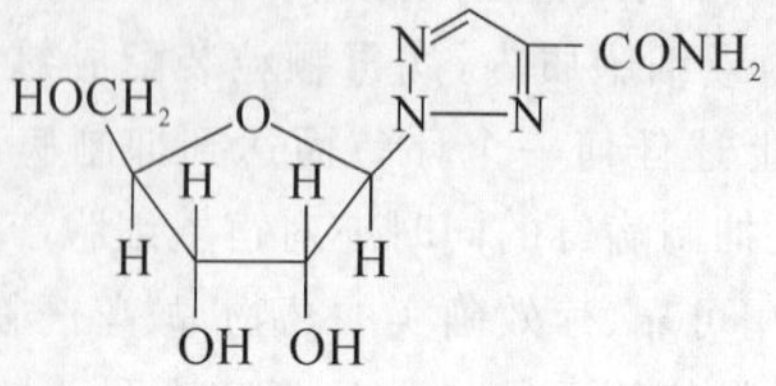

【理化性质】 利巴韦林又名病毒唑、三氮唑核苷，为鸟苷类化合物。本品为白色结晶性粉末。无臭，无味。易溶于水。

【药理作用】 本品是广谱抗病毒药，对RNA病毒及DNA病毒均有抑制作用。体外对流感病毒、副流感病毒、疱疹病毒（如牛鼻气管炎病毒）、痘病毒、环状病毒（如蓝舌病病毒）、新城疫病毒、水疱性口炎病毒和猫嵌杯样病毒有抑制作用。

【作用机制】 本品进入被病毒感染的细胞后迅速磷酸化，竞争性抑制病毒合成酶，导致细胞内鸟苷三磷酸减少，损害病毒RNA和蛋白质合成，抑制病毒的复制。

【试用】 在感染呼吸道合胞病毒的实验动物中，本品能抑制病毒的脱壳，缓解临床症状，并在腹腔注射给药时产生良好的抗病毒作用。内服给药可提高轮状病毒感染的实验小鼠的存活期但不提高存活率。

可试用于犬、猫的某些病毒性感染。

【不良反应】 本品动物实验有致畸胎作用。猫用每日每千克体重75 mg的剂量，连续使用10日可引起严重的血小板减少症，伴发体重下降、骨髓抑制和黄疸。

【用法与用量】 肌内注射：一次量，每千克体重犬、猫5 mg。每日2次，连续使用3～5日。

干扰素(Interferon,IFN)

干扰素是机体细胞在病毒感染后，在体内产生的一类抗病毒的糖蛋白物质，为广谱抗DNA和RNA病毒药物。干扰素不能直接灭活病毒，主要作用于靶细胞受体，使细胞内产生抗病毒蛋白，降解病毒的mRNA，抑制蛋白质合成，在转录、装配和释放等多环节发挥作用。临床用于多种病毒感染性疾病，如慢性肝炎、流感及其他上呼吸道感染、病毒性心肌炎、流行性腮腺炎、慢性活动性肝炎、疱疹性角膜炎、带状疱疹等。不良反应有流感综合征如发热、寒战、头痛、乏力等，也可发生骨髓暂时性抑制、皮疹及肝功能障碍，停药后消退。口服无效，须注射给药。

黄芪多糖(Astragalus Polysacharin)

黄芪为中药益气药。人医证实黄芪多糖可明显促进人体白细胞诱导干扰素的生成，使感冒患者鼻分泌物中IgA和IgG的含量增加。动物实验可见白细胞及多核白细胞明显增多。实验研究表明，本品对小鼠Ⅰ型副流感病毒感染有轻度的保护作用。国内有黄芪多糖注射液试用于鸡传染性法氏囊病病毒感染的报道，给鸡按每千克体重2 mL的剂量肌内或皮下注射，每日1次，连用2日，有一定疗效。

知识拓展

奥司他韦(Oseltamivir)

【理化性质】 奥司他韦别名为达菲，是神经酰胺酶抑制剂，通过抑制病毒的释放来治疗甲型及乙型流感病毒感染。

【药动学】 口服给药易被胃肠道吸收，经肠壁酯酶和肝迅速转化为活性代谢产物进入体循环，体内分布广泛，活性代谢产物$t_{1/2}$为6～10 h，能到达被流感病毒侵犯的靶组织。活性代谢产物不再被进一步代谢，超过90%的活性代谢产物直接由肾排泄。

【药理作用】 奥司他韦是前体药物，其活性代谢产物对甲型和乙型流感病毒神经酰胺酶具有抑制作用，但对机体的神经氨酸酶的抑制作用远低于对流感病毒的作用。通过抑制病毒神经氨酸酶，阻止新形成的病毒颗粒由被感染细胞向外释放，进而阻止病毒在宿主细胞之间的扩散和传播。

【临床应用】 用于治疗甲型或乙型流感病毒引起的流行性感冒。适用于甲型H_1N_1型和H_5N_1型高危人群的预防和患者的治疗。也是公认的抗禽流感病毒最有效的药物。

【不良反应】 不良反应发生率为5%～10%，常见的有恶心、呕吐，其次为失眠、头痛和腹痛。症状是一过性的，常在第一次服药时发生，绝大多数患者可以耐受。

扎那米韦(Zanamivir)

扎那米韦口服吸收率低(约5%)，故口服无效，作用机制和临床应用与奥司他韦相同。一般采用鼻内用药或干粉吸入给药，生物利用度约为20%，几乎不在体内代谢，肝肾毒性小。临床用于流感的预防和治疗，早期治疗可降低疾病的严重程度，减少呼吸道并发症。局部使用一般患者耐受良好，哮喘或气道慢性阻塞性疾病的患者可出现肺功能状态恶化。

阿昔洛韦(Acyclovir，ACV)

【理化性质】 阿昔洛韦又名无环鸟苷，为人工合成的嘌呤核苷类抗病毒药，广泛用于治疗单纯疱疹病毒(HSV)感染，是带状疱疹和单纯疱疹性脑炎的一线特效药。

【药动学】 口服吸收不完全，生物利用度为15%～30%，血浆蛋白结合率低，易透过生物膜，可分布于全身各组织，包括脑和皮肤。部分经肝代谢，主要以原形由肾排出。$t_{1/2}$约为3 h。局部用药可在用药部位达到较高浓度。

【药理作用】 本药在感染细胞内，被HSV基因编码的特异性胸苷激酶磷酸化生成三磷酸无环鸟苷，抑制HSV DNA多聚酶而阻止病毒的DNA合成。阿昔洛韦与HSV胸苷激酶有高度亲和力，因此对HSV的选择性高，对宿主细胞影响较小。

【临床应用】 治疗HSV感染的首选药。其抗HSV的活力比碘苷强10倍，比阿糖腺苷强160倍。对乙型肝炎病毒也有抑制作用，对牛痘病毒和RNA病毒无效。临床局部应用治疗单纯疱疹性角膜炎，皮肤、黏膜疱疹病毒感染，生殖器疱疹和带状疱疹。静脉注射或口服给药治疗HSV所致的各种感染。

【不良反应】 不良反应少，耐受性良好。滴眼及局部用药有轻度刺激症状，口服后有恶心、呕吐、腹泻，偶见发热、头痛、低血压、皮疹等，静脉滴注时药液外渗可引起局部炎症和静脉炎。

阿糖腺苷(Vidarabine)

【药动学】 本品在体内被代谢为阿糖次黄嘌呤核苷，在胸苷激酶的作用下转化为三磷酸活性体，可广泛分布于组织，在肝、肾、脾中药物浓度较高，主要以代谢产物的形式经肾排泄。

【药理作用】 阿糖腺苷为嘌呤核苷的同系物。本品具有广谱抗病毒活性，对单纯疱疹病毒、水痘-带状疱疹病毒、肝炎病毒、腺病毒和带状疱疹病毒等DNA病毒有抑制作用，对大多数RNA病毒无效。阿糖腺苷在细胞内经磷酸化为三磷酸阿糖腺苷，后者掺入宿主细胞和病毒DNA中，通过抑制DNA多聚酶而干扰病毒DNA的合成。阿糖腺苷对单纯疱疹病毒聚合酶的抑制作用强于对宿主细胞DNA聚合酶的抑制作用，故治疗浓度的阿糖腺苷对宿主细胞毒性较低。

【临床应用】 静脉滴注用于治疗单纯疱疹病毒性脑炎、新生儿单纯疱疹病毒感染及免疫缺陷患者的水痘和带状疱疹感染。但上述适应证目前通常被高效低毒的阿昔洛韦取代。

【不良反应】 常见胃肠道反应，有骨髓抑制作用，可见白细胞和血小板减少，偶见震颤、眩晕、共济失调和幻觉等神经方面的反应。有致畸或致突变作用，孕妇及婴儿禁用。

曲氟尿苷(Trifluridine)

Note

曲氟尿苷在细胞内磷酸化成三磷酸曲氟尿苷活化形式，掺入病毒DNA分子后，抑制病毒增殖。曲氟尿苷对单纯疱疹病毒作用最强，对腺病毒、牛痘病毒、巨细胞病毒、带状疱疹病毒亦具有一定作用，对阿昔洛韦耐药的疱疹病毒有效，是治疗疱疹性角膜结膜炎和上皮角膜炎最广泛的核苷类衍生物。局部用药可引起浅表眼部刺激，甚至出血。

齐多夫定(Zidovudine)

【理化性质】 齐多夫定为脱氧胸苷衍生物，对多种逆转录病毒有抑制作用，是1987年获准的第一个用于治疗艾滋病的核苷类药物，常与其他抗HIV药物联合应用。

【体内过程】 口服吸收快，亲脂性高，生物利用度为60%～70%，可迅速分布于全身各组织，包括脑和脑脊液，脑脊液中药物浓度可达到血药浓度的53%。血浆$t_{1/2}$为0.9～1.5 h，主要在肝内形成葡萄糖醛酸结合物，以原形药物和代谢产物的形式经肾排出。

【药理作用】 本品进入宿主细胞内，在宿主细胞胸苷激酶的作用下生成二磷酸齐多夫定，再在核苷二磷酸激酶的作用下生成三磷酸齐多夫定，三磷酸齐多夫定以假底物形式竞争性抑制RNA逆转录酶的活性，抑制病毒DNA的合成并掺入病毒DNA链中，终止病毒DNA链的延长。

【临床应用】 用于艾滋病及重症艾滋病相关综合征治疗。单独用药极易产生耐药性，有并发症时应与对症的其他药物联合治疗，可减轻或缓解ADS相关症状。

【不良反应】 主要为骨髓抑制，主要表现为巨幼红细胞贫血和粒细胞减少，治疗初期常出现头痛、恶心、呕吐、肌痛，继续用药可自行消退。用药期间应定期检查血常规，肝功能不全者易引起毒性反应。

扎西他滨(Zalcitabine)

扎西他滨为脱氧胸苷衍生物，可治疗HIV感染。单用疗效不及齐多夫定。本品主要用于不能耐受齐多夫定治疗的艾滋病及艾滋病相关综合征患者。本品口服生物利用度大于80%，血浆蛋白结合率低，脑脊液中药物浓度约为血药浓度的20%，$t_{1/2}$仅2～3 h，75%的药物以原形经肾排泄。本品主要不良反应为剂量依赖性外周神经炎，但停药后能逐渐恢复。少数患者可引起胰腺炎。

阿德福韦(Adefovir)

【药理作用】 阿德福韦为腺嘌呤核苷类HBV抑制药，阿德福韦酯为阿德福韦的前药，是阿德福韦的口服制剂。阿德福韦有较强的抗HIV、HBV作用。需长期服药，停药可导致病情复发。

【临床应用】 用于治疗慢性乙肝，可作为拉米夫定耐药者抗病毒治疗的首选药，长期用药也可产生耐药性。

【不良反应】 安全范围小，较大剂量具有肾毒性。常见副作用为胃肠道反应、腹部不适、腹泻、无力、头痛等。

司他夫定(Stavudine)

司他夫定为脱氧胸苷衍生物，可抑制HIV在人体内的复制，对齐多夫定耐药的HIV-1变异毒株也有作用，故适用于对齐多夫定、扎西他滨等不能耐受或治疗无效的艾滋病及其相关综合征。由于齐多夫定能减少本品的磷酸化，故不能与其合用。口服生物利用度与扎西他滨相似，主要不良反应为外周神经炎，故应避免与扎西他滨、去羟肌苷、氨基糖苷类及异烟肼同服。也可引起胰腺炎、关节炎、血清转氨酶升高。

拉米夫定(Lamivudine)

拉米夫定为胞嘧啶衍生物，抗病毒作用与齐多夫定相同，对齐多夫定耐药毒株也具有抑制作用。本品与齐多夫定联用可产生协同抗病毒作用。口服生物利用度与司他夫定相似。其活性代谢产物在 HIV-1 感染的细胞内 $t_{1/2}$ 可达 11～16 h。本品主要经肾排泄。不良反应常见有头痛、乏力、肌肉关节酸痛、头晕、发热、麻木、周围神经病变，偶有皮疹，少数患者可有血小板减少，肌酸磷酸激酶及肝酶增高表现，大多程度较轻，一般无须停药。

去羟肌苷(Didanosine)

去羟肌苷为脱氧腺苷衍生物，为严重 HIV 感染的常选药物。本品适用于成人或感染 HIV 6 个月以上较严重的儿童，尤其适用于齐多夫定不能耐受或治疗无效的患者。应与其他抗 HIV 药物联合用药。本品口服后吸收不完全，对酸不稳定，生物利用度为 30%～40%，进食后服用可减少吸收，主要经肾排泄，$t_{1/2}$ 为 0.6～1.5 h。不良反应有外周神经炎、胰腺炎、心肌炎、肝炎及消化道、中枢神经系统反应。

第四节　抗微生物药的合理应用

抗微生物药是目前兽医临床使用最广泛和最重要的药物，在控制畜禽的传染性疾病方面起着巨大的作用，解决了不少畜牧业生产中存在的问题。但由于目前国家对抗微生物药用于畜禽的政策规定和执业兽医师制度尚未完善，养殖户可从多种渠道获得抗生素和合成抗菌药，给抗微生物药的临床应用带来许多新的问题。目前，不合理使用尤其是滥用的现象较为严重，不仅造成药品的浪费，而且导致畜禽不良反应增多、细菌耐药性的产生和播散、兽药残留超标等，给兽医工作、公共卫生及人民健康带来不良的后果。耐药菌株的增加，药物选用不当，剂量与疗程的过大与不足，不恰当的联合用药，以及忽视药物的药动学因素对药效学的影响等，往往导致抗菌药临床治疗的失败。为了充分发挥抗菌药的疗效，降低药物的不良反应，减少细菌耐药性的产生，提高药物治疗水平，必须切实合理使用抗菌药。

一、正确诊断、准确选药，严格掌握适应证

正确诊断是选择药物的前提，有了确切的诊断，方可了解其致病菌，从而选择对致病菌高度敏感的药物。细菌的药敏试验及联合药敏试验与临床疗效的符合率为 70%～80%。如有条件，可通过细菌的分离鉴定来选用抗菌药。应尽力避免无指征或指征不强而使用抗菌药，例如各种病毒性感染不宜用抗菌药；对真菌性感染也不宜选用一般的抗菌药，因为目前多数抗菌药对病毒和真菌无作用，但合并细菌性感染者除外。应根据致病菌及其引起的感染性疾病的确诊，选择作用强、疗效好、不良反应少的药物。确定致病菌后，根据药物的抗菌谱、活性、药动学特征、不良反应、药源、价格等情况，选用合适药物。当致病菌确定时，可选用窄谱抗菌药，病原不明或疑有合并感染时，可选用广谱抗菌药。一般对革兰阳性菌引起的疾病，如葡萄球菌病、链球菌病、猪丹毒、马腺疫、气肿疽、牛放线菌病等可选用 β-内酰胺类、红霉素、林可霉素、四环素类等；对革兰阴性菌引起的疾病，如大肠杆菌病、沙门菌病、巴氏杆菌病、泌尿生殖道感染等则优先选用氨基糖苷类、氟喹诺酮类、氟苯尼考等；对耐青霉素金黄色葡萄球菌所致的感染可选用苯唑西林、氯唑西林、红霉素等；对铜绿假单胞菌引起的创面感染、尿道感染、败血症可选用氨苄西林、庆大霉素、黏菌素等；对支原体引起的猪气喘病和鸡慢性呼吸

道病首选恩诺沙星、达氟沙星、替米考星、泰乐菌素、泰妙菌素,还可选用多西环素、林可霉素等。

二、掌握药动学特征,制订合理的给药方案

抗微生物药在机体内要发挥杀灭或抑制致病菌的作用,必须在靶组织或器官内达到有效的浓度,并能维持一定的时间。兽医临床药理学中通常是以有效血药浓度作为衡量剂量是否适宜的指标,其浓度应大于最小抑菌浓度(MIC)。临床试验表明,一般对轻、中度感染,其最大稳态血药浓度宜为 MIC 的 4~8 倍,而重度感染则应在 8 倍以上。同时,血中有效浓度维持时间受药物在体内的吸收、分布、代谢和排泄的影响。因此,应在考虑各药的药物动力学、药效学特征的基础上,结合畜禽的病情、体况,制订合理的给药方案,包括药物品种、给药途径、剂量、间隔时间及疗程等。例如,对动物的细菌性或支原体肺炎的治疗,除选择对致病菌敏感的药物外,还应考虑选择能在肺组织中达到有效浓度的药物,如恩诺沙星、达氟沙星等氟喹诺酮类及四环素类、大环内酯类;细菌性的脑部感染首选磺胺嘧啶,这是因为该药在脑脊液中的浓度高。

合适的给药途径是药物取得疗效的保证。一般来说,危重病例应通过肌内注射或静脉注射给药,消化道感染以内服为主,严重消化道感染与并发败血症、菌血症,在内服的同时,可配合注射给药。疗程应充足,一般的感染性疾病可连续用药 2~3 日,症状消失后,再加强巩固 1~2 日,以防复发;支原体病的治疗疗程较长,一般需 5~7 日;磺胺类药的疗程要增加 2 日。对急性感染,如临床效果欠佳,应在用药后 5 日内进行给药方案的调整,如改换药物或适当加大剂量。此外,兽医临床药理学提倡按药动学参数制订给药方案,特别是对毒性较大、用药时间较长的药物,最好对血药浓度进行监测,作为用药的参考,以保证药物的疗效,减少不良反应的发生。

三、避免耐药性的产生

随着抗微生物药在兽医临床和畜牧养殖业的广泛应用,细菌耐药率逐年升高,细菌耐药性的问题变得日益严重,其中以金黄色葡萄球菌、大肠杆菌、铜绿假单胞菌、痢疾杆菌及分枝杆菌易产生耐药性。为了防止耐药菌株的产生,应注意以下几点:①严格掌握适应证,不滥用抗微生物药。凡属不一定要用的尽量不用,禁止将兽医临床治疗用的或人畜共用的抗微生物药用做动物促生长剂。用单一抗微生物药有效的就不采用联合用药。②严格掌握用药指征,剂量要够,疗程要恰当。③尽可能避免局部用药,并杜绝不必要的预防应用。④病因不明者,不要轻易使用抗微生物药。⑤发现耐药菌株感染,应改用对病原菌敏感的药物或采取联合用药。⑥尽量减少长期用药,局部地区不要长期固定使用某一类或某几种药物,要有计划分期、分批交替使用不同类或不同作用机制的抗微生物药。

四、防止药物的不良反应

应用抗微生物药治疗畜禽疾病的过程中,除要密切注意药效外,同时还要注意可能出现的不良反应,一经发现应及时停药、更换药物和采取相应解救措施。对有肝功能或肾功能不全的病例,易引起由肝代谢(如红霉素、氟苯尼考等)或肾清除(如 β-内酰胺类、氨基糖苷类、四环素类、磺胺类、氟喹诺酮类等)的药物蓄积,产生不良反应。对于这样的患畜,应调整给药剂量或延长给药间隔时间,以尽量避免药物的蓄积性中毒。动物机体的功能状态不同,对药物的反应亦有差异。营养不良、体质衰弱或孕畜对药物的敏感性较高,容易产生不良反应。新生仔畜或幼龄动物,由于肝酶系发育不全,血浆蛋白结合率和肾小球滤过率较低,血脑屏障功能尚未完全形成,对药物的敏感性较高。与成年动物比较,药动学参数有较大的差异。

此外,随着畜牧业的高度集约化,不可避免地大量使用抗微生物药防治疾病,随之而来的是动物性食品(肉、蛋、奶)中抗微生物药的残留问题日益严重;另外,各种饲养场大量粪、尿或排泄物向周围环境排放,抗微生物药又成为环境的污染物,给生态环境带来许多不良影响。

五、抗微生物药的联合应用

联合应用抗微生物药的目的主要在于扩大抗菌谱、增强疗效、减少用量、降低或避免毒副作用，减少或延缓耐药菌株的产生。多数细菌性感染只需用一种抗菌药进行治疗，即使细菌的合并感染，目前也有多种广谱抗菌药可供选择。联合用药仅适用于少数情况，一般两种药物联合即可，三四种药物联合并无必要。联合应用抗微生物药必须有明确的指征：①用一种药物不能控制的严重感染和/或混合感染，如败血症、慢性尿道感染、腹膜炎、创伤感染、鸡支原体-大肠杆菌混合感染、牛支原体-巴氏杆菌混合感染。②病因未明的严重感染，先进行联合用药，待确诊后，再调整用药。③长期用药治疗容易出现耐药性的细菌感染，如慢性乳腺炎、结核病。④联合用药可减少毒性较大的抗微生物药的剂量，如两性霉素 B 或黏菌素与四环素合用时可减少前者的用量，并减轻了毒性反应。

在兽医临床联合应用取得成功的实例不少，如磺胺药与抗菌增效剂 TMP 或 DVD 合用，抗菌作用增强，抗菌范围也有扩大；青霉素与链霉素合用，抗菌作用增强，同时扩大了抗菌谱；阿莫西林与克拉维酸合用，能有效地治疗由产生 β-内酰胺酶的致病菌引起的感染等。

为了获得联合用药的协同作用，必须根据抗微生物药的作用特性和机制进行选择，防止盲目组合。目前，抗菌药种类很多，按其作用性质分为 4 大类：Ⅰ类为繁殖期或速效杀菌药，如青霉素类、头孢菌素类；Ⅱ类为静止期或慢效杀菌药，如氨基糖苷类、氟喹诺酮类、多黏菌素类；Ⅲ类为速效抑菌药，如四环素类、酰胺醇类、大环内酯类；Ⅳ类为慢效抑菌药，如磺胺类等。Ⅰ类与Ⅱ类合用一般可获得增强作用，如青霉素和链霉素合用，前者破坏细菌细胞壁的完整性，有利于后者进入菌体内作用于其靶位。Ⅰ类与Ⅲ类合用可出现拮抗作用，例如青霉素与四环素合用，在四环素的作用下，细菌蛋白质合成迅速抑制，细菌停止生长繁殖，使青霉素的作用减弱。Ⅰ类与Ⅳ类合用，可出现相加或无关作用，因Ⅳ类对Ⅰ类的抗菌活性无重要影响，如在治疗脑膜炎时，青霉素与 SD 合用可获得相加作用而提高疗效。其他类合用多出现相加或无关作用。还应注意，作用机制相同的同一类药物合用的疗效并不增强，而可能相互增加毒性，如氨基糖苷类之间合用能增加对第八对脑神经的毒性。酰胺醇类、大环内酯类，因作用机制相似，均竞争细菌同一靶位，有可能出现拮抗作用。此外，联合用药时应注意药物之间的理化性质、药动学和药效学之间的相互作用与配伍禁忌，不同菌种和菌株、药物的剂量和给药顺序等因素均可影响联合用药的效果。联合用药也可能出现毒性的协同作用或相加作用，所以在临床上要认真考虑联合用药的利弊，不要盲目组合，以免得不偿失。

为了合理而有效地联合用药，最好在临床治疗选药前，进行实验室的联合药敏试验，采用棋盘法，以部分抑菌浓度指数(fractional inhibitory concentration index，FIC)作为试验结果的判定依据，并以此作为临床选用抗菌药联合治疗的参考。具体试验方法可参考有关专题论述。目前不合理使用尤其是滥用药的现象较为严重，不仅造成药品的浪费，而且导致畜禽不良反应增多、细菌耐药性的产生和兽药残留等，给兽医工作、公共卫生及人类健康带来不良的后果。因此，为了充分发挥抗微生物药的疗效，降低药物对畜禽的毒副反应，减少耐药性的产生，必须切实合理使用抗微生物药。

六、采取综合治疗措施

在应用抗微生物药防治动物疾病的实践中，必须综合考虑到病原菌、药物及动物机体三者对药物疗效的影响，才能做到科学合理使用抗微生物药。机体的免疫力是协同抗微生物药的重要因素，外因通过内因起作用，在治疗中过分强调抗微生物药的功效而忽视机体内在因素，往往是导致治疗失败的重要原因之一。因此，在使用抗微生物药的同时，应根据患病动物的种属、年龄、生理和病理状况，采取综合治疗措施，增强抗病力，如纠正机体酸碱平衡失调、补充能量、扩充血容量等辅助治疗，促进疾病康复。

第十三章　消毒防腐药

消毒防腐药是杀灭病原微生物或抑制其生长繁殖的一类药物。与抗生素和其他抗菌药不同，这类药物没有明显的抗菌谱和选择性。在临床应用达到有效浓度时，往往亦对机体组织产生损伤作用，一般不用作全身给药。消毒药是指能迅速杀灭病原微生物的药物，主要用于环境、厩舍、动物排泄物、用具和器械等非生物表面的消毒；防腐药是指仅能抑制病原微生物生长繁殖的药物，主要用于抑制局部皮肤、黏膜和创伤等生物体表的微生物感染，也用于食品及生物制品等的防腐。

消毒药和防腐药是根据用途和特性分类的，两者之间并无严格的界限，低浓度的消毒药仅能抑菌，而高浓度的防腐药也能杀菌。由于有些防腐药用于非生物体表面时不起作用，而有些消毒药会损伤活体组织，因而两者不应替换使用。绝大部分的消毒防腐药只能使病原微生物的数量减少到公共卫生标准所允许的限量范围内，而不能完全灭菌。发生传染病时对环境进行随时消毒和终末消毒；无疫病时对环境进行预防性消毒，都可选用消毒防腐药，因此消毒防腐药在防治动物疫病、保障畜牧生产和水产养殖上具有重要的现实意义，在医学临床和公共卫生上，也具有重要价值。

近年来，消毒防腐药的正确使用已成为世界各国普遍关注的问题。随着大规模畜禽养殖业的发展，不断出现一些高效、广谱、低毒、低刺激性和腐蚀性较小的消毒防腐药，过去曾被视为低毒和无毒的某些消毒防腐药，近年来却发现在一定条件下(例如长期使用等)仍然具有相当强的毒副作用。另外，频繁使用环境消毒药对生态环境的污染和危害作用，对操作人员的安全和药物残留对食品安全的影响，也成为公共卫生关注的问题，因此有必要更新一些认识。

1. 理想消毒防腐药的条件　①抗菌范围广、活性强，而且在有体液、脓液、坏死组织及其他有机物存在时仍能保持抗菌活性，能与去污剂配伍使用；②作用产生迅速，其溶液有效寿命长；③具有较高的脂溶性和分布均匀的特点；④对人和动物安全，防腐药不能对动物组织有损害，不具有存留表面的活性；⑤药物本身应无臭、无色、无着色性、性质稳定，可溶于水；⑥无易燃性或易爆性；⑦对金属、橡胶塑料、衣物等无腐蚀作用；⑧价廉易得。

2. 消毒防腐药的作用机制　消毒防腐药的作用机制各不相同，可归纳为以下三个方面：

(1) 使菌体蛋白变性、沉淀：如酚类、醛类、醇类、重金属盐类等大部分的消毒防腐药使蛋白质凝固、变性，对蛋白质的凝固作用不具有选择性，可凝固一切活性物质，使之变性而失去活性，所以称为“一般性原浆毒”。其不仅能杀菌，也能破坏动物组织，因而只适用于环境消毒。

(2) 改变菌体细胞膜的通透性：新洁尔灭、氯己定等表面活性剂的杀菌作用是通过降低菌体细胞膜的表面张力、增加菌体细胞膜的通透性，使得本来不能转到细胞膜外的酶类和营养物质露出膜外；膜外的水超出限量进入菌体细胞内，使菌体爆裂、溶解和破坏。

(3) 干扰或损害细菌生命必需的酶系统：通过氧化、还原反应使菌体酶的活性基团遭到损坏或药物的化学结构与细菌体内的代谢产物类似，可竞争性或非竞争性地与菌体内的酶结合，从而抑制酶的活性，导致菌体生长抑制或死亡。如高锰酸钾等氧化剂的氧化、漂白粉等卤化物的卤化等可通过氧化、还原等反应损害酶的活性基团，导致菌体抑制或死亡。

有的消毒药可通过多条途径发挥消毒作用。如苯酚在高浓度时可使蛋白质变性，而在低于凝固蛋白质的浓度时，可通过抑制酶或损害细胞膜来杀菌。

3. 影响消毒防腐药作用的因素　影响消毒防腐药作用的因素主要有以下几方面。

(1) 病原微生物的种类及状态：不同种类的病原微生物和处于不同状态的病原微生物，其结构

明显不同，对消毒防腐药的敏感性也不同。如革兰阳性菌一般比革兰阴性菌对消毒药敏感；病毒对碱类消毒药敏感，而对酚类消毒药有耐药性。生长繁殖阶段的细菌对消毒药敏感，具有芽孢结构的细菌和无囊膜病毒等对众多消毒防腐药不敏感。

(2) 药液浓度：药液浓度对其作用有着极为明显的影响，一般来讲，浓度越高其作用越强。但也有例外，如85%以上浓度的乙醇则是浓度越高作用越弱，因为高浓度的乙醇可使菌体表层蛋白质全部变性凝固，形成一层致密的蛋白膜，造成其他乙醇不能进入。另外，应根据消毒对象选择浓度，如同一种消毒防腐药在应用于外界环境、用具、器械消毒时可选择高浓度；而应用于体表，特别是创伤面消毒时应选择低浓度。

(3) 作用时间：消毒防腐药与病原微生物接触一定时间才可发挥抑杀作用，一般接触时间越长，其作用越强。临床上可根据消毒对象的不同选择消毒时间，如应用甲醛溶液对雏鸡进行熏蒸消毒，时间仅需 25 min 以下，而厩舍、库房则需 12 h 以上。

一般来说，消毒防腐药的抗菌作用都与其浓度大小和作用时间的长短成正比。浓度越大，接触时间越长，效果越好，但对组织的毒性也相应增大；浓度太低，接触时间太短，又往往不能取得消毒效果。因此，消毒时必须根据各种消毒防腐药的特性，选用适当的药物浓度，并达到规定的作用时间。

(4) 温度：药液与消毒环境的温度，可对消毒防腐药的效果产生很大的影响。在一定的范围内，消毒药的抗菌效果与环境的温度及消毒药液的温度成正比，温度越高，杀菌力越强。一般温度每提高 10 ℃，消毒力可提高 1～1.5 倍，但提高药液及消毒环境的温度可增加经济成本，为此，药液的温度一般控制在正常室温(18～25 ℃)即可。

(5) 消毒环境中的有机物：环境中的粪、尿等或创伤上的脓血、体液等有机物可与消毒防腐药结合成不溶解的化合物，形成一层凝固的有机物保护层，阻碍药物的渗透，使药物不能与深层微生物接触，影响药物的作用；或者与消毒防腐药中和、吸附或发生化学反应形成不溶性且杀菌能力弱的化合物，有机物越多，对消毒防腐药抗菌效力影响越大。各种消毒剂受有机物影响的程度不尽相同。在有机物存在时，氯消毒剂的杀菌作用显著降低，季铵盐类、汞类、过氧化物类消毒剂的消毒作用也明显受到影响。烷基化消毒剂如戊二醛，受有机物的影响较小。因此，在环境、用具、器械消毒时，必须彻底清除消毒物表面的有机物；创面消毒时，必须先清除创面的脓血、脓汁及坏死组织和污物，以取得良好消毒效果。

(6) 湿度：湿度可直接影响微生物的含水量，对许多气体消毒剂的作用有显著影响。用环氧乙烷消毒时，若细菌含水量太大，则需要延长消毒时间。细菌含水量太少时，消毒效果也明显降低，完全脱水的细菌用环氧乙烷无法杀灭。另外，每种气体消毒剂都有其适宜的相对湿度(RH)范围。用环氧乙烷杀灭污染在布片上的纯培养细菌芽孢，在 RH＞33%时效果最好，甲醛以 60%为宜，环氧丙烷以 30%～60%为宜。用过氧乙酸气体消毒时，要求 RH 不低于 40%，以 60%～80%效果最好。

(7) pH 值：环境或组织的 pH 值对有些消毒防腐药作用的影响较大，因为 pH 值可以改变其溶解度、解离程度和分子结构。如戊二醛在酸性环境中较稳定，但杀菌能力较弱，当加入 0.3%碳酸氢钠，使其溶液 pH 值达 7.5～8.5 时，杀菌活性显著增强，不仅能杀死多种繁殖型细菌，还能杀死芽孢。因为在碱性环境中形成的碱性戊二醛，易与菌体蛋白的氨基酸结合使之变形。含氯消毒剂作用的最佳 pH 值为 5～6。以分子形式起作用的酚、苯甲酸等，当环境 pH 值升高时，其分子的解离程度相应增加，杀菌效力随之减弱或消失。环境 pH 值升高还可以使菌体表面负电荷相应增多，从而导致其与带正电荷的消毒药物分子结合数量增多，这是季铵盐类、氯己定(洗必泰)、染料等作用增强的原因。

(8) 水质硬度：硬水中的 Ca^{2+} 和 Mg^{2+} 可与季铵盐类药物、氯己定等结合生成不溶性盐类，从而降低其抑菌效力。

(9) 联合应用：两种消毒药合用时，可出现增强或减弱的效果。例如，消毒药与清洁剂或除臭剂合用时，药物之间会发生物理、化学等方面的变化，使消毒药效果降低或失效；阴离子清洁剂肥皂与

阳离子季铵盐类消毒剂合用时，发生置换反应，可使消毒效果减弱，甚至完全消失；高锰酸钾、过氧乙酸等氧化剂与碘酊等还原剂之间可发生氧化还原反应，不但会减弱消毒作用，而且会加重皮肤的刺激性和毒性。酸性消毒防腐药与碱性消毒防腐药等均存在着配伍禁忌现象。

合理的联合用药也能增强消毒效果。例如，在戊二醛内加入合适的阳离子表面活性剂，则消毒作用大大加强。环氧乙烷和溴化甲烷合用不仅可以防燃防爆，而且两者有协同作用，可提高消毒效果。又如氯己定和季铵盐类消毒剂用70%乙醇配制比用水配制穿透力更强，杀菌效果也更好。酚在水中虽溶解度低，但若制成甲酚皂溶液，可杀灭大多数繁殖型细菌。

第一节　环境消毒剂

一、酚类

OH　　OH CH_3　　OH CH_3　　OH CH_3

苯酚　　邻位甲酚　　间位甲酚　　对位甲酚

酚类是一种表面活性物质，可损害菌体细胞膜，较高浓度时也是蛋白质变性剂，故有杀菌作用。此外，酚类还通过抑制细菌脱氢酶和氧化酶等酶的活性而产生抑菌作用。

在适当浓度下，酚类对大多数不产生芽孢的繁殖型细菌和真菌均有杀灭作用，但对芽孢和病毒作用不强。酚类的抗菌活性不易受环境中有机物和细菌数目的影响，故可用于消毒排泄物等。化学性质稳定，因而储存或遇热等不会改变药效。目前销售的酚类消毒药大多含两种或两种以上具有协同作用的化合物，以扩大其杀菌作用范围。一般酚类化合物仅用于环境及用具消毒。

另外，10%鱼石脂软膏（含酚类制剂）可外用于软组织，治疗急性炎症（消炎、消肿）和促进慢性皮肤病的康复。酚类均为低效消毒剂，大量应用对环境可造成污染，目前有些国家限制使用酚类消毒药。这类消毒药在我国的应用也逐渐减少。

苯酚（Phenol）

【理化性质】 本品又称石炭酸，为无色或微红色针状结晶或结晶块，有特殊臭味和引湿性。本品为低效消毒剂，溶于水和有机溶剂；水溶液有弱酸性反应；遇光或在空气中颜色逐渐变深。

【作用与应用】 本品杀灭细菌繁殖体和某些亲脂病毒的作用较强。0.1%～1%溶液有抑菌作用；1%～2%溶液有杀灭细菌、真菌作用；5%溶液可在 48 h 内杀死炭疽芽孢杆菌。2%～5%的苯酚溶液可用于厩舍、器具、排泄物的消毒处理。

【注意事项】 ①本品在碱性环境、脂类、皂类中杀菌力减弱，应用时避免与上述物品接触或混合。②本品对动物有较强的毒性，被认为是一种致癌物，不能用于创面和皮肤的消毒；其浓度高于0.5%时对局部皮肤有麻醉作用，5%溶液对组织产生强烈的刺激和腐蚀作用。③动物意外吞服或皮肤、黏膜大面积接触苯酚会引起全身性中毒，表现为中枢神经先兴奋、后抑制以及心血管系统受抑制，严重者可因呼吸麻痹致死。对误服中毒时可用植物油（忌用液体石蜡）洗胃，内服硫酸镁导泻，给予中枢兴奋剂和强心剂等对症治疗；对皮肤、黏膜接触部位可用50%的乙醇或者水、甘油或植物油清洗，眼中可先用温水冲洗，再用3%的硼酸液冲洗。

复合酚(Composite Phenol)

【理化性质】 本品又名菌毒敌、畜禽灵,为酚剂酸类复合性消毒剂。本品含41%~49%的苯酚和22%~26%的醋酸,为深红褐色黏稠液体,有特异性臭味。

【作用与应用】 本品为广谱、高效、新型消毒剂。可杀灭细菌、霉菌和病毒,对多种寄生虫卵也有杀灭作用,并能抑制蚊、蜱等昆虫和鼠害的滋生。常用0.3%~1%浓度的水溶液,喷洒消毒畜禽舍、笼具、饲养场地、运输工具及排泄物。稀释用水的温度应不低于8℃。通常用药后药效维持1周。在环境污染较严重时,可适当增加药物浓度和用药次数。

【注意事项】 本品忌与其他消毒药或碱性药物混合应用,以免降低消毒效果;严禁使用喷洒过农药的喷雾器械喷洒本品,以免引起畜禽意外中毒。

【用法与用量】 复合酚。喷洒,配成0.3%~1%的水溶液;浸涤,配成1.6%的水溶液。

甲酚(Cresol)

【理化性质】 本品又称煤酚、甲苯酚,为无色、淡紫红色或淡棕黄色的澄清液体;有类似苯酚的臭味,并微带焦臭。久储或在日光下,色渐变深,难溶于水。本品是从煤焦油中分馏而得到的邻位、间位和对位3种甲酚异构体的混合物,略溶于水,肥皂可使其易溶于水,并具有降低表面张力的作用,杀菌性能与苯酚相似。

【作用与应用】 杀菌作用比苯酚强3~10倍,毒性大致相等,但消毒用药浓度较低,故较苯酚相对安全。可杀灭一般繁殖型细菌,对结核分枝杆菌、真菌有一定的杀灭作用;对芽孢无效,对病毒作用不可靠。甲酚皂溶液,又名来苏儿,每1000 mL含甲酚500 mL、植物油173 g、氢氧化钠约27 g和水适量。5%~10%甲酚皂溶液用于厩舍、器械、排泄物和染菌材料等消毒。

【注意事项】 ①有特异性臭味,不宜用于肉、蛋或食品仓库的消毒。②由于色泽污染,不宜用于棉、毛纤制品的消毒。③本品对皮肤有刺激性,可用其1%~2%溶液消毒手和皮肤,但务必精确计算。

【用法与用量】 甲酚溶液:用具、器械、环境消毒,配成3%~5%溶液。甲酚皂溶液:喷洒或浸泡,器械、厩舍或排泄物等消毒,配成5%~10%溶液。

氯甲酚(Chlorocresol)

【理化性质】 本品为无色或微黄色结晶;有味。本品微溶于水,常制成溶液。

【作用与应用】 本品对细菌繁殖体、真菌和结核分枝杆菌均有较强的杀灭作用,但不能有效杀灭细菌芽孢。

本品主要用于畜、禽舍及环境消毒。

【注意事项】 ①本品对皮肤及黏膜有腐蚀性。②有机物可减弱其杀菌效能。pH值较低时,杀菌效果较好。③现用现配,稀释后不宜久储。

【用法与用量】 以氯甲酚计:喷洒消毒,配成0.3%~1%溶液。

二、醛类

这类消毒剂的化学活性很强,在常温、常压下很容易挥发,又称挥发性烷化剂。杀菌机制主要是通过烷基化反应,使菌体蛋白变性,酶和核酸等的功能发生改变而呈现强大的杀菌作用。常用的有甲醛、聚甲醛、戊二醛等。

甲醛是一种古老的消毒剂,被称为第一代化学消毒剂的代表。其优点是消毒可靠,缺点是有刺激性气味、作用慢。近年来的研究表明,甲醛有一定的致癌作用。戊二醛是第三代化学消毒剂的代表,被称为冷灭菌剂,灭菌怕热物品效果可靠,对物品腐蚀性小,灭菌谱广,低毒。缺点是作用慢、价格高。

甲醛溶液

【理化性质】 本品为无色或几乎无色的澄明液体，具有特殊刺激性气味。其40%溶液又称福尔马林，为无色液体。久置能生成三聚甲醛而沉淀混浊。常加入10%～15%甲醇，以防止聚合。

【作用与应用】 ①本品不仅能杀死繁殖型的细菌，也可杀死芽孢，以及抵抗力强的结核分枝杆菌、病毒及真菌等。②对皮肤和黏膜的刺激性很强，但不损坏金属、皮毛、纺织物和橡胶等。③穿透力差，不易透入物品深部发挥作用；作用缓慢，消毒作用受温度和湿度的影响很大，温度越高，消毒效果越好，温度每升高10 ℃，消毒效果可提高2～4倍，当环境温度为0 ℃时，几乎没有消毒作用。④具有滞留性，消毒结束后应通风或用水冲洗，甲醛的刺激性气味不易散失，故消毒空间仅需相对密闭。

本品主要用于厩舍、仓库、孵化室、皮毛、衣物、器具等的熏蒸消毒，标本、尸体防腐；也可内服用于胃肠道制酵，如治疗瘤胃臌胀。2%甲醛溶液用于器械消毒（浸泡1～2 h）。10%甲醛溶液用于固定解剖标本。10%～20%甲醛溶液可治疗蹄叉腐烂、坏死杆菌病等。空间消毒可用40%甲醛溶液15～20 mL/m^3，加等量水，然后加热使甲醛挥发。熏蒸消毒必须有较高的室温和相对湿度，一般室温应不低于15 ℃，相对湿度为60%～80%，消毒时间为8～10 h。

【注意事项】 ①本品对黏膜有刺激性和致癌作用，尤其是肺癌。消毒时避免与口腔、鼻腔、眼睛等处黏膜接触，否则会引起接触部位变黑，少数动物过敏。若药液污染皮肤，应立即用肥皂和水清洗；动物误服甲醛溶液，应迅速灌服稀氨水解毒。②本品储存温度为9 ℃以上。较低温度下保存时，凝聚为多聚甲醛而沉淀。③用甲醛熏蒸消毒时，甲醛与高锰酸钾的比例应为2∶1（甲醛毫升数与高锰酸钾克数的比例）；消毒人员应迅速撤离消毒场所。④消毒后在物体表面形成一层具腐蚀作用的薄膜。

【用法与用量】 以甲醛溶液计：内服，用水稀释20～30倍，一次量，牛8～25 mL、羊1～3 mL。标本、尸体防腐，5%～10%溶液。熏蒸消毒，每立方米15 mL。器械消毒，2%溶液。

聚甲醛(Polyformaldehyde)

聚甲醛为甲醛的聚合物，是具有甲醛特殊臭味的白色疏松粉末。在冷水中溶解缓慢，热水中很快溶解，溶于稀碱和稀酸溶液，含甲醛91%～99%。聚甲醛本身无消毒作用，常温下极慢地解聚，放出甲醛，加热（低于100 ℃）熔融时很快产生大量甲醛气体，呈现强大的杀菌作用。主要用于环境熏蒸消毒，每立方米3～5 g。

戊二醛(Glutaral，Glutaraldehyde)

$$
H_2C\left\langle\begin{array}{l} CH_2—CHO \\ CH_2—CHO \end{array}\right.
$$

【理化性质】 本品为淡黄色的澄清液体，有刺激性特殊臭味。本品能与水或乙醇任意混合，溶液呈弱酸性，pH值高于9时，可迅速聚合。常制成溶液。

【作用与应用】 戊二醛原为病理标本固定剂，后来发现它的碱性水溶液具有较好的杀菌作用。戊二醛的水溶液呈弱酸性（pH值为4～5），在酸性条件下聚合作用缓慢，随pH值的升高聚合速度加快。在酸性溶液中随温度的升高而产生更多的自由醛基，提高了其生物活性。在碱性水溶液中，戊二醛的聚合作用是不可逆的，当pH值为7.5～8.5时，作用最强，可杀灭细菌的繁殖体和芽孢、真菌、病毒，其作用较甲醛强2～10倍。有机物对其作用影响不大。对组织的刺激性弱，碱性溶液可腐蚀铝制品。

一般用于不宜加热处理的医疗器械、塑料及橡胶制品、生物制品器具等的浸泡消毒；也可用于疫苗制备时的鸡胚消毒。

【注意事项】 ①本品在碱性溶液中杀菌作用强(pH 值为 7.5～8.5 时杀菌作用最强)，但稳定性较差，2 周后即失效。②与新洁尔灭或双长链季铵盐阳离子表面活性剂等消毒剂有协同作用，如对金黄色葡萄球菌有良好的协同杀灭作用。③避免接触皮肤和黏膜，不应接触金属器具。

【用法与用量】 以戊二醛计：2%溶液浸泡消毒橡胶、塑料制品及手术器械。20%溶液喷洒、擦洗或浸泡消毒环境或器具(械)，口蹄疫 1∶200 倍稀释，猪水疱病 1∶100 倍稀释，猪瘟 1∶10 倍稀释，鸡新城疫和法氏囊病 1∶40 倍稀释，细菌性疾病 1∶(500～1000)倍稀释。

三、碱类

高浓度的 OH^- 能水解菌体蛋白和核酸，使酶系和细胞结构受损，还能抑制代谢功能，分解菌体中的糖类，使细菌死亡。碱类杀菌作用的强度取决于其解离的 OH^- 浓度，解离度越大，杀菌作用越强。碱类对细菌和病毒的杀灭作用都较强，高浓度溶液可杀死芽孢。遇有机物，碱类消毒剂的杀菌力稍微降低。碱类无臭无味，可作为厩舍场地的消毒剂，也可用于食品加工厂舍的消毒。碱溶液可损坏铝制品、油漆面、纤维织物等。碱类对病毒和细菌的杀灭作用较强，但刺激性和腐蚀性也较强，有机物可影响其消毒效力。本类药物常用的主要有氢氧化钠和氧化钙。

氢氧化钠(Sodium Hydroxide)

【理化性质】 本品又称烧碱、火碱、苛性钠，为白色干燥颗粒、块或薄片。易溶于水和醇，水溶液呈碱性反应。易潮解，在空气中易吸收二氧化碳形成碳酸盐。应密封保存。本品含 96%氢氧化钠和少量的氯化钠、碳酸钠。

【作用与应用】 本品为一种强碱，对细菌繁殖体、芽孢、病毒均有强大的杀灭力，对寄生虫卵也有杀灭作用。2%的热溶液，用于细菌(如鸡霍乱、鸡白痢等)或病毒(如口蹄疫、猪瘟、鸡新城疫等)污染的畜舍、场地、车辆等消毒。5%的热溶液常用于炭疽芽孢杆菌污染场所的消毒。

【注意事项】 ①本品对人畜组织有刺激和腐蚀作用，消毒人员应戴橡皮手套，穿胶鞋操作。②消毒厩舍时，应驱出畜禽，消毒 6～12 h 后用清水冲洗干净再放入畜禽。③不可应用于铝制品、棉毛织物及漆面的消毒。

【用法与用量】 消毒，1%～2%热溶液。腐蚀动物新生角，50%溶液。

氧化钙(Calcium Oxide)

【理化性质】 本品又称生石灰，为白色无定形块状。其本身并无杀菌作用，与水混合后变成熟石灰(即氢氧化钙)才起作用，呈粉末状，几乎不溶于水。

【作用与应用】 本品对多数繁殖型细菌有一定程度的杀菌作用，但对芽孢、结核分枝杆菌无效。常用 10%～20%的混悬液涂刷厩舍、墙壁、畜栏、地面、患畜排泄物及人行通道进行消毒，也可直接将生石灰撒在阴湿的地面、粪池周围及污水沟等处。由于生石灰可从空气中吸收二氧化碳，形成碳酸钙而失效，故不宜久储。熟石灰也宜现用现配。

【注意事项】 ①石灰乳现用现配，以新鲜生石灰为好(生石灰吸收空气中的二氧化碳，形成碳酸钙而失效)。②本品不能直接撒布栏舍、地面，因畜禽活动时其粉末飞扬，可造成呼吸道、眼睛发炎或者直接腐蚀畜禽蹄爪。

【用法与用量】 涂刷或喷洒，10%～20%混悬液。撒布，将其粉末与排泄物、粪便直接混合。

四、酸类

酸类包括无机酸和有机酸，后者将在本章第二节中叙述。

无机酸为原浆毒，具有强烈的刺激和腐蚀作用，故应用受限制。盐酸(hydrochloric acid)和硫酸(sulfuric acid)具有强大的杀菌和杀芽孢作用。2 mol/L 硫酸可用于消毒排泄物。2%盐酸中加氯化钠 15%，并加温至 30 ℃，常用于污染炭疽芽孢杆菌皮革的浸泡消毒(6 h)。氯化钠可增强其杀菌作用，并可减少皮革因受酸的作用膨胀而降低质量。

五、卤素类

卤素和易放出卤素的化合物，具有强大的杀菌作用，其中氯的杀菌力最强；碘较弱，主要用于皮肤消毒(见本章第二节)。卤素对菌体细胞原浆有高度亲和力，易渗入细胞，使原浆蛋白的氨基或其他基团卤化，或氧化活性基团而呈现杀菌作用。氯和含氯化合物的强大杀菌作用，是由于氯化作用破坏菌体或改变细胞膜的通透性，或者由于氧化作用抑制各种巯基酶或其他对氧化作用敏感的酶类，从而引起细菌死亡。

含氯消毒剂是指溶于水中能产生次氯酸的消毒剂，可分为两类：有机氯消毒剂和无机氯消毒剂。无机氯消毒剂主要有漂白粉、复合亚氯酸钠等，有机氯消毒剂主要有二氯异氰尿酸钠、三氯异氰尿酸、溴氯海因等。前者以次氯酸盐类为主，作用较快，但不稳定。后者以氯胺类为主，性质稳定，但作用较慢。含氯消毒剂杀菌谱广，能有效杀死细菌、真菌、病毒、阿米巴包囊和藻类；作用迅速，合成工艺简单，且能大量生产和供应，价格低廉，便于推广使用。但它也存在一定的缺点，如易受有机物及酸碱度的影响，能漂白、腐蚀物品，有难闻的氯味，有的种类不够稳定，有效氯易丧失等。

有效氯能反映含氯消毒剂氧化能力的大小，有效氯越高，消毒剂消毒能力越强，反之消毒能力就越弱。但有效氯不是指氯的含量，而是指用一定量的含氯消毒剂与酸作用，在完成反应时，其氧化能力相当于多少氯气的氧化能力。

(一) 无机氯消毒剂

含氯石灰(Chlorinated Lime)

含氯石灰又称漂白粉(bleaching powder)。将氯通入消石灰而制得，为次氯酸钙、氯化钙和氢氧化钙的混合物，本品含有效氯不得少于 25.0%。

【理化性质】 本品为灰白色颗粒性粉末，有氯臭，在水中部分溶解；在空气中吸收水分和二氧化碳而缓慢分解，丧失有效氯；不可与易燃易爆物品放在一起。

【作用与应用】 含氯石灰加入水中生成次氯酸，后者释放活性氯和初生氧而呈现杀菌作用，其杀菌作用快而强，但不持久。本品能杀灭细菌、芽孢、病毒和真菌，并可破坏肉毒杆菌毒素。1%澄清液作用 0.5～1 min 即可抑制炭疽芽孢杆菌、沙门菌、猪丹毒杆菌和巴氏杆菌等多数繁殖型细菌的生长；1～5 min 抑制葡萄球菌和链球菌。30%漂白粉混悬液作用 7 min 后，炭疽芽孢杆菌即停止生长；对分枝杆菌和鼻疽杆菌效果较差。漂白粉的杀菌作用受有机物的影响，漂白粉中所含的氯可与氨和硫化氢发生反应，故有除臭作用。

漂白粉为价廉有效的消毒剂，广泛用于饮水消毒和厩舍、场地、车辆、排泄物等的消毒。常用 5%～20%的混悬液消毒已发生传染病的畜禽厩舍、场地、墙壁、排泄物、运输车辆。50 L 水加 1 g 漂白粉可用于饮水消毒。漂白粉和水生成的次氯酸能迅速散失而不留臭味，还可用于肉联厂和食品厂的设备消毒。漂白粉对皮肤和黏膜有刺激作用，也不能用于金属制品和有色棉织物消毒。

【注意事项】 ①本品对金属有腐蚀作用，不能用于金属制品的消毒；可使有色棉织物褪色，不可用于有色棉织物的消毒。②现用现配；杀菌作用受有机物的影响；消毒时间一般需 15～20 min。③使用本品时消毒人员应注意防护。本品可释放出氯气，对皮肤和黏膜有刺激作用，引起流泪、咳嗽，并可刺激皮肤和黏膜。严重时表现为躁动、呕吐、呼吸困难。④在空气中容易吸收水分和二氧化碳而分解失效；在阳光照射下也易分解。⑤不可与易燃易爆物品放在一起。

Note

【用法与用量】 饮水消毒，每50 L水加入1 g。畜舍等消毒，临用前配成5%～20%混悬液。粪池、污水沟、潮湿积水的地面消毒，直接用干粉撒布或按1∶5的比例与排泄物均匀混合。鱼池消毒，每立方米水加入1 g。鱼池带水清塘，每立方米水加入20 g。

二氧化氯(Chlorine Dioxide)

【理化性质】 二氧化氯常态下为黄色至红黄色气体，沸点11 ℃，具氯臭。固态二氧化氯为黄红色晶体；液态二氧化氯为红棕色。在日光下不稳定，纯品在暗处稳定。遇有机物反应剧烈。二氧化氯较易溶于水，但不产生次氯酸；溶于碱和硫酸溶液。

【作用与应用】 本品为非常活泼的强氧化剂，可杀灭细菌的繁殖体及芽孢、病毒、真菌及其孢子，对原虫(隐孢子虫卵囊)也有较强的灭活作用。一般多用于水体消毒。

二氧化氯消毒具有以下优点：①用量小，可同时除臭、去味。②可氧化酚等污染物质。③本品易从水中除去，不具残留毒性。

二氧化氯沸点低，高于10%浓度的二氧化氯气体，极易引起爆炸，因而储存、运输不便，使用受到一定限制。

【用法与用量】 水体消毒：每1000 L水不超过10 g。将氯气通入含亚氯酸钠的产生器中，现场合成二氧化氯气体，即刻将其通入饮水系统，使之溶于水中。

【制剂】 用亚氧酸钠制成二元型包装，用前混合并溶于水或50%乙醇中。

(二) 有机氯消毒剂

有机氯消毒剂包括二氯异氰尿酸钠、三氯异氰尿酸和甲基海因类(如溴氯海因、二氯海因、二溴海因等)。甲基海因为5,5-二甲基乙内酰脲的卤化衍生物，活性卤素可达70%～98%，稳定性较好。

二氯异氰尿酸钠

【理化性质】 本品又名优氯净，为白色或微黄色粉末；具有氯臭，含有效氯60%～64%；性质稳定，在高温、潮湿地区储存1年，室内保存半年仅降低有效氯含量0.16%；易溶于水，但水溶液稳定性差，20 ℃左右时，1周内有效氯约丧失20%，宜现用现配。

【作用与应用】 新型高效消毒剂，对细菌繁殖体、芽孢、病毒、真菌均有较强的杀灭作用。溶液的pH值越低，杀菌作用越强。加热可加强杀菌效力。有机物对其杀菌作用影响较小。有腐蚀和漂白作用。

广泛用于鱼塘、饮水、食品、牛奶加工厂、车辆、厩舍、蚕室、用具的消毒。消毒浓度以有效氯计算。0.5%～1%水溶液用于杀灭细菌和病毒，5%～10%水溶液用于杀灭芽孢，临用前现配。可采用喷洒、浸泡和擦拭等方法消毒，也可用其干粉直接处理排泄物或其他污染物品。

【用法与用量】 厩舍等处地面消毒：每平方米，常温下10～20 mg，气温低于0 ℃时50 mg。

饮水消毒：每升水4 mg。

溴氯海因

【理化性质】 本品为类白色或淡黄色结晶性粉末；有次氯酸刺激性气味；有引湿性。本品微溶于水，在二氯甲烷或三氯甲烷中溶解。常制成粉剂。

【作用与应用】 本品为有机溴氯复合型消毒剂，有广谱杀菌作用，药效持久。对细菌繁殖体、细菌芽孢、真菌和病毒，均有杀灭作用。对炭疽芽孢杆菌无效。其杀菌机制如下：①在水中释放次氯酸或次溴酸，发挥氧化作用。②次氯酸和次溴酸分解形成新生态氧。③释放出的活化氯和活化溴与含氯的物质发生反应形成氯化铵和溴化铵，干扰细菌细胞代谢。

溴氯海因的杀菌作用受温度、pH值和有机物等因素的影响。通常情况下，含氯消毒剂在偏酸性

环境中的杀菌作用较强，含氯的甲基海因衍生物在偏酸性环境中更容易释放出次氯酸（pH 值最佳范围为 5.8～7.0），若 pH 值大于 9，这类消毒剂会迅速分解而失去杀菌作用。

溴氯海因属于低毒类消毒剂，腐蚀性小，性质稳定。在释放出溴、氯以后，生成 5,5-二甲基海因，在自然条件下被光、氧、微生物在较短时间内分解为氨和二氧化碳，不会残留而污染环境。

本品主要用于动物厩舍、运输工具等消毒；也用于鱼、蟹的细菌性疾病（如烂腮病、烂尾病、肠炎病、竖鳞病、淡水鱼类细菌性出血症等）及养殖水体消毒。

【注意事项】 ①本品对人的皮肤、眼及黏膜有强烈的刺激。②配制时用木器或塑料容器将药物溶解均匀后使用，禁用金属容器盛放。

【用法与用量】 环境或运输工具消毒，喷洒、擦洗或浸泡，口蹄疫按 1∶400 倍稀释，猪水疱病按 1∶200 倍稀释，猪瘟按 1∶600 倍稀释，猪细小病毒病按 1∶60 倍稀释，鸡新城疫、法氏囊病按 1∶1000 倍稀释，细菌繁殖体按 1∶4000 倍稀释。水体消毒，每立方米水体用药 0.3～0.4 g，每日 1 次，连用 1～2 日。

三氯异氰尿酸(Trichloroisocyanuric Acid)

【理化性质】 本品又称强氯精，为白色结晶性粉末；有次氯酸刺激性气味。本品易溶于水，呈酸性，常制成含氯量 60%～82%的粉剂。

【作用与应用】 本品可杀灭细菌繁殖体、细菌芽孢、病毒、真菌和藻类，是一种高效、低毒、广谱、快速的杀菌消毒剂。

本品用于场地、器具、排泄物、饮用水、水产养殖等消毒。

【注意事项】 ①本品应储存在阴凉、干燥、通风良好的仓库内，禁止与易燃易爆、自燃自爆等物质混放，不可与氧化剂、还原剂混合储存，不可与液氨、氨水、碳铵、硫酸铵、氯化铵、尿素等无机盐或有机物以及非离子表面活性剂等混放，易发生爆炸或燃烧。②与碱性药物联合使用，会相互影响其药效；与油脂类合用，可使油脂中的不饱和键氧化，从而使油脂变质；与硫酸亚铁合用，可使 Fe^{2+} 氧化成 Fe^{3+}，降低硫酸亚铁的药效。③水溶液不稳定，现用现配。④对皮肤、黏膜有刺激和腐蚀作用，使用人员应注意防护。⑤水产养殖消毒时，根据不同的鱼类和水体的 pH 值，使用剂量适当增减。⑥休药期：10 日。

【用法与用量】 饮水消毒，每升水 4～6 mg；喷撒消毒，每升水 200～400 mg；带水清塘，每升水 4～10 mg，10 日后可放鱼苗；全池泼撒，每升水 0.3～0.4 mg；食品牛奶加工厂、厩舍、蚕室、用具、车辆消毒，每升水 50～70 mg。

复合亚氯酸钠

【理化性质】 本品又称鱼用复合亚氯酸钠、百毒清，为白色粉末或颗粒；有弱漂白粉气味。本品主要成分为二氧化氯（ClO_2），常制成粉剂。

【作用与应用】 ①本品对细菌繁殖体、细菌芽孢、病毒及真菌都有杀灭作用，并可破坏肉毒梭菌毒素。②有除臭作用。

本品用于厩舍、饲喂器具及饮水等消毒；还可用于治疗鱼、虾、蟹、育珠蚌和螺的细菌性疾病。

【注意事项】 ①本品溶于水后可形成次氯酸，pH 值越低，次氯酸形成越多，杀菌作用越强。②避免与强还原剂及酸性物质接触，不可与其他消毒剂联合使用。③药液不能用金属容器配制或储存。④现配现用。配制操作时穿戴防护用品，严禁垂直面对溶液，配好后不得加盖密封；不得使用高温水，宜在阴天或早、晚无强光照射下施药。泼洒时应将水溶液尽量贴近水面，均匀泼洒，不能向空中或从上风处向下风处泼洒，严禁局部药物浓度过高。⑤休药期：500 度日（温度×时间＝500 度日）。

【用法与用量】 本品 1 g 加水 10 mL 溶解，加活化剂 1.5 mL 活化后，加水至 150 mL。厩舍、饲

喂器具消毒：1∶(15～20)倍稀释；饮水消毒：1∶(200～1700)倍稀释。遍洒，一次量，每立方米水体，水产动物细菌病或病毒病 0.5～2.0 g。

（三）季铵盐类消毒剂

癸甲溴铵溶液(Deciquan Solution)

【理化性质】 本品化学名为二癸二甲基溴化铵，又名百毒杀，是一种双链季铵盐类高效表面活性剂。本品为无色无味液体，能溶于水，性质稳定；不受环境酸碱度、水质硬度、粪污、血液等有机物及光热的影响；可长期保存，适用范围广。本品常制成含量 50%的溶液。

【作用与应用】 癸甲溴铵溶液是双链季铵盐类消毒剂，对多数细菌、真菌和藻类有杀灭作用，对亲脂性病毒也有一定作用。在溶液状态时，可解离出季铵盐阳离子，起杀菌作用；溴离子使分子的亲水性和亲脂性增强，能迅速渗透到胞质膜脂质层及蛋白质层，改变膜的通透性，达到杀菌作用。

低浓度能杀灭畜禽的主要病原菌、病毒和部分虫卵，有除臭和清洁作用。常用 0.05%的溶液进行浸泡、洗涤、喷洒等。将本品 1 mL 加入 10000～20000 mL 水中，可消毒饮水槽和饮水。

【注意事项】 癸甲溴铵溶液残留药效强，性质稳定，不受环境酸碱度、水质硬度、粪污、血污等有机物及光热影响；对金属、塑料、橡胶和其他物质均无腐蚀性；忌与碘、碘化钾、过氧化物、普通肥皂等配伍应用；用时小心操作，原液对皮肤和眼睛有轻微刺激，避免与眼睛、皮肤和衣服直接接触，如溅及眼部和皮肤立即以大量清水冲洗至少 15 min；内服有毒性，如误服立即用大量清水或牛奶洗胃。

【用法与用量】 厩舍、饲喂器消毒：0.015%～0.05%溶液。饮水消毒：0.0025%～0.005%溶液(以癸甲溴铵计)。

辛氨乙甘酸溶液

本品为二正辛基二乙烯三胺、单正辛基二乙烯三胺与氯乙酸反应生成的甘氯酸盐溶液。

【理化性质】 本品为黄色澄明液体，有微腥臭，味微苦，强力振摇产生大量泡沫。

【作用与应用】 本品为双性离子表面活性剂，属汰垢类消毒剂。对化脓链球菌、肠道杆菌及真菌等有良好的杀灭作用；对分枝杆菌用 1%溶液需作用 12 h；对细菌芽孢无杀灭作用，杀菌作用不受血清、牛奶等有机物的影响。用于厩舍、环境、器械、种蛋和手的消毒。忌与其他消毒剂合用，不宜用于粪便及污水等物品的消毒。

【用法与用量】 厩舍、场地、机械消毒：1∶(100～200)倍稀释。种蛋消毒：1∶500 倍稀释。手消毒：1∶1000 倍稀释。

月苄三甲氯铵

【理化性质】 本品在常温下为黄色胶状体，几乎无臭，味苦，水溶液振摇时产生大量泡沫。在水或乙醇中易溶，在非极性有机溶剂中不溶。

【作用与应用】 本品属阳离子型表面活性剂，具有较强的杀菌作用，金黄色葡萄球菌、丹毒杆菌、卡他球菌、鸡白痢沙门菌、炭疽芽孢杆菌、化脓链球菌、鸡新城疫病毒、口蹄疫病毒以及细小病毒等对其较敏感。用于厩舍及器具消毒。

【用法与用量】 厩舍喷洒消毒：1∶300 倍稀释。

器具浸洗：1∶(1000～1500)倍稀释。

六、过氧化物类

过氧化物类消毒剂多依靠其强大的氧化能力杀灭微生物，又称为氧化剂。通过氧化反应，可直接与菌体或酶蛋白中的氨基、羧基、巯基发生反应而损伤细胞结构或抑制代谢功能，导致细菌死亡；

或者通过氧化还原反应，加速细菌的代谢，损害生长过程而致死。此类消毒剂杀菌能力强，多作为杀菌剂，可分解成无毒成分，不产生残留毒性。本类药物的缺点是易分解、不稳定；具有漂白和腐蚀作用。

过氧乙酸(Peracetic Acid)

【理化性质】 过氧乙酸又称过醋酸。市售品为过氧乙酸和乙酸的混合物，含20%过氧乙酸。纯品为无色透明物质，呈弱酸性，有刺激性酸味，易挥发，易溶于水。性质不稳定，遇热或有机物、重金属离子、强碱等易分解。浓度高于45%的溶液经剧烈碰撞或加热可爆炸，而浓度低于20%的溶液无此危险。

【作用与应用】 过氧乙酸兼具酸和氧化剂特性，是一种高效杀菌剂，其气体和溶液均具有较强的杀菌作用，并较一般的酸和氧化剂作用强。作用产生快，能杀死细菌、真菌、病毒和芽孢，在低温下仍有杀菌和杀芽孢能力。腐蚀性强，有漂白作用。稀溶液对呼吸道和眼结膜有刺激性；浓度较高的溶液对皮肤有强烈刺激性。有机物可降低其杀菌效力。0.05%的溶液2～5 min可杀死细菌。1%的溶液10 min可杀死芽孢，在低温下仍有效。常用0.5%的溶液喷洒，消毒畜舍、饲槽、车辆等。0.04%～0.2%的溶液用于耐酸塑料、玻璃搪瓷和橡胶制品的短时间浸泡消毒。5%的溶液2.5 mL/m^3喷雾消毒密封的实验室、无菌室、仓库等。0.3%的溶液30 mL/m^3，用于鸡舍消毒。此外，还适用于畜禽舍内的熏蒸消毒，一般每立方米用1～3 g，稀释成3%～5%的溶液，加热熏蒸(室内相对湿度宜在60%～80%)，密闭门窗1～2 h。

主要用于厩舍、器具等消毒。

【注意事项】 稀释液不能久储，应现用现配。本品能腐蚀多种金属，并对有色棉织物有漂白作用。因蒸汽有刺激性，消毒畜舍时，家畜不宜留在室内。

【用法与用量】 厩舍和车船等喷雾消毒：0.5%溶液。空间加热熏蒸消毒：3%～5%溶液。器具等消毒：0.04%～0.2%溶液。黏膜或皮肤消毒：0.02%或0.2%溶液。

第二节　皮肤、黏膜消毒防腐剂

这类药物主要是利用药物与创面或皮肤、黏膜直接接触而起抑菌或杀菌作用，达到预防或治疗感染的目的。实践中皮肤、黏膜消毒防腐剂，常被称为皮肤、黏膜消毒剂。目前消毒防腐剂在外科上大量用来清创和减少微生物污染(包括术者手的皮肤)。在选择皮肤、黏膜消毒防腐剂时，注意药物应无刺激性和毒性，不损伤组织，不妨碍肉芽生长，也不引起过敏反应。

一、醇类

醇类为使用较早的一类消毒防腐剂。各种脂肪族醇类都有不同程度的杀菌作用，常用的是乙醇。本类消毒剂可以杀灭细菌繁殖体，但不能杀灭细菌芽孢，属中性消毒剂，主要用于皮肤、黏膜的消毒。醇类消毒防腐剂的优点是性质稳定、作用迅速、无腐蚀性、无残留作用，可与其他药物配成酊剂而起增效作用。缺点是不能杀灭细菌芽孢，受有机物影响大，抗菌有效浓度较高。其杀菌力随分子量的增加而加强，如乙醇的杀菌力比甲醇强2倍，丙醇的杀菌力比乙醇强2.5倍。但醇分子量越大，其水溶性越差，故临床上应用最为广泛的是乙醇。近年来的研究发现，醇类消毒剂和戊二醛等配伍，可以增强其作用。

乙醇(Ethanol)

【理化性质】 本品又称酒精，为无色的挥发性液体；微有特臭，易挥发、易燃烧。本品能与水任

意混合，是良好的有机溶媒。凡未指明浓度均指95%乙醇。

【作用与应用】 可杀死繁殖型细菌，对分枝杆菌、有囊膜病毒也有杀灭作用，但对细菌芽孢无效。其能使菌体蛋白凝固和脱水，而且由于脂溶的特性还使它易渗入菌体，有助于发挥机械性除菌作用。浓度过高可使组织表面形成一层蛋白凝固膜，妨碍渗透，影响杀菌效果。若浓度过低，虽可进入细菌，但不能将其体内的蛋白质凝固，同样也不能将细菌彻底杀死，所以70%～75%的乙醇杀菌力最强。主要用于皮肤局部、手术部位、手臂、体温计、注射部位、注射针头、医疗器械等的消毒。也用于中药酊剂及碘酊等的配制。

乙醇有扩张局部血管的作用，在静脉注射时如静脉血管不明显，可用酒精棉球涂擦局部，使血管扩张后，容易进行静脉注射。

低浓度乙醇对组织有刺激作用，具有溶解皮脂与清洁皮肤的作用。当涂擦皮肤时能扩张局部血管，改善局部血液循环，涂擦久卧患畜的局部皮肤，防止褥疮形成，也可用其擦身，达到物理退热的目的；浓乙醇涂擦可促进炎性产物吸收，减轻疼痛，用于治疗急性关节炎、腱鞘炎和肌炎；无水乙醇纱布压迫手术出血创面5 min可立即止血。

【注意事项】 ①乙醇对黏膜的刺激性较大，不能用于黏膜和创面的抗感染。②内服40%以上浓度的乙醇，可损伤胃肠黏膜。③橡胶制品和塑料制品长期与之接触会变硬。④本品可增强新洁尔灭、含碘消毒剂及戊二醛等的作用。⑤乙醇浓度在20%～75%之间，其杀菌作用随溶液浓度增高而增强。但浓度低于20%时，杀菌作用微弱；而高浓度乙醇使组织表面形成一层蛋白凝固膜，妨碍渗透，影响杀菌作用，如高于95%杀菌作用微弱。

【用法与用量】 皮肤消毒，75%溶液。器械浸泡消毒或在患部涂擦和热敷治疗急性关节炎等，70%～75%溶液，5～20 min。内服浓度在40%以下，可治疗胃肠膨胀的消化不良。

二、阳离子表面活性剂类消毒剂

表面活性剂是一类能降低水溶液表面张力的物质。表面活性剂可促进水的扩展，使表面润湿（用作润湿剂），又可浸透进入微细孔道，使两种不相混合的液体如油和水发生乳化（用作乳化剂），润湿和乳化均利于油污的去除，表面活性剂兼有这两种作用者，就是清洁剂。表面活性剂主要通过改变界面的能量分布，从而改变细菌细胞膜通透性，影响细菌新陈代谢；还可使蛋白质变性，灭活菌体内多种酶系统而具有抗菌活性。表面活性剂包含疏水基和亲水基。疏水基一般是烃链，亲水基有离子型和非离子型两类，后者对细菌没有抑制作用。离子型表面活性剂根据其在水中溶解后在活性基团上电荷的性质，分为阴离子表面活性剂（如肥皂）、阳离子表面活性剂（如苯扎溴铵、醋酸氯己定、癸甲溴铵和度米芬等）、非离子表面活性剂（如吐温类化合物）和两性离子表面活性剂（如汰垢类消毒剂）。表面活性剂的杀菌作用与其去污力不是平行的，如阴离子表面活性剂去污力强，但抗菌作用很弱；而阳离子表面活性剂的去污力较差，但抗菌作用强。非离子表面活性剂具有良好的洗涤作用，但杀菌作用很微弱。两性离子表面活性剂既有阴离子表面活性剂的去污性能，又有阳离子表面活性剂的杀菌作用。

季铵盐类为最常用的阳离子表面活性剂，可杀灭大多数种类的繁殖型细菌、真菌以及部分病毒，不能杀死芽孢、分枝杆菌和铜绿假单胞菌。季铵盐类处于溶液状态时，可解离出季铵盐阳离子，后者可与细菌的膜磷脂中带负电荷的磷酸基结合，低浓度呈抑菌作用，高浓度呈杀菌作用。其对革兰阳性菌的作用比对革兰阴性菌的作用强。病毒（尤其是无囊膜病毒，如口蹄疫病毒、猪水疱病病毒、鸡法氏囊病病毒等）对季铵盐类的敏感性不如细菌。杀菌作用迅速、刺激性很弱、毒性低，不腐蚀金属和橡胶，但杀菌效果受有机物影响较大，故不适用于厩舍和环境消毒。在消毒器具前，应先机械清除其表面的有机物。阳离子表面活性剂不能与阴离子表面活性剂同时使用。

苯扎溴铵(Benzalkonium Bromide)

$$\left[C_6H_5-CH_2-\overset{\displaystyle CH_3}{\underset{\displaystyle CH_3}{\overset{|}{\underset{|}{N}}}}-C_{12}H_{25} \right]^+ Br^-$$

【理化性质】 苯扎溴铵又名新洁尔灭。本品常温下为黄色胶状体,低温时可能逐渐形成蜡状固体;嗅芳香,味极苦;易溶于水或乙醇,水溶液呈碱性,振摇时产生大量泡沫;性质稳定,可保存较长时间且效力不变;无刺激性,耐热,对金属、橡胶、塑料制品无腐蚀作用。本品常制成有效成分含量为5%的溶液。

【作用与应用】 本品为季铵盐类阳离子表面活性剂,有杀菌和去垢效力。只能杀灭一般细菌繁殖体,而不能杀灭细菌芽孢和分枝杆菌,对化脓性病原菌、肠道菌有杀灭的作用,对革兰阳性菌的效果优于革兰阴性菌,对真菌效果甚微,对亲脂病毒如流感病毒、牛痘病毒、疱疹病毒等有一定杀灭作用,而对亲水病毒无作用。

本品主要用于手臂、手指、手术器械、玻璃、搪瓷、禽蛋、禽舍、皮肤及黏膜的消毒及深部感染伤口的冲洗。

【注意事项】 ①本品对阴离子表面活性剂,如肥皂、卵磷脂、洗衣粉、吐温-80 等有拮抗作用,对碘、碘化钾、蛋白银、硝酸银、水杨酸、硫酸锌、硼酸(5%以上)、过氧化物、升汞、磺胺类药物以及钙、镁、铁、铝等金属离子都有拮抗作用。②浸泡金属器械时应加入 0.5%亚硝酸钠,以防器械生锈。③可引起人的药物过敏。④术者用肥皂洗手后,务必用水冲净后再用本品。⑤不宜用于眼科器械和合成橡胶制品的消毒。⑥其水溶液不得储存于聚乙烯制作的容器内,以避免与增塑剂起反应而使药液失效。

【用法与用量】 以苯扎溴铵计:手臂、手指消毒,0.1%溶液,浸泡 5 min;0.1%的溶液用于皮肤消毒、霉菌感染消毒以及器械消毒(煮沸 15 min,再浸泡 30 min);禽蛋消毒,0.1%溶液,药液温度为40~43 ℃,浸泡 3 min;禽舍消毒,0.15%~2%溶液;黏膜、伤口消毒,0.01%~0.05%溶液。

醋酸氯己定(Chlorhexidine Acetate)

【理化性质】 醋酸氯己定又称为洗必泰(hibitane),为阳离子型的双胍化合物,为白色晶粉;无臭,味苦;在乙醇中溶解,在水中微溶,在酸性溶液中解离。

【作用与应用】 本品为阳离子表面活性剂,抗菌作用强于苯扎溴铵,其作用迅速且持久,毒性低。与苯扎溴铵联用对大肠杆菌有协同杀菌作用,两药的混合液呈相加消毒效力。醋酸氯己定溶液常用于皮肤、术野、创面、器械、用具等的消毒。消毒效力与碘酊相当,但对皮肤无刺激,也不染色。注意事项同苯扎溴铵。

【用法与用量】 皮肤消毒:0.5%水溶液或醇溶液(以 70%乙醇配制)。

黏膜及创面消毒:0.05%溶液。

手消毒:0.02%溶液。

器械消毒:0.1%溶液浸泡。

【制剂】 醋酸洗必泰外用片。

三、碘制剂

本类药物属卤素类消毒剂,含碘消毒剂主要靠不断释放碘离子达到消毒作用,抗病毒、芽孢作用很强,常用于皮肤、黏膜消毒。如碘的水溶液、碘的醇溶液(碘酊)和碘附等。其中碘附是近年来广泛

使用的含碘消毒药，它是碘与表面活性剂(载体)及增溶剂形成的不定型络合物，其实质是含碘表面活性剂，故性能更为稳定。

碘(Iodine)

【理化性质】 碘为灰黑色或蓝黑色、有金属光泽的片状结晶或块状物，有特臭，具有挥发性。在水中几乎不溶，溶于碘化钾或碘化钠水溶液中，在乙醇中易溶。

【作用与应用】 碘具有强大的杀菌作用，也可杀灭细菌芽孢、真菌、病毒、原虫。碘主要以分子(I_2)形式发挥杀菌作用，其原理可能是碘化和氧化菌体蛋白的活性基团，并与蛋白质的氨基结合而导致蛋白质变性和抑制菌体的代谢酶系统。

碘在水中的溶解度很小，且有挥发性，但当有碘化物存在时，因形成可溶性的三碘化合物，碘的溶解度增加数百倍，又能降低其挥发性。在配制碘溶液时，常加适量的碘化钾，以促进碘在水中的溶解。碘水溶液中有杀菌作用的成分为元素碘(I_2)、三碘化物的离子(I_3^-)和次碘酸(HIO)。HIO的量较少，但杀菌作用最强，I_2次之，离解的I_3^-的杀菌作用极微弱。在酸性条件下，游离碘增多，杀菌作用较强，在碱性条件下相反。2%碘(水)溶液不含乙醇，适用于皮肤浅表破损和创面，以防止细菌感染。

碘酊(iodine tincture)是最有效的常用皮肤消毒药。碘酊为棕褐色液体，在常温下能挥发，是由碘与碘化钾、蒸馏水、乙醇按一定比例制成的酊剂。碘对组织有较强的刺激性，其强度与浓度成正比，2%碘酊用于饮水消毒，在1 L水中加5～6滴，能杀死病原菌和原虫。4%碘酊制成药饵喂青鱼，能防治青鱼球虫病；2%～5%的碘酊用于手术部位、注射部位的消毒，亦用于皮肤霉菌病。一般小动物用2%碘酊，大家畜用5%碘酊；10%酊剂具有很强的刺激作用，作为皮肤刺激药可引起局部组织充血，促进病变组织炎性产物的吸收，可用于局部皮肤慢性炎症如慢性腱炎、关节炎等的治疗。高浓度可破坏动物的睾丸组织，起到药物去势的作用。

【注意事项】 ①碘对组织有较强的刺激性，其强度与浓度成正比，故不能应用于创面、黏膜的消毒；碘酊必须涂于干的皮肤上，如涂于湿皮肤上不仅杀菌效力降低且易引起发泡和皮炎。皮肤消毒后宜用75%乙醇擦去，以免引起发泡、脱皮和皮炎；个别动物可发生全身性皮疹过敏反应。②在酸性条件下，游离碘增多，杀菌作用增强。③碘可着色，污染天然纤维织物，不易除去，若本品污染衣物或操作台面时，一般可用1%的氢氧化钠或氢氧化钾溶液除去。④碘在有碘化物存在时，在水中的溶解度可增加数百倍。因此，在配制碘酊时，先取适量的碘化钾(KI)或碘化钠(NaI)完全溶于水后，再加入所需碘，搅拌形成碘与碘化物的络合物，加水至所需浓度。碘在水和乙醇中能产生碘化氢(HI)，使游离碘含量减少，消毒力下降，刺激性增强。⑤与含汞药物相遇，可产生碘化汞而呈现毒性作用。⑥碘与水、乙醇的化学反应受光线催化，使消毒力下降变快。因此，必须置于棕色瓶中避光。

碘甘油(Iodine Glycerol)

【理化性质】 本品为棕褐色黏稠液体。在常温中有一定挥发性。本品为碘与碘化钾、蒸馏水、甘油按一定比例所制成的液体，刺激性较碘酊弱。

【作用与应用】 本品作用与碘酊相同，但抗菌力弱，刺激性较小。用于黏膜表面消毒，治疗口腔、舌、齿龈、阴道等黏膜炎症与溃疡。1%碘甘油用于鸡痘、鸽痘的局部涂擦；5%碘甘油用于治疗黏膜的各种炎症。

【注意事项】 参见碘酊。

【用法与用量】 参见碘酊。

碘附(Iodophor)

本品又称碘伏、敌菌碘，为由碘、碘化钾、硫酸、磷酸等配制而成的含有效碘2.7%～3.3%的水溶液。临用前配成0.5%～1%溶液，用于手术部位、奶牛乳房和乳头、手术器械等消毒。

碘仿(Iodoform)

碘仿(CHI_3)为黄色有光泽的结晶或结晶性粉末。有特臭,微能挥发,稍溶于水,易溶于三氯甲烷或乙醚。1 g 碘仿溶于 7.5 mL 乙醚中。碘仿本身无防腐作用,与组织液接触时,能缓慢地分解出游离碘而呈现防腐作用,作用持续 1~3 日。其对组织刺激性小,能促进肉芽形成;具有防腐、除臭和防蝇作用。常制成 10%碘仿醚溶液治疗深部瘘管、蜂窝织炎和关节炎等;4%~6%碘仿纱布用于填充会阴等深而易污染的伤口。

氯胺 T(Chloramine T)

【理化性质】 氯胺 T 为白色微黄结晶性粉末,有氯臭,含有效氯 24%~26%;性质较为稳定;可溶于水,水溶液稳定性较差;溶液呈弱碱性。

【作用与应用】 氯胺 T 是一种具有广谱杀菌能力的消毒剂,对细菌繁殖体、病毒、真菌及细菌芽孢均有杀灭作用。因其水解常数较低,故杀菌作用较次氯酸盐类消毒剂慢。氯胺 T 溶液中加入半量或等量的活化剂如氯化铵、硫酸铵、硝酸铵等提高溶液的酸度,能使其杀菌效果增强。

主要用于皮肤、黏膜消毒,也用于饮水消毒。应现配现用。

【用法与用量】 皮肤、黏膜消毒:0.5%~2%溶液。

眼、鼻、阴道黏膜等消毒:0.2%~0.3%溶液。

毛、鬃消毒:10%溶液。

饮水消毒:1∶250000 倍稀释。

聚维酮碘(Povidone Iodine)

【理化性质】 本品又称碘络酮(即聚乙烯吡咯烷酮-碘,简称 PVP-I),为黄棕色至红棕色无定形粉末。在水中溶解。本品是 PVP 与碘的络合物。常制成溶液。

【作用与应用】 ①本品是一种高效低毒的消毒药,对细菌、病毒和真菌均有良好的杀灭作用。杀死细菌繁殖体的速度很快,但杀死芽孢一般需要较高浓度和较长时间。②本品克服了碘酊强刺激性和易挥发性的缺点,对金属腐蚀性和黏膜刺激性均很小,且作用持久。

本品用于手术部位、皮肤、黏膜、创口的消毒和治疗;也用于手术器械、医疗用品、器具、环境的消毒;还用于水生动物的体表或鱼卵消毒、细菌感染性病和病毒感染性病的治疗。

【注意事项】 ①使用时用水稀释,温度不宜超过 40 ℃。②溶液变为白色或淡黄色时,即失去杀菌力。③药效会因有机物的存在而减弱,使用剂量要根据环境有机物的含量进行适当的增减。④休药期:500 度日。

【用法与用量】 以聚维酮碘计:皮肤消毒及治疗皮肤病,5%溶液;奶牛乳头浸泡,0.5%~1%溶液;黏膜及创面冲洗,0.1%溶液;水产动物疾病防治,1%溶液。

蛋氨酸碘(Iodine Methionine)

【理化性质】 本品为红棕色黏稠物。本品为蛋氨酸与碘的络合物,含有效碘 43.0%以上。常制成粉剂和溶液。

【作用与应用】 本品在水中释放游离的分子碘而起消毒作用,对细菌、病毒和真菌均有杀灭作用。

本品用于虾池水体消毒及对虾白斑病的预防。

【注意事项】 ①勿与维生素 C 及强还原剂同时使用。②休药期:虾 0 日。

【用法与用量】 以蛋氨酸碘粉计:拌饵投喂,每 1000 kg 饲料,对虾 100~200 g,每日 1 次或 2 次,2~3 日为一疗程。以蛋氨酸碘溶液计:池水体消毒,虾一次量,每 1000 L 水,本品 60~100 mL,

稀释 1000 倍后全池泼洒。

四、酸类

有机酸类主要用作防腐药。醋酸、苯甲酸、山梨酸、戊酮酸、甲酸、丙酸和丁酸等许多有机酸广泛用于药品、粮食和饲料的防腐。水杨酸、苯甲酸等具有良好的抗真菌作用。向饲料中加入一定量的甲酸、醋酸、丙酸和戊酮酸等,可使沙门菌及其他肠道菌对动物胴体的污染明显减少。丙酸等还用于防止饲料发霉。

醋酸(Acetic Acid)

醋酸又称为乙酸。无色透明液体,有强烈的特臭,味极酸;可与水或乙醇任意混合。5%醋酸溶液内服可治疗消化不良和瘤胃臌胀;外用,冲洗口腔用 2%～3%溶液;冲洗感染创面用 0.5%～2%溶液。

硼酸(Boric Acid)

【理化性质】 本品为无色微带珍珠光泽的结晶或白色疏松的粉末;无臭。本品溶于冷水,易溶于沸水、醇及甘油中。常制成软膏剂或临用前配成溶液。

【作用与应用】 本品对细菌和真菌有微弱的抑制作用,无杀菌作用,但刺激性较小。2%～4%的溶液可冲洗各种黏膜、创面、眼睛;也可用其软膏涂敷患处,治疗皮肤创伤和溃疡等;30%的硼酸甘油用于涂抹治疗口腔及鼻黏膜的炎症等。硼酸磺胺粉(1∶1)可用于擦伤、褥疮、烧伤等的治疗。

【注意事项】 外用一般毒性不大,但不适用于大面积创伤和新生肉芽组织,以避免吸收后蓄积中毒。

【用法与用量】 外用,2%～4%溶液冲洗或用软膏涂敷患处。

五、过氧化物类

本类药物在我国是一类应用广泛的消毒剂,与有机物接触时,迅速分解,释放出新生态氧,使菌体内活性基团氧化而具有抗菌作用。本类药物杀菌能力强且作用迅速,价格低廉,但不稳定、易分解,有的对消毒物品具有漂白和腐蚀作用。在药物未分解前对操作人员有一定的刺激性,应注意防护。

过氧化氢溶液(Hydrogen Peroxide Solution)

【理化性质】 本品又称双氧水,为无色澄清液体;无臭或有类似臭氧的臭气。本品含过氧化氢 2.5%～3.5%,遇光、热或久置均易失效。宜遮光、密闭、阴凉处保存。本品常制成浓度为 26%～28%的水溶液。

【作用与应用】 ①本品遇有机物或酶释放出新生态氧,产生较强的氧化作用,可杀灭包括细菌繁殖体、芽孢、真菌和病毒在内的各种微生物,但杀菌力较弱。②作用时间短,穿透力弱,且受有机物的影响。③由于本品接触创面时可产生大量气泡,能机械地松动脓块、血块、坏死组织及与组织粘连的敷料,故有一定的清洁作用。

本品用于皮肤、黏膜、创面、瘘管的清洗。

【注意事项】 ①本品对皮肤、黏膜有强刺激性,避免用手直接接触高浓度过氧化氢溶液,可发生灼伤。②禁与有机物、碱、碘化物及强氧化剂配伍。③不能注入胸腔、腹腔等密闭体腔或腔道、气体不易逸散的深部脓疮,以免产气过速,导致栓塞或扩大感染。④纯过氧化氢很不稳定,分解时发生爆炸并放出大量的热;浓度大于 65%的过氧化氢溶液和有机物接触时容易发生爆炸;稀溶液(30%)比较稳定,但受热、见光或有少量重金属离子存在或在碱性介质中,分解速度将大大加快,常制成浓度

为26%～28%的水溶液，置入棕色玻璃瓶，避光，在阴凉处保存。

【用法与用量】 0.3%～1%的溶液冲洗口腔或阴道；1%～3%的溶液清洗带恶臭的创伤及深部创伤、化脓创面、痂皮等。

高锰酸钾(Potassium Permanganate)

【理化性质】 本品为黑紫色、细长的菱形结晶或颗粒，带蓝色的金属光泽；无臭。本品溶于水，常制成粉剂。

【作用与应用】 本品为强氧化剂，遇有机物或加热、加酸或碱等均可释放出新生态氧和二氧化锰。①新生态氧呈现杀菌、除臭、氧化作用。杀菌作用比过氧化氢强而持久。②二氧化锰可与蛋白质结合成蛋白盐类复合物，对组织有收敛作用，高浓度时有刺激和腐蚀作用。③有解毒作用。如可使士的宁等生物碱、氯丙嗪、磷和氰化物等氧化而失去毒性。

本品可用于皮肤创伤及腔道炎症的创面消毒；与福尔马林联合应用于厩舍、库房、孵化器等的熏蒸消毒；也可用于止血、收敛、有机物中毒，以及鱼的水霉病和原虫、甲壳类等寄生虫病的防治。

【注意事项】 ①本品水溶液久置易还原成 MnO_2 而失效。故药液现用现配。②本品与某些有机物或易氧化的化合物研磨或混合时，易发生爆炸或燃烧。如遇福尔马林、甘油等易剧烈燃烧，与活性炭或碘等还原型物质研磨或混合时可发生爆炸。③内服可引起胃肠道刺激症状，严重时出现呼吸和吞咽困难等。中毒时，应用温水或添加3%过氧化氢溶液洗胃，并内服牛奶、豆浆或氢氧化铝凝胶，以延缓吸收。④有刺激和腐蚀作用，应用于皮肤创伤、腔道炎症及有机物中毒时必须稀释为0.2%以下浓度。⑤有机物极易使高锰酸钾分解而使其作用减弱；在酸性环境中杀菌作用增强，如2%～5%溶液能在24 h内杀死芽孢，而1%溶液中加1.1%盐酸后，能在30 s内杀死炭疽芽孢杆菌。⑥遇氨水及其制剂可产生沉淀。

【用法与用量】 动物腔道冲洗、洗胃及有机物中毒时的解救，0.05%～0.1%溶液；创伤冲洗，0.1%～0.2%溶液；水产动物疾病治疗，鱼塘泼洒，每升水加入4～5 mg；消毒被病毒和细菌污染的蜂箱，0.1%～0.12%溶液；毒蛇咬伤的伤口立即撒布结晶或用1%溶液冲洗，可减轻中毒。

六、染料类

染料分为两类，即碱性(阳离子)染料和酸性(阴离子)染料，前者抗菌作用强于后者。两者仅抑制细菌繁殖，抗菌谱不广，作用缓慢。下面仅介绍兽医临床上应用的2种碱性染料，它们对革兰阳性菌有选择作用，在碱性环境中有杀菌作用，碱度越高，杀菌力越强。碱性染料的阳离子可与细菌蛋白的羟基结合，造成不正常的离子交换；抑制巯基酶反应和破坏细胞膜等。

乳酸依沙吖啶(Ethacridine Lactate)

【理化性质】 本品又称利凡诺、雷佛奴尔，为2-乙氧基-6,9-二氨基吖啶的乳酸盐。本品为黄色结晶性粉末；无臭，味苦。略溶于水，在乙醇中微溶，在沸腾无水乙醇中溶解。置于褐色玻璃瓶，密闭，在凉暗处保存。常制成溶液和膏剂。

【作用与应用】 本品属吖啶类(或黄色素类)染料，此类为染料中最有效的防腐药。碱基在未解离成阳离子前，不具有抗菌活性，即当乳酸依沙吖啶解离出依沙吖啶，在其碱性氮上带正电荷时，对革兰阳性菌呈现最大的抑菌作用。本品对各种化脓菌均有较强的作用，最敏感的细菌为产气荚膜梭菌和酿脓链球菌。抗菌活性与溶液的pH值和药物解离常数有关。常以0.1%～0.3%水溶液冲洗或以浸泡纱布湿敷，治疗皮肤和黏膜的创面感染。对组织无刺激，毒性低；穿透力强，血液、蛋白质对其无影响。在治疗浓度时对组织无损害。抗菌作用产生较慢，但药物可牢固地吸附在黏膜和创面上，作用可维持1日之久。当有机物存在时，活性增强。

【注意事项】 ①本品溶液在光照下可分解生成褐绿色的剧毒产物。②与碱类和碘液混合易析

出沉淀。③长期使用可能延缓伤口愈合，不宜应用于新鲜创面及创伤愈合期。④当有高于0.5%浓度的NaCl存在时，本品可从溶液中沉淀出来，故不能用NaCl溶液配制。⑤有机物存在时活性增强。

【用法与用量】 0.1%溶液冲洗或湿敷感染创面；1%软膏用于小面积化脓创面。

甲紫

【理化性质】 本品为深绿紫色的颗粒性粉末或绿色有金属光泽的碎片；微臭。本品略溶于水，常制成溶液。

【作用与应用】 甲紫、龙胆紫和结晶紫是一类性质相同的碱性染料，对革兰阳性菌有强大的选择作用，也有抗真菌作用。对组织无刺激性。临床上常用其1%～2%水溶液或醇溶液治疗皮肤、黏膜的创面感染和溃疡。0.1%～1%水溶液用于烧伤，因有收敛作用，能使创面干燥，也用于皮肤表面真菌感染。

【注意事项】 ①本品对皮肤、黏膜有着色作用，宠物面部创伤慎用。②应密封避光保存。

【制剂】 甲紫溶液。

第十四章　抗寄生虫药

寄生虫病是目前严重危害人类和动物的疾病之一，其中很多属于人畜共患病。我国各种寄生虫感染动物的情况，没有精确的统计数字。1999 年世界动物卫生组织(OIE)的调查发现，蠕虫病在世界范围内已成为头号动物疾病。2005 年世界上抗寄生虫药的销售额高达 42 亿美元。由此可见，积极开展寄生虫病的防治，对于保护人类和动物的健康具有重要意义。药物防治是动物寄生虫病防治的一个重要环节，对发展畜牧业具有重大的社会和生产意义。

早期的抗寄生虫药多为植物源性的，如山道年、槟榔、绵马、土荆芥油等。随着科学技术的发展，尤其是化学合成和生物发酵技术的发展，抗寄生虫药的种类、品种和数量都在不断增加。近些年来，我国自行生产的阿维菌素类药物、吡喹酮、地克珠利、马杜霉素等药物，使我国较普遍发生和流行的、危害严重的畜禽寄生虫病得到了有效的控制。目前，尽管治疗寄生虫感染的大多数化学药物为杂环化合物，有驱虫作用，但也有一定的毒性；某些寄生虫特定的寄生部位(如棘球蚴、囊尾蚴等)还影响药物的作用效果。使用抗寄生虫药是综合防治动物寄生虫病的重要措施之一。在选择使用抗寄生虫药时，必须考虑和处理好药物、寄生虫和宿主三者之间的关系。①宿主方面：不同种属、个体、体质、年龄的宿主，对药物的敏感性存在差异。如禽类对敌百虫最敏感；马对噻咪唑较敏感等。②寄生虫方面：不同种、不同发育阶段、不同寄生部位等差异影响抗寄生虫药的效果。③药物方面：要考虑药物的性质、剂量、剂型、给药途径、耐药性、在宿主体内的残留和对宿主的副作用等。应用抗寄生虫药需要掌握好药物、寄生虫与宿主三者之间的关系和相互作用，尽可能发挥药物的作用，减轻或避免不良反应的发生。

一、定义

抗寄生虫药是用于驱除和杀灭体内外寄生虫的药物。根据药物抗寄生虫作用和寄生虫分类，可将抗寄生虫药分为以下几类。

1. 抗蠕虫药　又称驱虫药。根据蠕虫的种类，又可将此类药物分为驱线虫药、驱绦虫药和驱吸虫药。

2. 抗原虫药　根据原虫的种类，分为抗球虫药、抗锥虫药、抗梨形虫药和抗滴虫药。

3. 杀虫药　又分为杀昆虫药和杀蜱螨药。

二、理想抗寄生虫药的条件

1. 安全　一般认为，抗寄生虫药的治疗指数＞3 时，才有临床应用意义。对虫体毒性大，对宿主毒性小或无毒性的抗寄生虫药才是安全的。

2. 高效、广谱　高效是指应用剂量小、驱杀寄生虫的效果好，而且对成虫、幼虫，甚至虫卵都有较高的驱杀效果。广谱是指驱虫范围广。动物寄生虫病多是混合感染，特别是不同类别寄生虫的混合感染，因此在生产实践中需要能同时驱杀多种不同类别的寄生虫。

3. 具有适于群体给药的理化特性　以内服途径给药的驱内寄生虫药应无味、无特臭、适口性好，可混饲给药。若还能溶于水，则更为理想，可将药物混饮给药。用于注射给药者，对局部应无刺激性。杀外寄生虫药应能溶于一定溶媒中，以喷雾等方法群体杀灭外寄生虫。更为理想的广谱抗寄生虫药在溶于一定溶媒中后，以浇淋方法给药或涂擦于动物皮肤表面，既能杀灭外寄生虫，又能经透

皮吸收后，驱杀内寄生虫。

4. 价格低廉 可在畜牧生产上大规模推广应用。

5. 无残留 食品动物应用后，药物不残留于肉、蛋和乳及其制品中，或可通过遵守休药期等措施，控制药物在动物性食品中的残留。

三、作用机制

由于对寄生虫的生理生化功能和细胞生物学的知识还了解得不多，故对抗寄生虫药的作用机制至今还没有完全阐明。不过根据现有的知识，认为抗寄生虫药物主要是影响寄生虫的细胞物质转运、代谢、神经肌肉信息传递和生殖系统功能等。由于有些寄生虫的细胞结构、代谢酶、代谢过程和神经递质等与宿主存在某些相同或相似之处，因而部分抗寄生虫药具有选择性差或安全范围窄的缺点，使用时应特别注意剂量的准确性和不良反应的发生。有些药物对寄生虫和宿主的作用途径不同，通常对宿主是安全的。抗寄生虫药的作用机制主要有以下几种。

1. 抑制虫体内的某些酶 不少抗寄生虫药通过抑制虫体内酶的活性，而使虫体的代谢过程发生障碍。例如，左旋咪唑、硝硫氰胺和硝氯酚等能抑制虫体内的琥珀酸脱氢酶（延胡索酸还原酶）的活性，阻碍延胡索酸还原为琥珀酸，阻断了 ATP 的产生，导致虫体缺乏能量而死亡；有机磷酸酯类能与胆碱酯酶结合，使酶丧失水解乙酰胆碱的能力，使虫体内乙酰胆碱蓄积，引起虫体兴奋、痉挛，最后麻痹死亡。

2. 干扰虫体的代谢 某些抗寄生虫药能直接干扰虫体的物质代谢过程。例如，苯并咪唑类药物能抑制虫体微管蛋白的合成，影响酶的分泌，抑制虫体对葡萄糖的利用，引起虫体死亡；三氮脒能抑制 DNA 的合成而抑制原虫的生长繁殖；氯硝柳胺能干扰虫体氧化磷酸化过程，影响 ATP 的合成，使绦虫缺乏能量，头节脱离肠壁而排出体外；氨丙啉的化学结构与硫胺相似，故在球虫的代谢过程中可取代硫胺而使虫体代谢不能正常进行；有机氯杀虫剂能干扰虫体内的肌醇代谢。

3. 作用于虫体的神经肌肉系统 有些抗寄生虫药可直接作用于虫体的神经肌肉系统，影响其运动功能或导致虫体麻痹死亡。例如，哌嗪有箭毒样作用，使虫体肌细胞膜超极化，引起弛缓性麻痹；阿维菌素类则能促进 γ-氨基丁酸（GABA）的释放，使神经肌肉传递受阻，导致虫体产生弛缓性麻痹，最终可引起虫体死亡或排出体外；噻嘧啶能与虫体的胆碱受体结合，产生与乙酰胆碱相似的作用，引起虫体肌肉强烈收缩，导致痉挛性麻痹。

4. 干扰虫体内离子的平衡或转运 聚醚类抗球虫药能与钠、钾、钙等金属阳离子形成亲脂性复合物，使其能自由穿过细胞膜，使子孢子和裂殖子中的阳离子大量蓄积，导致水分过多地进入细胞，使细胞膨胀变形，细胞膜破裂，引起虫体死亡。

四、注意事项

(1) 正确认识和处理好药物、寄生虫和宿主三者之间的关系，合理使用抗寄生虫药。三者之间的关系是互相影响、互相制约的，因而在选用抗寄生虫药时不仅应了解药物对虫体的作用以及其在宿主体内的代谢过程和对宿主的毒性，而且应了解寄生虫的寄生方式、生活史、流行病学和季节动态感染强度及范围；为更好地发挥药物的作用，还应熟悉药物的理化性质、剂型、剂量、疗程和给药方法等。

(2) 为控制好药物的剂量和疗程，在使用抗寄生虫药进行大规模驱虫前，务必选择少数动物先做驱虫试验，以免发生大批中毒事故。

(3) 在防治寄生虫病时，应定期更换不同类型的抗寄生虫药，以避免或减少因长期或反复使用某些抗寄生虫药而导致虫体产生耐药性。

(4) 为避免动物性食品中药物残留危害消费者的健康和影响公共卫生，应熟悉掌握抗寄生虫药在食品动物体内的分布状况，遵守有关药物在动物组织中的最高残留限量和休药期的规定。

【注意事项】 抗寄生虫药除具有抗寄生虫作用外，有些还对机体产生不同程度的毒副作用。为了保证抗寄生虫药在使用过程中安全有效，应正确认识药物、寄生虫和宿主的相互关系，遵守抗寄生虫药的使用原则。

宿主：畜禽的种属、年龄不同，对药物的反应也不同。如禽对敌百虫敏感；马对噻咪唑较敏感等。畜禽的个体差异、性别也会影响抗寄生虫药的药效或不良反应的产生。体质强弱，遭受寄生虫侵袭程度与用药后的反应亦有关。同时，地区不同，寄生虫病种类不一，流行病学季节动态规律也不一致。

寄生虫：虫种很多，对不同宿主危害程度各异，且对药物的敏感性反应亦有差异，就广谱驱虫药来讲，其也不是对所有寄生虫都有效。因此，对混合感染，为扩大驱虫范围，在选用广谱驱虫药的基础上，根据感染范围，几种药物配伍应用，很有必要。寄生虫的不同发育阶段对药物的敏感性有差异，为了达到防止传播、彻底驱虫的目的，必须间隔一定的时间进行二次或多次驱虫。另外，轮换使用抗寄生虫药是避免产生耐药性的有效措施之一。

药物：药物的种类、剂型、给药途径、剂量等不同，产生的抗虫作用也不一样。另外，剂量大小、用药时间长短，与寄生虫产生耐药性也有关。

使用原则：①尽量选择广谱、高效、低毒、便于投药、价格便宜、无残留或少残留、不易产生耐药性的药物；②必要时联合用药；③准确掌握剂量和给药时间；④混饮投药前应禁饮，混饲前应禁食，药浴前应多饮水等；⑤大规模用药时必须进行安全试验，以确保安全；⑥应用抗寄生虫药后，可在动物性食品中造成残留，威胁人体的健康和影响公共卫生。所以，应熟悉掌握抗寄生虫药在食品动物体内的分布情况，遵守有关药物在动物组织中的最高残留限量和休药期的规定。

第一节 抗蠕虫药

抗蠕虫药是指能驱除或杀灭畜禽体内寄生蠕虫的药物，又称驱虫药。根据寄生于动物体内蠕虫的种类不同，可将抗蠕虫药分为驱线虫药、驱绦虫药、驱吸虫药和抗血吸虫药。

一、驱线虫药

家畜线虫病不仅种类多（占家畜蠕虫病的一半以上），而且分布广，因此几乎所有畜禽都有线虫感染，给畜牧业生产造成极大的经济损失。近年来，驱线虫药发展迅速，我国已合成许多广谱、高效和安全的新型驱线虫药。根据其化学结构，驱线虫药大致可分为以下6类。

1. 阿维菌素类 如伊维菌素、阿维菌素、多拉菌素、埃普利诺菌素、美贝霉素肟、莫西菌素等。

2. 苯并咪唑类 如噻苯达唑、阿苯达唑、甲苯达唑、芬苯咪唑、奥芬达唑、氟苯达唑、非班太尔、氧苯达唑等。

3. 咪唑并噻唑类 如左咪唑和四咪唑。

4. 四氢嘧啶类 如噻嘧啶、甲噻嘧啶和羟嘧啶。

5. 有机磷化合物 如敌百虫、敌敌畏、哈罗松和蝇毒磷。

6. 其他驱线虫药 如哌嗪乙胺嗪、碘噻青胺和硫胂铵钠等。

（一）阿维菌素类

阿维菌素类（avermectins，AVMs）药物是由阿维链霉菌产生的一组新型大环内酯类抗寄生虫药，目前在这类药物中已商品化的有阿维菌素、伊维菌素、多拉菌素和埃普利诺菌素。阿维菌素类药物由于其优异的驱虫活性和较高的安全性，被视为目前最优良、应用最广泛、销量最大的一类新型广谱、高效、安全和用量小的理想抗内外寄生虫药。

【化学结构】 AVMs为二糖苷类化合物，其基本结构为16元环的大环内酯，在C_{13}位上有一个双糖，从C_{17}到C_{18}是两个六元环的螺酮缩醇结构。根据R_5、R_{26}和C_{22}、C_{23}位取代基的不同，天然发酵产物中的8种成分被分别称为阿维菌素A_{1a}、A_{1b}、A_{2a}、A_{2b}、B_{1a}、B_{1b}、B_{2a}和B_{2b}，其中阿维菌素A_{1a}、A_{2a}、B_{1a}和B_{2a}为大量组分；阿维菌素A_{1b}、A_{2b}、B_{1b}和B_{2b}为少量组分。阿维菌素B_{1a}、B_{1b}的生物活性相似，抗虫活性最强，在批量生产时难以将两者完全分离，故目前市场上销售的AVMs制剂为两者的混合物。

通过对AVMs结构的改造，可减少药物的毒性或改变药物的极性，从而降低药物残留量或增强驱虫作用。例如伊维菌素B_1的毒性略低于阿维菌素B_1。在阿维菌素B_1的4″位上的—OH，经—$NHCOCH_3$后的产物为依立菌素，其极性比伊维菌素高，在乳和血浆中的分布比例仅为17∶100，远低于伊维菌素的3∶4，而且其在乳中的残留量远低于伊维菌素，所以依立菌素可用于泌乳牛。又如在阿维菌素B_1的C_{25}位上连接一个环己烷取代后的产物为多拉菌素，其极性低于伊维菌素，而其生物半衰期长于伊维菌素，因而其抗寄生虫的作用时间较伊维菌素长。

【药动学】 阿维菌素类药物具有高脂溶性，因此其药动学特征具有较大的表观分布容积和较缓慢的消除过程。不论内服还是注射给药，阿维菌素类药物均易吸收，且吸收速率较快，但皮下注射的生物利用度较高，体内药物持续时间较长，对某些寄生虫尤其节肢动物的杀灭作用优于内服给药。不同制剂配方、不同给药方式、不同种类动物及不同饲养方式等因素，均可对这类药物的药动学特征产生明显影响。静脉注射的消除半衰期，牛为2.8日，绵羊为2.7日。猪皮下注射半衰期为35.2 h，犬内服的半衰期为1.8日。伊维菌素主要在肝和脂肪中代谢，98%从粪便中排泄。

【药理作用】 AVMs可增强无脊椎动物神经突触后膜对Cl^-的通透性，从而阻断神经信号的传递，最终使神经麻痹，并可导致动物死亡。AVMs是通过两种不同的途径来增强神经膜对Cl^-通透性的，一种途径是增强无脊椎动物外周神经抑制递质γ-氨基丁酸(GABA)释放；另一种途径是引起由谷氨酸控制的Cl^-通道开放。哺乳动物外周神经传导介质为乙酰胆碱，GABA主要分布于中枢神经系统，在用治疗量驱杀哺乳动物体内外寄生虫时，由于血脑屏障的影响，阿维菌素类药物进入其大脑的数量极少，只有当大量的AVMs进入哺乳动物的大脑时，才可能导致其中毒。此外，目前尚未在哺乳动物体内发现由谷氨酸控制的Cl^-通道。AVMs对无脊椎动物有很强的选择性，因此阿维菌素类药物用作哺乳动物的抗内外寄生虫药较安全。与传统的抗寄生虫药相比，阿维菌素类药物抗寄生虫的作用机制独特，因而不与其他类抗寄生虫药产生交叉耐药性。阿维菌素类药物对吸虫和绦虫无效，可能与吸虫和绦虫缺少GABA神经传导介质以及虫体内缺少受谷氨酸控制的Cl^-通道有关。

【不良反应】 伊维菌素对实验动物的毒性略低于阿维菌素。研究表明，伊维菌素和阿维菌素对哺乳动物、鸟类、鸡、鸭毒性很小。淡水生物如水蚤和鱼类对阿维菌素类药物高度敏感，但由于药物与土壤紧密结合，不溶于水，迅速光解等特性极大地降低了其在自然环境中对水生生物的毒性。阿维菌素类药物对植物无毒，不影响土壤微生物，对环境是安全的。

【耐药性】 近几年来，在许多国家相继出现耐阿维菌素类药物的虫株，且主要集中于绵羊和山羊。研究表明，阿维菌素类驱虫药耐药性产生的机制可能包括虫体对药物摄入量的减少、代谢增强和氯离子通道受体发生改变三个方面。频繁用药和亚剂量用药可能是耐药性产生的两大主要原因。

伊维菌素(Ivermectin)

【理化性质】 本品的主要成分为22,23-二氢阿维菌素B_{1a}。本品又名害获灭、艾佛菌素、灭虫丁，白色结晶性粉末；无臭、无味。本品是由阿维链球菌发酵产生的半合成大环内酯类多组分抗生素，是新型的强力、广谱高效、低毒抗生素类抗寄生虫药；在水中几乎不溶，在甲醇、乙醇、丙醇、丙酮、乙酸乙酯中易溶；性质稳定，但易受光线的影响而降解。常制成注射液和预混剂。

【作用与应用】 本品具有广谱、高效、用量小、低毒和安全等优点，对线虫、昆虫和螨均具有高效驱杀作用。

伊维菌素对马、牛、羊、猪的消化道和呼吸道线虫，马盘尾丝虫的微丝蚴以及猪肾虫等均有良好的驱虫效果。对马胃蝇和羊鼻蝇的各期幼虫，牛和羊的疥螨、痒螨、毛虱、血虱，猪疥螨、猪血虱等外寄生虫有极好的杀灭作用。伊维菌素对犬、猫钩口线虫成虫及幼虫、犬恶丝虫的微丝蚴、狐狸鞭虫、犬弓首蛔虫成虫和幼虫、狮弓蛔虫、猫弓首蛔虫以及犬猫耳痒螨和疥螨均有良好的驱杀作用。伊维菌素对兔疥螨、痒螨，家禽羽虱都有高效杀灭作用。此外，对传播疾病的节肢动物如蜱、蚊、库蠓等均有杀灭效果并可干扰其产卵或蜕化。伊维菌素尚可用于预防犬恶丝虫病，具体方法如下：蚊子出现季节，以小剂量(按每千克体重 50 μg)给犬内服或皮下注射伊维菌素，每月 1 次，以杀死血液中恶丝虫的微丝蚴。但是伊维菌素不能用于治疗，因杀虫效果很快，会导致被杀死的成虫阻塞心脏，从而引起犬突然死亡。

驱虫机制是伊维菌素作为无脊椎动物的 Cl^- 通道激动剂，引起神经肌肉突触后膜由谷氨酸控制的 Cl^- 通道开放，阻断运动神经末梢的冲动传导，使虫体出现麻痹直至死亡。同时，伊维菌素可增加外周神经抑制性神经递质 γ-氨基丁酸的释放，GABA 能作用于突触前神经末梢，减少兴奋性递质释放，而引起抑制，使虫体麻痹死亡。由于吸虫、绦虫缺少由谷氨酸控制的 Cl^- 通道和 GABA 神经递质，伊维菌素对其不产生驱虫作用。

本品内服、皮下注射，均能吸收完全。进入体内的伊维菌素能分布于大多数组织，包括皮肤。所以，给药后可驱除体内线虫和体表寄生虫。

【注意事项】 ①本品使用时比较安全，因哺乳动物的外周神经递质为乙酰胆碱，GABA 虽分布于中枢神经系统，但由于本类药物不易透过血脑屏障，而对其影响极小。安全范围较大，应用过程很少出现不良反应，但过量时也可中毒，无特效解毒药，可用印防己毒素缓解毒性；对虾、鱼及水生生物有剧毒；预混剂为猪专用剂型，其他动物不宜应用；猪饲料及残存药物的包装品切忌投鱼池，否则可致鱼死亡。②肌内注射后会产生严重的局部反应(马尤为显著，应慎用)，一般采用皮下注射方法给药或内服。③驱虫作用较缓慢，对有些内寄生虫需数日到数周才能彻底杀灭。④泌乳动物及母牛临产前 1 个月禁用。⑤ Collies 品系牧羊犬对本药异常敏感，不宜使用。⑥休药期：牛 35 日，羊 21 日，猪 28 日。预混剂，猪 5 日。⑦伊维菌素注射给药时，通常一次即可，对患有严重螨病的家畜每隔 7～9 日，再用药 2～3 次。

【制剂、用法与用量】

伊维菌素注射液 1 mL：10 mg、5 mL：50 mg。皮下注射，一次量，每千克体重，牛、羊 0.2 mg，猪 0.3 mg。休药期：牛 35 日，羊 21 日，猪 28 日。

伊维菌素口服剂含 0.6%伊维菌素。混饲，每日每千克体重，猪 0.1 mg。连用 7 日。

多拉菌素(Doramectin)

【理化性质】 多拉菌素又名多拉克丁，是阿维链霉菌的发酵产物，商品化的注射液是无色到淡黄色的灭菌溶液，注射液应保存在 30 ℃以下。本品是新型、广谱抗寄生虫药，微溶于水，常制成注射液。

【药动学】 牛皮下注射，5 日后多拉菌素达血药峰浓度，峰浓度 34 ng/mL，消除半衰期 8.8 日。

【作用与应用】 本品作用机制同伊维菌素，但其作用比伊维菌素略强、毒性较弱。多拉菌素可用于治疗和控制动物的体内和体外寄生虫：胃肠道线虫，如奥氏奥斯特线虫、竖琴奥斯特线虫、帕氏血矛线虫等；肺线虫，如胎生网尾线虫；牛眼丝虫(斯氏吸吮线虫)和犬心丝虫(犬恶丝虫)等；体外寄生虫，如牛皮蝇、蜱、蚤、虱、痒螨、疥螨等。临床常用于防治牛、猪、犬、猫的体内外寄生虫病。

【注意事项】 ①本品推荐剂量的 3 倍量，对繁殖期动物(公牛及怀孕早期和晚期的母牛)的生殖性能没有影响，但残存药物对鱼类及水生物有毒；其他参见伊维菌素。②犬可见严重的不良反应，如死亡等。③血药浓度比伊维菌素高，半衰期比伊维菌素高。④休药期：28 日，泌乳期禁用。

【用法与用量】 皮下注射：牛 200 μg/kg，选择肩前或肩后的松弛皮肤注射；犬，治疗全身性脂螨

病,600 μg/kg,每周 1 次,连续治疗 4 周至破损皮肤痊愈。肌内注射:猪 300 μg/kg。肌内注射应选择颈部肌肉发达部位。局部用药:浇淋剂,剂量 500 μg/kg。沿着牛肩隆起和尾基部之间,背部中线的一条窄带用药。

【制剂】 多拉菌素注射液,多拉菌素浇淋剂。

埃普利诺菌素(Eprinomectin)

【理化性质】 埃普利诺菌素又称为依立诺克丁、依立菌素。本品是一种 16 元环的大环内酯类抗生素,基本结构为一个 16 元内酯环,其上连接有 3 个主要基团:六氢化苯丙呋喃(C_2—C_8)、二糖基(C_{13})和螺酮缩醇系统(C_{17}—C_{28})。本品由两种主要成分组成,B_{1a}组分所占比例在 90%以上,B_{1b}组分所占比例一般不超过 10%。本品为白色或微黄色粉末;溶于甲醇、乙醇、1,2-丙二醇、二甲基亚砜、乙酸乙酯、乙酸异丙酯和己烷等,几乎不溶于水。本品易光解、氧化,在液体制剂(如溶于 1,2-丙二醇)中比较稳定。

【药动学】 在奶牛体内,本品给药后血药浓度达峰时间为 2.05 日,消除半衰期为 2.03 日。在牛奶中,给药后 1.92 h 达到最高药物浓度,消除半衰期为 1.91 日。在山羊体内,本品给药后 2.55 日达到最高血药浓度,消除半衰期为 7.47 日。

【作用与应用】 和其他阿维菌素类药物一样,本品抗虫谱广,对绝大多数线虫和节肢昆虫的幼虫和成虫有效,但对虫卵及吸虫、绦虫无效。杀虫活力高,皮下注射本品对大多数常见线虫成虫和幼虫的驱杀效率达到 95%。本品对古柏线虫、辐射食道口线虫和蛇形毛圆线虫的杀灭作用强于依维菌素。

本品对牛皮蝇的幼虫有 100%杀灭作用,对牛蜱有较强的杀灭作用。本品浇淋剂对牛多种线虫的成虫和幼虫的驱杀效果都在 99%以上。

对山羊人工感染的捻转血矛线虫和蛇形毛圆线虫的驱杀效果分别为 100%和 97%。

【不良反应】 3 倍治疗量的药物对母牛和公牛的繁殖性能没有不良影响;牛使用 5 倍治疗量没有出现不良反应;给予 10 倍治疗量有 1 例(6 例中)出现瞳孔放大。不能内服或静脉注射。

【制剂、用法与用量】 埃普利诺菌素浇淋剂 0.5%。浇淋:牛或羊,每千克体重,0.5 mg。

阿维菌素(Avermectin)

阿维菌素是阿维链霉菌发酵的天然产物,主要成分为阿维菌素 B_1(avermectin B_1),国外又名爱比菌素(abamectin)、阿灭丁。本品几乎不溶于水,常制成片剂、胶囊剂、粉剂、注射液及透皮溶液等。本品对光线敏感,储存不当易灭活。

兽用阿维菌素是由我国首先研究开发的,由于价格低于伊维菌素,很快在我国推广应用。近年来国外也开始生产兽用阿维菌素。本品的作用、应用、剂量等均与伊维菌素相同。我国多年来的应用实践表明,阿维菌素是一种广谱、高效的抗体内外寄生虫药,但其毒性比伊维菌素强。

目前临床应用的制剂有阿维菌素注射液、阿维菌素片和阿维菌素浇淋剂。

美贝霉素肟(Milbemycin Oxime)

美贝霉素肟(又称米尔贝肟)是由吸湿链霉菌发酵产生的大环内酯类体内外杀虫药。

【理化性质】 本品在有机溶剂中易溶,在水中不溶。主要含 A_4 美贝霉素肟(不得低于 80%)和 A_3 美贝霉素肟(不得超过 20%)。

【药动学】 内服给药后有 90%～95%的原形药物通过胃肠道不被吸收,其余 5%～10%的药物吸收后经胆汁排泄。因此,几乎所有的药物经粪便排出。

【作用与应用】 美贝霉素肟对某些节肢动物和线虫具有高度活性,是专用于犬的抗寄生虫药。在犬恶丝虫第 3 期幼虫感染后 30 日或 45 日时,每千克体重一次内服 0.5 mg 均可完全防止感染的

发展，但在感染后 60 日或 90 日时用药无效。

美贝霉素肟是强效的杀犬微丝蚴药物。每千克体重一次内服 0.25 mg，几天内即可使微丝蚴数减少 98%。

美贝霉素肟对犬蠕形螨也极有效。患蠕形螨犬每日按每千克体重 1～4.6 mg 的剂量内服，在 60～90 日内，症状迅速改善而且大部分犬可彻底治愈。

本品不能与乙胺嗪并用，必要时至少应间隔 30 日。

【注意事项】 ①美贝霉素肟虽对犬毒性不大，安全范围较广，但长毛牧羊犬(Collies)对本品仍与伊维菌素同样敏感。本品用于治疗微丝蚴病时，患犬亦常出现中枢神经抑制、流涎、咳嗽、呼吸急促和呕吐症状。必要时可以用每千克体重 1 mg 的泼尼松龙进行预防。②不足 4 周龄以及体重低于 1.82 kg 的幼犬，禁用本品。

【制剂、用法与用量】 美贝霉素肟片(milbemycin oxime tablets)。内服：一次量，每千克体重，犬 0.5～1 mg，每月 1 次。

莫西菌素(Moxidectin)

【药动学】 莫西菌素是由一种链霉菌发酵产生的半合成单一成分的大环内酯类抗生素。莫西菌素较伊维菌素更具脂溶性和疏水性，因此维持组织中的有效治疗浓度更持久。在牛体内的代谢产物为 C_{29}/C_{30} 及 C_{14} 位的羟甲基化产物，其次还有极少量羟基化和 O-脱甲基化产物。本品与伊维菌素一样，主要经粪便排泄，3%经尿排泄。

【作用与应用】 莫西菌素与其他多组分大环内酯类抗寄生虫药(如伊维菌素、阿维菌素)的不同之处在于它是单一成分，以及可维持更长时间的抗虫活性。莫西菌素具有广谱驱虫活性，对犬、牛、绵羊、马的线虫和节肢动物寄生虫有高度驱除活性。莫西菌素的驱虫机制可与伊维菌素相似。较低剂量(每千克体重 0.5 mg 或更低)的莫西菌素对内寄生虫(线虫)和外寄生虫(节肢动物)有高度驱除活性。本品主要用于驱除反刍动物和马的大多数胃肠线虫和肺线虫，反刍动物的某些节肢动物寄生虫，以及犬恶丝虫发育中的幼虫。

【注意事项】 ①莫西菌素对动物较安全，而且对伊维菌素敏感的长毛牧羊犬(Collies)亦安全，但高剂量时个别犬可能会出现嗜睡、呕吐、共济失调、厌食、下痢等症状。②牛应用浇淋剂后，6 h 内不能淋雨。

【制剂、用法与用量】 莫西菌素片剂(moxidectin tablets)内服：一次量，每千克体重，马 0.4 mg，羊 0.2 mg，犬 0.2～0.4 mg，每月 1 次。莫西菌素溶液(moxidectin solution)，莫西菌素注射液(moxidectin injection)皮下注射：一次量，每千克体重，牛 0.2 mg。莫西菌素浇淋剂(moxidectin pour-on)背部浇淋：一次量，每千克体重，牛、鹿 0.5 mg。

(二) 苯并咪唑类

噻苯达唑是苯并咪唑类(benzimidazoles)的第一个驱虫药。自 20 世纪 60 年代初问世以来，相继合成了许多广谱、高效、低毒的抗蠕虫药，主要的药物有甲苯达唑、芬苯达唑、丁苯咪唑、阿苯达唑、奥芬达唑、三氯苯达唑、尼托比明、非班太尔等。它们的基本作用相似，主要是对线虫具有较强的驱杀作用，有的不仅对成虫，而且对幼虫也有效，有些还具有杀虫卵作用。但由于理化性质和药动学特征的差异，其作用也不同，有些药物对绦虫、吸虫也有驱除效果，如阿苯达唑，而三氯苯达唑的主要作为驱除吸虫。本类药物曾广泛用作畜禽的驱蠕虫药，近年来由于阿维菌素类的推广应用，苯并咪唑类的用量有减少趋势。

【作用机制】 本类药物基本上都是细胞微管蛋白抑制剂，抗虫作用机制主要是与虫体的微管蛋白结合，阻止了微管组装的聚合。实验表明，甲苯达唑对一些蠕虫的成虫和幼虫的微管蛋白有明显的损伤作用，这个作用可引起线虫或绦虫的表皮层与肠细胞质的微管损伤，影响虫体的消化和营养

吸收。微管蛋白是微管的功能性亚单位，参与几种重要的细胞功能，如细胞内的物质转运等，也是许多酶分泌的基础。过去曾认为本类药物的作用是抑制虫体对葡萄糖的摄入和抑制延胡索酸还原酶的活性，干扰能量代谢。现认为这个作用可能是微管蛋白受抑制后的继发结果，或者可能还有完全独立于这个作用的其他机制，尚未阐明。在哺乳动物体温情况下，苯并咪唑类药物对线虫微管蛋白的亲和力比对哺乳动物的高得多，如猪蛔虫胚胎的微管蛋白对甲苯达唑的敏感性比牛脑组织高 384 倍，这可能是本类药物选择性作用于虫体而对宿主毒性低的原因。

【不良反应】 本类药物的一般毒性低，安全范围大，在应用治疗量时，对幼龄、患病或体弱的家畜都不会产生副作用。对过大剂量的耐受性，不同种属动物和不同药物有很大差异，例如绵羊在服用比治疗量大 1000 倍的硫苯咪唑时并无临床不良反应，但牛服用 3 倍治疗量的康苯咪唑时就会出现食欲不振和精神沉郁；猪能耐受每千克体重 1000 mg 的丁苯咪唑，鸡能耐受每千克体重 2000 mg 的甲苯达唑。本类药物具有致畸作用，对妊娠 2～4 周的母绵羊给予阿苯达唑、丁苯咪唑或康苯咪唑可诱发各种胚胎畸形，以骨骼畸形占多数。其致畸作用被认为与抑制微管蛋白和有丝分裂的作用机制有关。苯并咪唑类药物对人类也可引起与动物同样的潜在危害，应引起人们的关注。

阿苯达唑(Albendazole)

$CH_3CH_2CH_2S$

N

N
H

$NHCOOCH_3$

【理化性质】 阿苯达唑又称为丙硫苯咪唑、丙硫咪唑、抗蠕敏。本品为白色或类白色粉末；无臭、无味；在水中不溶，在氯仿或丙酮中微溶；在冰醋酸中溶解。

【药动学】 本品脂溶性高，比其他本类药物更易从消化道吸收，由于有很强的首过效应，血中的原形药物很少或不能测到，主要在肝代谢为阿苯达唑亚砜和砜等，亚砜具有抗蠕虫活性。内服阿苯达唑后，亚砜代谢产物在牛、羊、猪、兔、鸡体内的半衰期分别为 20.5 h、7.7～9.0 h、5.9 h、4.1 h 和 4.3 h，砜代谢产物在这些动物体内的半衰期分别为 11.6 h、11.8 h、9.2 h、9.6 h 和 2.5 h，表现出明显的种属差异。内服后约 47%的代谢产物从尿液排出。除亚砜和砜外，尚有羟化、水解和结合产物，经胆汁排出体外。

【作用与应用】 本品为广谱、高效、低毒的新型驱虫药。对动物肠道线虫、绦虫、多数吸虫等均有效，可同时驱除混合感染的多种寄生虫。其驱虫机制是能抑制虫体内延胡索酸还原酶的活性，影响虫体对葡萄糖的摄取和利用，ATP 产生减少，使虫体内储存的糖原耗竭，导致虫体肌肉麻痹而死亡。

(1) 羊：低剂量对血矛线虫、奥斯特线虫、毛圆线虫、细颈线虫、食道口线虫、夏伯特线虫、马歇尔线虫、古柏线虫、网尾线虫、莫尼茨绦虫成虫均有良好效果，高限治疗量对多数胃肠线虫幼虫、网尾线虫未成熟虫体及肝片吸虫成虫亦有明显驱除效果。

(2) 牛：对牛大多数胃肠道线虫成虫及幼虫均有良好效果。如对毛圆线虫、古柏线虫、牛仰口线虫、奥斯特线虫、乳突类圆线虫、捻转血矛线虫的成虫及幼虫均有极佳的驱除效果。高限治疗量对辐射食道口线虫、细颈线虫、网尾线虫、肝片吸虫、莫尼茨绦虫亦有良效。通常对小肠、真胃未成熟虫体效果优良，而对盲肠及大肠未成熟虫体效果较差。阿苯达唑对肝片吸虫幼虫效果不稳定。

(3) 马：阿苯达唑对马的大型圆线虫如普通圆线虫、无齿圆线虫、马圆线虫及多数小型圆线虫的成虫及幼虫均有高效。

(4) 猪：对猪蛔虫、食道口线虫、六翼泡首线虫、毛首线虫、刚棘颚口线虫、后圆线虫均有良好效果。阿苯达唑对蛭状巨吻棘头虫效果不稳定。

Note

(5) 犬、猫：每日每千克体重 20 mg，连用 3 日，对犬蛔虫及犬钩虫、绦虫均有高效，对犬肠期旋毛虫亦有良好效果。感染克氏肺吸虫的猫，内服，每日 3 次，每千克体重 5 mg，连用 14 日，能杀灭所有虫体。

(6) 家禽：对鸡蛔虫成虫及未成熟虫体有良好效果，对赖利绦虫成虫亦有较好效果。但对鸡异刺线虫、毛细线虫作用很弱。每千克体重 25 mg，对鹅剑带绦虫、棘口吸虫疗效为 100%，每千克体重 50 mg 对鹅裂口线虫有高效。

(7) 野生动物：对白尾鹿捻转血矛线虫、奥斯特线虫、毛圆线虫、细颈线虫疗效甚佳。对肝片吸虫成虫及幼虫效果极差。

【注意事项】 ①本品的毒性相当小，治疗量无任何不良反应，但因马较敏感，不能大剂量连续应用。②对动物长期毒性实验观察，本品有胚胎毒和致畸胎作用，但无致突变和致癌作用。因此，妊娠家畜慎用，牛、羊妊娠 45 日内禁用；产奶期禁用。③休药期：牛 27 日，羊 7 日。

【制剂、用法与用量】 阿苯达唑片(albendazole tablets)25 mg、50 mg、200 mg、500 mg。内服：一次量，每千克体重，马 5～10 mg，牛、羊 10～15 mg，猪 5～10 mg，犬 25～50 mg，禽 10～20 mg。

芬苯达唑(Fenbendazole)

【理化性质】 芬苯达唑又称为苯硫苯咪唑或硫苯咪唑。本品为白色或类白色粉末；无臭、无味；不溶于水，可溶于二甲亚砜和冰醋酸。

【药动学】 内服仅少量吸收，犊牛和马的血药峰浓度分别为 0.11 μg/mL 和 0.07 μg/mL。芬苯达唑在体内代谢为活性产物芬苯达唑亚砜和砜。在绵羊、牛和猪体内，内服剂量的 44%～50% 以原形从粪便排出，尿中排出不到 1%。

【作用与应用】 芬苯达唑不仅对胃肠道线虫成虫及幼虫有高度驱虫活性，而且对网尾线虫、片形吸虫和绦虫亦有良好效果，还有极强的杀虫卵作用。

(1) 羊：对羊血矛线虫、奥斯特线虫、毛圆线虫、古柏线虫、细颈线虫、仰口线虫、夏伯特线虫、食道口线虫、毛首线虫、网尾线虫的成虫及幼虫均有高效。对扩展莫尼茨绦虫、贝氏莫尼茨绦虫有良好驱除效果。对吸虫需用大剂量，如每千克体重 20 mg，连用 5 日，对矛形双腔线吸虫有效率达 100%；每千克体重 20 mg，连用 6 日，对肝片吸虫有高效。

(2) 牛：驱虫谱大致与羊相似，对吸虫需用较高剂量，如每千克体重 7.5～10 mg，连用 6 日，对肝片吸虫成虫及牛前后盘吸虫幼虫均有良好效果。

(3) 马：对马副蛔虫、马尖尾线虫的成虫及幼虫、胎生普氏线虫、普通圆线虫、无齿圆线虫、马圆线虫、小型圆线虫均有优良效果。

(4) 猪：对猪蛔虫、红色猪圆线虫、食道口线虫的成虫及幼虫有良好驱除效果。每千克体重 3 mg，连用 3 日，对冠尾线虫(肾虫)亦有显著杀灭作用。

(5) 犬、猫：犬每千克体重 25 mg，对犬钩虫、毛首线虫、蛔虫作用明显；每千克体重 50 mg，连用 14 日，能杀灭移行期犬蛔虫幼虫，连用 3 日几乎能驱净绦虫。猫用治疗量连用 3 日，对猫蛔虫、钩虫、绦虫均有高效。

(6) 野生动物：给感染奥斯特线虫、古柏线虫、细颈线虫、毛圆线虫、毛首线虫的鹿内服，每千克

体重 5 mg，连用 3～5 日，具有良好效果。此外，对莫尼茨绦虫也有一定作用。严重感染禽蛔虫、锯刺线虫、毛细线虫及吸虫的各种食肉猛禽，以每千克体重 25 mg 的剂量连服 3 日，对上述虫体几乎全部有效。

【注意事项】 ①牛在用药后 7 日内的乳禁止上市，山羊产奶期禁用。②休药期：牛、羊 21 日，猪 3 日。

【制剂、用法与用量】 芬苯达唑片(fenbendazole tablets)内服：一次量，每千克体重，马、牛、羊、猪 5～7.5 mg，犬、猫 25～50 mg，禽 10～50 mg。

奥芬达唑(Oxfendazole)

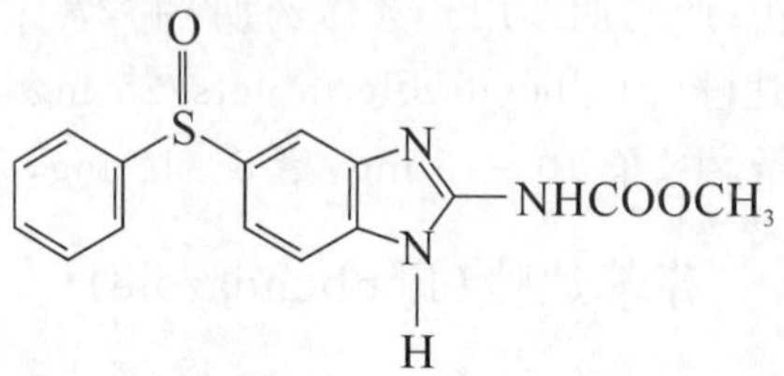

【理化性质】 本品为白色或类白色粉末；有轻微的特殊气味。本品不溶于水，微溶于甲醇、丙酮、氯仿、乙醚。

【药动学】 奥芬达唑为苯并咪唑类药物中内服吸收量较多的驱虫药。绵羊内服治疗量，20 h 和 30 h 后药物分别在真胃液和血液中达到峰浓度，并且 7 日后血液中可检测到。对于单胃动物，奥芬达唑主要经尿排泄，而反刍动物有 65% 给药量经粪便排泄。经乳汁排泄的药量虽仅占给药量的 0.6%，但用药后 1～2 周仍有痕量。奥芬达唑在体内主要的代谢产物是在苯硫基4′位处发生羟基化以及氨基甲酸酯的水解和亚砜的氧化和还原。

【作用与应用】 奥芬达唑为芬苯达唑的衍生物，属广谱、高效、低毒的新型抗蠕虫药，其驱虫谱与芬苯达唑大致相同，但驱虫活性更强。

【注意事项】 ①本品能产生耐药虫株，甚至产生交叉耐药现象。②本品原料药的适口性较差，若以原料药混饲，应注意防止因摄食量减少，药量不足而影响驱虫效果。③奥芬达唑治疗量(甚至 2 倍量)虽对妊娠母羊无胎毒作用，但在妊娠 17 日时，每千克体重 22.5 mg 的剂量对胚胎有毒而有致畸影响，因此妊娠早期动物以不用本品为宜。④休药期，牛 11 日，羊 21 日，产奶期禁用。

【制剂、用法与用量】 奥芬达唑片(oxfendazole tablets)内服：一次量，每千克体重，马 10 mg，牛 5 mg，羊 5～7.5 mg，猪 4 mg，犬 10 mg。

氧苯达唑(Oxibendazole)

【理化性质】 本品为白色或类白色结晶性粉末；无臭，无味。本品不溶于水，极微溶于甲醇、乙醇、氯仿，溶于冰醋酸。

【药动学】 氧苯达唑不易被吸收。一次给绵羊内服，6 h 血药浓度达峰值，24 h 内经尿排泄的占给药量的 34%，216 h 后经尿排泄的占给药量的 40%。一次给牛内服，12 h 血药浓度达峰值，144 h 后，经尿排泄的占给药量的 32%。在猪体内的主要代谢产物为 5-羟丙基咪唑，主要经肾排泄。

【作用与应用】 氧苯达唑为高效低毒苯并咪唑类驱虫药，虽然毒性极低，但因驱虫谱较窄，仅对胃肠道线虫有高效，因而应用不广。

【注意事项】 ①对噻苯达唑耐药的蠕虫，也可能对本品存在交叉耐药性。②休药期，牛 4 日，弃奶期为 72 h；羊 4 日，猪 14 日。

【制剂、用法与用量】 氧苯达唑片(oxibendazole tablets)内服：一次量，每千克体重，马、牛 10～

15 mg，羊、猪 10 mg，禽 30～40 mg。

甲苯达唑(Mebendazole)

【理化性质】 本品为白色、类白色或微黄色结晶性粉末。本品不溶于水，极微溶于丙酮和氯仿，微溶于冰醋酸，易溶于甲酸。

【药动学】 甲苯达唑因溶解度小而吸收极少，而且很少代谢，动物内服后，在 24～48 h 内经粪便排泄的原形药物约占 80%，经尿排泄的占 5%～10%。吸收后的药物，仅有极少量以脱羧基衍生物形式排泄。

【作用与应用】 甲苯达唑是早期用于医学和兽医临床的苯并咪唑类药物。其抗线虫作用已被后来开发的其他药物所取代，目前还常用其作为驱绦虫药和抗旋毛虫药。

【注意事项】 ①长期应用本品能引起蠕虫产生耐药性，而且存在交叉耐药现象。②本品毒性虽然很小，但治疗量即可引起个别犬厌食、呕吐、精神委顿以及出血性下痢等现象。③对实验动物具有致畸作用，禁用于妊娠母畜。④本品能影响产蛋率和受精率，蛋鸡以不用为宜。⑤鸽子、鹦鹉因对本品敏感而应禁用。⑥休药期，羊 7 日，弃奶期为 24 h；家禽 14 日。

【用法与用量】 内服：一次量，每千克体重，马 8.8 mg，羊 15～30 mg；犬、猫，体重不足 2 kg 的 50 mg，体重在 2 kg 以上的 100 mg，体重超过 30 kg 的 200 mg。每日 2 次，连用 5 日。

混饲：每 1000 kg 饲料，禽 60～120 g，连用 14 日。

氟苯达唑(Flubendazole)

【理化性质】 本品为白色或类白色粉末；无臭。本品不溶于甲醇和氯仿，微溶于稀盐酸。

【作用与应用】 氟苯达唑为甲苯达唑的对位氟同系物。它不仅对胃肠道线虫有效，而且对某些绦虫亦有一定效果。国外主要用于猪、禽的胃肠道蠕虫病。

【注意事项】 对苯并咪唑类驱虫药产生耐药性的虫株，对本品也可能存在耐药性；连续混饲给药，驱虫效果优于一次投药；休药期，猪 14 日。

【制剂、用法与用量】 氟苯达唑预混剂(flubendazole premix)内服：一次量，每千克体重，猪 5 mg，羊 10 mg。

混饲：每 1000 kg 饲料，猪 30 g，连用 5～10 日；禽 30 g，连用 4～7 日。

非班太尔(Febantel)

【理化性质】 本品为无色粉末；不溶于水和乙醇，溶于丙酮、氯仿、四氢呋喃和二氯甲烷。

【药动学】 牛或绵羊内服治疗量(每千克体重 7.5 mg)后，多数药物迅速代谢，在血浆中仅出现低浓度原形药物。代谢产物包括芬苯达唑和奥芬达唑在内的 10 种产物，这些物质达血药峰浓度时，

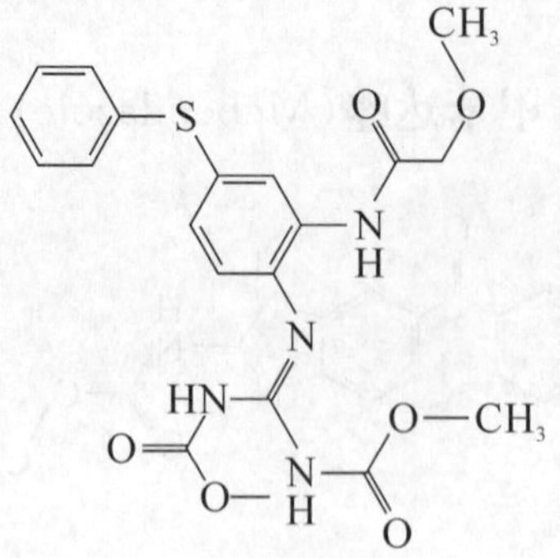

羊为内服后 6～18 h，牛为 12～24 h。两种代谢产物(芬苯达唑和奥芬达唑)的驱虫活性比其前体药物(非班太尔)要强得多。

【作用与应用】 非班太尔为芬苯达唑的前体药物，在胃肠道内转变成芬苯达唑和奥芬达唑而发挥有效的驱虫效应。可用作各种动物的驱线虫药。非班太尔多以复方制剂上市，如用于犬、猫的产品多与吡喹酮、噻嘧啶配合，以扩大驱虫范围。对 6 月龄以上的犬、猫，非班太尔每日按每千克体重 10 mg(吡喹酮每千克体重 1 mg)内服，连用 3 日；不足 6 月龄的幼犬、幼猫应增量至每千克体重 15 mg(吡喹酮每千克体重 1.5 mg)，连用 3 日。上述用量对下列虫体成虫或潜伏期虫体均有良好驱虫效果，如犬钩口线虫、管形钩口线虫、欧洲犬钩虫(>91%)；犬弓首蛔虫、猫弓首蛔虫、狮弓蛔虫(98%)；犬鞭虫(100%)；带绦虫、猫绦虫、犬复孔绦虫(100%)。

野生动物中熊、黑猩猩、豪猪、袋鼠应用本品亦安全有效。本品与吡喹酮并用，易使妊娠犬、猫早产，因此妊娠家畜应禁用。

【注意事项】 ①对苯并咪唑类药物耐药的蠕虫，对本品也可能存在交叉耐药性。②高剂量对妊娠早期母羊胎儿有致畸作用，因此妊娠动物以不用本品为宜。③休药期，牛、羊 8 日，弃奶期为 48 h；猪 10 日。

【用法与用量】 内服：一次量，每千克体重，马 6 mg，牛、羊 10 mg，猪 20 mg。犬、猫，6 月龄以上 10 mg，连用 3 日；6 月龄以下 15 mg，连用 3 日；3 周龄或体重 1 kg 以上的犬，一次量，35.8 mg。

(三) 咪唑并噻唑类

本类药物对畜禽主要消化道寄生线虫和肺线虫有效，驱虫范围较广，主要包括四咪唑(噻咪唑)和左咪唑(左旋咪唑，左噻咪唑)。四咪唑为混旋体，左咪唑为左旋体，主要由左旋体发挥驱虫作用。

左咪唑(Levamisole)

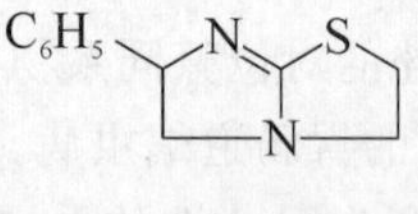

【理化性质】 左咪唑又称为左旋咪唑、左噻咪唑。常用其盐酸盐或磷酸盐，为白色结晶性粉末。本品易溶于水，在酸性水溶液中性质稳定，在碱性水溶液中易水解失效。

【药动学】 本品内服、肌内注射吸收迅速和完全。犬内服、肌内注射的生物利用度分别为 49%、64%，达峰时间为 2～4.5 h；猪内服及肌内注射的生物利用度分别为 62%和 83%。主要通过代谢消除，原形药(少于 6%)及代谢产物从尿中排泄，小部分随粪便排出。消除半衰期有明显的种属差异：牛 4～6 h，羊 3.7 h，猪 3.5～9.5 h，犬 1.3～4 h，兔 0.9～1 h。

【作用与应用】 左咪唑可通过虫体表皮吸收，迅速到达作用部位，水解成不溶于水的代谢产物，与酶活性中心的巯基相互作用形成稳定的 S—S 键，可抑制虫体延胡索酸还原酶的活性，阻断延胡索酸还原为琥珀酸，干扰虫体糖代谢过程，致虫体内 ATP 生成减少，导致虫体麻痹，加之药物的拟胆碱

作用，使麻痹的虫体迅速排出体外。用药后，最初排出尚有活动性的虫体，晚期排出的虫体则死去甚至腐败。

本品属广谱、高效、低毒驱虫药，可驱除各种动物体内寄生的线虫，对成虫和某些线虫的幼虫均有效。对马副蛔虫、尖尾线虫（马蛲虫）成虫效果好，对马的副蛔虫移行期幼虫亦有效，对圆形线虫效果不稳定；对牛血矛线虫、奥斯特线虫、古柏线虫、毛圆线虫、仰口线虫、食道口线虫、细颈线虫、胎生网尾线虫的成虫均有良好驱虫效果，对某些未成熟虫体也有较好作用，对毛首线虫效果不稳定；对猪蛔虫、类圆线虫、后圆线虫（肺线虫或肺丝虫）效果极佳，对食道口线虫、红色猪胃圆线虫亦有良好效果，对毛首线虫、冠尾线虫（肾虫）效果不稳定，对猪蛔虫、后圆线虫和食道口线虫等的未成熟虫体有较好作用；对犬的蛔虫、仰口线虫（钩虫）、心丝虫（犬恶丝虫）及猫的肺线虫均有治疗作用；对鸡的蛔虫、异刺线虫有极好的驱虫作用。

左咪唑还具有明显的免疫调节功能，通过刺激淋巴组织的 T 细胞系统，增强淋巴细胞对有丝分裂原的反应，促进淋巴细胞活性物质的产生，增加淋巴细胞数量，并增强巨噬细胞和中性粒细胞的吞噬作用，从而对宿主具有明显的免疫兴奋作用。

【注意事项】 左咪唑对宿主的毒副作用一般认为是类似于抑制胆碱酯酶后的效应，其中毒症状表现为 M 胆碱样和 N 胆碱样作用，可用阿托品解毒。临床应用特别是注射给药时，中毒死亡事故时有发生，因此单胃动物除肺线虫宜选用注射给药外，一般宜内服给药。局部注射时，对组织有较强刺激性，尤以盐酸左咪唑为甚，磷酸左咪唑刺激性稍弱。本品对牛、羊、猪、禽安全范围较大，马较敏感，慎用；骆驼对本品十分敏感，绝对禁止使用。泌乳期禁用。休药期：内服，牛 2 日，羊、猪 3 日；皮下注射，牛 14 日，羊 28 日。

【制剂、用法与用量】

盐酸左咪唑片（levamisole hydrochloride tablets）25 mg、50 mg。内服，一次量，每千克体重，牛、羊、猪 7.5 mg，犬、猫 10 mg，禽 25 mg。泌乳期禁用，休药期，牛 2 日，猪、羊 3 日。

盐酸左咪唑注射液（levamisole hydrochloride injection）2 mL : 0.1 g、5 mL : 0.25 g、10 mL : 0.5 g。皮下、肌内注射，用量同左咪唑片。泌乳期禁用，休药期，牛 14 日，羊 28 日。

（四）四氢嘧啶类

四氢嘧啶类药物也是广谱驱线虫药，主要包括噻嘧啶和甲噻嘧啶，还有羟嘧啶。

噻嘧啶 R=H

甲噻嘧啶 R=CH_3

这类药物适用于各种动物的大多数胃肠道寄生虫，噻嘧啶和甲噻嘧啶具有相同的药理作用，甲噻嘧啶是噻嘧啶的甲基衍生物，其驱虫作用较其母体化合物噻嘧啶强，而毒性较小，安全范围较大。畜禽一般用 7 倍治疗量的噻嘧啶未见不良反应；牛、羊一般可耐受 20 倍治疗量的甲噻嘧啶。两者均为去极化型神经肌肉传导阻断剂，对虫体和宿主具有同样的作用。对虫体先引起肌肉产生乙酰胆碱样痉挛性收缩，继而阻断其神经肌肉传导，导致麻痹而死亡。

噻嘧啶对宿主的作用与左咪唑和乙胺嗪类相似，与大剂量乙酰胆碱的烟碱样作用相仿，对自主神经节、肾上腺、颈动脉体、主动脉体化学感受器和神经肌肉接头均可产生先兴奋后麻痹的作用。

羟嘧啶为抗毛首线虫特效药。绵羊每千克体重内服 5～10 mg 盐酸羟嘧啶，对毛首线虫具 100% 驱虫效果。绵羊每千克体重内服 600 mg 未见毒性反应，可耐受 120 倍治疗量。

随着抗寄生虫谱更广、作用更强和更安全的许多抗寄生虫药的不断问世，四氢嘧啶类驱线虫药，

现已较少应用。

噻嘧啶(Pyrantel)

【理化性质】 噻嘧啶又称为噻吩嘧啶。常用双羟萘酸盐，即双羟萘酸噻嘧啶(pyrantel pamoate)，为淡黄色粉末；无臭，无味；易溶于碱溶液，极微溶于乙醇，几乎不溶于水。本品置于棕色瓶内储存。

【药动学】 本品的双羟萘酸盐内服后在胃肠道吸收不良，犬、猫、马在肠道内达到较高浓度。吸收的药物在肝内迅速代谢，大部分以代谢产物的形式从尿液中排出，其余和未吸收药物随粪便排出。

【作用与应用】 本品用于治疗动物消化道线虫病。对畜禽10多种消化道线虫有不同程度的驱虫效果，但对呼吸道线虫无效。对牛的驱虫谱与羊相似，但对未成熟虫体的效果较对羊的寄生虫差。另外，本品对鸡蛔虫、鹅裂口线虫、犬蛔虫、犬钩虫等均有良好驱除作用。由于难溶于水，内服后吸收较少，但能到达大肠末端，因此对马、灵长类动物还能发挥良好的驱蛲虫作用。

【注意事项】 ①本品极少从肠道吸收，能到达肠道的后段，发挥驱虫活性。②与甲噻嘧啶或左咪唑同用可能使毒性增强；与有机磷或乙胺嗪同用，不良反应将会加强；与哌嗪具有拮抗作用。③小动物使用时，可发生呕吐。④由于本药对动物有明显的烟碱样作用，极度虚弱动物禁用。

【制剂、用法与用量】 双羟萘酸噻嘧啶片(pyrantel pamoate tablets)内服：一次量，每千克体重，马7.5～15 mg，犬、猫5～10 mg。

甲噻嘧啶(Morantel)

甲噻嘧啶又称为莫仑太尔。驱虫谱与噻嘧啶近似，作用较之更强，毒性更小。对牛、羊胃肠道线虫成虫及幼虫均有高效，但对幼虫作用较弱。猪蛔虫对本品最敏感，治疗量对食道口线虫、红色猪圆线虫的成虫及幼虫均有良好驱除作用。内服一次量可使骆驼、野山羊和斑马的毛圆线虫、狮的狮弓蛔虫、野猪的食道口线虫、象的镰刀缪西德线虫的粪便虫卵几乎全部转为阴性。对骆驼毛首线虫、毛圆线虫、细颈线虫、类圆线虫均有良好驱虫效果。忌与含铜、碘的制剂配伍。食品动物休药期14日。

内服：一次量，每千克体重，马、牛、羊、骆驼10 mg，猪15 mg，犬5 mg，象2 mg，狮、斑马、野猪、野山羊10 mg。

（五）有机磷化合物

有机磷化合物最早主要用作农业和环境杀虫药。此后将一些毒性较低的化合物发展为兽药而用于驱虫的有敌百虫、敌敌畏、蝇毒磷、哈罗松和萘肽磷等。

我国应用最广的是敌百虫。有机磷化合物驱虫杀虫的作用机制是抑制虫体内胆碱酯酶活性，导致乙酰胆碱蓄积而引起寄生虫肌肉麻痹致死。有机磷对虫体内胆碱酯酶的抑制程度可因虫种或药物种类的不同而有差异，有机磷与虫体胆碱酯酶的结合，如呈不可逆性，驱虫作用强，反之，如呈可逆性，驱虫作用弱，如捻转血矛线虫体内胆碱酯酶与哈罗松结合后呈不可逆性，哈罗松对捻转血矛线虫作用强；蛔虫体内胆碱酯酶与哈罗松结合后呈可逆性，应用哈罗松后32 h内蛔虫体内胆碱酯酶活性完全可以恢复到用药前水平，因此驱蛔虫作用弱。

有机磷化合物对畜禽安全范围较小，用量过大可引起中毒。中毒机制亦系抑制畜禽体内胆碱酯酶活性，使体内乙酰胆碱蓄积过多而出现胆碱能神经兴奋的症状，可分为M胆碱样和N胆碱样作用(详见第二章)，急性有机磷中毒可涉及多器官、多系统，可导致重要器官损害而引起心源性猝死、呼吸肌麻痹等并发症。中毒后可用阿托品或胆碱酯酶复活剂碘解磷定、氯解磷定、双复磷和双解磷等解毒。一般轻度和中度中毒单用阿托品即可，严重中毒两者合用有协同作用，解毒效果较好(详见第十五章)。

有机磷对畜禽毒性的大小，与其在畜禽体内与胆碱酯酶结合后是否可逆而恢复酶的活性有关。

绵羊红细胞内胆碱酯酶与哈罗松结合后完全可逆，所以治疗量哈罗松对绵羊很安全；但鹅脑中胆碱酯酶在哈罗松作用下呈不可逆性抑制，因此哈罗松对鹅毒性很大。

有机磷的用量应该准确，过大不仅会增强毒性，而且有残留，一般规定用药后 7 日方可屠宰上市。

敌百虫(Dipterex)

$$(CH_3O)_2P(=O)-CH(OH)CCl_3$$

【理化性质】 兽用为精制敌百虫。本品为白色结晶性粉末；易溶于水，水溶液呈酸性反应，性质不稳定，宜新鲜配制；在碱性溶液中不稳定，可生成敌敌畏，毒性增强。在空气中易吸湿结块或潮解。本品在固体和熔融时均稳定，稀水溶液易水解。

【作用与应用】 敌百虫驱虫范围广，内服或肌内注射对消化道内的大多数线虫及少数吸虫有良好的效果，如蛔虫、血矛线虫、毛首线虫、食道口线虫、仰口线虫、圆形线虫、姜片吸虫等；也可用于马胃蝇蛆、羊鼻蝇蛆等。敌百虫杀灭体表及环境中外寄生虫的作用也很强。外用可杀死疥螨；对蚊、蝇、蚤、虱等昆虫有胃毒和接触毒；对钉螺、血吸虫卵和尾蚴也有显著的杀灭效果。

本品无论以何种途径给药都能很快吸收，主要分布于肝、肾、心、脑和脾，肺次之，肌肉、脂肪等组织中较少。体内代谢较快，主要由尿排出。

敌百虫驱虫的机制是通过与虫体内胆碱酯酶结合，使酶失去活性，乙酰胆碱在虫体内蓄积，使虫体肌肉先兴奋、痉挛，随后麻痹死亡。

本品在有机磷化合物中属低毒药物之一，但治疗量与中毒量很接近，故在驱虫过程中屡有中毒现象发生，主要症状为腹痛、流涎、缩瞳、呼吸困难、肌痉挛、昏迷，直至死亡。羊和禽对本品敏感。

【注意事项】 ①敌百虫对哺乳动物的毒性较低，但由于安全范围小，应用过量容易中毒。家畜中毒是由于大量胆碱酯酶被抑制，使体内乙酰胆碱蓄积而出现胆碱能神经兴奋的症状。②各种动物对敌百虫的敏感性不同，猪、马较能耐受，黄牛、羊较敏感，水牛更敏感，宜慎用；家禽(鸡、鸭等)最敏感，易中毒，不宜应用；幼畜较成年家畜敏感性高。③家畜敌百虫中毒呈现的症状及解毒原则见解毒药章节。④敌百虫水溶液应临用前配制，且不宜与碱性药物配伍，不应使用碱性溶液配制敌百虫溶液，不宜用碱性的碳酸钙压片。⑤为防止乳中药物残留，奶牛不宜应用；各种动物的休药期为 7 日。

【制剂、用法与用量】 敌百虫片 0.3 g、0.5 g。内服：一次量，每千克体重，马 30～50 mg(极量 20 g)，牛 20～40 mg(极量 15 g)，猪、绵羊 80～100 mg，山羊 50～75 mg。

敌敌畏(Dichlorvos，DDVP)

国内市售的是 80％敌敌畏乳油，用水稀释后作为外用杀虫剂(详见本章第三节)。为保证敌敌畏内服后驱虫药效和提高对家畜的安全范围，国外制成了敌敌畏聚氯乙烯树脂颗粒剂，这种剂型优点在于内服后逐渐释放出敌敌畏而在胃肠道内发挥驱虫作用，宿主吸收少而慢，安全范围增大，不易引起中毒。根据不同种类动物消化道长度不同，颗粒剂大小亦不同。颗粒剂经 48～96 h 由粪便排出，此时粪便中仍含有 45％～50％的敌敌畏，在体外可以继续释出，并可对粪便中的蝇蛆等继续发挥作用。本品主要用于猪、马、犬。驱虫谱与敌百虫相似。治疗量对家畜肝功能无影响。吸收后对体内胆碱酯酶有抑制作用但无临床中毒症状。组织中残留量很小，乳中只含微量。

哈罗松(Haloxon)

哈罗松又称为海罗松、哈洛克酮，主要用于驱除牛、羊真胃和小肠寄生线虫，对大肠寄生线虫作

用极弱。哈罗松也可用作马、牛、羊、猪、禽的驱虫药。哈罗松属有机磷化合物中最安全的药物，除鹅外，对多数畜禽都很安全。毒性低是由于本品对哺乳动物红细胞内胆碱酯酶抑制力弱，与胆碱酯酶结合具有可逆性，酶活性易恢复，因而哺乳动物应用本品较安全。鹅对哈罗松极敏感，禁用。其他家禽应用高剂量时，亦应慎重。因在乳汁中有微量残留，奶牛及奶羊慎用。休药期 7 日。

内服：一次量，每千克体重，马 50～70 mg，牛 40～44 mg，羊 35～50 mg，猪 50 mg，禽 50～100 mg。

蝇毒磷(Coumaphos)

蝇毒磷又称为库马磷。与其他有机磷化合物一样，早先作为家畜杀外寄生虫药，后来才作为驱虫药应用。蝇毒磷最突出的优点是用于泌乳动物时，其乳汁仍可食用。安全范围窄，特别是用其水剂灌服时，2 倍治疗量可引起牛、羊中毒死亡，宜选用低剂量连续混饲法给药。

萘肽磷(Naftalofos)

【作用与应用】 萘肽磷属中等驱虫谱有机磷化合物，驱虫作用机制同敌百虫。主要对牛、羊皱胃和小肠寄生线虫有效，对大肠寄生虫通常无效。

(1) 羊：每千克体重 75 mg 的剂量，对捻转血矛线虫、普通奥斯特线虫、蛇形毛圆线虫和栉状古柏线虫成虫和第 5 期幼虫特别有效，但对幼龄期虫体几乎无效。对乳突类圆线虫疗效超过 80%，对细颈线虫作用不稳定，对食道口线虫、夏伯特线虫无效。

(2) 牛：驱虫谱与羊大致相似，每千克体重一次灌服 50～70 mg，可消除所有血矛线虫；对古柏线虫和蛇形毛圆线虫成虫疗效超过 95%；对艾氏毛圆线虫(87%)和奥氏奥斯特线虫(78%)驱除效果较差；对辐射食道口线虫效果不稳定(22%～100%)。

(3) 马：每千克体重 85 mg 的剂量能成功地驱除驹的马副蛔虫，但对其他虫种无效。

【药物相互作用】 萘肽磷与其他有机磷驱虫药一样，动物在用药期间禁与其他拟胆碱药和胆碱酯酶抑制剂接触。

【注意事项】 ①萘肽磷安全范围很窄，牛、羊应用治疗量有时亦出现精神委顿、食欲丧失、流涎等副作用，但动物多能在 2～5 日内自行耐过。大剂量时出现严重中毒症状，必须及时应用阿托品和碘解磷定。②鸡对萘肽磷敏感，2 倍治疗量即致死，不用为宜。

【用法与用量】 内服：一次量，每千克体重，牛、羊 50 mg，马 35 mg。

(六) 其他驱线虫药

哌嗪(Piperazine)

【理化性质】 我国兽药典收载的为磷酸哌嗪和枸橼酸哌嗪。枸橼酸哌嗪为白色结晶性粉末或半透明结晶性颗粒；无臭，味酸；微有引湿性；在水中易溶，在甲醇中极微溶解，在乙醇、氯仿、乙醚或石油醚中不溶。磷酸哌嗪为白色鳞片状结晶或结晶性粉末；无臭，味微酸带涩；在沸水中溶解，在水中略溶，在乙醇、氯仿或乙醚中不溶。

【药动学】 哌嗪及其盐类能迅速由胃肠道吸收，部分在组织中代谢，其余部分(30%～40%)经尿排泄，通常在用药后 30 min 即可在尿中出现，1～8 h 为排泄高峰期，24 h 内几近排完。

【作用与应用】 哌嗪的各种盐类(性质比哌嗪更稳定)均属有效驱蛔虫药，此外对食道口线虫、尖尾线虫也有一定效果，曾广泛用于兽医临床。哌嗪的驱虫活性，取决于其对蛔虫神经肌肉接头处的抗胆碱样作用，从而阻断神经冲动的传递；同时抑制虫体生成琥珀酸。药物是通过虫体抑制性递质 γ-氨基丁酸而起作用，结果导致虫体麻痹，失去附着于宿主肠壁的能力，并随着肠蠕动而随粪便排出体外。本品常用作畜、禽的驱蛔虫药，毒性小，临床用药较安全。

【注意事项】 ①由于未成熟虫体对哌嗪没有成虫那样敏感，通常应重复用药，间隔用药时间，犬、猫为2周，其他家畜为4周。②哌嗪的各种盐对马的适口性较差，混于饲料中给药时，常因拒食而影响药效，此时以溶液剂灌服为宜。③哌嗪的各种盐给动物(特别是猪、禽)饮水或混饲给药时，必须在8～12 h内用完，而且应该禁食(饮)12 h。④本品与氯丙嗪合用，可诱发癫痫发作；与噻嘧啶或甲噻嘧啶有拮抗作用；与泻药合用，会加速磷酸哌嗪从胃肠道排出，使其达不到最大效应。⑤在推荐剂量时，罕见不良反应，但在犬或猫，可见腹泻、呕吐和共济失调；应用高剂量，马和驹通常能耐受，但可见暂时性的软便现象。⑥慎用于慢性肝、肾疾病以及胃肠蠕动减弱的患畜。⑦休药期：牛、羊28日；猪21日；山禽14日。

【制剂、用法与用量】 枸橼酸哌嗪片(piperazine citrate tablets)，磷酸哌嗪片(piperazine phosphate tablets)。内服：一次量，每千克体重，枸橼酸哌嗪，马、牛0.25 g，羊、猪0.25～0.3 g，犬0.1 g，禽0.25 g；磷酸哌嗪，马、猪0.2～0.25 g，犬、猫0.07～0.1 g，禽0.2～0.5 g。

乙胺嗪(Diethylcarbamazine)

【理化性质】 临床上常用枸橼酸乙胺嗪(diethylcarbamazine citrate)，又称为海群生(hetrazan)，白色结晶性粉末，无臭，味酸苦，微有引湿性；在水中易溶。常用其枸橼酸盐制成片剂。

【作用与应用】 本品为哌嗪衍生物，主要用于马、羊脑脊髓丝状线虫病(连用5日)、犬恶丝虫病，亦可用于家畜肺线虫病和蛔虫病。对犬恶丝虫的微丝蚴也有一定作用，使血液中微丝蚴迅速集中到肝微血管内，大部分被肝吞噬细胞消灭。由于本品不能直接杀灭微丝蚴，故需以小剂量连用3～5周作为预防药。注意本品对微丝蚴阳性犬可引起过敏反应，甚至死亡。大剂量对犬、猫的胃有刺激性，宜喂食后服用。

【注意事项】 ①本品禁用于微丝蚴阳性犬，因个别犬会引起过敏反应，甚至致死。②毒性小，但对犬、猫的胃有刺激性，长期服用可引起呕吐；驱蛔虫，大剂量喂服时，宜喂食后服用。

【制剂、用法与用量】 枸橼酸乙胺嗪片(diethylcarbamazine citrate tablets)内服：一次量，每千克体重，马、牛、羊、猪20 mg，犬、猫50 mg(预防犬恶丝虫病6.6 mg)。

硫胂铵钠

硫胂铵钠为三价有机砷化合物，主要用于杀灭犬恶丝虫成虫。硫胂铵钠分子中的砷能与丝虫酶系统的巯基结合，破坏虫体代谢，而表现杀虫作用，但对微丝蚴无效。本品有强刺激性，静脉注射宜缓慢，并严防漏出血管。在治疗后1个月内，务必使动物绝对安静，因此时虫体碎片栓塞能引起致死性反应。有显著肝、肾毒作用，肝、肾功能不全动物禁用。遇有砷中毒症状，应立即停药，6周后再继续治疗。反应严重时，可用二巯丙醇解毒。

硫胂铵钠注射液：静脉注射，一次量，每千克体重，犬2.2 mg。每日2次，连用2日(或每日1次，连用15日)。

碘噻青胺(Dithiazanine Iodide)

碘噻青胺又称为碘二噻宁，蓝紫色粉末，难溶于水，主要用于杀灭犬恶丝虫微丝蚴。驱虫谱较广，对犬钩虫、蛔虫、鞭虫、类圆线虫，甚至对狼旋尾线虫也有良好效果。碘噻青胺能使微丝蚴丧失活动，陷入毛细血管床内，最后被宿主细胞所吞噬；还能使雌虫子宫内微丝蚴发育不良，从而使绝大多数犬血液循环中的微丝蚴转为阴性，个别阳性犬可改用左咪唑治疗。犬对本品较敏感。本品吸收较少，能使用药犬的粪便或呕吐物染成蓝绿色或紫色。

内服：一日量，每千克体重，犬6.6～11 mg。分1～2次，连用7～10日。

二、驱绦虫药

绦虫通常依靠头节攀附于动物的消化道黏膜上，以及依靠虫体的波动作用保持在消化道寄生部位。目前所指的驱绦虫药是指在原寄生部位能杀灭绦虫的药物（即杀绦虫药），而古老的驱绦虫药，通常仅能使虫体暂时麻痹（即驱绦虫药），再借泻药将其排出。若在排出前，虫体复苏，重新攀附而多使治疗失败。

绦虫发育过程中有中间宿主，要彻底消灭畜禽绦虫病，不仅需要使用驱绦虫药，而且还需要控制绦虫的中间宿主，采取有效的综合防治措施，以阻断其传播。理想的驱绦虫药，应能完全驱杀虫体，若仅使绦虫节片脱落，则完整的头节大概在 2 周内又会生出体节。古老的驱绦虫药有两大类：一类为天然植物类，如南瓜子、绵马贯众、卡玛拉、鹤草芽、槟榔碱等，其中除槟榔碱目前仍用于犬、禽外，其余制剂兽医临床上已很少应用；另一类为无机化合物类，如砷酸锡、砷酸铅、砷酸钙、硫酸铜等，因毒性太大，目前已不再应用。

在临床上广为使用的为人工合成杀绦虫药，疗效高、毒性小，常用的药物有水杨酰苯胺类（氯硝柳胺、碘醚柳胺）、吡嗪并异喹啉类（吡喹酮、依西太尔）、苯磺酰胺类（氯舒隆）、替代酚（硝碘酚腈、六氯酚、硫双二氯酚）、苯并咪唑类（阿苯达唑、甲苯达唑、芬苯达唑、奥芬达唑、三氯苯达唑）、氢溴酸槟榔碱、丁萘脒、溴羟苯酰苯胺等。

吡喹酮(Praziquantel)

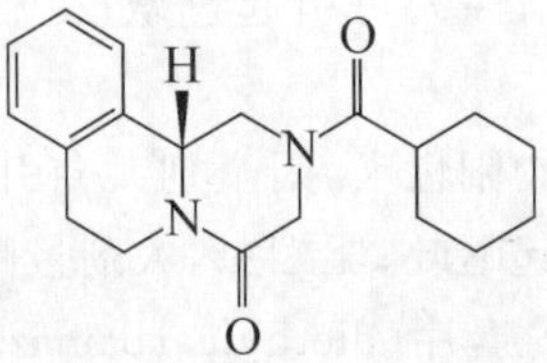

【理化性质】 吡喹酮又名环吡异喹酮，为白色或类白色结晶性粉末；几乎无臭，味苦；有吸湿性；在氯仿中易溶，在乙醇中溶解，在乙醚及水中均不溶；应遮光密闭保存。本品是较理想的新型广谱抗血吸虫药和驱绦虫药，20 世纪 70 年代被研制，目前广泛用于世界各国，不溶于水，常制成片剂。

【药动学】 内服后在肠道吸收迅速，犬 0.5～2 h 达峰浓度，并迅速分布于各组织，其中以肝、肾中含量较高，能透过血脑屏障。首过效应很强，形成单羟化或多羟化代谢产物，门脉的药物浓度显著高于外周血液浓度。黄牛、羊、猪、犬、兔等内服吡喹酮后，血浆的原形药浓度很低，生物利用度很小。静脉注射给药则可在血中达到高浓度。内服给药的消除半衰期如下：黄牛 7.72 h，羊 2.45 h，猪 1.07 h，犬 3.0 h，兔 3.47 h。吡喹酮在体内代谢迅速，主要经肾排出。

【作用与应用】 吡喹酮能使宿主体内血吸虫产生痉挛性麻痹而脱落，并向肝移行。此外，对大多数绦虫成虫和未成熟虫体均有良效，加之对动物毒性极小，是较理想的药物。研究认为本品抗血吸虫作用的机制如下：其对血吸虫可能有 5-羟色胺样作用，引起虫体痉挛性麻痹；同时能影响虫体肌质膜对 Ca^{2+} 的通透性，使 Ca^{2+} 的内流增加；还能抑制肌质网钙泵再摄取，使虫体肌细胞内 Ca^{2+} 含量大增，导致虫体麻痹。

吸虫病：能驱杀牛、羊的胰阔盘吸虫和矛形歧腔吸虫，食肉动物的华支睾吸虫、后睾吸虫、扁体吸虫和并殖吸虫，水禽的棘口吸虫等。

血吸虫病：杀虫作用强而迅速，对幼虫作用弱；能很快使虫体失去活性，并使病牛体内血吸虫向肝移动，被消灭于肝组织中。主要用于耕牛血吸虫病，既可内服，亦可肌内注射和静脉注射给药，高剂量的灭虫率均在 90%以上。

绦虫病：能驱杀牛和猪的莫尼茨绦虫、无卵黄腺绦虫、带属绦虫，犬细粒棘球绦虫、复孔绦虫、中

线绦虫，家禽和兔的各种绦虫；对牛囊尾蚴、猪囊尾蚴、豆状囊尾蚴、细颈囊尾蚴有显著的疗效。

吡喹酮一次应用治疗量即能全部驱净羊大多数绦虫。较大剂量，连用 3 日对细颈囊尾蚴的驱杀效果达 100%。对歧腔吸虫亦有一定作用。对羊日本血吸虫有高效，一次应用，灭虫率接近 100%。

吡喹酮对猪细颈囊尾蚴及猪囊尾蚴有较好效果。对有些犬、猫绦虫的成虫和未成熟虫体有高效，而仅对另一些犬、猫绦虫的成虫有效。对家禽绦虫的灭虫率达 100%。

【注意事项】 ①本品毒性极低，应用安全，高剂量偶有血清谷丙转氨酶水平轻度升高现象，但部分牛会出现体温升高、肌肉震颤、臌气等反应，大剂量注射时可能引起局部炎症，甚至坏死。病猪用药后数天内，体温升高、沉郁、乏力，重者卧地不起、肌肉震颤、减食或停食、呕吐、尿多而频、口流白沫、眼结膜和肛门黏膜肿胀等。犬内服后可引起全身反应如疼痛、呕吐、下痢、流涎、无力、昏睡等，但多能耐过，猫的不良反应少见。可静脉注射碳酸氢钠注射液、高渗葡萄糖溶液以减轻反应。②不推荐用于 4 周龄以内的幼犬和 6 周龄以内的幼猫，但与非班太尔配伍，可用于各年龄的犬和猫。③本品内服后吸收完全，吸收后分布广泛，对寄生于宿主各器官内(肌肉、脑、腹膜腔、胆管和小肠)的绦虫幼虫和成虫均有杀灭作用。④休药期 28 日。⑤弃奶期 7 日。

【制剂、用法与用量】 吡喹酮片(praziquantel tablets)0.2 g、0.5 g。内服：一次量，每千克体重，牛、羊、猪 10～35 mg，犬、猫 2.5～5 mg，禽 10～20 mg。

依西太尔(Epsiprantel)

【理化性质】 依西太尔又称为伊喹酮。本品为白色结晶性粉末；难溶于水。

【药动学】 伊喹酮内服后，极少被消化道吸收，因此大部分由粪便排泄。犬内服治疗量(每千克体重 5.5 mg)，1 h 血药浓度达峰值(0.13 μg/mL)。同样剂量喂猫，30 min 后，能测出猫的血药平均浓度为 0.21 μg/mL。有 83%的动物血浆中测不到药物。犬尿中排泄的药物不足给药量的0.1%，而且没有代谢产物。

【作用与应用】 伊喹酮作用机制与吡喹酮类似，即影响绦虫正常的 Ca^{2+} 和其他离子浓度导致强直性收缩，也能损害绦虫外皮，使之损伤后溶解，最后被宿主所消化。伊喹酮为吡喹酮同系物，是犬、猫专用驱绦虫药。伊喹酮对犬、猫常见的绦虫如犬、猫复孔绦虫，犬豆状带绦虫均有接近 100%的疗效。

【注意事项】 本品毒性虽较吡喹酮更低，但美国规定，不足 7 周龄犬、猫以不用为宜。

【制剂、用法与用量】 依西太尔片(epsiprantel tablets)内服：一次量，每千克体重，犬 5.5 mg，猫 2.75 mg。

氯硝柳胺(Niclosamide)

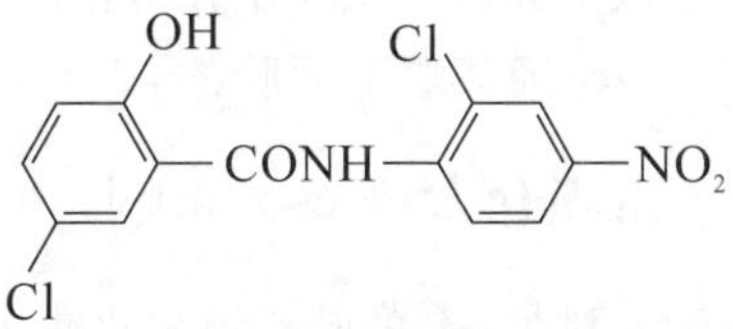

OH Cl CONH NO_2 Cl

【理化性质】 氯硝柳胺又称为灭绦灵；淡黄色结晶性粉末；无臭，无味。本品是世界各国广为应用的传统驱绦虫药，几乎不溶于水，微溶于乙醇、乙醚或氯仿。本品置于空气中易呈黄色。常制成片剂。

【作用与应用】 本品内服后难吸收，毒性小，在肠道内保持较高浓度。作用机制是抑制绦虫对葡萄糖的吸收，并抑制虫体细胞内氧化磷酸化反应，使三羧酸循环受阻，导致乳酸蓄积而产生杀虫作用。通常药物与虫体接触 1 h，虫体便萎缩，继而杀灭绦虫的头节及其近段，使绦虫从肠壁脱落而随粪便排出体外，一般在用药 48 h，虫体即全部排出。由于虫体常被肠道蛋白酶分解，难以检出完整的虫体。

Note

本品具有驱绦虫范围广、驱虫效果良好、毒性低、使用安全等优点。用于畜禽绦虫病，反刍动物前后盘吸虫病。对牛、羊多种绦虫均有高效。本品对绦虫头节和体节具有同等驱排效果；对前后盘吸虫驱虫效果亦良好。对犬、猫绦虫有明显驱杀效果。治疗量几乎可驱净鸡各种绦虫。

对马的裸头绦虫，牛、羊莫尼茨绦虫、无卵黄腺绦虫、曲子宫绦虫，牛、羊、鹿隧状绦虫，犬的多头绦虫、带属绦虫，鸡的赖利绦虫，鲤鱼的裂头绦虫均有良效，而对犬复孔绦虫不稳定；对牛、羊的前后盘吸虫也有效。还可杀灭血吸虫的中间宿主钉螺，对螺卵和尾蚴也有杀灭作用。

【注意事项】 ①本品安全范围较广，牛、羊、马应用安全；犬、猫稍敏感，2 倍治疗量时可出现暂时性下痢；鱼类敏感，易中毒致死。②动物在给药前应禁食一宿。③休药期：牛、羊 28 日。

【制剂、用法与用量】 氯硝柳胺片(niclosamide tablets)0.5 g。内服：一次量，每千克体重，牛 40～60 mg，羊 60～70 mg，犬、猫 50～100 mg，禽 50～60 mg。

硫双二氯酚(Bithionol)

【理化性质】 硫双二氯酚又名别丁，为白色或类白色粉末；无臭或微带酚臭；不溶于水，易溶于乙醇、乙醚或丙酮；在稀碱溶液中溶解；宜密封保存。

【作用与应用】 本品可抑制虫体内葡萄糖分解和氧化代谢过程，特别是抑制琥珀酸的氧化，导致虫体能量不足而死亡。对畜禽多种吸虫和绦虫有驱除作用。对牛、羊肝片吸虫，鹿、牛、羊前后盘吸虫，猪姜片吸虫有效。对反刍动物莫尼茨绦虫、曲子宫绦虫，马裸头绦虫，犬、猫带属绦虫，鸡赖利绦虫，鹅绦虫等也有效。对肝片吸虫成虫效力高，对幼虫效果差，需增加剂量。

本品内服后，仅少量由消化道迅速吸收，并由胆汁排泄，大部分未吸收的药物由粪便排泄。因此，能够较好地驱除胆道吸虫和胃肠道绦虫。

【注意事项】 本品安全范围较小，对动物有类似 M 胆碱样作用，可使肠蠕动增强，剂量增大时动物表现为食欲减退、短暂性腹泻，但多在 2 日内自愈，为减轻副作用，可以小剂量连用 2～3 次。奶牛的产奶量和鸡的产蛋率下降，一般不经处理，数日内可自行恢复。马较敏感，家禽中鸭比鸡敏感，用药时宜注意。禁用乙醇或增加溶解度的溶媒配制溶液内服，否则会造成大批中毒死亡事故。不宜与四氯化碳、吐酒石、吐根碱、六氯乙烷、六氯对二甲苯联合应用，否则毒性增强。

【制剂、用法与用量】 硫双二氯酚片(bithionole tablets)0.25 g、0.5 g。内服：一次量，每千克体重，马 10～20 mg，牛 40～60 mg，羊、猪 75～100 mg，犬、猫 200 mg，鸡 100～200 mg，鸭 30～50 mg。

丁萘脒(Bunamidine)

丁萘脒多制成盐酸盐或羟萘酸盐供临床应用。盐酸丁萘脒主要用作犬、猫驱绦虫药。羟萘酸丁萘脒主要用于羊的莫尼茨绦虫。各种丁萘脒盐都有杀绦虫特性，使绦虫在宿主消化道内被消化，因而粪便中不出现虫体。盐酸丁萘脒对眼有刺激性，还可引起肝损害和胃肠道反应。盐酸丁萘脒：内服一次量，每千克体重，犬、猫 25～50 mg；羟萘酸丁萘脒：羊 25～50 mg，鸡 400 mg。

雷琐仑太(Resorantel)

雷琐仑太又称为溴羟苯酰苯胺。其对牛、羊莫尼茨绦虫灭虫率超过 95%；对无卵黄腺绦虫亦有效；对前后盘吸虫成虫有效驱除率达 100%，对幼虫亦有明显效果(90%)。应用治疗量后 36 h 内偶见牛、羊腹泻、食欲减退等不良反应。

内服：一次量，每千克体重，牛、羊 65 mg。

氢溴酸槟榔碱(Arecoline Hydrobromide)

【理化性质】 本品为白色或淡黄色结晶性粉末；味苦。本品易溶于水，常制成片剂。

【作用与应用】 氢溴酸槟榔碱对犬绝大多数绦虫有效，对禽类绦虫也有驱除作用。

本品主要用于治疗犬细粒棘球绦虫病。

【注意事项】 ①本品给犬灌服时能迅速从口腔黏膜吸收，由消化道吸收的药物，在肝脏中迅速灭活。若皮下注射，宿主仅出现拟胆碱样反应，而无驱虫效果。②治疗量时，有时即使个别犬产生呕吐及腹泻症状，但多数能自行耐过。③中毒用阿托品解救。猫最敏感，以不用为宜。

【用法与用量】 内服，每千克体重，犬 2 mg，用药前最好禁食 12 h。

三、驱吸虫药

驱吸虫药主要指驱除消化道中肝片吸虫、前后盘吸虫、姜片吸虫、双腔吸虫、前殖吸虫和肺吸虫等吸虫的药物。家畜吸虫病中，以肝片吸虫病普遍而危害较重。猫和犬主要是肺吸虫病，鸡为前殖吸虫病。

除前述吡喹酮、硫双二氯酚以及苯并咪唑类药物等具有驱吸虫作用外，尚有多种驱吸虫药。根据化学结构不同将驱吸虫药分为卤代烃类（四氯化碳、六氯乙烷等）、二酚类（六氯酚、硫双二氯酚等）、硝基酚类（碘硝酚、硝氯酚、硝碘酚腈）、水杨酰苯胺类（氯氰碘柳胺、碘醚柳胺）、磺胺类（氯舒隆）、苯并咪唑类（阿苯达唑、三氯苯达唑）、其他（溴酚磷等）。以上药物除卤代烃类和二酚类很少用外，常用药物主要有三氯苯达唑、阿苯达唑、氯舒隆、碘醚柳胺、氯氰碘柳胺等。

硝氯酚(Niclofolan)

【理化性质】 硝氯酚又称为拜耳-9015，黄色结晶性粉末，无臭；不溶于水，微溶于乙醇，易溶于氢氧化钠或碳酸钠溶液。本品是广泛使用的高效、低毒抗肝片吸虫药，其钠盐易溶于水，常制成片剂。

【药动学】 本品内服后可经肠道吸收，但在瘤胃内可逐渐降解灭活。牛以每千克体重 3 mg 的剂量内服 1～2 日后，血中药物达峰浓度（3～7 μg/mL），很快下降，低于 2 μg/mL。体内排泄较慢，9 日后乳、尿中几乎无残留药物。

【作用与应用】 硝氯酚是国内外广泛应用的抗牛、羊肝片吸虫药，具有高效、低毒、用量小的特点，在我国已代替四氯化碳、六氯乙烷等传统治疗药而用于临床。本品能抑制琥珀酸脱氢酶的活性，从而影响虫体的能量代谢过程而产生驱虫作用。

本品是驱除牛、羊肝片吸虫较理想的药物，治疗量一次内服，对肝片吸虫成虫驱虫率几乎达 100%。对未成熟虫体，无实用意义。硝氯酚对各种前后盘吸虫移行期幼虫也有较好效果。对肝片吸虫的幼虫虽然有效，但需要较高剂量，且不安全。

【不良反应】 硝氯酚对动物比较安全，治疗量一般不出现不良反应，剂量过大可能出现中毒症状，如体温升高、心率加快、呼吸增数、精神沉郁、停食、步态不稳、口流白沫等。中毒解救宜保肝强心，可根据症状选用安钠咖、毒毛花苷、维生素 C 等治疗，不可用钙剂，以免增加心脏负担。黄牛对本品较耐受，而羊则较敏感。用药后 9 日内的乳禁止上市；休药期 15 日。

【制剂、用法与用量】 硝氯酚片(niclofolan tablets)0.1 g。内服：一次量，每千克体重，黄牛 3～7 mg，水牛 1～3 mg，羊 3～4 mg，猪 3～6 mg。硝氯酚注射液(niclofolan injection)10 mL∶0.4 g、2 mL∶0.08 g。深层肌内注射：一次量，每千克体重，牛、羊 0.5～1 mg。

碘醚柳胺(Rafoxanide)

【理化性质】 本品为灰白色至棕色粉末。在丙酮中溶解，在乙酸乙酯或氯仿中略溶，在甲醇中微溶，在水中不溶，常制成混悬液。

【药动学】 碘醚柳胺内服后迅速由小肠吸收而进入血流，24～48 h 达血药峰浓度。在牛、羊体内不被代谢，而广泛地（>99%）与血浆蛋白结合，具有很长的半衰期（16.6 日），对未成熟虫体和胆管内成虫起驱杀作用，牛每千克体重一次内服 15 mg，用药 28 日后可食用组织测不到残留药物。

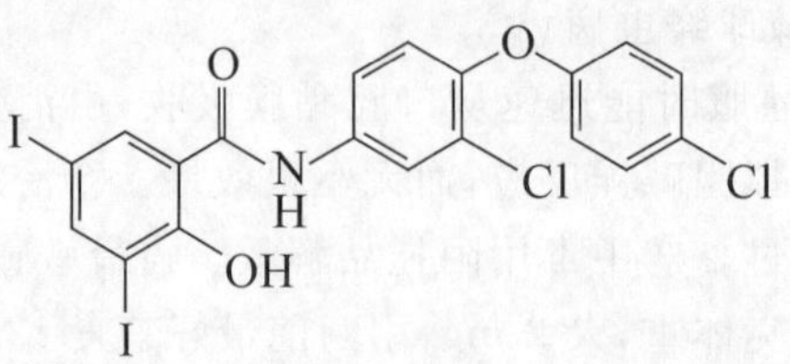

【作用与应用】 碘醚柳胺是世界各国广泛应用的抗牛、羊片形吸虫药。但其抗吸虫机制至今尚不清楚。羊每千克体重一次内服 7.5 mg，对不同周龄肝片吸虫效果如下：12 周龄成虫驱杀率几乎达 100%；6 周龄未成熟虫体 86%～99%；4 周龄虫体 50%～98%。上述剂量对牛肝片吸虫亦有同样效果。本品对 4～6 周龄肝片吸虫有一定的疗效，因此优于其他单纯的杀成虫药。

碘醚柳胺对羊大片形吸虫成虫和 8 周龄、10 周龄未成熟虫体均有 99%以上的疗效，但对 6 周龄虫体有效率仅为 50%左右。

【注意事项】 ①本品内服后具有很长的半衰期(16.6 日)，为彻底消除未成熟虫体，用药 3 周后，最好再重复用药一次。②休药期：牛、羊 60 日，泌乳期禁用。

【制剂、用法与用量】 碘醚柳胺混悬液(rafoxanide suspension)内服：一次量，每千克体重，牛、羊 7～12 mg。

氯生太尔(Closantel)

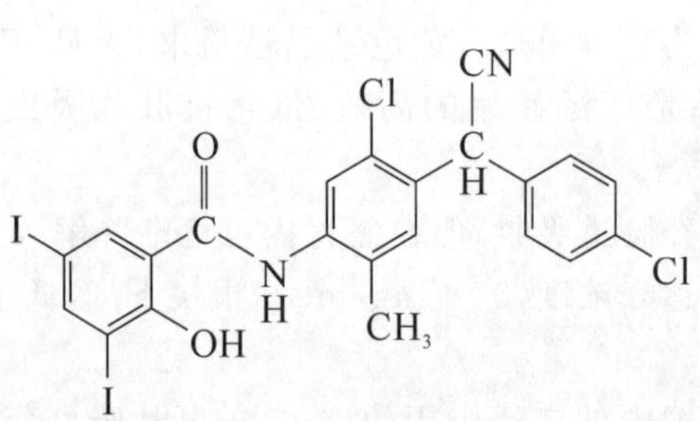

【理化性质】 氯生太尔又称为氯氰碘柳胺，常用其钠盐。本品为浅黄色粉末；无臭；无异味。本品在乙醇、丙酮中易溶，在甲醇中溶解，在水或氯仿中不溶。

【药动学】 牛、羊每千克体重内服 10 mg，8～24 h 血药峰浓度为 45～55 μg/mL，与注射每千克体重 5 mg 的剂量的浓度近似。内服吸收较少，吸收后氯氰碘柳胺与血浆蛋白广泛结合(>99%)，因而半衰期长达 14.5 日，由于药物长期滞留，预防绵羊血矛线虫感染的作用长达 60 日，同时亦增强对进入胆管内刚成熟肝片吸虫的杀灭效果。药物主要经粪便排泄(80%)，不足 0.5%的药物经尿排出体外。

【作用与应用】 氯氰碘柳胺与碘醚柳胺同属水杨酰苯胺类药物，是较新型广谱抗寄生虫药，对牛、羊片形吸虫、胃肠道线虫以及节肢类动物的幼虫均有驱杀作用。代谢研究证实，本品是由于增大寄生虫线粒体渗透性，通过氧化磷酸化的解偶联作用而发挥驱杀作用。氯氰碘柳胺钠主要用于驱除牛、羊肝片吸虫。本品对前后盘吸虫无效。对多数胃肠道线虫，如血矛线虫、仰口线虫、食道口线虫，每千克体重 5～7.5 mg 的剂量，驱除率均超过 90%。每千克体重 2.5～5 mg 的剂量，对 1、2、3 期羊鼻蝇蛆均有 100%杀灭效果；对牛皮蝇 3 期幼虫亦有较好驱杀效果。

【注意事项】 注射剂对局部组织有一定的刺激性。休药期：牛、羊 28 日，弃奶期 28 日。

【制剂、用法与用量】 氯氰碘柳胺钠大丸剂(closantel sodium bolus)，内服：一次量，每千克体重，牛 5 mg，羊 10 mg。氯氰碘柳胺钠混悬液(closantel sodium suspension)，氯氰碘柳胺钠注射液(closantel sodium injection)皮下注射：一次量，每千克体重，牛 2.5 mg，羊 5 mg。

双酰胺氧醚(Diamphenethide)

【理化性质】 本品为白色或浅黄色粉末;在甲醇、乙醇、氯仿中微溶,在水和乙醚中不溶。

【药动学】 双酰胺氧醚内服用药 3 日后,肝特别是胆囊中浓度最高。7 日后,胆囊和肝中药物浓度比第 3 日低(0.1～0.5 mg/kg),此时肌肉中药物浓度更低(0.02 mg/kg)。

【作用与应用】 双酰胺氧醚在体内被肝药酶代谢为一种胺代谢产物而引起驱吸虫作用。由于 7 周龄前未成熟虫体还寄生在肝实质内,而药物此时又在肝实质中形成高浓度胺代谢产物,所以本品能迅速杀灭这些未成熟虫体。通常,这些代谢产物也在肝内被迅速破坏。进入胆管的代谢产物浓度很低,因此对寄生于胆管内的成虫效果就很差。最近有资料证实,双酰胺氧醚还能引起吸虫外皮变化,进一步促进药物的杀虫效应。

双酰胺氧醚是传统应用的杀肝片吸虫幼虫药,对最幼龄幼虫作用最强,并随肝片吸虫日龄的增长而作用下降,是治疗急性肝片吸虫病有效的药物。

【注意事项】 ①本品用于急性肝片吸虫病时,最好与其他杀片形吸虫成虫药并用。作为预防药应用时,最好间隔 8 周再重复应用 1 次。②本品安全范围较广,但过量可引起动物视觉障碍和羊毛脱落现象。③休药期,羊 7 日。

【制剂、用法与用量】 双酰胺氧醚混悬液(diamphenethide suspension)内服:一次量,每千克体重,羊 100 mg。

硝碘酚腈(Nitroxinil)

硝碘酚腈又称为氰碘硝基苯酚,黄色结晶性粉末,微溶于水,为较新型杀肝片吸虫药,注射给药较内服更有效。硝碘酚腈能阻断虫体的氧化磷酸化作用,降低 ATP 浓度,减少细胞分裂所需的能量而导致虫体死亡。一次皮下注射,对牛、羊肝片吸虫、大片形吸虫成虫有 100%的驱杀效果,但对未成熟虫体效果较差。本品对阿维菌素类和苯并咪唑类药物有抗性的羊捻转血矛线虫的驱除率超过 99%。药物排泄缓慢,重复用药应间隔 4 周以上。药液能使羊毛黄染,泌乳动物禁用;休药期 60 日。制剂有 25%硝碘酚腈注射液。皮下注射:一次量,每千克体重,牛、猪、羊、犬 10 mg。

海托林(Hetolin)

海托林化学名为三氯苯哌嗪,白色结晶性粉末,微溶于水,易溶于乙醇,是治疗牛、羊矛形双腔吸虫较安全、有效的药物。治疗量不引起动物异常反应,妊娠后期母畜亦能耐受 2 倍治疗量。奶牛用药后 30 日内乳汁有异味,不宜供人食用。

内服:一次量,每千克体重,牛 30～40 mg,羊 40～60 mg。

三氯苯达唑(Triclabendazole)

【理化性质】 三氯苯达唑又称为三氯苯咪唑。本品为白色或类白色粉末。本品是苯并咪唑类药物中专用于抗片形吸虫的药物,不溶于水,常制成混悬液。

【作用与应用】 本品为新型苯并咪唑类驱虫药,对各种日龄的牛、羊等反刍动物及鹿、马肝片吸虫均有明显驱杀效果,是较理想的抗肝片吸虫药。

本品用于治疗牛、羊肝片吸虫病。

【注意事项】 ①本品对鱼类毒性较大，残留药物的容器切勿污染水源。②治疗急性肝片吸虫病，5周后应重复用药一次。③本品生物利用度较高，半衰期长。与左咪唑、甲噻嘧啶合用安全有效。④休药期：28日，产乳期禁用。

【用法与用量】 内服，一次量，每千克体重，牛6～12 mg；羊5～10 mg。

氯舒隆(Clorsulon)

氯舒隆属苯磺酰胺类，化学名称为4-氨基-6-三氯乙烯基-1，3-苯磺酰胺。本品主要用于治疗牛未成熟的肝片吸虫或成虫，对8周龄以下的未成熟的吸虫无效。氯舒隆对大片形吸虫也有效，但对瘤胃吸虫无效（前后盘吸虫）。

内服：一次量，每千克体重，牛、绵羊、骆驼7 mg。

四、抗血吸虫药

家畜血吸虫病是由分体属吸虫、东毕属吸虫引起的，在我国流行的日本分体吸虫病是一种人畜共患病。家畜中耕牛易患，病牛虽无严重临床症状，但血吸虫能在牛体内发育产卵，随粪便排出而污染环境，对人体造成很大威胁，目前我国血吸虫病主要流行地区是湘、鄂、赣、皖、苏、川、云，其中湖南岳阳和湖北荆州为重灾区；防治耕牛血吸虫病是彻底消灭人血吸虫病的重要措施。另外，还必须采取综合防治措施，如加强粪便管理、灭螺、安全放牧以及药物治疗等才能获得满意的效果。

在药物治疗方面，抗血吸虫药的研究发展很快，锑剂（如酒石酸锑钾和没食子酸锑钠等）原是传统应用有效的药物，但由于毒性大，疗程长，必须静脉注射等缺点，已逐渐被其他药物所取代。吡喹酮具有高效、低毒、疗程短、口服有效等特点，是血吸虫病防治的首选药物。其他具有抗血吸虫作用的药物主要有硝硫氰胺(7505)、硝硫氰醚、呋喃丙胺、六氯对二甲苯、敌百虫等。吡喹酮为当前首选的抗血吸虫药，主要用于人和动物血吸虫病，也用于绦虫病和囊尾蚴病，为较理想的新型广谱驱绦虫药、驱吸虫药和抗血吸虫药。

硝硫氰酯(Nitroscanate)

【理化性质】 硝硫氰酯为无色或浅黄色微细结晶性粉末，不溶于水，极微溶于乙醇，溶于丙酮和二甲基亚砜。

【药动学】 单胃动物内服后，吸收较慢，24～72 h达血药峰浓度，吸收后药物能与红细胞和血浆蛋白结合，因此半衰期长达7～14日。在体内分布不均匀，胆汁中浓度高于血浆中浓度10倍，有明显肝肠循环现象，对杀灭血吸虫有利。吸收后药物主要经尿液排泄。反刍动物内服后驱虫效果较差，可能是在瘤胃中被降解所致。

【作用与应用】 硝硫氰酯具有较强的杀血吸虫作用，使虫体收缩，丧失吸附血管壁的能力，而被血流冲入肝脏，使虫体萎缩，生殖系统退化，通常于给药2周后虫体开始死亡，4周后几乎全部死亡。本品的抗血吸虫作用机制是抑制虫体的琥珀酸脱氢酶和三磷酸腺苷酶，影响三羧酸循环。

硝硫氰酯具有广谱驱虫作用，国外还用于犬、猫驱虫，而我国主要用于耕牛血吸虫病和肝片吸虫病的治疗。本品对耕牛血吸虫病和肝片吸虫病均有较好疗效。但由于内服时杀虫效果较差，临床多选用第三胃注入法。

【注意事项】 ①本品对胃肠道有刺激性，犬、猫反应较严重，因此国外有专用的糖衣丸剂。猪偶可呕吐。个别牛表现为厌食、瘤胃臌气或反刍停止，但均能耐过。②本品颗粒越细，作用越强。③给耕牛第三胃注入时，应配成3%油性溶液。

【用法与用量】 内服：一次量，每千克体重，牛30～40 mg，猪15～20 mg，犬、猫50 mg。第三胃注入：一次量，每千克体重，牛15～20 mg。

六氯对二甲苯(Hexachloroparaxylene)

六氯对二甲苯又称为血防-846。本品为有机氯化合物类广谱抗寄生虫药，对耕牛血吸虫、牛羊肝片吸虫、前后盘吸虫、复腔吸虫均有较好疗效，对猪姜片吸虫也有一定效果。对幼虫和成虫均有抑制作用，对幼虫作用优于成虫。本品毒性较锑剂小，但亦损害肝脏，导致变性或坏死。本品有蓄积作用，在脂肪和类脂质丰富的组织中含量高。停药2周后，血中才检不出药物。本品可通过胎盘到达胎儿体内，孕畜和哺乳母畜慎用。

治疗血吸虫病：内服，一次量，每千克体重，黄牛120 mg，水牛90 mg。每日1次(每日极量：黄牛28 g，水牛36 g)，连用10日。

治疗肝片吸虫病：内服，一次量，每千克体重，牛200 mg，羊200～250 mg。

呋喃丙胺(Furapromide)

本品属硝基呋喃类，是我国首创的一种非锑剂内服抗血吸虫药。本品内服后主要由小肠吸收，进入门静脉直接与虫体接触，产生杀虫作用，对日本血吸虫的成虫和幼虫均有驱杀作用。因本品在门静脉中的浓度较高，在肠系膜下静脉中浓度较低，虫体不易受到药物作用，单独使用效果不佳，故对慢性血吸虫病宜与敌百虫合用，在敌百虫作用下，虫体迅速移入门静脉和肝脏内，使呋喃丙胺能充分发挥作用。

内服：一次量，每千克体重，黄牛80 mg，每日下午内服，每日上午先内服敌百虫，每千克体重1.5 mg。连用7日。

第二节 抗原虫药

畜禽的原虫病是由单细胞原生动物如球虫、锥虫、血孢子虫、滴虫、梨形虫、弓形虫、利什曼原虫和阿米巴原虫等引起的一类寄生虫病。此类疾病以鸡、兔、牛和羊的球虫病危害大，不仅流行广且可以造成大批畜禽死亡；其次，还有锥虫病和梨形虫病。本节分抗球虫药、抗锥虫药、抗梨形虫药进行叙述。

家畜原虫病主要有球虫病、锥虫病、梨形虫病及弓形虫病等。临床上多表现急性和亚急性过程，并呈现季节性和地方流行性或散在发生，对畜禽的危害较严重，有时会造成畜禽大批死亡，直接危害畜牧业的发展。

一、抗球虫药

球虫病为寄生于胆管及肠上皮细胞内的一种原虫病。它以消瘦、贫血、下痢、便血为主要临床特征，严重危害雏鸡、犊牛、羔羊、幼兔的生长发育，甚至造成大批死亡，因而威胁养鸡和养兔业的发展。危害畜禽的球虫以艾美耳属球虫为主。其发育有裂殖生殖、配子生殖和孢子生殖三个阶段。前两个阶段在宿主肠黏膜上皮细胞内进行，后一个阶段在外界环境中完成。目前球虫病主要还是依靠药物防治，不仅在极大程度上降低了球虫病造成的损失，而且给畜牧业带来了巨大的经济效益。

自从1939年Levine P. P. 首次提出在生产中使用氨苯磺胺控制球虫病以来，用于预防鸡球虫病

的药物达 50 余种，其中一些药物（如早期应用的呋喃类、四环素类和大多数磺胺药）由于疗效不佳，毒性太大已逐渐被淘汰。目前，在不同国家中用于生产的只有 20 余种，一般为广谱抗球虫药，大致分为两大类：一类是聚醚类离子载体抗生素，另一类是化学合成抗球虫药。目前我国使用最多的是马杜霉素。此外，常以各种化学合成药作为防治球虫轮换或穿梭用药方案中的替换药物，其中使用较多的是地克珠利、氨丙啉和尼卡巴嗪。

一般而言，离子载体类、喹啉类、氯羟吡啶都是对球虫子孢子和滋养体起作用，而尼卡巴嗪、氨丙啉、常山酮、氟嘌呤和磺胺类主要对后期阶段起作用；地克珠利对艾美耳球虫多数阶段起作用，但对巨型艾美耳球虫仅在有性生殖阶段起作用。氨丙啉、氟嘌呤和磺胺类对实验室虫株的有性生殖阶段也起作用。

对多数药物的真正作用机制了解不多，一般都是从化学结构或特定的实验室研究进行推测。喹啉类抗球虫药可逆性地与子孢子线粒体内电子运输系统部分结合，因而可阻断任何需要能量的反应。氨丙啉化学结构类似于硫胺，可能通过阻断虫体对硫胺的利用而起作用。离子载体类抗球虫药可提高细胞膜对钠、钾离子的通透性，使得虫体消耗很多能量。经离子载体类处理之后的子孢子在细胞内不能存活，可能由于它们缺乏有效的机制来保持渗透平衡，氟嘌呤似乎是干扰嘌呤的补给途径，但这与抗球虫活性有何关系尚不清楚。

在使用抗球虫药时，必须考虑如何完善控制球虫病，把球虫病造成的损失降至最低；如何才能推迟球虫对所用抗球虫药产生耐药性，以尽量延长有效药物的使用寿命。为达到前一目的，不仅要靠高效的抗球虫药，而且要使鸡对球虫逐渐产生一定的保护性免疫力，所以需要合理地使用抗球虫药。为推迟球虫产生耐药性，较好的办法是定期变换或联合应用作用机制不同的药物，避免过度使用任何一种特定的抗球虫药。抗球虫药的选择、给药程序的类型和几种程序之间的轮换方式取决于许多因素：各种不同抗球虫药的特性，使用历史、过去的使用效果，球虫病的流行病学，耐药虫株存在情况及其对各种药物耐药性出现的速度等。

合理应用抗球虫药应该做到以下几方面。

1. 重视药物预防 当前使用的抗球虫药，多数是抑杀球虫发育过程的早期阶段（无性生殖阶段），一般从雏鸡感染球虫开始大约进行 4 日的无性生殖，故必须在感染后前 4 日用药方能奏效。待出现血便等症状时，球虫发育基本完成了无性生殖而开始进入有性生殖阶段，这时用药为时已晚。如果鸡群已经发生了球虫病，此时用药只能保护未出现明显症状或未感染的鸡，而对出现严重症状的病鸡，用药很难收到效果。

2. 合理选用不同作用峰期的药物 作用峰期是指对药物最敏感的球虫生活史阶段，或药物主要作用于球虫发育的某生活周期，也可按球虫生活史（即动物感染后）的第几日来计算。抗球虫药绝大多数作用于球虫的无性周期，但其作用峰期并不相同。掌握药物作用峰期，对合理选择和使用药物具有指导意义。一般来说，作用峰期在感染后第 1、2 日的药物，其抗球虫作用较弱，多用作预防和早期治疗。而作用峰期在感染后第 3、4 日的药物，其抗球虫作用较强，多作为治疗药应用。由于球虫的致病阶段在发育史的裂殖生殖和配子生殖阶段，尤其是第二代裂殖生殖阶段，因此应选择作用峰期与球虫致病阶段相一致的抗球虫药作为治疗性药物。属于这种类型的抗球虫药有尼卡巴嗪、托曲珠利、磺胺氯吡嗪钠、磺胺喹噁啉、磺胺二甲氧嘧啶、二硝托胺。

抗球虫药抑制球虫发育阶段的不同，会直接影响鸡对球虫产生免疫力。作用于第一代裂殖体的药物，影响鸡产生免疫力，故多用于肉鸡，而蛋鸡和肉用种鸡一般不用或不宜长时间应用。作用于第二代裂殖体的药物，不影响鸡产生免疫力，故可用于蛋鸡和肉用种鸡。

3. 采用轮换用药、穿梭用药或联合用药 轮换用药是季节性地或定期地合理变换用药，即每隔 3 个月或半年或在一个肉鸡饲养期结束后，改换一种抗球虫药。但是不能换用属于同一化学结构类型的抗球虫药，也不要换用作用峰期相同的药物。穿梭用药是在同一个饲养期内，换用两种或三种不同性质的抗球虫药，即开始时使用一种药物，至生长期时使用另一种药物，目的是避免耐药虫株的

产生。例如离子载体类药-化学合成药的穿梭用药，开始时使用盐霉素、马杜霉素等离子载体类抗生素，至生长期时使用地克珠利等化学合成药。离子载体类抗生素可造成少量卵囊泄漏，因而用于幼雏日粮时，可使肉鸡受到充分的刺激而建立一定保护水平的免疫力。随后在生长期使用作用较强的化学合成药时，就可防止感染高峰的出现。在穿梭用药或轮换用药时，一般先使用作用于第一代裂殖体的药物，再换作用于第二代裂殖体的药物，这样不仅可减少或避免耐药性的产生，而且可提高药物防治的效果。联合用药：在同一个饲养期内合用两种或两种以上抗球虫药，通过药物间的协同作用既可延缓耐药虫株的产生，又可增强药效和减少用量。例如氯羟吡啶与苯甲氧喹啉联合应用。

4. 选择适当的给药方法 球虫病病鸡通常食欲减退，甚至废绝，但是饮欲正常，甚至增加，因而通过饮水给药可使病鸡获得足够的药物剂量，而且混饮给药比混料更方便，治疗性用药宜提倡混饮给药。另外，选择药物时还要考虑耐药性问题。有条件者应在平时进行耐药性测定，筛选出几种对当地球虫虫株敏感的抗球虫药，以备发生球虫病时使用。

5. 合理的剂量和充足的疗程 应该了解饲料中已添加的抗球虫药添加剂品种，以避免治疗性用药时重复使用同一品种药物，造成药物中毒。有些抗球虫药的推荐治疗量与中毒量非常接近，如马杜霉素的预防量为每千克体重 5 mg，中毒量为每千克体重 9 mg，重复用药会造成药物中毒。

6. 注意配伍禁忌 有些抗球虫药与其他药物存在配伍禁忌，如莫能菌素、盐霉素禁止与泰妙菌素、竹桃霉素并用，否则会造成鸡生长发育受阻，甚至中毒死亡。

7. 为保障动物性食品消费者健康，严格遵守我国兽药残留和休药期规定 应严格根据我国《动物性食品中兽药最高残留限量》的规定，认真监控抗球虫药残留；遵守《中华人民共和国兽药典》(2005 年版)关于抗球虫药休药期的规定以及其他有关的注意事项。

抗球虫药使用时间一般较长，有些药物如磺胺类、聚醚类离子载体抗生素、盐酸氯苯胍、尼卡巴嗪、乙氧酰胺苯甲酯等，能降低蛋壳质量和产蛋量，或在肉、蛋中出现药物残留，以致危害人体健康。因此，这些药物应禁用于蛋鸡、肉鸡、肉兔，并在屠宰前遵守休药期。

8. 加强饲养管理 畜禽舍内潮湿、拥挤、卫生条件恶劣以及病鸡、兔或带虫鸡、兔的粪便污染饲料、饮水、饲饮用具等，均可诱发球虫病。所以，在使用抗球虫药期间，应加强饲养管理，减少球虫病的传播，以提高抗球虫药的防治效果。

（一）聚醚类离子载体抗生素

早在 20 世纪 50 年代就发现了聚醚类离子载体抗生素。本类抗生素具有促进离子通过细胞膜的能力，但其抗球虫活性直到莫能菌素被分离出来，并确定了它的特性后才被人们所认识。本类抗生素中，莫能菌素、拉沙菌素和盐霉素很快被广泛应用于养鸡业，这类药物具有很广的抗球虫谱，对常见的 6 种鸡艾美耳球虫都有抗虫活性，而且没有严重的球虫耐药性问题。聚醚类离子载体抗生素在化学结构上含有许多醚基和一个一元有机酸基。在溶液中由氢链连接形成特殊构型，其中心由于并列的氧原子而带负电，起一种能捕获阳离子的“磁阱”作用。外部主要由烃类组成，具中性和疏水性。这种构型的分子能与生理上重要的阳离子 Na^+、K^+ 等相互作用，并使其具有脂溶性，这样的结合并不形成牢固的键，离子在不同浓度梯度下被捕获和释放，因此离子就容易通过细胞膜。聚醚类离子载体抗生素对哺乳动物的毒性较大，如莫能菌素的马内服 LD_{50} 为每千克体重 2 mg；而对鸡的毒性相对较小，鸡内服的 LD_{50} 为每千克体重 185 mg。这类药物往往会引起鸡的羽毛生长迟缓，有时会引起来亨鸡过度兴奋。

聚醚类离子载体抗生素对鸡艾美耳球虫的子孢子和第一代裂殖生殖阶段的初期虫体具有杀灭作用，但是对裂殖生殖后期和配子生殖阶段虫体的作用却极小。聚醚类离子载体抗生素仅用于鸡球虫病的预防。

莫能菌素(Monensin)

【理化性质】 莫能菌素又称为莫能星、瘤胃素(rumensin)。莫能菌素是从肉桂链霉菌的发酵产物中分离而得,为聚醚类离子载体抗生素的代表药,一般用其钠盐。本品为白色结晶性粉末,稍有特殊臭味,难溶于水,易溶于有机溶剂。

【作用与应用】 本品为单价离子载体类抗生素,是较理想的抗球虫药,广泛用于世界各地。对柔嫩、毒害、堆型、巨型、布氏、变位艾美耳球虫等 6 种常见鸡球虫均有高效杀灭作用,用于预防鸡球虫病。莫能菌素主要杀死鸡球虫生活周期中早期(子孢子)阶段的虫体,作用峰期为感染后第 2 日。其预混剂添加于肉鸡或育成期蛋鸡饲料中,用于预防鸡球虫病。

莫能菌素杀球虫作用是通过干扰球虫细胞内 K^+ 及 Na^+ 的正常渗透,使大量的 Na^+ 进入细胞内。随后为平衡渗透压,大量的水分进入球虫细胞,引起肿胀。为了排除细胞内多余的 Na^+,球虫细胞耗尽了能量,最后球虫因能量耗尽,且过度肿胀而死亡。其独特的杀虫机制与一般化学合成抗球虫药不同。

除了杀球虫作用外,莫能菌素对动物体内的产气荚膜梭菌亦有抑制作用,可预防坏死性肠炎的发生。

在应用较低剂量时,机体可逐渐产生较强的免疫力。对蛋鸡只能应用较低剂量,这样既能预防鸡球虫病,又不影响免疫力的产生。

【注意事项】 ①产蛋期禁用,鸡休药期 3 日。②对马属动物毒性较大,禁用。③禁止与泰妙菌素、竹桃霉素及其他抗球虫药配伍使用。④饲喂富含硝酸盐饲料的牛、羊不宜用本品,以免发生中毒。⑤工作人员搅拌配料时,应防止本品与皮肤和眼睛接触。

【制剂、用法与用量】 莫能菌素钠预混剂(monensin sodium premix)(含莫能菌素钠 20%)。混饲:每 1000 kg 饲料,禽 90~110 g,兔 20~40 g。

盐霉素(Salinomycin)

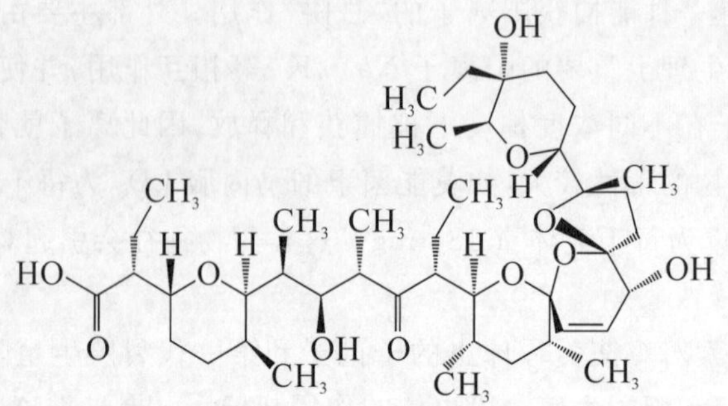

【理化性质】 盐霉素又称为沙利霉素、优素精,是从白色链霉菌的发酵产物中分离而得。本品

为白色或淡黄色结晶性粉末；微有特异臭味。本品系畜禽专用单价聚醚类离子载体抗生素，不溶于水，一般用其钠盐，常制成预混剂。

【作用与应用】 ①本品抗球虫作用与莫能菌素、常山酮相似。对鸡的多种艾美耳球虫均有防治效果，作用峰期在第一代的裂殖体阶段。盐霉素对尚未进入肠细胞内的球虫子孢子有高度杀灭作用，对无性生殖的裂殖体有较强抑制作用。②对革兰阳性菌有抑制作用。③能促进家畜生长，提高饲料转化率。以前用作猪的促生长剂，但现已禁用。④球虫对本品产生耐药性慢，与其他非离子载体类抗球虫药无交叉耐药性。

本品用于防治畜禽球虫病。

【注意事项】 ①配伍禁忌与莫能菌素相似。②安全范围较窄，应严格控制混饲浓度。若浓度过大或使用时间过长，添加量超过 75 mg/kg，可抑制鸡的增重和降低饲料转化率，会引起采食量下降、体重减轻、共济失调和腿无力。③成年火鸡和马禁用。休药期，禽为 5 日。

【制剂、用法与用量】 盐霉素钠预混剂（salinomycin sodium premix）（含盐霉素钠 10%）混饲：每 1000 kg 饲料，禽 60 g。

拉沙菌素(Lasalocid)

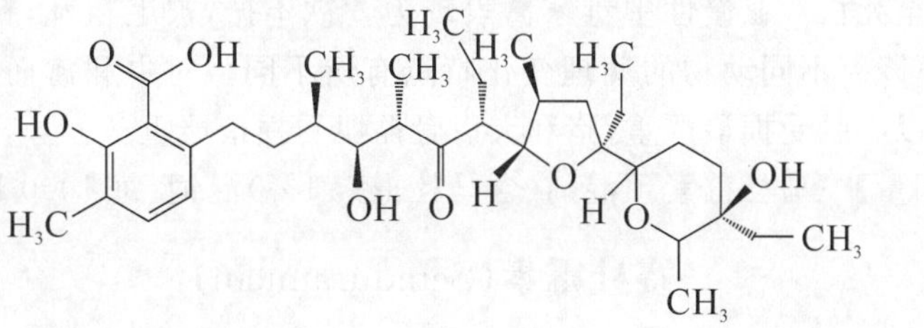

【理化性质】 拉沙菌素又称为拉沙洛西、球安，是从拉沙链霉菌的发酵产物中分离而得的二价类聚醚类离子载体抗生素。不溶于水，一般用其钠盐，常制成预混剂。

【作用与应用】 拉沙菌素为二价聚醚类离子载体抗生素，用于预防禽球虫病。对 6 种常见的鸡球虫均有杀灭作用，其中对柔嫩艾美耳球虫的作用最强，对毒害和堆型艾美耳球虫的作用稍弱。拉沙菌素对球虫子孢子以及第一、二代无性周期的子孢子、早期和晚期无性生殖阶段的球虫有杀灭作用。

拉沙菌素的作用机制与莫能菌素相似，但可捕获和释放二价阳离子。虽然在使用规定剂量时，本品是聚醚类离子载体抗生素中毒性最小的一种，但由于其对二价阳离子代谢的影响，会引起鸡体水分排泄量明显增加，在使用较高剂量时，会导致垫料潮湿。

本品可与泰妙菌素配伍应用。产蛋期母鸡连续饲喂 1 周拉沙菌素，在鸡蛋中会出现残留。

【注意事项】 ①本品较莫能菌素、盐霉素安全，马属动物与蛋鸡禁用。②严格按规定剂量用药，饲料中药物浓度超过每千克饲料 150 mg 会导致生长抑制和动物中毒，高剂量会增加潮湿鸡舍雏鸡热应激反应而使死亡率增高。③突然停药后常暴发更严重的球虫病。④本品是美国 FDA 准许用于绵羊球虫病的两种药物之一（另一种为磺胺喹沙啉），可有效预防绵羊艾美耳球虫、槌形艾美耳球虫、类绵羊艾美耳球虫、小艾美耳球虫和错乱艾美耳球虫感染；对水禽、火鸡、犊牛球虫病也有明显效果。⑤产蛋期禁用，休药期 5 日。

【制剂、用法与用量】 拉沙菌素预混剂（有 15%和 45%两种预混剂）混饲：每 1000 kg 饲料，鸡 75～125 g。

马杜霉素(Maduramicin)

【理化性质】 马杜霉素又称为马度米星、加福、抗球王，为白色结晶性粉末；有特臭。本品系由

马杜拉放线菌的发酵产物中分离而得的畜禽专用的单价聚醚类离子载体抗生素，是目前聚醚类离子载体抗生素中作用最强、用药浓度最低的抗球虫药，不溶于水，一般用其铵盐，常制成预混剂。

【作用与应用】 本品是一种较新型的单价糖苷聚醚类离子载体抗生素，抗球虫谱广，对子孢子和第一代裂殖体具有抗球虫活性。其抗球虫活性较其他聚醚类离子载体抗生素（莫能菌素、盐霉素、甲基盐霉素等）作用强，也能有效控制对其他聚醚类离子载体抗生素抗球虫药具有耐药性的虫株。本品广泛用于预防鸡球虫病。本品能有效控制 6 种致病的鸡艾美耳球虫，而且也能有效控制对其他聚醚类离子载体抗生素具有耐药性的虫株。本品对鸭球虫病也有良好的预防效果。作用机制与莫能菌素相似。

【注意事项】 以推荐预防量 5 mg/kg 混饲，对鸡是安全的，但由于马杜霉素的安全范围很窄，混饲浓度超过 6 mg/kg 对生长有明显抑制作用，可影响饲料报酬；以 7 mg/kg 浓度混饲，即可引起鸡不同程度的中毒。因此，用药时必须精确计量，并使药料充分拌匀。马杜霉素也可引起牛、羊及猪中毒；对马属动物的毒性较小。马杜霉素和化学合成抗球虫药之间不存在交叉耐药性。产蛋期禁用，休药期 5～7 日。喂马杜霉素的鸡粪切不可再加工成动物饲料，否则会引起动物中毒。

【毒性】 与其他聚醚类离子载体抗生素一样，毒性较大。当禽类超急性中毒死亡时，几乎不出现任何症状。于 1～2 日内急性死亡的家禽，一般临床可见水样腹泻、腿无力、行走和站立不稳，严重者两腿麻痹、昏睡直至死亡。亚慢性中毒家禽表现为食欲不振，被毛粗乱，精神抑郁，腹泻，腿无力，增重及饲料转化率下降。不同动物的病理变化特点有所不同。对牛和禽而言，主要损害心肌，其次为肝脏和骨骼肌；马以心肌受损最严重；猪和犬以骨骼肌受损最严重。

【制剂、用法与用量】 马杜霉素预混剂（含马杜霉素 1%）混饲：每 1000 kg 饲料，鸡 5 g。

赛杜霉素(Semduramicin)

【理化性质】 赛杜霉素是从变种的玫瑰红马杜拉放线菌培养液中提取后，再进行结构改造的半合成抗生素。

【作用与应用】 赛杜霉素属单价糖苷聚醚类离子载体半合成抗生素，是最新型的聚醚类离子载体抗生素。本品抗球虫机制与莫能菌素相似。赛杜霉素对球虫子孢子以及第一代、第二代无性周期的子孢子、裂殖体均有抑杀作用。

本品主要用于预防肉鸡球虫病，对鸡堆型、巨型、布氏、柔嫩、和缓艾美耳球虫均有良好的抑杀效果。

【注意事项】 ①本品主要用于肉鸡，蛋鸡及其他动物禁用。②休药期，肉鸡 5 日。

【用法】 混饲：每 1000 kg 饲料，肉鸡 25 g。

那拉菌素(Narasin，Monteban)

那拉菌素的化学名为甲基盐霉素。本品的离子载体活性与盐霉素非常相似。本品用于预防禽球虫病。与尼卡巴嗪配伍使用，药效比单用两种药物强得多。混饲浓度为每千克饲料 50～80 mg。

（二）化学合成抗球虫药

二硝托胺(Dinitolmide，Zoalene)

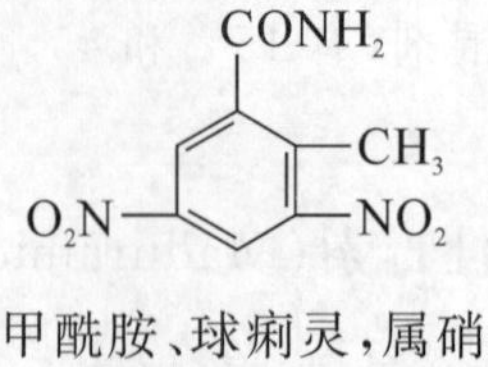

$CONH_2$

CH_3

O_2N　　NO_2

【理化性质】 二硝托胺又名二硝苯甲酰胺、球痢灵，属硝苯酰胺类抗球虫药，为白色结晶，无味，难溶于水，能溶于乙醇、丙酮，性质稳定。

【作用与应用】 本品为良好的新型抗球虫药，有预防和治疗作用，尤其对鸡危害最大的毒害艾美耳球虫效果最佳。本品对火鸡球虫病、家兔球虫病也有效。其作用峰期在球虫第二个无性周期的裂殖体增殖阶段（即感染第 3 日）。治疗量毒性小，较安全，球虫一般不易产生耐药性。使用推荐量不影响鸡对球虫产生免疫力，故适用于蛋鸡和肉用种鸡，产蛋期禁用，休药期 3 日。

【制剂、用法与用量】 二硝托胺预混剂 100 g：25 g、500 g：125 g。混饲，每 1000 kg 饲料，鸡 500 g。

二硝托胺治疗兔球虫病，内服，每千克体重，50 mg。每日 2 次，连用 5 日。

尼卡巴嗪(Nicarbazin)

O_2N—⟨苯环⟩—NH—CO—NH—⟨苯环⟩—NO_2 · (4,6-二甲基-2-羟基嘧啶：H_3C、CH_3、N、N、OH)

【理化性质】 尼卡巴嗪又名力更生，本品为 4,4′-二硝基苯脲和 2-羟基-4,6-二甲基嘧啶（无抗球虫作用）的复合物。本品为淡黄色粉末，几乎无味，微溶于水、乙醚及氯仿，性质稳定。

【作用与应用】 本品对鸡柔嫩艾美耳球虫（盲肠球虫），堆型、巨型、毒害、布氏艾美耳球虫（小肠球虫）均有良好预防效果。其作用峰期在第二代裂殖体（即感染第 4 日），于感染后 48 h 用药，能完全抑制球虫发育，若在 72 h 后给药，则效果降低。据现场试验，高浓度（超过 125 mg）饲喂，其杀灭球虫作用更明显，但影响增重。此外，对其他抗球虫药有耐药性的球虫，本品仍有效。球虫对尼卡巴嗪产生耐药性的速度很慢，至今本品仍是一种具有实际使用价值的抗球虫药。

【注意事项】 ①在预防用药过程中，若因大量接触感染性卵囊而暴发球虫病时，应迅速改用磺胺类药治疗。②推荐量不影响鸡对球虫产生免疫力，且安全性较高，但混饲浓度超过每千克饲料 800 mg 时，可引起轻度贫血。③盛夏鸡舍应通风降温，若室温达 40 ℃，用尼卡巴嗪会增加雏鸡死亡率，高温季节慎用。④蛋鸡产蛋期禁用，本品对蛋的质量和孵化率有一定影响。

【制剂、用法与用量】 尼卡巴嗪预混剂（nicarbazin premix）：含尼卡巴嗪 20%，休药期 4 日。尼卡巴嗪-乙氧酰胺苯甲酯预混剂：休药期 9 日，混饲：每 1000 kg 饲料，禽 125 g。

氨丙啉(Amprolium)

[结构式：CH_3、N、N、H_3C、N^+、NH_2] Cl^-

【理化性质】 氨丙啉又名氨宝乐，为白色结晶性粉末；易溶于水，可溶于乙醇；常用盐酸氨丙啉。本品属抗硫胺类抗球虫药，其化学结构与硫胺相似。

【作用与应用】

本品对各种鸡球虫均有作用，其中对柔嫩和堆型艾美耳球虫的作用较强，对毒害、布氏、变位和巨型艾美耳球虫的作用较弱，临床常将氨丙啉与乙氧酰胺甲苯酯、磺胺喹噁啉合用，增强其抗球虫效力。氨丙啉主要作用峰期在感染后的第 3 日即球虫第一代裂殖体，对有性周期和子孢子也有一定程

度的抑制作用。本品对牛、羊球虫的抑制作用也较好，用于禽、牛和羊球虫病。

本品的作用机制是干扰虫体硫胺素（维生素 B_1）的代谢，由于本品结构与硫胺相似，对硫胺素有拮抗作用，若用药剂量过大或混饲浓度过高，易导致雏鸡患硫胺素缺乏症。由于高效、安全、球虫不易对本品产生耐药性等特点，至今仍在世界各地广泛应用。

【注意事项】 用量过大会使鸡患硫胺素（维生素 B_1）缺乏症，禁止与维生素 B_1 同时使用，或在使用氨丙啉期间，每千克饲料维生素 B_1 的添加量应控制在 10 mg 以下；产蛋期禁用。

【用法与用量】 治疗鸡球虫病：以每千克饲料 125～250 mg 浓度混饲，连喂 3～5 日；接着以每千克饲料 60 mg 浓度混饲，再喂 1～2 周。也可混饮，加入饮水的氨丙啉浓度为 60～240 mg/L。预防球虫病：常与其他抗球虫药一起制成预混剂。盐酸氨丙啉-乙氧酰胺苯甲酯预混剂：混饲，每 1000 kg 饲料，鸡 500 g，休药期 3 日。

【制剂】 盐酸氨丙啉-乙氧酰胺苯甲酯-磺胺喹噁啉预混剂：混饲，每 1000 kg 饲料，鸡 500 g，休药期 7 日。

氯羟吡啶(Clopidol)

【理化性质】 氯羟吡啶又名克球粉、球定、可爱丹，为白色粉末，无臭，不溶于水，性质稳定，常制成预混剂。本品属吡啶类抗球虫药，曾是我国使用最广泛的抗球虫药。

【作用与应用】 对鸡各种艾美耳球虫均有效，尤其对柔嫩艾美耳球虫的作用最强。主要作用于子孢子，其抑制作用超过杀灭作用，可使子孢子在肠上皮细胞中不能发育达 60 日，其作用峰期是子孢子期（即感染第 1 日），故作为预防药或早期治疗药较为适合，对球虫病治疗毫无意义。本品能抑制鸡对球虫产生免疫力，过早停药往往导致球虫病暴发。本品用于预防禽、兔球虫病。

【注意事项】 ①因本品抑制鸡对球虫的免疫力，肉鸡用于全育雏期，后备鸡群可连续喂至 16 周龄。②蛋鸡和种用肉鸡不宜使用。③由于本品较易产生耐药虫种或虫株，必须按计划轮换用药，但不能换用喹诺啉类抗球虫药。④与苄氧喹甲酯合并应用有一定的协同效应。⑤休药期：兔、鸡 5 日。⑥蛋鸡禁用。

【制剂、用法与用量】 氯羟吡啶预混剂（clopidol premix）100 g：25 g、500 g：125 g。混饲，每 1000 kg 饲料，鸡 500 g，兔 800 g。休药期，鸡、兔 5 日。

盐酸氯苯胍(Robenidine hydrochloride)

【理化性质】 本品为白色或浅黄色结晶性粉末；有氯臭，味苦。本品属胍基的衍生物，几乎不溶于水，常制成片剂和预混剂。

【作用与应用】 本品对鸡的多种球虫和鸭、兔的大多数球虫病均有良好的防治效果。抗球虫的作用峰期是第一代裂殖体（即感染第 2 日），对第二代裂殖体和卵囊也有作用，对毒害、和缓艾美耳球虫的效果与氯羟吡啶相似，对柔嫩、布氏、堆型、巨型艾美耳球虫的预防效果优于氯羟吡啶；对兔的肠艾美耳球虫作用稍差。

本品用于畜禽球虫病。

【注意事项】 ①超过治疗量长期服用，可使鸡肉、鸡肝、鸡蛋带异臭味，但低饲料浓度（30 mg/kg 饲料）不会发生上述现象。②蛋鸡产蛋期禁用。③停药过早，常致球虫病复发。④休药期：鸡 5 日，兔 7 日。

【用法与用量】 以本品计：内服，一次量，每千克体重，鸡、兔 10～15 mg。以其预混剂计：混饲，每 1000 kg 饲料，鸡 300～600 g，兔 1000～1 500 g。

常山酮(Halofuginone)

【理化性质】 本品又称卤夫酮、速丹，为白色或灰白色结晶性粉末。本品原为中药常山中的一

种生物碱，现为人工合成品的广谱抗球虫药，常用其溴酸盐制成预混剂。

【作用与应用】 ①本品抗球虫谱较广，对鸡的多种球虫有效，对球虫的子孢子以及第一、二代裂殖体均有抑制作用，并能控制卵囊排出，减少再感染的可能性。尤其对鸡柔嫩、毒害、巨型艾美耳球虫特别敏感，抗球虫活性甚至超过聚醚类离子载体抗生素，按推荐预防剂量使用后鸡无不良反应，与其他抗球虫药无交叉耐药性。②对牛泰勒虫以及绵羊、山羊的泰勒虫也有作用。

本品主要用于家禽球虫病。

【注意事项】 ①珍珠鸡对本品敏感，禁用；本品能抑制鸭、鹅生长，应慎用。②本品是用量较小的一种抗球虫药，混料浓度达 6 mg/kg 时影响适口性，出现拒食，因此药料应充分拌匀，否则影响疗效。③鱼及水生动物对常山酮敏感，故喂药鸡的粪及盛药容器切勿污染水源。④12 周龄以上火鸡、8 周龄以上雏鸡及蛋鸡产蛋期禁用。⑤禁与其他抗球虫药合用。⑥休药期：5 日。

【制剂、用法与用量】 常山酮预混剂(含常山酮 0.6%)：混饲，每 1000 kg 饲料，鸡 500 g。务必混合均匀，否则影响药效。

地克珠利(Diclazuril)

【理化性质】 本品又称氯嗪苯乙氰、杀球灵，为微黄色至灰棕色粉末；几乎无臭。本品属三嗪苯乙腈化合物，是目前抗球虫药中用药浓度最低的一种，不溶于水，常制成预混剂和溶液。

【作用与应用】 ①本品为新型、高效、低毒抗球虫药，对鸡的脆弱、堆型艾美耳球虫和鸭球虫的防治效果明显优于莫能菌素、氨丙啉、拉沙菌素、尼卡巴嗪、氯羟吡啶等。抗球虫作用峰期可能在子孢子和第一代裂殖体早期阶段。②对火鸡腺状艾美耳球虫、孔雀艾美耳球虫和分散艾美耳球虫也有作用。

本品用于预防家禽球虫病。

【注意事项】 ①本品作用半衰期短，用药 2 日后作用基本消失，必须连续用药以防止球虫病再度暴发。②长期用药可能出现耐药性，因此可与其他药交替使用。③本品用药浓度极低，药料必须充分拌匀。④饮水液必须现用现配。⑤蛋鸡禁用。⑥休药期：鸡 5 日。

【制剂、用法用量】 地克珠利预混剂(diclazuril premix)(有 0.2%和 0.5%两种预混剂)：混饲，每 1000 kg 饲料，禽 1 g(按原料药计)。地克珠利溶液(diclazuril solution)(含地克珠利 0.5%)：混饮，每升水，鸡 0.5～1 mg(按原料药计)。

托曲珠利(Toltrazuril)

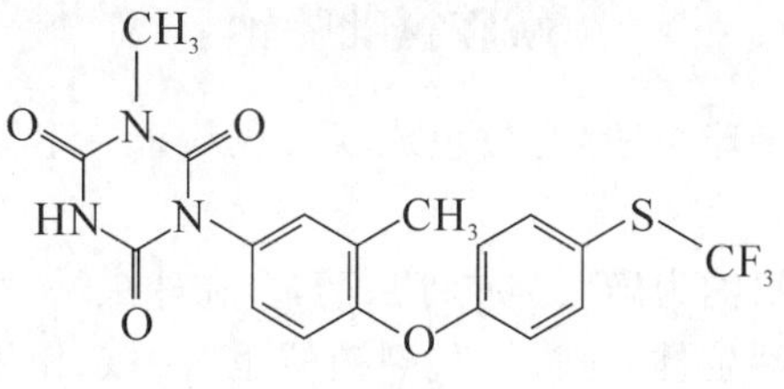

CH_3, O, N, O, HN, N, CH_3, S, CF_3, O, O

托曲珠利的化学名为甲苯三嗪酮，属均三嗪类新型广谱抗球虫药。市售 2.5%托曲珠利溶液，又名百球清。本品抗球虫谱广，作用于鸡、火鸡所有艾美耳球虫在机体细胞内的各个发育阶段；对鹅、鸽球虫有效，而且其他抗球虫药耐药的虫株对本品也十分敏感。对哺乳动物球虫、住肉孢子虫和弓形虫也有效。由于干扰球虫细胞核分裂和线粒体，影响虫体的呼吸和代谢功能，因而本品具有杀球虫作用。安全范围大，用药动物可耐受 10 倍以上的推荐剂量，不影响鸡对球虫产生免疫力，用于治疗和预防鸡球虫病。制成饮水剂混饮，每升水，鸡 25 mg，连用 2 日。

磺胺喹噁啉(Sulfaquinoxaline，SQ)

【理化性质】 本品又称磺胺喹沙啉，为黄色粉末；无臭。本品为畜禽专用的抗球虫药，几乎不溶于水，常制成预混剂。

【作用与应用】 ①本品主要抑制球虫第二代裂殖体的发育，作用峰期在感染后的第 3～4 日。对鸡的巨型、布氏和堆型艾美耳球虫的作用较强，对柔嫩艾美耳球虫的作用较弱，仅在高浓度有效。②不影响宿主对球虫的免疫力，与氨丙啉或抗菌增效剂配伍，可增强抗球虫作用。③对巴氏杆菌、大肠杆菌等有抗菌作用。

本品用于防治鸡、火鸡的球虫病，兔、犊牛、羔羊及水貂的球虫病；亦用于禽霍乱、大肠杆菌病等家禽的细菌性感染。

【注意事项】 ①本品对雏鸡有一定毒性，预防给药浓度为 120 mg/kg(饲料)或 66 mg/L(饮水)；治疗给药浓度可比预防给药浓度高 4～5 倍。若给药浓度超过规定剂量的 2 倍，连用 5～10 日，鸡可能会出现中毒症状：循环障碍，肝脾出血、坏死，红细胞和淋巴细胞减少，产蛋量下降，以及其他与维生素 K 缺乏有关的症状。连续饲喂不得超过 5 日。②与其他磺胺类药物之间容易产生交叉耐药性，具有抗球虫和控制肠道细菌感染的双重功效。③本品可单独用于兔、水貂、犊牛、羔羊的球虫病治疗，但对鸡一般不单独使用，多与氨丙啉、磺胺二甲嘧啶等增效剂配伍使用。因对鸡盲肠部球虫较对小肠球虫的疗效差，且球虫易产生耐药性，加大浓度或连续使用易引起毒性反应。④产蛋期禁用。⑤休药期：10 日。

【制剂、用法用量】 磺胺喹噁啉-二甲氧苄氨嘧啶预混剂(sulfaquinoxaline and diaveridine premix)：混饲，每 1000 kg 饲料，鸡 500 g。休药期 10 日。磺胺喹噁啉钠可溶性粉(sulfaquinoxaline sodium soluble powder)：混饲，每升水，鸡 3～5 g。

磺胺氯吡嗪钠

【理化性质】 本品又称三字球虫粉，为白色或淡黄色粉末。本品是畜禽专用抗球虫药，易溶于水，常制成粉剂。

【作用与应用】 磺胺氯吡嗪钠为磺胺类抗球虫药，多在球虫暴发时短期应用。磺胺氯吡嗪钠抗球虫的作用峰期是球虫第二代裂殖体，对第一代裂殖体也有一定作用，但对有性周期无效。本品的抗球虫作用机制同磺胺喹噁啉。

本品内服后在消化道迅速吸收，3～4 h 血药浓度达峰值，并迅速经尿排泄。磺胺氯吡嗪钠对家禽球虫的作用特点与磺胺喹噁啉相似，且具有更强的抗菌作用，甚至可治疗禽霍乱及鸡伤寒，因此最适合于球虫病暴发时治疗用。应用磺胺氯吡嗪钠不影响宿主对球虫产生免疫力。本品对兔、羔羊球虫病亦有效。

【注意事项】 ①本品毒性虽较磺胺喹噁啉低，但长期应用仍会出现磺胺类药中毒症状，因此肉鸡只能按推荐浓度，连用 3 日，最长不得超过 5 日。②蛋鸡以及 16 周龄以上鸡禁用。③休药期，火鸡 4 日，肉鸡 1 日。④长期使用磺胺类药的禽、兔，易对本品产生耐药性。

【制剂、用法与用量】 磺胺氯吡嗪钠可溶粉混饮：每升水，家禽 0.3 g，连用 3 日。

乙氧酰胺苯甲酯(Ethopabate)

乙氧酰胺苯甲酯又称为乙帕巴酸酯，为氨丙啉等抗球虫药的增效剂，多配成复方制剂而广泛应用。本品对巨型、布氏艾美耳球虫以及其他小肠球虫具有较强的作用，从而弥补了氨丙啉的缺点，而本品对柔嫩艾美耳球虫缺乏活性的缺点，亦可被氨丙啉的活性作用所补偿，这是本品不单独应用而多与氨丙啉合用的主要原因。本品的抗球虫机制与磺胺类药和抗菌增效剂相似，对球虫的作用峰期是球虫生活史周期的第 4 日。常与氨丙啉、磺胺喹噁啉和尼卡巴嗪等配成预混剂（见本节的氨丙啉和尼卡巴嗪）。

二、抗锥虫药

家畜锥虫病是由寄生于血液和组织细胞间的锥虫引起的一类疾病，危害我国家畜的主要锥虫病是马、牛、骆驼伊氏锥虫病（病原为伊氏锥虫）和马媾疫（病原为马媾疫锥虫）。为防治本类疾病，除应用抗锥虫药外，杀灭蠓及其他吸血蚊等中间宿主是一个重要环节。应用抗锥虫药治疗锥虫病时应注意以下几点：①剂量要充足，用量不足不仅不能消灭全部锥虫，而且未被杀死的虫体会逐渐产生耐药性。②防止过早使役，以免引起锥虫病复发。③治疗伊氏锥虫病时，同时配合应用两种以上药物，或者一年内或两年内轮换使用药物，以避免产生耐药虫株。

三氮脒(Diminazene Aceturate)

NH　　　　　　　NH
H_2N　　　　　　　NH_2
N　N
H

【理化性质】 三氮脒又称为贝尼尔、血虫净，为重氮氨苯脒乙酰甘氨酸盐水合物。本品为黄色或橙色结晶性粉末；无臭，遇光、遇热变为橙红色；在水中溶解，在乙醇中几乎不溶；在低温下水溶液中析出结晶。

【作用与应用】 对锥虫、梨形虫和边虫均有作用。用于由锥虫引起的伊氏锥虫病和马媾疫。用药后血药浓度高，但持续时间较短，故主要用于治疗，预防效果较差。本品选择性地阻断锥虫动基体的 DNA 合成或复制，并与核产生不可逆性结合，从而使锥虫的动基体消失，并且不能分裂繁殖。此外，对由梨形虫引起的家畜巴贝斯虫病和泰勒虫病具有治疗作用，但对多数梨形虫病的预防效果不佳。

【注意事项】 ①骆驼对三氮脒敏感，安全范围小，故不宜应用。②水牛比黄牛敏感，治疗量时即可出现轻微反应，连续应用会出现毒性反应，故以一次用药为宜；大剂量能使奶牛产奶量减少。③本品毒性大、安全范围较小，应用治疗量有时也会出现起卧不安，大剂量时会出现先兴奋继而沉郁、疝痛、尿频、肌颤、流汗、流涎、呼吸困难，牛会出现膨胀、卧地不起、体温下降甚至死亡。轻度反应数小时会自行恢复，严重反应时需用阿托品和输液等对症治疗。④注射液对局部组织有刺激性，宜分点深部肌内注射。肌内注射局部可出现疼痛、肿胀，经数天至数周可恢复。马较牛、羊为重。⑤食品动物休药期为 28～35 日。骆驼敏感，不用为宜；马较敏感，忌用大剂量；水牛较敏感，连续应用时应谨慎。

【制剂、用法与用量】 注射用三氮脒 1 g：临用前用注射用水或灭菌生理盐水配成 5%～7% 无菌溶液肌内注射，一次量，每千克体重，马 3～4 mg，牛、羊 3～5 mg，犬 3.5 mg。深部肌内注射，一般用

1～2 次，连用不超过 3 次，每次间隔 24 h。

苏拉明(Suramin)

【理化性质】 苏拉明又称为萘磺苯酰脲、那加宁、那加诺。常用其钠盐。钠盐为白色、淡玫瑰色或带酪色粉末。在水中易溶，水溶液中性，不稳定，宜新鲜配制，并在 5 h 内用完。

【作用与应用】 本品吸收入血后，药物与血浆蛋白结合，以后逐渐释放。一般于静脉注射后 9～14 h 血中锥虫虫体消失，约 24 h 出现疗效，动物体温下降，血红蛋白尿消失和食欲改进。对伊氏锥虫病有效，对马媾疫的疗效较差，用于早期感染，效果显著。

本品可与血浆蛋白结合，在体内停留时间长达 1.5～2 个月，不仅有治疗作用，还有预防作用，预防期马 1.5～2 个月，骆驼 4 个月。用药量不足时，虫体可产生耐药性。机体的网状内皮系统在本品的药理作用方面起着重要作用。兴奋网状内皮系统的药物如氯化钙等，能提高本品的疗效并减轻不良反应。

本品通过抑制虫体代谢，影响其同化作用，从而导致虫体分裂和繁殖受阻，最后溶解死亡。本品的安全范围较小，马属动物较敏感，静脉注射治疗量，病马常出现不良反应，如荨麻疹、肛门及蹄冠糜烂、跛行、食欲减退等，但较轻，经 1 h 至 3 日可逐渐消失。

临用前以生理盐水配成 10%溶液煮沸灭菌。预防可采用一般治疗量，皮下或肌内注射，治疗必须采用静脉注射。治疗伊氏锥虫病时，应于 20 日后再注射一次；治疗马媾疫时，于 1.5 个月后重复注射。

【注意事项】 本品安全范围较小，马、驴较敏感，牛次之，骆驼耐受性较强。马使用本品后往往出现荨麻疹，眼睑、唇、生殖器、乳房等处水肿，肛门周围糜烂，蹄叶炎，一时性体温升高，脉搏增数和食欲减退等副作用。黄牛反应很轻，水牛更轻，骆驼一般不见这些反应。为减轻以上副作用，可并用氯化钙、咖啡因等；体弱者将一次量分为两次注射，间隔 24 h。用药期间应充分休息，加强饲养管理，适当牵遛。

【用法与用量】 静脉、皮下或肌内注射：一次量，每千克体重，马 10～15 mg，牛 15～20 mg，骆驼 8.5～17 mg。

喹嘧胺(Quinapyramine)

【理化性质】 喹嘧胺又称为安锥赛。本品有甲基硫酸盐和氯化物两种。前者又称甲硫喹嘧胺(quinapyramine dimetilsulfate)，常用于治疗；后者又称喹嘧氯胺(quinapyramine dichloride)，多用于预防。两者均为白色或带微黄色的结晶性粉末；无臭，味苦，有引湿性。前者易溶于水，后者难溶于水。

【作用与应用】 喹嘧胺的抗锥虫谱较广，对伊氏锥虫和马媾疫锥虫较有效，能抑制锥虫细胞质的代谢，使之不能分裂。主要用于治疗马、牛、骆驼的伊氏锥虫病以及马媾疫。在使用剂量不足的情况下，锥虫易产生耐药性。此药疗效略低于苏拉明，毒性也略大。按规定剂量应用，较为安全。但马属动物较为敏感，注射后 15 min 至 2 h 可出现兴奋不安、肌肉震颤、疝痛、呼吸急促、排便、心率加快、全身出汗等不良反应，一般在 3～5 h 消失。

【注意事项】 马属动物较敏感，按规定剂量应用，避免引起中毒；本品有刺激性，能引起注射部位肿胀、酸痛、硬结，一般在 3～7 日后消散。

【用法与用量】 肌内、皮下注射：一次量，每千克体重，马、牛、骆驼 4～5 mg。

【制剂】 注射用喹嘧胺(quinapyramine for injection)500 g：喹嘧氯胺 286 mg 与甲硫喹嘧胺 214 mg。临用前以注射用水配成 10%无菌混悬液，用时摇匀。本品有刺激性，注射局部能引起肿胀和硬结，大剂量时，应分点注射。

锥灭定(Trypamidium, Samorin)

锥灭定又称为沙莫林，能抑制锥虫 RNA 和 DNA 聚合酶，阻碍核酸合成。疗效较三氮脒差些。不良反应为副交感神经兴奋症状，注射阿托品可缓解。用药后乳汁中基本无本药及其衍生物出现。

三、抗梨形虫药(抗焦虫药)

梨形虫旧称焦虫，曾命名为血孢子虫，现改名为梨形虫，家畜的梨形虫病是由蜱传播寄生于红细胞内的原虫病，常发生于马、牛等动物。牛、羊常见的梨形虫主要有双芽巴贝斯虫、牛巴贝斯虫、分歧巴贝斯虫、牛泰勒虫、羊泰勒虫和牛无浆体；马主要有驽巴贝斯虫、马巴贝斯虫；犬主要有犬巴贝斯虫、吉氏巴贝斯虫等。

尽管梨形虫的种类很多，但病畜多以发热、黄疸和贫血为临床主要症状，往往引起病畜大批死亡，造成极大的经济损失，在我国尤其以牛的梨形虫病较为严重。杀灭中间宿主蜱、虻和蝇是防治本类疾病的重要环节，但目前很难做到，所以应用抗梨形虫药防治仍为重要手段。古老的抗梨形虫药有台盼蓝、喹啉脲以及吖啶黄等，由于毒性太大，除吖啶黄外，其他目前已极少用。除了在抗锥虫药中介绍的三氮脒具有抗梨形虫作用外，双脒苯脲、间脒苯脲和硫酸喹啉脲也具有抗梨形虫作用。

双脒苯脲(Imidocarb)

【理化性质】 双脒苯脲又名咪唑苯脲，为双脒唑啉苯基脲。常用其二盐酸盐或二丙酸盐，均为无色粉末，易溶于水。

【作用与应用】 本品为兼有预防和治疗作用的新型抗梨形虫药，其疗效和安全范围都优于三氮脒和间脒苯脲，且毒性较三氮脒和其他药小。本品对多种动物(如牛、小鼠、大鼠、犬及马)的多种巴贝斯虫病和泰勒虫病，不但有治疗作用，而且还有预防效果，甚至不影响动物机体对虫体产生免疫力。临床上多用于治疗或预防牛、马、犬的巴贝斯虫病。

本品注射给药吸收较好，能分布于全身各组织。主要在肝中灭活解毒。排泄途径主要为经尿排泄，可在肾重吸收而延长药效时间，体内残留期长，用药 28 日后在体内仍能测到本品；有少数药物(约 10%)以原形由粪便排出。

【注意事项】 ①本品禁止静脉注射，因动物反应强烈，甚至引起死亡，较大剂量肌内或皮下注射时，有一定刺激性。②马属动物对本品敏感，尤其是驴、骡，高剂量使用时应慎重。③本品毒性较低，但应用治疗量时，仍约有半数动物出现类似抗胆碱酯酶作用的不良反应，可能会导致动物出现咳嗽、肌肉震颤、流泪、流涎、腹痛、腹泻等症状，一般能自行恢复，症状严重者可用小剂量的阿托品解救。④本品首次用药宜间隔 2 周后，重复用药一次，以根治梨形虫病。⑤本品在食用组织中残留期较长，休药期为 28 日。

【制剂、用法与用量】 二丙酸双脒苯脲注射液 10 mL：1.2 g。皮下、肌内注射：10%无菌水溶液，一次量，每千克体重，马 2.2～5 mg，牛 1～2 mg(锥虫病 3 mg)，犬 6 mg。

间脒苯脲

本品为 N,N′-双(间脒苯基)脲，常用其二羟乙磺酸盐。本品为新型抗梨形虫药，其疗效和安全范围优于三氮脒，而逊于双脒苯脲。与其他新型抗梨形虫药一样，本品能根治马驽巴贝斯虫病，但对马巴贝斯虫病无效。本品具有一定刺激性，可引起注射局部肿胀，毒性较低。若应用 2 倍治疗量，会使马血清谷草转氨酶、山梨醇脱氢酶和血清中血脲氮明显升高。皮下、肌内注射：一次量，每千克体重，马、牛 5～10 mg。

硫酸喹啉脲

硫酸喹啉脲又称为阿卡普林(acaprine),为淡黄色或黄色粉末,易溶于水,为传统应用的抗梨形虫药。本品对巴贝斯虫所引起的各种疾病均有效,早期应用一次显效。对牛早期的泰勒虫病也有一些效果。对边虫效果较差。毒性较大,治疗量亦多出现胆碱能神经兴奋症状,家畜用药后出现不良反应,常持续30~40 min后消失。为减轻不良反应,可将总剂量分成2份或3份,间隔几小时应用,也可在用药前注射小剂量阿托品或肾上腺素。

【制剂、用法与用量】 硫酸喹啉脲注射液10 mL∶0.1 g、5 mL∶0.05 g。皮下注封:一次量,每千克体重,马0.6~1 mg,牛1 mg,猪、羊2 mg,犬0.25 mg。

青蒿琥酯(Artesunate)

H_3C ... CH_3 HO O O O O O O H H H CH_3

【理化性质】 青蒿琥酯系菊科黄花蒿中的提取物。本品为白色结晶性粉末;无臭,几乎无味。本品在乙醇、丙酮或氯仿中易溶,在水中略溶。

【药动学】 单胃动物内服后,自胃肠道迅速吸收,0.5~1 h后达血药峰浓度,半衰期约30 min,广泛分布于各组织,胆汁中浓度最高,肝、肾、肠次之,并可通过血脑屏障及胎盘屏障。在肝代谢,其代谢产物迅速经肾排泄,72 h血药仅含微量。青蒿琥酯在牛体内的动力学研究证实,消除半衰期为0.5 h,表观分布容积为0.9~1.1 L/kg,部分青蒿琥酯生成活性代谢产物——双氢青蒿素。但内服给药时,血药浓度极低。

【作用与应用】 青蒿琥酯对红细胞内疟原虫裂殖体有强大杀灭作用,其作用机制还不太清楚。但通常认为是作用于虫体的生物膜结构,干扰了细胞膜和线粒体的功能,从而阻断虫体对血红蛋白的摄取,最后膜破裂死亡。

某些实验资料认为本品可用以防治牛、羊泰勒虫和双芽巴贝斯虫。兽医临床可试用于牛、羊泰勒虫和双芽巴贝斯虫防治。

【注意事项】 ①本品对实验动物有明显胚胎毒作用,妊娠家畜慎用。②鉴于反刍动物内服本品极少吸收,加之过去的治疗实验不太规范,应进一步实验以证实之。

【制剂、用法与用量】 青蒿琥酯片(artesunate tablets)内服:试用量,每千克体重,牛5 mg。首次量加倍,每日2次,连用2~4日。

四、抗滴虫药

对我国畜牧生产危害较大的滴虫病主要有毛滴虫病和组织滴虫病。前者多发生于牛生殖器官,可导致牛流产、不孕和生殖力下降。后者发生于禽类的盲肠和肝。常用的抗滴虫药有甲硝唑和地美硝唑,我国规定,此两药仅作为治疗用,禁止用于促生长。

甲硝唑(Metronidazole)

【理化性质】 甲硝唑为白色或微黄色结晶或结晶性粉末;有微臭,味苦。本品极微溶于乙醚,微

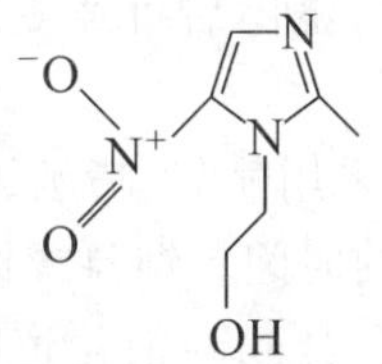

溶于水和氯仿，略溶于乙醇。

【药动学】 本品内服后吸收良好，犬内服的生物利用度为50%～100%，马约为80%，约1 h出现血药浓度峰值。吸收后迅速分布到体液和组织。主要在肝代谢，代谢产物和原形从尿和粪中消除。半衰期，犬4～5 h，马2.9～4.3 h。

【作用与应用】 甲硝唑是兽医临床广泛应用的抗毛滴虫药。关于甲硝唑的抗虫机制，现在认为，某些厌氧纤毛虫缺乏线粒体而不能产生ATP，但其膜上特具一种称为氢体的细胞器，其中含铁氧化还原蛋白样的低氧化还原势的电子转移蛋白，能将丙酮酸转化为乙酰辅酶A，但这种铁氧化还原蛋白氧化还原酶的氧化还原势比宿主体内的丙酮酸脱氢酶低，因而不能还原嘧啶核苷酸，但却能将丙酮酸上的电子转移到甲硝唑这类药物的硝基上，形成有毒还原产物，后者又与DNA和蛋白质结合，从而产生对厌氧原虫的选择性毒性作用。

甲硝唑广泛用于牛、犬的生殖道毛滴虫病，家禽的组织滴虫病，犬、猫、马的贾第鞭毛虫病。

【注意事项】 ①本品代谢产物常使尿液呈红棕色，如果剂量过大，则出现白细胞减少甚至神经症状，但通常均能耐过。长期应用时，应监测动物肝、肾功能。②由于本品能透过胎盘屏障及乳腺屏障，因此授乳及妊娠早期动物不宜使用。③本品静脉注射时速度应缓慢。④本品对某些实验动物有致癌作用。

【制剂、用法与用量】 甲硝唑片(metronidazole tablets)内服：一次量，每千克体重，牛60 mg，犬25 mg。甲硝唑注射液(metronidazole injection)静脉注射：每千克体重，牛75 mg，马20 mg。每日10次，连用3日。

地美硝唑

【作用与应用】 地美硝唑具有极强的抗组织滴虫效应。另外，本品对雏火鸡组织滴虫病、鸽毛滴虫病、牛生殖道毛滴虫病均有良效。

【注意事项】 ①家禽连续应用，以不超过10日为宜。②产蛋家禽禁用。③休药期，猪、禽3日。

【制剂、用法与用量】 地美硝唑预混剂内服：一次量，每千克体重，牛60～100 mg。混饲：火鸡，每1000 kg饲料，预防100～200 g，治疗500 g。

第三节 杀 虫 药

对外寄生虫具有杀灭作用的药物称为杀虫药。螨、蜱、虱、蚤、蚊、蝇、蝇蛆、伤口蛆等节肢动物均属外寄生虫，它们不仅能直接危害动物机体，夺取营养，损坏皮毛，妨碍增重，给畜牧业造成经济损失，而且还传播许多人兽共患病，严重危害人体健康。为此，选用高效、安全、经济、方便的杀虫药及时防治外寄生虫病，对保护动物和人的健康、发展畜牧业具有重要意义。

杀虫药的应用有以下几种方式。

1. 局部用药 多用于个体局部杀虫，一般应用粉剂、溶液、混悬液、油剂、乳剂和软膏等剂型局部涂擦、浇淋和撒布等。任何季节均可进行局部用药，剂量亦无明确规定，只要按规定有效浓度使用即可，但用药面积不宜过大，浓度不宜过高。涂擦杀虫药的油剂可经皮肤吸收，使用时应注意。透皮

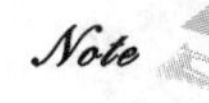

剂(或浇淋剂)中含有促进透皮吸收的药物,浇淋后可经皮肤吸收转运至全身,也具有驱杀内寄生虫的作用。

2. 全身用药 多用于群体杀虫,一般采用喷雾、喷洒、药浴,适用于温暖季节。药浴时需注意药液的浓度、温度以及动物在药浴池中停留的时间。饲料或饮水给药时,杀虫药进入动物消化道内,可杀灭寄生在体内的马胃蝇蛆和羊鼻蝇蛆等;药物经消化道吸收进入血液循环,可杀灭牛皮蝇蛆或吸吮动物血液的体外寄生虫;消化道内未吸收的药物经粪便排出后仍可发挥杀虫作用。全身应用杀虫药时必须注意药液的浓度和剂量。

杀虫药一般对虫卵无效,因而必须间隔一定时间重复用药。

一般说来,所有杀虫药对动物都有一定的毒性,甚至在规定剂量内,也会出现程度不同的不良反应,所以在选用杀虫药时尤其要注意其安全性。在产品质量上,要求较高的纯度;在具体应用时,除了严格掌握剂量、使用方法、浓度外,还需要加强动物的饲养管理;大群动物灭虫前应做好预试工作。杀虫药可分为有机氯类、有机磷类、拟菊酯类和大环内酯类。目前,有机氯杀虫药已很少应用,原因是其性质不稳定、残留期长,在人和动物脂肪中大量富集,危害健康,污染农产品和环境,且有的具有致癌作用。

一、有机磷类

早在1932年即发现其具有异常的生理活性,20世纪60年代以来继续开发,其品种、产量迅速增加,位居当代杀虫药首位,常用的约有50种,从总体看此类药物具有如下特点:杀虫效力强;具有广谱杀虫作用;易降解,残效期短,对环境污染小;除敌百虫外遇碱易水解失活;对人畜毒性一般较大。其杀虫机制是抑制虫体胆碱酯酶的活性,但对宿主动物的胆碱酯酶也有抑制作用,所以在使用过程中动物会经常出现胆碱能神经兴奋的中毒症状,故过度衰弱及妊娠动物应禁用。若遇严重中毒,宜选用阿托品或胆碱酯酶复活剂进行解救(详见本书第十五章)。本类药物(除蝇毒磷外)一般不用于奶牛。用药后至少需停药7日,动物才可屠宰出售。常用的有机磷杀虫药有蝇毒磷、马拉硫磷、倍硫磷、敌敌畏、甲基吡啶磷、巴胺磷、二嗪农、辛硫磷、敌百虫、皮蝇磷、氧硫磷等。

二嗪农(Diazinon)

【理化性质】 本品又称螨净,为无色油状液体,有淡酯香味;微溶于水,室温下在水中的溶解度为40 mg/L;易溶于乙醇、丙酮、二甲苯;性质不很稳定,在水和酸性溶液中迅速水解,常制成溶液剂和项圈制品。

【作用与应用】 本品为新型的有机磷杀虫、杀螨药。本品具有触杀、胃毒、熏蒸和较弱的内吸作用。对各种螨类、蝇、虱、蜱均有良好杀灭效果,喷洒后在皮肤、被毛上的附着力很强,能维持长期的杀虫作用,一次用药的有效期可达6~8周。被吸收的药物在3日内随尿和奶中排出体外。

主要用于驱杀家畜体表寄生的疥螨、痒螨及蜱、虱等。

【注意事项】 ①二嗪农虽属中等毒性,但对禽、猫、蜜蜂较敏感,毒性较大。②药浴时必须精确计量药液浓度,动物以全身浸泡1 min为宜。为提高对猪疥癣病的治疗效果,可用软刷助洗。③休药期,牛、羊、猪为14日。弃奶期为3日。

【制剂、用法与用量】 二嗪农溶液(diazinon solution)药浴:每1000 L水,绵羊,初次浸泡用250 g(相当于25%二嗪农溶液1000 mL),补充药液添加750 g(相当25%二嗪农溶液3000 mL)。牛初次浸泡用625 g,补充药液添加1500 g。喷淋:每1000 mL水,牛、羊600 mg,猪250 mg。二嗪农项圈,每只犬、猫一个,使用期4个月。

倍硫磷(Fenthion)

【作用与应用】 倍硫磷为广谱低毒有机磷杀虫药,是防治畜禽外寄生虫病的主要药物。通过触

杀和胃毒作用方式进入虫体，杀灭宿主体内外寄生虫。本品杀灭作用比敌百虫强5倍。除了对马胃蝇蚴、家畜胃肠道线虫以及虱、螨、蚤、蚊、蝇等有杀灭作用外，对牛皮蝇蚴有特效，在牛皮蝇产卵期应用，可取得良好的效果。由于性质稳定，一次用药可维持药效2个月左右。给奶牛用药后，奶中残留量极低，可用于奶牛。但应在用药6 h后再行挤奶。

【注意事项】 ①外用喷洒或浇淋，重复应用时应间隔14日以上。②蜜蜂对倍硫磷敏感。③休药期，牛35日。

【用法与用量】 背部浇淋：每千克体重，牛5～10 mg。混于液体石蜡中制成1%～2%溶液应用。喷洒时稀释成0.25%溶液。

辛硫磷(Phoxim)

【理化性质】 本品为无色或浅黄色油状液体。本品常用正丁醇制成的辛硫磷浇淋剂。

【作用与应用】 ①本品是近年来合成的有机磷杀虫药，具有高效、低毒、广谱、残效期长等特点，对害虫有强触杀及胃毒作用，对蚊、蝇、虱、螨的速杀作用仅次于敌敌畏和胺菊酯，强于马拉硫磷、倍硫磷等。可用于治疗家畜体表寄生虫病，如羊螨病、猪疥螨病。乳剂药浴对羊螨病效果良好，内服对猪姜片吸虫有效。

本品用于驱杀猪螨、虱、蜱等体外寄生虫。

【注意事项】 ①本品滞留残效期室内喷洒一般可达3个月左右，室外则短。②对人、畜的毒性低。③休药期：14日。

【用法与用量】 药浴配成0.05%乳液；喷洒配成0.1%乳液。复方辛硫磷胺菊酯乳油，喷雾，加煤油按1∶80稀释，灭蚊、蝇。外用，沿猪的脊背从两耳浇淋到耳根，每千克体重，猪30 mg(耳根部感染严重者，可在每侧耳内另外浇淋75 mg)。

敌百虫(Trichlorfon，Dipterex)

除驱除家畜消化道各种线虫外，对畜禽外寄生虫亦有杀灭作用，可用于杀灭蝇蛆、螨、蜱、蚤、虱等。每千克体重50～75 mg内服或24%溶液喷雾对羊鼻蝇第一期幼虫均有良好杀灭作用。每千克体重40～75 mg混饲给药，对马胃蝇蛆有良好杀灭作用。2%溶液涂擦背部，对牛皮蝇第三期幼虫有良好杀灭作用。杀螨，可配成1%～3%溶液局部应用或0.2%～0.5%溶液药浴。杀灭虱、蚤、蜱、蚊和蝇，配成0.1%～0.5%溶液喷淋。

敌敌畏(Dichlorvos，DDVP)

【理化性质】 本品为带有芳香气味的黄色油状液体。本品微溶于水，常制成乳油剂。

【作用与应用】 本品具有高效、速效和广谱杀虫作用，效力比敌百虫强8～10倍。市售80%敌敌畏乳油，其杀虫力比敌百虫高8～10倍，所以可减少应用剂量而相对较安全，但对人、畜的毒性还是较大，易被皮肤吸收而中毒。内服驱消化道线虫及杀灭马胃蝇蛆和羊鼻蝇蛆；外用杀灭虱、蚤、蜱、蚊、蝇和螨等寄生虫，还广泛用作环境杀虫剂。

【注意事项】 ①本品毒性高于敌百虫，对人、畜尤其禽、鱼、蜜蜂毒性较大，应慎用。②孕畜和心脏病、胃肠炎患畜禁用。

【用法与用量】 喷洒或涂擦，乳油加水稀释成0.1%～0.5%溶液，喷洒空间、地面和墙壁，每100 m^2面积约1 L。在畜禽粪便上喷洒0.5%溶液。喷雾，以1%溶液喷于动物头、背、四肢、体侧、被毛，不能湿及皮肤；杀灭牛体表的蝇、蚊，每头牛每日不能超过60 mL。敌敌畏项圈用于消灭犬、猫蚤和虱。

皮蝇磷(Fenchlorphos)

皮蝇磷又称为芬氯磷，是专供兽用的有机磷杀虫药。皮蝇磷对双翅目昆虫有特效，内服或皮肤给药有杀内吸虫作用，主要用于牛皮蝇蛆。喷洒用药对牛、羊锥蝇蛆、蝇、虱、螨等均有良好的效果。对人和动物毒性较小。泌乳期奶牛禁用；母牛产犊前10日内禁用。肉牛休药期10日。内服：一次量，每千克体重，牛100 mg。外用：喷淋，每100 L水加1 L的24%皮蝇磷乳油溶液。

氧硫磷

氧硫磷为低毒、高效有机磷杀虫药。对家畜各种外寄生虫均有杀灭作用，对蜱的作用尤佳，如一次用药对硬蜱杀灭作用可维持10～20周。对动物毒性较小，药浴、喷淋、浇淋，配成0.01%～0.02%溶液。

巴胺磷(Propetamphos)

本品为广谱有机磷杀虫剂，主要通过触杀、胃毒起作用，不仅能杀灭家畜体表寄生虫，如螨、蜱，还能杀灭卫生害虫蚊、蝇等。主要驱杀牛、羊、猪等家畜体表螨、蚊、蝇、虱等害虫。本品对家禽、鱼类具有明显毒性。休药期，羊14日。

马拉硫磷(Malathion)

马拉硫磷对蚊、蝇、虱、蜱、螨、臭虫均有杀灭作用，主要在害虫体内被氧化为马拉氧磷，后者抗胆碱酯酶活力增强1000倍。马拉硫磷对人和动物的毒性很低，可用于治疗畜禽体表寄生虫病，例如牛皮蝇、牛虻、体虱、羊痒螨、猪疥螨等。药浴或喷淋，配成0.2%～0.3%水溶液；喷洒体表，稀释成0.5%溶液；泼洒厩舍、池塘，稀释成0.2%～0.5%溶液，每平方米泼洒2 g。

蝇毒磷(Coumaphos)

【理化性质】 本品又称库马福司，为白色或微黄色结晶粉。本品不溶于水，常制成溶液剂。

【作用与应用】 ①本品对牛皮蝇蛆、蜱、螨、虱和蝇等外寄生虫有效。②内服对反刍动物、禽肠道内部分线虫、吸虫也有效。

本品用于防治牛皮蝇蛆、蜱、螨、虱和蝇等外寄生虫病。

【注意事项】 ①本品是有机磷中唯一可用于泌乳奶牛的杀虫药。因奶牛吸收蝇毒磷后，大部分经代谢或以原形由粪尿中排出；残留于体内者，主要分布在脂肪中，奶中分布极微。外用高于治疗量的浓度，奶中含量仅在0.01 mg/L以下，3日后即难测出。②与其他有机磷类杀虫药以及胆碱酯酶抑制剂有协同作用，同时应用毒性增强。

【用法与用量】 外用，配成含蝇毒磷0.02%～0.05%的乳剂。

甲基吡啶磷

【理化性质】 本品为白色或类白色结晶性粉末；有特臭。本品是高效、低毒的新型有机磷杀虫药，微溶于水，常制成粉剂、颗粒剂。

【作用与应用】 ①本品对苍蝇、蟑螂、蚂蚁、跳蚤、臭虫等有良好杀灭作用，一次性喷雾，苍蝇的减少率可达84%～97%。②本品以胃毒为主，兼有触杀作用。

本品用于杀灭厩舍、鸡舍等处的成蝇；也用于居室、餐厅、食品厂等灭蝇、灭蟑螂。

【注意事项】 ①本品对眼有轻微的刺激性，且易被皮肤吸收中毒，用时注意。但喷雾时，动物可留于厩舍，但不能向动物直接喷射。②本品对鲑鱼有高毒，对其他鱼类也有轻微毒性，不要污染河流、池塘及下水道。本品对蜜蜂亦有毒性，禁用于蜂群密集处。③本品加水稀释后应当日用完。混

Note

悬液停放 30 min 后，宜重新搅拌均匀再用。④本品残效期长。将其涂于纸板上，悬挂于舍内或贴于墙壁上，残效期可达 10～12 周，喷洒于天花板上残效期可达 6～8 周。

【用法与用量】 可湿性粉：喷雾，每 200 m^2 取本品 500 g，充分混合于 4 L 温水中。涂布，每 200 m^2 取本品 250 g，充分混合于 200 mL 温水中，涂 30 个点。颗粒剂：分撒，每立方米取本品 2 g，用水湿润。

二、拟菊酯类

拟菊酯类杀虫药是根据植物杀虫药除虫菊的有效成分——除虫菊酯(pyrethrins)的化学结构合成的一类杀虫药。除虫菊酯为菊科植物除虫菊的有效成分，具有杀灭各种昆虫的作用，特别是击倒力甚强，对各种害虫有高效、速杀作用，对人、畜无毒。但是天然除虫菊酯化学性质不稳定，残效期短，有些昆虫被击倒后可复苏。现在天然除虫菊酯化学结构的基础上人工合成了一系列除虫菊酯拟似物，即拟菊酯类杀虫药。这类药物具有杀虫谱广、高效、速效、残效期短、毒性低以及对其他杀虫药耐药的昆虫也有杀灭作用的优点，对各种昆虫及外寄生虫均有杀灭作用。拟菊酯类药物性质均不稳定，进入机体后即迅速降解灭活，因此不能内服或注射给药。现场使用资料证明，虫体对本类药品能迅速产生耐药性。

兽医临床使用的有氰戊菊酯、胺菊酯、氯菊酯、溴氰菊酯、氟氰胺菊酯和氟氯苯氰菊酯等。

氰戊菊酯(Fenvalerate)

【理化性质】 氰戊菊酯又称速灭杀丁，为淡黄色黏稠液体。本品不溶于水，常制成乳油剂。

【作用与应用】 本品对多种体外寄生虫均有触杀、胃毒、驱避作用，杀虫效力很强。

本品用于驱杀畜禽体表寄生虫；也用于畜禽棚舍杀蚊、蝇等。

【注意事项】 ①本品为广谱杀虫剂，使用较安全。②碱性物质能降低本品的稳定性。③本品对鱼和蜜蜂有剧毒。④配制溶液时，水温以 12 ℃为宜，超过 25 ℃会降低药效。⑤休药期：28 日。

【用法与用量】 药浴、喷淋，每升水，马、牛螨 20 mg；猪、羊、犬、兔、鸡螨 80～200 mg；牛、猪、兔、犬虱 50 mg；鸡虱及刺皮螨 40～50 mg。杀灭蚤、蚊、蝇、牛虻 40～80 mg。喷雾，稀释成 0.2%浓度，鸡舍按每立方米 3～5 mL，喷雾后密闭 4 h 以杀灭鸡羽虱、蚊、蝇、蠓等害虫。

胺菊酯(Tetramethrin)

胺菊酯又称为四甲司林。性质稳定，但在高温和碱性溶液中易分解，是对卫生昆虫最常应用的拟菊酯类杀虫药。胺菊酯对蚊、蝇、蚤、虱、螨等虫体都有杀灭作用，对昆虫击倒作用的速度居拟菊酯类之首。由于部分虫体又能复活，一般多与苄呋菊酯并用，后者的击倒作用虽慢，但杀灭作用较强，因而有互补增效作用。对人、畜安全，无刺激性。胺菊酯-苄呋菊酯喷雾剂，用于环境杀虫。

氯菊酯(Permethrin)

氯菊酯又称为扑灭司林。在空气和阳光中稳定，在碱性溶液中易水解。本品为常用的卫生、农业、畜牧业杀虫药。对蚊、厩螫蝇、秋家蝇、血虱、蜱均有杀灭作用。本品具有广谱、高效、击倒快、残效期长等特点，并且对虱卵也有杀灭作用。一次用药能维持药效 1 个月左右。氯菊酯对鱼有剧毒。氯菊酯乳油，配成 0.2%～0.4%乳液，喷洒，杀外寄生虫；氯菊酯气雾剂，环境喷雾。

溴氰菊酯(Deltamethrin)

【理化性质】 本品又称敌杀死，为白色结晶性粉末。本品不溶于水，常制成乳油剂。

【作用与应用】 溴氰菊酯是使用最广泛的一种拟菊酯类杀虫药，对虫体有胃毒和触毒作用，无内吸作用，具有广谱、高效、残效期长、低残留等优点，一次用药能维持药效近 1 个月。对蚊、厩螫蝇、

秋家蝇、羊蜱蝇、牛羊各种虱、牛皮蝇、猪血虱及禽羽虱等均有良好的驱杀作用，对有机磷、有机氯杀虫药耐药的虫体，用之仍然有高效。

本品用于防治家畜体外寄生虫病，以及杀灭环境仓库等昆虫。

【注意事项】 ①本品对其他杀虫药耐药的虫体仍然敏感。②本品对皮肤、黏膜、眼睛、呼吸道有较强的刺激性，用时注意防护。急性中毒无特殊解毒药，以对症疗法为主。③本品对鱼类及其他冷血动物毒性较大，使用时切勿将残余药液倾入鱼塘，蜜蜂、家禽亦较敏感。④本品遇碱分解，对塑料制品有腐蚀性。零度以下易结晶。⑤休药期：28 日。

【用法与用量】 溴氰菊酯乳油（含溴氰菊酯 5%），药浴或喷淋，每 1000 L 水加 100～300 mL。

以溴氰菊酯计：药浴或喷淋，每 1000 L 水中含溴氰菊酯 5～15 g（预防），30～50 g（治疗），必要时 7～10 日重复 1 次。

三、大环内酯类

大环内酯类杀虫药包括阿维菌素类和美贝菌素类药物，具有高效驱杀线虫、寄生性昆虫和螨的作用，一次用药可同时驱杀体内外寄生虫（详见本章第一节）。尤其是莫西菌素，对某些寄生虫的驱杀作用强于伊维菌素和美贝霉素肟（又称为杀螨菌素肟），在世界上已被广泛应用。

四、其他

在兽医临床除双甲脒杀虫药外，还有升华硫、环丙氨嗪和非泼罗尼等药物及其制剂。

双甲脒(Amitraz)

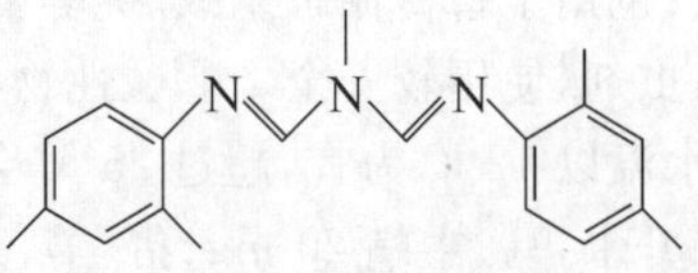

【理化性质】 双甲脒又称为特敌克、虫螨脒、阿米曲士。本品为白色或浅黄色结晶性粉末。无臭，在丙酮中易溶，在水中不溶，在乙醇中缓慢分解，常制成乳油剂和项圈。

【作用与应用】 双甲脒是接触性广谱杀虫剂，兼有胃毒和内吸作用，对各种螨、蝉、蜱、虱等均有效。其杀虫作用可能与干扰神经系统功能有关，使虫体兴奋性增高，口器部分失调，导致口器不能完全由动物皮肤拔出，或者拔出而掉落，同时还能影响昆虫产卵功能及虫卵的发育能力。双甲脒产生杀虫作用较慢，一般在用药后 24 h 才能使虱、蜱等解体，48 h 使患螨部皮肤自行松动脱落。本品残效期长，一次用药可维持药效 6～8 周，可保护畜体不再受外寄生虫的侵袭。此外，双甲脒对大蜂螨和小蜂螨也有良好的杀灭作用。对人、畜安全，对蜜蜂相对无害。

本品主要用于防治牛、羊、猪、兔的体外寄生虫病，如疥螨、痒螨、蜂螨、蜱、虱等。

【注意事项】 ①双甲脒对皮肤有刺激作用，防止皮肤和眼睛接触药液。②马属动物对双甲脒较敏感，对鱼有剧毒，用时慎重，勿将药液污染鱼塘、河流。③休药期，牛 1 日，羊 21 日，猪 7 日。④牛弃奶期 2 日。⑤禁用于产奶羊和水生食品。⑥本品对严重患畜用药 7 日后可再用一次，以彻底治愈。

【制剂、用法与用量】 双甲脒溶液（amitraz solution）药浴、喷洒、涂擦家畜，0.025%～0.05%溶液（以双甲脒计）。喷雾，浓度为 50 mg/L，用于蜜蜂。

氯苯甲脒(Chlordimeform)

【理化性质】 氯苯甲脒又称为杀虫脒。本品为白色针状结晶，无味，易溶于水和乙醇，难溶于有机溶剂。

【作用与应用】 本品能防治畜禽各种螨病，除螨虫外，对幼虫、螨卵均有较强的杀灭作用，具有高效、低毒、残效期长等优点。杀虫脒进入机体后迅速经尿排出，无蓄积性。用于防治畜禽各种螨病。

【注意事项】 应用本品后，家畜可能出现精神不安、沉郁、肌肉震颤、痉挛以致呼吸困难等不良反应，一般经短时间后可自行恢复。

【制剂、用法与用量】 杀虫脒溶液喷洒或药浴：加水稀释为0.1%～0.2%溶液。

环丙氨嗪

【作用与应用】 本品为昆虫生长调节剂，可抑制双翅目幼虫的蜕皮，特别是幼虫第一期蜕皮，使蝇蛆繁殖受阻，而致蝇死亡。给鸡内服，即使在粪便中含药量极低也可彻底杀灭蝇蛆。

本品主要用于控制动物厩舍内蝇蛆的繁殖生长，杀灭粪池内蝇蛆，以保证环境卫生。

【用法与用量】 混饲：环丙氨嗪预混剂，每1000 kg饲料，鸡5 g(按有效成分计)连用4～6周。浇洒：环丙氨嗪可溶性粉，每20 m^2以20 g溶于15 L水中，浇洒于蝇蛆繁殖处。

【制剂】 环丙氨嗪预混剂，环丙氨嗪可溶性粉，环丙氨嗪可溶性颗粒剂。

非泼罗尼

本品是一种对多种害虫具有优异防治效果的广谱杀虫剂。其杀虫机制是能与昆虫中枢神经细胞膜上的γ-氨基丁酸(GABA)受体结合，阻断神经细胞的氯离子通道，从而干扰中枢神经系统的正常功能而导致昆虫死亡。本品主要是通过胃毒和触杀起作用，也具有一定的内吸传导作用。本品主要用于杀灭犬、猫体表跳蚤、蜱及其他体表害虫。喷雾：每千克体重，犬、猫3～6 mL。使用时应注意防止污染河流、湖泊、鱼塘。

升华硫

本品与动物皮肤组织接触后，生成硫化氢(H_2S)和五硫磺酸，有杀虫、杀螨和抗菌作用。主要用于治疗疥螨及痒螨病。本品可制成10%硫黄软膏局部涂擦，或配成石灰硫黄液(硫黄2%、石灰1%)药浴。

第十五章　解　毒　药

临床上用于解救中毒的药物称为解毒药。根据作用特点及疗效，解毒药可分为两类。

1. 非特异性解毒药　又称一般解毒药，是指用以阻止毒物继续被吸收、中和或破坏以及促进其排出的药物，如催吐剂、吸附剂、泻药、氧化剂和利尿药等。非特异性解毒药对多种毒物或药物中毒均可应用，但由于不具特异性，且效能较低，仅用于解毒的辅助治疗。

2. 特异性解毒药　本类药物可特异性地对抗或阻断毒物或药物的效应，而其本身并不具有与毒物相反的效应。本类药物特异性强，如能及时应用，则解毒效果好，在中毒的治疗中占有重要地位。根据解毒对象(毒物或药物)的性质，可分为金属络合剂、胆碱酯酶复活剂、高铁血红蛋白还原剂、氰化物解毒剂和其他解毒剂等。

第一节　非特异性解毒药

非特异性解毒药又称一般解毒药，其解毒范围广，但作用无特异性，解毒效果较弱，仅在毒物产生毒性作用之前，通过破坏毒物、促进毒物排出、稀释毒物浓度、保护胃肠黏膜、阻止毒物吸收等方式，保护机体免遭毒物进一步的损害，赢得抢救时间，在实践中具有重要意义。常用的非特异性解毒药有以下几种。

一、物理性解毒药

1. 吸附剂　吸附剂可使毒物附着于其表面或孔隙中，以减少或延缓毒物的吸收，起到解毒的作用。吸附剂不受剂量的限制，任何经口进入畜体的毒物中毒都可以使用。使用吸附剂的同时配合使用泻剂或催吐剂。常用的吸附剂有药用炭、木炭末、通用解毒剂(药用炭50%、氧化镁25%和鞣酸25%混合后给中等动物每次服20～30 g，大动物100～150 g)，其中药用炭最为常用。

2. 催吐剂　一般用于中毒初期，使动物发生呕吐，促进毒物排出。只适用于猪、猫和犬等。常用的催吐剂有硫酸铜、吐根末等。

3. 泻药　一般用于中毒的中期，促进胃肠道内毒物的排出，以避免或减少毒物的吸收。一般应用盐类泻药，但升汞中毒时不能用盐类泻药。巴比妥类、阿片类、颠茄中毒时，可使肠蠕动受抑制，因而增加镁离子的吸收，尤其是肾功能不全的动物，能加深中枢神经及呼吸功能的抑制，不能用硫酸镁泻下，尽可能用硫酸钠。对发生严重腹泻或脱水的动物应慎用或不用泻药。

4. 其他　大部分毒物吸收后主要经肾排泄，因此，可应用利尿药促进毒物的排出，或通过静脉输入生理盐水、葡萄糖等，以稀释血液中毒物浓度，减轻毒性作用。

二、化学性解毒药

1. 氧化剂　利用氧化剂与毒物间的氧化反应破坏毒物，使毒物毒性降低或丧失。可用于生物碱类药物、氰化物、无机磷、巴比妥类、阿片类、士的宁、砷化物、一氧化碳、烟碱、毒扁豆碱、蛇毒、棉酚等的解毒，但有机磷毒物如1605、1059、3911、乐果等的中毒绝不能使用氧化剂解毒。常用的氧化剂有高锰酸钾、过氧化氢等。

2. 中和剂 利用弱酸弱碱类、强碱强酸类物质与毒物发生中和作用，使其失去毒性。常用的弱酸解毒剂有食醋、酸奶、稀盐酸、稀醋酸等，常用的弱碱解毒剂有氧化镁、石灰水上清液、小苏打水、肥皂水等。

3. 还原剂 维生素C的解毒作用与其参与某些代谢过程、保护含巯基的酶、促进抗体生成、增强肝解毒能力和改善心血管功能等有关。

4. 沉淀剂 沉淀剂使毒物沉淀，以减少其毒性或延缓吸收产生解毒作用。沉淀剂有鞣酸、浓茶、稀碘酊、钙剂、五倍子、蛋清、牛奶等。其中3%～5%鞣酸水或浓茶水为常用的沉淀剂，能与多种有机毒物（如生物碱）、重金属盐生成沉淀，减少吸收。

三、药理性解毒药

这类解毒药主要通过药物与毒物之间的拮抗作用，部分或完全抵消毒物的作用而产生解毒作用。常见的相互拮抗的药物或毒物如下。

(1) 毛果芸香碱、烟碱、氨甲酰胆碱、新斯的明等拟胆碱药与阿托品、颠茄及其制剂、曼陀罗等抗胆碱药有拮抗作用，可互相作为解毒药。阿托品等对有机磷农药及吗啡类药物，也有一定的拮抗性解毒作用。

(2) 水合氯醛、巴比妥类等中枢抑制药与尼可刹米、士的宁等中枢兴奋药及麻黄碱、山梗菜碱、美解眠（贝美格）等有拮抗作用。

四、对症治疗药

中毒时往往伴有一些严重的症状，如惊厥、呼吸衰竭、心功能障碍、休克等，如不迅速处理，将影响动物康复，甚至危及生命。因此，在解毒的同时要及时使用抗惊厥药、呼吸兴奋药、强心药、抗休克药等对症治疗药以配合解毒，还应使用抗生素预防肺炎以度过危险期。

第二节 特异性解毒药

特异性解毒药又称特效解毒药，是一类可特异性地对抗或阻断某些毒物中毒效应的解毒药。这类药物针对毒物中毒机制，解除其中毒原因，所以其作用具有高度专属性，解毒效果好，在中毒的治疗中占有重要地位。临床常用的特异性解毒药根据解毒对象（毒物或药物）的性质，可分为以下几种。

一、有机磷酸酯类中毒的特异性解毒药

有机磷酸酯类（简称有机磷）系高效杀虫药，广泛用于农业、医学及兽医学领域，对防治农业害虫、杀灭人类疫病媒介昆虫、驱杀动物体内外寄生虫等都有重要意义。但其毒性强，在临床实践中经常因管理、使用不当，导致人畜中毒。

（一）毒理

有机磷酸酯类化合物经消化道、皮肤、黏膜或呼吸道进入动物体内，与胆碱酯酶（ChE）结合形成磷酰化胆碱酯酶，使胆碱酯酶失活，不能水解乙酰胆碱，导致乙酰胆碱在体内大量蓄积，引起胆碱受体兴奋，出现一系列胆碱能神经过度兴奋的临床中毒症状（M、N样症状及中枢神经先兴奋后抑制等）。轻度中毒时，乙酰胆碱与M受体（毒蕈碱受体）结合，动物表现为流涎、呕吐、腹痛、腹泻、出汗、瞳孔缩小、心率减慢、呼吸困难、发绀等；中度中毒时，乙酰胆碱同时与N受体（烟碱受体）结合，动物表现为肌肉震颤、抽搐、四肢无力、心率加快、血压升高等；严重中毒时，乙酰胆碱兴奋中枢神经系统

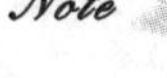

的M受体和N受体，动物出现兴奋不安、惊厥等，最后呼吸循环衰竭、血压下降，甚至呼吸麻痹死亡。

此外，有机磷酸酯类还可抑制三磷酸腺苷酶、胰蛋白酶、胰凝乳酶、胃蛋白酶等酶的活性，导致中毒症状复杂化，加重病情。中毒过程可用下式表示：

有机磷酸酯类＋胆碱酯酶(有活性)→磷酰化胆碱酯酶(失去活性)

（二）解毒机制

以胆碱酯酶复活剂结合生理拮抗剂进行解毒，配合对症治疗。

1. 生理拮抗剂 又称M受体阻断药，如阿托品、东莨菪碱、山莨菪碱等，可竞争性地阻断M受体与乙酰胆碱结合，从而迅速解除有机磷酸酯类中毒的M样症状，大剂量时也能进入中枢神经消除部分中枢神经症状，而且对呼吸中枢有兴奋作用，可解除呼吸抑制，但其对骨骼肌震颤等N样中毒症状无效，也不能使胆碱酯酶复活，故单独使用时，只适用于轻度中毒。有机磷中毒时，动物对阿托品的耐受量远比正常时大，可用至每千克体重1 mg。起始一次量，牛、马为30～50 mg，猪、羊10～30 mg，犬2 mg，猫、兔、家禽0.5 mg，约经1 h后，症状未见好转时，应重复用药，直至患病动物出现口腔干燥、瞳孔扩大、呼吸平稳、心跳加快，即所谓"阿托品化"时，逐渐减少剂量和用药次数。中度或重度中毒时，阿托品可静脉给药。如在用药中，动物出现过度兴奋、心率过快、体温升高等阿托品中毒症状，应减量或暂停给药。反刍动物用药后可能引起瘤胃臌气，应加强护理，严重时应穿刺放气。

2. 胆碱酯酶复活剂 碘解磷定、氯解磷定、双解磷和双复磷等"胆碱酯酶复活剂"在化学结构上均属季铵盐类化合物，分子中含有的肟基具有强大的亲磷酸酯作用，能与磷原子牢固结合，所以能夺取与有机磷结合的、已失去活性的磷酰化胆碱酯酶中带有磷的化学基团(磷酰化基团)，并与其结合后脱离胆碱酯酶，使ChE恢复原来状态，重新呈现活性。另外，这类化合物也能直接与体内游离有机磷酸酯类的磷酰基结合，生成磷酰化碘解磷定等无毒物质由尿排出体外，解除有机磷酸酯类的毒性作用。解毒过程可用下式表示：

胆碱酯酶复活剂＋磷酰化胆碱酯酶(无活性)→磷酰化胆碱酯酶复活剂＋胆碱酯酶(复活)

胆碱酯酶复活剂＋游离有机磷酸酯类(有毒性)→磷酰化胆碱酯酶复活剂＋卤化氢

如果中毒时间过久，超过36 h，磷酰化胆碱酯酶即发生"老化"，胆碱酯酶复活剂难以使胆碱酯酶恢复活性，所以应用胆碱酯酶复活剂治疗有机磷中毒时，早期用药效果较好。

在解救有机磷酸酯类化合物中毒时，对轻度的中毒可用生理拮抗剂缓解症状，但对中度和重度的中毒，必须以胆碱酯酶复活剂结合生理拮抗剂解毒，才能取得较好的效果。

（三）常用药物

碘解磷定(Pralidoxime Iodide)

【理化性质】 本品又名派姆，为最早合成的肟类胆碱酯酶复活剂。本品呈黄色颗粒状结晶或结晶性粉末；无臭，味苦，遇光易变质；在水(1∶20)或热乙醇中溶解，水溶液稳定性不如氯解磷定。如药液颜色变深，则不可以使用。

【药动学】 本品静脉注射后，很快达到有效血药浓度，数分钟后血中被抑制的胆碱酯酶即开始复活，临床中毒症状也有所缓解。本品静脉注射后在肝、肾、脾、心等器官中含量较高，肺、骨骼肌和血中次之。本品因脂溶性差，不易透过血脑屏障，但临床应用大剂量时，对中枢症状有一定缓解作用，故认为碘解磷定在大剂量时也能通过血脑屏障进入中枢神经系统。本品在肝迅速代谢，由肾排出，在体内无蓄积作用，半衰期较短，一次给药，作用仅维持1.5 h左右，必须反复用药。维生素B_1能延长其半衰期。

【作用与应用】 本品对胆碱酯酶的复活作用，在神经肌肉接头处最为显著，可迅速制止有机磷中毒所致的肌束颤动。本品对有机磷引起的烟碱样症状抑制作用明显，而对毒蕈碱样症状抑制作用较弱，对中枢神经症状抑制作用也不明显，而且对体内已蓄积的ACh无作用。所以轻度有机磷中毒

时，可单独应用本品或阿托品控制中毒症状，但中度或重度中毒时，必须与阿托品配合应用。

碘解磷定可用于解救多种有机磷中毒，但其解毒作用有一定选择性，如对内吸磷(1059)、对硫磷(1605)、特普、乙硫磷中毒的疗效较好；对马拉硫磷、敌敌畏、敌百虫、乐果、甲氟磷、丙胺氟磷和八甲磷等中毒的疗效较差；对氨基甲酸酯类杀虫药中毒则无效。

【注意事项】 ①有机磷内服中毒的动物应先以2.5%碳酸氢钠溶液彻底洗胃。②用药过程中定时测定血液胆碱酯酶水平，作为用药监护指标。血液胆碱酯酶浓度应维持在50%以上。必要时应及时重复应用本品。③本品应用时间至少维持48 h，以防延迟吸收的有机磷引起中毒程度加重，甚至致死；④早期用药的效果好，对中毒超过36 h的效果差。⑤禁止与碱性药物配伍，因在碱性溶液中易生成毒性更强的敌敌畏。⑥本品注射速度过快可引起呕吐、心率加快、动作不协调以及血压波动、呼吸抑制等。⑦药液刺激性强，应防止漏至皮下。⑧与阿托品联合应用时，因本品能增强阿托品的作用，要减少阿托品剂量。

【制剂、用法与用量】 碘解磷定注射液20 mL：0.5 g。静脉注射，一次量，每千克体重，家畜15～30 mg。症状缓解前，每2 h注射1次，中毒症状消失后，每日4～6次，连用1～2日。

氯解磷定(Pyraloxime Methyl chloride)

【理化性质】 本品又称氯磷定、氯化派姆，为微带黄色的结晶或结晶性粉末，常制成注射液。

【作用与应用】 ①本品作用与碘解磷定相似，但作用较强(1 g氯解磷定的作用相当于1.53 g碘解磷定)。②毒性比碘解磷定低，肌内注射、静脉注射皆可。

本品是目前胆碱酯酶复活剂中的首选药物，主要用于解救有机磷中毒。

【注意事项】 ①肌内注射局部可有轻微疼痛。②其他同碘解磷定。

【制剂、用法与用量】 氯解磷定注射液2 mL：0.5 g。肌内注射、静脉注射，一次量，每千克体重，家畜15～30 mg。

双复磷(Obidoxime)

本品作用同碘解磷定，但较易透过血脑屏障，有阿托品样作用，对有机磷所致烟碱样和毒蕈碱样症状均有效，对中枢神经系统症状的消除作用较强。其注射液可供肌内注射或静脉注射。

双复磷注射液2 mL：0.25 g。肌内注射、静脉注射，一次量，每千克体重，家畜15～30 mg。

二、亚硝酸盐中毒的特异性解毒药

亚硝酸盐来自饲料中的硝酸盐。富含硝酸盐的饲料有小白菜、白菜、萝卜叶、莴苣叶、菠菜、甜菜茎叶、红薯藤叶、多种牧草和野菜等。当其储存、保管、调制不当时，如青绿饲料长期堆放变质、腐烂，青储饲料长时间焖煮在锅里等情况下，饲料中的硝酸盐被大量繁殖的硝酸盐还原菌还原，产生大量的亚硝酸盐。饲料中的硝酸盐被动物采食后，在胃肠道微生物的作用下也可转化为亚硝酸盐，并进一步还原为氨被利用，但是当牛、羊等反刍动物瘤胃pH值和微生物群发生异常变化，使亚硝酸盐还原为氨的过程受到限制时，采食大量新鲜的青绿饲料后，可引起亚硝酸盐中毒。另外，耕地排出的水、浸泡过大量植物的坑塘水及厩舍、积肥堆、垃圾堆附近的水源中也都含有大量硝酸盐或亚硝酸盐，当动物采食以上含有大量硝酸盐的饲料、饮水时，也可引起亚硝酸盐中毒。

(一) 毒理

亚硝酸盐被机体吸收后，形成的亚硝酸根可与血液中的血红蛋白相结合，其毒性表现为两个方面：一是亚硝酸盐利用其氧化性将血液中正常的低铁血红蛋白($HbFe^{2+}$/Hb)转化为高铁血红蛋白($HbFe^{3+}$/MHb)，使其失去携氧和释放氧的能力，导致血液不能给组织供氧，引起全身组织严重缺氧而中毒；二是亚硝酸盐能抑制血管运动中枢，使血管扩张，血压下降。另外，在一定的条件下，亚硝

Note

酸盐在体内可与仲胺或酰胺结合，生成致癌物亚硝胺或亚硝酸胺，长期作用可诱发癌症。动物中毒后，主要表现为呼吸加快、心跳增速、黏膜发绀、流涎、呕吐、运动失调，严重时呼吸中枢麻痹，最终窒息死亡。血液呈酱油色，且凝固时间延长。

（二）解毒机制

针对亚硝酸盐中毒的毒理，通常使用高铁血红蛋白还原剂，如小剂量亚甲蓝、硫代硫酸钠等，使高铁血红蛋白还原为低铁血红蛋白，恢复其携氧能力，解除组织缺氧的中毒症状。解毒时，配合使用呼吸中枢兴奋药（尼可刹米等）及其他还原剂（维生素C等）治疗，可提高疗效。

（三）常用药物

亚甲蓝（Methythioninium Chloride）

【理化性质】 本品又名美蓝、甲烯蓝。本品为深绿色、有铜样光泽的柱状结晶或结晶性粉末；易溶于水和乙醇，溶液呈深蓝色；应遮光、密闭保存，常制成注射液。

【药动学】 本品内服不易吸收。在组织中可迅速被还原为还原型亚甲蓝，并部分被代谢。亚甲蓝、还原型亚甲蓝及代谢产物均经肾缓慢排出。

【作用与应用】 使用亚甲蓝后，因其在血液中浓度的不同，对血红蛋白可产生氧化和还原两种作用。

小剂量的亚甲蓝产生还原作用。小剂量（1～2 mg/kg）的亚甲蓝进入机体后，体内6-磷酸-葡萄糖脱氢过程中的氢离子传递给亚甲蓝（MB），使其被迅速还原成还原型亚甲蓝（MBH_2），还原型亚甲蓝具有还原作用，能将高铁血红蛋白还原为低铁血红蛋白，恢复其携氧能力，同时，还原型亚甲蓝又被氧化成为氧化型亚甲蓝（MB），如此循环进行。此作用常用于治疗亚硝酸盐中毒及苯胺类等所致的高铁血红蛋白血症。

大剂量的亚甲蓝产生氧化作用。给予大剂量（5～10 mg/kg）的亚甲蓝（MB）时，体内还原型辅酶Ⅰ脱氢酶来不及迅速、完全地将氧化型亚甲蓝转化为还原型，未被转化的氧化型亚甲蓝直接利用其氧化作用，使正常的低铁血红蛋白氧化成高铁血红蛋白，此作用可加重亚硝酸盐中毒，但可用于解除氰化物中毒（因氰化物的氰离子与高铁血红蛋白具有非常强的亲和力）。

【注意事项】 ①本品刺激性大，可引起组织坏死，禁止皮下或肌内注射。②静脉注射速度过快可引起呕吐、呼吸困难、血压降低、心率加快。③用药后尿液呈蓝色，有时可产生尿路刺激症状。④与强碱性溶液、氧化剂、还原剂、碘化物有配伍禁忌，所以不得与其混合注射。⑤葡萄糖能促进亚甲蓝的还原作用，故应用亚甲蓝解除亚硝酸盐中毒时，常与高渗葡萄糖溶液合用以提高疗效。

【制剂、剂量与用法】 亚甲蓝注射液 2 mL：20 mg、5 mL：50 mg、100 mL：100 mg。静脉注射，一次量，每千克体重，家畜，治疗亚硝酸盐中毒 1～2 mg，注射后 1～2 h 未见好转，可重复注射以上剂量或半量；治疗氰化物中毒 10 mg（最大剂量 20 mg）。

三、氰化物中毒的特异性解毒药

自然界中3000多种植物有生氰作用，此类植物中的生氰化合物包括氰苷和氰酯两类，氰苷占绝大多数，氰酯占少数。含有氰苷的植物都含有水解氰苷的β-葡萄糖苷酶和羟腈裂解酶，在完整植物中，氰苷与其水解酶被分隔在不同的组织细胞中，所以氰苷不会受到水解酶的作用，一般不会形成游离的氢氰酸。当植物组织受到损害或被动物采食、咀嚼破碎后，氰苷与水解酶接触，发生酶促反应，释放出氢氰酸，产生毒性。富含氰苷的饲料有亚麻籽饼、木薯、某些豆类（如菜豆）、某些牧草（如苏丹草），高粱幼苗及再生苗、橡胶籽饼及杏、梅、桃、李、樱桃等蔷薇科植物的叶及核仁、马铃薯幼芽、醉马草等。当动物采食大量以上饲料后，氰苷在胃肠道内水解形成大量氢氰酸而导致中毒。另外，工业生产用的各种无机氰化物（氰化钠、氰化钾、氯化氰等）、有机氰化物（乙腈、丙烯腈、氰基甲酸甲酯）等

Note

污染饲料、牧草、饮水或被动物误食后，也可导致氰化物中毒。牛对氰化物最敏感，其次是羊、马和猪。

（一）毒理

氰苷本身无毒，水解形成的氢氰酸被吸收后，氰离子（CN^-）能迅速与氧化型细胞色素氧化酶中的 Fe^{3+} 结合，形成氰化高铁细胞色素氧化酶，从而阻碍此酶转化为 Fe^{2+} 的还原型细胞色素氧化酶，使酶失去传递电子、激活分子氧的功能，组织细胞不能利用氧，形成“细胞内窒息”，导致细胞缺氧，引起动物中毒。由于氢氰酸在类脂质中溶解度大，并且中枢神经对缺氧敏感，所以氢氰酸中毒时，中枢神经首先受到损害，并以呼吸和血管运动中枢为甚，动物表现为先兴奋后抑制，终因呼吸麻痹、窒息死亡。血液呈鲜红色为其主要特征。

（二）解毒机制

使用氧化剂（如亚硝酸钠、大剂量的亚甲蓝等）结合供硫剂（硫代硫酸钠）联合解毒。

氧化剂使部分低铁血红蛋白氧化为高铁血红蛋白，高铁血红蛋白中的 Fe^{3+} 与 CN^- 有很强的结合力，不但能与血液中游离的氰离子结合，形成氰化高铁血红蛋白，使氰离子不能产生毒性作用，还能夺取已与细胞色素氧化酶结合的氰离子，使细胞色素氧化酶复活而发挥解毒作用。但形成的氰化高铁血红蛋白不稳定，一定时间后，可解离出部分氰离子而再次产生毒性。所以，一般在应用亚硝酸钠、亚甲蓝 15～25 min 后，使用供硫剂硫代硫酸钠，在体内转硫酶的作用下，与氰离子形成稳定而毒性很小的硫氰酸盐，随尿液排出而彻底解毒。

（三）常用药物

亚硝酸钠(Sodium Nitrite)

【理化性质】 本品为无色或白色至微黄色结晶。无臭，味微咸，有潮解性。水中易溶，乙醇中微溶。水溶液呈碱性，本品为氧化剂，常制成注射液。

【作用与应用】 本品为氧化剂，可将血红蛋白中的二价铁氧化成三价铁，形成高铁血红蛋白而解救氰化物中毒。因本品仅能暂时性地延迟氰化物对机体的毒性，所以静脉注射数分钟后，应立即使用硫代硫酸钠。亚硝酸钠容易引起高铁血红蛋白血症，故不宜反复使用。

【注意事项】 ①本品仅能暂时性地延迟氰化物对机体的毒性，静脉注射数分钟后，应立即使用硫代硫酸钠。②本品容易引起高铁血红蛋白血症，故不宜大剂量或反复使用。③本品有扩张血管作用，注射速度过快时，可致血压降低、心动过速、出汗、休克、抽搐。

【制剂、用法与用量】 亚硝酸钠注射液 10 mL：0.3 g。静脉注射，一次量，马、牛 2 g，猪、羊 0.1～0.2 g，临用时用注射用水配成 1% 的溶液缓慢静脉注射。

硫代硫酸钠(Sodium Thiosulfate)

【理化性质】 本品又名次亚硫酸钠、大苏打。本品为无色结晶或结晶性细粒。无臭，味咸，有风化性和潮解性。水中极易溶解，乙醇中不溶。常制成注射液。

【作用与应用】 ①本品在体内转硫酶的作用下，可游离出硫原子，与游离的或已与高铁血红蛋白结合的 CN^- 结合，生成无毒的且比较稳定的硫氰酸盐由尿排出，故可配合亚硝酸钠或亚甲蓝解救氰化物中毒。②本品有还原性，可使高铁血红蛋白还原为低铁血红蛋白，并可与多种金属或类金属离子结合形成无毒硫化物排出，所以也可用于亚硝酸盐中毒及砷、汞、铅、铋、碘等中毒。③因硫代硫酸钠被吸收后能增加体内硫的含量，增强肝的解毒功能，所以能提高机体的一般解毒功能，可用作一般解毒药。

【注意事项】 ①本品不易在消化道吸收，静脉注射后可迅速分布到全身各组织，故临床以静脉注射或肌内注射方式给药。②本品解毒作用产生较慢，故应先静脉注射氧化剂如亚硝酸钠或亚甲蓝

数分钟后，再缓慢注射本品，但不能与亚硝酸钠混合静脉注射。③对内服氰化物中毒的动物，还应使用5%硫代硫酸钠溶液洗胃，并于洗胃后保留适量溶液于胃中。

硫代硫酸钠注射液10 mL：0.5 g、20 mL：1 g。肌内、静脉注射，一次量，马、牛5～10 g，羊、猪1～3 g，犬、猫1～2 g。

四、金属及类金属中毒的特异性解毒药

金属及类金属元素引起动物中毒的途径多种多样。金属元素在土壤中分布不均可引起中毒；人们对金属元素矿藏的开发、冶炼可使其扩散，如铁矿、铜矿在冶炼过程中产生砷、三氧化二砷，可污染土壤；金属化合物的广泛使用，如在油漆颜料工业、塑料工业、医药工业、农药工业等生产中大量使用金属化合物，汽油中的四乙基铅和颜料红铅中铅的污染；电器设备、石油化工、制药、造纸、农药（氯化乙基汞）、消毒药（升汞）等造成金属、类金属对环境的污染等，使人类及动物接触的金属元素越来越多，并通过各种生态链进入体内而引起中毒。引起中毒的金属主要有汞、铅、铜、银、锰、铬、锌、镍等，类金属主要有砷、磷等。

（一）毒理

金属及类金属进入机体后解离出金属或类金属离子，这些离子除了在高浓度时直接作用于组织产生刺激、腐蚀作用，使组织坏死外，还能与组织细胞中的酶（主要为含巯基的酶如丙酮酸氧化酶等）相结合，使酶失去活性，影响组织细胞的功能，使细胞的物质代谢发生障碍而出现一系列中毒症状。

（二）解毒机制

解毒常使用金属络合剂。与金属、类金属离子有很强的亲和力的络合剂（如依地酸钙钠），可与金属、类金属离子络合形成无活性难解离的可溶性络合物，随尿排出而达到解毒效果。而巯基酶复活剂（如二巯丙醇）与金属、类金属离子的这种亲和力大于含巯基酶与金属、类金属离子的亲和力，其不仅可与金属及类金属离子直接络合，而且还能夺取已经与酶结合的金属及类金属离子，使组织细胞中的酶复活，恢复其功能，起到解毒作用。

（三）常用药物

常用药物有二巯丙醇、二巯丙磺钠、二巯丁二钠、青霉胺、去铁胺、依地酸钙钠等。

依地酸钙钠

【理化性质】 本品又名解铅乐；为白色结晶性或颗粒性粉末，易潮解，易溶于水。

【作用与应用】 本品属氨羧络合剂，能与多种二价、三价重金属离子络合形成可溶性的环状络合物，由组织释放到细胞外液，经尿排出，产生解毒作用。本品与各种金属的络合能力不同，其中与铅的络合作用最强，与其他金属的络合效果较差，对汞和砷无效。本品主要用于治疗铅中毒，对无机铅中毒有特效，亦可用于镉、锰、铬、镍、钴和铜中毒。依地酸钙钠对储存于骨内的铅络合作用强，对软组织和红细胞中的铅作用较小。

【注意事项】 ①本品具有动员骨铅，并与之络合的作用，而肾又不可能迅速排出大量的络合铅，所以超剂量应用本品，不仅对铅中毒的治疗效果不佳，而且可引起肾小管上皮细胞损害、水肿，甚至引起急性肾衰竭；②对各种肾病患畜和肾毒性金属中毒的动物应慎用，对少尿、无尿和肾功能不全的动物应禁用；③本品不宜长期连续使用。动物实验证明，本品可增高小鼠胚胎畸变率，但增加饲料和饮水中锌的含量，则可预防。依地酸钙钠对犬具有严重的肾毒性。每千克体重，犬的致死剂量为12 g。

【制剂、用法与用量】 依地酸钙钠注射液5 mL：1 g。静脉注射，一次量，马、牛3～6 g，猪、羊1～2 g，每日2次，连用4日。临用时用生理盐水或5%葡萄糖溶液稀释成0.25%～5%的浓度，缓慢静脉注射。皮下注射，每千克体重，犬、猫25 mg。

二巯丙醇(Dimercaprol)

【理化性质】 本品为无色或几乎无色易流动的液体。有强烈的、类似蒜的异臭。在水中溶解，但水溶液不稳定。在乙醇和苯甲酸苄酯中极易溶解。一般配成10%油溶液(加有9.6%苯甲酸苄酯)供肌内注射用。

【作用及应用】 本品属巯基络合剂，能竞争性与金属离子络合，形成较稳定的水溶性络合物，随尿排出，并使失活的酶复活。但二巯丙醇与金属离子形成的络合物在动物体内有一部分可重新逐渐解离出金属离子和二巯丙醇，后者很快被氧化并失去作用，而游离出的金属离子仍能引起机体中毒。因此，必须反复给予足够剂量的二巯丙醇，使血液中其与金属离子浓度保持2∶1的优势，使解离出的金属离子再度与二巯丙醇结合，直至由尿排出为止。巯基酶与金属离子结合得越久，酶的活性越难恢复，所以在动物接触金属后1～2 h内用药，效果较好。本品主要用于治疗砷中毒，对汞和金中毒也有效。与依地酸钙钠合用，可治疗幼小动物的急性铅脑病。本品对其他金属的促排效果如下：排铅不及依地酸钙钠，排铜不如青霉胺，对锑和铋无效。

【不良反应】 二巯丙醇对肝、肾具有损害作用，并有收缩小动脉作用。过量使用可引起动物呕吐、震颤、抽搐、昏迷，甚至死亡。药物排出迅速，多数为暂时性的。

【注意事项】 ①本品仅供深部肌内注射；②肝、肾功能不良动物应慎用；③碱化尿液可减少络合物的重新解离，减轻肾损害；④本品可与镉、硒、铁、铀等形成有毒络合物，其毒性作用高于本身，故应避免同时应用硒和铁盐等；⑤二巯丙醇本身对机体其他酶系统也有一定抑制作用，如抑制过氧化物酶系的活性，而且其氧化产物又能抑制巯基酶，故应控制好用量。

【制剂、用法与用量】 二巯丙醇注射液2 mL∶0.2 g、5 mL∶0.5 g、10 mL∶1 g。肌内注射，一次量，每千克体重，家畜3 mg，犬、猫2.5～5 mg。用于砷中毒，第1～2日每4 h一次，第3日每8 h一次，以后10日内，每天2次直至痊愈。

二巯丙磺钠

【理化性质】 本品又称解砷灵，为白色结晶性粉末，易溶于水，常制成注射液。

【作用与应用】 本品作用与二巯丙醇相似，但解毒作用较强、较快，毒性较小(约为二巯丙醇的1/2)，除对汞、砷中毒有效外，对铅、镉中毒亦有效。

本品主要用于解救汞、砷中毒，也用于铅、镉中毒。

【注意事项】 ①一般多采用肌内注射；静脉注射速度宜慢，否则可引起呕吐、心率加快等。②不用于砷化氢中毒。

【制剂、用法与用量】 二巯丙磺钠注射液5 mL∶0.5 g、10 mL∶1 g。肌内、静脉注射，一次量，每千克体重，马、牛5～8 mg，猪、羊7～10 mg，第1～2日每4～6 h一次，第3日开始每日2次。

二巯丁二钠

【理化性质】 本品又名二巯琥珀酸钠。本品为白色粉末，易潮解，水溶液无色或微红色，不稳定，不能加热，久置后毒性增大。如溶液发生混浊或呈土黄色时，不能使用，须新鲜配制。

【作用与应用】 本品为广谱金属解毒剂，毒性较低，无蓄积作用。对锑的解毒作用最强，比二巯丙醇高10倍；对汞、砷的解毒作用与二巯丙磺钠相同。排铅作用不亚于依地酸钙钠。主要用于锑、汞、砷、铅中毒，也可用于铜、锌、镉、钴、镍、银等金属中毒。

【制剂、用法与用量】 注射用二巯丁二钠。静脉注射，一次量，每千克体重，家畜20 mg，一般用生理盐水稀释成5%～10%溶液，缓慢注入。急性中毒，每日4次，连用3日。慢性中毒，每日1次，5～7日为一疗程。

Note

青霉胺(Penicillamine)

$$\begin{array}{l}\quad\ \ \text{SH}\ \ \text{NH}_2\\ \quad\quad |\quad\ \ \ |\\ (\text{H}_3\text{C})_2\text{C}-\text{CHCOOH}\end{array}$$

【理化性质】 本品又名二甲基半胱氨酸。本品为青霉素分解产物，属单巯基络合物。本品为近白色细微结晶性粉末，易溶于水，性质稳定。N-乙酰-DL-青霉胺为青霉胺的衍生物，毒性较低。

【作用与应用】 本品毒性低于二巯丙醇，副作用少，可用于铜、铁、汞、铅、砷等中毒或其他络合剂有禁忌时选用。对铜的解毒作用强于二巯丙醇；对铅、汞中毒的解毒作用不及依地酸钙钠和二巯丙磺钠；汞中毒解救时用N-乙酰-DL-青霉胺优于青霉胺。

【不良反应】 本品可影响胚胎发育。动物实验发现本品可致胎儿骨骼畸形和腭裂等。

【制剂、用法与用量】 青霉胺片，内服，一次量，每千克体重，家畜 5～10 mg，每日 4 次，5～7 日为一疗程。间歇 2 日。

去铁胺

【理化性质】 本品又名去铁敏，系链球菌的发酵液中提取的天然物。本品呈白色结晶性粉末，易溶于水，水溶液性质稳定。

【作用与应用】 去铁胺属羟肟酸络合物，其羟肟酸基团与游离的、已与蛋白质结合的三价铁和铝(Al^{3+})有很强的结合力，与其结合形成稳定无毒的可溶性络合物，由尿排出，在酸性条件下这种结合作用更强。但其与其他金属离子的结合力较小，所以主要用于铁中毒的解救。其能清除铁蛋白和含铁血黄素中的铁离子，但对转铁蛋白中的铁离子清除作用不强，更不能清除血红蛋白、肌红蛋白和细胞色素中的铁离子。

【不良反应】 ①动物实验可诱发胎儿骨畸形，妊娠动物不宜使用；②严重肾功能不全动物禁用，老年动物慎用；③用药后可出现腹泻、心动过速、肌肉震颤等症状。

【制剂、用法与用量】 注射用去铁胺：肌内注射，参考一次量，每千克体重，开始量 20 mg，维持量 10 mg。总日量，每千克体重，不超过 120 mg。

五、有机氟中毒的特异性解毒药

在农业生产中常使用有机氟杀虫剂和杀鼠剂，如氟乙酸钠、氟乙酰胺、甲基氟乙酸等消灭农作物害虫。家畜有机氟中毒通常是因为误食以上有机氟毒饵及其中毒死亡的动物或被有机氟污染的饲料、饮水等发生中毒。有机氟可通过各种途径经皮肤、消化道和呼吸道侵入动物机体而导致急性或慢性氟中毒。

(一) 毒理

中毒机制尚不完全清楚，目前认为有机氟进入机体后在酰胺酶作用下分解生成氟乙酸，氟乙酸与辅酶 A 作用生成氟乙酰辅酶 A，后者再与草酰乙酸缩合形成氟柠檬酸。氟柠檬酸与柠檬酸的化学结构相似，可与柠檬酸竞争三羧酸循环中的乌头酸酶，并抑制其活性，从而阻止柠檬酸转化为异柠檬酸的过程，造成柠檬酸堆积，破坏体内三羧酸循环，使糖代谢中断，组织代谢发生障碍。同时组织中大量的柠檬酸可导致组织细胞损害，引起心脏和中枢神经系统功能紊乱，使动物中毒。动物表现为不安、厌食、步态失调、呼吸心跳加快等症状，甚至死亡。

（二）常用药物

乙酰胺(Acetamide)

【理化性质】 本品又名解氟灵，为白色结晶性粉末，溶于水。

【作用与应用】 乙酰胺与氟乙酰胺等有机氟的化学结构相似，进入体内后与氟乙酰胺等有机氟竞争酰胺酶，使氟乙酰胺等不能分解产生对机体有害的氟乙酸。同时乙酰胺本身分解产生的乙酸能干扰氟乙酸的作用，因而解除有机氟中毒。本品主要用于解除氟乙酰胺和氟乙酸钠的中毒，能延长中毒的潜伏期、减轻症状或制止发病。

【注意事项】 本品酸性强，肌内注射时局部疼痛，可配合应用普鲁卡因，以减轻疼痛。

【制剂、用法与剂量】 乙酰胺注射液 5 mL∶0.5 g、5 mL∶2.5 g、10 mL∶1 g、10 mL∶5 g。肌内、静脉注射，一次量，每千克体重，家畜 50～100 mg。

此外，滑石粉中含有镁离子，能与氟离子形成配合物，减少氟的吸收，降低血中氟浓度，也可用于奶牛地方性氟中毒。

第三节 其他毒物中毒的解毒药

一、氨基甲酸酯类中毒的毒理与解毒药

近年来，氨基甲酸酯类杀虫剂、杀菌剂、除草剂等在农业生产上的应用越来越广泛。如西维因、速灭威、呋喃丹、氧化萎锈、萎锈灵、抗鼠灵等。本类农药的化学结构、理化性质、毒性大多相似。

本类农药经消化道、呼吸道和皮肤、黏膜吸收进入机体，抑制胆碱酯酶水解为乙酰胆碱，造成体内乙酰胆碱大量蓄积，使机体出现胆碱能神经过度兴奋的中毒症状。另外，氨基甲酸酯类还可阻碍乙酰辅酶 A 的作用，使糖原的氧化过程受阻，导致肝、肾及神经病变。

呋喃丹除以上毒性外，尚可在体内水解产生氰化氢，解离出氰离子，产生氰化物中毒的症状。

解救可首选阿托品，并配合输液消除肺水肿、脑水肿及兴奋呼吸中枢等对症疗法。重度呋喃丹中毒时，应用亚硝酸钠、硫代硫酸钠等。但一般禁用肟类胆碱酯酶复活剂。

二、杀鼠剂中毒与解毒

目前，杀鼠剂种类很多，按其性质分为有机氟杀鼠剂（如氟乙酰胺、甘氟）、无机磷杀鼠剂（如磷化锌）、抗凝血杀鼠剂（如敌鼠、华法林）、有机磷杀鼠剂（如毒鼠磷）及其他杀鼠剂（如安妥、溴甲烷），在此主要叙述抗凝血杀鼠剂中毒的解救，其他杀鼠剂的中毒解救见有关章节。

抗凝血杀鼠剂主要的品种按其化学结构可分为香豆素衍生物（如华法林）和茚满二酮类（如敌鼠、杀鼠酮）两大类。畜禽常因误食毒饵、死鼠以及采食被杀鼠剂污染的饲料、饮水等引起中毒。杀鼠剂主要经消化道吸收，进入机体后，产生与维生素 K 相拮抗的作用，干扰维生素 K 的氧化还原循环；使肝细胞生成的凝血酶原和维生素 K 依赖性凝血因子Ⅱ、Ⅴ及Ⅶ等不能转化为有活性的凝血蛋白，从而影响凝血过程，导致出血倾向。

华法林等香豆素类杀鼠剂只影响维生素 K 依赖性凝血因子的生成，对血浆中已形成的维生素 K 依赖性凝血因子不产生影响。此外，华法林还可扩张并破坏毛细血管，使其通透性、脆性增加，导致血管破裂，出血加重。动物中毒后，以肺出血最严重，其次为脑、消化道和胸腔血管出血，如不及时解救，可引起死亡。

解毒主要通过增加体内维生素 K 的含量，提高其与杀鼠剂竞争的优势，恢复并加强原有的各种

生理功能，如参与合成各种凝血因子、促进血凝、解除中毒等。亚硫酸氢钠甲萘醌是本类杀鼠剂中毒的特效解毒药。

亚硫酸氢钠甲萘醌注射液 1 mL：4 mg、10 mL：40 mg、10 mL：150 mg。静脉注射，一次量，马、牛 100～300 mg，猪、羊 30～50 mg，犬 10～30 mg。加入 5%或 10%葡萄糖溶液 1000 mL 中静脉滴注，连用 3 日后可止血，止血后用以上剂量再肌内注射 7 日左右，方可停药，并观察 1 周，以免复发。同时配合维生素 C 和氢化可的松及其他对症治疗药。

三、蛇毒中毒与解毒

蛇毒中毒主要是家畜在放牧过程中被毒蛇咬伤，毒蛇毒牙将毒液注入家畜皮下组织，经淋巴循环或毛细血管吸收而引起。毒蛇种类很多，蛇毒成分也很复杂，每种蛇毒含一种以上的有毒成分。蛇毒的成分有神经毒、心脏毒、血液毒及出血毒等。神经毒可抑制乙酰胆碱的释放和阻断 N_2 胆碱受体，使胆碱能神经兴奋性降低，导致全身肌肉麻痹、呼吸停止而死亡。心脏毒可损害心脏功能，甚至可使心脏停止于收缩期，毒性比神经毒低。血液毒常因其凝血毒素和抗凝血毒素引起血栓或出血。

毒蛇咬伤的局部常有红、肿、水疱、血疱、剧痛及组织坏死、流血不止等现象。蛇毒中毒后全身症状表现为吞咽困难，舌活动不灵，失声，眼睑下垂，全身肌肉松弛瘫痪，呼吸逐渐困难，最后因呼吸麻痹而死亡。有的还出现急性肾衰竭、全身出血等。

解毒首先采用非特异性处理措施，将毒蛇咬伤的局部进行处理，破坏毒素，延缓毒素吸收。同时应用特效药抗蛇毒血清，中和蛇毒。有单价抗蛇毒血清和多价抗蛇毒血清，前者针对某一种蛇毒效果好，后者治疗范围较广，但疗效较差。

我国目前有多种精制抗蛇毒血清，它们具有特效、速效等优点。但治疗中应早期、足量使用。静脉注射量，抗蝮蛇毒血清 6000 IU，抗五步蛇毒血清 8000 IU，抗银环蛇毒血清 10000 IU，抗眼镜蛇毒血清 2000 IU，以生理盐水稀释至 40 mL，缓慢静脉注射。中毒较重的病例可酌情增加剂量。

Note

主要参考文献

[1] 王国栋,朱凤霞,张三军.兽医药理学[M].北京:中国农业科学技术出版社,2018.

[2] 陈杖榴,曾振灵.兽医药理学[M].4版.北京:中国农业出版社,2017.

[3] 冯淇辉,戎耀方,朱模忠,等.兽医临床药理学[M].北京:科学出版社,1983.

[4] 曾南,周玖瑶.药理学[M].北京:中国医药科技出版社,2014.

[5] 朱模忠.兽药手册[M].北京:化学工业出版社,2002.

[6] 李春雨,贺生中.动物药理[M].北京:中国农业大学出版社,2007.

[7] 杨宝峰.药理学[M].6版.北京:人民卫生出版社,2005.

[8] 杨藻宸.药理学和药物治疗学[M].北京:人民卫生出版社,2000.

[9] 梁运霞,宋冶萍.动物药理与毒理[M].北京:中国农业出版社,2006.

[10] 罗跃娥,欧阳志强.药理学[M].北京:高等教育出版社,2006.

[11] 刘善庭.药理学实验[M].北京:中国医药科技出版社,2006.

[12] 钱之玉.药理学实验与指导[M].北京:中国医药科技出版社,2003.

Note